Adolf G. Coenenberg/Axel Haller/Wolfgang Schultze

Jahresabschluss und Jahresabschlussanalyse

Aufgaben und Lösungen

19., aktualisierte und überarbeitete Auflage

unter Mitarbeit von
Daniel Blab, Josipa Ćurić, Natalie Dietrich, Julia Ertl, Stefan Gruber, Cristina Landis, Maria Lotze, Christian Reiser, Christine Reitmaier, Nadine Zbiegly, Sebastian Ziegler

AF645102

2024
Schäffer-Poeschel Verlag Stuttgart

Autoren:
Prof. Dr. Dr. h.c. mult. Adolf G. Coenenberg, Emeritus Universität Augsburg
Prof. Dr. Axel Haller, Lehrstuhl für Financial Accounting and Auditing, Universität Regensburg
Prof. Dr. Wolfgang Schultze, Lehrstuhl für Wirtschaftsprüfung und Controlling, Universität Augsburg

Mitarbeiter der 19. Auflage:
Dr. Daniel Blab, Josipa Ćurić M.Sc., Natalie Dietrich M.Sc.H., Julia Ertl M.Sc., Stefan Gruber M.Sc., Dott. Ric. Cristina Landis, Dr. Maria Lotze, Christian Reiser M.Sc., Dr. Christine Reitmaier, Nadine Zbiegly M.Sc., Sebastian Ziegler M.Sc.

Mitarbeiter der Vorauflagen:

1.–2. Auflage:	Ernst Brandi, Günter Eifler, Franz Schmidt
3.–5. Auflage:	Rudolf Gingele, Axel Haller, Andreas Mayer, Peter Ströhlein
6.–7. Auflage:	Rudolf Gingele, Edeltraud Günther, Axel Haller, Andreas Mayer, Peter Ströhlein
8. Auflage:	Rudolf Gingele, Susanne Gröner, Axel Haller, Andreas Mayer, Peter Ströhlein
9. Auflage:	Susanne Gröner, Georg Klein
10. Auflage:	Manuel Alvarez, Angelika Brecht, Kalina Keller, Gerhard Mattner, Martin A. Meyer, Wolfgang Schultze
11. Auflage:	Manuel Alvarez, Johannes Biberacher, Christian Fink, Andreas Joest, Kalina Keller, Martin A. Meyer, Wolfgang Schultze
12. Auflage:	Bettina Bischof, Manuel Deffner, Christian Fink, Andreas Joest, Kalina Keller, Wolfgang Schultze, Barbara Straub
13. Auflage:	Simon Berger, Bettina Bischof, Daniel Blab, Tami Dinh Thi, Matthias Froschhammer, Tobias Oswald, Leif Steeger, Martin Wehrfritz, Andreas Weiler, Marco Wittmann
14. Auflage:	Simon Berger, Daniel Blab, Julian Faiß, Eva-Maria Ferstl, Matthias Froschhammer, Thomas List, Tobias Oswald, Bettina Schabert, Martin Wehrfritz, Andreas Weiler, Paul Zellner
15. Auflage:	Iris Bergmann, Christoph Durchschein, Julian Faiß, Eva-Maria Ferstl, Tobias Groß, Cristina Landis, Christine Miller, Tobias Oswald, Bettina Schabert
16. Auflage:	Maria Assel, Daniel Blab, Christoph Durchschein, Julian Faiß, Tobias Groß, Wolfgang Herb, Cristina Landis, Michael Link, Christina Manthei-Geh, Tobias Oswald, Bettina Schabert
17. Auflage:	Maria Assel, Daniel Blab, Sebastian Cikanek, Christoph Deiminger, Natalie Dietrich, Cristina Landis, Michael Link, Maximilian Ludwig, Christina Manthei-Geh, Christian Reiser, Julia Schmidt
18. Auflage:	Maria Assel, Daniel Blab, Josipa Bagaric, Christoph Deiminger, Natalie Dietrich, Stefan Gruber, Maximilian Ludwig, Christina Manthei-Geh, Felix Meitinger, Christian Reiser, Christine Reitmaier, Nadine Zbiegly, Sebastian Ziegler

Redaktionsvermerk: Rechtsstand und Stand der Standards 30.11.2023

Bildnachweis (Cover): Stoffers Grafik-Design, Leipzig
Produktmanagement: Anna Pietras

Bibliografische Information der Deutschen Nationalbibliothek
Die Deutsche Nationalbibliothek verzeichnet diese Publikation in der Deutschen Nationalbibliografie; detaillierte bibliografische Daten sind im Internet über http: //dnb.d-nb.de abrufbar.

Print: ISBN 978-3-7910-6338-6 Bestell-Nr. 20070-0005
ePDF: ISBN 978-3-7910-6339-3 Bestell-Nr. 20070-0154

© 2024 Schäffer-Poeschel Verlag für Wirtschaft · Steuern · Recht GmbH
www.schaeffer-poeschel.de
service@schaeffer-poeschel.de

Dieses Werk einschließlich aller seiner Teile ist urheberrechtlich geschützt. Alle Rechte, insbesondere die der Vervielfältigung, des auszugsweisen Nachdrucks, der Übersetzung und der Einspeicherung und Verarbeitung in elektronischen Systemen, vorbehalten. Alle Angaben/Daten nach bestem Wissen, jedoch ohne Gewähr für Vollständigkeit und Richtigkeit.

Juli 2024

Schäffer-Poeschel Verlag Stuttgart
Ein Unternehmen der Haufe Group SE

SCHÄFFER
POESCHEL

Vorwort

a) Die Konzeption des Buches

Dieser Aufgaben- und Lösungsband ist als ergänzende und vertiefende Lernhilfe zum Lehrbuch »Jahresabschluss und Jahresabschlussanalyse« gedacht. Er enthält zu allen Teilen des Lehrbuches Aufgaben mit ausführlichen Lösungen. An einigen Stellen hat es sich als zweckmäßig erwiesen, bei den Lösungen über die Ausführungen des Lehrbuchtextes hinauszugehen. Dadurch wird erreicht, dass die Lösungen zu den Aufgaben ohne Rückgriff auf weitere Literatur in sich verständlich sind. Auf diese Weise ist ein in sich geschlossenes Übungsbuch entstanden, das die Bereiche der Jahresabschlusserstellung, der Jahresabschlussanalyse und der Theorien des Jahresabschlusses sowie der Erstellung weiterer Berichtsinstrumente (u. a. Lagebericht und Segmentbericht) abdeckt.

b) Anmerkungen zur 19. Auflage

Die 19. Auflage ist auf die zeitgleich erschienene 27. Auflage des Lehrbuches »Jahresabschluss und Jahresabschlussanalyse« ausgerichtet. Mit der Neuauflage von »Jahresabschluss und Jahresabschlussanalyse« ist erneut ein vollständig überarbeitetes Buch entstanden. Die Neuauflage war erforderlich, weil sich im Bereich der nationalen, aber insbesondere der internationalen Bilanzierungsnormen erhebliche Änderungen und Weiterentwicklungen ergeben haben.

Die 19. Auflage wurde in Bezug auf Änderungen im Handels- und Steuerrecht sowie in den IFRS aktualisiert. Ebenso wurden Auswirkungen des Finanzmarktintegritätsstärkungsgesetzes (FISG) von Juli 2021 hinsichtlich des Enforcement in den Aufgaben berücksichtigt.

Alle für die vorliegende 19. Auflage des Übungsbuches erfolgten Überarbeitungen bezüglich der nationalen und internationalen Regelungen zur Unternehmensberichterstattung beziehen sich auf einen Redaktionsschluss 30. November 2023.

An der 19. Auflage haben die Augsburger und Regensburger Lehrstuhlteams erheblichen Anteil. Im Einzelnen gilt unser Dank den wissenschaftlichen Mitarbeiterinnen und Mitarbeitern Dr. Daniel Blab, Josipa Curic M.Sc., Natalie Dietrich M.Sc.H., Julia Ertl M.Sc., Stefan Gruber M.Sc., Dott. Ric. Cristina Landis, Dr. Maria Lotze, Christian Reiser M.Sc., Dr. Christine Reitmaier, Nadine Zbiegly M.Sc. und Sebastian Ziegler M.Sc.; für die redaktionelle Bearbeitung des Buchs danken wir Dipl.-Kfm. Gerhard Mattner MBA sehr herzlich. Ebenso gilt unser Dank Sebastian Ziegler M.Sc. für die Koordination der Arbeiten am Regensburger Lehrstuhl sowie Josipa Curic M.Sc. und Christian Reiser M.Sc. für die organisatorische Gesamtleitung der Entstehung dieser

Neuauflage. Des Weiteren danken wir den studentischen Hilfskräften Claire Brandl B.A., Alexander Klostermann B.Sc., Felicia Schmidt, Tim Strack und Tobias Wundel für die vielfältigen Arbeiten zur Formatierung und grafischen Ausgestaltung des Werks. Schließlich danken wir auch Anna Pietras vom Schäffer-Poeschel Verlag und ihrem Team für die stets hervorragende Zusammenarbeit und Unterstützung.

c) Dozentenservice

Zusätzlich zu dieser 19. Auflage und zur 27. Auflage des Lehrbuches »Jahresabschluss und Jahresabschlussanalyse« werden für Dozenten Folien für die Präsentation im Hörsaal bereitgestellt. Diese sind über den Dozentenservice des Verlags unter der Webadresse **http://www.sp-dozenten.de/** abrufbar.

Augsburg und Regensburg, im Dezember 2023

Adolf G. Coenenberg
Axel Haller
Wolfgang Schultze

Inhaltsübersicht

Inhaltsverzeichnis

Dritter Teil
Theorien des Jahresabschlusses

Abkürzungsverzeichnis

A	Annuitätenfaktor
a. F.	alte Fassung
AB	Barwert der Anwartschaft
ABICO	American Beer Import Co.
Abs.	Absatz
ADS	Adler, H./Düring, W./Schmaltz, K. [1995 ff.]: Rechnungslegung und Prüfung der Unternehmen, 6. Aufl. in mehreren Teilbänden, bearbeitet von Forster, K.-H./Goerdeler, R./Lanfermann, J./ Müller, H.-P./Siepe, G./Stolberg, K.; Teilbd. 1 bis 9, Stuttgart 1995 ff.
AfA	Absetzung für Abnutzung
AG	Aktiengesellschaft
AHK	Anschaffungs-/Herstellungskosten
AK	Anschaffungskosten
akt	aktiv
AktG	Aktiengesetz
AN	Arbeitnehmer
APAS	Abschlussprüferaufsichtsstelle
Art.	Artikel
ARUG	Gesetz zur Umsetzung der Aktionärsrechterichtlinie
ASC	Accounting Standards Codification
Ausz.	Auszahlung
AV	Anlagevermögen
AZ	Auszahlung
B	Basispreis
BAB	Betriebsabrechnungsbogen
BaFin	Bundesanstalt für Finanzdienstleistungsaufsicht
BCF	Brutto-Cashflow
BD	Durchschnittliche Branchendividendenrendite
BEPS	Earnings per share der Branche
betr.	betrieblich
BIB	Bruttoinvestitionsbasis
BilKoG	Bilanzkontrollgesetz
BilMoG	Bilanzmodernisierungsgesetz
BilRUG	Bilanzrichtlinie-Umsetzungsgesetz
BörsO	Börsenordnung
BP	Durchschnittlicher Branchenkurs

BPER	Priece earings ratio der Branche
BR	Branchenrendite
BS	Bilanzsumme
Bst.	Buchstabe
BW	Buchwert
bzw.	beziehungsweise
ca.	circa
CAD	Computer-aided design
CAPM	Capital Asset Pricing Model
CF	Cashflow
CFROI	Cashflow Return on Investment
CGU	cash-generating unit
CHF	Schweizer Franken
Co.	Compagnie
CO_2	Kohlenstoffdioxid
Corp.	Corporation
CSR	Corporate Social Responsibility
CVA	Cash Value Added
D	Dividende
d. h.	das heißt
DAX	Deutscher Aktienindex
DPR	Deutsche Prüfstelle für Rechnungslegung
DRS	Deutsche Rechnungslegungs Standards
DRSC	Deutsches Rechnungslegungs Standards Committee e. V.
EA	Einzelabschluss
EAD	exposure at default
EBIT	Earnings before Interest and Taxes
EBITDA	Earnings before Interest, Taxes, Depreciation, and Amortization
EBT	Earnings before Taxes
ECL	expected credit loss
EDV	Elektronische Datenverarbeitung
Einz.	Einzahlung
EK	Eigenkapital, auch Einzelkosten
EKR	Eigenkapitalrendite
EntgTranspG	Entgelttransparenzgesetz
EPS	Earnings per share
EStG	Einkommensteuergesetz
EStH	Einkommensteuer-Hinweise
EStR	Einkommensteuer-Richtlinien
etc.	et cetera
EU	Europäische Union

EUR	Euro
EVA	Economic Value Added (Wertbeitrag)
evtl.	eventuell
EWR	Europäischer Wirtschaftsraum
EZ	Einzahlung
F	Framework for the Preparation and Presentation of Financial Staments (IASB)
F&E	Forschung und Entwicklung
f.	folgende Seite
FAV	Finanzanlagevermögen
ff.	folgende Seiten
Fifo	First in – first out
FK	Fremdkapital
FV	Fair value
FW	Fremdwährungseinheiten
FWB	Frankfurter Wertpapierbörse
G	Gewinn
GBP	Britisches Pfund
GE	Geldeinheiten
ggf.	gegebenenfalls
ggü.	gegenüber
GK	Gesamtkapital, auch Gemeinkosten
GKR	Gesamtkapitalrendite
GKV	Gesamtkostenverfahren
GmbH	Gesellschaft mit beschränkter Haftung
GmbHG	GmbH-Gesetz
GoB	Grundsätze ordnungsmäßiger Buchführung
GRI	Global Reporting Initiative
GuV	Gewinn- und Verlustrechnung
GWB	Geschäftswertbeitrag
h. M.	herrschende Meinung
HB	Handelsbilanz
HGB	Handelsgesetzbuch
hist.	historisch
HK	Herstellungskosten
HP	Hewlett Packard
i. d. R.	in der Regel
i. H. v.	in Höhe von
i. S.	im Sinne
i. S. v.	im Sinne von
i. V. m.	in Verbindung mit

IAS	International Accounting Standards
IASB	International Accounting Standards Board
IFRS	International Financial Reporting Standards
inkl.	inklusive
IOA	Impairment-only-approach
JÜ	Jahresüberschuss
K	Kurs je Aktie
KA	Konzernabschluss
KapESt	Kapitalertragsteuer
Kfz	Kraftfahrzeug
KG	Kommanditgesellschaft
kg	Kilogramm
KGaA	Kommanditgesellschaft auf Aktien
KI	Kreditinstitut
KPE	Kurzfristige Performanceerwartung
KR	Kapitalrendite
KSt	Körperschaftsteuer
KStG	Körperschaftsteuergesetz
KU	Kapitalumschlag
lat.	latent
LGD	loss given default
Lifo	Last in – first out
Lkw	Lastkraftwagen
LPE	Langfristige Performanceerwartung
Ltd.	Limited
LuL	Lieferungen und Leistungen
Mio.	Millionen
MMVO	Marktmissbrauchsverordnung
MU	Mutterunternehmen
MW	Marktwachstum
n. e.	nicht erteilt
NAV	Nichtabnutzbares Vermögen
NBW	Neubewertung
NOPAT	Net Operating Profit after Tax
Nr.	Nummer
NV	Nettovermögen
NVA	Nicht verrechnete Annuitäten
NW	Neuwert
NY	New York
NYSE	New York Stock Exchange
ÖAB	Ökonomische Abschreibung

OCI	Other Comprehensive Income
OHG	Offene Handelsgesellschaft
P	Passiva
p. a.	per annum (pro Jahr)
PA	Personalaufwand
PD	probability of default
PER	Price earnings ratio
Pkw	Personenkraftwagen
Pos.	Posten
PublG	Gesetz über die Rechnungslegung von bestimmten Unternehmen und Konzernen (Publizitätsgesetz)
PV	Barwert
RBW	Restbuchwert
RD	Relative Dividendenrendite
RG	Restgewinn
RHB	Roh-, Hilfs- und Betriebsstoffe
RL	Rücklage(n)
RLZ	Restlaufzeit
RMA	Relativer Marktanteil
ROCE	Return on Capital Employed
ROI	Return on Investment
RONA	Return on Net Assets
RU	reporting unit
RW	Rückstellungswerte
S.	Seite, auch Satz
S.A.	Sociedade Anônima
SAV	Sachanlagevermögen
SB	Schlussbestand
SE	Societas Europaea
SEC	US-Börsenaufsichtsbehörde
SIC	Standing Interpretations Committee
SK	Aufwandsgleiche Selbstkosten
SO	Gesamtmenge gewährter Aktienoptionen
sog.	sogenannt
SP	Service period
St.	Steuer(n)
StB	Steuerbilanz
SWOT	Stärken, Schwächen, Chancen und Risiken
t	Tonne(n)
T	Tilgungsanteil
TGE	Tausend Geldeinheiten

TRS	Total Return to Shareholders
TU	Tochterunternehmen
TVG	Textil-Vertriebsgesellschaft
Tz.	Textziffer
u. a.	unter anderem
UE	Umsatzerlöse
UKV	Umsatzkostenverfahren
UR	Umsatzrentabilität
US	United States
US-GAAP	United States-Generally Accepted Accounting Principles
USt	Umsatzsteuer
usw.	und so weiter
UV	Umlaufvermögen
UW	Marktwert des Eigenkapitals
v.	von
V	Zukünftige Rente
VFE-Lage	Vermögens-Finanz-Ertragslage
vgl.	vergleiche
Vj.	Vorjahr
vs.	versus
VSO	Wert der Aktienoptionen
WACC	Weighted Average Cost of Capital (Kapitalkosten)
WpHG	Wertpapierhandelsgesetz
z. B.	zum Beispiel
ZA	Zinsaufwand
Zg	Zugang
ZG	Zwischengewinn
Ztr.	Zentner

Erster Teil
Erstellung des Jahresabschlusses

1. Kapitel: Wesen und Grundlagen des Jahresabschlusses

Aufgabe 1.1: Grundsatz der Stetigkeit

Das Produktionsprogramm der Werkzeugfabrik G. Müller KG besteht aus Hämmern und Zangen. Zur Kreditbeschaffung ist die G. Müller KG bemüht, ihrer Bank eine möglichst vorteilhafte Bilanz (i. S. einer Maximierung des Jahresüberschusses) für die Periode 01 vorzulegen. Da die Firma die Bilanzbestände zu Vollkosten bewertet, werden zu diesem Zweck die Gemeinkostenschlüssel geändert. Anstatt die Gemeinkosten, die in den betrachteten Perioden (01 und 02) je 40.000 GE betragen, wie bisher nach dem Materialwert zu verteilen, werden nun die Lohnkosten als Schlüssel verwendet. Das Produktionsprogramm besteht aus Hämmern und Zangen.

Außerdem sind folgende Zahlen im Geschäftsjahr 01 zu berücksichtigen:

	Hämmer	Zangen
Lagerbestand zu Beginn der Periode 01	–	–
Produktionsmenge der Periode 01	10.000	10.000
Lohnkosten/Stück in GE	1	3
Materialkosten/Stück in GE	1	1
Anzahl der verkauften Einheiten in der Periode 01	10.000	5.000
Verkaufspreis in GE	8	10

Im folgenden Geschäftsjahr 02 ergibt sich aufgrund einer günstigen Konjunkturlage ein beträchtlicher Gewinn, den die Geschäftsleitung für ihre Investitionsvorhaben verwenden möchte. Da die Geschäftsführung der G. Müller KG vermutet, dass die Kommanditisten auf Ausschüttung bestehen werden, wird anstelle der Lohnkosten wieder der Materialwert als Schlüsselgröße verwendet.

Weiterhin liegen folgende Angaben für das Geschäftsjahr 02 vor:

	Hämmer	Zangen
Produktionsmenge der Periode 02	10.000	10.000
Anzahl der verkauften Einheiten in der Periode 02	10.000	10.000

Die Kostenangaben und Preise gelten für beide Perioden.

a) Erklären Sie, wieso durch die beschriebenen Änderungen der ausgewiesene Jahresüberschuss (Gewinn) beeinflusst wird! Dabei ist davon auszugehen, dass die zuerst hergestellten Produkte auch zuerst verkauft werden.

b) Ist dieses Vorgehen mit den Vorschriften des HGB und den deutschen Grundsätzen ordnungsmäßiger Buchführung (GoB) vereinbar?

c) Wie ist dieser Sachverhalt auf Basis der Rechnungslegungsgrundsätze nach IFRS zu beurteilen?

Lösung

a) Für die Periode 01 ergeben sich folgende Auswirkungen auf den Gewinn:

Periode 01	Schlüsselgröße Lohnkosten (neu)		Schlüsselgröße Materialwert (alt)	
in GE	Hämmer	Zangen	Hämmer	Zangen
Einzelkosten (Lohn) + Einzelkosten (Material) + Gemeinkosten	10.000 10.000 10.000	30.000 10.000 30.000	10.000 10.000 20.000	30.000 10.000 20.000
= Herstellungskosten	30.000	70.000	40.000	60.000
Umsatzerlöse – Herstellungskosten der abgesetzten Einheiten	80.000 30.000	50.000 35.000	80.000 40.000	50.000 30.000
= Gewinnbeitrag (Periode 01)	50.000	15.000	40.000	20.000
Wert des Lagerbestandes am Ende der Periode 01	–	35.000	–	30.000

Um das Ergebnis möglichst vorteilhaft (i. S. einer Maximierung des Jahresüberschusses) zu gestalten, ist in Periode 01 auf die Lohnkosten als Schlüsselgröße zu wechseln.

In der Bilanz für die Periode 01 wirkt sich die Umstellung der Bewertung folgendermaßen aus:

Aktiva in GE		Passiva in GE	
fertige Erzeugnisse, Waren	+ 5.000	Jahresüberschuss	+ 5.000

In der Periode 02 wird der Lagerbestand vom Ende der Periode 01 verkauft. Am Ende der Periode 02 ergibt sich jedoch ein neuer Lagerbestand in gleicher Höhe wie zum Ende der Periode 01.

Periode 02	Schlüsselgröße Materialwert (neu)		Schlüsselgröße Lohnkosten (alt)	
in GE	Hämmer	Zangen	Hämmer	Zangen
Einzelkosten (Lohn) + Einzelkosten (Material) + Gemeinkosten	10.000 10.000 20.000	30.000 10.000 20.000	10.000 10.000 10.000	30.000 10.000 30.000
= Herstellungskosten	40.000	60.000	30.000	70.000
Umsatzerlöse – Herstellungskosten der am Ende der Periode 01 auf Lager gewesenen Zangen – Herstellungskosten der neu produzierten und abgesetzten Einheiten	80.000 – 40.000	100.000 35.000 30.000	80.000 – 30.000	100.000 35.000 35.000
= Gewinnbeitrag (Periode 02)	40.000	35.000	50.000	30.000
Wert des Lagerbestandes am Ende der Periode 02	–	30.000	–	35.000

Die in der Periode 02 angestrebte Reduzierung des Ergebnisausweises erfordert eine erneute Anpassung der Gemeinkostenschlüsselung, denn unter Verwendung des Materialwerts als Schlüsselgröße ergibt sich ein niedrigerer Wert des Lagerbestands am Ende der Periode 02.

Diese erneute Umstellung wirkt sich in der Bilanz der Periode 02 folgendermaßen aus:

Aktiva in GE		Passiva in GE	
Fertige Erzeugnisse, Waren	– 5.000	Jahresüberschuss	– 5.000

Durch die Schlüsseländerung wird erreicht, dass ein großer Teil der Gemeinkosten der Periode 01 nicht den in der Berichtsperiode verkauften Produkten, sondern jenen, die auf Lager liegen, zugerechnet wird. Damit stellt dieser Teil der Gemeinkosten keinen Aufwand der Berichtsperiode dar. Der Aufwand wird in die Zukunft verschoben, was zu einer Erhöhung des Gewinns in der Berichtsperiode führt. Gemäß des Realisationsprinzips schmälert dieser Teil der Gemeinkosten erst dann den Gewinn, wenn die auf Lager liegenden Zangen verkauft werden (in Periode 02). Ein spiegelbildlicher Effekt ergibt sich bezüglich des am Ende von 02 vorliegenden Lagerbestandes, der mit 30.000 GE bewertet ist. Wenn dieser in 03 veräußert wird, führt dies aufgrund des Realisationsprinzips und dem Prinzip der sachlichen Abgrenzung zu einem um 5.000 GE höheren Jahresüberschuss im Jahr 03.

b) Die Gemeinkostenzurechnung ist ein Problem der Periodenabgrenzung des Aufwands, daher greift hier der *Grundsatz der sachlichen Abgrenzung*. Dieser Grundsatz verlangt aber keine konkrete Schlüsselungsart bei der Gemeinkostenverteilung, da jede Schlüsselung letztlich willkürlich ist. Keine der Schlüsselgrößen kann als richtig oder falsch bezeichnet werden. Die Änderung von Schlüsselgrößen ist daher durch den *Grundsatz der sachlichen Abgrenzung* und andere GoB nicht untersagt. Fraglich ist, inwieweit der *Grundsatz der Stetigkeit* durch die Änderung der Schlüsselgröße verletzt wird.

Durch § 252 Abs. 1 Nr. 6 HGB ist das Stetigkeitsgebot bezüglich der Bewertungsmethoden als Sollvorschrift für alle Kaufleute gesetzlich verankert. Als Bewertungsmethoden gelten dabei diejenigen Bewertungsmaßnahmen, die planmäßig, systematisch und zielgerichtet vorgenommen werden. Somit bezieht sich die Vorschrift des § 252 Abs. 1 Nr. 6 HGB lediglich auf sog. »Bewertungswahlrechte« (z. B. Methoden zur Ermittlung der Anschaffungs- oder Herstellungskosten, planmäßige Abschreibungen sowie die Bewertung von Rückstellungen). In begründeten Ausnahmefällen kann von dem Stetigkeitsgrundsatz abgewichen werden (§ 252 Abs. 2 HGB). Abweichungen sind im Anhang zu erläutern (§ 284 Abs. 2 Nr. 2 HGB). Welche Sachverhalte als begründete Ausnahmefälle zu werten sind und welche nicht, kann nicht generell festgelegt werden (in der Literatur werden überwiegend folgende Gründe als Ausnahmefälle anerkannt: Veränderung des Kostenrechnungssystems, Befolgung veränderter Rechtsprechung etc.).

Die Bewertung der Herstellungskosten ist eine Bewertungsmethode, da hier planmäßig und systematisch vorgegangen wird. Eine Änderung des bei der Herstellungskostenermittlung verwendeten Gemeinkostenschlüssels ist somit aufgrund § 252 Abs. 1 Nr. 6 HGB nur zulässig, wenn es sich dabei um einen begründeten Ausnahmefall handelt (Beachte: Eine Änderung des Gemeinkostenschlüssels stellt keine Änderung des Kostenrechnungssystems dar).

Die Verbesserung des Bilanzbildes zur Erleichterung der Kreditbeschaffung bzw. die Gewinnminderung zum Zwecke der Ausschüttungspolitik sind nicht als begründete Ausnahmefälle zu werten, da diese Maßnahmen in erster Linie der Bilanzpolitik dienen und nicht technisch oder faktisch erforderlich sind. Der oben genannte Wechsel des Gemeinkostenschlüssels ist somit nach HGB aufgrund § 252 Abs. 1 Nr. 6 nicht zulässig.

c) Auf Basis der Rechnungslegungsgrundsätze nach IFRS ist zunächst eine Verletzung des mit dem deutschen Grundsatz der sachlichen Abgrenzung in Verbindung stehenden *matching principle* (Grundsatz der periodengerechten Erfolgsermittlung) (F 1.17 ff.) zu prüfen. Analog zu den unter b) dargestellten Zusammenhängen kann auch hier aus Sicht einer sachlich zutreffenden Ermittlung des Periodenerfolgs keine der beiden Gemeinkostenzuschlüsselungen als ausschließlich richtig identifiziert werden. Insofern sind beide Verfahren der Gemeinkostenverteilung grundsätzlich zulässig.

Allerdings verstößt das geschilderte Vorhaben der Unternehmensleitung gegen den Grundsatz der *consistency* (Stetigkeit), der explizit aus dem Grundsatz der *comparability* (Vergleichbarkeit) (F 2.26) abgeleitet wird. Ausgehend von der zentralen Zielsetzung der IFRS, dem Bilanzleser wirtschaftlich entscheidungsrelevante Informationen zur Verfügung zu stellen, ist besonders die zeitliche Vergleichbarkeit der finanziellen Lage des betrachteten Unternehmens zu bewahren. Die willkürliche, rein bilanzpolitisch motivierte Änderung des Gemeinkostenschlüssels widerspricht sogar explizit der aus IAS 2.12 ff. ableitbaren Forderung nach einer nachvollziehbaren und stetigen Gemeinkostenallokation. Der beabsichtigte Wechsel des Kostenschlüssels ist also auch nach IFRS nicht zulässig.

Aufgabe 1.2: Abgrenzungsgrundsätze

Welchen Geschäftsjahren sind die folgenden Wertänderungen im Betriebsvermögen der Industrie-AG als Aufwand oder Ertrag zuzurechnen, wenn deren Geschäftsjahr dem Kalenderjahr entspricht? Nennen Sie auch jeweils den entscheidenden Abgrenzungsgrundsatz nach HGB bzw. IFRS.

a) Zinserträge für den Zeitraum Mai 01 bis April 02,

b) Fertigungslöhne für Produkte, die in 01 hergestellt und in 02 verkauft wurden,

c) Vorauszahlung von Miete für Fabrikgebäude für den Zeitraum Juli 01 bis Juni 02,

d) Schadenersatzforderung eines Kunden wegen mangelhafter Lieferung im Jahre 01, die von der bilanzierenden Industrie-AG abgelehnt wird. Der Prozess ist im Zeitpunkt der Bilanzaufstellung (31.12.01) noch nicht entschieden, die Industrie-AG wird ihn aber voraussichtlich verlieren,

e) Eingang eines fälligen Forderungsbetrages im März 01 für eine Lieferung aus dem Vorjahr,

f) Ankauf einer Maschine im Januar 01, deren Nutzungszeit fünf Jahre beträgt,

g) in 01 erhaltene Anzahlung auf eine Lieferung im Jahre 02,

h) Spekulationsgewinn, der in 01 durch ein kurzfristiges Engagement in Wertpapieren erzielt wurde,

i) Totalverlust eines Lagerhauses durch Brandstiftung im Jahre 01 und

j) ein für 03 von einem Kunden bestelltes Produkt, dessen vertraglicher Verkaufspreis 100.000 GE beträgt, wird bei der Herstellung im Jahr 02 aufgrund steigender Rohstoff- und Personalkosten voraussichtlich Herstellungskosten von 125.000 GE verursachen.

Lösung

a) Erträge in 01 zu zwei Dritteln (8 von 12 Monaten) und in 02 zu einem Drittel (4 von 12 Monaten); zeitliche (zeitraumbezogene) Abgrenzung bzw. *realisation principle*.

b) Aufwand in 02; sachliche Abgrenzung bzw. *matching principle*.

c) Aufwand der Jahre 01 und 02 je zur Hälfte (6 von 12 Monaten); zeitliche (zeitraumbezogene) Abgrenzung bzw. *matching principle*.

d) Aufwand in 01; Imparitätsprinzip (§ 252 Abs. 1 Nr. 4 HGB) (sachliche Abgrenzung). Auch nach IFRS würde dieser Sachverhalt bei ausreichend hoher Wahrscheinlichkeit zur Bildung einer Rückstellung und damit zu einem Aufwand in 01 führen (*matching principle*).

e) Der Betrag ist gemäß dem Realisationsprinzip (§ 252 Abs. 1 Nr. 4 HGB) bzw. *realisation principle* bereits als Ertrag dem Vorjahr zugerechnet worden, der Eingang der Zahlung ist daher sowohl nach HGB als auch nach IFRS GuV-neutral zu betrachten.

f) Grundsätzlich sind die Anschaffungskosten entsprechend der Nutzung der Maschine auf die Nutzungsdauer zu verteilen. Da dies zu aufwendig ist, werden die Anschaffungskosten näherungsweise linear oder degressiv auf die Nutzungsdauer verteilt – zeitliche (zeitraumbezogene) Abgrenzung – und ggf. anschließend den Produkten zugerechnet, die mit Hilfe der Maschine erstellt wurden (Grundsatz der sachlichen Abgrenzung und *matching principle*).

g) Ertrag im Jahre 02; Realisationsprinzip (§ 252 Abs. 1 Nr. 4 HGB) bzw. *realisation principle*.

h) Ertrag im Jahre 01; zeitliche Abgrenzung bzw. *matching principle*.

i) Aufwand im Jahre 01; zeitliche Abgrenzung bzw. *matching principle*.

j) Der drohende Verlust ist Aufwand des Jahres 02 (25.000 GE). Nach dem Imparitätsprinzip (§ 252 Abs. 1 Nr. 4 HGB) ist eine Rückstellung für drohende Verluste aus schwebenden Geschäften zu bilden. Auch nach IFRS führt dieser Sachverhalt zur Bildung einer Rückstellung (sog. »*provision for an onerous contract*«).

Aufgabe 1.3: Rechnungslegungspflicht

Das Konzernmutterunternehmen Starlight AG mit Sitz in Deutschland ist an der Frankfurter Wertpapierbörse im regulierten Markt notiert. Der HGB-Jahresabschluss der Starlight AG enthält an den Bilanzstichtagen 31.12.2022 und 31.12.2023 folgende Informationen:

Bilanzstichtag	Bilanzsumme	Umsatz	Arbeitnehmer
31.12.2022	3 Mio. EUR	13 Mio. EUR	200
31.12.2023	4 Mio. EUR	14 Mio. EUR	210

a) Nach welchen Bilanzierungs- und Offenlegungsnormen muss die Starlight AG ihren Einzel- und Konzernabschluss zum 31.12.2023 aufstellen?

b) Welche Bilanzierungs- und Offenlegungsnormen wären von der Starlight AG für Jahres- und Konzernabschluss ab dem 01.01.2023 zu beachten, wenn sie weder an der Frankfurter Wertpapierbörse noch an einer anderen Börse notiert wäre und auch keine sonstigen Wertpapiere als Schuldtitel ausgegeben hätte?

Lösung

a) Die Starlight AG gilt aufgrund ihrer Notierung im regulierten Markt, der einen organisierten Markt i. S. v. § 2 Abs. 11 WpHG darstellt, als kapitalmarktorientiert und muss deshalb aufgrund der in § 315e Abs. 1 und 2 HGB umgesetzten »IAS-Verordnung« der EU für seit dem 01.01.2005 beginnende Geschäftsjahre und somit auch für das Geschäftsjahr 2023 einen Konzernabschluss nach IFRS erstellen.

   Zudem muss in jedem Fall ein HGB-Jahresabschluss erstellt werden, der als Zahlungsbemessungsgrundlage dient. Da die Starlight AG aufgrund ihrer Inanspruchnahme eines organisierten Marktes durch von ihr ausgegebene Wertpapiere eine kapitalmarktorientierte Kapitalgesellschaft nach § 264d HGB darstellt, gilt sie unabhängig von den Grenzwerten des § 267 HGB als große Kapitalgesellschaft (§ 267 Abs. 3 Satz 2 HGB). Somit besteht nach § 325 HGB neben der Erstellungs- auch eine Offenlegungspflicht, indem der Jahres- sowie der Konzernabschluss (neben anderen Unterlagen) durch den Vorstand an die das Unternehmensregister führende Stelle zur Einstellung in das Unternehmensregister elektronisch übermittelt wird. Für diesen Offenlegungszweck räumt jedoch § 325 Abs. 2a i. V. m. Abs. 2b HGB der Starlight AG das Wahlrecht ein, als große Kapitalgesellschaft an Stelle des HGB-Jahresabschlusses einen IFRS-Einzelabschluss (nebst weiterer Unterlagen) offenzulegen. Des Weiteren ist zu beachten, dass neben dem Jahresabschluss auch ein Lagebericht nach § 289 HGB zu erstellen ist und zusätzlich zum IFRS-Konzernabschluss weiterhin ein HGB-Konzernlagebericht erstellt und offengelegt werden muss, solange in den IFRS kein dem deutschen Lagebericht äquivalentes Instrument existiert (§ 315e Abs. 1 HGB).

b) Wenn die Starlight AG weder an einer Börse notiert ist noch sonstige Wertpapiere als Schuldtitel an einem geregelten Markt ausgegeben hat, gilt sie als nicht kapitalmarktorientiert. Nach § 315e Abs. 3 HGB hat sie allerdings die Option, statt des HGB-Konzernabschlusses einen Konzernabschluss auf Basis der IFRS zu erstellen.

Für die Pflichten zur Erstellung eines HGB-Konzernlageberichtes sowie des Jahresabschlusses gelten ebenso die Ausführungen von Teilaufgabe a). Allerdings gilt die Starlight AG wegen der nun fehlenden Börsennotierung nicht mehr als große Kapitalgesellschaft (§ 267 Abs. 3 Satz 2 HGB), sondern als mittelgroße Kapitalgesellschaft i. S. des § 267 Abs. 2 HGB, da sie an zwei aufeinanderfolgenden Bilanzstichtagen jeweils die Kriterien des § 267 HGB bezüglich der entsprechenden Höhe der Umsatzerlöse und Arbeitnehmerzahl erfüllt. Damit gelten für die Starlight AG nach § 327 HGB bestimmte Erleichterungen (u. a. verkürzte Bilanzgliederung) bei der Offenlegung der Abschlüsse.

Aufgabe 1.4: Kleinstkapitalgesellschaften

Die Lasertag AG ist ein noch junges und aufstrebendes Unternehmen, welches weder an einer Börse notiert ist noch sonstige Wertpapiere als Schuldtitel an einem geregelten Markt ausgegeben hat. Die Gründung der Lastertag AG erfolgte zu Beginn des Jahres 2022. Der HGB-Jahresabschluss enthält an den Bilanzstichtagen 31.12.2022 und 31.12.2023 folgende Informationen:

Bilanzstichtag	Bilanzsumme	Umsatz	Arbeitnehmer
31.12.2022	0,29 Mio. EUR	0,56 Mio. EUR	17
31.12.2023	0,34 Mio. EUR	0,68 Mio. EUR	25

a) Nach welchen Bilanzierungsnormen muss die Lasertag AG am Bilanzstichtag zum 31.12.2023 ihren Jahresabschluss aufstellen und welche Vorgaben gelten für dessen Inhalt und Form?

b) Welche gesetzlichen Bestimmungen sind für die Lasertag AG in Bezug auf Prüfung und Offenlegung relevant?

Lösung

a) Da die Lasertag AG weder Wertpapiere i. S. des § 2 Abs. 1 WpHG an einem organisierten Markt i. S. des § 2 Abs. 11 WpHG ausgegeben noch deren Zulassung zum Handel an einem organisierten Markt beantragt hat, gilt sie als nicht kapitalmarktorientiert i. S. des § 264d HGB. Aufgrund der Größenklassifizierung von Kapitalgesellschaften gemäß §§ 267, 267a HGB gilt die Lasertag AG somit am Bilanzstichtag 31.12.2023 als Kleinstkapitalgesellschaft, da sie an zwei aufeinanderfolgenden Bilanzstichtagen jeweils die Kriterien des § 267a Abs. 1 HGB bezüglich der entsprechenden Höhe der Bilanzsumme und der Umsatzerlöse unterschreitet. Die Mitarbeiteranzahl liegt über dem Größenkriterium von 10 Mitarbeitern, ist jedoch für die

Kategorisierung der Lasertag AG in diesem Fall nicht mehr relevant, da bereits zwei der drei Merkmale des § 267a HGB an zwei aufeinanderfolgenden Bilanzstichtagen erfüllt werden.

Generell besteht für die gesetzlichen Vertreter einer Kapitalgesellschaft die Pflicht zur Aufstellung eines Jahresabschlusses, bestehend aus Bilanz, GuV und Anhang, sowie die Pflicht zur Erstellung eines Lageberichts (§ 264 Abs. 1 HGB). Hierbei gibt es jedoch je nach Größenklasse der Kapitalgesellschaft gewisse Erleichterungsvorschriften. Für Kleinstkapitalgesellschaften wie die Lasertag AG gelten im Allgemeinen die Regelungen für kleine Kapitalgesellschaften sowie spezielle Erleichterungen für Kleinstkapitalgesellschaften (§ 267a Abs. 2 HGB).

Bezüglich der Gliederung von Bilanz und GuV können von Kleinstkapitalgesellschaften gewisse Erleichterungen in Anspruch genommen werden. So muss die Lasertag AG lediglich eine verkürzte Bilanz aufstellen, in der nur die im Gliederungsschema nach § 266 Abs. 2 und 3 HGB mit Buchstaben bezeichneten Posten gesondert auszuweisen sind (§ 266 Abs. 1 Satz 4 HGB). Auch bei der Gliederung der GuV kann die Lasertag AG auf eine vereinfachte Gliederung zurückgreifen und ihre GuV entsprechend des § 275 Abs. 5 HGB aufstellen.

Auf die Erstellung eines Anhangs darf die Lasertag AG verzichten, sofern gewisse Angaben unter der Bilanz erfolgen (§ 264 Abs. 1 Satz 5 HGB). Dies sind Angaben zu den Haftungsverhältnissen gemäß § 268 Abs. 7 HGB, Angaben zu gewährten Krediten und Vorschüssen an Mitglieder des Geschäftsführungsorgans und Aufsichtsrats nach § 285 Nr. 9c HGB und – da es sich um eine AG handelt – die Angaben zum Bestand eigener Aktien nach § 160 Abs. 1 Nr. 2 AktG i. V. m. § 160 Abs. 3 Satz 2 AktG. Die Pflicht zur Aufstellung eines Lageberichts besteht für die Lasertag AG nach § 264 Abs. 1 Satz 4 HGB i. V. m. § 267a Abs. 2 HGB nicht.

b) Wegen ihrer großen wirtschaftlichen Außenwirkung, besonders aber aufgrund der bei Kapitalgesellschaften häufigen Trennung zwischen Eigentümern des Unternehmens und dessen Geschäftsführungsorganen, sind Kapitalgesellschaften nach § 316 HGB verpflichtet, ihren Jahresabschluss und den Lagebericht durch einen Wirtschaftsprüfer prüfen zu lassen. Nach § 316 Abs. 1 HGB sind jedoch Kleinstkapitalgesellschaften sowie kleine Kapitalgesellschaften von dieser Prüfungspflicht befreit, weshalb auch die Lasertag AG keiner Prüfungspflicht unterliegt.

Um den externen Interessenten des Unternehmens Informationen zugänglich zu machen, sind nach § 325 HGB die Mitglieder des vertretungsberechtigten Organs von Kapitalgesellschaften verpflichtet, ihre offenlegungspflichtigen Unterlagen an die das Unternehmensregister führende Stelle zur Einstellung in das Unternehmensregister elektronisch zu übermitteln. Eine abweichende Regelung besteht allerdings gemäß § 326 Abs. 2 HGB für Kleinstkapitalgesellschaften nach § 267a HGB. Sie können wählen, ob sie ihre Offenlegungspflicht durch Veröffentlichung (elektronische Übermittlung der Rechnungslegungsunterlagen an die das Unternehmensregister führende Stelle zur Einstellung in das Unternehmensregister) oder durch dauerhafte Hinterlegung erfüllen wollen. Zu übermitteln oder zu hinterlegen ist bei einer Kleinstkapitalgesellschaft allerdings nur die Bilanz (§ 326 Abs. 2 HGB). Für die Lasertag AG genügt es somit, ihre Bilanz in elektronischer Form zur dauerhaften Hinterlegung der das Unternehmensregister führenden Stelle zu übermitteln. Im Zuge der dauerhaften Hinterlegung ist die Lasertag AG dazu verpflichtet, einen Hinterlegungsauftrag zu erteilen sowie der das Unternehmensregister führenden Stelle mitzuteilen, dass sie zwei der drei Größenkriterien des § 267a Abs. 1 HGB nicht überschreitet (§ 326 Abs. 2 HGB). Entscheidet sich die Lasertag AG für die Hinterlegung, kann ihre Bilanz nicht elektronisch im Internet eingesehen werden. Interessierte Personen können nach § 9 Abs. 6 Satz 2 HGB auf Antrag eine gebührenpflichtige Kopie der hinterlegten Bilanz anfordern.

2. Kapitel: Basiselemente der Bilanzierung

Aufgabe 2.1: Erhaltungs- und Herstellungsaufwand

Der Elektrohändler Maier renovierte im Laufe des Jahres 01 seinen Laden, wobei die Verkaufsfläche von 100 auf 150 m² erweitert wurde. Der Laden war seit zehn Jahren nicht mehr instandgesetzt worden und musste dringend modernisiert werden.

Der Laden liegt in einem dreistöckigen 30 Jahre alten Haus, das ebenfalls Herrn Maier gehört. Die beiden oberen Stockwerke benutzt er als Büro- und Lagerraum. Da die Handwerker schon einmal vor Ort waren, ließ Herr Maier auch gleich alle Räume der Obergeschosse tapezieren und die Fenster der beiden Obergeschosse erneuern. Die neuen Fenster wurden aus Isolierglas hergestellt, um so gegenüber den alten Einscheibenfenstern eine bessere Wärmedämmung zu erreichen. Zum Tapezieren wurde eine Tapete mit Kunststoffunterlage verwendet, wodurch die Schalldämmung der Wände spürbar verbessert werden konnte.

Bei der Aufstellung der Bilanz für 01 fand der Steuerberater auf dem Konto »Reparaturen« folgende Beträge:

1. Bauarbeiten im Laden	GE	5.000
2. Anstreicharbeiten im Laden	GE	10.000
3. Tapezierarbeiten in den Obergeschossen	GE	6.000
4. Glaserarbeiten im Laden	GE	9.000
5. Kosten der neuen Isolierfenster	GE	12.000

a) Wie sind diese Beträge nach nationalen Normen zu behandeln?

b) Wie sind diese Beträge nach IFRS zu behandeln?

Lösung

a) Vgl. R 21.1 EStR:
Die Kosten des Ladenumbaus (1, 2, 4) sind insgesamt zu aktivieren, obwohl sie teilweise Erhaltungsaufwand (Anstreich-, Glaserarbeiten) wären, wenn sie nicht in unmittelbarem räumlichen Zusammenhang mit dem Ladenumbau entstanden wären. Eine Trennung kann sinnvoll nicht begründet werden, da der Anstrich auch dann durch den Umbau nötig geworden wäre, wenn eine Renovierung ohne Umbau kurz zuvor stattgefunden hätte.

Bei den übrigen Kosten (3, 5) handelt es sich um Erhaltungsaufwand, da sie durch räumlich vom Umbau getrennte Maßnahmen entstanden sind. Dabei ist es für den Charakter als Erhaltungsaufwand unerheblich, dass verbesserte Materialien verwendet wurden.

Diese Regelungen der Einkommensteuerrichtlinien stellen aufgrund entsprechender kaufmännischer Übung und Literaturmeinung GoB dar und finden deshalb nicht nur im steuerlichen, sondern auch im handelsrechtlichen Abschluss Anwendung.

b) Im Gegensatz zu den nationalen Normen enthalten die IFRS keine Abgrenzungskriterien zwischen Erhaltungs- und Herstellungsaufwand. Die Aktivierung von Aufwendungen erfolgt stattdessen in Übereinstimmung mit der allgemeinen Definition eines Vermögenswerts (*asset*) des *Framework* (F 4.3 ff.). Demnach wird ein Vermögenswert als gegenwärtige wirtschaftliche Ressource verstanden, die aus einem vergangenen Ereignis resultiert und über die das Unternehmen verfügen kann (F 4.3). Im Zuge der Überarbeitung des *Framework* wurde das zweistufige Vorgehen zum Ansatz von Vermögenswerten, insbesondere hinsichtlich der Ansatzkriterien gelockert. Durch die Aufhebung der Differenzierung zwischen Definitions- und Ansatzkriterien kann prinzipiell jeder Abschlussposten angesetzt werden, der die jeweils geltenden Definitionsmerkmale erfüllt. Der Ansatz eines *asset* wird jedoch dahingehend beschränkt, als dass die *fundamental characteristics* gemäß F 2.5 ff. erfüllt sein müssen. Demnach darf ein *asset* nur dann angesetzt werden, wenn hierdurch entscheidungsnützliche Informationen (*relevant information*) über den Vermögenswert an die Adressaten vermittelt und glaubwürdig dargestellt (*faithful representation*) werden (F 5.6 ff.). Da das *Framework* keine Vorschrift der einzelnen IFRS außer Kraft setzt, müssen für eine Aktivierung von Aufwendungen – neben diesen primär qualitativen Kriterien des *Framework* – auch die deutlich konkreteren Ansatzvoraussetzungen des IAS 16.7 erfüllt sein. Daher gilt es zu überprüfen, ob es wahrscheinlich ist, dass dem Unternehmen durch die Ausgaben in Zukunft ein wirtschaftlicher Nutzen zufließen wird (IAS 16.7a) und ob sich die Kosten verlässlich schätzen lassen (IAS 16.7b).

Demnach sind auch nach IFRS die Kosten des Ladenumbaus (1, 2, 4) zu aktivieren, da ein durch die zusätzlichen Ausgaben bewirkter zukünftiger Nutzen als wahrscheinlich anzunehmen ist. Dieser übersteigt durch die deutlich vergrößerte Ladenfläche das ursprünglich veranschlagte Leistungsmaß des Ladens. Die Kosten des Umbaus lassen sich zudem verlässlich bestimmen.

Da durch die übrigen Kosten (3, 5) dem Unternehmen kein zukünftiger Nutzen zufließen wird, sondern diese lediglich dazu dienen, den angesetzten zukünftigen Nutzen der Büro- bzw. Lagerräume wiederherzustellen, sind diese Kosten als Aufwand der Periode zu erfassen.

Im Ergebnis besteht also im vorliegenden Sachverhalt kein Unterschied zwischen der Abgrenzung nach nationalen Regeln und der Abgrenzung nach IFRS.

Aufgabe 2.2: Anschaffungskosten

Die Klimatechnik AG kaufte einen Bürocomputer. Die Auswahl des Modells nahm in der Beschaffungsabteilung zwei Monate in Anspruch. Außerdem wurde im Computerraum ein Klimagerät aus der eigenen Produktion installiert, das dort die für den Rechner nötige Temperatur und Luftfeuchtigkeit herstellt. Dabei entstanden folgende Kosten:

1) Preis der Anlage (inkl. 19 % als vorsteuerabzugsfähige Umsatzsteuer)	GE	95.200
2) Kosten der Montage (inkl. 19 % als vorsteuerabzugsfähige Umsatzsteuer)	GE	3.570
3) Anteilige Kosten der Beschaffungsabteilung	GE	4.995
4) Frachtkosten (inkl. 19 % als vorsteuerabzugsfähige Umsatzsteuer)	GE	595
5) Herstellungskosten des Klimagerätes	GE	970
6) Montagekosten des Klimagerätes	GE	150

a) Mit welchem Betrag ist der Computer nach handelsrechtlichen Vorschriften in der Bilanz anzusetzen und welche der aufgeführten Kosten müssen sofort als Aufwand erfasst werden?

b) Wie ist der Sachverhalt nach IFRS zu behandeln?

Lösung

a) Nach HGB ergibt sich folgende Lösung (vgl. § 255 Abs. 1 HGB):

Zu den Anschaffungskosten gehören:

Anschaffungspreis abzüglich Umsatzsteuer	GE	80.000
+ Montagekosten abzüglich Umsatzsteuer	GE	3.000
+ Frachtkosten abzüglich Umsatzsteuer	GE	500
	GE	83.500

Im Rahmen der Anschaffungsnebenkosten dürfen nur die dem Vermögensgegenstand einzeln zurechenbaren Kosten aktiviert werden. Deshalb müssen die anteiligen Kosten der Beschaffungsabteilung als Aufwand verbucht werden.

Das Klimagerät stellt einen selbstständigen Vermögensgegenstand dar und gehört deshalb ebenfalls nicht zu den Anschaffungskosten des Bürocomputers. Es muss mit Herstellungskosten von 1.120 GE (970 GE zuzüglich 150 GE Montagekosten) aktiviert werden.

b) Nach IAS 16.16 ff. ergeben sich bezüglich des Computers die gleichen Anschaffungskosten wie nach HGB (83.500 GE).

Das Klimagerät ist nach den Vorschriften des IASB ebenfalls als eigenständiges *asset* zu behandeln und mit 1.120 GE (970 GE zuzüglich 150 GE) zu aktivieren.

Aufgabe 2.3: Anschaffungskosten bei Tauschgeschäften

Die Motorenfabrik AG tauscht einen zwei Jahre alten Pkw beim Händler unter Zuzahlung von 3.000 GE gegen einen Neuwagen ein. Der Gebrauchtwagen, dessen Anschaffungskosten 20.000 GE betrugen, stand mit 12.000 GE bei der Motorenfabrik zu Buche, der Händler nimmt ihn mit 16.000 GE in Zahlung. In der Schwacke-Liste (entspricht einem Marktpreiskatalog) war er mit 14.000 GE ausgewiesen. Das Lieferwerk empfiehlt für den Neuwagen einen Listenpreis von 19.000 GE. Das Tauschgeschäft hat wirtschaftliche Substanz (*commercial substance*) für die Motorenfabrik und die in der Schwacke-Liste geführten Preise sind als verlässlich anzusehen. Der Ertragsteuersatz beträgt 40 %.

a) Mit welchen Anschaffungskosten ist der Neuwagen in Handels- und Steuerbilanz anzusetzen?

b) Welche Lösung ergibt sich nach IFRS?

Lösung

a) Tauschgeschäfte können in der Handels- und Steuerbilanz unterschiedlich behandelt werden:

In der Steuerbilanz ist bei Tauschgeschäften grundsätzlich eine Gewinnrealisierung vorzunehmen, d. h., die Anschaffungskosten des durch Tausch erworbenen Gegenstandes bemessen sich nach dem gemeinen Wert (= Zeitwert) der Gegenleistung (§ 6 Abs. 6 Satz 1 EStG).

In der Handelsbilanz existieren keine expliziten Regelungen, welche die Anschaffungskosten von getauschten Gegenständen bestimmen. Demnach ist grundsätzlich sowohl die Buchwertfortführung ohne Realisierung von stillen Reserven als auch ein Ansatz zum aktuellen Zeitwert möglich. Zudem wird es als zulässig erachtet, einen steuerneutralen Zwischenwert (entspricht dem Buchwert des hingegebenen Vermögensgegenstandes zuzüglich der durch den Tausch ausgelösten Ertragsteuerbelastung) anzusetzen.

1. GuV-wirksame Behandlung: Zeitwertansatz (in der Steuerbilanz Pflicht, in der Handelsbilanz möglich)

	Zeitwert des eingetauschten Pkws	GE	14.000
+	Zuzahlung	GE	3.000
=	Anschaffungskosten des neuen Pkws	GE	17.000

Buchungssatz:

Betriebs- und Geschäftsausstattung	GE	17.000	an	Kasse	GE	3.000
				Betriebs- und Geschäftsausstattung	GE	12.000
				sonstige betriebliche Erträge	GE	2.000

2. GuV-neutrale Behandlung: Buchwertansatz (in der Handelsbilanz möglich)

	Buchwert des eingetauschten Pkws	GE	12.000
+	Zuzahlung	GE	3.000
=	Anschaffungskosten des neuen Pkws	GE	15.000

Buchungssatz:

Betriebs- und Geschäftsausstattung	GE	15.000	an	Kasse	GE	3.000
				Betriebs- und Geschäftsausstattung	GE	12.000

3. GuV-wirksame Behandlung: steuerneutraler Zwischenwert (in der Handelsbilanz möglich)

	Buchwert des eingetauschten Pkws	GE	12.000
+	Zuzahlung	GE	3.000
+	Ertragsteuer aus Tauschgeschäft	GE	800
=	Anschaffungskosten des neuen Pkws	GE	15.800

Buchungssatz:

Betriebs- und Geschäftsausstattung	GE	15.800	an	Kasse	GE	3.000
				Betriebs- und Geschäftsausstattung	GE	12.000
				sonstige betriebliche Erträge	GE	800

Die durch den Tausch ausgelöste Ertragsteuerbelastung (800 GE) ergibt sich durch Multiplikation des Ertragsteuersatzes (40 %) mit dem Betrag der durch den Tausch aufgedeckten stillen Reserve (2.000 GE).

b) Nach IAS 16.24 bestimmen sich die Anschaffungskosten eines durch Tausch erworbenen Vermögenswertes durch den *fair value* des hingegebenen Vermögenswertes, wenn dieser verlässlich ermittelt werden kann und der Tauschvorgang von wirtschaftlicher Substanz (*commercial substance*) für das Unternehmen ist, d. h. das Risiko, der Zeitpunkt oder die Höhe der zukünftigen Zahlungsströme des Unternehmens sich infolge des Vertrags voraussichtlich ändern wird. Da beide Kriterien erfüllt sind, bestimmen sich die Anschaffungskosten des Neuwagens durch den *fair value* des eingetauschten Pkws. Die Anschaffungskosten lassen sich wie folgt ermitteln:

	Zeitwert des eingetauschten Pkws	GE	14.000
+	Zuzahlung	GE	3.000
=	*fair value* und damit Anschaffungskosten des neuen Pkws	GE	17.000

Die Differenz zwischen aktiviertem *fair value* des Neuwagens und dem Buchwert des ausgeschiedenen Pkws ist GuV-wirksam – wie in Teilaufgabe a) unter 1. gezeigt – zu verbuchen.

Aufgabe 2.4: Aktivierung von Fremdkapitalkosten

Am Ende des Jahres 01 beauftragt die Sunshine AG die SchnellBau AG mit der Konstruktion eines neuen Geschäftsgebäudes. Der eigentliche Baubeginn fällt auf den 02.01.02, mit der Fertigstellung wird zu Beginn des Jahres 05 gerechnet.

Im Laufe des Jahres 02 leistet die Sunshine AG folgende Zahlungen an die SchnellBau AG:

31.03.02	GE	2.800.000
30.06.02	GE	14.650.000
30.09.02	GE	12.050.000
31.12.02	GE	8.000.000
Summe	GE	37.500.000

Die Sunshine AG nimmt zur Finanzierung kein projektgebundenes Fremdkapital auf, der zugrunde liegende Fremdkapitalzinssatz der Sunshine AG liegt bei 6 %.

Ermitteln Sie die aktivierungsfähigen/-pflichtigen Fremdkapitalzinsen der Sunshine AG zum Bilanzstichtag 31.12.02 nach HGB und IFRS, wenn der Zinsaufwand bei der Sunshine AG im abgelaufenen Geschäftsjahr 02 1.600.000 GE beträgt.

Lösung

Da die Finanzierung eines Vermögensgegenstandes nicht unmittelbar seiner Anschaffung dient, stellen die Kosten der Geldbeschaffung gemäß den Vorschriften des HGB und der EStR grundsätzlich keine aktivierbaren Anschaffungsnebenkosten dar. Demnach ist eine Aktivierung ausgeschlossen (vgl. § 255 Abs. 1 HGB; R 6.3 EStR). Ausnahmen bestehen lediglich für die Fälle, in denen Kredite als Anzahlungen oder Vorauszahlungen zur Finanzierung von Neuanlagen mit längerer Bauzeit verwendet werden (projektgebundenes Fremdkapital), was jedoch in der vorliegenden Aufgabe nicht der Fall ist.

Nach den Vorschriften des IAS 23.8 f. besteht für sog. »*qualifying assets*« eine Pflicht zur Aktivierung von Fremdkapitalzinsen, falls es wahrscheinlich ist, dass dem Unternehmen hieraus ein zukünftiger wirtschaftlicher Nutzen erwächst und die Kosten verlässlich ermittelt werden können. Unter *qualifying assets* versteht man diejenigen *assets*, deren Vorbereitung für die geplante Nutzung im Unternehmen oder für den Verkauf zwingend eine erhebliche Zeitdauer in Anspruch nimmt (IAS 23.5). Gemäß dieser Definition handelt es sich bei dem hergestellten Geschäftsgebäude um ein *qualifying asset*. Dessen Fremdkapitalkosten, die hätten vermieden werden können, falls keine Ausgabe für dieses *qualifying asset* gemacht worden wäre, sind zu aktivieren. Da das benötigte Fremdkapital aus der allgemeinen Fremdfinanzierung des Unternehmens stammt, ist der gewichtete Durchschnitt der Fremdkapitalkosten anzusetzen.

Hierzu werden zunächst die gewichteten Ausgaben ermittelt.

Datum	Betrag		Kapitalisierungs-periode	Gewichtete Ausgaben	
31.03.02	GE	2.800.000	9/12	GE	2.100.000
30.06.02	GE	14.650.000	6/12	GE	7.325.000
30.09.02	GE	12.050.000	3/12	GE	3.012.500
31.12.02	GE	8.000.000	–	GE	–
Summe	GE	37.500.000		GE	12.437.500

Durch Multiplikation der gewichteten Ausgaben mit dem Fremdkapitalzinssatz der Sunshine AG ergibt sich der Zinsaufwand, der mit der Anschaffung des *qualifying asset* zusammenhängt und ansonsten vermeidbar gewesen wäre. Demnach errechnet sich als vermeidbarer Zinsaufwand = 12.437.500 GE × 0,06 = 746.250 GE.

Der Zinsaufwand, der am Ende der Periode 02 zu aktivieren ist, ergibt sich dann aus dem niedrigeren Betrag von tatsächlichem Zinsaufwand und vermeidbarem Zinsaufwand (IAS 23.14). Da der tatsächliche Zinsaufwand bei 1.600.000 GE liegt, ist nach IAS 23 die Aktivierung von Fremdkapitalkosten i. H. v. 746.250 GE geboten. Als Aufwand sind folglich in Periode 02 853.750 GE (1.600.000 GE – 746.250 GE) zu erfassen.

Aufgabe 2.5: Herstellungskosten

Aus den Kalkulationsunterlagen der Möbelfabrik Netter Wohnen AG ergibt sich, dass für einen am Jahresende noch auf Lager befindlichen plastikbeschichteten Schlafzimmerschrank Modell »Traumland« aus der Produktion des letzten Jahres folgende Kosten aufgewendet wurden:

a) Plastikbeschichtetes Holz	GE	100
b) Arbeitslohn zur Herstellung des Schrankes (Akkordlohn)	GE	120
c) Anteilige Kosten für ein Spezialwerkzeug, das ausschließlich bei der Fertigung dieses Modells benutzt wird	GE	10
d) Anteilige Stromkosten der Produktionsanlagen (aus Kostengründen pauschal ermittelt)	GE	20
e) Anteilige Lagerkosten für das Holz	GE	10
f) Anteilige verbrauchsbedingte Reparaturkosten des Maschinenparks	GE	30
g) Anteilige zeitabhängige Abschreibung der Sägemaschinen usw.	GE	90

h) Anteiliger Meisterlohn zur Beaufsichtigung der Herstellung	GE	50
i) Anteilige Kosten einer Werbekampagne für besonders erholsames Schlafen in Traumlandmöbeln	GE	50
j) Anteilige Kosten des Personalbüros und des Rechnungswesens	GE	30
k) Gewinnaufschlag	GE	200

Ordnen Sie die vorgegebenen Kostenbestandteile nach den Kriterien aktivierungsfähig, aktivierungspflichtig und nicht aktivierungsfähig. Geben Sie jeweils die Wertober- und Wertuntergrenze der Herstellungskosten nach HGB, Steuerrecht und nach IFRS an.

Lösung

Im Handelsrecht sind die Herstellungskosten als Maßstab zur Bewertung von Vermögensgegenständen, die ein Unternehmen ganz oder teilweise selbst erstellt hat, in § 255 Abs. 2 HGB (bzw. § 255 Abs. 2a HGB für selbst geschaffene immaterielle Vermögensgegenstände des Anlagevermögens) geregelt. Hierbei legt § 255 Abs. 2 Satz 2 HGB bestimmte Pflichtbestandteile fest, die in die Herstellungskosten einfließen müssen (Wertuntergrenze) und gewährt zugleich gemäß § 255 Abs. 2 Satz 3 HGB Wahlrechte für den Einbezug in die Herstellungskosten, deren Ausübung gemäß § 253 Abs. 1 Satz 1 HGB zugleich die Höchstgrenze zur Bewertung entsprechender Vermögensgegenstände darstellt. Darüber hinaus sind in § 255 Abs. 2 Satz 4 HGB auch Kostenbestandteile festgelegt, die nicht in die Herstellungskosten einbezogen werden dürfen.

Durch die Neuregelung des § 6 Abs. 1 Nr. 1b EStG wurden die bislang existierenden steuerlichen Wahlrechte im Rahmen der Ermittlung von Herstellungskosten erstmalig gesetzlich kodifiziert und ihre Ausübung an das Vorgehen in der Handelsbilanz geknüpft. Somit kam es grundsätzlich zu einer Wahrung des Maßgeblichkeitsprinzips, da die handelsrechtliche Bewertung wieder maßgeblich für die Steuerbilanz ist.

Aktivierungsfähig ist die Summe der Muss- und Kannbestandteile, aktivierungspflichtig die Summe der Mussbestandteile. Ein Aktivierungsverbot gilt neben den in der untenstehenden Lösungstabelle genannten Fällen auch für den Gewinnaufschlag (Sachverhalt k)), der als kalkulatorische Größe nicht aktiviert werden darf.

Anders als nach HGB bzw. EStG bestehen nach IFRS keine expliziten Wahlbestandteile bei der Ermittlung der Herstellungskosten (IAS 2.10 ff.), wonach der sog. »Vollkostenansatz« konsequent Anwendung findet. Demnach umfassen die Herstellungskosten nach IAS 2.12 ff. entsprechend dem *accrual principle* als Pflichtbestandteile alle Kosten, die dem Produktionsprozess zugerechnet werden können.

Die Lösung ergibt sich aus der folgenden Tabelle (vgl. § 255 Abs. 2 HGB; § 6 Abs. 1 Nr. 1b EStG; R 6.3 EStR; IAS 2.12 ff.):

Kostenarten	Angefallene Kosten	HGB = EStG	IFRS	Betrag (in GE)
Materialeinzelkosten	a	muss	muss	100
Fertigungseinzelkosten	b	muss	muss	120
Sondereinzelkosten der Fertigung	c	muss	muss	10
Unechte Gemeinkosten	d	muss	muss	20
Material- und Fertigungsgemeinkosten				
• variabel	f	muss	muss	30
• fix	e, g, h	muss	muss	150
Allgemeine Verwaltungskosten, nicht herstellungsbezogen	j	kann	Verbot	30
Vertriebskosten	i	Verbot	Verbot	50
Wertuntergrenze (in GE)		430	430	
Wertobergrenze (in GE)		460	430	

Aufgabe 2.6: Einlagen, Entnahmen

Ein Steuerberater hat sich anlässlich der Abschlussarbeiten für seine Klienten Wilbertz, Buchmann, Eder und Hainer zum 31.12.01 mit folgenden Vorgängen zu beschäftigen:

a) Der Hotelier Wilbertz hat 50 Flaschen Sekt aus den Beständen seines Hotels für eine private Geburtstagsfeier verwendet. Die Flaschen hatte er im Vorjahr zu einem besonders günstigen Preis von 5 GE je Stück aus einer Insolvenzmasse erworben. Der Tagespreis im Verbrauchszeitpunkt belief sich auf 7,70 GE je Flasche. Den Sekt hatte er als Betriebsausgabe verbucht.

b) Herr Wilbertz hatte darüber hinaus die Stromrechnungen für seine Privatwohnung als Betriebsausgabe verbucht. Insgesamt handelt es sich um einen Betrag von 900 GE.

c) Außerdem hatte Herr Wilbertz im Jahr 01 12.000 GE an Unternehmerlohn zulasten des Gehaltskontos sowie eine 5 %ige Verzinsung auf sein Eigenkapital entnommen. Das Eigenkapital beträgt 300.000 GE.

d) Der Möbelhändler Buchmann hat seiner Tochter zu ihrer Hochzeit ein Schlafzimmer geschenkt, das er seinem Verkaufslager entnommen hat. Der Verkaufswert betrug 2.100 GE, die Wiederbeschaffungskosten 1.400 GE.

e) Herr Buchmann hat außerdem im Mai 01 aus privaten Mitteln Aktien im Wert von 7.500 GE erworben. Der Kurs war innerhalb von vier Wochen um 90 % gestiegen. Die Wertpapiere wurden im August 01 in das Betriebsvermögen eingebracht. Die Einlage wurde als sonstiger betrieblicher Ertrag i. H. v. 7.500 GE erfasst.

f) Der Schreinermeister Eder hat mit seinem Gesellen die Möbel seiner Tochter ohne nennenswerten Materialverbrauch instandgesetzt. Meister und Geselle haben dazu je zehn Arbeitsstunden benötigt. Der Lohnsatz für eine Meisterstunde beträgt 54 GE, der für eine Gesellenstunde 38 GE.

g) Der Computerhändler Hainer entnimmt fünf Aktien aus seinem Betriebsvermögen und spendet sie der Universität Augsburg. Der Buchwert beträgt 70 GE, der Tageskurs bei der Entnahme 150 GE. Es erfolgte bisher keine Verbuchung des Geschäftsvorfalles.

Wie sind die geschilderten Vorfälle bei der Aufstellung der jeweiligen Steuerbilanzen zu behandeln?

Lösung

Vgl. hierzu § 6 Abs. 1 Nr. 4 und 5 EStG:

a) Entnahme zum Teilwert. Dieser wird im Umlaufvermögen durch die Höhe der Wiederbeschaffungskosten (= Tageswert) bestimmt. Der steuerpflichtige Gewinn erhöht sich um 50 × 7,70 GE = 385 GE.

b) Entnahme zum Teilwert. Der steuerpflichtige Gewinn erhöht sich um 900 GE.

c) Entnahme zum Teilwert. Die Entgelte für die vom Unternehmer dem Betrieb zur Verfügung gestellten Produktionsfaktoren sind kein Aufwand, sondern Gewinnverwendung. Da Unternehmerlohn (12.000 GE) und Eigenkapitalverzinsung (15.000 GE) nicht zu einer Vermögensminderung führen (kein Aufwand, keine Ausgabe), werden sie steuerlich nicht als Betriebsausgaben anerkannt. Der steuerpflichtige Gewinn erhöht sich um 27.000 GE.

d) Entnahme zum Teilwert in Höhe der Wiederbeschaffungskosten. Der steuerpflichtige Gewinn erhöht sich um 1.400 GE.

e) Der Ansatz der Wertpapiere zu den Anschaffungskosten (= 7.500 GE) ist korrekt, da die Anschaffung nicht länger als drei Jahre vor der Einlage erfolgt ist (§ 6 Abs. 1 Nr. 5 Bst. a EStG). Der Buchwert der Wertpapiere beträgt demnach 7.500 GE. Eine Verbuchung der Einlage als betrieblicher Ertrag ist allerdings unzulässig, vielmehr erfolgt die Buchung ergebnisneutral gegen das Eigenkapital. Der steuerpflichtige Gewinn verringert sich dadurch um 7.500 GE.

f) Hinsichtlich der Gesellenleistung liegt eine Entnahme vor. Der steuerpflichtige Gewinn erhöht sich daher um 380 GE. Bei der Arbeitsleistung des Schreinermeisters handelt es sich dagegen nicht um eine Entnahme. Die Entgelte für die vom Unternehmer dem Betrieb zur Verfügung gestellten Produktionsfaktoren sind kein Aufwand, sondern Gewinnverwendung.

g) Da die entnommenen Aktien im Anschluss an die Entnahme einer Einrichtung, die unmittelbar der Förderung wissenschaftlicher Zwecke dient, unentgeltlich überlassen wurden, darf die Entnahme gemäß § 6 Abs. 1 Nr. 4 Satz 4 EStG zum Buchwert erfolgen. Dies hat keine Auswirkungen auf den steuerlichen Gewinn.

Aufgabe 2.7: Wertkorrekturen

Die Bauunternehmung Klemens Spieß AG aus München hat in der Handelsbilanz und Steuerbilanz zum 31.12.02 u. a. die nachstehenden Wirtschaftsgüter mit folgenden Buchwerten ausgewiesen:

a) Ein unbebautes Grundstück des Sachanlagevermögens, dessen gegenwärtiger Verkehrswert 25.000 GE beträgt (entspricht gleichzeitig dem *value in use*). Es wird in den nächsten zwei Jahren mit einer Preissteigerung auf 30.000 GE gerechnet. Der Buchwert beträgt 20.000 GE, die Anschaffungskosten betrugen 20.000 GE.

b) Wie a), nur betrugen die Anschaffungskosten 30.000 GE.

c) Zwei Motorförderbänder, die am 01.01.01 angeschafft und linear abgeschrieben wurden. Da die Firma mittlerweile nur noch Fertighäuser in Lohnauftrag montiert, werden sie nicht mehr benötigt. Verkaufsversuche sind bisher erfolglos geblieben, da Förderbänder bei Neubauten im Allgemeinen nicht mehr verwendet werden. Die Anschaffungskosten betrugen 10.000 GE, die betriebsgewöhnliche Nutzungsdauer fünf Jahre, der Buchwert 6.000 GE.

d) Eine Betonmischmaschine mit Motorantrieb, die im Januar 01 für 10.000 GE angeschafft worden war. Der Wiederbeschaffungspreis einer neuen Maschine ist mittlerweile auf 14.000 GE gestiegen. Die Nutzungsdauer, die der linearen Abschreibung zugrunde gelegt wurde, beträgt vier Jahre. Der Buchwert liegt bei 7.500 GE.

e) Einen Lagerbestand an Zement mit Anschaffungskosten von 22.000 GE. Der gegenwärtige Marktpreis ist 23.500 GE. Es ist aber im Laufe des nächsten Jahres mit einem Verfall des Zementpreises zu rechnen, sodass der Marktpreis innerhalb dieser Frist auf 18.000 GE sinken wird. Der Buchwert beträgt 22.000 GE.

f) Wegen besserer Auftragslage wurde in 02 eine im Jahr 01 nur teilweise genutzte Baumaschine (50 % der ursprünglichen Leistung) wieder voll (100 % Leistung) in Betrieb genommen. Aufgrund der Teil-Stilllegung war die Maschine außerplanmäßig abgeschrieben worden, sodass der Buchwert 2.500 GE beträgt. Ohne außerplanmäßige Abschreibung würde der Buchwert 5.000 GE betragen.

g) Am Ende des Jahres beträgt der Buchwert einer zu Beginn des Geschäftsjahres neu angeschafften, speziell für die Klemens Spieß AG angefertigten Baumaschine 57.600 GE. Die Maschine wird linear über sechs Jahre abgeschrieben, ein Restverkaufserlös am Ende der Nutzungsdauer wird nicht angenommen. Nach Ablauf eines Jahres stellt die Geschäftsleitung fest, dass die ökonomische Leistung der Maschine dauerhaft nicht den Erwartungen entspricht. Der Wiederbeschaffungszeitwert (= Wiederbeschaffungswert – planmäßige Abschreibung) liegt bei 41.000 GE, während der Nettoveräußerungserlös unter dem Nutzungswert liegt. Für die Bestimmung des Nutzungswertes werden für die nächsten fünf Jahre folgende Rückflüsse (Cashflows) geschätzt (in GE).

03	04	05	06	07
15.500	17.500	12.300	7.200	5.600

Die Diskontierungsrate wird – übereinstimmend mit den Regelungen nach IFRS – auf 15 % festgelegt.

Geben Sie für die Handels- und Steuerbilanz getrennt an, ob die genannten Wertansätze zulässig, alternative Wertansätze möglich oder Korrekturen notwendig sind. Nennen Sie dabei jeweils die relevanten Vorschriften. Beantworten Sie die Fragestellungen auch unter der Annahme, dass die Klemens Spieß AG den Abschluss auf Basis der IFRS erstellt.

Lösung

Vgl. zur Lösung § 253 HGB; § 6 Abs. 1 EStG; IAS 16; IAS 36; IFRS 5:

a) Der Buchwert des Grundstückes (20.000 GE) ist zutreffend. Es sind keine alternativen Wertansätze möglich, da der Korrekturwert höher als der Anschaffungswert ist und nur niedrigere Korrekturwerte einen entsprechenden Wertabschlag ermöglichen. Dieses Ergebnis gilt für die Handels- wie für die Steuerbilanz (§ 253 Abs. 1 Satz 1 HGB, § 6 Abs. 1 Nr. 2 Satz 1 EStG).

   Nach IFRS besteht im Rahmen der Folgebewertung eine Wahlmöglichkeit zwischen dem Anschaffungskostenmodell (IAS 16.30) und dem Neubewertungsmodell (IAS 16.31). Nach dem Anschaffungskostenmodell ist das Grundstück zu den Anschaffungskosten von 20.000 GE anzusetzen. Das Neubewertungsmodell hingegen lässt auch eine regelmäßige Neubewertung des Sachanlagevermögens zu. Wird von diesem (stetig anzuwendenden) Wahlrecht Gebrauch gemacht, so ist ein Ansatz zum aktuellen Verkehrswert (*fair value*) von 25.000 GE geboten. Die Differenz zwischen dem neuen Buchwert und den ursprünglichen Anschaffungskosten ist durch die Bildung einer Neubewertungsrücklage (*revaluation surplus*) direkt im Eigenkapital zu erfassen (IAS 16.39).

b) In der Handelsbilanz ist eine Zuschreibung auf 25.000 GE erforderlich. Dies folgt aus dem Wertaufholungsgebot des § 253 Abs. 5 Satz 1 HGB, wonach im Umfang der Werterhöhung, maximal bis zu den fortgeführten Anschaffungskosten, eine Zuschreibung vorgenommen werden muss, wenn die Gründe für eine außerplanmäßige Abschreibung nicht mehr bestehen. In der Steuerbilanz muss eine Zuschreibung auf die Anschaffungskosten von 30.000 GE erfolgen, da die ursprüngliche Wertminderung nicht dauerhaft war und die Begründung für die vorgenommene Teilwertabschreibung damit nach Literaturmeinung im Nachhinein vollständig entfällt (§ 6 Abs. 1 Nr. 2 EStG).

   Im Rahmen einer IFRS-Bilanzierung ist am Bilanzstichtag zu überprüfen, ob die Gründe, die in früheren Perioden zur Abwertung eines *asset* geführt haben, noch vorliegen bzw. ob sie gemildert wurden (IAS 36.110). Der gestiegene Verkehrswert des Grundstücks ist als Anzeichen dafür zu deuten, dass die Abwertungsgründe teilweise nicht mehr existieren und somit die Veränderung des *recoverable amount* nicht lediglich auf die zeitliche Komponente zurückzuführen ist. Somit ist auf den *recoverable amount* zuzuschreiben (IAS 36.114), der wiederum als der höhere Wert von *value in use* und *fair value less costs of disposal* definiert ist. Beide Werte betragen im vorliegenden Fall 25.000 GE, sodass auf diesen Betrag zugeschrieben werden muss. Die Zuschreibung muss nach IAS 36.119, bei Anwendung des Anschaffungskostenmodells, GuV-wirksam vorgenommen werden. Eine Ausnahme ergibt sich, falls der Vermögenswert zum *revalued amount* nach den Vorschriften eines anderen Standards (z. B. IAS 16.31 ff.) bilanziert wird. In diesem Fall muss die Wertaufholung, soweit sie über die fortgeführten Anschaffungs- oder Herstellungskosten hinaus geht, GuV-neutral mittels einer Erhöhung der Neubewertungsrücklage vorgenommen werden.

c) Aus der Situationsbeschreibung folgt, dass die Transportbänder weder im eigenen Betrieb noch durch Verkauf zu verwerten sind. Der beizulegende Wert (Teilwert) als Korrekturwert für die Handelsbilanz (Steuerbilanz) ist folglich dauerhaft auf 0 GE gefallen. Somit besteht in der Handelsbilanz die Pflicht zur Vornahme einer außerplanmäßigen Abschreibung der Transportbänder auf diesen Korrekturwert (§ 253 Abs. 3 Satz 5 HGB). In der Steuerbilanz führt das Wahlrecht zur Abschreibung bei einer dauerhaften Wertminderung (§ 6 Abs. 1 Nr. 1 Satz 2 EStG) zu zwei möglichen Wertansätzen: Einerseits ist eine Abschreibung – analog zur Handelsbilanz – auf 0 GE denkbar. Andererseits kann ein Ansatz der fortgeführten Anschaffungskosten – 6.000 GE – erfolgen.

   Da die Veräußerung der Transportbänder bereits vollständig initiiert ist, muss in Übereinstimmung mit den IFRS eine Bewertung gemäß IFRS 5 erfolgen. Darüber hinaus sind die Transportbänder als *assets held for sale* in der Bilanz getrennt von anderen Vermögenswerten unter den kurzfristigen Vermögenswerten auszuweisen (IFRS 5.38). Im Rahmen der Bewertung wird der *fair value less costs to sell* bestimmt und dem Buchwert der Transportbänder gegenübergestellt. Da der *fair value* dieser Vermögenswerte 0 GE beträgt, ist folglich gemäß IFRS 5.15 eine außerplanmäßige Abschreibung vorzunehmen. Ein separater Ausweis dieser *losses* unter den *discontinued operations* ist nicht vorzunehmen. Vielmehr sind diese Aufwendungen Bestandteil der *continuing operations* (IFRS 5.37). Würde man bei der Beurteilung des Sachverhaltes zu dem Schluss kommen, dass IFRS 5 nicht zur Anwendung kommen darf, weil der Verkauf nicht als *highly probable* (IFRS 5.7) eingestuft wird, müsste die Bewertung gemäß IAS 16 i. V. m. IAS 36 erfolgen. Nach Vornahme eines *impairment test* wären die Transportbänder ebenfalls auf 0 GE abzuschreiben.

d) Eine Buchwertkorrektur nach oben wegen des höheren Wiederbeschaffungspreises scheidet nach HGB, EStG und IFRS bei Anwendung des Anschaffungskostenmodells (IAS 16.30) aus (vgl. a)). Allerdings wurde hier die planmäßige Abschreibung falsch berechnet; der korrekte Buchwert, der nach den unter a) genannten Vorschriften anzusetzen wäre, beträgt 5.000 GE.

   Gemäß der nach IAS 16.31 zulässigen Neubewertungsmethode (Wahlrecht zwischen Anschaffungskostenmodell und Neubewertungsmodell) ist der gestiegene Wiederbeschaffungswert einer neuwertigen Betonmischmaschine mittels einer GuV-neutralen Zuschreibung zu berücksichtigen (IAS 16.39). Unter Einbeziehung der bereits zweijährigen Nutzung ergibt sich damit ein Buchwert von 7.000 GE (= 14.000 GE – 2 × 3.500 GE).

e) Bei dem Zementlagerbestand handelt es sich um Vermögenswerte des Vorratsvermögens. Der Wertansatz von 22.000 GE stellt für die Handels-, Steuer- und IFRS-Bilanz die einzig mögliche Alternative dar. Es sind generell keine Abschreibungen zur Vorwegnahme zukünftiger Wertschwankungen sowie Zuschreibungen über die Anschaffungskosten zulässig.

f) Da die Gründe für eine außerplanmäßige Abschreibung nicht mehr bestehen, muss sowohl in der Handelsbilanz (§ 253 Abs. 5 Satz 1 HGB) als auch in der Steuerbilanz (§ 6 Abs. 1 Nr. 1 Satz 4 i. V. m. Satz 1 EStG) eine Zuschreibung, maximal bis zu den fortgeführten Anschaffungskosten, vorgenommen werden. Da nicht davon ausgegangen werden muss, dass weitere Abwertungen die Maschine betreffen, werden die ursprünglichen, fortgeführten Anschaffungskosten als Wertansatz gewählt. Die Zuschreibung führt in beiden Bilanzen zum Ansatz von 5.000 GE.

   Da es sich lediglich um eine Teil-Stilllegung handelt, findet hier IAS 16 (i. V. m. IAS 36) und nicht IFRS 5 Anwendung (IFRS 5.13). Nach IAS 36.117 besteht für die Baumaschine ein Wertaufholungsgebot. Wird das Anschaffungskostenmodell angewendet, muss eine GuV-wirksame Zuschreibung auf 5.000 GE vorgenommen werden. Wird die Baumaschine nach dem Neubewertungsmodell bewertet, muss die Wertaufholung, soweit sie über die fortgeführten Anschaffungs- oder Herstellungskosten hinaus geht (IAS 36.119), in der entsprechenden Rücklage erfasst werden.

g) Den beizulegenden Wert, der als Korrekturwert für die Handelsbilanz angesetzt werden muss, stellt im Bereich des abnutzbaren Anlagevermögens der Wiederbeschaffungszeitwert (= Wiederbeschaffungswert – planmäßige Abschreibung) dar. Da es sich um eine dauerhafte Wertminderung handelt, muss in der Handelsbilanz eine außerplanmäßige Abschreibung der Maschine auf diesen Korrekturwert erfolgen (§ 253 Abs. 3 Satz 5 HGB). Dadurch ergibt sich ein Wertansatz von 41.000 GE. In der Steuerbilanz gilt gemäß § 6 Abs. 1 Nr. 1 Satz 2 EStG für die Abwertung von

Anlagevermögen auf einen dauerhaft niedrigeren Teilwert ein Wahlrecht. Als Wertansatz in der Steuerbilanz stehen somit die fortgeführten Anschaffungskosten von 48.000 GE (57.600 GE abzüglich der planmäßigen Abschreibung von 9.600 GE) oder der Korrekturwert von 41.000 GE zur Auswahl.

Nach IAS 36 ist zur Feststellung der Wertminderung auf den erzielbaren Betrag (*recoverable amount*) abzustellen, welcher der höhere aus Nettoveräußerungserlös oder Nutzungswert ist. Da der Nutzungswert (*value in use*) gemäß Aufgabenstellung über dem Nettoveräußerungserlös liegt, wird dieser im Folgenden bestimmt. Hierzu werden die über die Nutzungsdauer erwarteten Zahlungsmittelzuflüsse mit dem Zinssatz i. H. v. 15 % diskontiert.

	02	03	04	05	06	Summe
Cashflow (GE)	15.500	17.500	12.300	7.200	5.600	58.100
Diskontierungsfaktor	$1{,}15^{-1}$	$1{,}15^{-2}$	$1{,}15^{-3}$	$1{,}15^{-4}$	$1{,}15^{-5}$	
Barwert (GE)	13.478,26	13.232,51	8.087,45	4.116,62	2.784,19	41.699,03

Als relevanter *value in use* ergibt sich somit – unabhängig von der Verwendung der Anschaffungskosten- oder der Neubewertungsmethode – 41.699,03 GE. Demnach ist gemäß IAS 36.59 der Buchwert GuV-wirksam (*impairment loss*) auf diesen Wert abzuschreiben.

Aufgabe 2.8: Leasing

Die Cashless GmbH (Leasingnehmer) hat von der Münchner Leasing AG (Leasinggeber) einen Teil ihres Anlagevermögens geleast. Bestimmen Sie für die nachfolgenden Sachverhalte a) bis e), welche Art von Leasingverhältnis nach Handels- und Steuerrecht vorliegt und geben Sie an, wer den Leasinggegenstand als Vermögensgegenstand in seiner Bilanz anzusetzen hat.

Nehmen Sie darüber hinaus auch eine Beurteilung der nachfolgenden Sachverhalte a) bis e) nach IFRS vor und bestimmen Sie, wer welchen Vermögenswert anzusetzen hat. Falls die Ansatzentscheidung auf Grundlage des *risk-and-reward approach* erfolgt, geben Sie zudem an, um welche Art von Leasingvertrag es sich handelt. Eine Prüfung, ob ein Leasingverhältnis gemäß IFRS 16.9 vorliegt, ist bereits erfolgt. Gehen Sie im Nachfolgenden davon aus, dass sämtliche Sachverhalte ein Leasingverhältnis nach IFRS 16 begründen.

a) Eine EDV-Anlage wurde im Rahmen eines jederzeit kündbaren Vertrages für zwei Jahre geleast, die wirtschaftliche Nutzungsdauer beläuft sich auf fünf Jahre. Der Leasingvertrag verpflichtet den Leasinggeber, die Anlage zu warten und auf dem Stand der Technik zu halten. Der Barwert der Mindestleasingzahlungen beträgt zu Beginn des Leasingverhältnisses 70 % des *fair value* der EDV-Anlage.

b) Der Firmen-Pkw wurde fest für vier Jahre geleast, die wirtschaftliche Nutzungsdauer beträgt fünf Jahre. Die Leasingraten während der unkündbaren Grundmietzeit decken die gesamten Kosten des Leasinggebers bzw. der Barwert der Mindestleasingzahlungen entspricht zu Beginn des Leasingverhältnisses dem *fair value* des Pkws.

c) Wie b), jedoch hat der Leasingnehmer das Recht, den Pkw nach Ablauf der Grundmietzeit zu einem Preis von 80 % des Restbuchwertes zu kaufen.

d) Eine Büroeinrichtung, deren wirtschaftliche Nutzungsdauer auf sieben Jahre geschätzt wird, wurde fest für drei Jahre geleast. Die Leasingraten während der Grundmietzeit decken nicht die Anschaffungskosten (inkl. Finanzierungs- und Nebenkosten) des Leasinggebers. Der Barwert der Mindestleasingzahlungen beläuft sich auf 80 % des *fair value*. Nach Ablauf der Grundmietzeit ist der Leasinggeber aber berechtigt, dem Leasingnehmer die Einrichtung zu einem Preis zu verkaufen, der die Abdeckung seiner gesamten Kosten sicherstellt.

e) Ein Kopiergerät im Wert von 5.000 GE wurde fest für drei Jahre geleast. Der Leasingvertrag bestimmt, dass der Leasingnehmer das Gerät danach für 2.000 GE übernimmt. Bei der Kalkulation der jährlichen Leasingzahlungen von 1.100 GE wurden Werteverzehr und Zinsen berücksichtigt.

Lösung

Steuerrechtlich ergibt sich die Qualifizierung eines Leasingvertrages aus den sog. »Leasingerlassen« des Bundesministeriums der Finanzen, wo objektivierbare Zuordnungskriterien genannt werden. Das HGB enthält keine explizite Regelung. Allerdings gelten die steuerlichen Bestimmungen als GoB, was zu einer identischen Behandlung von Leasingverträgen in der Handels- und Steuerbilanz führt.

Die Behandlung der nachfolgenden Leasingverhältnisse erfolgt nach IFRS 16. Dieser sieht für den Leasingnehmer eine grundsätzliche Verpflichtung zur Aktivierung eines Nutzungsrechts (*right-of-use asset*) vor. Auf Seiten des Leasinggebers ist ähnlich dem Vorgehen nach Handels- und Steuerrecht eine Unterscheidung in *finance lease* und *operating lease* auf Grundlage des *risk-and-reward approach* vorzunehmen, welche zugleich entscheidend für die bilanzielle Behandlung des Leasingverhältnisses durch den Leasinggeber ist.

Die handels- bzw. steuerrechtliche Einstufung des Leasingverhältnisses auf Grundlage der »Leasingerlasse« erfolgt anhand anderer Kriterien, als die Einstufung nach IFRS 16.61–.66 aufseiten des Leasinggebers. Während die Einordnung des Leasingverhältnisses nach Handels- bzw. Steuerrecht grundsätzlich festlegt, ob der Leasingnehmer oder Leasinggeber den Leasinggegenstand zu bilanzieren hat, so ist nach IFRS 16 die Einstufung dafür ausschlaggebend, ob der Leasinggeber den Leasinggegenstand (*under-*

lying asset) weiterhin in seiner Bilanz erfassen, oder ausbuchen und durch eine Leasingforderung ersetzen muss.

a) Der Leasingvertrag weist typische Merkmale eines Operating-Leasingvertrages auf (Wartung durch den Leasinggeber; Kündbarkeit). Die Bilanzierung erfolgt deshalb handels- und steuerrechtlich beim Leasinggeber (Münchner Leasing AG).

   Nach IFRS 16 hat die Cashless GmbH als Leasingnehmer ein Nutzungsrecht (*right-of-use asset*) zu aktivieren und eine Leasingverbindlichkeit zu passivieren (IFRS 16.22).

   Demgegenüber ist der Ansatz des Leasingverhältnisses für die Münchner Leasing AG als Leasinggeber davon abhängig, ob ein *finance lease* oder ein *operating lease* vorliegt (IFRS 16.61). Da im vorliegenden Sachverhalt alle wesentlichen Chancen und Risiken beim Leasinggeber verbleiben, wird das Leasingverhältnis auch nach IFRS als *operating lease* qualifiziert (IFRS 16.62) und die EDV-Anlage (*underlying asset*) bleibt in der Bilanz des Leasinggebers (der Münchner Leasing AG). Darüber hinaus beträgt der Barwert der Mindestleasingzahlungen laut Angabe nur 70 % des *fair value* der EDV-Anlage, was damit keinen Hinweis für eine Klassifizierung als *finance lease* darstellt (IFRS 16.63d).

b) Es handelt sich handels- und steuerrechtlich um Finanzierungsleasing, da zum einen folgende Merkmale vorliegen:

   - unkündbare Grundmietzeit und
   - Vollamortisation, d. h., die Leasingraten während der Grundmietzeit decken sämtliche Kosten des Leasinggebers.

   Zum anderen beträgt die Grundmietzeit 80 % der Nutzungsdauer. Somit erfolgt – unter Berücksichtigung des steuerlichen Leasingerlasses der Finanzverwaltung, welcher bei einer Grundmietzeit von mindestens 40 % und höchstens 90 % der betriebsgewöhnlichen Nutzungsdauer die Zurechnung zum Leasinggeber vorsieht – die Bilanzierung beim Leasinggeber (Münchner Leasing AG).

   Die Cashless GmbH hat nach IFRS 16 als Leasingnehmer ein *right-of-use asset* zu aktivieren sowie eine Leasingverbindlichkeit zu passivieren (IFRS 16.22).

   Auch nach IFRS 16 handelt es sich bei diesem Sachverhalt um ein *finance lease*, da zum einen die Laufzeit des Leasingvertrages einen Großteil der wirtschaftlichen Nutzungsdauer des Pkws umfasst (IFRS 16.63c) und zum anderen der Barwert der Mindestleasingzahlungen zu Beginn des Leasingverhältnisses dem *fair value* des Pkws entspricht (IFRS 16.63d). Somit hat die Münchner Leasing AG (Leasinggeber) den Firmen-Pkw (*underlying asset*) aus seiner Bilanz auszubuchen und eine Leasingforderung einzubuchen.

   Im vorliegenden Sachverhalt b) liegt sowohl nach Handels- und Steuerrecht als auch nach IFRS ein Finanzierungsleasing vor, die jeweilige bilanzielle Erfassung weicht jedoch ab. Während die handels- und steuerrechtliche Einordnung des Leasingverhältnisses als Finanzierungsleasing festlegt, jedoch aufgrund des steuerlichen Leasingerlasses der Finanzverwaltung der Leasinggegenstand beim Leasinggeber zu bilanzieren ist, so führt die Einstufung als *finance lease* unter Anwendung des IFRS 16 dazu, dass das *underlying asset* in keiner Bilanz erfasst ist – da der Firmen-Pkw als Leasinggegenstand (*underlying asset*) beim Leasinggeber durch eine Leasingforderung ersetzt wird und der Leasingnehmer, unabhängig von der Einstufung, ein Nutzungsrecht (*right-of-use asset*) aktiviert.

c) Es handelt sich ebenfalls um Finanzierungsleasing (vgl. Sachverhalt b), nun allerdings verbunden mit einer Kaufoption nach Ablauf der Grundmietzeit. Da der vereinbarte Kaufpreis unter dem Restbuchwert im Zeitpunkt der Optionsausübung liegt, ist der Pkw gemäß den steuerrechtlichen Zuordnungskriterien beim Leasingnehmer zu bilanzieren.

   Ebenso führt die Anwendung der IFRS, wie schon im Fall b), zu einem Ansatz eines *right-of-use asset* bei der Cashless GmbH (Leasingnehmer) sowie einer Einstufung des Leasingverhältnisses aufseiten des Leasinggebers als ein *finance lease*, was zu einer Ausbuchung des Firmen-Pkw (*underlying asset*) aus der Bilanz der Münchner Leasing AG (Leasinggeber) und gleichzeitigen Aktivierung einer Leasingforderung führt. Die günstige Kaufoption zum Ende der Grundmietzeit wird explizit in IFRS 16.63b als ein (weiterer) exemplarischer Hinweis für das Vorliegen eines *finance lease* genannt.

d) Es handelt sich um einen Teilamortisationsvertrag, da die Leasingraten während der unkündbaren Grundmietzeit nicht sämtliche Kosten des Leasinggebers decken. Da der Leasinggeber nach Ablauf der Grundmietzeit ein Andienungsrecht besitzt, das ihm die Vollamortisation sichert, ist die Büroeinrichtung steuer- und handelsrechtlich beim Leasinggeber (Münchner Leasing AG) zu bilanzieren.

   Die Cashless GmbH hat als Leasingnehmer gemäß IFRS 16.22 ein *right-of-use asset* zu aktivieren und eine Leasingverbindlichkeit zu passivieren.

   Die wesentlichen Chancen und Risiken, die mit dem Eigentum an der Büroeinrichtung verbunden sind, verbleiben bei der Münchner Leasing AG (Leasinggeber), sodass der Sachverhalt nach IFRS aufseiten des Leasinggebers als *operating lease* zu qualifizieren ist (IFRS 16.62). Demnach erfolgt nach IFRS 16 eine Bilanzierung der Büroeinrichtung (*underlying asset*) in der Bilanz des Leasinggebers (Münchner Leasing AG). Keines der in IFRS 16.63 ff. enthaltenen Kriterien, welche Hinweise für das Vorliegen eines *finance lease* liefern, ist im obigen Sachverhalt erfüllt.

e) Nach deutschem Recht kann die Auffassung vertreten werden, dass es sich nicht um ein Leasinggeschäft, sondern um einen verdeckten Ratenkauf handelt. Die Bilanzierung erfolgt deshalb handels- und steuerrechtlich beim Käufer, der Cashless GmbH (Leasingnehmer).

   Die Cashless GmbH hat nach IFRS 16 als Leasingnehmer ein *right-of-use asset* zu aktivieren sowie eine Leasingverbindlichkeit zu passivieren (IFRS 16.22).

   Aus Sicht der Münchner Leasing AG (Leasinggeber) handelt es sich nach IFRS 16, wie schon im Fall b) und c), um ein *finance lease*, da alle wesentlichen mit dem

Eigentum an dem Leasinggegenstand verbundenen Chancen und Risiken auf die Cashless GmbH (Leasingnehmer) übertragen werden (IFRS 16.62). Die tatsächliche Übertragung des Eigentums am Leasinggegenstand nach Ablauf des Leasingvertrages ist in IFRS 16.63a exemplarisch als Hinweis für das Vorliegen eines *finance lease* aufgeführt. Dies hat zur Folge, dass die Münchner Leasing AG (Leasinggeber) das Kopiergerät (*underlying asset*) aus der Bilanz auszubuchen und gleichzeitig eine Leasingforderung zu aktivieren hat.

3. Kapitel: Bilanzierung von Sachanlagen und immateriellem Vermögen

Aufgabe 3.1: Bilanzierungsfähigkeit und -pflicht

Welche der folgenden Vorgänge führen unter Anwendung von handels- und steuerrechtlichen Vorschriften zu bilanzierungsfähigen, welche zu bilanzierungspflichtigen Tatbeständen? Soweit eine Bilanzierung in Betracht kommt: Unter welchem Posten des handelsrechtlichen Gliederungsschemas erfolgt die Bilanzierung? Belegen Sie Ihre Auffassung durch die Angabe der relevanten gesetzlichen Bestimmungen. Wie sind die Sachverhalte bezüglich ihrer Bilanzierungsfähigkeit und -pflicht zu behandeln, wenn die IFRS bzw. US-GAAP zugrunde gelegt werden?

a) Die Forschungs- und Entwicklungsabteilung der Backwaren AG konnte erfolgreich ein neuartiges Brotverpackungsverfahren entwickeln und zum Patent anmelden. Die Entwicklungskosten seit dem Zeitpunkt des Eintretens der wahrscheinlichen erfolgreichen Beendigung der Entwicklung betrugen 20.000 GE, der Verkehrswert des Patents beläuft sich auf 30.000 GE.

b) Von einer schwäbischen Bäckerei konnten für 10.000 GE die Rechte an einem speziellen Brotrezept erworben werden.

c) Die Backwaren AG hat zur Vergrößerung ihrer Produktionskapazitäten eine Brotfabrik für 500.000 GE gekauft. Die Übernahmebilanz der erworbenen Firma, in der das vorhandene Vermögen zu Tageswerten angesetzt wurde, wies 700.000 GE Aktivvermögen und Schulden i. H. v. 250.000 GE auf.

d) Der Kapazitätsausweitung gingen Marktforschungsaktivitäten voraus, die Kosten i. H. v. 20.000 GE verursachten. Darüber hinaus fielen Kosten für die Restrukturierung der Verwaltungsabläufe i. H. v. 60.000 GE an.

e) Die Backwaren AG hat zusammen mit zwei weiteren Firmen derselben Branche einen Kooperationsvertrag geschlossen, der u. a. die gemeinsame Abwicklung des Verkaufs mit Hilfe einer neu zu gründenden Vertriebs AG vorsieht. Ein Drittel des 3.000.000 GE betragenden Grundkapitals der Vertriebs AG hat die Backwaren AG zu pari übernommen.

f) Zur Anschaffung der Beteiligung an der Vertriebs AG hat die Backwaren AG ein Darlehen i. H. v. 1.000.000 GE mit einer Laufzeit von acht Jahren aufgenommen, das mit 7 % jährlich zu verzinsen ist und zu 96 % ausbezahlt wurde.

g) Bei der Vertriebs AG fielen Gründungskosten (für den Druck der Aktien, Börsenumsatzsteuer und Notariatsgebühren) von insgesamt 20.000 GE an. Nach der Gründung vergingen noch drei Monate bis zur Aufnahme des Geschäftsbetriebs. In dieser Zeit fielen aber bereits 50.000 GE für Löhne und Miete für Geschäftsräume an.

Lösung

a) Bei dem patentierten Verpackungsverfahren handelt es sich um einen immateriellen Anlagewert, für den nach § 248 Abs. 2 Satz 1 HGB ein Aktivierungswahlrecht besteht, wenn mit einer hohen Wahrscheinlichkeit davon ausgegangen werden kann, dass ein immaterieller Vermögensgegenstand in der Entstehung begriffen ist. Ab dem Zeitpunkt des Eintretens dieser Bedingung kann das Verfahren als selbst geschaffener Vermögensgegenstand aktiviert werden. Ausweis gemäß § 266 Abs. 2 A. I. 1. HGB. Bei Inanspruchnahme des Aktivierungswahlrechts sind die Herstellungskosten zu aktivieren. Nach § 255 Abs. 2a HGB sind dies die Aufwendungen, die bei dessen Entwicklung anfallen. Im vorliegenden Fall können somit Entwicklungskosten i. H. v. 20.000 GE aktiviert werden. Der selbst geschaffene Vermögensgegenstand ist in den Folgejahren gemäß § 253 Abs. 3 HGB über seine Nutzungsdauer planmäßig abzuschreiben. Die Aktivierung ist steuerrechtlich (§ 5 Abs. 2 EStG) verboten.

   Nach IFRS ist zu überprüfen, ob die in der Periode angefallenen Entwicklungskosten die besonderen Voraussetzungen für eine Aktivierung nach IAS 38.57 erfüllen. Sofern u. a. das Verfahren klar umrissen ist, seine Entwicklungskosten verlässlich bestimmt werden können und die technische Umsetzungsmöglichkeit nachgewiesen werden kann, sind die entstandenen Kosten i. H. v. 20.000 GE zu aktivieren. Da dem Unternehmen darüber hinaus ein rechtlicher Schutz des Verpackungsverfahrens durch die Anmeldung eines Patents gelungen ist, sind die aktivierten Entwicklungskosten in den Posten »Patente« umzubuchen und dort ebenfalls mit 20.000 GE auszuweisen. Besteht ein aktiver Sekundärmarkt für das neuartige Verfahren, so ist nach der Aktivierung zu Herstellungskosten wahlweise auch eine Neubewertung des Patents zum *fair value* von 30.000 GE zulässig (IAS 38.75).

   Nach US-GAAP ist eine Aktivierung von Forschungs- und Entwicklungskosten nicht zulässig, solange die Forschung und Entwicklung nicht im Auftrag für Dritte vorgenommen wird (ASC 730-10-25-1). Die Forschungs- und Entwicklungskosten werden demnach als Periodenaufwand erfasst.

b) Das Brotrezept stellt ebenfalls einen immateriellen Anlagewert dar. Da er entgeltlich von einem Dritten erworben wurde, muss er handels- (§ 246 Abs. 1 HGB) und steuerrechtlich (§ 5 Abs. 2 EStG) mit den Anschaffungskosten (10.000 GE) aktiviert werden. Ausweis gemäß § 266 Abs. 2 A. I. 2. HGB.

   Auch nach IFRS stellt das Brotrezept einen immateriellen Vermögenswert dar (vgl. die Kriterien IAS 38.8–.17), der allerdings nur dann bilanzierungsfähig ist, wenn der zukünftige ökonomische Nutzen wahrscheinlich ist und die Anschaffungskosten verlässlich ermittelt werden können (IAS 38.21). Ist dies der Fall, dann ist das erworbene Brotrezept mit seinen Anschaffungskosten i. H. v. 10.000 GE zu aktivieren (IAS 38.24).

   Nach US-GAAP sind, ebenso wie nach HGB, alle entgeltlich erworbenen immateriellen Vermögenswerte aktivierungspflichtig (ASC 350-30-25-1).

c) Der Kaufpreis für die Brotfabrik ist um 50.000 GE höher als das Reinvermögen (= Zeitwerte der Vermögensgegenstände abzüglich der Schulden). Dieser Betrag wurde nach dem Sachverhalt für einen (derivativen) Firmenwert bezahlt und muss nach § 246 Abs. 1 Satz 4 HGB in der Handelsbilanz der Backwaren AG aktiviert werden. Ausweis gemäß § 266 Abs. 2 A. I. 3. HGB. Der Firmenwert ist ab dem auf die Aktivierung folgenden Jahr über die voraussichtliche Nutzungsdauer planmäßig abzuschreiben. Kann die Nutzungsdauer nicht verlässlich geschätzt werden, ist der Firmenwert nach § 253 Abs. 3 Satz 4 HGB über 10 Jahre abzuschreiben. Auch steuerrechtlich besteht für den derivativen Firmenwert Aktivierungspflicht (§ 5 Abs. 2 EStG). Er ist planmäßig über 15 Jahre abzuschreiben (§ 7 Abs. 1 Satz 3 EStG).

   Auch nach IFRS (IFRS 3.32) und US-GAAP (ASC 805-30-30-1) ergibt sich der Goodwill (derivativer Firmenwert) als positive Differenz zwischen dem bezahlten Kaufpreis und dem Nettovermögen (50.000 GE). Nach IFRS ist der Goodwill nicht planmäßig abzuschreiben, sondern mindestens jährlich einem *impairment test* zu unterziehen (IAS 36.10b). Ist eine Werthaltigkeit nicht mehr gegeben, ist der Goodwill außerplanmäßig abzuschreiben (*impairment only approach*). Auch in den US-GAAP ist gemäß ASC 350-20-35-1 der Goodwill nur noch außerplanmäßig abzuschreiben.

d) Bei den genannten Posten handelt es sich um Aufwendungen für die Erweiterung des Geschäftsbetriebes, die nicht aktiviert werden dürfen. Die Kosten für Marktforschung und Restrukturierung sind handelsrechtlich sofort als Aufwand zu erfassen. Auch steuerrechtlich ist die Aktivierung verboten.

   Unter Anwendung der IFRS sind die Kosten für die Marktforschungsaktivitäten nicht bilanzierungsfähig, da davon auszugehen ist, dass das Kriterium der Wahrscheinlichkeit eines zukünftigen ökonomischen Nutzens nicht als erfüllt angesehen werden kann (IAS 38.21). Die Kosten für die Restrukturierung der Verwaltungsabläufe sind nach IFRS ebenfalls nicht bilanzierungsfähig, da auch hier die Wahrscheinlichkeit eines damit verbundenen ökonomischen Nutzens unklar ist. Erweiterungsaufwendungen sind somit Aufwendungen der aktuellen Abrechnungsperiode.

   Nach US-GAAP existiert für jede Art von Erweiterungsaufwendungen ein generelles Bilanzierungsverbot (ASC 720-15-25-1). Genauso wie nach IFRS handelt es sich hierbei um Aufwendungen der aktuellen Abrechnungsperiode.

e) Die Beteiligung der Backwaren AG an der Vertriebs AG ist handels- (§ 253 Abs. 1 HGB) und steuerrechtlich (§ 6 Abs. 1 Nr. 2 EStG) mit den Anschaffungskosten (1.000.000 GE) in der Bilanz der Backwaren AG anzusetzen. Da die Vertriebs AG gemeinschaftlich mit zwei anderen Firmen geleitet wird, gilt sie als assoziiertes Unternehmen, daher werden die Aktien unter »Beteiligungen« aktiviert (§ 271 Abs. 1 HGB). Ausweis gemäß § 266 Abs. 2 A. III 3. HGB.

   Mit der Gründung der Vertriebs AG, also mit dem Entstehen einer rechtlichen Einheit unter gemeinschaftlicher Führung, wird die Vertriebs AG gemäß IFRS 11.16 als *joint venture* betrachtet. Im Einzelabschluss ist das *joint venture* unter den Beteiligungen auszuweisen und wahlweise mit den Anschaffungskosten (1 Mio. GE), nach den Vorschriften des IFRS 9 oder nach der Equity-Methode zu bewerten (IFRS 11.26b i. V. m. IAS 27.10).

Nach US-GAAP wird die Beteiligung zu Anschaffungskosten (1.000.000 GE) in die Bilanz übernommen.

f) Die Kreditzinsen sind nicht Teil der Anschaffungsnebenkosten nach § 255 Abs. 1 Satz 2 HGB und erfüllen auch nicht die engen in § 255 Abs. 3 HGB geforderten Bedingungen für eine Aktivierung von Fremdkapitalzinsen. Sie zählen daher nicht zu den Anschaffungsnebenkosten der Brotfabrik und sind somit jährlich in der GuV zu erfassen. Das Disagio i. H. v. 4 % des Darlehens (= 40.000 GE) darf jedoch nach § 250 Abs. 3 HGB unter den Rechnungsabgrenzungsposten der Aktivseite angesetzt werden. In diesem Fall ist es durch planmäßige jährliche Abschreibungen zu tilgen, die auf die gesamte Laufzeit des Darlehens (acht Jahre) verteilt werden können. Der Unterschiedsbetrag ist gemäß § 268 Abs. 6 HGB gesondert unter den Rechnungsabgrenzungsposten (§ 266 Abs. 2 C. HGB) auszuweisen oder im Anhang anzugeben. In der Steuerbilanz besteht für das Disagio gemäß § 5 Abs. 5 Satz 1 Nr. 1 EStG eine Aktivierungspflicht, wobei der Betrag durch Abschreibungen gleichmäßig über die Laufzeit zu verteilen ist.

Auch gemäß IFRS erfüllt der vorliegende Sachverhalt die Kriterien für eine Aktivierung der Fremdkapitalzinsen nicht, da kein *qualifying asset* i. S. v. IAS 23.5 vorliegt (IAS 23.8). Das Disagio wird im Gegensatz zum HGB nach den IFRS nicht aktivisch ausgewiesen. Vielmehr wird der Betrag der zu passivierenden Darlehensverbindlichkeit um diesen Betrag reduziert, sodass es lediglich zu einem Darlehensausweis i. H. v. 960.000 GE kommt. Über die Laufzeit von 8 Jahren wird unter Anwendung der Effektivzinsmethode die Zinskomponente, die das Disagio betrifft, dem Darlehen zugeschrieben, sodass zum Ende der Laufzeit das Darlehen wieder mit 1.000.000 GE in der Bilanz steht.

Auch nach US-GAAP ist aufgrund der fehlenden Erfüllung der Definitionskriterien eines *qualifying asset* eine Aktivierung der Fremdkapitalzinsen verboten (ASC 835-20-15-5). Das Disagio wird wie nach IFRS über die Laufzeit der Verbindlichkeit zugeschrieben (ASC 835-30-45).

g) Die Kosten der Gründung (und der Beschaffung von Eigenkapital) dürfen gemäß § 248 Abs. 1 Nr. 2 HGB nicht aktiviert werden. Auch die gezahlten Löhne und Mieten dürfen nicht mehr als Aufwendungen für die Ingangsetzung des Geschäftsbetriebes aktiviert werden (vgl. Teilaufgabe d)).

Hinsichtlich der Gründungskosten besteht auch nach IAS 38.69 ein Aktivierungsverbot. Die bilanzielle Behandlung der Ingangsetzungskosten ist nach IFRS allerdings nicht explizit geregelt. Im Allgemeinen werden die zu geringe Wahrscheinlichkeit und die mangelnde Bestimmbarkeit des konkret mit den Ausgaben verbundenen zukünftigen Nutzens einen Ansatz als *asset* verhindern.

Auch die gängige Bilanzierungspraxis nach US-GAAP sieht eine Erfassung von Gründungs- und Inbetriebnahmekosten als Aufwand vor, da der Umfang und der

Zeitpunkt des zukünftigen Nutzens durch diese Kosten nur schwer bestimmbar sind (ASC 720-15-25-1). Aus der mangelnden Bestimmbarkeit hinsichtlich des zukünftigen Nutzens und der damit verbundenen Nicht-Erfüllung der Ansatzkriterien folgt wie nach IFRS ein Bilanzierungsverbot.

Aufgabe 3.2: Bilanzierung immaterieller Werte

Im Rahmen der Entscheidung, auf ein international anerkanntes Rechnungslegungssystem umzustellen, hat der Vorstand der Jungbrunnen AG das Rechnungswesen gebeten, insbesondere Vorgänge des vergangenen Geschäftsjahres im Zusammenhang mit dem immateriellen Vermögen aus der Sicht von HGB, IFRS und US-GAAP zu beurteilen. Das Interesse des Vorstandes ist vor dem Hintergrund zu sehen, dass dieser die Hoffnung hegt, durch eine Umstellung auch positive Effekte auf das Ergebnis zu erhalten. Klären Sie daher für folgende Sachverhalte, wie diese aus der Sicht dieser drei Rechnungslegungssysteme zu behandeln sind, und gehen Sie kurz auf die Folgebilanzierung ein.

a) Die Jungbrunnen AG, ein Hersteller von Sonnenbänken, hat im Geschäftsjahr 01 ein neues Verfahren zur Messung und Justierung der von den produzierten Bänken abgegebenen UV-Strahlung entwickelt. Bis zur Erteilung des Patentes waren aktivierungsfähige Aufwendungen von 500.000 GE angefallen. Das Europäische Patentamt erteilte das Patent für genau 10 Jahre. Mit der Erteilung des Patentes erhielt der Geschäftsführer Herr Summer Angebote der Schönwetter OHG sowie der SunCan AG i. H. v. 1.200.000 GE für den Kauf des Patentes.

b) Um die durch das Patent eröffneten Möglichkeiten optimal nutzen zu können, investierte die Jungbrunnen AG 2.500.000 GE in den Aufbau einer eigenen Marke bei Sonnenstudios. Kino-, Rundfunk- und Fernsehwerbung haben dazu beigetragen, den Bekanntheitsgrad der Marke in der Bevölkerung von 0 auf 75 % zu steigern. Ein bei einem Wirtschaftsprüfer in Auftrag gegebenes Gutachten bewertete den Wert dieser auch einzeln veräußerbaren Marke mit ca. 4.000.000 GE.

c) In der Forschungs- und Entwicklungsabteilung arbeitete im vorliegenden Geschäftsjahr der Ingenieur Paulo Pinkel an der Entwicklung einer einzigartigen Technologie für einen Turbobräuner. Aufgrund der erfolgreichen Projektarbeit des Teams kommen die Bräuner bereits im kommenden Geschäftsjahr zum Einsatz. An Personalkosten fielen bei der Entwicklung 1.000.000 GE an. Die Materialkosten und die Verwaltungskosten, die direkt dem Entwicklungsprojekt zurechenbar sind, betrugen jeweils 500.000 GE.

d) Um mit der neuen Generation von Ganzkörperbräunern problemlos in das Hochpreissegment eindringen zu können, kaufte die Jungbrunnen AG von dem in finanzielle Schwierigkciten geratenen Haushaltsgerätehersteller Technoline AG die bereits in diesem Bereich gut eingeführte Marke Bruzelbraun für 1.500.000 GE.

e) Um die Bedürfnisse der neuen Kunden im Hochpreissegment zu eruieren und die Produkte dort richtig zu platzieren, führte die Jungbrunnen AG eine Marktstudie durch. Die Aufwendungen für Personal dafür beliefen sich auf 350.000 GE.

Lösung

a) Aus der Sicht des HGB gilt für dieses Patent die Regelung für selbst geschaffene immaterielle Vermögensgegenstände des Anlagevermögens (§ 248 Abs. 2 HGB), die ein Aktivierungswahlrecht gewährt. Lediglich die in § 248 Abs. 2 Satz 2 HGB explizit genannten selbst geschaffenen Marken, Drucktitel, Verlagsrechte, Kundenlisten oder vergleichbaren immateriellen Vermögensgegenstände des Anlagevermögens unterliegen einem Aktivierungsverbot. Voraussetzung für eine Aktivierung ist, dass mit einer hohen Wahrscheinlichkeit davon ausgegangen werden kann, dass ein immaterieller Vermögensgegenstand in der Entstehung begriffen ist. Im vorliegenden Fall stellt das Patent einen selbst geschaffenen Vermögensgegenstand dar, der nach der Verkehrsauffassung einzeln verwertbar ist und somit aktiviert werden kann. Bei Inanspruchnahme des Aktivierungswahlrechts sind die Herstellungskosten zu aktivieren. Nach § 255 Abs. 2a HGB sind dies die Aufwendungen, die bei dessen Entwicklung anfallen. Im vorliegenden Fall können somit Entwicklungskosten i. H. v. 500.000 GE aktiviert werden. Der selbst geschaffene Vermögensgegenstand ist in den Folgejahren gemäß § 253 Abs. 3 HGB über seine Nutzungsdauer von 10 Jahren, die durch das Patentamt vorgegeben ist, planmäßig abzuschreiben.

Die entsprechende Regelung der IFRS sieht ein Aktivierungsgebot für selbst erstellte Vermögenswerte vor, wenn die nach IAS 38.57 bestimmten Kriterien erfüllt sind. Im konkreten Fall können die Entwicklungskosten i. H. v. 500.000 GE verlässlich bestimmt und über das Patent der Nutzen nachgewiesen werden. IAS 38.21 schreibt daher eine Aktivierung des Patentes i. H. v. 500.000 GE vor. Alternativ besteht die Möglichkeit, das Patent entsprechend dem Neubewertungsmodell zum *fair value* von 1.200.000 GE anzusetzen, sofern die Kriterien eines *active market* nach IFRS 13.A gegeben sind (IAS 38.75). In den Folgejahren ist das Patent ebenso wie bei Inanspruchnahme des Aktivierungswahlrechts nach HGB über die Nutzungsdauer von 10 Jahren abzuschreiben (IAS 38.97).

Gemäß US-GAAP dürfen nur in Ausnahmefällen, wie bei selbst erstellter Software, Entwicklungskosten nach ASC 985 aktiviert werden. Daher besteht im vorliegenden Fall nach ASC 730-10-25-1 ein Aktivierungsverbot für die Entwicklungskosten.

b) Auch wenn einige durch Werbung selbst aufgebaute Marken erhebliche Werte darstellen, untersagt § 248 Abs. 2 Satz 2 HGB explizit die Aktivierung selbst geschaffener Marken.

Im Fall von intern geschaffenen Marken sieht IAS 38.63 ebenfalls ein Aktivierungsverbot vor, sodass auch nach IFRS die Marke, obwohl sie theoretisch für 4.000.000 GE veräußerbar wäre, nicht aktiviert werden darf. Die für die Werbung entstandenen Kosten sind daher sofort als Aufwendungen zu verbuchen (IAS 38.69c).

Die selbst geschaffene Marke darf auch nach US-GAAP gemäß ASC 350-30-25-3 nicht aktiviert werden. Dies entspricht im Fall von Werbe- und Marketingaufwendungen für Warenzeichen und Schutzmarken der gängigen Bilanzierungspraxis.

c) Analog zu Teilaufgabe a) kann im vorliegenden Fall für die Technologie ein selbst geschaffener immaterieller Vermögensgegenstand des Anlagevermögens nach § 248 Abs. 2 HGB aktiviert werden. Dafür muss mit hoher Wahrscheinlichkeit davon ausgegangen werden können, dass ein immaterieller Vermögensgegenstand in der Entstehung begriffen ist. Die Personal-, Material- und direkt dem Entwicklungsprojekt zurechenbaren Verwaltungskosten tragen zur hochinnovativen Technologie des Turbobräuners bei, die dem Unternehmen zukünftig nützlich sein wird. Daher können Entwicklungskosten i. H. v. 2.000.000 GE aktiviert werden. Für die Folgeperioden ist der selbst geschaffene Vermögensgegenstand planmäßig über seine Nutzungsdauer abzuschreiben. Sollte diese nicht verlässlich bestimmbar sein, sind selbst geschaffene Vermögensgegenstände über 10 Jahre abzuschreiben (§ 253 Abs. 3 Satz 3 HGB).

   Wird der Abschluss nach IFRS erstellt, ist zu prüfen, ob die in IAS 38.57 genannten Kriterien für die Aktivierung von Entwicklungskosten vom konkreten Sachverhalt erfüllt werden. Das Projekt von Paulo Pinkel ist technisch umsetzbar, steht für eine Nutzung bereit und das Unternehmen ist gewillt, das fertiggestellte Produkt zu nutzen und damit einen wirtschaftlichen Nutzen zu generieren. Da auch die Entwicklungskosten eindeutig zu ermitteln sind, werden alle Kriterien erfüllt. Für diesen Fall besteht daher eine Aktivierungspflicht (IAS 38.57) in Höhe der 2.000.000 GE (IAS 38.66). Für die folgenden Perioden ist die Nutzungsdauer bestmöglich abzuschätzen und der Wert dann über diese abzuschreiben (IAS 38.97 ff.).

   Gemäß US-GAAP (ASC 730-10-25-1) sind Entwicklungskosten – soweit auf sie nicht die wenigen Ausnahmen (z. B. ASC 985 für Software oder ASC 350-50 für *web-pages*) zutreffen – grundsätzlich nicht aktivierungsfähig.

d) Da die Marke Bruzelbraun nicht selbst erstellt, sondern von einem Dritten entgeltlich erworben wurde, besteht für diese Marke entsprechend dem Vollständigkeitsgebot des § 246 Abs. 1 HGB in der Handelsbilanz ein Aktivierungsgebot i. H. v. 1.500.000 GE. Unterliegt die Marke Bruzelbraun einer Abnutzung, wäre sie in den Folgejahren über die Nutzungsdauer abzuschreiben.

   Da die Marke die Kriterien für eine Aktivierung (IAS 38.21), Nutzenzufluss sowie Bestimmbarkeit der Aufwendungen, erfüllt, ist sie gemäß IFRS ebenfalls in Höhe der Anschaffungskosten von 1.500.000 GE (IAS 38.24) zu aktivieren. Bei der Folgebewertung muss unterschieden werden, ob die Marke einer begrenzten Nutzungsdauer unterliegt oder nicht (IAS 38.88). Sollten beispielsweise die Rechte an der Marke auf einen bestimmten Zeitraum begrenzt sein und nicht verlängert werden können, wäre eine planmäßige Abschreibung über die Nutzungsdauer vorzunehmen (IAS 38.97). Existieren wie hier keine Anzeichen, dass die Marke in ihrer Nutzung begrenzt ist, muss zumindest jährlich ein *impairment test* vorgenommen werden (IAS 38.108). Übersteigt der aktuelle Buchwert den Marktwert der Marke, müsste entsprechend IAS 36.59 eine außerplanmäßige Abschreibung vorgenommen werden.

Entsprechend den Regelungen in ASC 350-30-25-1 sind alle entgeltlich erworbenen *intangible assets,* zu denen ein Markenname gerechnet wird, aktivierungspflichtig. Die Bewertung erfolgt zu Anschaffungskosten (ASC 350-30-30-1 i. V. m. ASC 805-50-30-1 ff.). Für die Folgebewertung muss wie nach IFRS unterschieden werden, ob der Vermögenswert eine beschränkte oder unbeschränkte Nutzungsdauer hat (ASC 350-30-35-1).

e) Klassische Aufwendungen der Ingangsetzung und Erweiterung stellen Organisationsberatung, Marktstudien und Werbung dar. Nach HGB dürfen Aufwendungen zur Erweiterung des Geschäftsbetriebes jedoch nicht aktiviert werden. Somit sind die angefallenen Personalkosten zur Durchführung der Marktstudie sofort als Aufwand zu erfassen.

   Aufwendungen für Werbekampagnen und Maßnahmen der Verkaufsförderung unterliegen sowohl nach IFRS (IAS 38.69c) als auch nach US-GAAP (ASC 720-35-25) einem Aktivierungsverbot.

Aufgabe 3.3: Planmäßige Abschreibung bei technischen Anlagen und Maschinen

Die Hänel GmbH kauft am 02.01.01 eine Maschine zu Anschaffungskosten i. H. v. 150.000 GE. Es wird mit einer Nutzungsdauer von fünf Jahren und einem Schrottwert von 1.000 GE gerechnet. Stellen Sie die möglichen Abschreibungsmethoden anhand eines Abschreibungsplans dar. Wie sind die Verfahren im Hinblick auf ihre handels- und steuerrechtliche Zulässigkeit zu beurteilen? Ermitteln Sie unter der Zielsetzung der Jahresüberschussminimierung (Wirtschaftsjahr = Kalenderjahr) die optimale Vorgehensweise. Welche Abschreibungsmethoden sind nach IFRS zulässig?

Lösung

Da kein wesentlicher Schrottwert zu erwarten ist, wird der Abschreibung ein Restwert von 0 GE zugrunde gelegt. Abschreibungen müssen grundsätzlich zeitanteilig erfolgen, wobei dies bei einer Anschaffung am 02.01. nicht ins Gewicht fällt.

1. Lineare Abschreibung

Jahr	Buchwert 01.01.	Abschreibungs-		Buchwert 31.12.
	in GE	Satz auf AHK	Betrag in GE	in GE
01	150.000	20 %	30.000	120.000
02	120.000	20 %	30.000	90.000
03	90.000	20 %	30.000	60.000
04	60.000	20 %	30.000	30.000
05	30.000	20 %	30.000	0

Die Anschaffungskosten werden gleichmäßig auf die Nutzungsdauer verteilt. Die lineare Abschreibung ist handels- (§ 253 Abs. 3 HGB) wie steuerrechtlich (§ 7 Abs. 1 EStG) zulässig. Der Abschreibungsbetrag bemisst sich als Prozentsatz von den historischen Anschaffungs- oder Herstellungskosten.

2. Geometrisch-degressive Abschreibung

Die handelsrechtlich grundsätzlich zulässige geometrisch-degressive Abschreibung wurde in der Steuerbilanz für neu angeschaffte Güter zum 01.01.2008 abgeschafft. Allerdings ermöglichte beispielsweise das Gesetz zur Umsetzung steuerrechtlicher Regelungen des Maßnahmenpakets »Beschäftigungssicherung durch Wachstumsstärkung« eine geometrisch-degressive Abschreibung für bewegliche Wirtschaftsgüter des Anlagevermögens, die nach dem 31.12.2008 und vor dem 01.01.2011 angeschafft oder hergestellt worden sind. Der maximale Abschreibungssatz beträgt dabei das 2,5-Fache der linearen Abschreibung, jedoch maximal 25 %. Gemäß der Gesetze zur Umsetzung steuerlicher Hilfsmaßnahmen zur Bewältigung der Corona-Krise gilt diese Ausnahmeregelung ebenso für bewegliche Wirtschaftsgüter des Anlagevermögens, die nach dem 31.12.2019 und vor dem 01.01.2023 angeschafft oder hergestellt worden sind (§ 7 Abs. 2 Satz 2 EStG). Im vorliegenden Fall wird mit einem unterstellten gleichbleibenden Prozentsatz von 25 % vom jeweiligen Restbuchwert abgeschrieben.

Jahr	Buchwert 01.01. in GE	Abschreibungs- Satz auf RBW	Abschreibungs- Betrag in GE	Buchwert 31.12. in GE
01	150.000	25 %	37.500	112.500
02	112.500	25 %	28.125	84.375
03	84.375	25 %	21.094	63.281
04	63.281	25 %	15.820	47.461
05	47.461	25 %	11.865	35.596

Wie aus dem Abschreibungsplan ersichtlich, erfolgt bei der reinen geometrisch-degressiven Abschreibung keine vollständige Abschreibung. Aus diesem Grund wird im letzten Abschreibungsjahr gewöhnlicherweise der gesamte Restbuchwert abgeschrieben.

05	47.461		47.461	0

3. Digitale Abschreibung

Es wird mit gleichmäßig fallenden Abschreibungsbeträgen abgeschrieben. Die digitale Abschreibung ist nur handelsrechtlich zulässig.

$$\text{Degressionsbetrag} = \frac{150.000 \text{ GE}}{5+4+3+2+1} = 10.000 \text{ GE}$$

Jahr	Buchwert 01.01. in GE	Abschreibungs- Satz auf AHK	Abschreibungs- Betrag in GE	Buchwert 31.12. in GE
01	150.000	5/15	50.000	100.000
02	100.000	4/15	40.000	60.000
03	60.000	3/15	30.000	30.000
04	30.000	2/15	20.000	10.000
05	10.000	1/15	10.000	0

4. Kombinationsverfahren

Der Effekt auf den Jahresüberschuss ist umso größer, je höher der Barwert der verrechneten Abschreibungsbeträge im Zeitpunkt des Abschreibungsbeginns ist. Unter dem Gesichtspunkt der Jahresüberschussminimierung wird deshalb zunächst geometrisch-degressiv abgeschrieben. Sobald der Abschreibungsbetrag dabei unter den der linearen Abschreibung sinkt, wird zur linearen Abschreibung übergegangen. Im Zeitpunkt des

Überganges berechnet sich die lineare Abschreibung nach dem Restbuchwert und der Restnutzungsdauer.

Jahr	Buchwert 01.01. in GE	Abschreibungs- Methode	Satz	Betrag in GE	Buchwert 31.12. in GE
01	150.000	geo.-deg.	25 %	37.500	112.500
02	112.500	linear	1/4	28.125	84.375
03	84.375	linear	1/4	28.125	56.250
04	56.250	linear	1/4	28.125	28.125
05	28.125	linear	1/4	28.125	0

Grundsätzlich ist nach IFRS jede Abschreibungsmethode zulässig, die den wirtschaftlichen Verbrauch der Ressource widerspiegelt (IAS 16.62). Wird dies durch die lineare Abschreibung gewährleistet, ist die lineare Abschreibungsmethode anzuwenden. Wird dagegen der Ressourcenverbrauch besser durch die degressive Abschreibung wiedergegeben, so ist die degressive Abschreibungsmethode zu wählen. Nicht zulässig nach IFRS ist der Übergang von der degressiven zur linearen Abschreibung ohne wirtschaftlichen Grund. Bezüglich des Zuganges von Vermögenswerten während einer Abrechnungsperiode enthalten die IFRS keine expliziten Regelungen. Nach dem Prinzip der periodengerechten Erfolgsermittlung ist eine ratierliche Verrechnung angebracht.

Aufgabe 3.4: Planmäßige Abschreibungen bei Gebäuden

Zu Beginn des Jahres 01 wurden für die Hänel GmbH ein Wohngebäude und eine Fabrikhalle (Anschaffungskosten jeweils 500.000 GE) fertiggestellt. Beide Gebäude haben eine voraussichtliche Nutzungsdauer von 25 Jahren. Der Bauantrag für das Wohngebäude wurde nach dem 31.12.1995 und vor dem 01.01.2004, der für die Fabrikhalle nach dem 31.03.1985 und vor dem 01.01.1994 gestellt. Stellen Sie die steuerlich zulässigen Abschreibungsarten dar.

Lösung

Bei Gebäuden, die vom Steuerpflichtigen hergestellt oder im Jahr der Fertigstellung angeschafft wurden, kann anstelle der linearen Abschreibung nach § 7 Abs. 4 EStG auch die degressive Abschreibung nach § 7 Abs. 5 EStG vorgenommen werden. Sowohl beim Wohngebäude als auch bei der Fabrikhalle ist diese Möglichkeit gegeben.

1. Wohngebäude

Gebäude, die nach dem 31.12.1924 fertiggestellt wurden, sind gemäß § 7 Abs. 4 Satz 1 Nr. 2a EStG bei linearer Abschreibung jährlich mit 2 % (entspricht einer Nutzungsdauer von 50 Jahren) abzuschreiben. Da die tatsächliche Nutzungsdauer jedoch nur 25 Jahre beträgt, kann nach § 7 Abs. 4 Satz 2 EStG die der tatsächlichen Nutzungsdauer entsprechende Absetzung für Abnutzung vorgenommen werden. Es ergibt sich dann bei linearer Abschreibung ein jährlicher Abschreibungsbetrag von 4 % von 500.000 GE = 20.000 GE.

Die Hänel GmbH kann als Bauherr des Wohngebäudes auch die degressive Abschreibung nach § 7 Abs. 5 Satz 1 Nr. 3b EStG vornehmen. Danach können in den ersten acht Jahren je 5 %, den folgenden sechs Jahren je 2,5 % und den folgenden 36 Jahren je 1,25 % von den Anschaffungs- oder Herstellungskosten abgeschrieben werden. Im Hinblick auf den größtmöglichen Steuerstundungseffekt ist die degressive Abschreibung bei einem zugrunde gelegten Kalkulationszinssatz von 10 % sinnvoll.

2. Fabrikhalle

Für Gebäude,

- die zu einem Betriebsvermögen gehören,
- nicht Wohnzwecken dienen und
- für die der Antrag auf Baugenehmigung nach dem 31.03.1985 gestellt wurde,

ist der Abschreibung gemäß § 7 Abs. 4 Satz 1 Nr. 1 EStG eine betriebsgewöhnliche Nutzungsdauer von 33,3 Jahren zugrunde zu legen. Wahlweise kann auch über die tatsächlich niedrigere Nutzungsdauer von 25 Jahren abgeschrieben werden (§ 7 Abs. 4 Satz 2 EStG).

Da die genannten Voraussetzungen bei der Fabrikhalle vorliegen, kann die Hänel GmbH diese entweder linear mit jährlich 3 %, linear mit 4 % oder degressiv abschreiben. Bei der degressiven Gebäudeabschreibung gemäß § 7 Abs. 5 Satz 1 Nr. 1 EStG sind in den ersten vier Jahren je 10 %, den folgenden drei Jahren je 5 % und den restlichen 18 Jahren je 2,5 % abzuschreiben.

Im Hinblick auf die größtmögliche Steuerstundung wird sich die Hänel GmbH unter Zugrundelegung eines Kalkulationszinssatzes von 10 % bei der Fabrikhalle für die degressive Gebäudeabschreibung entscheiden.

Aufgabe 3.5: Schätzung der Nutzungsdauer

Am Freitag, den 13. April, lässt der Lehrling Krause einen Schraubenschlüssel bei einer kleineren Reparatur in einem Kompressor liegen. Beim Anlassen wird dieser deshalb irreparabel zerstört. Die Nachfrage beim Buchhalter ergibt, dass der Kompressor am letzten Bilanzstichtag gerade auf den Wert 0 GE abgeschrieben wurde.

a) Wie ist es möglich, dass der Kompressor ohne Wert in den Büchern steht, aber dennoch benutzt wird?

b) Welche Buchungen sind in diesem Fall erforderlich?

Lösung

a) Es ist selten möglich, die Nutzungsdauer von langlebigen Wirtschaftsgütern (für die Steuerbilanz) bzw. Vermögensgegenständen (für die Handelsbilanz) genau zu schätzen. So kann es insbesondere bei Zugrundelegung der in den AfA-Tabellen generalisierend aufgeführten, betriebsgewöhnlichen Nutzungsdauer von Anlagegütern im individuellen Fall vorkommen, dass nach Ablauf der anfänglich geschätzten Nutzungsdauer das Anlagegut weiterhin genutzt wird. Durch die nicht der wirklichen Nutzungsdauer entsprechende erhöhte Abschreibung in den vergangenen Jahren wurden stille Reserven gebildet, die bei der Nutzung oder Leistungsabgabe des Wirtschaftsgutes bzw. Vermögensgegenstandes ohne Verrechnung von Abschreibungen aufgelöst werden.

b) Es erfolgt keine Buchung, die Maschine wird nur aus der Anlagenkartei genommen.

Aufgabe 3.6: Neubewertung beim Sachanlagevermögen nach IFRS

Das international tätige Industrieunternehmen Little AG möchte in seinem Jahresabschluss nach IFRS von der zulässigen Neubewertungsmethode für Vermögenswerte des Sachanlagevermögens Gebrauch machen.

Zu Beginn des Jahres 01 kauft die Little AG ein Grundstück (Anschaffungskosten 1.000.000 GE) und eine Produktionsanlage (Anschaffungskosten 100.000 GE, Restwert: 0 GE) mit einer Nutzungsdauer von fünf Jahren.

Im Jahr 02 erhöht sich wegen der günstigen Lage der Wert des Grundstücks auf 1.100.000 GE.

Aufgrund eines allgemeinen Preisrückgangs auf dem Immobilienmarkt sinkt im Jahr 03 der Wert des Grundstücks auf 1.050.000 GE. Der Zeitwert der Produktionsanlage steigt Ende 03 infolge neu entdeckter Einsatzbereiche hingegen auf 120.000 GE.

Im Jahr 04 verstärkt sich der Preisverfall für Immobilien, sodass das Grundstück nur noch einen Marktwert von 800.000 GE besitzt.

Im Verlauf des Jahres 05 erholt sich der Wert des Grundstücks auf 1.300.000 GE. Die gebrauchte Produktionsanlage kann Ende 05 überraschend für 1.000 GE an einen Schrotthändler verkauft werden.

Wegen Aufgabe des Zweigwerkes entschließt sich das Management im Jahr 06 zum Verkauf des Grundstücks zu einem Preis von 1.100.000 GE.

Welche Wertansätze ergeben sich für das Grundstück und die Produktionsanlage sowie für die korrespondierende Neubewertungsrücklage im Jahresabschluss nach IFRS (steuerliche Effekte sollen unberücksichtigt bleiben)?

Lösung

Nach IAS 16.31 ist für Sachanlagen auch eine Neubewertung (= NBW; *revaluation model*) zulässig.

Für das Grundstück ergeben sich folgende Wertansätze in GE:

Periode	Vorgang	*fair value*	Buchwert am 31.12.	Wirkung auf GuV	Änderung der Neubewertungsrücklage	Neubewertungsrücklage am 31.12.
01	Kauf		1.000.000			–
02	NBW	1.100.000	1.100.000		+ 100.000	100.000
03	NBW	1.050.000	1.050.000		– 50.000	50.000
04	NBW	800.000	800.000	– 200.000	– 50.000	–
05	NBW	1.300.000	1.300.000	+ 200.000	+ 300.000	300.000
06	Verkauf	–	–	– 200.000	– 300.000	–

Buchungssätze in GE:

01:	Grundstücke	1.000.000	an	Kasse	1.000.000
02:	Grundstücke	100.000	an	NBW-RL	100.000
03:	NBW-RL	50.000	an	Grundstücke	50.000
04:	NBW-RL Abschreibung	50.000 200.000	an	Grundstücke	250.000

05:	Grundstücke	500.000	an	NBW-RL	300.000
				sonst. betr. Erträge	200.000
06:	NBW-RL	300.000	an	Gewinn-RL	300.000
	Kasse	1.100.000	an	Grundstücke	1.300.000
	sonst. betr. Aufwand	200.000			

Anmerkung:

Wird der Kauf und Verkauf des Grundstücks über die Totalperiode von sechs Jahren betrachtet, so würde sich nominal ein Gewinn von 100.000 GE ergeben:

	Verkauf im Jahr 06	GE	1.100.000
–	Anschaffungskosten im Jahr 01	GE	1.000.000
=	Nominaler Totalgewinn	GE	100.000

In der GuV wird aus der Verkaufstransaktion ein Ergebnis von – 200.000 GE gezeigt. Durch die ergebnisneutrale Umbuchung der Neubewertungsrücklage in die Gewinnrücklagen steht dem eine Eigenkapitalerhöhung i. H. v. 300.000 GE gegenüber.

Für die Produktionsanlage ergeben sich folgende Werte in GE:

Periode	Vorgang	Buchwert am 01.01.	Planmäßige Abschreibung	Buchwert 31.12.	Wirkung auf GuV	Änderung der Neubewertungsrücklage	Neubewertungsrücklage am 31.12.
01	Kauf	100.000	20.000	80.000	– 20.000		–
02		80.000	20.000	60.000	– 20.000		–
03	NBW	60.000	20.000	120.000	– 20.000	+ 80.000	80.000
04		120.000	60.000	60.000	– 60.000	– 40.000	40.000
05	Verkauf	60.000	60.000	–	– 60.000 + 1.000	– 40.000	–

Buchungssätze in GE:

01:	Techn. Anlage	100.000	an	Kasse	100.000
	Abschreibung	20.000		Techn. Anlage	20.000
02:	Abschreibung	20.000	an	Techn. Anlage	20.000
03:	Abschreibung	20.000	an	Techn. Anlage	20.000
	Techn. Anlage	80.000		NBW-RL	80.000
04:	Abschreibung	60.000	an	Techn. Anlage	60.000
	NBW-RL	40.000		Gewinn-RL	40.000
05:	Abschreibung	60.000	an	Techn. Anlage	60.000
	NBW-RL	40.000		Gewinn-RL	40.000
	Kasse	1.000		sonst. betr. Ertrag	1.000

Da es sich bei der Produktionsanlage um eine abnutzbare Sachanlage handelt, besteht im Jahr 04 der Neubewertung ein Wahlrecht zur anteiligen Umbuchung der Neubewertungsrücklage in die Gewinnrücklagen (IAS 16.41). Die Höhe entspricht der Differenz zwischen planmäßiger Abschreibung auf Basis des *fair value* und fiktiv fortgeführter historischer Anschaffungs- oder Herstellungskosten (hier: 60.000 GE – 20.000 GE = 40.000 GE). Alternativ könnte die gesamte Neubewertungsrücklage auch erst in 05 bei Veräußerung vollständig i. H. v. 80.000 GE in die Gewinnrücklagen umgebucht werden. Bei nicht abnutzbaren Sachanlagen wie dem Grundstück (siehe oben) besteht kein Wahlrecht zur anteiligen Umbuchung in die Gewinnrücklagen.

Aufgabe 3.7: Außerplanmäßige Abschreibung bei abnutzbarem Anlagevermögen

Im Januar 01 hat die Knall AG eine vollautomatische Montagestraße in Betrieb genommen, die eigens nach den Plänen des Ingenieurs Schlau konstruiert wurde.

Die Daten der Anlage:

• Anschaffungskosten:	• 12 Mio. GE
• Nutzungsdauer:	• 6 Jahre
• Abschreibung:	• linear

Am Ende des Jahres 01 macht sich ein schwerwiegender Konstruktionsfehler bemerkbar, sodass die Anlage nur noch zu 50 % belastbar ist. Die erwarteten künftigen, aus der Montagestraße resultierenden Netto-Zahlungsströme werden auf 5 Mio. GE geschätzt, wenn die Kapazitätsreduktion berücksichtigt wird. Da Schlau nicht damit rechnet, den

Fehler beheben zu können, wird die Kapazität der Montagestraße weiterhin nur 50 % der ursprünglich angenommenen betragen.

Völlig unerwartet kann Schlau den Fehler jedoch zu Beginn des Jahres 03 beheben, sodass die Anlage wieder voll einsatzbereit ist.

Wegen der guten Absatzlage für die gefertigten Produkte wird die Anlage ab Anfang des Jahres 04 nicht mehr einschichtig, sondern dreischichtig genutzt. Aufgrund des höheren Verschleißes und der geringeren Wartung und Pflege wird sie deshalb nur noch bis Ende des Jahres 05 zu nutzen sein.

a) Welche Wertansätze ergeben sich in den Handels- und Steuerbilanzen von 01 bis 05?

b) Wie sind die Sachverhalte nach IFRS unter Berücksichtigung des *cost model* zu behandeln? Wie müssen die Sachverhalte nach US-GAAP beurteilt werden?

Lösung

a) Jahr 01

Aufgrund der voraussichtlich dauernden Wertminderung muss handelsrechtlich eine außerplanmäßige Abschreibung vorgenommen werden (§ 253 Abs. 3 Satz 5 HGB). Der sich unter Berücksichtigung planmäßiger Abschreibungen zum 31.12.01 ergebende Buchwert der Anlage von 10 Mio. GE wird um 50 % gekürzt, um so der auf 50 % der ursprünglich angenommenen Kapazität gesunkenen Leistungsabgabe Rechnung zu tragen. Das steuerrechtliche Wahlrecht zur Vornahme einer Abschreibung bei dauerhaften Wertminderungen kann unabhängig vom Handelsrecht ausgeübt werden (§ 6 Abs. 1 Nr. 1 Satz 2 EStG). In der Steuerbilanz ist daher entweder der Restbuchwert von 10 Mio. GE beizubehalten oder analog zum Handelsrecht eine außerplanmäßige Abschreibung um 50 % vorzunehmen.

Bilanzansatz zum 31.12.01:

Handelsbilanz: 5 Mio. GE

Steuerbilanz: 5 Mio. GE bzw. 10 Mio. GE

Jahr 02

Die planmäßigen Abschreibungen bemessen sich nach dem Restbuchwert (5 Mio. GE) und der Restnutzungsdauer (5 Jahre) und betragen im handelsrechtlichen Abschluss somit 1 Mio. GE. Steuerrechtlich unterscheidet sich die planmäßige Abschreibung je nach Ausübung des Wahlrechts. Falls eine außerplanmäßige Abschreibung auf 5 Mio. GE im Jahr 01 vorgenommen wurde, beträgt die planmäßige Abschreibung 1 Mio. GE. Ist keine außerplanmäßige Abschreibung erfolgt, so ergibt sich eine planmäßige Abschreibung von 2 Mio. GE auf Basis des Restbuchwerts von 10 Mio. GE.

Bilanzansatz zum 31.12.02:

Handelsbilanz: 4 Mio. GE

Steuerbilanz: 4 Mio. bzw. 8 Mio. GE

Jahr 03

Da der Grund für die außerplanmäßige Abschreibung entfallen ist, muss die Knall AG handelsrechtlich gemäß § 253 Abs. 5 HGB bis zu den fortgeführten Anschaffungskosten, die sich ohne außerplanmäßige Abschreibung ergeben hätten, zuschreiben. Der Wert der Montagestraße beträgt 12 Mio. GE – 4 Mio. GE = 8 Mio. GE.

In der Steuerbilanz gilt aufgrund von § 6 Abs. 1 Nr. 1 Satz 4 EStG für abnutzbare Wirtschaftsgüter eine Zuschreibungspflicht bis zu den um die planmäßige Abschreibung verminderten Anschaffungskosten. Wurde im Jahr 01 keine außerplanmäßige Abschreibung vorgenommen, entspricht der Restbuchwert aus 02 bereits den fortgeführten Anschaffungskosten von 8 Mio. GE.

Da der Grund für die außerplanmäßige Abschreibung bereits zu Beginn des Jahres entfallen ist, sind für 03 neben der Zuschreibung noch 2 Mio. GE planmäßige Abschreibungen zu verrechnen.

Bilanzansatz zum 31.12.03:

Handelsbilanz: 6 Mio. GE

Steuerbilanz: 6 Mio. GE

Jahr 04

Da die Restnutzungsdauer verkürzt wird, ist der Restbuchwert auf die zwei verbleibenden Nutzungsjahre zu verteilen.

Bilanzansatz zum 31.12.04:

Handelsbilanz: 3 Mio. GE

Steuerbilanz: 3 Mio. GE

Eine außerplanmäßige Abschreibung müsste allerdings dann vorgenommen werden, wenn die Verkürzung der Restnutzungsdauer nicht auf einer erhöhten Inanspruchnahme, sondern auf einer falschen Einschätzung der Nutzungsdauer beruhen würde (Nutzungsdauer nicht 6, sondern 5 Jahre). In diesem Fall müsste auf den niedrigeren beizulegenden Wert i. H. v. 2,4 Mio. GE abgeschrieben werden, da dies dem Wert einer solchen Anlage (Anschaffungskosten 12 Mio. GE, Nutzungsdauer mit 5 Jahre) bei linearer Abschreibung zu Beginn der Nutzungsdauer entspricht.

Jahr 05

Aufgrund der abgelaufenen Nutzungsdauer ist die Anlage in Handels- und Steuerbilanz planmäßig auf 0 GE abzuschreiben.

Bilanzansatz zum 31.12.05:

Handelsbilanz: 0 GE

Steuerbilanz: 0 GE

b) Jahr 01

Nach IFRS wird die Berücksichtigung von Wertminderungen in IAS 36 »*Impairment of Assets*« geregelt. Außerplanmäßige Abschreibungen müssen demnach vorgenommen werden, wenn der *recoverable amount* kleiner als der Buchwert ist (IAS 36.59). In diesem Fall liegt der *recoverable amount* bei 50 % des Buchwertes, sodass hier nach IFRS eine außerplanmäßige Abschreibung vorzunehmen ist.

Nach US-GAAP sind die Fakten, die zu einer außerplanmäßigen Abschreibung bei langfristigen Vermögenswerten führen, in ASC 360-10-35-15 ff. »*Impairment or Disposal of Long-Lived Assets*« geregelt. Demnach tritt eine Abwertung des Buchwertes bei genutzten Anlagegütern dann ein, wenn dieser nicht mehr eingebracht werden kann. Als Beispiel hierfür wird in ASC 360-10-35-21 u. a. genannt, wenn wesentliche Veränderungen im Hinblick auf die Art und den Umfang der Nutzung eines *asset* vorliegen. Hier kann die Anlage nur noch eingeschränkt (zu 50 %) genutzt werden. Der daraufhin erfolgende *recoverability test* ergibt, dass sich die erwarteten Netto-Zahlungsströme auf 5 Mio. GE reduzieren, sodass auch nach US-GAAP eine außerplanmäßige Abschreibung um 50 % des Buchwertes vorzunehmen ist.

Bilanzansatz zum 31.12.01:

IFRS: 5 Mio. GE

US-GAAP: 5 Mio. GE

Jahr 02

Nach IFRS bzw. US-GAAP ist die Montagestraße ebenfalls planmäßig abzuschreiben. Der Abschreibungsbetrag ermittelt sich auf Grundlage der verbleibenden Nutzungsdauer (5 Mio. GE / 5 Jahre = 1 Mio. GE).

Bilanzansatz zum 31.12.02:

IFRS: 4 Mio. GE

US-GAAP: 4 Mio. GE

Jahr 03

Da die Umstände, die zu der außerplanmäßigen Abschreibung geführt haben, dauerhaft entfallen sind, muss nach IAS 36.110 i. V. m. IAS 36.114 eine Wertaufholung vorgenommen werden. Diese darf nur bis maximal zu den fiktiv fortgeführten Anschaffungskosten erfolgen (IAS 36.117). Auf Basis der Werte im Beispiel ergeben sich: 12 Mio. GE – 4 Mio. GE = 8 Mio. GE; zusätzlich ist die planmäßige Abschreibung für das Jahr 03 zu berücksichtigen.

Nach US-GAAP darf eine einmal erfasste Abwertung von *assets held for use* nicht mehr rückgängig gemacht werden, eine Wertaufholung ist somit verboten (ASC 360-10-35-20). Die Montagestraße wird also basierend auf dem abgewerteten Buchwert weiterhin planmäßig abgeschrieben. Am Abschreibungsbetrag verändert sich im Vergleich zum Vorjahr nichts. Demnach ergibt sich ein Buchwert für das Jahr 03 i. H. v. 4 Mio. GE – 1 Mio. GE = 3 Mio. GE.

Bilanzansatz zum 31.12.03:

IFRS: 6 Mio. GE

US-GAAP: 3 Mio. GE

Jahr 04

Nach IAS 16.51 i. V. m. IAS 8.36 ist die verkürzte Restnutzungsdauer durch entsprechend höhere Abschreibungsbeträge zu berücksichtigen. Im Beispiel belaufen sie sich auf 6 Mio. GE / 2 = 3 Mio. GE. Genauso sehen auch die US-GAAP (ASC 250-10-45-17) eine Verteilung des Restbuchwertes auf die verkürzte Restnutzungsdauer vor (3 Mio. GE / 2 = 1,5 Mio. GE).

Bilanzansatz zum 31.12.04:

IFRS: 3 Mio. GE

US-GAAP: 1,5 Mio. GE

Jahr 05

Nach IFRS und US-GAAP ergibt sich die gleiche Vorgehensweise:

Bilanzansatz zum 31.12.05:

IFRS: 0 GE

US-GAAP: 0 GE

Aufgabe 3.8: Bilanzielle Behandlung von Abbruchkosten

Die Hotel- und Gaststätten AG in Werneck erwirbt dort Ende 01 ein bebautes Nachbargrundstück. Der Vorbesitzer lässt sich den Grund und Boden mit 500.000 GE und das darauf stehende Geschäftsgebäude mit 300.000 GE bezahlen. Die AG lässt nach Auszug der Vormieter das Gebäude zu Beginn des Jahres 02 für 60.000 GE abreißen und errichtet für 2.000.000 GE einen Erweiterungsbau (Nutzungsdauer 25 Jahre), der ab 02.01.03 genutzt werden kann. Von den Baukosten fallen im Jahr 02 1.000.000 GE an.

Außerdem lässt die AG im Januar 01 ihren Lagerschuppen abreißen, um auf dem Grundstück einen Kundenparkplatz (Asphaltierungskosten 20.000 GE, Nutzungsdauer 10 Jahre) zu errichten. Der Altbau stand am 31.12. des Vorjahres mit 20.000 GE zu Buche, der Abbruchaufwand betrug 5.000 GE.

a) Mit welchen Werten und unter welchen Bilanzposten sind diese Vorgänge in den Handelsbilanzen für 01 bis 03 zu berücksichtigen?

b) Welche Auswirkungen ergeben sich auf die Steuerbilanzen der Jahre 02 und 03?

Lösung

a) Bilanzierung in der Handelsbilanz

Wenn mit dem Abbruch eines Gebäudes seine Nutzung beendet ist, dann müssen handelsrechtlich der noch nicht als Aufwand verrechnete Teil der Anschaffungskosten (= Restbuchwert) und die Abbruchkosten GuV-wirksam erfasst werden (Grundsatz der Einzelbewertung und Anschaffungskostenprinzip). Die genannten Sachverhalte sind in den Handelsbilanzen für 01 bis 03 wie folgt zu erfassen:

1. Kauf des bebauten Nachbargrundstücks (Ende 01)

Das bebaute Nachbargrundstück ist zu Anschaffungskosten zu aktivieren.:

Grundstücke	GE	500.000	an	Bank	GE	800.000
Gebäude	GE	300.000				

2. Gebäudeabbruch und Beginn des Erweiterungsbaus (02)

Gebäuderestwert und Abbruchkosten sind GuV-wirksam zu erfassen; die in 02 angefallenen Baukosten für den Erweiterungsbau sind unter »Anlagen im Bau« zu aktivieren:

Abschreibungen auf Sachanlagen	an	Gebäude	GE	300.000
Sonstige betriebliche Aufwendungen	an	Bank	GE	60.000
Anlagen im Bau	an	Bank	GE	1.000.000

3. Fertigstellung und Nutzung des Erweiterungsbaus (03)

Die restlichen Baukosten des Jahres 03 sind zu erfassen. Nachdem der Erweiterungsbau zum 02.01.03 fertiggestellt wurde, ist eine entsprechende Umbuchung vorzunehmen und der einsetzende Werteverzehr mittels Abschreibung zu erfassen. Da die Nutzungsdauer 25 Jahre beträgt, sind bei linearer Abschreibung jährlich 4 % der Herstellungskosten (4 % × 2.000.000 = 80.000 GE) abzuschreiben.

Anlagen im Bau	an	Bank	GE	1.000.000
Gebäude	an	Anlagen im Bau	GE	2.000.000
Abschreibung auf Sachanlagen	an	Gebäude	GE	80.000

4. Abbruch des Lagerschuppens und Errichtung des Kundenparkplatzes (01)

Die Abbruchkosten und der Gebäuderestwert sind auch hier handelsrechtlich Aufwendungen des Jahres 01. Die Asphaltierungskosten sind als Anschaffungskosten des Parkplatzes zu aktivieren und planmäßig über die Nutzungsdauer (10 Jahre) abzuschreiben. Bei linearer Abschreibung beträgt der Abschreibungsbetrag 2.000 GE.

Abschreibungen auf Sachanlagen	an	Gebäude	GE	20.000
Sonstige betriebliche Aufwendungen	an	Bank	GE	5.000
Andere Bauten	an	Bank	GE	20.000
Abschreibung auf Sachanlagen	an	Andere Bauten	GE	2.000

b) Bilanzierung in der Steuerbilanz

Nach H 6.4 EStH dürfen bei Abbruch eines noch nicht länger zum Betriebsvermögen gehörenden Gebäudes der Restbuchwert und die Abbruchkosten nur dann GuV-wirksam als Betriebsausgaben verrechnet werden, sofern im Zeitpunkt des Erwerbs noch keine Abbruchabsicht bestand. Wird dagegen ein wirtschaftlich noch nicht verbrauchtes Gebäude bereits mit Abbruchabsicht erworben, so zählen der Restbuchwert und die Abbruchkosten zu den Anschaffungs- oder Herstellungskosten des neu errichteten Gebäudes. Bei einem Abbruch innerhalb von drei Jahren nach Erwerb besteht die – widerlegbare – Vermutung einer bei Erwerb bestehenden Abbruchabsicht.

Im Falle des Ende 01 erworbenen bebauten Nachbargrundstückes lässt sich die Abbruchabsicht unterstellen, sodass sich in der Steuerbilanz die Herstellungskosten des Erweiterungsbaus um den Restbuchwert des alten Gebäudes (= 300.000 GE) und um die Abbruchkosten (= 60.000 GE) auf insgesamt 2.360.000 GE erhöhen. Sofern die Hotel- und Gaststätten AG den Nachweis erbringen könnte, dass der Erwerb ohne Abbruchabsicht erfolgte, sind die Abbruchkosten als Betriebsausgabe und der Buchwert des Gebäudes als Absetzung für außergewöhnliche Abnutzung GuV-wirksam zu verrechnen.

Die Abbruchkosten und der Buchwert des Lagerschuppens sind dagegen keine Bestandteile der Herstellungskosten des Kundenparkplatzes, da es sich bei dem Lagerschuppen um ein schon länger im Betriebsvermögen befindliches Gebäude handelt; sie sind deshalb als Betriebsausgaben des Jahres 01 GuV-wirksam zu erfassen.

Aufgabe 3.9: Investment Property

Die Omnivest AG erwirbt zum 01.01.01 ein Bürogebäude für 100 Mio. GE (inkl. aller Anschaffungsnebenkosten), das per Banküberweisung bezahlt wird. Dieses Bürogebäude wird von der Omnivest AG allerdings nicht selbst genutzt, sondern dient ausschließlich der langfristigen Erzielung von Einkünften durch Vermietung und Wertsteigerung. Das Gebäude hat eine Nutzungsdauer von 40 Jahren. Nachdem sich der Wert des Gebäudes im ersten Jahr nicht geändert hat, entwickelt sich der Standort des Gebäudes immer mehr zu einer regelrechten Boomtown, in der sehr viele Firmen Niederlassungen eröffnen. Daher steigt der Wert des Gebäudes zum Ende des Jahres 02 auf 180 Mio. GE. Leider stellt sich am Ende des Jahres 03 heraus, dass offensichtlich Mängel am Bau vorliegen. Der Marktwert des Gebäudes sinkt aufgrund der anstehenden Sanierung deshalb auf nur noch 80 Mio. GE, der erzielbare *net selling price* ist geringfügig niedriger. Der Barwert der zukünftigen Nettoeinnahmen aus der Miete wird zu diesem Zeitpunkt auf 81 Mio. GE geschätzt. Ende des Jahres 04 erweisen sich die Mängel als weitaus weniger gravierend, weshalb ein Sachverständiger die Vorjahresschätzung auf 120 Mio. GE korrigiert.

Stellen Sie die Auswirkungen aller Ausweismöglichkeiten auf die IFRS-Bilanz und IFRS-GuV der Omnivest AG zum Ende der Jahre 01, 02, 03 und 04 dar!

Lösung

Das Gebäude der Omnivest AG dient weder der Erstellung von Gütern oder Dienstleistungen, noch Verwaltungszwecken und ist auch nicht zum Verkauf im regulären Geschäftsverlauf vorgesehen. Es handelt sich um eine Finanzanlage in nicht betriebsnotwendiges Vermögen (*investment property*) nach IAS 40.5. Bei Erwerb ist dieses zu Anschaffungskosten zuzüglich der Anschaffungsnebenkosten zu aktivieren (IAS 40.21). In der Folge gewährt IAS 40.30 ein echtes Wahlrecht zwischen zwei Ausweismethoden: dem *fair value model* gemäß IAS 40.33 ff. und dem *cost model* gemäß IAS 40.56.

a) *Fair value model*: Das Gebäude wird zu jedem Bilanzstichtag zu seinem *fair value* bewertet (IAS 40.33). Ein dabei entstehender Gewinn oder Verlust ist in der GuV zu zeigen (IAS 40.35). Als Anhaltspunkte für den *fair value* der Immobilie dienen hier die angegebenen Marktpreise und die Bewertungen des Sachverständigen.

Aus den genannten Geschäftsvorfällen resultieren die folgenden Buchungen:

Jahr 01: 01.01.01 Erwerb des Gebäudes

Finanzanlagen in nicht betriebsnotwendiges Vermögen	an	Bank	Mio. GE	100

Jahr 02: 31.12.02 Wertsteigerung des Gebäudes

Finanzanlagen in nicht betriebsnotwendiges Vermögen	an	Erlöse aus Finanzanlagen in nicht betriebsnotwendiges Vermögen	Mio. GE	80

Jahr 03: 31.12.03 Wertverlust des Gebäudes

Verluste aus Finanzanlagen in nicht betriebsnotwendiges Vermögen	an	Finanzanlagen in nicht betriebsnotwendiges Vermögen	Mio. GE	100

Jahr 04: 31.12.04 Wertsteigerung des Gebäudes

Finanzanlagen in nicht betriebsnotwendiges Vermögen	an	Erlöse aus Finanzanlagen in nicht betriebsnotwendiges Vermögen	Mio. GE	40

Damit ergibt sich nach dem *fair value model* folgendes Bild in Bilanz und GuV (in GE):

Bilanzstichtag	*fair value* Bürogebäude	Buchwert	Veränderung GuV
31.12.01	100.000.000	100.000.000	+/– 0
31.12.02	180.000.000	180.000.000	+ 80.000.000
31.12.03	80.000.000	80.000.000	– 100.000.000
31.12.04	120.000.000	120.000.000	+ 40.000.000

b) *Cost model*: Diese Bilanzierungsmethode kann alternativ zum *fair value model* angewandt werden. Das *cost model* muss angewandt werden, wenn sich der *fair value* einer nicht betriebsnotwendigen Immobilie nicht verlässlich bestimmen lässt (IAS 40.53). Das Vorgehen bei dieser Alternative entspricht dem *cost model* des IAS 16, und verlangt die Bilanzierung zu fortgeführten Anschaffungs- oder Herstellungskosten (IAS 16.30). Das Gebäude hat eine Nutzungsdauer von 40 Jahren, damit wird es mit 2,5 Mio. GE p. a. abgeschrieben. Aufgrund der Baumängel wird im Jahr 03 eine außerplanmäßige Abschreibung (*impairment*) nach IAS 36 notwendig. Der *recoverable amount* ist in diesem Fall der *value in use* i. H. v. 81 Mio. GE, da der *fair value less costs of disposal* niedriger ist. Es ist eine außerplanmäßige Abschreibung von 11,5 Mio. GE auf 81 Mio. GE fällig (IAS 36.59). Im Jahr 04 erfolgt dann eine GuV-wirksame Wertaufholung, da der Grund für die außerplanmäßige Abschreibung entfallen ist (IAS 36.110). Wertobergrenze für die Wertaufholung sind die fortgeführten Anschaffungskosten (IAS 36.117). Aus den genannten Geschäftsvorfällen resultieren die folgenden Buchungen:

Jahr 01: 01.01.01 Erwerb des Gebäudes; 31.12.01 planmäßige Abschreibung

Finanzanlagen in nicht betriebsnotwendiges Vermögen	an	Bank	Mio. GE	100
Abschreibungen auf Finanzanlagen in nicht betriebsnotwendiges Vermögen	an	Finanzanlagen in nicht betriebsnotwendiges Vermögen	Mio. GE	2,5

Jahr 02: 31.12.02 Planmäßige Abschreibung

Abschreibungen auf Finanzanlagen in nicht betriebsnotwendiges Vermögen	an	Finanzanlagen in nicht betriebsnotwendiges Vermögen	Mio. GE	2,5

Jahr 03: 31.12.03 Wertverlust des Gebäudes

Abschreibungen auf Finanzanlagen in nicht betriebsnotwendiges Vermögen	an	Finanzanlagen in nicht betriebsnotwendiges Vermögen	Mio. GE	2,5
Außerplanmäßige Abschreibungen auf Finanzanlagen in nicht betriebsnotwendiges Vermögen	an	Finanzanlagen in nicht betriebsnotwendiges Vermögen	Mio. GE	11,5

Jahr 04: 31.12.04 Wertsteigerung des Gebäudes

Abschreibungen auf Finanzanlagen in nicht betriebsnotwendiges Vermögen	an	Finanzanlagen in nicht betriebsnotwendiges Vermögen	Mio. GE	2,2
Finanzanlagen in nicht betriebsnotwendiges Vermögen	an	Zuschreibungen zu Finanzanlagen in nicht betriebsnotwendiges Vermögen	Mio. GE	11,2

Damit ergibt sich nach dem *cost model* folgendes Bild in Bilanz und GuV (in GE):

Bilanzstichtag	*fair value* Bürogebäude	Buchwert	Veränderung GuV
31.12.01	100.000.000	97.500.000	– 2.500.000
31.12.02	180.000.000	95.000.000	– 2.500.000
31.12.03	80.000.000	81.000.000[1)]	– 14.000.000
31.12.04	120.000.000	90.000.000	+ 9.000.000

1) *value in use*

Aufgabe 3.10: Anlagespiegel

Erstellen Sie basierend auf folgenden Angaben für 02 den Anlagespiegel zum 31.12.02.

a) Die gesamten planmäßigen und außerplanmäßigen Abschreibungen des Geschäftsjahres 02 betragen bei

• Gebäuden	GE	50.000
• Technischen Anlagen und Maschinen	GE	600.000
• Andere Anlagen, Betriebs- und Geschäftsausstattung	GE	60.000

b) Fertigstellung eines Geschäftsgebäudes zum 30.12.02, die Herstellungskosten betrugen in 01 500.000 GE und in 02 1.000.000 GE.

c) Verkauf eines Firmen-Lkws zum 02.01.02, Anschaffungskosten 100.000 GE, Buchwert zum 31.12.01 10.000 GE, Verkaufspreis 30.000 GE (netto).

d) Zuschreibung auf Beteiligungen i. H. v. 30.000 GE.

e) Verkauf einer Hochdruckpresse, Anschaffungskosten 1.000.000 GE, Buchwert zum 31.12.01 0 GE, Verkaufspreis 10.000 GE (netto).

f) Zugang von Ausleihungen 20.000 GE, Abgang 30.000 GE.

Nachfolgend finden Sie den Anlagespiegel der Habgier & Raffke GmbH zum 31.12.01:

ANLAGESPIEGEL							
in TGE	AHK	Zugänge	Abgänge	Umbuchungen	Zuschreibungen	Abschreibungen (kumuliert)	Buchwert 31.12.01
Grundstücke, grundstücksgleiche Rechte und Bauten	2.000	–	–	–	–	500	1.500
Technische Anlagen und Maschinen	3.000	200	100	+ 20	100	2.000	1.220
Andere Anlagen, Betriebs- und Geschäftsausstattung	300	50	–	–	–	150	200
Geleistete Anzahlungen und Anlagen im Bau	20	500	–	– 20	–	–	500
Beteiligungen	100	–	–	–	–	30	70
Ausleihungen	100	10	20	–	–	–	90

Lösung

Nach § 284 Abs. 3 HGB müssen alle Kapitalgesellschaften (d. h. auch die GmbH) im Anhang einen Anlagespiegel nach der direkten Bruttomethode aufnehmen. Danach sind für jeden gesondert auszuweisenden Posten des Anlagevermögens die gesamten (historischen) Anschaffungs- oder Herstellungskosten (AHK), die Zugänge, Abgänge, die Umbuchungen und Zuschreibungen des Geschäftsjahres sowie die (kumulierten) Abschreibungen darzustellen. Durch Addition der einzelnen Spalten ergibt sich der Restbuchwert des betreffenden Bilanzpostens zum Ende des Geschäftsjahres. Gemäß § 284 Abs. 3 Satz 3 HGB sind weitere Angaben zu den Abschreibungen im Anhang gesondert zu machen: die kumulierten Abschreibungen zu Beginn und Ende des Geschäftsjahres, die Abschreibungen des Geschäftsjahres und die Änderungen in den kumulierten Abschreibungen im Zusammenhang mit Zu- und Abgängen sowie Umbuchungen. Diese zusätzlichen Angaben sind nicht zwingender Bestandteil des Anlagespiegels, sondern dürfen auch als Erläuterung zum Anlagespiegel oder als Vermerk im Anhang gemacht werden.

ANLAGESPIEGEL							
in TGE	AHK	Zugänge	Abgänge	Umbuchungen	Zuschreibungen	Abschreibungen (kumuliert)	Buchwert 31.12.02
Grundstücke, grundstücksgleiche Rechte und Bauten	2.000	1.000	–	+ 500	–	550	2.950
Technische Anlagen und Maschinen	3.120	–	1.000	–	–	1.500[1)]	620
Andere Anlagen, Betriebs- und Geschäftsausstattung	350	–	100	–	–	120[2)]	130
Geleistete Anzahlungen und Anlagen im Bau	500	–	–	– 500	–	–	–
Beteiligungen	100	–	–	–	30	30	100
Ausleihungen	90	20	30	–	–	–	80

1) Kumulierte Abschreibungen zu Beginn des Jahres 02	TGE	2.000
– Zuschreibungen des Vorjahres	TGE	100
– auf Abgänge entfallende kumulierte Abschreibungen	TGE	1.000
+ Abschreibungen des Geschäftsjahres	TGE	600
= Kumulierte Abschreibungen am Ende des Jahres 02	TGE	1.500

2) Kumulierte Abschreibungen zu Beginn des Jahres 02	TGE	150
– auf Abgänge entfallende kumulierte Abschreibungen	TGE	90
+ Abschreibungen des Geschäftsjahres	TGE	60
= Kumulierte Abschreibungen am Ende des Jahres 02	TGE	120

Aufgabe 3.11: Identifizierung von Leasingverhältnissen nach IFRS

Welche der folgenden Verträge über die Nutzung eines Vermögenswerts begründen oder beinhalten ein Leasingverhältnis nach IFRS?

a) Der Betreiber des Einkaufzentrums Bayern-Center vermietet Ladenflächen und erhält 10 % des in diesen Flächen erzielten Umsatzes an Miete. Aus der Vergangenheit ist dem Betreiber bekannt, dass im Sommer besonders Eis sowie kalte Getränke, im Winter warme Speisen und Getränke nachgefragt werden. Um einen möglichst großen Nutzen aus der Vermietung zu erzielen, vermietet der Betreiber des Einkaufszentrums ab April 01 eine von den Kunden hoch frequentierte Ladenfläche an einen Eisverkäufer. Der Vertrag ist vorerst auf drei Jahre abgeschlossen. Zudem behält sich das Einkaufszentrum vor, dem Eisverkäufer im Winter eine weniger frequentierte Ladenfläche zuzuweisen.

b) Die RegensburgPaket GmbH schließt mit der FlugzeugLeasing AG einen Vertrag zur Nutzung eines Flugzeugs des Typs A350 für den Versand von Gütern über fünf Jahre ab. Grundsätzlich darf die RegensburgPaket GmbH entscheiden, wann und wohin geflogen wird sowie welche Güter dabei transportiert werden. Vertraglich ist allerdings festgelegt, dass die FlugzeugLeasing AG die Piloten stellt und die Wartung übernimmt. Während der Wartung, die auch gesetzlich vorgeschrieben ist, ist die FlugzeugLeasing AG berechtigt, für diesen Zeitraum das Flugzeug gegen ein ähnliches zu tauschen. Zudem dürfen Flughäfen in Ländern, für die das Auswärtige Amt eine Reisewarnung herausgegeben hat, nicht angeflogen werden. Des Weiteren dürfen keine hochexplosiven Stoffe transportiert werden.

c) Das Energieversorgungsunternehmen Energy GmbH schließt mit dem Energieproduzenten WINDplus AG einen Vertrag zur Abnahme von produzierter Energie eines Windparks für 30 Jahre ab. Der Windpark wurde mit Hilfe von Experten des Kunden entworfen und vom Energieproduzenten gebaut. Aufgrund der Spezialanfertigung ist der Windpark im Vertrag explizit spezifiziert und dem Energieproduzenten steht kein Austauschrecht zu. Die WINDplus AG hat das alleinige Recht, den Windpark zu betreiben. Sämtliche Entscheidungen wurden bereits im Vorfeld getroffen, z. B. wann und wie viel Strom geliefert wird. Die Energy GmbH hat den gesamten Strom abzunehmen und der Lieferant erhält den Steuerbonus, der aufgrund des Erbauens des Windparks in einer Förderregion gewährt wird.

d) Die A&B SE schließt einen Vertrag über drei Jahre mit einer bereits bestehenden Textilfabrik in Bangladesch für die Produktion und Lieferung von Bekleidung. Es ist vertraglich exakt festgelegt, welche Shirts, Mäntel und Hosen in welchen Farben, in welcher Menge und Qualität zu produzieren sind sowie wann die Lieferung zu erfolgen hat. Die Herstellung erfolgt von den in der Fabrik angestellten Mitarbeitern. Die Auslastung der Textilfabrik durch den Auftrag der A&B SE beträgt 40 %. Vertraglich ist es untersagt, dass der Leiter der Textilfabrik den Auftrag weitergibt oder die Bekleidung in einer anderen Fabrik produzieren lässt.

e) Abwandlung der Teilaufgabe d): Die Textilfabrik ist durch den Auftrag der A&B SE nun zu 100 % ausgelastet.

Lösung

Damit ein Vertrag ein Leasingverhältnis begründet oder enthält muss ein identifizierter Vermögenswert vorliegen, d. h. der Vermögenswert, der zur Nutzung überlassen wird, muss vertraglich spezifiziert sein und dem Lieferanten darf kein substanzielles Austauschrecht zustehen (IFRS 16.B13 ff.). Zudem muss der Kunde berechtigt sein, während der gesamten Vertragsdauer im Wesentlichen den gesamten wirtschaftlichen Nutzen aus der Verwendung des Vermögenswerts zu ziehen (IFRS 16.B21 ff.). Sofern der Kunde während der gesamten Vertragsdauer entscheiden kann, wie und für welchen Zweck der Vermögenswert eingesetzt wird, liegt ein Leasingverhältnis vor. Ist dies nicht der Fall, kann dennoch ein Leasingverhältnis bestehen, wenn die Entscheidungen über die Verwendung des Vermögenswerts bereits im Vorfeld getroffen wurden und der Kunde berechtigt ist, den Vermögenswert zu betreiben oder am Design des Vermögenswerts beteiligt war (IFRS 16.B24 ff.).

a) Zunächst ist der abgeschlossene Vertrag auf einen identifizierten Vermögenswert zu untersuchen. Die Ladenfläche wird zwar im Vertrag spezifiziert, jedoch steht dem Betreiber des Einkaufszentrums ein Austauschrecht zu. Dem Betreiber würden durch einen Umzug des Eisverkäufers zu einer anderen Fläche nur geringe Kosten entstehen. Zugleich würde der Betreiber beispielsweise durch eine Vermietung an einen Crêpes- oder Glühweinverkäufer im Winter mehr Miete erhalten, weil dann im Vergleich zum Eisverkäufer auf dieser Fläche voraussichtlich ein höherer Umsatz erzielt wird. Das Austauschrecht ist somit als substanziell anzusehen und es ist davon auszugehen, dass der Betreiber des Einkaufszentrums das Austauschrecht in Anspruch nehmen wird (IFRS 16.B14).

   Es liegt kein Leasingverhältnis nach IFRS vor.

   Sofern der Eisverkäufer nicht unmittelbar erkennen kann, ob das Einkaufszentrum über ein substanzielles Austauschrecht verfügt, ist im Zweifel das Austauschrecht als nicht substanziell zu betrachten (IFRS 16.B19).

b) Ein identifizierter Vermögenswert liegt vor, da der Typ des Flugzeugs spezifiziert ist und kein substanzielles Austauschrecht vorliegt. Das Austauschrecht im Rahmen der gesetzlich vorgeschriebenen Wartung schränkt das Recht der RegensburgPaket GmbH zur Nutzung des identifizierten Vermögenswerts nicht ein (IFRS 16.B18).

   Daraufhin ist zu beurteilen, ob die RegensburgPaket GmbH im Wesentlichen den gesamten Nutzen aus der Verwendung des Vermögenswerts ziehen kann. Da ihr exklusiv die Nutzung des gesamten Flugzeugs über die Vertragsdauer von fünf Jahren zusteht, ist dieses Kriterium erfüllt (IFRS 16.B21).

Im nächsten Schritt ist zu prüfen, ob die RegensburgPaket GmbH entscheiden kann, wie und zu welchem Zweck der Vermögenswert eingesetzt wird. Entscheidungsrechte, die sich lediglich auf den Betrieb und die Instandhaltung des Vermögenswerts beschränken, d. h. die verpflichtende Inanspruchnahme von Wartungsleistungen und der Einsatz der Piloten der FlugzeugLeasing AG, können auch beim Lieferanten liegen (IFRS 16.B27). Auch wenn die Piloten von der FlugzeugLeasing AG gestellt werden, sind sie gegenüber der RegensburgPaket GmbH weisungsgebunden bezüglich wann und wohin geflogen wird. Zudem hindern Schutzrechte, die sich der Lieferant einräumen lässt, in diesem Fall keine Ansteuerung von Flughäfen in Kriegsgebieten und kein Transport von hochexplosiven Stoffen, nicht die Einordnung des Vertrags als Leasingverhältnis (IFRS 16.B30).

Es liegt ein Leasingverhältnis nach IFRS vor.

c) Der Windpark ist ein identifizierter Vermögenswert, da vertraglich eine explizite Spezifizierung erfolgt (IFRS 16.B13) und kein Austauschrecht seitens des Energieproduzenten besteht (IFRS 16.B14 ff.).

Im nächsten Schritt ist zu beurteilen, ob die Energy GmbH im Wesentlichen den gesamten Nutzen aus der Verwendung des Windparks ziehen kann (IFRS 16.B21). Vertraglich ist festgelegt, dass die Energy GmbH den gesamten Strom abzunehmen hat. Jedoch steht der Energy GmbH nicht der Steuerbonus zu, den der Energieproduzent aufgrund der Errichtung des Windparks erhält. Dies ist allerdings zur Beurteilung, ob im Wesentlichen der gesamte Nutzen aus dem Vermögenswert der Energy GmbH zusteht, irrelevant, da dieser Vorteil aus dem Eigentum des Windparks hervorgeht und nicht aus dessen Nutzung (IFRS 16.BC118).

Da die Energy GmbH den vollständigen Nutzen aus der Verwendung des Windparks ziehen kann, ist zu bestimmen, wer während der Nutzungsdauer entscheiden darf, wie und für welchen Zweck der Windpark eingesetzt wird. Da die Entscheidungen bezüglich des Zeitpunkts und der Menge der Stromlieferung bereits im Vorfeld getroffen wurden, kann ein Leasingverhältnis nur noch vorliegen, wenn die Energy GmbH den Windpark betreibt oder am Design des Windparks beteiligt war (IFRS 16.B24b). Die zweite Alternative trifft zu, da der Windpark mit Experten der Energie GmbH entworfen wurde.

Es liegt ein Leasingverhältnis nach IFRS vor.

d) Die Textilfabrik in Bangladesch stellt einen identifizierten Vermögenswert dar, da sie im Vertrag explizit spezifiziert wird und der Leiter der Fabrik nicht berechtigt ist, den Auftrag in einer anderen Fabrik auszuführen (IFRS 16.B13 ff.).

Der A&B SE steht allerdings nicht die exklusive Nutzung der Textilfabrik für die nächsten drei Jahre zu, da die Auslastung der Fabrik durch den Auftrag der A&B SE nur 40 % beträgt und dem Leiter der Textilfabrik auch nicht untersagt ist, andere Aufträge anzunehmen. Die A&B SE kann in diesem Fall nicht im Wesentlichen den gesamten Nutzen, d. h. Output, aus der Fabrik ziehen (IFRS 16.B21).

Es liegt kein Leasingverhältnis nach IFRS vor.

e) Wie in Teilaufgabe d) dargelegt, stellt die Fabrik einen identifizierten Vermögenswert dar.

Nun kann die A&B SE den gesamten Nutzen aus dem identifizierten Vermögenswert ziehen, da die Fabrik 100 % ausgelastet ist und für keine anderen Kunden Bekleidung produzieren kann. Die A&B SE nimmt somit 100 % des Outputs der Textilfabrik ab (IFRS 16.B21).

Die Entscheidungen bezüglich wann, was und wie viel produziert wird wurden bereits im Vorfeld getroffen. Damit noch ein Leasingverhältnis vorliegt, muss die A&B SE die Textilfabrik betreiben oder in deren Design involviert gewesen sein (IFRS 16.B24b). Beide Punkte treffen jedoch nicht zu, da die Fabrik weiterhin eigenständig betrieben wird und die Fabrik bereits vor dem Auftrag der A&B SE bestand.

Es liegt kein Leasingverhältnis nach IFRS vor.

Aufgabe 3.12: Bilanzierung von Leasingverhältnissen

Die Bau AG mietet von der Leasing GmbH ab dem 01.01.01 eine Arbeitsmaschine. Die Leasing GmbH erwirbt die Maschine für insgesamt 900.000 GE und liefert sie direkt an die Bau AG. Die voraussichtliche Nutzungsdauer der Maschine beträgt neun Jahre. Der Leasingvertrag wird über vier Jahre abgeschlossen und die jährlichen Leasingraten in Höhe von 150.000 GE sind nachschüssig zum Jahresende zu überweisen. Der Grenzfremdkapitalzinssatz des Leasingnehmers beträgt 7 %. Der Zinssatz, der dem Leasingverhältnis zugrunde liegt, ist dem Leasingnehmer nicht bekannt. Weitere Optionen wurden zwischen den Vertragsparteien nicht vereinbart.

a) Wie wirkt sich der Leasingvertrag auf die Handelsbilanzen der beiden Gesellschaften aus?

b) Wie würde der Leasingvertrag in einem IFRS-Abschluss bilanziert werden?

c) Wie würde der Leasingvertrag in einem Abschluss nach US-GAAP bilanziert werden?

Lösung

a) Nach § 246 Abs. 1 Satz 2 HGB hat der wirtschaftliche Eigentümer des Leasinggegenstands diesen in seiner Bilanz anzusetzen. Da das HGB keine Regelungen zur Bestimmung des wirtschaftlichen Eigentümers enthält, muss auf die Grundsätze ordnungsmäßiger Buchführung (GoB) zurückgegriffen werden, die sich bei Leasingverhältnissen an den von der Finanzverwaltung herausgegebenen Leasingerlassen orientieren. In dem vorliegenden Fall besteht ein Leasingverhältnis im Sinne des Teilamortisationserlasses für Mobilien, da eine unkündbare Grundmietzeit von vier

Jahren vereinbart wurde und die Summe der Leasingraten (4 Jahre × 150.000 GE = 600.000 GE) weder die Anschaffungskosten des Leasinggebers (900.000 GE) noch seine Finanzierungskosten oder sonstigen Kosten deckt. Die Grundmietzeit beträgt 44 % (4 Jahre / 9 Jahre) der betriebsgewöhnlichen Nutzungsdauer der Maschine und fällt damit in die Kategorie »Grundmietzeit zwischen 40 % und 90 % der betriebsgewöhnlichen Nutzungsdauer des Leasinggegenstands«. Da der Vertrag keine weiteren Regelungen vorsieht, z. B. ein Andienungsrecht des Leasinggebers, und auch keine sonstigen Hinweise bestehen, dass die Chancen und Risiken aus der Nutzung der Maschine auf den Leasingnehmer übergehen, ist der Leasinggeber als wirtschaftlicher Eigentümer anzusehen. Das Leasingverhältnis ist somit als schwebendes Geschäft zu behandeln.

1. Bilanzierung bei der Bau AG

Die Maschine ist beim Leasingnehmer bilanziell nicht zu erfassen. Die jeweils zum Jahresende getätigten Leasingzahlungen sind als Aufwand zu erfassen.

Buchung zu den Bilanzstichtagen 01–04:

Leasingaufwand	GE	150.000	an	Bank	GE	150.000

2. Bilanzierung bei der Leasing GmbH

Der Leasinggeber hat als wirtschaftlicher Eigentümer die Maschine in seiner Bilanz anzusetzen. Die Erstbewertung des Leasinggegenstands erfolgt nach §§ 253 Abs. 1 Satz 1 und 255 Abs. 1 HGB in Höhe der Anschaffungskosten von 900.000 GE.

Buchung zum 01.01.01:

Maschine	GE	900.000	an	Bank	GE	900.000

Zu den folgenden Bilanzstichtagen ist die Maschine nach § 253 Abs. 3 HGB über ihre betriebsgewöhnliche Nutzungsdauer abzuschreiben. Wird von einer linearen Abschreibung ausgegangen, beträgt der jährliche Abschreibungsbetrag 100.000 GE (900.000 GE / 9 Jahre).

Buchung zu den Bilanzstichtagen 01–04:

Abschreibung Maschine	GE	100.000	an	Maschine	GE	100.000

Die erhaltenen Leasingzahlungen sind erfolgswirksam zu vereinnahmen.

Buchung zu den Bilanzstichtagen 01–04:

Bank	GE	150.000	an	Umsatzerlöse	GE	150.000

Die bilanziellen Auswirkungen des Leasingverhältnisses aus der Perspektive des Leasinggebers sind in folgender Tabelle zusammengefasst:

Jahr [1]	Maschine [2]	Abschreibung Maschine [3]	Leasing-ertrag (= Umsatz-erlös) [4]	Ergebnis-wirkung (=[4]–[3]) [5]
01.01.01	900.000			
31.12.01	800.000	100.000	150.000	50.000
31.12.02	700.000	100.000	150.000	50.000
31.12.03	600.000	100.000	150.000	50.000
31.12.04	500.000	100.000	150.000	50.000

b) Nach IFRS ist zunächst zu prüfen, ob der geschlossene Vertrag ein Leasingverhältnis begründet oder beinhaltet (IFRS 16.9). In diesem Beispiel liegt ein identifiziertes Leasingverhältnis vor, da die Maschine im Vertrag spezifiziert ist, die Leasing GmbH kein Austauschrecht hat, die Bau AG während der Vertragslaufzeit den vollen Nutzen aus dem Vermögenswert ziehen und die Beherrschung über die Maschine ausüben kann (IFRS 16.B9). Zudem ist keiner der Ausnahmetatbestände nach IFRS 16.3 erfüllt.

1. Bilanzierung bei der Bau AG

Der Leasingnehmer hat eine Leasingverbindlichkeit sowie ein *right-of-use asset* anzusetzen (IFRS 16.22). Das Wahlrecht nach IFRS 16.5, kurzfristige oder geringwertige Leasingverhältnisse bilanziell nicht anzusetzen, kann nicht in Anspruch genommen werden, da die Voraussetzungen hierfür nicht erfüllt sind. Die Leasingverbindlichkeit ist erstmalig in Höhe des Barwerts der jährlichen Leasingzahlungen zu erfassen (IFRS 16.26 f.). Bevorzugt sind die Leasingzahlungen mit dem Zinssatz zu diskontieren, der dem Leasingverhältnis zugrunde liegt. Da dem Leasingnehmer die benötigten Informationen zur Berechnung dieses Zinssatzes nicht vorliegen, ist der Grenzfremdkapitalzinssatz zu verwenden. Die jährlichen Zahlungen in Höhe von 150.000 GE sind daher mit einem Zinssatz von 7 % über vier Jahre zu diskontieren.

$150.000 \text{ GE} \times 1{,}07^{-1} + 150.000 \text{ GE} \times 1{,}07^{-2} + 150.000 \text{ GE} \times 1{,}07^{-3} + 150.000 \text{ GE} \times 1{,}07^{-4} = 508.082 \text{ GE}$

Die Höhe der Leasingverbindlichkeit bildet die Basis zur Ermittlung des *right-of-use asset* (IFRS 16.24a). Da beispielsweise keine Vorauszahlungen geleistet wurden oder keine anfänglichen direkten Kosten angefallen sind, entspricht die Höhe des *right-of-use asset* der Höhe der Leasingverbindlichkeit.

Buchungssatz zum 01.01.01:

right-of-use asset	GE	508.082	an	Leasingverbind-lichkeit	GE	508.082

Das *right-of-use asset* in Höhe von 508.082 GE ist über die Leasinglaufzeit von vier Jahren linear abzuschreiben (IFRS 16.29 ff.).

Buchung zu den Bilanzstichtagen 01–04:

Abschreibung *right-of-use asset*	GE	127.020	an	*right-of-use asset*	GE	127.020

Die Leasingverbindlichkeit ist nach IFRS 16.36 in der Folgebewertung mit dem Grenzfremdkapitalzinssatz aufzuzinsen und um die getätigten Zahlungen i. H. v. 150.000 GE zu verringern. In Jahr 01 erfolgt die Aufzinsung in Höhe von 35.566 GE (508.085 GE × 0,07). Der Tilgungsanteil der Leasingrate beträgt 114.434 GE (150.000 GE – 35.566 GE).

Buchung zum 31.12.01:

Zinsaufwand	GE	35.566	an	Bank	GE	150.000
Leasingverbind-lichkeit	GE	114.434				

Die bilanziellen Auswirkungen des Leasingverhältnisses aus der Perspektive des Leasingnehmers sind in folgender Tabelle zusammengefasst:

Jahr [1]	*right-of-use asset* [2]	Ab-schrei-bung *right-of-use asset* [3]	Lea-sing-rate [4]	ZIns-anteil [5]	Til-gungs-anteil [6]	Lea-sing-verbind-lichkeit [7]	Ergebnis-wirkung (=[3]+[5]) [8]
01.01.01	508.082					508.082	
31.12.01	381.061	127.020	150.000	35.566	114.434	393.647	– 162.586
31.12.02	254.041	127.020	150.000	27.555	122.445	271.203	– 154.576
31.12.03	127.020	127.020	150.000	18.984	131.016	140.187	– 146.005
31.12.04	0	127.020	150.000	9.813	140.187	0	– 136.834

2. Bilanzierung bei der Leasing GmbH

Die bilanzielle Erfassung des Leasingverhältnisses beim Leasinggeber ist abhängig davon, ob ein *operating lease* oder ein *finance lease* vorliegt (IFRS 16.61). Da weder eines der in IFRS 16.63 aufgeführten Beispiele, z. B. ein Eigentumsübergang zum Ende der Laufzeit, noch einer der Indikatoren in IFRS 16.64, z. B. eine günstige Mietverlängerungsoption, einen Hinweis auf ein *finance lease* geben, liegt ein *operating lease* vor. Der Leasingnehmer hat die Maschine mit den Anschaffungskosten von 900.000 GE (IAS 16.15) anzusetzen.

Buchung zum 01.01.01:

Maschine	GE	900.000	an	Bank	GE	900.000

Die Anschaffungskosten der Maschine sind nach IFRS 16.84 i. V. m. IAS 16.50 linear über die Nutzungsdauer zu verteilen (900.000 GE / 9 Jahre = 100.000 GE pro Jahr).

Buchung zu den Bilanzstichtagen 01–04:

Abschreibung Maschine	GE	100.000	an	Maschine	GE	100.000

Die erhaltenen Leasingzahlungen sind als Ertrag zu erfassen (IFRS 16.81).

Buchung zu den Bilanzstichtagen 01–04:

Bank	GE	150.000	an	Umsatzerlöse	GE	150.000

Die bilanziellen Auswirkungen des Leasingverhältnisses aus der Perspektive des Leasinggebers sind in folgender Tabelle zusammengefasst:

Jahr [1]	Maschine [2]	Abschreibung Maschine [3]	Leasingrate (=Umsatzerlöse) [4]	Ergebniswirkung (=[4]–[3]) [5]
01.01.01	900.000			
31.12.01	800.000	100.000	150.000	50.000
31.12.02	700.000	100.000	150.000	50.000
31.12.03	600.000	100.000	150.000	50.000
31.12.04	500.000	100.000	150.000	50.000

c) Auch nach US-GAAP ist zunächst zu prüfen, ob der Vertrag ein Leasingverhältnis begründet oder beinhaltet (ASC 842-10-15). Aufgrund äquivalenter Voraussetzungen kann hierfür auf die Prüfkriterien des IFRS 16 in Teilaufgabe a) verwiesen werden.

1. Bilanzierung bei der Bau AG

Im Gegensatz zu IFRS 16 muss nach US-GAAP auch der Leasingnehmer das Leasingverhältnis klassifizieren (ASC 842-10-25-1). Da keine der Kriterien in ASC 842-10-25-2 für ein *finance lease* zutreffen, erfolgt eine Klassifizierung des Leasingverhältnisses als *operating lease* (ASC 842-10-25-3a). Der Leasingnehmer hat daraufhin eine Leasingverbindlichkeit sowie ein *right-of-use asset* anzusetzen (ASC 842-20-25-1). Die Erstbewertung erfolgt wie nach IFRS 16 in Höhe von 508.082 GE (ASC 842-20-30-1). Zur Ermittlung siehe auch Teilaufgabe b).

Zu den folgenden Stichtagen ist die Leasingverbindlichkeit zu verzinsen und um die getätigten Leasingzahlungen zu verringern (ASC 842-20-35-3a). Da ein *operating lease* vorliegt und zudem beispielsweise keine Vorauszahlungen getätigt wurden oder keine anfänglichen direkten Kosten angefallen sind, ist das *right-of-use asset* in gleicher Höhe entsprechend der Leasingverbindlichkeit zu bewerten (ASC 842-20-35-3b). Der jährliche Abschreibungsbetrag des *right-of-use asset* ergibt sich aus der Differenz der getätigten Leasingzahlung und des Zinsaufwands. Der Ausweis der Abschreibung des *right-of-use asset* und des Zinsaufwands erfolgt nicht getrennt, sondern in einem Posten innerhalb des operativen Ergebnisses (ASC 842-20-45-4b).

Buchung zum 31.12.01:

Leasingaufwand	GE	150.000	an	Bank	GE	150.000
Leasingverbindlichkeit	GE	114.434		*right-of-use asset*	GE	114.434

Die bilanziellen Auswirkungen des Leasingverhältnisses aus der Perspektive des Leasingnehmers sind in folgender Tabelle zusammengefasst:

Jahr	Leasingrate	Zinsanteil	Tilgungsanteil	Leasingverbindlichkeit	Abschreibung *right-of-use asset* (=[2]–[3])	*right-of-use asset*	Ergebniswirkung (=[3]+[6])
[1]	[2]	[3]	[4]	[5]	[6]	[7]	[8]
01.01.01				508.082		508.082	
31.12.01	150.000	35.566	114.434	393.647	114.434	393.647	– 150.000
31.12.02	150.000	27.555	122.445	271.203	122.445	271.203	– 150.000
31.12.03	150.000	18.984	131.016	140.187	131.016	140.187	– 150.000
31.12.04	150.000	9.813	140.187	0	140.187	0	– 150.000

2. Bilanzierung bei der Leasing GmbH

Auch der Leasinggeber hat das Leasingverhältnis zu klassifizieren (ASC 842-10-25-1). Da keine der Kriterien nach ASC 842-10-25-2 für ein *finance lease* zutreffen, hat der Leasinggeber das Leasingverhältnis nach ASC 842-10-25-3b als *operating lease* einzustufen. Die Bewertung erfolgt analog IFRS (vgl. Teilaufgabe b)). Die Leasingzahlungen sind als Ertrag zu erfassen (ASC 842-30-25-11a).

Aufgabe 3.13: Bilanzierung von Kryptowährungen

Das Maschinenbauunternehmen Turbo AG möchte von der (ihrer Meinung nach) langfristig zu erwartenden Wertsteigerung von *Bitcoins* profitieren und wechselt daher am 01.01.01 an einer Tauschbörse 10.000 GE in *Bitcoins*. Im Jahresverlauf treten die erwarteten Wertschwankungen ein und resultieren zum 31.12.01 in einem Wert von 17.000 GE. Der Ertragsteuersatz beträgt 30%.

a) Prüfen Sie die Ansatzkriterien für einen immateriellen Vermögensgegenstand bzw. -wert nach HGB und IFRS. Gehen Sie in Ihrer Lösung gegebenenfalls auch auf die Zugangsbewertung und den Ausweis ein.

b) Bestimmen Sie den Wertansatz zum 31.12.01 nach HGB und IFRS. Gehen Sie bei Ihrer Lösung auf alle möglichen Bewertungsalternativen ein.

c) Am 01.01.02 greift die Turbo AG kurzerhand bei einem Neujahrsangebot für eine Maschine mit Anschaffungspreis (netto) 17.000 GE zu. Als Gegenleistung dienen alle gehaltenen *Bitcoins*, deren Wert jenem vom 31.12.01 entspricht. Erläutern Sie die bilanziellen Folgen unter Berücksichtigung aller möglichen Alternativen (inkl. Buchungssätzen).

Lösung

a) *Zugang: Ansatz, Bewertung und Ausweis nach HGB*

Mangels physischer Substanz und aufgrund fehlender Anerkennung als Zahlungsmittel werden Kryptowährungen im Sinne von *currency tokens/coins* handelsrechtlich grundsätzlich den immateriellen Vermögensgegenständen zugeordnet. *Bitcoins* sind einzeln bewertbar und veräußerbar. Die Turbo AG erwirbt die *Bitcoins* entgeltlich, sodass gemäß dem Vollständigkeitsgebot nach § 246 Abs. 1 i. V. m. § 253 Abs. 1 HGB eine Aktivierung zu Anschaffungskosten (10.000 GE) zu erfolgen hat. Aufgrund der langfristigen Halteabsicht ist ein Ausweis unter den immateriellen Vermögensgegenständen des Anlagevermögens (§ 266 Abs. 2 A 2 HGB) vorzunehmen.

Zugang: Ansatz, Bewertung und Ausweis nach IFRS

Für die bilanzielle Behandlung von Kryptowährungen wird derzeit die Anwendung verschiedener Standards (u. a. IAS 38, IAS 2 und IFRS 9) diskutiert. Gemäß einer nicht rechtsverbindlichen Empfehlung des IASB sind *Bitcoins* grundsätzlich als immaterielle Vermögenswerte zu klassifizieren. Nach IAS 38.21 hat eine Aktivierung zu erfolgen, wenn der Vermögenswert zuverlässig bewertbar ist und der Nutzenzufluss wahrscheinlich ist. Alle angeführten Ansatzvoraussetzungen werden erfüllt, sodass eine Aktivierung zu Anschaffungskosten (IAS 38.24) unter den *non-current assets* zu erfolgen hat.

b) *Folgebewertung nach HGB*

Die Folgebewertung wird entscheidend durch die Eigenschaft der Abnutzbarkeit des zu beurteilenden Vermögensgegenstandes bestimmt. *Bitcoins* unterliegen keiner Abnutzung, wodurch in dem vorliegenden Beispiel unter Anwendung des gemilderten Niederstwertprinzips nur bei dauerhaften Wertminderungen außerplanmäßige Abschreibungen inkl. folgenden Wertaufholungen in Betracht kommen. Da im betrachteten Fall der Wert am 31.12.01 über den Anschaffungskosten liegt, erübrigt sich die Fragestellung für letztgenanntes und es darf maximal zu Anschaffungskosten bewertet werden. Die Bewertung erfolgt somit weiterhin zu 10.000 GE.

Folgebewertung nach IFRS

Für die Folgebewertung nach IFRS ist zunächst die Prüfung des Vorhandenseins eines aktiven Marktes und damit die neben dem *cost model* bestehende Anwendbarkeit des *revaluation model* erforderlich. Über die zahlreichen Plattformen und Börsen kann bei *Bitcoins* ein aktiver Markt bejaht werden.

1. Cost model

Mit Verweis auf die vorangegangenen Ausführungen zum HGB handelt es sich bei *Bitcoins* um nicht abnutzbare Vermögenswerte. Anstatt einer planmäßigen Abschreibung muss daher jährlich ein *impairment test* vorgenommen werden (IAS 38.108). Bei Anwendung des *cost model* stellen die historischen Anschaffungskosten die Höchstgrenze der Bewertung dar. Somit ist eine Zuschreibung auf den *fair value* nicht zulässig und der Wertansatz stimmt mit 10.000 GE mit jenem nach HGB überein.

2. Revaluation model

Die Anwendung des *revaluation model* auf nicht abnutzbare Vermögenswerte bedeutet im Allgemeinen, dass in regelmäßigen Zeitabständen eine Neubewertung zu erfolgen hat sowie bei gegebenen Anzeichen ein *impairment test* nach IAS 36 vorzunehmen ist (IAS 38.75 ff.). In Anbetracht der bei *Bitcoins* gegebenen Volatilität dürfte von einer jährlichen Neubewertung auszugehen sein. Die Bewertung erfolgt somit zum *fair value* am 31.12.01 zu 17.000 GE, wobei die Zuschreibung (7.000 GE) als *other comprehensive income* zu erfassen und einer Neubewertungsrücklage zuzuführen ist.

c) *Kauf der Maschine nach HGB*

Da *Bitcoins* kein offizielles Zahlungsmittel darstellen, ist die Bezahlung der Maschine mit *Bitcoins* bezüglich der bilanziellen Folgen als Tauschgeschäft zu werten. Handelsrechtlich existieren keine expliziten Regelungen zur Ermittlung der Anschaffungskosten bei Tauschgeschäften. Gemäß der GoB besteht ein Anwendungswahlrecht zwischen der Buchwertfortführung (ohne Realisierung von stillen Reserven), des steuerneutralen Zwischenwertansatzes (entspricht dem Buchwert des hingegebenen Vermögensgegenstandes zuzüglich der durch den Tausch ausgelösten Ertragsteuerbelastung) sowie dem Zeitwertansatz (vollständige Auflösung der stillen Reserven).

1. Buchwertfortführung:

	Buchwert der eingetauschten *Bitcoins*	GE	10.000
=	Anschaffungskosten der neuen Maschine	GE	10.000

Buchungssatz:

Maschine	GE	10.000	an	*Bitcoins*	GE	10.000

2. Steuerneutraler Zwischenwert:

	Buchwert der eingetauschten *Bitcoins*	GE	10.000
+	Ertragssteuern aus Tauschgeschäft (30 % von 7.000)	GE	2.100
=	Anschaffungskosten der neuen Maschine	GE	12.100

Buchungssatz:

Maschine	GE	12.100	an	*Bitcoins*	GE	10.000
				sonstige betriebliche Erträge	GE	2.100

3. Zeitwertansatz:

	Zeitwert der eingetauschten *Bitcoins*	GE	17.000
=	Anschaffungskosten der neuen Maschine	GE	17.000

Buchungssatz:

Maschine	GE	17.000	an	*Bitcoins*	GE	10.000
				sonstige betriebliche Erträge	GE	7.000

Kauf der Maschine nach IFRS

Die Anschaffungskosten bei Tauschgeschäften nach IFRS ergeben sich aus IAS 38.45 i.V.m. IAS 38.47. Demnach bestimmen sich die Anschaffungskosten eines durch Tausch erworbenen Vermögenswertes durch den fair value des hingegebenen Vermögenswertes, wenn dieser verlässlich ermittelt werden kann und der Tauschvorgang von wirtschaftlicher Substanz (*commercial substance*) für das Unternehmen ist, d. h. man davon ausgehen kann, dass sich das Risiko, der Zeitpunkt oder die Höhe der zukünftigen Zahlungsströme des Unternehmens sich infolge des Vertrags voraussichtlich ändern werden.

Beide Kriterien sind in der vorliegenden Aufgabe erfüllt, sodass sich die Anschaffungskosten der Maschine durch den *fair value* der *Bitcoins* bestimmen:

	Zeitwert der eingetauschten *Bitcoins*	GE	17.000
=	Anschaffungskosten der neuen Maschine	GE	17.000

Die hieraus resultierenden bilanziellen Folgen variieren dabei in Abhängigkeit von der für die Folgebewertung gewählten Methode.

1. Cost model:

Buchungssatz:

Maschine	GE	17.000	an	*Bitcoins*	GE	10.000
				sonstige betriebliche Erträge	GE	7.000

2. Revaluation model:

Buchungssatz:

Maschine	GE	17.000	an	*Bitcoins*	GE	17.000

Zusätzlich ist die am 31.12.01 gebildete Neubewertungsrücklage aufzulösen, was gemäß IAS 16.41 direkt über die anderen Gewinnrücklagen erfolgt:

Buchungssatz:

Neubewertungs-rücklage	GE	7.000	an	Andere Gewinn-rücklage	GE	7.000

Aufgabe 3.14: Bilanzierung von Internetauftritten

Das vor kurzem gegründete Unternehmen Nuevo AG befasst sich nun mit der Entwicklung seines Internetauftritts mit Onlineshop. Im Oktober 01 wird der angestellte Softwaremanager mit der Erstellung der Webseite beauftragt. Der Mitarbeiter macht sich hochmotiviert an die Arbeit, erwirbt im November 01 die Domain und schaltet im Februar 02 den fertigen Internetauftritt frei. Am 01.01.03 entschließt sich die Nuevo AG, ihren bislang deutschsprachigen Internetauftritt zur Erweiterung ihres internationalen Kundenstamms auch in englischer Sprache anzubieten. Bedingt durch die zunehmende Komplexität bringt der hauseigene Softwaremanager seine Überforderung zum Ausdruck, weshalb ein externer Webdesigner beauftragt wird. Dem Webdesigner wird zudem für die kommenden zwei Jahre die Wartung des Internetauftritts übertragen.

Das noch junge Unternehmen verfolgt das Ziel der Jahresüberschussmaximierung. In Zusammenhang mit der Erstellung und Weiterentwicklung der Webseite sind folgende Kosten angefallen:

- Oktober 01: 250 GE für die Durchführung einer Machbarkeitsstudie
- November 01: 575 GE für die Entwicklung der Infrastruktur
- Dezember 01: 330 GE für die Entwicklung des graphischen Designs und des Webseiteninhalts
- Januar 02: 720 GE für die Entwicklung von spezifischen Inhalten für den Onlineshop
- Februar 02: 375 GE für Review des Webseiteninhalts, Korrekturen bei Grafiken nach Abschluss der Entwicklungsphase und Freischaltung
- Januar 03: 1.100 GE für die Erweiterung der Webseite um englischsprachige Übersetzung
- Ab Januar 03: Monatlich 50 GE für die Wartung des Internetauftritts

a) Welche bilanziellen Folgen resultieren aus dem Sachverhalt für die Webseite (ohne *Domain*) zum 31.12.01 nach HGB bzw. nach IFRS?

b) Welche bilanziellen Folgen resultieren aus dem Sachverhalt für die Webseite (ohne *Domain*) zum 31.12.02 nach HGB bzw. nach IFRS? Nehmen Sie für die Webseite eine Nutzungsdauer von 2 Jahren bei linearer Abschreibung an.

c) Welche bilanziellen Folgen resultieren aus dem Sachverhalt für die Webseite im Januar 03 nach HGB bzw. nach IFRS?

Lösung

a) HGB

Bei der Bilanzierung von Internetauftritten sind die *Domain* und die Webseite als zwei eigenständige Vermögensgegenstände zu beurteilen. Die Webseite stellt für die Nuevo AG einen selbstgeschaffenen immateriellen Vermögensgegenstand des Anlagevermögens dar. Handelsrechtlich besteht für selbst geschaffene immaterielle Vermögensgegenstände des Anlagevermögens (§ 248 Abs. 2 HGB) ein Aktivierungswahlrecht. Voraussetzung für eine Aktivierung ist, dass mit einer hohen Wahrscheinlichkeit davon ausgegangen werden kann, dass ein immaterieller Vermögensgegenstand in der Entstehung begriffen ist. Davon lässt sich in dem beschriebenen Fall ausgehen. Aufgrund des Ziels der Jahresüberschussmaximierung wird das Aktivierungswahlrecht ausgeübt und eine Aktivierung zu Herstellungskosten vorgenommen. Nach § 255 Abs. 2a HGB sind dies die Aufwendungen, die bei dessen Entwicklung anfallen. Für der Forschungsphase zugehörige Aufwendungen besteht dementgegen ein Aktivierungsverbot.

Hieraus folgt:

	Kosten in GE	Phase	Bilanzielle Folge
Machbarkeitsstudie	250	Forschungsphase	Aufwand der Periode
Entwicklung der Infrastruktur	575	Entwicklungsphase	Aktivierung
Entwicklung des graphischen Designs und des Webseiteninhalts	330	Entwicklungsphase	Aktivierung

Buchwert der Webseite zum 31.12.01: 905 EUR
Aufwand in 01: 250 EUR

IFRS

Die bilanzielle Behandlung von immateriellen Vermögenswerten ergibt sich aus IAS 38. Bei selbsterstellten immateriellen Vermögenswerten besteht für Entwicklungskosten eine Aktivierungspflicht, insofern die Kriterien aus IAS 38.57 erfüllt sind. Für in der Forschungsphase angefallene Kosten besteht dementgegen ein Aktivierungsverbot. Im Fall von selbsterstellten Webseiten werden die Aktivierungsvoraussetzungen mit Schwerpunkt auf die Wahrscheinlichkeit des zukünftigen Nutzenzuflusses in SIC 32 näher konkretisiert. Über den implementierten Onlineshop kann im vorliegenden Fall ein zukünftiger Nutzenzufluss als wahrscheinlich angenommen werden.

Hieraus folgt:

	Kosten in GE	Phase nach SIC 32	Bilanzielle Folge
Machbarkeitsstudie	250	Planungsphase	Aufwand der Periode
Entwicklung der Infrastruktur	575	Anwendung und Entwicklung der Infrastruktur	Aktivierung
Entwicklung des graphischen Designs und des Webseiteninhalts	330	Anwendung und Entwicklung der Infrastruktur	Aktivierung

Buchwert der Webseite zum 31.12.01: 905 GE
Aufwand in 01: 250 GE

b) HGB

Im Februar 02 wird die Webseite fertiggestellt und freigeschaltet. Für alle bis dahin anfallenden Entwicklungskosten besteht ein Aktivierungswahlrecht (§ 248 Abs. 2 HGB), welches aufgrund des Ziels der Jahresüberschussmaximierung ausgeübt wird. Als abnutzbarer Vermögensgegenstand muss mit Abschluss der Entwicklungsphase bzw. dem Übergang in die Nutzungsphase eine planmäßige Abschreibung pro rata temporis vorgenommen werden (§ 253 Abs. 1 HGB). Anzeichen für eine dauerhafte Wertminderung und hieraus folgender außerplanmäßiger Abschreibung sind nicht gegeben.

Hieraus folgt:

	Kosten in GE	Phase	Bilanzielle Folge
Entwicklung von spezifischen Inhalten für den Onlineshop	720	Entwicklungsphase	Aktivierung
Review des Webseiteninhalts, Korrekturen bei Grafiken	375	Entwicklungsphase	Aktivierung

Buchwert der Webseite im Februar 02: 2.000 GE (= 905 + 720 + 375)
Abschreibung in 02: 2.000 / 2 × 10 / 12 = 833,33 GE
Buchwert der Webseite zum 31.12.02: 1.166,67 GE

IFRS

Nach IFRS besteht für die bis zur Fertigstellung anfallenden Entwicklungskosten unter Berücksichtigung der in SIC 32 konkretisierten Kriterien des IAS 38.57 eine Aktivierungspflicht. Für die Folgebewertung kann ausschließlich das Anschaffungskostenmodell angewendet werden, da gemäß SIC 32.BC18 ein aktiver Markt regelmäßig nicht gegeben ist. Dem Anschaffungskostenmodell folgend, ist in Übereinstimmung mit der handelsrechtlichen Bilanzierung, eine monatsgenaue Abschreibung vorzunehmen (IAS 38.74). Zudem ist bei gegebenen Anzeichen ein *impairment test* nach IAS 36 sowie – gegebenenfalls darauf folgend – eine außerplanmäßige Abschreibung vorzunehmen. Hierfür sind in dem betrachteten Beispiel keine Hinweise enthalten.
Hieraus folgt:

	Kosten in GE	Phase nach SIC 32	Bilanzielle Folge
Entwicklung von spezifischen Inhalten für den Onlineshop	720	Inhaltliche Entwicklung	Aktivierung
Review des Webseiteninhalts, Korrekturen bei Grafiken	375	Betriebsphase	Aktivierung

Buchwert der Webseite im Februar 02: 2.000 GE (= 905 + 720 + 375)
Abschreibung in 02: 2.000 / 2 × 10 / 12 = 833,33 GE
Buchwert der Webseite zum 31.12.02: 1.166,67 GE

c) HGB

Bei den Anfang Januar 03 anfallenden Positionen ist zu beurteilen, ob es sich um einen Herstellungs- oder um einen Erhaltungsaufwand handelt. Für die handelsrechtliche Beurteilung wird auf die Regelungen der EStR R21.1 zurückgegriffen, welche aufgrund entsprechender kaufmännischer Übung und Literaturmeinung als GoB angesehen werden.

1. Erweiterung um englischsprachige Webseite:

Es handelt sich um eine wesentliche Substanzmehrung und damit um einen aktivierungspflichtigen Herstellungsaufwand. Damit steigt der Buchwert des immateriellen Vermögensgegenstandes auf 2.266,67 GE.

2. Wartung:

Laufende Wartungsarbeiten sind als erfolgswirksam zu erfassenden Erhaltungsaufwand zu klassifizieren. D.h., die monatlichen Ausgaben von 50 GE sind als sonst. betrieblicher Aufwand zu erfassen.

IFRS

Im Gegensatz zu den nationalen Normen enthalten die IFRS keine Abgrenzungskriterien zwischen Erhaltungs- und Herstellungsaufwand. Die Aktivierung von Aufwendungen erfolgt stattdessen in Übereinstimmung mit der allgemeinen Definition eines Vermögenswerts (*asset*) des *Framework* (F 4.3 ff.). Demnach wird ein Vermögenswert als gegenwärtige wirtschaftliche Ressource verstanden, die aus einem vergangenen Ereignis resultiert und über die das Unternehmen verfügen kann (F 4.3). Ein *asset* darf allerdings nur dann angesetzt werden, wenn hierdurch entscheidungsnützliche Informationen (*relevant information*) über den Vermögenswert an die Adressaten vermittelt und glaubwürdig dargestellt (*faithful representation*) werden (F 5.6 ff.). Da das *Framework* keine Vorschrift der einzelnen IFRS außer Kraft setzt, müssen für eine Aktivierung von Aufwendungen auch die konkreteren Ansatzvoraussetzungen des IAS 38 erfüllt sein. Daher gilt es zu überprüfen, ob es wahrscheinlich ist, dass dem Unternehmen durch die Ausgaben in Zukunft ein zusätzlicher wirtschaftlicher Nutzen zufließen wird (IAS 38.21a) und ob sich die Kosten verlässlich schätzen lassen (IAS 38.21b).

1. Erweiterung um englischsprachige Webseite:

Über die internationale Ausrichtung des Internetauftritts kann ein zukünftiger wirtschaftlicher Nutzen mit hoher Wahrscheinlichkeit erwartet werden. Ebenso lassen sich die Kosten verlässlich schätzen, sodass eine Aktivierung der Ausgaben zu erfolgen hat.

2. Wartung:

Laufende Wartungsarbeiten führen zu keinem zusätzlichen wirtschaftlichen Nutzen, sondern dienen der Erhaltung des bereits angesetzten zukünftigen Nutzens der Webseite. Daher sind die Ausgaben für die Wartungsarbeiten jeden Monat als sonstiger betrieblicher Aufwand zu erfassen.

4. Kapitel: Bilanzierung des Vorratsvermögens

Aufgabe 4.1: Realisationsprinzip nach HGB

Am 02.11.01 schloss die nach HGB bilanzierende Südbräu AG mit der Getränkegroßhandlung Durst KG einen Vertrag ab, in dem sie sich für vier Monate verpflichtete, monatlich 5.000 Flaschen Diät-Spezialbier zu liefern. Nachdem zweimal je 5.000 Flaschen vereinbarungsgemäß geliefert worden waren, stellte die Südbräu AG am 27.12.01 eine Rechnung über insgesamt 10.000 Flaschen im Wert von 13.600 GE aus.

Die Umsatzsteuer bleibt aus Vereinfachungsgründen unberücksichtigt. Gehen Sie davon aus, dass das Geschäftsjahr der Firmen mit dem Kalenderjahr übereinstimmt!

a) Wie ist dieser Geschäftsvorfall in 01 bei beiden Firmen zu verbuchen, wenn die Durst KG bereits am 28.12.01 unter Abzug von 2 % Skonto die Rechnung durch Banküberweisung bezahlte?

b) Wie ist in den Handelsbilanzen 01 der Firmen zu verfahren, wenn die Rechnung erst im Januar 02 geschickt und bezahlt wird?

c) Wie würde sich die Ausstellung einer Rechnung über 20.000 Flaschen im Wert von 27.200 GE und deren Bezahlung im Jahr 01 unter Abzug von 2 % Skonto auf die Bilanzen 01 und 02 der beiden Unternehmen auswirken?

Lösung

a) Behandlung dieses Geschäftsvorfalls:

1. Im Rechnungswesen der Durst KG

Die Bilanzierung von Vermögensgegenständen erfolgt immer beim wirtschaftlichen Eigentümer, der die Haftung für den Untergang trägt und das Nutzungsrecht hat (§ 246 Abs. 1 Satz 2 HGB). Durch die Lieferung der 10.000 Flaschen an die Durst KG erfolgte der Gefahrenübergang. Sie ist wirtschaftlicher Eigentümer geworden und muss die erlangten Waren zu den Anschaffungskosten erfassen (November und Dezember 01: je 6.800 GE). Außerdem ist die Bezahlung der 10.000 Flaschen an die Südbräu AG zu bilanzieren (13.600 GE). Im Rechnungswesen der Durst KG werden Lieferung und Bezahlung wie folgt erfasst:

(1) Buchung bei Eingang der Lieferung (November und Dezember 01 jeweils):

Waren	GE	6.800	an	Verbindlichkeiten aus LuL	GE	6.800

(2) Buchung bei Bezahlung der Waren (Dezember 01):

Verbindlichkeiten aus LuL	GE	13.600	an	Bank	GE	13.328
				Erhaltene Skonti	GE	272

Der Skontoabzug bei Bezahlung mindert bei der Durst KG die bilanziellen Anschaffungskosten der Waren.

2. Im Rechnungswesen der Südbräu AG

Gemäß § 252 Abs. 1 Nr. 4 HGB sind Gewinne nur zu berücksichtigen, wenn sie am Abschlussstichtag realisiert sind. Angewendet auf Absatzgeschäfte bedeutet dies, dass Erlöse aus der Veräußerung von Sachgütern erst erfasst werden dürfen, wenn die Lieferung erfolgt ist (Gefahrenübergang). Die Lieferung der 10.000 Flaschen an die Durst KG hat stattgefunden, sodass die Umsatzerlöse i. H. v. 13.600 GE von der Südbräu AG erfasst werden. Außerdem ist die Bezahlung der gelieferten Flaschen zu bilanzieren. Die Teillieferungen und die Bezahlung der Rechnung unter Abzug von Skonto wirken sich wie folgt aus:

(1) Buchung bei Verkauf der Flaschen (November und Dezember 01 jeweils):

Forderungen aus LuL	GE	6.800	an	Umsatzerlöse	GE	6.800

(2) Buchung bei Bezahlung der Flaschen (Dezember 01):

Bank	GE	13.328	an	Forderungen aus LuL	GE	13.600
Gewährte Skonti	GE	272				

Der Skontoabzug i. H. v. 272 GE ist von den Umsatzerlösen der Südbräu AG abzusetzen.

b) Für die bilanzielle Behandlung der gelieferten Waren gilt der Grundsatz des wirtschaftlichen Eigentums. Demzufolge hat die Durst KG die Waren mit den Anschaffungskosten (13.600 GE) zu aktivieren und gleichzeitig eine Verbindlichkeit aus Lieferungen und Leistungen in gleicher Höhe zu passivieren.

   Die Südbräu AG aktiviert eine Forderung aus Lieferung und Leistung i. H. v. 13.600 GE. In dem Maße, wie am Bilanzstichtag noch mit einer Inanspruchnahme des Skontonachlasses durch die Durst KG gerechnet wird, muss ein entsprechender Abschlag vorgenommen und die Forderung mit 13.328 GE ausgewiesen werden.

c) Behandlung dieses Geschäftsvorfalls:

   1. Im Rechnungswesen der Durst KG

   Die Bezahlung der Rechnung unter Skontoabzug wird bei der Durst KG in die Bezahlung der bestehenden Warenverbindlichkeit und in eine geleistete Anzahlung aufgespalten. Der Skontoabzug (272 GE) ist als Minderung der Anschaffungskosten zu berücksichtigen.

(1) Buchung bei Bezahlung der Waren (Dezember 01):

Verbindlichkeiten aus LuL	GE	13.600	an	Bank	GE	26.656
Geleistete Anzahlungen	GE	13.328		Erhaltene Skonti	GE	272

(2) Buchung bei Eingang der Lieferungen (Januar und Februar 02 jeweils):

Waren	GE	6.800	an	Geleistete Anzahlungen	GE	6.664
				Erhaltene Skonti	GE	136

2. Im Rechnungswesen der Südbräu AG

Die Banküberweisung der Durst KG i. H. v. 26.656 GE wird in einen Teil, welcher der Begleichung der bisher erfolgten Teillieferungen dient, und in eine erhaltene Anzahlung aufgespalten. Der in Anspruch genommene Skontoabzug i. H. v. 272 GE mindert die Umsatzerlöse der Südbräu AG.

(1) Buchung bei Bezahlung der Flaschen (Dezember 01):

Bank	GE	26.656	an	Forderungen aus LuL	GE	13.600
Gewährte Skonti	GE	272		Erhaltene Anzahlungen	GE	13.328

(2) Buchung bei Lieferung der Flaschen (Januar und Februar 02 jeweils):

Erhaltene Anzahlungen	GE	6.664	an	Umsatzerlöse	GE	6.800
Gewährte Skonti	GE	136				

Aufgabe 4.2: Lieferungen auf Probe

Einem neuen Kunden hat die Südbräu AG am 24.12.01 verschiedene Waren mit Verkaufswert von 1.250 GE geliefert, für die die Südbräu AG selbst insgesamt 965 GE an Anschaffungskosten aufgewendet hat. Wie ist dieser Vorgang nach HGB im Rechnungswesen zu behandeln, wenn dem Kunden ein Rückgaberecht von zehn Tagen eingeräumt wurde und die Südbräu AG in dieser Zeit für Schäden an der Ware haftet? Würde sich an der Behandlung etwas ändern, wenn nach IFRS bilanziert würde?

Lösung

Solange der Kunde von seinem Rückgaberecht Gebrauch machen kann und bei der Bilanzerstellung seine Entscheidung noch nicht bekannt ist, ist eine Gewinnrealisierung nicht möglich. Deshalb ist eine Forderung aus Lieferungen und Leistungen in Höhe der Anschaffungskosten der gelieferten Waren (965 GE) zu bilanzieren. Anhaltspunkte für einen niedrigeren Wertansatz nach dem strengen Niederstwertprinzip liegen nicht vor.

Man kann auch den Standpunkt vertreten, dass ein Umsatzvorgang noch nicht stattgefunden hat und die Waren somit noch (zu Anschaffungskosten) im Vorratsvermögen der Südbräu AG zu bilanzieren sind. Diese Vorgehensweise ist dann vorzuziehen, wenn es sich um eine unaufgeforderte Ansichts- bzw. Probesendung handelt.

a) Buchungen bei Lagerabgang:

Forderungen aus LuL	an	Umsatzerlöse	GE	965
Wareneinsatz	an	Waren	GE	965

b) Buchung bei Gewinnrealisierung (bei Kaufentscheidung):

Forderungen aus LuL	an	Umsatzerlöse	GE	285

c) Buchung bei Bezahlung:

Bank	an	Forderungen aus LuL	GE	1.250

Bei einer Bilanzierung nach IFRS wird von einer Gewinnrealisierung ebenfalls abgesehen, solange der Kunde von seinem Rückgaberecht Gebrauch machen kann (IFRS 15.38d). Es ergeben sich also keine Unterschiede zu den Regelungen des HGB.

Aufgabe 4.3: Bewertungsvereinfachungsverfahren

Am 01.01.01 befanden sich im Lager der Südbräu AG 230 Zentner (Ztr.) Holledauer Hopfen à 222 GE. Aus den Unterlagen der Buchhaltung können zum Bilanzstichtag am 31.12.01 die unten angeführten Lagerzugänge und -abgänge für das vergangene Geschäftsjahr ermittelt werden.

a) Wie hoch sind die Anschaffungskosten des Lagerbestandes zum Bilanzstichtag am 31.12.01? Verwenden Sie zur Ermittlung die Gruppenbewertungsverfahren nach § 240 Abs. 4 HGB i. V. m. § 256 Satz 2 HGB (einfach gewogene und gleitend gewogene Durchschnittsmethode) und die Sammelbewertungsverfahren nach § 256 Satz 1

HGB (Fifo-Verfahren, periodenbezogenes und permanentes Lifo-Verfahren). Welche Verfahren sind nach Steuerrecht und welche nach IFRS zulässig?

b) Die Lagerhalle der Südbräu AG befindet sich im betrachteten Geschäftsjahr im Umbau. Unter diesen Umständen konnte daher der Hopfen nicht optimal gelagert werden und hatte eine Lagerfähigkeit von maximal vier Monaten. Welche der nach HGB, EStG und IFRS zulässigen Bewertungsverfahren kommen für die Bewertung des Hopfens in Betracht?

c) Welche Wertansätze kommen in der Handelsbilanz generell in Betracht, wenn der Wiederbeschaffungspreis am Bilanzstichtag für einen Ztr. 220 GE beträgt, der *net realisable value* (Nettoveräußerungswert) für einen Ztr. bei 230 GE liegt und aus dem Verkauf des zu produzierenden Bieres kein Verlust zu erwarten ist? Welcher Wertansatz würde nach Steuerrecht und IFRS gewählt werden?

Monat	1	2	3	4	5	6	7	8	9	10	11	12
Zugang Monatsanfang	–	120	–	80	70	–	–	160	–	130	–	–
Abgang Monatsende	–	–	130	–	–	130	–	–	140	–	–	140
Preis (GE/Ztr.)	–	220	–	219	226	–	–	221	–	227	–	–

Lösung

a) Anschaffungskosten des Lagerbestandes zum Bilanzstichtag

1. Durchschnittsmethode

(A) Einfach gewogene Durchschnittsmethode

	Anfangsbestand	230	Ztr. à GE 222	= GE	51.060
+	Zugang	120	Ztr. à GE 220	= GE	26.400
+	Zugang	80	Ztr. à GE 219	= GE	17.520
+	Zugang	70	Ztr. à GE 226	= GE	15.820
+	Zugang	160	Ztr. à GE 221	= GE	35.360
+	Zugang	130	Ztr. à GE 227	= GE	29.510
=		790	Ztr.	= GE	175.670

Durchschnittspreis pro Ztr.: GE 222,37

–	Abgänge	540	Ztr. à GE 222,37	= GE	120.078	1)
=	Endbestand	250	Ztr. à GE 222,37	= GE	55.592	1)

1) Die Werte enthalten Rundungsdifferenzen.

(B) Gleitend gewogene Durchschnittsmethode

	Anfangsbestand	230	Ztr. à GE 222	= GE	51.060	
+	Zugang	120	Ztr. à GE 220	= GE	26.400	
=		350	Ztr.	= GE	77.460	
–	Abgang	130	Ztr. à GE 221,31 (= 77.460/350)	= GE	28.770	
=		220	Ztr.	= GE	48.690	1)
+	Zugang	80	Ztr. à GE 219	= GE	17.520	
+	Zugang	70	Ztr. à GE 226	= GE	15.820	
=		370	Ztr.	= GE	82.030	
–	Abgang	130	Ztr. à GE 221,70 (= 82.030/370)	= GE	28.821	
=		240	Ztr.	= GE	53.209	1)
+	Zugang	160	Ztr. à GE 221	= GE	35.360	
=		400	Ztr.	= GE	88.569	
–	Abgang	140	Ztr. à GE 221,42 (= 88.569/400)	= GE	30.999	
=		260	Ztr.	= GE	57.570	1)
+	Zugang	130	Ztr. à GE 227	= GE	29.510	
=		390	Ztr.	= GE	87.080	
–	Abgang	140	Ztr. à GE 223,28 (= 87.080/390)	= GE	31.259	
=	Endbestand	250	Ztr. à GE 223,28	= GE	55.821	1)

1) Die Werte enthalten Rundungsdifferenzen.

2. Fifo-Verfahren

Auf Lager befinden sich die zuletzt eingegangenen Lieferungen.

		130	Ztr. à GE 227	= GE	29.510
+		120	Ztr. à GE 221	= GE	26.520
=	Endbestand	250	Ztr.	= GE	56.030

Bei Anwendung des Fifo-Verfahrens erfolgt keine Unterscheidung zwischen Perioden- und permanenten Fifo-Verfahren, da die Bewertung jeweils mit den Preisen der letzten Zugänge erfolgt.

3. Lifo-Verfahren

Auf Lager befinden sich die zuerst eingegangenen Lieferungen.

(A) Perioden-Lifo-Verfahren

		230	Ztr. à GE 222	= GE	51.060
+		20	Ztr. à GE 220	= GE	4.400
=	Endbestand	250	Ztr.	= GE	55.460

(B) Permanentes Lifo-Verfahren

	Anfangsbestand	230	Ztr. à GE 222	= GE	51.060
+	Zugang	120	Ztr. à GE 220	= GE	26.400
=		350	Ztr.	= GE	77.460
–	Abgang	120	Ztr. à GE 220	= GE	26.400
–	Abgang	10	Ztr. à GE 222	= GE	2.220
=		220	Ztr.	= GE	48.840
+	Zugang	80	Ztr. à GE 219	= GE	17.520
+	Zugang	70	Ztr. à GE 226	= GE	15.820
=		370	Ztr.	= GE	82.180
–	Abgang	70	Ztr. à GE 226	= GE	15.820
–	Abgang	60	Ztr. à GE 219	= GE	13.140
=		240	Ztr.	= GE	53.220
+	Zugang	160	Ztr. à GE 221	= GE	35.360

=		400	Ztr.	= GE	88.580
–	Abgang	140	Ztr. à GE 221	= GE	30.940
=		260	Ztr.	= GE	57.640
+	Zugang	130	Ztr. à GE 227	= GE	29.510
=		390	Ztr.	= GE	87.150
–	Abgang	130	Ztr. à GE 227	= GE	29.510
–	Abgang	10	Ztr. à GE 221	= GE	2.210
=	Endbestand	250	Ztr.	= GE	55.430

Im Steuerrecht sind als Gruppenbewertungsverfahren gemäß R 6.8 Abs. 4 EStR unter Rückgriff auf die handelsrechtlichen Regelungen die einfach und gleitend gewogene Durchschnittsmethode zulässig. Als Sammelbewertungsverfahren ist im Steuerrecht nur das Lifo-Verfahren zulässig, außer es steht im genauen Gegenteil zur tatsächlichen Verbrauchsfolge. Da es sich bei Hopfen um leicht verderbliche Vorräte handelt, verstößt eine Anwendung des Lifo-Verfahrens gegen die zu beachtenden GoB (§ 6 Abs. 1 Nr. 2a EStG i. V. m. R 6.9 Abs. 2 EStR). Somit ist die Lifo-Methode nicht anzuwenden. Da nur das Fifo-Verfahren die tatsächliche Verbrauchsfolge widerspiegelt, darf dieses ansonsten grundsätzlich für die steuerliche Gewinnermittlung verbotene Verfahren bei Nachweis des tatsächlichen Verbrauchs angewendet werden.

Gemäß IAS 2.25 sind die Fifo-Methode oder die (einfach und gleitend gewogene) Durchschnittsmethode anzuwenden.

b) Aus dem geschilderten Sachverhalt geht hervor, dass die bei der Lifo-Methode unterstellte Verbrauchsfiktion wegen der durch den Lagerhallenumbau bedingten kürzeren Haltbarkeit des Hopfens offensichtlich nicht möglich ist und im genauen Gegenteil zur Wirklichkeit steht. Aus diesem Grund sind in der Handelsbilanz wie auch nach IFRS lediglich die Durchschnittsmethode und das Fifo-Verfahren zulässig. In der Steuerbilanz ist das Fifo-Verfahren in bestimmten Ausnahmefällen (vgl. Antwort a)) zulässig. Soweit tatsächlich nach dem Fifo-Prinzip verbraucht wurde und dies nachgewiesen werden kann, kann es steuerlich zur Anwendung kommen. Andernfalls kann in der Steuerbilanz nur die Durchschnittsmethode angewendet werden.

c) Korrekturwert bei der Vorratsbewertung ist der niedrigere Börsen- oder Marktpreis bzw. der beizulegende Wert (§ 253 Abs. 4 HGB) am Bilanzstichtag. Hat sich das Unternehmen für eine Bewertung nach der Durchschnittsmethode, nach Fifo- oder Lifo-Verfahren entschieden, muss als Korrekturwert der niedrigere Wiederbeschaffungspreis (250 Ztr. à 220 GE = 55.000 GE) angesetzt werden.

Im Steuerrecht könnte nur dann eine Teilwertabschreibung auf den niedrigeren Wiederbeschaffungswert erfolgen, wenn von dessen Dauerhaftigkeit (§ 6 Abs. 1 Nr. 2 Satz 2 EStG) während der Verweildauer des Hopfens im Vorratsvermögen der Südbräu AG ausgegangen werden kann. Dies ist aber bei der volatilen Preisentwicklung während des Geschäftsjahres 01 nicht zu erwarten, sodass keine Teilwertabschreibung möglich ist.

Nach IAS 2.9 dient als Korrekturwert für das Vorratsvermögen der *net realisable value*, also der unter normalen Geschäftsbedingungen erzielbare Verkaufspreis abzüglich der für den Verkauf noch anfallenden Kosten. Auf diesen Korrekturwert muss nur dann nicht abgeschrieben werden, wenn es sich bei den Vorräten um Roh-, Hilfs- und Betriebsstoffe handelt, die in ein Fertigprodukt eingehen, das mit Gewinn verkauft werden kann (IAS 2.32). Im vorliegenden Fall wird aus dem Hopfen Bier hergestellt, aus dessen Verkauf kein Verlust zu erwarten ist, sodass der Hopfen nicht abzuwerten ist. Nur wenn der Bierverkauf Verlust bringend wäre, müsste man den Hopfen auf seinen niedrigeren Nettoveräußerungswert abschreiben. Falls dieser für den Hopfen nicht ermittelbar wäre, könnten ersatzweise die Wiederbeschaffungskosten als Vergleichswert herangezogen werden (IAS 2.32).

Aufgabe 4.4: Bewertung des Vorratsvermögens

Bei der M. Erde AG in Augsburg hat der Wirtschaftsprüfer das Lager an Roh-, Hilfs- und Betriebsstoffen, an fertigen und unfertigen Erzeugnissen neu zu bewerten. Anhand der Hauptbuchkonten, Inventurlisten, Durchschriften der Ausgangsrechnungen und Kalkulationsunterlagen ermittelt er den Wert des Vorratslagers. Dieses war am Bilanzstichtag (30.06.01) mit insgesamt 1.818.000 GE ausgewiesen worden und setzte sich wie folgt zusammen:

Roh-, Hilfs- und Betriebsstoffe	GE	243.000
Unfertige Erzeugnisse	GE	540.000
Fertige Erzeugnisse	GE	1.035.000

Die Roh-, Hilfs- und Betriebsstoffe wurden – wie die Kontrolle anhand der Eingangsrechnungen ergab – zu Einkaufspreisen inkl. entstandener Nebenkosten und Umsatzsteuer (19 %) bewertet. Für die Dienste der allgemeinen Verwaltung sind der Kostenstelle Roh-, Hilfs- und Betriebsstofflager Kosten i. H. v. 5.000 GE belastet und den Anschaffungskosten zugerechnet worden.

Bei den unfertigen Erzeugnissen hatte man nur das Fertigungsmaterial berücksichtigt. Direkte Fertigungslöhne und Fertigungsgemeinkosten wurden nicht angesetzt. Aus den Kalkulationsunterlagen ist zu entnehmen, dass die Fertigungslöhne 50 % des Werts des verwendeten Fertigungsmaterials ausmachen. Die variablen Fertigungsgemeinkosten betragen 10 % der Fertigungsmaterial- und Fertigungseinzelkosten. Die fixen Fertigungsgemeinkosten belaufen sich auf 300.000 GE. Für die Dienste der allgemeinen Verwaltung wäre den unfertigen Erzeugnissen ein Betrag von 12.000 GE anzulasten.

Die fertigen Erzeugnisse wurden mit den variablen Herstellungskosten angesetzt. Die fixen Fertigungsgemeinkosten i. H. v. 35.000 GE wurden GuV-wirksam verbucht. Ebenso wurde mit den allgemeinen Verwaltungskosten i. H. v. 20.000 GE verfahren.

Unter den Fertigerzeugnissen befinden sich zwölf Maschinen einer Spezialanfertigung nach Plänen des Auftraggebers mit einem Verkaufspreis von 240.000 GE und Herstellungskosten i. H. v. 200.000 GE. Der Auftraggeber ist bereits vor drei Jahren in Insolvenz gegangen. Eine anderweitige Verwendung der Spezialmaschinen hat sich trotz großer Verkaufsbemühungen als unmöglich erwiesen. Abschreibungen wurden bisher noch nicht vorgenommen. Der Schrottwert der Maschinen beläuft sich auf 15.000 GE.

Mit welchen Werten muss das Lager an Roh-, Hilfs- und Betriebsstoffen, an fertigen und unfertigen Erzeugnissen in der Handels- und Steuerbilanz bzw. nach IFRS ausgewiesen werden?

Lösung

Für die unterschiedlichen Komponenten des Vorratsvermögens ergeben sich die folgenden Änderungen:

1. Bewertung der Roh-, Hilfs- und Betriebsstoffe

Originärer Wertmaßstab für die Roh-, Hilfs- und Betriebsstoffe sind die Anschaffungskosten (§ 255 Abs. 1 HGB, § 6 Abs. 1 Nr. 2 EStG, IAS 2.9 ff.). Der bisherige Wertansatz ist unzulässig. Allgemeine Verwaltungskosten dürfen, da sie den Vermögensgegenständen nicht direkt zugerechnet werden können, nicht als Anschaffungsnebenkosten aktiviert werden. Darüber hinaus dürfen in die Anschaffungskosten nur Nettopreise eingehen, da der Unternehmer (abgesehen von Sonderfällen) zum Vorsteuerabzug berechtigt ist und die Umsatzsteuer somit keinen Kostenbestandteil darstellt.

	bisheriger Bilanzansatz	GE	243.000
–	allgemeine Verwaltungskosten	GE	5.000
=		GE	238.000
–	Umsatzsteuer	GE	38.000
=	richtiger Bilanzansatz	GE	200.000

2. Bewertung der unfertigen Erzeugnisse

Originärer Wertmaßstab für die unfertigen Erzeugnisse sind die Herstellungskosten (§ 255 Abs. 2 HGB, § 6 Abs. 1 Nr. 2 EStG, IAS 2.9 ff.).

Der bisherige Wertansatz ist nach HGB und Steuerrecht unzulässig, da eine Reihe von handels- und steuerrechtlich aktivierungspflichtigen Herstellungskostenbestandteilen nicht angesetzt wurden. Für anteilige allgemeine Verwaltungskosten besteht handelsrechtlich nach § 255 Abs. 2 Satz 3 HGB ein Aktivierungswahlrecht, das steuerrechtlich gemäß § 6 Abs. 1b EStG entsprechend der Handelsbilanz auszuüben ist. Nach HGB und Steuerrecht ergeben sich folgende zulässige Wertansätze für die Herstellungskosten der unfertigen Erzeugnisse:

	(in GE)	Wertuntergrenze	Wertobergrenze
	bisheriger Ansatz (Fertigungsmaterial)	540.000	540.000
+	Fertigungslöhne		
	(50 % des Fertigungsmaterials)	270.000	270.000
+	variable Fertigungsgemeinkosten		
	(10 % von 810.000)	81.000	81.000
+	fixe Fertigungsgemeinkosten	300.000	300.000
+	allgemeine Verwaltungskosten	–	12.000
=	richtiger Bilanzansatz	1.191.000	1.203.000

Nach IFRS müssen die Einzel- und Gemeinkosten aus dem Material- und Fertigungsbereich aktiviert werden, sofern sie direkt zurechenbar sind. Für die allgemeinen Verwaltungskosten besteht ein Aktivierungsverbot (IAS 2.16c). Somit entspricht der zu aktivierende Wert der unfertigen Erzeugnisse der Wertuntergrenze der Handels- und Steuerbilanz. Nach IFRS beträgt der Wertansatz für die unfertigen Erzeugnisse 1.191.000 GE.

3. Bewertung der fertigen Erzeugnisse

Originärer Wertmaßstab für die fertigen Erzeugnisse sind ebenfalls die Herstellungskosten (§ 255 Abs. 2 HGB, § 6 Abs. 1 Nr. 2 EStG). Danach muss der Bilanzansatz in der Handels- und Steuerbilanz zunächst um die fixen Fertigungsgemeinkosten (35.000 GE) erhöht werden, da für diese handels- wie steuerrechtlich eine Aktivierungspflicht besteht. Das Aktivierungswahlrecht der allgemeinen Verwaltungskosten (20.000 GE), das in der Handels- und Steuerbilanz einheitlich auszuüben ist (§ 6 Abs. 1b EStG), verursacht hier den Unterschied zwischen Wertunter- und Wertobergrenze der Herstellungskosten. Die zwölf Spezialmaschinen müssen in der Handelsbilanz entsprechend dem strengen Niederstwertprinzip mit dem niedrigeren beizulegenden Wert (= Schrottwert 15.000 GE) angesetzt werden. Der Schrottwert entspricht dem Teilwert der Maschinen, als entsprechender steuerrechtlicher Korrekturwert. Zudem ist von einer dauerhaften Wertminderung auszugehen, sodass gemäß § 6 Abs. 1 Nr. 2 Satz 2 EStG die Möglichkeit zur Vornahme einer Teilwertabschreibung besteht. Aufgrund der Regelung des § 5 Abs. 1 Satz 1 EStG kann das steuerliche Wahlrecht eigenständig ausgeübt werden, da keine Maßgeblichkeit der Handelsbilanz mehr besteht.

	(in GE)	Wertuntergrenze	Wertobergrenze
	bisheriger Bilanzansatz	1.035.000	1.035.000
+	fixe Fertigungsgemeinkosten	35.000	35.000
+	allgemeine Verwaltungskosten	–	20.000
=		1.070.000	1.090.000
–	Teilwertabschreibung der Spezialmaschine (in HB Pflicht; in StB Wahlrecht)	185.000	185.000
=	möglicher Bilanzansatz (ebenfalls in StB möglich)	885.000 (1.070.000)	905.000 (1.090.000)

Der korrekte Wert für die Herstellungskosten nach IFRS beläuft sich auf 1.070.000 GE. Der Korrekturwert für die Spezialmaschinen ist nach IFRS der *net realisable value* und dieser liegt bei 15.000 GE. Nach den Vorschriften der IFRS ergibt sich ebenfalls ein Bilanzansatz von 885.000 GE (IAS 2.9 ff.).

Aufgabe 4.5: Folgebewertung des Vorratsvermögens

Bei der Produktion AG liegt am Ende des Jahres 01 u. a. folgendes Vorratsvermögen auf Lager:

zum 31.12.01 (in GE)	Rohstoffe	Fertige Erzeugnisse (Fremdbezug nicht möglich)	Waren
Buchwert	23.000	12.000	57.000
Wiederbeschaffungskosten	22.500	11.300	42.000
Verkaufspreis	23.800	12.800	54.000
Kosten des Verkaufs bzw. der noch anfallenden Produktionsschritte	600	300	1.000

Die Buchwerte stellen dabei die Anschaffungs- oder Herstellungskosten der einzelnen Vorratsgruppen dar. Lediglich der Preisverfall im Bereich der Waren wird als dauerhaft eingestuft.

a) Mit welchem Wertansatz sind die einzelnen Vorratsgruppen gemäß den Vorschriften des Handels- und Steuerrechts bzw. der IFRS in der Bilanz zum 31.12.01 anzusetzen? Welche Auswirkungen hat dies auf den Jahresüberschuss?

b) Im Bereich der Waren ist in den nächsten zwei Jahren mit einem weiteren Preisverfall zu rechnen. Die Produktion AG geht davon aus, dass Ende nächsten Jahres der Wert der momentan auf Lager liegenden Waren dauerhaft auf 34.000 GE fallen wird. Verändert diese Tatsache die in a) bestimmten Wertansätze?

c) Im vergangenen Jahr wurden unfertige Erzeugnisse mit Herstellungskosten von 9.200 GE auf den Wert null abgeschrieben, da der Verkauf der Endprodukte eingestellt wurde. Überraschenderweise wird zum Ende des laufenden Jahres die Produktion wieder aufgenommen. Der Nettoveräußerungswert dieser unfertigen Produkte ist dadurch auf 10.000 GE gestiegen. Wie werden diese unfertigen Erzeugnisse zum 31.12.01 gemäß den Vorschriften des HGB, EStG und IFRS angesetzt?

Lösung

a) Nach den Bestimmungen des HGB sind im Bereich des Vorratsvermögens sowohl dauerhafte als auch nicht dauerhafte Wertminderungen zwingend zu erfassen (§ 253 Abs. 4 HGB). Steuerrechtlich dürfen lediglich dauerhafte Wertminderungen berücksichtigt werden (§ 6 Abs. 1 Nr. 2 Satz 2 EStG). Aufgrund der Regelung des § 5 Abs. 1 Satz 1 EStG kann dieses steuerliche Wahlrecht eigenständig ausgeübt werden, da keine Maßgeblichkeit der Handelsbilanz besteht.

Als Korrekturwert dient im Bereich der Rohstoffe der Wiederbeschaffungswert, im Bereich der fertigen Erzeugnisse (kein Fremdbezug möglich) der Nettoveräußerungswert und im Bereich der Waren der niedrigere Wert aus Wiederbeschaffungswert und Nettoveräußerungswert. Der Nettoveräußerungswert ermittelt sich dabei als Verkaufspreis abzüglich der Kosten, die bis zum Verkauf des Vermögensgegenstandes noch anfallen. Eine Zuschreibung über die Anschaffungs- oder Herstellungskosten hinaus ist nicht möglich.

Da lediglich die Wertänderung im Bereich der Waren dauerhaft ist, kann in der Steuerbilanz nur in diesem Bereich der niedrigere Korrekturwert gewählt werden. In den beiden anderen Bereichen des Vorratsvermögens bleiben steuerrechtlich die Buchwerte bestehen.

Demnach ergeben sich folgende Wertansätze für die Handels- bzw. Steuerbilanz:

zum 31.12.01 (in GE)	Rohstoffe	Fertige Erzeugnisse (Fremdbezug nicht möglich)	Waren
Buchwert	23.000	12.000	57.000
Korrekturwert	22.500	12.500	42.000
Wertansatz in der HB	22.500	12.000	42.000
Auswirkung auf den Jahresüberschuss	– 500	–	– 15.000
Wertansatz in der StB	23.000	12.000	42.000
Auswirkung auf den Steuerbilanzgewinn	–	–	– 15.000

Gemäß IAS 2.9 ist für den Fall, dass der realisierbare Nettoveräußerungswert (*net realisable value*) niedriger ist als die Anschaffungs- oder Herstellungskosten der einzelnen Position, zwingend eine außerplanmäßige Abschreibung auf diesen niedrigeren Wert geboten. Als maßgebender Korrekturwert dient demnach stets der Nettoveräußerungswert. Lediglich im Bereich der Rohstoffe muss überprüft werden, ob das Endprodukt, in welches die Rohstoffe eingehen, verlustfrei verkauft werden kann (IAS 2.32). Ist dies der Fall, so kann auf einen Vergleich verzichtet werden. Da in dem vorliegenden Fall der Nettoveräußerungswert der Endprodukte über deren Herstellungskosten liegt, kann dies bejaht werden. Nach IAS 2 ergeben sich folgende Wertansätze:

zum 31.12.01 (in GE)	Rohstoffe	Fertige Erzeugnisse (Fremdbezug nicht möglich)	Waren
Buchwert	23.000	12.000	57.000
Korrekturwert	Ausnahme	12.500	53.000
Wertansatz nach IFRS	23.000	12.000	53.000
Auswirkungen auf den Jahresüberschuss nach IFRS	–	–	– 4.000

b) Weder nach HGB noch nach EStG bzw. IFRS sind zukünftige Wertminderungen für den Wertansatz zum Bilanzstichtag relevant.

c) Entfallen zwischenzeitlich die Gründe für eine in früheren Jahren vorgenommene außerplanmäßige Abschreibung, so haben alle Unternehmen gemäß § 253 Abs. 5 HGB im Umfang der Werterhöhung bis maximal zu den Anschaffungs- oder Herstellungskosten eine Zuschreibung vorzunehmen. In diesem Fall würde das Unternehmen nach den Vorschriften des HGB die unfertigen Erzeugnisse mit den ursprünglichen Herstellungskosten von 9.200 GE ansetzen. Der höhere Nettoveräußerungswert wird nicht berücksichtigt. Der Jahresüberschuss erhöht sich durch diese Zuschreibung um 9.200 GE, die über den Posten »Bestandserhöhung« (GKV) bzw. durch Minderung des Postens »umsatzbezogene Herstellungskosten« (UKV) erfasst wird. Ein identisches Vorgehen ist ebenso gemäß § 6 Abs. 1 Nr. 2 Satz 3 EStG zu wählen, da auch im Steuerrecht eine Wertaufholungspflicht besteht, falls aufgrund der vermutlich dauerhaften Wertminderung eine Teilwertabschreibung vorgenommen wurde.

Auch IAS 2 sieht eine Wertaufholungspflicht bis zu den Anschaffungs- oder Herstellungskosten vor (IAS 2.33). Ebenso bleibt der höhere Nettoveräußerungswert unberücksichtigt. Die Verbuchung der Wertaufholung führt zu einer Reduktion der Umsatzkosten bzw. des Materialaufwandes in der Periode der Wertaufholung (IAS 2.34). Demnach erhöht sich auch hier der Jahresüberschuss um 9.200 GE.

Aufgabe 4.6: Bewertung langfristiger Fertigungsaufträge

Die Bau AG führt für die Stadt Regensburg ein Vier-Jahres-Projekt zum Bau einer Brücke durch. Dieses Projekt weist am Ende einer Periode folgende Kostendaten auf (HK 1 = aktivierungspflichtige Herstellungskosten, HK 2 = maximale aktivierungsfähige Herstellungskosten, SK = aufwandsgleiche Selbstkosten, einschließlich nicht aktivierungsfähiger Kostenteile); Angaben in GE:

Periode	01	02	03	04	Summe
HK 1	800	800	800	800	3.200
HK 2	900	900	900	900	3.600
SK	1.000	1.000	1.000	1.000	4.000

Sofern eine Kündigung des Vertrags durch die Stadt Regensburg aus Gründen erfolgt, die die Bau AG nicht zu vertreten hat, sind die bis dahin angefallenen Kosten zuzüglich eines Gewinnaufschlags vom Auftraggeber zu übernehmen. Außerdem werden zum Ende der Periode 02 und 04 Anzahlungen geleistet.

Aufgrund dieser vertraglichen Vereinbarungen ergeben sich für die Bau AG folgende Einzahlungen (in GE):

Periode	01	02	03	04	Summe
Einzahlungen	–	2.500	–	2.500	5.000

Der Gesamterlös beträgt 5.000 GE, der einkalkulierte Gewinn 1.000 GE (= Erlös – SK).

Zu Beginn der Periode 03 muss aufgrund geänderter baurechtlicher Vorschriften der Erdbebenschutz der Brücke verstärkt werden. Die erforderlichen Maßnahmen erhöhen die voll aktivierungspflichtigen Kosten in der Periode 03 und 04 um jeweils 300 GE. Die Selbstkosten steigen somit von 1.000 GE jeweils auf 1.300 GE. Die Nachverhandlungen zu Beginn der Periode 03 ergeben, dass die gestiegenen Kosten nicht komplett an den Auftraggeber weiterverrechnet werden können. Damit steigen die Gesamterlöse nur um 500 GE, sodass sich die Einzahlung bei der Bau AG in der Periode 04 von ursprünglich 2.500 GE auf 3.000 GE erhöht.

Gehen Sie von einer Verbuchung der Sachverhalte nach dem Gesamtkostenverfahren (GKV) aus.

a) Unter welchen Posten und mit welchem Wert wird das Projekt in der Bilanz nach den Bestimmungen des HGB ausgewiesen, falls eine strenge Anwendung des Realisationsprinzips erfolgt? Welches Ergebnis resultiert daraus jeweils in den einzelnen Perioden? Beachten Sie besonders die Änderungen in der Periode 03 und 04.

b) Welche Bewertungsalternativen bestehen grundsätzlich für dieses langfristige Projekt und wie wirken sich diese auf das Ergebnis der einzelnen Perioden aus?

c) Sind diese alternativen Bewertungsmethoden handels-, steuerrechtlich und nach IFRS zulässig?

d) Welche weitere Möglichkeit der Erfassung von Fertigungsaufträgen würde sich ergeben, falls für dieses Projekt am Ende der Periode 02 ein selbstständiger Bauabschnitt für 2.500 GE abgenommen und abgerechnet wird?

Lösung

a) Bei strenger Anwendung des Realisationsprinzips (§ 252 Abs. 1 Nr. 4 HGB) wird das Projekt – unabhängig von erfolgten Abrechnungen – nach der *completed contract*-Methode bilanziert. Während der Leistungserstellung werden die unfertigen Aufträge in der Handelsbilanz gemäß § 266 Abs. 2 HGB unter dem Posten B.I.2. des Umlaufvermögens (unfertige Erzeugnisse) zu Herstellungskosten aktiviert. Da es sich um sog. »Bauten auf fremdem Grund und Boden« handelt, ist im Interesse einer besseren Klarheit und Übersichtlichkeit der Bilanz auch ein Ausweis in einem gesonderten Posten (»Bauten in Ausführung«) des Umlaufvermögens möglich.

   Der Wertansatz des unfertigen Projekts muss mindestens die aktivierungspflichtigen Herstellungskosten (HK 1) umfassen, darüber hinaus können weitere aktivierungsfähige Herstellungskosten bis zur Wertobergrenze (HK 2) einbezogen werden. Die Herstellungskosten werden im Vorratsvermögen aktiviert und in der GuV nach dem GKV unter dem Posten »Erhöhungen des Bestands an fertigen und unfertigen Erzeugnissen« (kurz: Bestandsveränderungen) ausgewiesen.

   Alle vom Kunden geleisteten Zahlungen müssen während der Leistungserstellung als erhaltene Anzahlungen (§ 266 Abs. 3 C. 3. HGB) erfasst werden. Soweit sie bestimmten Vorratsgütern, insbesondere den angefangenen Aufträgen, zugeordnet werden können, ist es zulässig, die entsprechenden Anzahlungsbeträge offen (in einer Vorspalte) von diesen abzusetzen (§ 268 Abs. 5 Satz 2 HGB).

Die voll aktivierungspflichtigen Kostensteigerungen in der Periode 03 und 04 sind jeweils in diesen Perioden zu berücksichtigen. Somit erhöhen sich die in den Bestandsveränderungen erfassten Herstellungskosten um 300 GE auf 1.100 GE (HK 1) bzw. 1.200 GE (HK 2). Parallel dazu erhöht sich der Aufwand in der Periode 03 und 04 von 1.000 GE auf 1.300 GE. Zusätzlich müssen in der Periode 04 die von 5.000 GE auf 5.500 GE gestiegenen Umsatzerlöse beachtet werden.

Unter Berücksichtigung der Mindest- und Höchstwerte der unfertigen Erzeugnisse ergeben sich folgende Periodenergebnisse:

Projekt (in GE)	Periode			
	01	02	03	04
Bilanzansatz unfertige Erzeugnisse zu HK 1	800	1.600	2.700	–
Umsatzerlöse Bestandsveränderung Aufwand	– + 800 – 1.000	– + 800 – 1.000	– + 1.100 – 1.300	5.500 – 2.700 – 1.300
Gewinn / Verlust des Projekts	– 200	– 200	– 200	+ 1.500
Bilanzansatz unfertige Erzeugnisse zu HK 2	900	1.800	3.000	–
Umsatzerlöse Bestandsveränderung Aufwand	– + 900 – 1.000	– + 900 – 1.000	– + 1.200 – 1.300	5.500 – 3.000 – 1.300
Gewinn / Verlust des Projekts	– 100	– 100	– 100	+ 1.200

Bei strenger Anwendung des Realisationsprinzips (§ 252 Abs. 1 Nr. 4 HGB) ergibt sich in den Perioden der Leistungserstellung ein sog. »Auftrags-Zwischenverlust«, der umso höher ist, je niedriger der Bilanzansatz der unfertigen Aufträge gewählt wird. Nach der Fertigstellung und Endabrechnung des Projektes am Ende der Periode 04 erfolgt dann – bei Verbuchung der jeweiligen Umsatzerlöse bzw. Umbuchung der erhaltenen Anzahlungen auf Umsatzerlöse – der kumulierte Gewinnausweis. Insgesamt resultiert aus diesem Projekt – unter Berücksichtigung der Verlustperioden – ein »eigentlicher« Auftragsgesamtgewinn i. H. v. 900 GE; vor den Kosten- und Erlössteigerungen der Periode 03 und 04 hat dieser Gesamtgewinn noch 1.000 GE betragen.

b) Als alternative Methoden der Bewertung der unfertigen Aufträge während der Leistungserstellung sind grundsätzlich folgende Methoden denkbar:

1. Selbstkostenaktivierung

Um eine gesamtergebnisneutrale Behandlung der unfertigen Aufträge während der Leistungserstellung zu gewährleisten, werden sie zu (aufwandsgleichen) Selbstkosten aktiviert. Hierbei sind ab der Periode 03 die Kosten- und Erlössteigerungen aufgrund des geänderten Erdbebenschutzes zu berücksichtigen:

Projekt (in GE)	Periode			
	01	02	03	04
Bilanzansatz unfertige Erzeugnisse zu SK	1.000	2.000	3.300	–
Umsatzerlöse Bestandsveränderung Aufwand	– + 1.000 – 1.000	– + 1.000 – 1.000	– + 1.300 – 1.300	5.500 – 3.300 – 1.300
Gewinn / Verlust des Projekts	0	0	0	+ 900

Der »eigentliche« Auftragsgewinn aller Projekte wird am Ende der Periode 04 – zum Realisationszeitpunkt – zusammen mit den Umsatzerlösen ausgewiesen; während der Leistungserstellung entstehen keine Zwischenverluste.

2. Modifizierte completed contract-Methode

Bei der modifizierten *completed contract*-Methode werden im Gegensatz zu dem oben dargestellten Vorgehen kontinuierlich die Erträge nicht als Bestandsveränderungen, sondern als Umsatzerlöse erfasst und somit nicht erst im Zeitpunkt des Gefahrenüberganges ausgewiesen. Die GuV-wirksame Vereinnahmung der Erträge ist allerdings auf die Höhe der angefallenen (aufwandsgleichen) Selbstkosten des langfristigen Auftrages beschränkt. Ab der Periode 03 muss eine Anpassung aufgrund der geänderten Kosten und Erlöse erfolgen.

Ein Gewinnausweis während der Laufzeit wird bei der modifizierten *completed contract*-Methode vermieden.

Projekt (in GE)	Periode			
	01	02	03	04
Bilanzansatz unfertige Erzeugnisse zu SK	1.000	2.000	3.300	–
Umsatzerlöse Bestandsveränderung Aufwand	+ 1.000 – – 1.000	+ 1.000 – – 1.000	+ 1.300 – – 1.300	2.200 – – 1.300
Gewinn / Verlust des Projekts	0	0	0	+ 900

3. Percentage of completion-Methode

Der unfertige Auftrag wird während der Leistungserstellung mit den Herstellungskosten bzw. Selbstkosten zuzüglich eines geschätzten Gewinnanteils aktiviert (Bilanzposten »Aufträge in Bearbeitung«), der sich aus dem Fertigstellungsgrad des Auftrages ermittelt.

Der Fertigstellungsgrad des Auftrages lässt sich z. B. anhand der *cost-to-cost*-Methode bestimmen. Hierzu wird den bisher angefallenen Aufwendungen der erwartete Gesamtaufwand gegenübergestellt:

$$\text{Fertigstellungsgrad} = \frac{\text{bisher angefallene Aufwendungen}}{\text{Gesamtaufwand}}$$

Demnach ergeben sich für die Perioden 01 bis 04 – unter Beachtung der Kostenänderungen aufgrund des Erdbebenschutzes (= erhöhter Gesamtaufwand) – folgende Fertigstellungsgrade (Aufwendungen in GE):

$$\text{Fertigstellungsgrad (01)} = \frac{1.000}{4.000} = 25\ \%$$

$$\text{Fertigstellungsgrad (02)} = \frac{1.000 + 1.000}{4.000} = 50\ \%$$

$$\text{Fertigstellungsgrad (03)} = \frac{1.000 + 1.000 + 1.300}{4.000 + 600} = 71{,}7\ \%$$

$$\text{Fertigstellungsgrad (04)} = \frac{1.000 + 1.000 + 1.300 + 1.300}{4.000 + 600} = 100\ \%$$

Für die einzelnen Perioden können die Umsatzerlöse wie folgt ermittelt werden:

Periode	Fertig-stellungsgrad	Umsatzerlöse kumuliert (in GE)	Umsatzerlöse aktuelle Periode (in GE)
01	25 %	5.000 × 25 % = 1.250	1.250
02	50 %	5.000 × 50 % = 2.500	2.500 – 1.250 = 1.250
03	71,7 %	5.500 × 71,7 % = 3.943,5	3.943,5 – 2.500 = 1.443,5
04	100 %	5.500 × 100 % = 5.500	5.500 – 3.943,5 = 1.556,5

Unter Beachtung der ermittelten Fertigungsgrade und Umsatzerlöse ergeben sich folgende Periodenergebnisse aus dem Projekt:

Projekt (in GE)	Periode			
	01	02	03	04
Aufträge in Bearbeitung	1.250	2.500	3.943,5	–
Umsatzerlöse Bestandsveränderung Aufwand	+ 1.250 – – 1.000	+ 1.250 – – 1.000	+ 1.443,5 – – 1.300	+ 1.556,5 – – 1.300
Gewinn / Verlust des Projekts	+ 250	+ 250	+ 143,5	+ 256,5

Bei der anteiligen Gewinnrealisierung werden also während der gesamten Auftragsdauer – unabhängig von erfolgten Abrechnungen – anteilige Gewinne ausgewiesen.

c) Von den angesprochenen alternativen Bewertungsmethoden (modifizierte *completed contract*-Methode, Selbstkostenaktivierung und *percentage of completion*-Methode) stellt die Selbstkostenaktivierung nach neuerer Kommentarmeinung keine zulässige Bewertungsmethode im Rahmen des HGB mehr dar. Die anteilige Gewinnrealisierung (*percentage of completion*-Methode) widerspricht handels- (§ 255 Abs. 2 HGB) und steuerrechtlichen (R 6.8 EStR) Bewertungsvorschriften und durchbricht darüber hinaus das Realisationsprinzip als grundlegenden GoB (hinsichtlich Anschaffungswertprinzip und Realisationszeitpunkt). Gemäß Kommentarliteratur wird eine Bilanzierung mit der *percentage of completion*-Methode in der Handelsbilanz unter sehr restriktiven Voraussetzungen allerdings als zulässig erachtet. Die modifizierte *completed contract*-Methode unterscheidet sich im Ergebnis nicht von der Selbstkostenaktivierung, weist allerdings erhöhte Umsatzerlöse aus. Handels- und steuerrechtlich erscheint diese somit ebenso nicht zulässig.

Nach IFRS ist der Erlös eines Vertrags über einen Zeitraum zu erfassen, wenn eines der drei Kriterien des IFRS 15.35 erfüllt ist. In diesem Fall trifft IFRS 15.35c zu, da die Brücke nur von der Stadt Regensburg abgenommen werden kann (IFRS 15.36 i. V. m. IFRS 15.B6–B8) und bei einer Kündigung seitens der Stadt die bisher angefallenen Kosten zuzüglich eines Gewinnaufschlags zu zahlen sind (IFRS 15.37 i. V. m. IFRS 15.B9–B13). Zudem können in dem vorliegenden Projekt die Gesamterlöse, Gesamtkosten sowie der Fertigstellungsgrad offensichtlich verlässlich geschätzt werden und somit ist nach IFRS 15.39 die *percentage of completion*-Methode (anteilige Gewinnrealisierung entsprechend dem Leistungsfortschritt) anzuwenden. Nur für den Fall, dass sich das Ergebnis des Vertrags nicht verlässlich schätzen lässt, ist der Vertrag anhand der modifizierten *completed contract*-Methode zu erfassen (IFRS 15.45).

d) Bei dem durch den selbstständigen Bauabschnitt geänderten Sachverhalt ist zu prüfen, ob die Voraussetzungen für eine Teilgewinnrealisierung vorliegen (technisch in sich geschlossene Teillieferungen; kein Gesamtfunktionsrisiko; vertraglich vereinbarte und vorgenommene Teilabnahme und endgültige Teilabrechnung; kein Auftragsverlust zu erwarten). Ist dies der Fall, so ist eine Gewinnrealisierung durch das Teilabrechnungsprinzip denkbar.

Die Bewertung der unfertigen (Rest-)Aufträge erfolgt entsprechend dem strengen Realisationsprinzip bis zur Teilabrechnung mit HK (im Folgenden wird vom Bilanzansatz HK 2 ausgegangen). Auch bei der Teilgewinnrealisierung kommt es – entsprechend den unterschiedlichen Abrechnungsmodalitäten – zu Umsatz- und Ertragsschwankungen, die jedoch gegenüber einer strengen Anwendung des Realisationsprinzips abgeschwächt sind. Der vorliegende Fertigungsauftrag setzt sich aus zwei in sich geschlossenen Teillieferungen zusammen, sodass zu zwei Zeitpunkten jeweils eine Fertigstellung der Teillieferung erfolgt.

Projekt (in GE)	Periode				
	01	02	03	04	Summe
Bilanzansatz unfertige Erzeugnisse zu HK 2	900	–	1.200	–	–
Umsatzerlöse Bestandsveränderung Aufwand	– + 900 – 1.000	2.500 – 900 – 1.000	– + 1.200 – 1.300	3.000 – 1.200 – 1.300	5.500 – – 4.600
Gewinn/Verlust des Projekts	– 100	+ 600	– 100	+ 500	+ 900

Eine Teilgewinnrealisierung nach dem Teilabnahmeprinzip ist handels- und steuerrechtlich bei Einhaltung der oben genannten sehr strengen Restriktionen zulässig, aber in der Praxis eher selten. Bei ihrer Anwendung sollten darüber zusätzliche Erläuterungen im Anhang gegeben werden. In den Regelungen der IFRS ist dieses Konzept nicht vorgesehen, da das Teilabnahmekonzept strengen Anforderungen unterliegt, die bei Anwendung der nach IFRS vorzunehmenden *percentage of completion*-Methode nicht vorliegen müssen. Sobald eines der Kriterien in IFRS 15.35 erfüllt ist und das Ergebnis zuverlässig geschätzt werden kann, ist eine Bilanzierung des Fertigungsauftrags anhand der *percentage of completion*-Methode geboten. Kommt diese nicht zur Anwendung, so wird der Fertigungsauftrag gemäß der (modifizierten) *completed contract*-Methode bilanziert (vgl. Antwort c)).

Aufgabe 4.7: Berücksichtigung von Schätzungsänderungen

Das nach IFRS bilanzierende Unternehmen Construction AG ist spezialisiert auf Auftragsfertigungen im Bereich des Straßenbaus, die allesamt zu einer zeitraumbezogenen Umsatzrealisierung nach IFRS 15.35 und damit zur Anwendung der *percentage of completion*-Methode führen. Das aktuelle Projekt hat eine Dauer von fünf Jahren. Als Verkaufspreis ist ein Festpreis von 700 GE vereinbart worden. Für das produzierende Unternehmen ergeben sich Gesamtkosten von 625 GE, die sich wie folgt verteilen:

Jahr	01	02	03	04	05
Kosten (in GE)	100	150	145	125	105

Zu Beginn des Jahres 03 stellt die Unternehmensleitung fest, dass zu den Kosten in 03 noch weitere 50 GE hinzukommen, welche in der bisherigen Planung nicht vorgesehen waren.

a) Ermitteln Sie den Fertigstellungsgrad anhand der *cost-to-cost*-Methode für die Jahre 01 bis 05.

b) Ermitteln Sie die Erlöse, Aufwendungen und Gewinne/Verluste der Jahre 01 bis 05 gemäß der *percentage of completion*-Methode.

Lösung

a) Der Fertigstellungsgrad anhand der *cost-to-cost*-Methode errechnet sich wie folgt:

$$\text{Fertigstellungsgrad} = \frac{\text{bisher angefallene Aufwendungen}}{\text{Gesamtaufwand}}$$

Demnach ergeben sich für die Jahre 01–05 folgende Fertigstellungsgrade (Aufwendungen in GE):

$$\text{Fertigstellungsgrad (01)} = \frac{100}{625} = 16\ \%$$

$$\text{Fertigstellungsgrad (02)} = \frac{100 + 150}{625} = 40\ \%$$

$$\text{Fertigstellungsgrad (03)} = \frac{100 + 150 + 145 + 50}{625 + 50} = 65{,}9\ \%$$

$$\text{Fertigstellungsgrad (04)} = \frac{100 + 150 + 145 + 50 + 125}{625 + 50} = 84{,}4\ \%$$

$$\text{Fertigstellungsgrad (05)} = \frac{100 + 150 + 145 + 50 + 125 + 105}{625 + 50} = 100\ \%$$

In dem Jahr, in dem die Kostenänderung bekannt wird, kommt es zu einer Berücksichtigung der neuen Gesamtkosten. Aus diesem Grunde wird der Fertigstellungsgrad ab dem Jahr 03 mit Gesamtkosten i. H. v. 675 GE bestimmt.

b) Die Umsatzerlöse des aktuellen Geschäftsjahres ermitteln sich für die *percentage of completion*-Methode wie folgt:

Jahr	Fertig-stellungsgrad	Umsatzerlöse kumuliert (in GE)	Umsatzerlöse aktuelles Geschäftsjahr (in GE)
01	16 %	700 × 16 % = 112	112
02	40 %	700 × 40 % = 280	280 – 112 = 168
03	66 %	700 × 66 % = 462	462 – 280 = 182
04	84,4 %	700 × 84,4 % = 590,80	590,80 – 462 = 128,80
05	100 %	700 × 100 % = 700	700 – 590,80 = 109,20

Basierend auf diesen Umsatzerlösen ergeben sich in den Jahren 01 bis 05 folgende Gewinne und Verluste:

in GE	01	02	03	04	05	Summe
Umsatz-erlöse	112	168	182	128,80	109,20	700
Aufwen-dungen	– 100	– 150	– 195	– 125	– 105	675
Gewinn/ Verlust	12	18	– 13	3,80	4,20	25

Der Verlust aus dem Jahr 03 resultiert dabei aus der Änderung der geplanten Aufwendungen. Die in den Vorjahren in Bezug auf den Gesamtgewinn zu viel erfassten Periodengewinne werden im Jahr der Schätzungsänderung korrigiert.

5. Kapitel: Bilanzierung von Finanzinstrumenten

Aufgabe 5.1: Bewertung von Aktien

Das Chemieunternehmen Knall AG hält in seinem Anlagevermögen Aktien der Danger Inc., einem Unternehmen mit Sitz in einem mittelamerikanischen Staat, die am 02.03.01 zum Kurs von 150 GE an der New Yorker Börse beschafft wurden (die Dollarkurse wurden auf GE-Werte umgerechnet). Ein maßgeblicher oder beherrschender Einfluss besteht nicht.

Die Monatsdurchschnittskurse bis zum 31.12.01 (in GE) lauten:

April	Mai	Juni	Juli	August	Sept.	Okt.	Nov.	Dez.
150	140	130	120	110	120	140	130	130

Im Frühjahr 02 verstaatlicht die linksgerichtete Regierung überraschend die Danger Inc. entschädigungslos.

Im Herbst 03 gelangt wider Erwarten eine neue Regierung durch einen Militärputsch an die Macht, die aufgrund der schlechten Erfahrungen in der Vergangenheit die Verstaatlichung rückgängig macht. Die Notierung wird wieder eingesetzt, und der Kurs liegt am 31.12.03 bei 80 GE.

Durch Abschluss eines langfristigen Liefervertrages mit der neuen Regierung steigt der Börsenkurs am 31.12.04 auf den bisherigen Höchststand von 200 GE.

a) Welche Wertansätze (Kurswerte) für die Aktien sind in der Handels- und Steuerbilanz des Chemieunternehmens zu den Bilanzstichtagen am 31.12.01, 02, 03 und 04 anzusetzen, wenn den Gläubigern der Knall AG eine günstige Lage des Unternehmens durch Ausweis eines hohen Jahresüberschusses/Steuerbilanzgewinns dargestellt werden soll?

b) Wie lauten die Wertansätze, wenn der Jahresüberschuss und die Steuerbelastung minimiert werden sollen?

c) Mit welchen Werten sind die Aktien nach IFRS 9 zu den Bilanzstichtagen 31.12.01, 02, 03 und 04 anzusetzen?

Lösung

Die Wertpapiere sind in der Handelsbilanz nach § 253 Abs. 1 Satz 1 HGB bei Zugang in Höhe ihrer Anschaffungskosten anzusetzen und gemäß § 266 Abs. 2 HGB auf der Aktivseite unter A. III. 5. »Wertpapiere des Anlagevermögens« auszuweisen. Die Folgebewertung erfolgt gemäß § 253 Abs. 3 HGB. In der Steuerbilanz ist die Bewertung als nicht abnutzbare Wirtschaftsgüter nach § 6 Abs. 1 Nr. 2 EStG maßgebend.

Jahr 01

Es ist zu prüfen, ob die Aktien am 31.12.01 weiterhin mit den Anschaffungskosten i. H. v. 150 GE bewertet werden können, obwohl der Kurs am Bilanzstichtag auf 130 GE gesunken ist. Unter Berücksichtigung des Kursverlaufs und mangels näherer Angaben ist zu diesem Zeitpunkt von einer voraussichtlich nicht dauerhaften Wertminderung auszugehen, für die § 253 Abs. 3 Satz 6 HGB bei Finanzanlagen ein Abschreibungswahlrecht gewährt.

In der Steuerbilanz besteht gemäß § 6 Abs. 1 Nr. 2 Satz 2 EStG ein Verbot zur Abschreibung auf den niedrigeren Teilwert (130 GE), falls es sich um eine nicht dauerhafte Wertminderung handelt. Nur bei einer voraussichtlich dauernden Wertminderung existiert ein Wahlrecht zur Abschreibung auf den niedrigeren Teilwert (130 GE), welches unabhängig vom handelsrechtlichen Wertansatz ausgeübt werden kann (§ 5 Abs. 1 Satz 1 EStG). Da in diesem Fall zum Bilanzstichtag 01 nicht von einer dauernden Wertminderung auszugehen ist, müssen die Aktien in der Steuerbilanz weiterhin mit den ursprünglichen Anschaffungskosten (150 GE) bewertet werden.

a) Im Interesse einer möglichst günstigen Darstellung der Unternehmenslage wird die Knall AG die Aktien weiterhin handelsrechtlich zu Anschaffungskosten (150 GE) bewerten. Steuerrechtlich ist eine Bewertung zu Anschaffungskosten verpflichtend.

b) Da der Jahresüberschuss minimiert werden soll, wird die Knall AG von dem Abschreibungswahlrecht Gebrauch machen und die Beteiligung in der HGB-Bilanz mit 130 GE bilanzieren. Dadurch ergeben sich allerdings keine Auswirkungen auf die Steuerschuld, da das Steuerrecht keine außerplanmäßige Abschreibung zulässt und die Aktien in der Steuerbilanz weiterhin zu Anschaffungskosten bewertet werden.

Handels- und Steuerbilanzansatz am 31.12.01:

a) Handelsbilanz: 150 GE

   Steuerbilanz: 150 GE

b) Handelsbilanz: 130 GE

   Steuerbilanz: 150 GE

Jahr 02

Mit der entschädigungslosen Verstaatlichung werden die Aktien der Danger Inc. voraussichtlich auf Dauer wertlos. Somit muss handelsrechtlich (§ 253 Abs. 3 Satz 5 HGB) eine außerplanmäßige Abschreibung auf den am Bilanzstichtag beizulegenden Wert (= 0 GE) vorgenommen werden.

Da auch der Teilwert der Aktien voraussichtlich dauerhaft auf 0 GE gesunken ist, besteht steuerrechtlich ein Abschreibungswahlrecht nach § 6 Abs. 1 Nr. 2 Satz 2 EStG.

Handels- und Steuerbilanzansatz am 31.12.02:

a) Handelsbilanz: 0 GE

Steuerbilanz: 150 GE

b) Handelsbilanz: 0 GE

Steuerbilanz: 0 GE

Jahr 03

Da die Gründe für die außerplanmäßige Abschreibung nicht mehr bestehen, muss handelsrechtlich gemäß § 253 Abs. 5 HGB im Umfang der Werterhöhung (80 GE) eine Zuschreibung vorgenommen werden. Steuerrechtlich ist gemäß § 6 Abs. 1 Nr. 2 Satz 3 i. V. m. Nr. 1 Satz 4 EStG bei Wegfall des Grundes einer außerplanmäßigen Abschreibung eine Wertaufholung bis zu den fortgeführten Anschaffungskosten (150 GE) verpflichtend. Da die Wertminderung voraussichtlich nur noch vorübergehend ist, entfällt die Begründung für eine Teilwertabschreibung komplett.

Nach § 58 Abs. 2a AktG kann die Geschäftsführung der Knall AG den Eigenkapitalanteil der Zuschreibung (= 80 GE abzüglich des darauf entfallenden Steueraufwands) in die Gewinnrücklagen einstellen.

Handels- und Steuerbilanzansatz am 31.12.03:

a) Handelsbilanz: 80 GE

Steuerbilanz: 150 GE

b) Handelsbilanz: 80 GE

Steuerbilanz: 150 GE

Jahr 04

Höchstgrenze der Bewertung sind handelsrechtlich (§ 253 Abs. 1 Satz 1 HGB) und steuerrechtlich (§ 6 Abs. 1 Nr. 2 EStG) die Anschaffungskosten (150 GE). Entsprechend den Ausführungen zum Jahr 03 muss die Knall AG in der Handelsbilanz in beiden Fällen bis zu diesem Wert zuschreiben. In der Steuerbilanz wurden die Aktien bereits im Vorjahr mit 150 GE bewertet, sodass keine Zuschreibung vorgenommen werden muss.

Handels- und Steuerbilanzansatz am 31.12.04:

a) Handelsbilanz: 150 GE

Steuerbilanz: 150 GE

b) Handelsbilanz: 150 GE

Steuerbilanz: 150 GE

c) Für die Bilanzierung der Aktien ist IFRS 9 maßgebend (IFRS 9.2.1). Bei Zugang der Aktien sind diese einer der folgenden Kategorien zuzuordnen (IFRS 9.3.1.1 i. V. m. IFRS 9.4.1.1–4.1.5):

- fortgeführte Anschaffungskosten (*at amortised cost*)
- beizulegender Zeitwert mit Erfassung von Wertänderungen im sonstigen Ergebnis (*at fair value through other comprehensive income*)
- beizulegender Zeitwert mit Erfassung von Wertänderungen in der GuV (*at fair value through profit or loss*)

Die Aktien fallen gemäß IFRS 9.4.1.4 in die Kategorie »*at fair value through profit or loss*«. Eine Zuordnung in die Kategorien »*at amortised cost*« oder »*at fair value through other comprehensive income*« kommt nicht in Frage, da die Zahlungsstrombedingung (IFRS 9.4.1.2b sowie in IFRS 9.4.1.2Ab) nicht erfüllt ist. Denn die Aktien generieren nicht ausschließlich zu festgelegten Zeitpunkten Zahlungsströme, die ausschließlich Zins- und Tilgungsleistungen darstellen. Nach IFRS 9.4.1.4 i. V. m. IFRS 9.5.7.5 besteht für Investitionen in Eigenkapitaltitel, die nicht zu Handelszwecken gehalten werden, zum Zeitpunkt des erstmaligen Ansatzes ein unwiderrufliches Wahlrecht zur künftigen GuV-neutralen Behandlung aller *fair value*-Änderungen im sonstigen Ergebnis (*other comprehensive income*). Für den Fall, dass das Unternehmen bei den vorliegenden Aktien dieses Wahlrecht nicht ausübt, erfolgt die Erstbewertung zum *fair value* der Aktien. Etwaige Transaktionskosten sind im Zugangswert nicht einzubeziehen, sondern GuV-wirksam zu erfassen (IFRS 9.5.1.1). Für die Folgebewertung ergeben sich unter Berücksichtigung der Einordnung der Aktien in die Kategorie »*at fair value through profit or loss*« folgende Wertansätze:

Jahr 01

Wertansatz zum 31.12.01: 130 GE (GuV-wirksame Verbuchung der Wertminderung)

Jahr 02

Wertansatz zum 31.12.02: 0 GE (GuV-wirksames Abschreiben der Aktien auf den *fair value* i. H. v. 0 GE)

Jahr 03

Wertansatz zum 31.12.03: 80 GE (GuV-wirksames Zuschreiben der Aktien auf den *fair value* i. H. v. 80 GE)

Jahr 04

Wertansatz zum 31.12.04: 200 GE (GuV-wirksames Zuschreiben der Aktien auf den *fair value* i. H. v. 200 GE, auch über die historischen Anschaffungskosten hinaus)

Würde sich das Unternehmen alternativ für die Ausübung des Wahlrechts der GuV-neutralen Behandlung der Wertänderungen entscheiden, sind bei der Erstbewertung auch Transaktionskosten zur Bestimmung der Anschaffungskosten zu berücksichtigen (IFRS 9.5.1.1). Bei der Folgebewertung würden die entsprechenden *fair value*-

Änderungen der Aktien statt in der GuV im sonstigen Ergebnis (*other comprehensive income*) erfasst werden. Die Wertänderungen würden dabei zu keinem Zeitpunkt – auch nicht im Falle der Wertminderung – in der GuV verbucht werden (kein »*recycling*«). Lediglich die Erfassung von Dividendenzahlungen würde GuV-wirksam erfolgen (IFRS 9.5.7.6).

Aufgabe 5.2: Bilanzierung und Bewertung von Forderungen

Am Bilanzstichtag (31.12.01) hat die Südbräu AG folgende Forderungen:

a) 15.000 GE an die Getränke GmbH, München, aus Lieferung vom 31.10.01 (Zahlungsziel drei Monate).

b) 14.000 Fremdwährungseinheiten (FW) an die ABICO American Beer Import Co., NY, aus Warenlieferung (Restlaufzeit < 1 Jahr).

   Wechselkurse am Tag der Lieferung:

   - Geldkurs: 1 GE = 1,28 FW
   - Briefkurs: 1 GE = 1,32 FW

   Wechselkurse am Bilanzstichtag:

   - Geldkurs: 1 GE = 1,19 FW
   - Briefkurs: 1 GE = 1,21 FW

c) 1.540 GE aus Warenlieferung an die Einzelhandelsgesellschaft Markus O. Huber, die ein Insolvenzverfahren beantragt hat; wahrscheinliche Insolvenzquote 60 %.

d) 50.000 GE Darlehen zum marktüblichen Zinssatz von 2 % an die Weizenbräu AG, an der sie mit 60 % am Grundkapital beteiligt ist.

e) 100.000 GE unverzinsliche Forderung aus Warenlieferung an die Getränkegroßhandlung Durst GmbH mit einem Zahlungsziel von zwei Jahren; der marktübliche Zinssatz beträgt 2 %.

f) 2.000 GE Forderung gegen K. Bachert aus Warenlieferung. Dieser hat jedoch eine Mängelrüge eingereicht, sodass mit einem Preisnachlass von 40 % zu rechnen ist.

g) 800 GE Forderung gegen M. Biber. Sie ist allerdings verjährt. Es ist damit zu rechnen, dass Biber Einrede wegen Verjährung erheben wird.

h) 9.000 GE Forderung gegen die P. Robertsberg AG, an der sie mit 40 % am Grundkapital beteiligt ist. Die Südbräu AG hat diese Forderungen an ihre Hausbank zur Sicherung eines Kontokorrentkredits abgetreten.

Unter welchen Posten des handelsrechtlichen Mindestgliederungsschemas (§ 266 HGB) und mit welchem Wert sind die einzelnen Forderungen auszuweisen? Welche Werte ergeben sich nach IFRS? Dabei sollen die Umsatzsteuer, eine Pauschalwertberichtigung nach HGB und die Regeln des Wertminderungsmodells des IFRS 9 aus Vereinfachungsgründen unberücksichtigt bleiben.

Lösung

Die Forderungen des Umlaufvermögens sind unter Beachtung des strengen Niederstwertprinzips nach § 253 Abs. 4 HGB mit dem Nennbetrag (abzüglich evtl. Nachlässe) zu bilanzieren. Zweifelhafte Forderungen sind mit ihrem wahrscheinlichen Wert anzusetzen, uneinbringliche Forderungen sind vollständig abzuschreiben. Unverzinsliche oder besonders niedrig verzinsliche Forderungen müssen mit ihrem Barwert bilanziert werden. Valutaforderungen sind nach § 256a Satz 1 HGB mit dem Devisenkassamittelkurs (Mittelkurs aus Geld- und Briefkurs) am Abschlussstichtag umzurechnen. Bei einer Laufzeit von mehr als einem Jahr ist das Realisations-, Imparitäts- sowie das Anschaffungskostenprinzip zu beachten. Bei kurzfristigen Forderungen (Restlaufzeit ≤ 1 Jahr) hat die Umrechnung ebenfalls zu obigem Kurs, allerdings ohne Beachtung der aus dem Vorsichtsprinzip abgeleiteten Bilanzierungsprinzipien (Realisations-, Imparitäts- und Anschaffungskostenprinzip) zu erfolgen (§ 256a Satz 2 HGB).

Beim Ausweis der Forderungen ist nach verschiedenen Schuldnergruppen zu differenzieren, um das Ausmaß der finanziellen Verflechtung offenzulegen. Die folgenden Postenbezeichnungen beziehen sich stets auf § 266 Abs. 2 HGB.

Nach den IFRS ergibt sich für *receivables* gemäß IFRS 9 ein prinzipiell vergleichbares Bild, wobei allerdings das Gliederungsschema abweicht.

a) Aus Vereinfachungsgründen kann bei unverzinslichen Forderungen mit einer Restlaufzeit von bis zu einem Jahr die Abzinsung unterbleiben. Dies gilt sowohl für das HGB als auch für die IFRS. Der Ausweis erfolgt nach HGB unter:

B.II.1. Forderungen aus Lieferungen und Leistungen	GE	15.000

Nach IFRS ist die Forderung unter den *current assets* im Posten »*trade and other receivables*« auszuweisen (IAS 1.54).

b) Die Umrechnung hat nach HGB zum Devisenkassamittelkurs am Bilanzstichtag (1 GE = 1,20 FW) zu erfolgen (§ 256a Satz 1 HGB). Da es sich um eine Forderung mit einer Restlaufzeit unter einem Jahr handelt, dürfen das Realisations-, Imparitäts- sowie das Anschaffungskostenprinzip nicht beachtet werden (§ 256a Satz 2 HGB). Daher resultiert eine Bewertung der Forderung oberhalb der Anschaffungskosten. Nach IAS 21.23 ist die Valutaforderung ebenfalls zum Kassakurs am Bilanzstichtag umzurechnen. Aus Wesentlichkeitsgründen wird die Verwendung eines Mittelkurses auch nach IFRS als zulässig erachtet.

B.II.1. Forderungen aus Lieferungen und Leistungen	GE	11.667

c) Abschreibung auf den wahrscheinlichen Wert (= Insolvenzquote) und Ausweis nach HGB unter:

B.II.1. Forderungen aus Lieferungen und Leistungen	GE	924

bzw. nach IFRS unter *»trade and other receivables«* (IAS 1.54).

d) Da es sich bei dem Darlehen um eine langfristige Finanzforderung handeln dürfte, ist es nach HGB nicht im Umlaufvermögen, sondern im Anlagevermögen auszuweisen. Eine Abzinsung ist aufgrund der marktüblichen Verzinsung des Darlehens sowohl nach HGB als auch nach IFRS nicht vorzunehmen. Aufgrund des Beteiligungsverhältnisses von 60 % dürfte es sich bei der Weizenbräu AG nach § 290 Abs. 2 HGB um ein verbundenes Unternehmen i. S. des § 271 Abs. 2 HGB handeln. Dementsprechend erfolgt der Ausweis nach HGB unter:

A.III.2. Ausleihungen an verbundene Unternehmen	GE	50.000

Handelt es sich nicht um ein verbundenes Unternehmen i. S. des § 271 Abs. 2 HGB, aber es besteht weiterhin eine Beteiligungsvermutung i. S. des § 271 Abs. 1 HGB, erfolgt der Ausweis unter:

A.III.4. Ausleihungen an Unternehmen, mit denen ein Beteiligungsverhältnis besteht	GE	50.000

Kann ebenso die Beteiligungsvermutung des § 290 Abs. 1 HGB widerlegt werden, erfolgt der Ausweis unter:

A.III.6. sonstige Ausleihungen	GE	50.000

Nach IFRS ist das Darlehen unter dem Posten *»financial assets«* auszuweisen (IAS 1.54).

e) Abzinsung mit dem marktüblichen Zinssatz von 2 % (100.000 GE/$1{,}02^2$). Nach IFRS ebenso Abzinsung und Ausweis unter den *non-current assets*:

B.II.1. Forderungen aus Lieferungen und Leistungen	GE	96.117

f) Abzug des Preisnachlasses vom Nennbetrag und Ausweis nach HGB unter:

B.II.1. Forderungen aus Lieferungen und Leistungen	GE	1.200

bzw. nach IFRS unter *trade and other receivables* (IAS 1.54).

g) Kein Wertansatz (sowohl nach HGB als auch nach IFRS), da die Forderung bereits verjährt und damit uneinbringlich ist.

h) Da die Südbräu AG trotz der Abtretung wirtschaftlicher Eigentümer der Forderung ist, hat sie diese nach HGB auch weiterhin zu bilanzieren. Aufgrund der Anteile von 40 % am Grundkapital der P. Robertsberg AG wird nach § 271 Abs. 1 HGB eine Beteiligung vermutet. Der Ausweis nach HGB erfolgt unter:

B.II.3. Forderungen gegen Unternehmen, mit denen ein Beteiligungsverhältnis besteht	GE	9.000

Kann die Beteiligungsabsicht widerlegt werden, erfolgt ein Ausweis unter:

B.II.1. Forderungen aus Lieferungen und Leistungen	GE	9.000

Zusätzlich ist noch der Betrag, der zur Sicherung übergeben wurde, im Anhang offenzulegen (§ 285 Nr. 1b HGB).

Nach IFRS ist die Forderung ebenfalls bei der Südbräu AG zu bilanzieren, da nach dem Grundsatz der »*faithful representation*« der wirtschaftliche Gehalt und nicht die rechtliche Form über den Ansatz entscheidet (F 2.12).

Aufgabe 5.3: Finanzinstrumente nach IFRS

Die Kurz & Sichtig AG hat bei der Erstellung des Abschlusses Probleme bei der Zuordnung einer Reihe von Bilanzposten nach IFRS. Deshalb wendet man sich an Sie als Spezialistin/Spezialist, um bei der Erstellung des Abschlusses zum 31.12.01 behilflich zu sein. In der unten stehenden Tabelle finden Sie eine Auflistung verschiedener Bilanzposten der Kurz & Sichtig AG mit den Anschaffungskosten (AK) und dem *fair value* zum jeweiligen Stichtag. Die Kurz & Sichtig AG ist sich nicht sicher, ob es sich bei allen unten aufgeführten Aktiva und Passiva um Finanzinstrumente nach IAS 32 und IFRS 9 handelt. Das Unternehmen ist sehr liquide und generiert aus dem operativen Geschäft sehr hohe Cashflows. Es sind außerdem keine größeren operativen Investitionen geplant, sodass alle längerfristigen Finanzinvestitionen so lange wie möglich gehalten werden können und sollen. Die Industrieobligationen und Bundesanleihen sind höher verzinst als marktgerecht; das Darlehen an die Banduberg Inc. ist marktüblich verzinst. Die *fair value*-Änderung der Forderungen aus Lieferungen und Leistungen resultiert aus Einzelwertberichtigungen. Die Kurz & Sichtig AG hat als einziges Sicherungsgeschäft das festverzinsliche Darlehen mit einem laufzeitkongruenten Zinsswap gegen das Zinsänderungsrisiko abgesichert, möchte allerdings die Anwendung der komplizierten Spezialregelungen des *hedge accounting* umgehen. Über Insolvenzen der Preugsch AG und der

Mixelator AG ist nichts bekannt. Die Regeln des Wertminderungsmodells des IFRS 9 sollen im Folgenden aus Vereinfachungsgründen unberücksichtigt bleiben.

Aktiva und Passiva	**Laufzeit endet am**	**AK bzw. Rückzahlungswert in GE**	***fair value* 31.12.01 in GE**
Aktien Mixelator AG	–	2.425.000	1.987.300
Bundesanleihen	30.06.05	2.000.000	2.005.000
Forderungen aus Lieferungen und Leistungen	–	9.600.000	9.485.000
Gehaltene Industrieobligationen	15.06.03	1.500.000	1.587.500
Futures	30.09.02	96.000	43.000
Eigene Aktien	–	2.000.000	2.986.400
Aktien Preugsch AG	–	1.650.000	2.685.400
geleistete Anzahlungen auf Handelswaren	–	150.000	150.000
Verbindlichkeiten aus Lieferungen und Leistungen	–	2.000.000	2.000.000
Call-Optionen auf Aktien der Gerundolo AG	15.03.02	148.000	897.500
Vorräte	–	3.488.000	3.460.000
Softwarelizenzen	–	875.000	850.000
Darlehen an die Banduberg Inc.	30.09.03	2.500.000	2.500.000
Zinsswap	15.06.03	0	50.000
Festverzinsliches Darlehen	15.06.03	600.000	550.000

a) Nehmen Sie, wenn möglich, die Zuordnung der aufgeführten Finanzinstrumente in die Ihnen nach IFRS 9 bekannten Kategorien so vor, dass die GuV-Wirkung und die Auswirkungen auf das Eigenkapital zum gegebenen Stichtag möglichst klein bleiben. Zeigen Sie den jeweiligen Wertansatz der Finanzinstrumente sowie die aus diesen ggf. resultierende GuV-Veränderung bzw. Veränderung im *other comprehensive income*!

b) Die Kurz & Sichtig AG beabsichtigt, das Geschäftsmodell bezüglich der Industrieobligationen aufgrund des gestiegenen Marktwerts zu ändern und diese nicht mehr nur zu halten, sondern auch zu verkaufen. Welche Konsequenzen hat eine solche Geschäftsmodelländerung auf die Klassifizierung und Bewertung der Industrieobligationen? Bestehen noch weitere Möglichkeiten der Umwidmung der Finanzinstrumente der Kurz & Sichtig AG?

Lösung

Ein Unternehmen hat bei Zugang eines finanziellen Vermögenswerts nach IFRS 9.4.1.1–4.1.5 (bei Zugang einer finanziellen Verbindlichkeit nach IFRS 9.4.2.1 f.) eine Einordnung in eine der im Folgenden aufgeführten Kategorien vorzunehmen (IFRS 9.3.1.1). Die Buchwerte der einzelnen Kategorien sind nach IFRS 7.8 in ihrer jeweiligen Gesamthöhe entweder in der Bilanz oder im Anhang anzugeben.

1. Fortgeführte Anschaffungskosten (*at amortised cost*):

   Eine Bewertung von finanziellen Vermögenswerten hat zu fortgeführten Anschaffungskosten zu erfolgen, wenn beide folgenden Kriterien erfüllt sind (IFRS 9.4.1.2):

   - Das Geschäftsmodell des Unternehmens hat für die Gruppe der Vermögenswerte, zu denen der betreffende Vermögenswert gehört, das Halten des Vermögenswerts zur Realisierung vertraglicher Zahlungsströme als Ziel (Geschäftsmodellbedingung). Dabei ist zu beachten, dass hierbei nicht auf ein einzelnes Finanzinstrument abzustellen ist, sondern eine ganzheitliche Sichtweise zu wählen ist. Das heißt, die Entscheidung ist in Abhängigkeit des Geschäftsmodells der Unternehmung für eine ganze Gruppe derartiger Finanzinstrumente zu treffen (IFRS 9.B4.1.2).
   - Der finanzielle Vermögenswert generiert vertraglich bestimmte Zahlungen zu festgelegten Zeitpunkten, welche ausschließlich Zins- und Tilgungszahlungen auf den ausstehenden Nominalwert darstellen (Zahlungsstrombedingung).

   Finanzielle Verbindlichkeiten sind grundsätzlich zu fortgeführten Anschaffungskosten zu bewerten (IFRS 9.4.2.1). Davon ausgenommen sind zu Handelszwecken gehaltene finanzielle Verbindlichkeiten, die der Kategorie »*at fair value through profit or loss*« zuzuordnen sind, und die in IFRS 9.4.2.1 genannten Sonderfälle.

2. Beizulegender Zeitwert mit Erfassung von Wertänderungen im sonstigen Ergebnis (*at fair value through other comprehensive income*):

   Dieser Kategorie werden finanzielle Vermögenswerte zugeordnet, wenn das Geschäftsmodell einer Unternehmung sowohl das Halten von finanziellen Vermögenswerten zur Erzielung vertraglicher Zahlungsströme als auch den Handel mit finanziellen Vermögenswerten beinhaltet und gleichzeitig auch die Zahlungsstrombedingung (siehe Nr. 1) erfüllt ist (IFRS 9.4.1.2A). Anfallende Wertänderungen sind dann im *other comprehensive income* zu verbuchen (IFRS 9.5.7.10).

3. Beizulegender Zeitwert mit Erfassung von Wertänderungen in der GuV (*at fair value through profit or loss*):

   Ist keine Zuordnung des finanziellen Vermögenswerts in die Kategorie »*at amortised cost*« oder »*at fair value through other comprehensive income*« möglich, hat zwingend eine Einordnung in die Kategorie »*at fair value through profit or loss*« zu erfolgen (IFRS 9.4.1.4). Nach IFRS 9.5.7.1 sind dabei alle Veränderungen des *fair value* GuV-wirksam zu erfassen. Dazu gehören im Ergebnis alle zu Handelszwecken gehaltenen Finanzinstrumente sowie freistehende Derivate, Investitionen in Eigenkapitalinstrumente und Schuldinstrumente, sofern das Geschäftsmodell nicht in der

Vereinnahmung vereinbarter Zahlungsströme besteht oder soweit die Zahlungsströme nicht ausschließlich Zins und Tilgung auf den ausstehenden Nominalwert darstellen.

Der IFRS 9 sieht auch Wahlrechte bei der Klassifizierung von Finanzinstrumenten vor:

1. *fair value option*:

   - Finanzielle Vermögenswerte können freiwillig der Kategorie »*at fair value through profit or loss*« zugeordnet werden. Voraussetzung dafür ist die Beseitigung einer ansonsten bestehenden Bewertungs- oder Ansatzinkongruenz (*accounting mismatch*) (IFRS 9.4.1.5).
   - Finanzielle Verbindlichkeiten können ebenfalls unter Anwendung der *fair value option* bewertet werden. Diese Option ist jedoch nur im Falle eines *accounting mismatch* sowie zur Bewertung einer Gruppe von finanziellen Verbindlichkeiten oder einer Gruppe von finanziellen Vermögenswerten und finanziellen Verbindlichkeiten anwendbar (IFRS 9.4.2.2).

2. Wahlrecht zur erfolgsneutralen Behandlung von Eigenkapitaltiteln:

   Nach IFRS 9.4.1.4 i. V. m. 9.5.7.5 besteht für Investitionen in Eigenkapitaltitel, die nicht zu Handelszwecken gehalten werden, zum Zeitpunkt des erstmaligen Ansatzes ein Wahlrecht zur künftigen erfolgsneutralen Behandlung aller *fair value*-Änderungen im *other comprehensive income*. Auf diese Weise werden sämtliche Wertänderungen sowie anfallende Transaktions- oder Währungsumrechnungskosten zu keinem Zeitpunkt – auch nicht im Falle der Veräußerung – in der GuV verbucht.

a) Die Regelungen des IFRS 9 sind grundsätzlich auf alle Finanzinstrumente i. S. v. IAS 32.11 anzuwenden (IFRS 9.2.1 i. V. m. IFRS 9.A). In IFRS 9.2.1 werden zudem diejenigen Finanzinstrumente konkretisiert, die nicht in den Anwendungsbereich von IFRS 9 fallen. Eigene Aktien (IAS 1; IAS 32), Vorräte (IAS 2) und Softwarelizenzen (IAS 38) sind keine Finanzinstrumente und dementsprechend nicht nach IFRS 9 zu bilanzieren bzw. explizit von dessen Anwendung ausgenommen. Für sie gelten eigene Standards. Während Vorräte als physische und Softwarelizenzen als *intangible assets* prinzipiell auf der Aktivseite auszuweisen sind, sind eigene Aktien vom Eigenkapital abzusetzen (IAS 32.33, .34). Geleistete Anzahlungen auf Vorräte sind keine Finanzinstrumente i. S. v. IAS 32.11. Sie sind in einem separaten Posten (*prepayments*) innerhalb des Umlaufvermögens auszuweisen (IAS 1.78b).

   Die Bundesanleihen, die Industrieobligationen, das Darlehen an die Banduberg Inc. und die Forderungen aus Lieferungen und Leistungen sind nach IFRS 9 in die Kategorie »*at amortised cost*« einzustufen. Einerseits hat die Kurz & Sichtig AG die Absicht, diese Instrumente zu halten sowie die vertraglich vereinbarten Zahlungsströme zu vereinnahmen (Geschäftsmodellbedingung), andererseits generieren die Vermögenswerte vertraglich bestimmte Zahlungen zu festgelegten Zeitpunkten, welche ausschließlich Zins- und Tilgungszahlungen auf den ausstehenden Nominalwert darstellen (Zahlungsstrombedingung; IFRS 9.4.1.2). Infolgedessen werden die genannten Finanzinstrumente zu fortgeführten Anschaffungskosten bilanziert. Das führt zu einer GuV-wirksamen Abwertung der Forderungen aus Lieferungen und Leistungen, da hier Einzelwertberichtigungen vorgenommen werden müssen. Darüber hinaus ergeben sich weder Effekte auf die GuV noch auf das *other comprehensive income*, da sowohl das Darlehen als auch die fremdkapitalverbriefenden Wertpapiere mindestens marktübliche Renditen bringen und daher keine Abzinsung vorgenommen werden muss. Die über die *fair values* hinausgehenden Wertsteigerungen werden in dieser Kategorie nicht berücksichtigt.

Die Verbindlichkeiten aus Lieferungen und Leistungen sind als finanzielle Verbindlichkeiten, die nicht zum kurzfristigen Handel gehalten werden, zu fortgeführten Anschaffungskosten zu bewerten (IFRS 9.4.2.1).

Bei der Bilanzierung der Absicherung des festverzinslichen Darlehens durch den Zinsswap will die Kurz & Sichtig AG die komplexen Regeln des *hedge accounting* umgehen. Um den Absicherungszusammenhang dennoch adäquat abzubilden, kann sie auf die festverzinsliche Verbindlichkeit nach IFRS 9.4.2.2a die *fair value option* (sodann Zuordnung zur Kategorie »*at fair value through profit or loss*«) ausüben. Dies ist deshalb möglich, da durch ihre Anwendung eine Ansatz- oder Bewertungsinkongruenz (*accounting mismatch*) vermieden wird. Bei Anwendung der Bewertungsregeln ohne die *fair value option* würde die GuV-wirksame *fair value*-Bewertung des Zinsswaps und die Bewertung der Verbindlichkeit zu fortgeführten Anschaffungskosten eine Kompensation gegenläufiger Wertschwankungen in der Bilanz und in der GuV verhindern. Eine Designation eines weiteren der angegebenen Finanzinstrumente in die Kategorie »*fair value through profit or loss*« durch Nutzung der *fair value option* ist nicht möglich, da keines der anderen Anwendungskriterien (Bewertung eines Portfolios auf *fair value*-Basis oder Vorliegen eines strukturierten Finanzinstruments) erfüllt ist.

Derivate und somit im vorliegenden Fall die Futures, Call-Optionen und der Zinsswap sind GuV-wirksam zum *fair value* (Kategorie »*at fair value through profit or loss*«) zu bilanzieren, da sie i. d. R. die Zahlungsstrombedingung nicht erfüllen werden (IFRS 9.4.1.4).

Die Aktien an der Mixelator AG und an der Preugsch AG fallen in die Kategorie »*at fair value through profit or loss*« und nicht in die Kategorie »*at amortised cost*« oder »*at fair value through other comprehensive income*«, da die Geschäftsmodellbedingung sowie die Zahlungsstrombedingung nach IFRS 9.4.1.2 bzw. 9.4.1.2A nicht erfüllt sind. Bei Eigenkapitaltiteln, die nicht zu Handelszwecken gehalten werden, gewährt IFRS 9.4.1.4 i. V. m. 9.5.7.5 das Wahlrecht, eine GuV-neutrale Folgebewertung vorzunehmen. Entsprechend der im Falltext genannten Zielsetzung, die GuV-Wirkungen möglichst gering zu halten, übt die Kurz & Sichtig AG dieses Wahlrecht aus. Demnach werden alle *fair value*-Änderungen der Aktien im *other comprehensive income* erfasst. Die Erfassung von Dividendenzahlungen erfolgt GuV-wirksam (IFRS 9.5.7.6).

Nach IFRS 9 ergibt sich dementsprechend folgendes Bild:

Aktiva und Passiva	**Bilanzausweis in GE**	**GuV-Wirkung in GE**	**OCI-Wirkung in GE**
Kategorie: *at amortised cost*			
Bundesanleihen	2.000.000		
Gehaltene Industrieobligationen	1.500.000		
Darlehen an die Banduberg Inc.	2.500.000		
Forderungen aus Lieferungen und Leistungen	9.485.000	– 115.000	
Verbindlichkeiten aus Lieferungen und Leistungen	2.000.000		
Kategorie: *at fair value through profit or loss*			
Festverzinsliches Darlehen	550.000	– 50.000	
Futures	43.000	– 53.000	
Call-Optionen auf Aktien der Gerundolo AG	897.500	+ 749.500	
Zinsswap	50.000	+ 50.000	
Kategorie: *at fair value through other comprehensive income*			
Aktien Mixelator AG	1.987.300		– 437.700
Aktien Preugsch AG	2.685.400		+ 1.035.400

b) Eine Umwidmung von Finanzinstrumenten hat nach IFRS 9.4.4.1 bei einer Änderung des Geschäftsmodells für das Management finanzieller Vermögenswerte verpflichtend zu erfolgen. Da sich das Geschäftsmodell der Industrieobligationen geändert hat, ist eine neue Klassifizierung nach IFRS 9.4.1.1–4.1.4 vorzunehmen. Das Geschäftsmodell beinhaltet nun sowohl das Halten als auch den Handel der Industrieobligationen. Die Zahlungsstrombedingung ist weiterhin erfüllt. Es erfolgt also eine Klassifizierung der Industrieobligationen in die Kategorie »*at fair value through other comprehensive income*«. Der Unterschiedsbetrag zwischen dem Buchwert und dem *fair value* zum Zeitpunkt der Reklassifizierung ist ergebnisneutral im *other comprehensive income* zu erfassen. Der Effektivzinssatz und die Bemessung der erwarteten Kreditverluste sind infolge der Reklassifizierung nicht anzupassen (IFRS 9.5.6.4 i V. m. 9.B5.6.1).

Da keine Angaben zu sonstigen Geschäftsmodelländerungen vorliegen, dürfen keine weiteren Umwidmungen erfolgen. Unbeachtet dessen ist eine Umwidmung der Aktien an der Mixelator AG und an der Preugsch AG ausgeschlossen, da sie freiwillig und unwiderruflich der Kategorie »*at fair value through other comprehensive income*« zugeordnet wurden (IFRS 9.4.1.4 i. V. m. 9.5.7.5). Auch eine Umwidmung des festverzinslichen Darlehens kommt aufgrund der Ausübung der *fair value option* und der sich daraus ergebenden Einordnung des Darlehens in die Kategorie »*at fair value through profit or loss*« nicht in Frage (IFRS 9.4.1.5). Eine Umwidmung von finanziellen Verbindlichkeiten ist nach IFRS 9.4.4.2 nicht möglich.

Aufgabe 5.4: Erfassung von Wertminderungen nach IFRS

Am 01.01.01 kauft die Bau AG von einem wichtigen Lieferanten, der Stahl AG, eine Anleihe mit einem Nennwert von 2 Mio. GE, die zu 90 % ausgegeben wird. Der Nennwert der Anleihe ist am Ende der sechsjährigen Laufzeit vollständig zu tilgen. Die Bau AG beabsichtigt, die Anleihe bis zum Laufzeitende zu halten. Während der Laufzeit sind keine weiteren Zinsen zu zahlen und der effektive Jahreszinssatz beträgt damit 1,7715 %. Zum Zeitpunkt des Kaufs der Anleihe schätzt die Bau AG die Wahrscheinlichkeit eines Zahlungsausfalls der Stahl AG über die gesamte Laufzeit auf 5 % und über die kommenden 12 Monate auf 2 %. Bei einem Ausfall wird die Verlustquote auf 35 % geschätzt. Die Verlustquote stellt einen Prozentsatz des Barwerts der Anleihe dar.

Zum 31.12.01 liegen keine Anzeichen für einen signifikanten Anstieg des Ausfallrisikos vor. Allerdings wird aufgrund der allgemeinen Verschlechterung der wirtschaftlichen Lage die Wahrscheinlichkeit bezüglich eines Zahlungsausfalls über die gesamte Laufzeit auf 6 % und über die kommenden 12 Monate auf 3 % geschätzt. Die Verlustquote bei einem Ausfall beträgt weiterhin 35 %.

Aufgrund der Erhebung von Strafzöllen auf Stahl im Jahr 02 hat die Branche, in der sich der Lieferant befindet, erhebliche Exportschwierigkeiten. Zudem stufen Ratingunternehmen die Bonität der Stahl AG herab. Die Wahrscheinlichkeit eines Zahlungsausfalls wird über die kommenden 12 Monate auf 5 % und über die Laufzeit auf 8 % geschätzt. Die Verlustquote bei einem Ausfall steigt auf 40 %.

In Jahr 03 gerät die Stahl AG durch den anhaltenden Auftragsrückgang in akute Zahlungsschwierigkeiten und muss Insolvenz anmelden. Im Falle eines Zahlungsausfalls beträgt die geschätzte Verlustquote nun 50 %.

In 05 werden die Strafzölle unerwartet aufgehoben und die Stahl AG ist daraufhin durch umfangreiche Aufträge wieder vollständig ausgelastet. Der Umsatz sowie das Rating der Stahl AG verbessert sich und das Insolvenzverfahren wird aufgehoben. Es ist nicht mehr mit einem erhöhten Zahlungsrisiko zu rechnen. Das Ausfallrisiko für das letzte Jahr der Laufzeit der Anleihe beträgt 3 %, die Verlustquote bei einem Ausfall 40 %.

Am 31.12.06 wird die Anleihe vollständig getilgt.

a) Welche Buchungen sind in den Jahren 01–06 bei der Bau AG nach IFRS jeweils vorzunehmen?

b) Gehen Sie abweichend von Teilaufgabe a) davon aus, dass in 05 die Zölle auf Stahl weiterhin erhoben werden und auch das Insolvenzverfahren weiter besteht. Ende 06 erhält die Bau AG eine Zahlung i. H. v. 600.000 GE mit einer Mitteilung vom Insolvenzverwalter der Stahl AG, dass darüber hinaus keine weiteren Zahlungen mehr zu erwarten sind. Welche Buchungen sind in 05 und 06 jeweils vorzunehmen?

Lösung

a)

- 01.01.01 (Die Werte können im Folgenden Rundungsdifferenzen enthalten.)

  1. Erstansatz und -bewertung der Anleihe

  Die Anleihe ist bei Zugang zu klassifizieren (IFRS 9.3.1.1). Da die Bau AG die Anleihe halten möchte (Geschäftsmodellbedingung) und die vertraglichen Zahlungen lediglich aus Zins- sowie Tilgungszahlungen bestehen (Zahlungsstrombedingung), ist die Anleihe der Kategorie »*at amortised cost*« zuzuordnen (IFRS 9.4.1.2). Die Erstbewertung der Anleihe erfolgt nach IFRS 9.5.1.1 zum *fair value* i. H. v. 1.800.000 GE (= 2.000.000 GE × 0,9).

Anleihe	GE	1.800.000	an	Bank	GE	1.800.000

  2. Erfassung der Risikovorsorge

  Da die Anleihe gemäß IFRS 9.4.1.2 in den Folgeperioden zu fortgeführten Anschaffungskosten bewertet wird, ist eine Wertberichtigung (*loss allowance*) für erwartete Kreditverluste (*expected credit loss*, ECL) zu erfassen (IFRS 9.5.5.1). Das *expected loss model* des IFRS 9 unterscheidet drei Stufen der Wertminderung. Bereits bei Zugang der Anleihe ist auf Basis ihres Nennwerts i. H. v. 2.000.000 GE (*exposure at default*, EAD) ein Risikovorsorgeposten zu bilden. Da das Ausfallrisiko (*probability of default*, PD) zu diesem Zeitpunkt nicht signifikant erhöht ist, befindet sich die Anleihe in Stufe 1 des Wertminderungsmodells. Somit ist die Ausfallwahrscheinlichkeit des Schuldners in den nächsten 12 Monaten (2 %) in die Berechnung der Risikovorsorge einzubeziehen (IFRS 9.5.5.5). Die Ausfallquote im Verlustfall (*loss given default*, LGD) beträgt 35 %. Zudem sind die erwarteten Verluste in Höhe ihres Barwerts anzusetzen (IFRS 9.5.5.17b i. V. m. 9.B5.5.44). Laut Aufgabenstellung beinhaltet die Verlustquote bereits den Diskontierungsfaktor. Die Höhe des Risikovorsorgepostens ermittelt sich wie folgt:

  ECL = EAD × PD × LGD = 2.000.000 GE × 0,02 × 0,35 = 14.000 GE

Der Risikovorsorgeposten ist GuV-wirksam zu erfassen (IFRS 9.5.5.8). Der Ausweis der beiden Posten »Anleihe« und »Risikovorsorgeposten« erfolgt in der Bilanz entweder unsaldiert (brutto) oder saldiert (netto) mit entsprechender Anhangangabe.

Wertminderungs-aufwand	GE	14.000	an	Risikovorsorge-posten	GE	14.000

- 31.12.01

1. Erfassung des Zinsertrags

Die Zinserträge von finanziellen Vermögenswerten, deren Folgebewertung zu fortgeführten Anschaffungskosten erfolgt, sind nach der Effektivzinsmethode zu errechnen. Dazu ist der Bruttobuchwert der Anleihe (d. h., der Risikovorsorgeposten ist hierfür nicht mit der Anleihe zu saldieren) mit dem Effektivzinssatz aufzuzinsen (IFRS 9.5.4.1).

Zinsertrag: 31.887 GE (= 1.800.000 GE × 0,017715)

Anleihe	GE	31.887	an	Zinsertrag	GE	31.887

Der Stand der Anleihe nach der Aufzinsung beträgt 1.831.887 GE.

2. Anpassung der Risikovorsorge

Zu jedem Bilanzstichtag ist einzuschätzen, ob sich die erwarteten Zahlungsausfälle verändert haben und ob der Risikovorsorgeposten anzupassen ist. Ende 01 liegen keine Anzeichen für eine signifikante Erhöhung des Zahlungsrisikos vor. Daher ist der Risikovorsorgeposten weiterhin in Höhe des erwarteten 12-Monats-Verlusts, jedoch unter Berücksichtigung der neuen Ausfallwahrscheinlichkeit zu berechnen (IFRS 9.5.5.5).

Neuer Stand des Risikovorsorgepostens: 21.000 GE (= 2.000.000 GE × 0,03 × 0,35)

Zuführung zum Risikovorsorgeposten: 7.000 GE (= 21.000 GE – 14.000 GE)

Wertminderungs-aufwand	GE	7.000	an	Risikovorsorge-posten	GE	7.000

- 31.12.02

1. Erfassung des Zinsertrags

Die Anleihe ist zunächst wieder auf Basis ihres Bruttobuchwerts aufzuzinsen.

Zinsertrag: 32.452 GE (= 1.831.887 GE × 0,017715)

Anleihe	GE	32.452	an	Zinsertrag	GE	32.452

Der Stand der Anleihe nach der Aufzinsung beträgt (unter Berücksichtigung von Rundungsdifferenzen) 1.864.340 GE.

2. Anpassung der Risikovorsorge

Das externe Rating sowie das Geschäftsumfeld des Emittenten sind Anzeichen für eine signifikante Erhöhung des Ausfallrisikos (IFRS 9.B5.5.17). Damit ist Stufe 2 des Wertminderungsmodells erreicht. Ab diesem Zeitpunkt ist die Risikovorsorge auf Laufzeitbasis zu berechnen (IFRS 9.5.5.3).

Neuer Stand des Risikovorsorgepostens: 64.000 GE (= 2.000.000 GE × 0,08 × 0,4)

Zuführung zum Risikovorsorgeposten: 43.000 GE (= 64.000 GE – 21.000 GE)

Wertminderungs-aufwand	GE	43.000	an	Risikovorsorge-posten	GE	43.000

- 31.12.03

1. Erfassung des Zinsertrags

Zunächst ist die Anleihe wieder auf Basis ihres Bruttobuchwerts aufzuzinsen.

Zinsertrag: 33.027 GE (= 1.864.340 GE × 0,017715)

Anleihe	GE	33.027	an	Zinsertrag	GE	33.027

Der Stand der Anleihe nach der Aufzinsung beträgt 1.897.367 GE.

2. Anpassung der Risikovorsorge

Die Eröffnung und Bekanntgabe des Insolvenzverfahrens über das Vermögen der Stahl AG ist nicht nur ein Anzeichen auf ein signifikant erhöhtes Ausfallrisiko des Schuldners, sondern auch ein objektiver Hinweis auf eine Wertminderung der Anleihe (IFRS 9.A). Hiermit ist Stufe 3 des Wertminderungsmodells erreicht und die Ausfallwahrscheinlichkeit liegt von nun an bei 100 %. Der Risikovorsorgeposten ist weiterhin auf Laufzeitbasis zu berechnen (IFRS 9.5.5.3).

Neuer Stand des Risikovorsorgepostens: 1.000.000 GE (= 2.000.000 GE × 1 × 0,5)

Zuführung zum Risikovorsorgeposten: 936.000 GE (= 1.000.000 GE – 64.000 GE)

Wertminderungs-aufwand	GE	936.000	an	Risikovorsorge-posten	GE	936.000

- 31.12.04

  Erfassung des Zinsertrags

  Da im Vorjahr Stufe 3 des Wertminderungsmodells erreicht wurde, ist ab dieser Periode der Zinsertrag auf Basis des Nettobuchwerts der Anleihe zu berechnen (IFRS 9.5.4.1b), d. h., die Anleihe ist für die Berechnung des Zinsertrags mit dem Risikovorsorgeposten zu saldieren (1.897.367 GE – 1.000.000 GE = 897.367 GE).

  Zinsertrag: 15.897 GE (= 897.367 GE × 0,017715)

Anleihe	GE	15.897	an	Zinsertrag	GE	15.897

  Der Stand der Anleihe nach der Aufzinsung beträgt 1.913.264 GE.

- 31.12.05

  1. Erfassung des Zinsertrags

  Der Zinsertrag ist weiterhin auf Basis des Nettobuchwerts der Anleihe (1.913.264 GE – 1.000.000 GE = 913.264 GE) zu erfassen.

  Zinsertrag: 16.179 GE (= 913.264 GE × 0,017715)

Anleihe	GE	16.179	an	Zinsertrag	GE	16.179

  Der Stand der Anleihe nach der Aufzinsung beträgt (unter Berücksichtigung von Rundungsdifferenzen) 1.929.442 GE.

  2. Anpassung der Risikovorsorge

  Die Strafzölle wurden aufgehoben und infolgedessen auch das Insolvenzverfahren der Stahl AG. Es bestehen keine Anzeichen für ein erhöhtes Ausfallrisiko im Vergleich zum Zugangszeitpunkt und die Anleihe ist wieder der Stufe 1 des Wertminderungsmodells zuzuordnen (IFRS 9.5.5.7). Die erwarteten Verluste sind über die nächsten 12 Monate zu erfassen (IFRS 9.5.5.5).

  Stand des Risikovorsorgepostens: 24.000 GE (= 2.000.000 GE × 0,03 × 0,4)

  Auflösung des Risikovorsorgepostens: 976.000 GE (= 1.000.000 GE – 24.000 GE)

Risikovorsorgeposten	GE	976.000	an	Wertaufholung (Wertminderungsertrag)	GE	976.000

- 31.12.06

  1. Erfassung des Zinsertrags

  Da im Vorjahr die Anleihe aus Stufe 3 in Stufe 1 des Wertminderungsmodells zugeordnet wurde, ist ab dieser Periode die Effektivverzinsung wieder auf den Bruttobuchwert der Anleihe vorzunehmen (IFRS 9.5.4.2).

  Zinsertrag: 34.180 GE (= 1.929.442 GE × 0,017715)

Anleihe	GE	34.180	an	Zinsertrag	GE	34.180

  Der Stand der Anleihe nach der Aufzinsung beträgt (unter Berücksichtigung von Rundungsdifferenzen) 1.963.623 GE.

  2. Buchung der Zahlung

  Es erfolgt die Rückzahlung des Nennwerts der Anleihe i. H. v. 2.000.000 GE. Da die Rückzahlung auch Beträge enthält, die aufgrund der Zuordnung der Anleihe in Stufe 3 des Wertminderungsmodells in der Vergangenheit nicht als Zinserträge erfasst wurden, sind diese als sonstiger finanzieller Ertrag zu berücksichtigen. Ohne Insolvenzverfahren und ohne Zuordnung der Anleihe in Stufe 3 des Wertminderungsmodells wäre die Anleihe weiter auf ihrem Bruttobuchwert aufgezinst worden. In 04 wären dann Zinserträge von 33.612 GE, in 05 34.208 GE und in 06 34.814 GE realisiert worden (insgesamt: 102.633 GE). Tatsächlich wurden jedoch in 04 nur 15.897 GE, in 05 16.179 GE und in 06 34.180 GE an Zinserträgen gebucht (insgesamt: 66.256 GE). Die nicht erfassten Zinsen von 36.377 GE (= 102.633 GE – 66.256 GE) sind als sonstiger finanzieller Ertrag erfolgswirksam bei Zahlungseingang nachzuholen.

Bank	GE	2.000.000	an	Anleihe	GE	1.963.623
				sonstiger finanzieller Ertrag	GE	36.377

  Korrespondierend ist der Risikovorsorgeposten aufzulösen.

Risikovorsorgeposten	GE	24.000	an	Wertaufholung (Wertminderungsertrag)	GE	24.000

Folgende Tabelle zeigt den Verlauf der Anleihe und des Risikovorsorgepostens für die Jahre 01–06 im Überblick:

Zeitpunkt	Anleihe in GE	Zinsertrag in GE	Sonstiger finanzieller Ertrag in GE	Risikovorsorge in GE	Wertminderungsaufwand (–); Wertaufholung (+) in GE
01.01.01	1.800.000			14.000	– 14.000
31.12.01	1.831.887	+ 31.887		21.000	– 7.000
31.12.02	1.864.340	+ 32.452		64.000	– 43.000
31.12.03	1.897.367	+ 33.027		1.000.000	– 936.000
31.12.04	1.913.264	+ 15.897		1.000.000	0
31.12.05	1.929.442	+ 16.179		24.000	+ 976.000
31.12.06	0*	+ 34.180	+ 36.377	0*	+ 24.000

* = nach Rückzahlung der Anleihe

b) Zu den Buchungen in den Jahren 01–04 siehe Teilaufgabe a).

- 31.12.05

1. Erfassung des Zinsertrags

Der Zinsertrag ist, analog zu Teilaufgabe a), auf den Nettobuchwert der Anleihe (1.913.264 – 1.000.000 GE = 913.264) zu erfassen.

Zinsertrag: 16.179 GE (= 913.264 GE × 0,017715)

Anleihe	GE	16.179	an	Zinsertrag	GE	16.179

Der Stand der Anleihe nach der Aufzinsung beträgt (unter Berücksichtigung von Rundungsdifferenzen) 1.929.442 GE.

2. Anpassung der Risikovorsorge

Die Ausfallwahrscheinlichkeit liegt aufgrund der Zuordnung der Anleihe in Stufe 3 des Wertminderungsmodells bei 100 % und die Verlustquote wird mangels neuer Informationen weiterhin mit 50 % eingeschätzt. Die Risikovorsorge ist somit nicht anzupassen und beträgt unverändert zum Vorjahr 1.000.000 GE.

- 31.12.06

1. Erfassung des Zinsertrags

Die Effektivverzinsung ist in 06 weiterhin auf Basis des Nettobuchwerts der Anleihe (1.929.442 GE – 1.000.000 GE = 929.442 GE) vorzunehmen.

Zinsertrag: 16.465 GE (= 929.442 GE × 0,017715)

Anleihe	GE	16.465	an	Zinsertrag	GE	16.465

Der Stand der Anleihe nach der Aufzinsung beträgt 1.945.907 GE.

2. Abschreibung der Anleihe

Da die Bau AG nicht mehr davon ausgehen kann, dass die Anleihe vollständig bezahlt wird, ist die Anleihe (aktueller Stand: 1.945.907 GE) auf den Zahlungseingang von 600.000 GE abzuschreiben (Abschreibungsbedarf: 1.945.907 GE – 600.000 GE = 1.345.907 GE). Die Abschreibung stellt einen Ausbuchungsvorgang dar (IFRS 9.5.4.4 i. V. m. 9.B3.2.16r). Der Risikovorsorgeposten ist zunächst um 345.907 GE (= 1.345.907 GE – 1.000.000 GE) zu erhöhen und anschließend gegen die Anleihe auszubuchen.

Wertminderungsaufwand	GE	345.907	an	Risikovorsorgeposten	GE	345.907
Risikovorsorgeposten	GE	1.345.907	an	Anleihe	GE	1.345.907

IFRS 9 selbst gibt keine Vorgabe, wie eine Abschreibung buchhalterisch zu erfassen ist. Alternativ wäre auch denkbar, den bestehenden Risikovorsorgeposten von 1.000.000 GE gegen die Anleihe aufzulösen und den zusätzlichen Wertminderungsbedarf i. H. v. 345.907 GE direkt gegen die Anleihe zu buchen. Da jedoch im Standardentwurf des IFRS 9 noch explizit erwähnt wurde, dass eine direkte Abschreibung eines finanziellen Vermögenswerts ohne Verwendung des Risikovorsorgepostens nicht gestattet sei, ist die oben dargestellte Methode zu bevorzugen. Dies wäre damit auch eine den US-GAAP analoge Vorgehensweise (ASC 326-20-35-8 i. V. m. ASC 326-20-55-52).

Aufgrund der erfolgswirksamen Berücksichtigung der voraussichtlichen Wertminderungen und der geringeren Zinszahlungen bereits während der Laufzeit ist beim tatsächlichen Ausfall der Anleihe in 06 nur noch ein Aufwand von 345.907 GE anstelle des gesamten Ausfalls von 1.400.000 GE zu erfassen.

3. Erfassung der Zahlung

Bank	GE	600.000	an	Anleihe	GE	600.000

Aufgabe 5.5: Fair value hedge

Die nach IFRS bilanzierende SleepCap AG kauft zum 01.10.01 eine Anleihe zum Preis von 80.000 GE und ordnet diese der Kategorie »*at fair value through other comprehensive income*« zu. Zusätzlich erwirbt sie am 01.10.01 eine Put-Option auf die Anleihe mit einem Ausübungspreis von 80.000 GE und einer Laufzeit von 2 Jahren, um sich gegen ein Absinken des Kurses der Anleihe abzusichern. Die Option berechtigt zum Verkauf der Anleihe zu einem Preis von 80.000 GE zum 01.10.03. Im Anschaffungszeitpunkt beträgt der *fair value* der Put-Option 4.000 GE.

Die folgende Übersicht zeigt die Entwicklung des *fair value* der Anleihe sowie des inneren Werts, des Zeitwerts und des *fair value* der Put-Option.

Zeitpunkt	***fair value* der Anleihe in GE**	**Zeitwert der Put-Option in GE**	**innerer Wert der Put-Option in GE**	***fair value* der Put-Option in GE**
01.10.01	80.000	4.000	0	4.000
31.12.01	74.000	3.200	6.000	9.200
31.12.02	70.000	1.600	10.000	11.600
01.10.03	68.000	0	12.000	12.000

a) Es wird zunächst angenommen, dass die Voraussetzungen für das *hedge accounting* nicht erfüllt sind. Wie ist die Anleihe und die Put-Option zum 01.10.01, 31.12.01, 31.12.02 und 01.10.03 nach IFRS bilanziell abzubilden? Steuerliche Aspekte und die Regeln des Wertminderungsmodells des IFRS 9 sind aus Vereinfachungsgründen nicht zu berücksichtigen.

b) Wie hat die Abbildung nach IFRS zu erfolgen, wenn die Anwendungsvoraussetzungen des *hedge accounting* erfüllt sind? Die SleepCap AG designiert dabei lediglich die Änderung des inneren Werts der Put-Option als Sicherungsinstrument. Welche Buchungen sind nach IFRS vorzunehmen?

Lösung

a) Wenn die Voraussetzungen für die speziellen Regeln des *hedge accounting* nicht erfüllt sind, hat die Bilanzierung der Anleihe und der Put-Option getrennt nach den jeweiligen Vorschriften des IFRS 9 zu erfolgen. Die Zugangsbewertung der Anleihe hat zum *fair value* zuzüglich ggf. angefallene Transaktionskosten zu erfolgen, da die Anleihe der Kategorie »*at fair value through other comprehensive income*« zugeordnet wurde (IFRS 9.5.1.1). In der Folge ist die Anleihe zum *fair value* zu bewerten, wobei Wertänderungen GuV-neutral als *other comprehensive income* direkt ins Eigenkapital gebucht werden (IFRS 9.4.1.2A i. V. m. 9.5.2.1b). Die Put-Option wird als freistehendes, nicht den Regeln des *hedge accounting* unterworfenes Derivat der Kategorie »*at fair value through profit or loss*« zugeordnet und somit GuV-wirksam zum *fair value* bewertet (IFRS 9.4.1.4 i. V. m. 9.5.2.1c). Der *fair value* setzt sich dabei aus dem inneren Wert (Differenz aus aktuellem Kurs der Anleihe und Ausübungspreis) und dem Zeitwert der Option (Chance, dass positive Kursentwicklung den inneren Wert ansteigen lässt) zusammen.

Am 01.10.01 werden zunächst der Zugang der Anleihe sowie der Kauf der Put-Option wie folgt gebucht:

Anleihe	an	Liquide Mittel	GE	80.000
Put-Option	an	Liquide Mittel	GE	4.000

Am folgenden Bilanzstichtag erfolgt, wie oben beschrieben, die Bewertung der Anleihe GuV-neutral zum *fair value* und die der Put-Option GuV-wirksam zum *fair value*.

Buchungen zum Bilanzstichtag 31.12.01:

					Berechnung
Rücklage für *financial assets* (OCI)	an	Anleihe	GE	6.000	80.000 – 74.000
Put-Option	an	sonst. betr. Ertrag	GE	5.200	9.200 – 4.000

Buchungen zum Bilanzstichtag 31.12.02:

					Berechnung
Rücklage für *financial assets* (OCI)	an	Anleihe	GE	4.000	74.000 – 70.000
Put-Option	an	sonst. betr. Ertrag	GE	2.400	11.600 – 9.200

Am Verfallstag der Put-Option ergeben sich nochmals Wertänderungen bei den Posten.

Buchungen am 01.10.03:

					Berechnung
Rücklage für *financial assets* (OCI)	an	Anleihe	GE	2.000	70.000 – 68.000
Put-Option	an	sonst. betr. Ertrag	GE	400	12.000 – 11.600

Da der Kurs der Anleihe am 01.10.03 (68.000 GE) unter den im Rahmen der Put-Option vereinbarten Ausübungspreis (80.000 GE) gesunken ist, ist es für die SleepCap AG vorteilhaft, die Put-Option auszuüben. Bei Ausübung erhält die SleepCap AG einen Betrag von 80.000 GE. Der in einer Rücklage im Eigenkapital kumulierte Bewertungsverlust der Anleihe ist in die GuV umzugliedern (IFRS 9.5.7.10).

Buchungen bei Ausübung der Put-Option:

Liquide Mittel	GE	80.000	an	Anleihe	GE	68.000
				Put-Option	GE	12.000
sonst. betr. Aufwand.	GE	12.000	an	Rücklage für *financial assets* (OCI)	GE	12.000

Solange der Wert der Anleihe GuV-neutral fortgeschrieben wird, erfolgt ohne Anwendung des *hedge accounting* keine Kompensation der Wertänderungen des Sicherungsinstruments (Put-Option) in der GuV. Insgesamt ergibt sich somit in diesem Zeitraum eine Volatilität des Periodenergebnisses, die ökonomisch in dem Maße, wie sich die Änderungen des Werts der Put-Option und des Werts der Anleihe ausgleichen, nicht besteht.

Um diese Bewertungsinkongruenz zu vermeiden, kann die SleepCap AG alternativ zu obiger Vorgehensweise die *fair value option* auf die Anleihe ausüben, wodurch diese GuV-wirksam zum *fair value* bilanziert wird (IFRS 9.4.1.5). Ein Unterschied zu den oben dargestellten Buchungen würde sich zum Bilanzstichtag 31.12.01, zum 31.12.02 sowie zum 01.10.03 ergeben, an denen die Wertminderung der Anleihe statt im *other comprehensive income* als sonstiger betrieblicher Aufwand in der GuV gebucht werden würde. Damit würde in der Folge auch die Umgliederung der Rücklage in die GuV am 01.10.03 entfallen.

b) Wenn die Voraussetzungen für das *hedge accounting* (Dokumentation, Effektivitätsmessung etc.) erfüllt sind, kann die Bilanzierung nach den speziellen Regeln für Sicherungsbeziehungen erfolgen (IFRS 9.6.4.1). Da ein bestehender Bilanzposten (in diesem Fall eine Anleihe) gegen risikoinduzierte *fair value*-Schwankungen abgesichert wird, liegt ein *fair value hedge* vor (IFRS 9.6.5.2a). Bei *fair value hedges* sind grundsätzlich sowohl die Wertänderungen beim Grundgeschäft (Anleihe) als auch die beim Sicherungsinstrument (Put-Option) GuV-wirksam zu erfassen (IFRS 9.6.5.8). Eine Ausnahme besteht für finanzielle Vermögenswerte, die nach IFRS 9.5.7.5 freiwillig der Kategorie »*at fair value through other comprehensive income*« zugeordnet wurden (Eigenkapitalinstrumente, die nicht zu Handelszwecken gehalten werden). Dieser Fall, nach dem sowohl die Wertänderungen des Grundgeschäfts als auch die Wertänderungen des Sicherungsinstruments GuV-neutral im *other comprehensive income* zu erfassen (IFRS 9.6.5.8) wären, liegt hier allerdings nicht vor, da die Anleihe kein Eigenkapitalinstrument darstellt. Bezogen auf diese Aufgabe sind die Wertschwankungen der Anleihe, die gemäß ihrer Kategorisierung normalerweise GuV-neutral als *other comprehensive income* ins Eigenkapital eingestellt würden, somit GuV-wirksam zu berücksichtigen (IFRS 9.6.5.8b).

Grundsätzlich ist ein zulässiges Sicherungsinstrument in seiner Gesamtheit als Sicherungsinstrument zu designieren (IFRS 9.6.2.4). Als Ausnahme gestattet IFRS 9.6.2.4a, dass nur die Änderung des inneren Werts einer Option und nicht die Änderung dessen Zeitwerts als Sicherungsinstrument designiert wird. Dies kann sinnvoll sein, um eine Effektivität der Sicherungsbeziehung zu erreichen, die nach IFRS 9.6.4.1c als Voraussetzung des *hedge accounting* gefordert wird. Laut Aufgabenstellung entscheidet sich die SleepCap AG, das Wahlrecht in Anspruch zu nehmen und nur die Änderung des inneren Werts der Put-Option als Sicherungsinstrument zu designieren. Die Änderung des inneren Werts der Put-Option wird folglich GuV-wirksam erfasst, die Zeitwertkomponente ist dagegen als Kosten der Absicherung innerhalb des *other comprehensive income* zu erfassen und in einer Rücklage im Eigenkapital zu kumulieren (IFRS 9.6.5.15).

Der Zeitpunkt der Umgliederung der Rücklage in die GuV (*recycling*) ist davon abhängig, ob eine transaktionsbezogene oder periodenbezogene Absicherung vorliegt (IFRS 9.6.5.15). Im vorliegenden Fall handelt es sich um eine transaktionsbezogene Absicherung, da der Risikoeintritt des Grundgeschäfts zu einem bestimmten Zeitpunkt abgesichert wird (IFRS 9.6.5.15a (i) i. V. m. 9.B6.5.29a). Die Rücklage ist daher in die GuV umzugliedern, sobald das Grundgeschäft zahlungswirksam wird, d. h. bei Verkauf der Anleihe (IFRS 9.6.5.15b (ii)).

Die Buchung des Zugangs der Anleihe sowie des Kaufs der Put-Option am 01.10.01 erfolgt wie in Teilaufgabe a):

Anleihe	an	Liquide Mittel	GE	80.000
Put-Option	an	Liquide Mittel	GE	4.000

An den folgenden Bilanzstichtagen erfolgt, wie oben beschrieben, die Bewertung der Anleihe sowie die Änderung des inneren Werts der Put-Option GuV-wirksam. Die Änderung des Zeitwerts der Put-Option erfolgt dagegen GuV-neutral im *other comprehensive income.*

Buchungen zum Bilanzstichtag 31.12.01:

					Berechnung
Aufwand aus Absicherung	an	Anleihe	GE	6.000	80.000 – 74.000
Put-Option	an	Ertrag aus Absicherung	GE	6.000	6.000 – 0

Rücklage für Zeitwertänderungen von Optionen (OCI)	an	Put-Option	GE	800	4.000 – 3.200

Buchungen zum Bilanzstichtag 31.12.02:

					Berechnung
Aufwand aus Absicherung	an	Anleihe	GE	4.000	74.000 – 70.000
Put-Option	an	Ertrag aus Absicherung	GE	4.000	10.000 – 6.000
Rücklage für Zeitwertänderungen von Optionen (OCI)	an	Put-Option	GE	1.600	3.200 – 1.600

Buchungen zum 01.10.03:

					Berechnung
Aufwand aus Absicherung	an	Anleihe	GE	2.000	70.000 – 68.000
Put-Option	an	Ertrag aus Absicherung	GE	2.000	12.000 – 10.000
Rücklage für Zeitwertänderungen von Optionen (OCI)	an	Put-Option	GE	1.600	1.600 – 0

Buchungen bei Ausübung der Put-Option:

Liquide Mittel	GE	80.000	an	Anleihe	GE	68.000
				Put-Option	GE	12.000
sonst. betr. Aufwand	GE	4.000	an	Rücklage für Zeitwertänderungen von Optionen (OCI)	GE	4.000

Bei Anwendung des *hedge accounting* gleichen sich die Wertänderungen der Anleihe und die Änderungen des inneren Werts der Put-Option in der GuV aus. Die ökonomische Sicherung wird damit auch bilanziell adäquat abgebildet.

Insgesamt war die Sicherung durch die Put-Option erfolgreich. Das Absinken des Marktwerts der Anleihe um 12.000 GE über die Haltezeit konnte durch den Kauf und das anschließende Ausüben der Put-Option ausgeglichen werden (Steigerung des inneren Werts der Put-Option auf 12.000 GE). Allerdings verbleibt unter Vernachlässigung von Transaktionskosten und Zinseffekten im Endeffekt ein Verlust in Höhe der Optionsprämie (= 4.000 GE), die die SleepCap AG für das Recht gezahlt hat, die Optionen bei für sie ungünstiger Entwicklung des Kurses der Anleihe auszuüben. Bei entgegengesetzter Entwicklung hätte die SleepCap AG auch von einer Steigerung des Kurses der Anleihe über den Ausübungspreis von 80.000 GE profitieren können und die Put-Option nicht ausüben müssen.

In folgender Tabelle ist die Variante »keine Anwendung des *hedge accounting*« (Teilaufgabe a)) und die Variante »Anwendung des *hedge accounting*« (Teilaufgabe b)) mit den jeweiligen Auswirkungen auf die GuV und das *other comprehensive income* dargestellt.

	Teilaufgabe a): keine Anwendung des *hedge accounting*		Teilaufgabe b): Anwendung des *hedge accounting*; nur der innere Wert der Put-Option wird als Sicherungsinstrument designiert	
Zeitpunkt	Auswirkung auf die GuV in GE	Auswirkung auf das OCI in GE	Auswirkung auf die GuV in GE	Auswirkung auf das OCI in GE
31.12.01	+ 5.200	– 6.000	0	– 800
31.12.02	+ 2.400	– 4.000	0	– 1.600
01.10.03	+ 400	– 2.000	0	– 1.600
Ausübung der Put-Option	– 12.000	+ 12.000	– 4.000	+ 4.000
Gesamtwirkung	– 4.000	0	– 4.000	0

Aufgabe 5.6: Cash flow hedge

Die A. G. Oldbrunner AG will zur Erweiterung ihrer Kapazitäten in den USA eine Fertigungsanlage für 50 Mio. US-$ kaufen. Die Lieferung und Bezahlung der Anlage sollen am 01.07.02 stattfinden. Um sich vor möglichen Wechselkursschwankungen abzusichern, schließt sie am 01.05.01 ein Devisentermingeschäft (Kauf von US-$ auf Termin) über eben diesen Betrag ab. Der Terminkurs entspricht dem Kassakurs an diesem Tag und beträgt 1 EUR = 1,25 US-$. Am 31.12.01 beträgt der Kurs 1 EUR = 1,125 US-$. Am 30.06.02 und 01.07.02 beträgt der Kurs nur noch 1 EUR = 1,00 US-$.

Wie sind diese Transaktionen pagatorisch und bilanziell nach IFRS abzubilden?

Lösung

Die A. G. Oldbrunner AG geht den Terminkontrakt ein, um Währungsschwankungen zukünftiger Cashflows, d. h. die Bezahlung der Fertigungsanlage, zu sichern. Dabei handelt es sich um die Sicherung einer noch nicht bilanzierungsfähigen Transaktion. Liegen die allgemeinen Voraussetzungen für die Bildung von Sicherungsbeziehungen vor (IFRS 9.6.4.1), handelt es sich um einen *cash flow hedge* (IFRS 9.6.5.2b i. V. m. IFRS 9.6.5.11). Im Folgenden wird davon ausgegangen, dass die Bedingungen an das Sicherungsgeschäft nach IFRS 9.6.4.1 erfüllt sind.

Bei Abschluss des Kontrakts hat das Derivat einen *fair value* von null, da der Terminkurs dem derzeitigen Kurs entspricht. Am 31.12.01 beträgt der *fair value* jedoch 4.444.444 EUR und errechnet sich wie folgt:

50.000.000/1,125 =	44.444.444 EUR	(Kosten bei aktuellem Kurs)
50.000.000/1,250 =	40.000.000 EUR	(Kosten durch Terminkontrakt)
	4.444.444 EUR	(Differenz = Wert des Terminkontrakts)

Der Terminkontrakt stellt ein derivatives Finanzinstrument dar, das nach IFRS 9.4.1.4 GuV-wirksam zu seinem *fair value* bilanziert werden müsste, wenn es nicht in einer Sicherungsbeziehung stände. Da es einem *cash flow hedge* zugeordnet wurde, wird obige Wertsteigerung zunächst als *other comprehensive income* GuV-neutral in einen Eigenkapitalposten (Rücklage für *cash flow hedges*) gebucht (IFRS 9.6.5.11b).

Buchung am 31.12.01:

Derivate	an	Rücklage für *cash flow hedges*	EUR	4.444.444

Am 30.06.02 ist der Kurs des Euro weiter gefallen. Der Wert des Terminkontrakts beträgt jetzt 10.000.000 EUR:

50.000.000/1,000 =	50.000.000 EUR	(Kosten bei aktuellem Kurs)
50.000.000/1,250 =	40.000.000 EUR	(Kosten durch Terminkontrakt)
	10.000.000 EUR	(Differenz = Wert des Terminkontrakts)

Die Bewertungsdifferenz von 5.555.556 EUR wird direkt in das Eigenkapital gebucht:

10.000.000 EUR	(Wert des Terminkontrakts)
4.444.444 EUR	(bereits in Rücklage für *cash flow hedges* eingestellter Wert)
5.555.556 EUR	(Differenz = noch einzustellender Wert)

Buchung am 30.06.02:

Derivate	an	Rücklage für *cash flow hedges*	EUR	5.555.556

Bei Lieferung und Bezahlung der Anlage am 01.07.02 ergeben sich dann:

Buchungen am 01.07.02:

1. Lieferung der US-$ gemäß Terminkontrakt:

Liquide Mittel (Valuta)	EUR	50.000.000	an	Liquide Mittel Derivate	EUR EUR	40.000.000 10.000.000

2. Bezahlung der Anlage:

Maschine	EUR	50.000.000	an	Liquide Mittel (Valuta)	EUR	50.000.000

3. Korrektur der Anschaffungskosten:

Rücklage für *cash flow hedges*	EUR	10.000.000	an	Maschine	EUR	10.000.000

Aufgrund des Terminkontrakts werden US-$ im Wert von jetzt 50.000.000 EUR für 40.000.000 EUR geliefert (1.). Dann wird die Anlage bezahlt: 50.000.000 US-$, wie vereinbart (2.). Nach IFRS 9.6.5.11d (i) ist der Gewinn aus dem Derivat bei der Ermittlung der Anschaffungskosten der Anlage einzubeziehen. Daher wird der dafür gebildete Eigenkapitalposten gegen die Wertdifferenz der Sachanlage aufgelöst (3.).

6. Kapitel: Bilanzierung des Eigenkapitals

Aufgabe 6.1: Gründung einer AG

Am 20. Dezember des Jahres 01 schlossen sich drei Wirtschaftsprüfer und zwei Steuerberater zusammen, um die Wirtschaftsprüfungsgesellschaft Treu & Glauben AG zu gründen. Das Grundkapital i. H. v. 400.000 GE, das in 8.000 Aktien à 50 GE eingeteilt ist, wurde von den Gründern zu gleichen Teilen übernommen. Die Ausgabe der Aktien erfolgte zu einem Kurs von 125 GE je Aktie und einer Einzahlungsquote von 30 %. Von den ausstehenden Einlagen wurden 100.000 GE eingefordert, aber noch nicht eingezahlt. An Gerichts- und Notariatskosten sowie Maklergebühren im Rahmen der Gründung fielen 7.000 GE an. Die Kosten der Aktienausgabe betrugen 5.000 GE. Die Schulungskosten für fachfremde Angestellte betrugen in den ersten drei Monaten nach Gründung, aber vor Aufnahme der Geschäftstätigkeit, 10.000 GE.

a) Wie wird die Wirtschaftsprüfungsgesellschaft Treu & Glauben AG ihre Eigenkapitalsituation in der Handelsbilanz am Ende des ersten Geschäftsjahres 01 ausweisen, wenn das Geschäftsjahr gleich dem Kalenderjahr ist?

b) Wie stellt sich die Eigenkapitalsituation in der IFRS-Bilanz der Treu & Glauben AG am Ende des ersten Geschäftsjahres dar?

Lösung

a) Die Höhe des Grundkapitals einer Aktiengesellschaft wird durch die Summe der Nennbeträge aller ausgegebenen Aktien bestimmt. Als gezeichnetes Kapital erscheint demnach ein Betrag von 400.000 GE.

   Da diese Aktien vor der vollen Leistung des Ausgabebetrags ausgegeben werden (Einzahlungsquote: 30 %), handelt es sich bei den ausgegebenen Aktien um Namensaktien (§ 10 Abs. 2 AktG). Die Anzahl der Aktien jeder Gattung und der Nennbetrag jeder Aktie (da hier Nennwertaktien ausgegeben wurden) sind in der Bilanz oder im Anhang zu vermerken (§ 160 Abs. 1 Nr. 3 AktG). Gemäß § 36a Abs. 1 AktG muss der eingezahlte Betrag neben der sich auf den Nennbetrag beziehenden Einzahlungsquote auch einen evtl. bestehenden Mehrbetrag (Aufgeld, Agio) umfassen. Dieses Aufgeld ist nach § 272 Abs. 2 Nr. 1 HGB in die Kapitalrücklage einzustellen. Der der Kapitalrücklage zuzuführende Betrag errechnet sich wie folgt:

Ausgabebetrag je Aktie à 50 GE	GE	125
– Nennbetrag je Aktie	GE	50
= Aufgeld je Aktie à 50 GE	GE	75

Zuführung zur Kapitalrücklage:

8.000 × 75 GE = 600.000 GE

(Das Agio ist voll einzubezahlen.)

An liquiden Mitteln sind der Aktiengesellschaft somit aus der Ausgabe der Aktien neben der Einzahlung des Nennbetrags i. H. v. 120.000 GE (= 30 % des Grundkapitals) noch das Agio i. H. v. 600.000 GE zugeflossen.

Die Aktiengesellschaft hat gegenüber ihren Aktionären eine Forderung bezüglich der noch nicht erbrachten Einlagen i. H. v. 70 % des Grundkapitals. Der entsprechende Betrag i. H. v. 280.000 GE abzüglich der bereits eingeforderten ausstehenden Einlagen (100.000 GE) muss nach § 272 Abs. 1 Satz 2 HGB offen vom gezeichneten Kapital abgesetzt werden. Der verbleibende Betrag ist als Posten »Eingefordertes Kapital« in der Hauptspalte der Passivseite auszuweisen. Der eingeforderte, aber noch nicht eingezahlte Betrag ist unter den Forderungen gesondert auszuweisen und entsprechend zu bezeichnen (§ 272 Abs. 1 Satz 2 HGB).

Bezüglich der Ausgaben für die Gerichts- und Notariatskosten, Maklergebühren und für die Emission der Aktien i. H. v. insgesamt 12.000 GE besteht gemäß § 248 Abs. 1 Nr. 1 und 2 HGB ein Aktivierungsverbot, da es sich hierbei um Aufwendungen für die Gründung des Unternehmens bzw. für die Beschaffung des Eigenkapitals handelt. Sie werden unter den sonstigen betrieblichen Aufwendungen in der GuV verbucht. Bei den Schulungskosten i. H. v. 10.000 GE handelt es sich um Kosten der Ingangsetzung des Geschäftsbetriebs, diese dürfen ebenfalls nicht aktiviert werden und sind als Aufwendungen zu erfassen.

Die nachfolgende Bilanz verdeutlicht den Eigenkapitalausweis zum Bilanzstichtag:

Aktiva		Bilanz in GE		Passiva
B. Umlaufvermögen		A. Eigenkapital		
II. Forderungen und sonstige Vermögensgegenstände		I. Gezeichnetes Kapital	400.000	
		– Nicht eingefordertes Kapital	– 180.000	
5. Eingefordertes, nicht eingezahltes Kapital	100.000	Eingefordertes Kapital		220.000
		II. Kapitalrücklage		600.000
		V. Jahresfehlbetrag		– 22.000
IV. Flüssige Mittel	698.000			
	798.000			798.000

b) Im Rahmen der Bilanzierung nach IFRS ergibt sich ebenfalls ein gezeichnetes Kapital (*share capital*) i. H. v. 400.000 GE. Das Aufgeld (vgl. die in Teilaufgabe a) dargestellte Berechnung) ist in die Kapitalrücklage (*share premium*) einzustellen.

Für ausstehende Einlagen (*shares issued but not fully paid*) regelt IAS 1.79a (ii), dass entweder in der Bilanz, in der Eigenkapitalveränderungsrechnung oder in den *notes* die Anzahl der ausgegebenen und voll eingezahlten Aktien und die Anzahl der ausgegebenen, aber nicht voll eingezahlten Aktien anzugeben sind. Ansonsten existiert keine weitere Vorschrift zum Ausweis ausstehender Anteile. Ein aktivischer Ausweis der ausstehenden Einlagen ist nicht aus den IFRS-Vorschriften ableitbar. Eher scheint es angebracht, die noch nicht eingezahlten Einlagen offen vom (gesamten ausgegebenen) gezeichneten Kapital abzusetzen.

Für die im Rahmen der Gründung angefallenen Gerichts- und Notariatskosten sowie die Maklergebühren besteht nach IAS 38.69a ein Aktivierungsverbot. Diese sind als Aufwand der Periode zu erfassen. Auch die Schulungskosten dürfen nicht aktiviert werden, sondern sind GuV-wirksam zu erfassen (IAS 38.69b). Die unmittelbar bei der Eigenkapitalbeschaffung entstandenen Kosten (Kosten der Aktienausgabe) senken den Emissionserlös. Gemäß IAS 32.37 sind sie nach Berücksichtigung abzugsfähiger Steuern (bleibt der Einfachheit halber hier außer Betracht) direkt gegen das Eigenkapital zu buchen. Dabei liegt es nahe, die Emissionskosten als Minderung des Aufgeldes zu interpretieren und dementsprechend die Kapitalrücklage zu belasten.

Die Darstellung des Eigenkapitals in einer Bilanz nach IFRS könnte wie folgt aussehen:

Aktiva	Bilanz in GE			Passiva
Current assets (Kurzfristiges Vermögen)		*Capital and reserves* (Gezeichnetes Kapital und Rücklagen)		
Cash and cash equivalents (Liquide Mittel)	698.000	*Share capital* (Gezeichnetes Kapital)	400.000	
		Less shares issued but not fully paid (abzüglich ausstehende Einlagen)	– 280.000	120.000
		Share premium (Kapitalrücklage)	600.000	
		Less costs in issuing or acquiring own equity instruments (abzüglich Emissionskosten)	– 5.000	595.000
		Net loss (Fehlbetrag der Periode)		– 17.000
	698.000			698.000

Aufgabe 6.2: Rücklagendotierung, Eigenkapitalausweis

Die Schmuckhandels AG erwirtschaftete im vergangenen Geschäftsjahr einen Jahresüberschuss i. H. v. 20,5 Mio. GE. Der Geschäftsleitung ist bekannt, dass eine bestimmte Aktionärsgruppe wieder die volle Ausschüttung des Jahresergebnisses fordern wird. Vorstand und Aufsichtsrat aber, die den Jahresabschluss feststellen, möchten die Rücklagen der Gesellschaft stärken, da in der näheren Zukunft größere Investitionen geplant sind und der Finanzierungsspielraum durch wirtschaftspolitische Maßnahmen stark eingeschränkt worden ist. Laut Satzung sind Vorstand und Aufsichtsrat ermächtigt, bis zu 60 % des um einen Verlustvortrag und Zuführungen zu gesetzlichen Rücklagen bereinigten Jahresüberschusses in die anderen Gewinnrücklagen einzustellen. Da der Grund für eine in Vorjahren vorgenommene außerplanmäßige Abschreibung im Sachanlagevermögen nicht mehr besteht, führt die Schmuckhandels AG eine Wertaufholung i. H. v. 2 Mio. GE durch. Der kumulierte Ertragsteuersatz beträgt 30 %.

Welchen Betrag werden Vorstand und Aufsichtsrat unter diesen Umständen der Hauptversammlung zur Ausschüttung vorschlagen, wenn am Bilanzstichtag des letzten Geschäftsjahres das Grundkapital der Schmuckhandels AG 100 Mio. GE, die gesetzliche Rücklage 6 Mio. GE, die Kapitalrücklage nach § 272 Abs. 2 Nr. 1 bis 3 HGB 2 Mio. GE, die anderen Gewinnrücklagen 47 Mio. GE und die satzungsmäßigen Rücklagen 5 Mio. GE betragen hatten, ein Verlustvortrag aus dem Vorjahr i. H. v. 0,5 Mio. GE besteht und im abgelaufenen Geschäftsjahr für Anschaffungskosten i. H. v. insgesamt 2 Mio. GE 10.000 eigene Aktien (Nennbetrag 10 GE) erworben wurden (die aktienrechtlichen Voraussetzungen für den Erwerb eigener Aktien liegen vor)?

Stellen Sie die Gliederung des Eigenkapitals im handelsrechtlichen Jahresabschluss dar. Unterstellen Sie dabei, dass

a) eine Bilanzerstellung vor Ergebnisverwendung bzw.

b) eine Bilanzerstellung unter Berücksichtigung einer teilweisen Ergebnisverwendung stattfindet.

Lösung

Es geht darum, zu prüfen, welche Möglichkeiten das Aktiengesetz der Geschäftsleitung einer Aktiengesellschaft bei der Verwendung des Jahresüberschusses gibt, sofern diese einen möglichst hohen Betrag den offenen Rücklagen zuführen möchte. Steuerliche Konsequenzen aus der Gewinnverwendung sollen dabei jedoch vernachlässigt werden.

Da Vorstand und Aufsichtsrat den Jahresabschluss feststellen, ist § 58 Abs. 2 AktG anzuwenden. Vorstand und Aufsichtsrat können demnach grundsätzlich einen Teil des Jahresüberschusses, höchstens jedoch die Hälfte, den anderen Gewinnrücklagen zuführen. Daneben können Vorstand und Aufsichtsrat per Satzung ermächtigt werden, weitere Einstellungen in die anderen Gewinnrücklagen vorzunehmen. Diese Ermächtigung gilt jedoch nur insoweit, als die anderen Gewinnrücklagen weder vor noch nach der Einstellung die Hälfte des Grundkapitals übersteigen.

Bei der Bemessung der Zuführung sind allerdings ein etwaiger Verlustvortrag und die in die gesetzliche Rücklage einzustellenden Beträge abzuziehen.

Es ist nun vorweg zu prüfen, inwieweit Pflichtzuführungen zur gesetzlichen Rücklage erforderlich sind. Die Zuführung zur gesetzlichen Rücklage bestimmt sich nach § 150 Abs. 2 AktG. Da die gesetzliche Rücklage (= 6 Mio. GE) der Schmuckhandels AG in Summe mit der Kapitalrücklage (= 2 Mio. GE) noch nicht der geforderten Höhe von 10 % des Grundkapitals (= 10 Mio. GE) entspricht, müssen ihr 5 % des Jahresüberschusses zugeführt werden, nachdem der Jahresüberschuss um den Verlustvortrag aus dem Vorjahr gemindert wurde (§ 150 Abs. 2 AktG).

Hinweis: Würde ein Gewinnvortrag bestehen, so würde dieser die Bemessungsgrundlage der gesetzlichen Rücklage nicht erhöhen. Ein Gewinnvortrag steht nämlich grundsätzlich der Verwaltung nicht mehr zur Verfügung. Er erhöht den Bilanzgewinn und damit den Betrag, der der Hauptversammlung zur Disposition steht (vgl. ADS [1995 ff.], § 58 AktG Tz. 18).

Gemäß § 58 Abs. 1 Satz 3 AktG ist zur Berechnung der Zuführung zu den anderen Gewinnrücklagen der Jahresüberschuss um den Verlustvortrag und den in die gesetzliche Rücklage einzustellenden Betrag zu kürzen.

Da Vorstand und Aufsichtsrat einen möglichst hohen Teil des Jahresüberschusses einbehalten möchten, werden sie 9,5 Mio. GE, die Hälfte des Bemessungsbetrages (korrigierter Jahresüberschuss: 19 Mio. GE), den anderen Gewinnrücklagen zuführen.

Dass mit der Einstellung von 9,5 Mio. GE die anderen Gewinnrücklagen die Hälfte des Grundkapitals übersteigen, ist nicht von Bedeutung, da Vorstand und Aufsichtsrat in jedem Fall 50 % des Bemessungsbetrags in die anderen Gewinnrücklagen einstellen dürfen. Allerdings scheidet die Ausübung der Satzungsoption, 60 % in die anderen Gewinnrücklagen einzustellen, aufgrund der Höhe dieser Rücklagen (> 50 % des Grundkapitals) aus.

Des Weiteren ist es Vorstand und Aufsichtsrat nach § 58 Abs. 2a AktG, unabhängig davon, ob Hauptversammlung oder Vorstand und Aufsichtsrat den Jahresabschluss feststellen, immer möglich, den Eigenkapitalanteil von Wertaufholungen bei Vermögensgegenständen des Anlage- und Umlaufvermögens in die anderen Gewinnrücklagen einzustellen. Im Geschäftsjahr erfolgt eine Wertaufholung i. H. v. 2 Mio. GE. Der Eigenkapitalanteil beträgt 1,4 Mio. GE, also der auf der Aktivseite zugeschriebene Betrag, verringert um die darauf entfallende Ertragsteuer (= 2 Mio. GE × (1 – 0,3)). Diesen Betrag werden Vorstand und Aufsichtsrat zusätzlich in die anderen Gewinnrücklagen einstellen, da sie einen möglichst hohen Teil des Jahresüberschusses für die Ausschüttung sperren wollen.

Über die Verwendung des verbleibenden Restbetrags i. H. v. 8,1 Mio. GE (= Bilanzgewinn) entscheidet die Hauptversammlung.

Vorstand und Aufsichtsrat können zusätzlich der Hauptversammlung vorschlagen, weitere Beträge in die Gewinnrücklagen einzustellen oder als Gewinn vorzutragen (§ 58 Abs. 3 AktG).

Es ergibt sich somit folgende Reihenfolge bei der Dotierung der Rücklagen:

	Jahresüberschuss	Mio. GE	20,5
–	Verlustvortrag	Mio. GE	0,5
=	Bemessungsgrundlage 1	Mio. GE	20
–	Pflichtdotierung der **gesetzlichen Rücklage** (so lange 5 % der Bemessungsgrundlage 1, bis die gesetzliche Rücklage und die Kapitalrücklage zusammen 10 % des Grundkapitals erreicht haben)	Mio. GE	1
=	Bemessungsgrundlage 2 (korrigierter Jahresüberschuss)	Mio. GE	19
	Fallunterscheidung		
a)	Hauptversammlung stellt Jahresabschluss fest:		
–	Laut Satzungsbestimmung Einstellung von max. 50 % des korrigierten Jahresüberschusses in die **anderen Gewinnrücklagen**		
b)	Vorstand und Aufsichtsrat stellen Jahresabschluss fest:		
–	Einstellung von max. 50 % des korrigierten Jahresüberschusses in die **anderen Gewinnrücklagen** immer möglich, es sei denn, Satzungsbestimmungen sehen einen geringeren Teil vor	Mio. GE	9,5
–	Laut Satzung mögliche zusätzliche Einstellung von mehr als 50 % des korrigierten Jahresüberschusses in die **anderen Gewinnrücklagen** so lange zulässig, bis diese 50 % des Grundkapitals erreicht haben		–
=	Bemessungsgrundlage 3	Mio. GE	9,5
–	Einstellung in die **Rücklagen für Anteile an einem herrschenden oder mehrheitlich beteiligten Unternehmen**		–
–	Einstellung in die **Rücklage für noch nicht realisierte Beteiligungserträge**		–
–	Einstellung in die **satzungsmäßigen Rücklagen**		–
–	Einstellung des Eigenkapitalanteils von Wertaufholungen im Anlagevermögen und Umlaufvermögen in die **anderen Gewinnrücklagen**	Mio. GE	1,4
=	Bemessungsgrundlage 4	Mio. GE	8,1
+	Gewinnvortrag		–
=	Bemessungsgrundlage für den Ergebnisverwendungsbeschluss der Hauptversammlung (Bilanzgewinn)	Mio. GE	8,1

Ausweis des Eigenkapitals:

§ 268 HGB gewährt neben § 266 Abs. 3 HGB, der von einer Bilanzerstellung vor Ergebnisverwendung ausgeht, auch die Möglichkeit, die Bilanz unter Berücksichtigung teilweiser oder vollständiger Ergebnisverwendung auszuweisen. Es war lange unklar, ob die Vorschrift des § 268 Abs. 1 HGB als generell geltendes Ausweiswahlrecht zu interpretieren ist oder ob die zu wählende Darstellung von der tatsächlichen Situation der Ergebnisverwendung zum Zeitpunkt der Bilanzerstellung abhängig zu machen ist. Die h. M. schließt sich mittlerweile der letzteren Position an, da man davon ausgeht, dass in den Fällen, in denen eine Ergebnisverwendung aufgrund gesetzlicher oder satzungsmäßiger bzw. gesellschaftsvertraglicher Bestimmungen (z. B. Dotierung einer gesetzlichen Rücklage nach § 150 Abs. 2 AktG) zum Bilanzstichtag tatsächlich vorgenommen wurde, die Ergebnisverwendung auch im Bilanzausweis zum Ausdruck zu bringen ist.

a) Da gemäß dem Sachverhalt eine Verpflichtung zur Dotierung einer gesetzlichen Rücklage besteht (1 Mio. GE), ist folglich bei der Schmuckhandels AG nach h. M. ein Bilanzausweis vor Ergebnisverwendung nicht zulässig (entsprechend ist keine Lösung für Teilaufgabe a) auszuweisen). Die Möglichkeit, die Bilanz vor Ergebnisverwendung zu erstellen, besteht nur dann, wenn zum Zeitpunkt der Bilanzfeststellung keine Verpflichtung zu einer Rücklagendotierung, sei es per Gesetz, per Gesellschaftsvertrag oder per Satzung, besteht.

   Hinweis: Eine Gliederung des Eigenkapitals vor Ergebnisverwendung zeichnet sich dadurch aus, dass der Jahresüberschuss (-fehlbetrag) und der etwaige Gewinn- bzw. Verlustvortrag explizit in der Hauptspalte der Bilanz ausgewiesen werden.

b) Die Schmuckhandels AG hat ihre Bilanz damit unter Berücksichtigung der teilweisen Gewinnverwendung zu erstellen.

   Das Eigenkapital gliedert sich demnach wie folgt:

A.	Eigenkapital				
	I.	Gezeichnetes Kapital	100 Mio. GE		
		– eigene Anteile	0,1 Mio. GE		
		Ausgegebenes Kapital		Mio. GE	99,9
	II.	Kapitalrücklage		Mio. GE	2,0
	III.	Gewinnrücklagen:			
		1. gesetzliche Rücklage		Mio. GE	7,0
		2. satzungsmäßige Rücklage		Mio. GE	5,0
		3. andere Gewinnrücklagen		Mio. GE	56,0
	IV.	Bilanzgewinn (nach § 268 Abs. 1 HGB)		Mio. GE	8,1
		– darin enthalten: Verlustvortrag von 0,5 Mio. GE			

Dabei ist zu beachten, dass gemäß § 272 Abs. 1a HGB der Nennbetrag der erworbenen eigenen Anteile in der Vorspalte offen von dem Posten »Gezeichnetes Kapital« abzusetzen ist. Der verbleibende Betrag in der Hauptspalte kann dann als »ausgegebenes Kapital« bezeichnet werden. Ein Unterschiedsbetrag zwischen dem Nennbetrag und den Anschaffungskosten der eigenen Anteile ist mit den frei verfügbaren Rücklagen zu verrechnen. Zu den frei verfügbaren Rücklagen zählen die »anderen Gewinnrücklagen« sowie die »Kapitalrücklage« gemäß § 272 Abs. 2 Nr. 4 HGB. Somit erfolgt von dem gezeichneten Kapital eine offene Absetzung des Nennbetrags der erworbenen eigenen Anteile (0,1 Mio. GE). Die Differenz zu den Anschaffungskosten vermindert die anderen Gewinnrücklagen (1,9 Mio. GE).

Aufgabe 6.3: Erwerb und Veräußerung eigener Anteile

Die Inka Adventure AG gibt am 01.03.01 insgesamt 1 Mio. Aktien zum Nennwert von je 5 GE zu je 10 GE aus, die in voller Höhe eingezahlt werden. Am 01.09.01 kauft sie 90.000 Aktien zum Zweck der Ausgabe an die Belegschaft zu einem Preis von je 15 GE zurück. Dabei treten direkt mit dem Erwerb in Verbindung stehende Kosten i. H. v. 4.000 GE auf. Die Inka Adventure AG hatte bisher noch keine eigenen Anteile erworben. Da die Inka Adventure AG allerdings am 01.11.01 feststellt, dass sie für die Ausgabe an die Belegschaft nur 80.000 Aktien benötigt und der aktuelle Kurs der Aktie bei 20 GE liegt, veräußert sie 10.000 Aktien zu je 20 GE (direkt zuordenbare Kosten der Veräußerung 440 GE). Die Inka Adventure AG hat »andere Gewinnrücklagen« i. H. v. 2.000.000 GE.

a) Bilden Sie die Buchungssätze zu den Geschäftsvorfällen vom 01.03.01, 01.09.01 und 01.11.01 für den deutschen handelsrechtlichen Jahresabschluss der Inka Adventure AG.

b) Welche Möglichkeiten der Vorgehensweise ergeben sich im Rahmen eines IFRS-Abschlusses?

Lösung

a) Durch die Ausgabe von Aktien am 01.03.01 erhöht sich das Grundkapital der Inka Adventure AG um die Summe der Nennbeträge der ausgegebenen Aktien. Das gezeichnete Kapital nimmt somit um 5.000.000 GE zu. Weiterhin ist das Aufgeld nach § 272 Abs. 2 Nr. 1 HGB in die Kapitalrücklage einzustellen. Der der Kapitalrücklage zuzuführende Betrag errechnet sich wie folgt:

Ausgabebetrag je Aktie à 10 GE	GE	10
– Nennbetrag je Aktie	GE	5
= Aufgeld je Aktie à 5 GE	GE	5

In die Kapitalrücklage sind somit 1.000.000 × 5 GE = 5.000.000 GE einzustellen.

An liquiden Mitteln sind der Inka Adventure AG 10.000.000 GE zugeflossen.

Buchung am 01.03.01:

Liquide Mittel	GE	10.000.000	an	Gezeichnetes Kapital	GE	5.000.000
				Kapitalrücklage	GE	5.000.000

Die am 01.09.01 zurückerworbenen eigenen Anteile wurden zum Zwecke der Ausgabe an die Belegschaft der Inka Adventure AG erworben (Erwerb nach § 71 Abs. 1 Nr. 2 AktG zulässig). Allerdings ist dieser Erwerb nach § 71 Abs. 2 Satz 1 AktG mengenmäßig auf insgesamt maximal 10 % des Grundkapitals eingeschränkt. Durch den Erwerb von 90.000 Aktien besitzt die Inka Adventure AG 9 % des Grundkapitals. Weitere Bestände an eigenen Aktien bestehen nicht. Die Voraussetzung ist daher erfüllt. Außerdem ist der Erwerb gemäß § 71 Abs. 2 Satz 2 AktG nur zulässig, wenn die Gesellschaft im Zeitpunkt des Erwerbs (hypothetisch) eine Rücklage in Höhe der Aufwendungen für den Erwerb bilden könnte, ohne das Grundkapital oder eine nach Gesetz oder Satzung zu bildende Rücklage zu mindern, die nicht zur Zahlung an die Aktionäre verwandt werden darf. Die Ausgaben für den Erwerb betragen 1.350.000 GE (= 90.000 × 15 GE). Da andere Gewinnrücklagen in ausreichender Höhe vorhanden sind (2.000.000 GE), um (hypothetisch) eine Rücklage zu bilden, ist auch dieses Kriterium erfüllt. Somit steht dem Erwerb der eigenen Anteile nichts entgegen.

Der Nennbetrag der erworbenen eigenen Anteile ist gemäß § 272 Abs. 1a HGB in der Vorspalte der Bilanz offen von dem Posten »Gezeichnetes Kapital« abzusetzen. Ein Unterschiedsbetrag zwischen dem Nennbetrag und den Anschaffungskosten der eigenen Anteile ist mit den frei verfügbaren Rücklagen zu verrechnen. Zu den frei verfügbaren Rücklagen zählen die »anderen Gewinnrücklagen« sowie die »Kapitalrücklage« gemäß § 272 Abs. 2 Nr. 4 HGB. Aufwendungen, die Anschaffungsnebenkosten sind, sind als Aufwand des Geschäftsjahres zu erfassen. Da der Erwerb direkt zurechenbare Kosten i. H. v. 4.000 GE verursacht, ist in dieser Höhe ein Aufwand zu buchen.

Die erworbenen Anteile sind i. H. v. 90.000 × 5 GE = 450.000 GE vom gezeichneten Kapital abzusetzen. Die anderen Gewinnrücklagen sind um 90.000 × 10 GE = 900.000 GE zu vermindern. Insgesamt fließen vom Unternehmen liquide Mittel i. H. v. 1.350.000 GE (zuzüglich der Transaktionskosten von 4.000 GE) ab.

Buchungen am 01.09.01:

Gezeichnetes Kapital (eigene Anteile)	GE	450.000	an	Bank	GE	1.350.000
andere Gewinnrücklagen	GE	900.000				
sonstiger betrieblicher Aufwand	GE	4.000	an	Bank	GE	4.000

Zum 01.11.01 veräußert die Inka Adventure AG 10.000 der zuvor erworbenen eigenen Aktien zu einem Preis von je 20 GE. Gemäß § 272 Abs. 1b HGB ist die offene Absetzung des Nennbetrags der erworbenen eigenen Anteile rückgängig zu machen (10.000 × 5 GE = 50.000 GE). Zudem muss ein den Nennbetrag übersteigender Differenzbetrag aus dem Veräußerungserlös bis zur Höhe des mit den frei verfügbaren Rücklagen verrechneten Betrags in die jeweiligen Rücklagen eingestellt werden (10.000 × 10 GE = 100.000 GE). Ein darüber hinausgehender Differenzbetrag (20 GE – 15 GE = 5 GE) ist in die Kapitalrücklage gemäß § 272 Abs. 2 Nr. 1 HGB einzustellen (10.000 × 5 GE = 50.000 GE). Des Weiteren sind Nebenkosten der Veräußerung wieder als Aufwand zu erfassen.

Buchungen am 01.11.01:

Bank	GE	200.000	an	Gezeichnetes Kapital (eigene Anteile)	GE	50.000
				andere Gewinnrücklagen	GE	100.000
				Kapitalrücklage	GE	50.000
sonstiger betrieblicher Aufwand	GE	440	an	Bank	GE	440

b) Auch im Rahmen der Bilanzierung nach IFRS erhöht sich durch die Ausgabe der Aktien zum 01.03.01 das Grundkapital der Inka Adventure AG um die Summe der Nennbeträge der ausgegebenen Aktien. Das *share capital* nimmt um 5.000.000 GE zu. Das Aufgeld i. H. v. 5.000.000 GE ist in die *share premium* einzustellen.

Buchung am 01.03.01:

Cash	GE	10.000.000	an	*Share capital*	GE	5.000.000
				Share premium	GE	5.000.000

Für rückerworbene eigene Aktien (*treasury shares*) schreibt IAS 1.79a (vi) einen gesonderten Ausweis (entweder in der Bilanz, in der Eigenkapitalveränderungsrechnung oder in den *notes*) vor. IAS 32.33–.34 i. V. m. IAS 32.AG36 und IAS 32.BC32 regeln, dass *treasury shares* vom Eigenkapital abzusetzen und alle Gegenleistungen dafür direkt im Eigenkapital zu erfassen sind. Die Möglichkeit, ein *asset* anzusetzen, besteht nicht. Die IFRS enthalten indes keine Regelung darüber, in welcher Weise der Abzug der eigenen Anteile vom Eigenkapital darzustellen ist. Der Ausweis rückgekaufter Anteile wurde früher in SIC-16 geregelt; dieser wurde aber durch die aktuelle Fassung des IAS 32 außer Kraft gesetzt. Dennoch sind wohl wesentliche Inhalte des SIC-16 weiterhin als relevant zu betrachten. SIC-16 regelte drei Ausweismöglichkeiten: *cost method*, *par value method* und modifizierte *par value method*. Die unmittelbar bei der Eigenkapitalbeschaffung entstandenen Kosten senken den Emissionserlös. Gemäß IAS 32.37 sind bei Eigenkapitaltransaktionen entstandene Kosten nach Berücksichtigung abzugsfähiger Steuern (bleiben der Einfachheit halber hier außer Betracht) direkt gegen das Eigenkapital zu buchen. Dabei liegt es nahe, sie als Minderung des Aufgeldes zu interpretieren und dementsprechend die Kapitalrücklage zu belasten.

1. Anwendung der cost method

Bei Anwendung der Anschaffungskostenmethode (*cost method*) sind die Anschaffungskosten der erworbenen Anteile einziger Bewertungsmaßstab zur erstmaligen Erfassung. Bei der Bilanzierung werden die gesamten Anschaffungskosten der eigenen Anteile in einer Summe vom Eigenkapital abgezogen.

Buchungen am 01.09.01:

Equity (treasury shares)	GE	1.350.000	an	*Cash*	GE	1.350.000
Share premium	GE	4.000	an	*Cash*	GE	4.000

Bei Anwendung der *cost method* ist bei einer Veräußerung eigener Anteile der negative Korrekturposten im Eigenkapital in entsprechender Höhe aufzulösen (10.000 × 15 GE = 150.000 GE). Da der Veräußerungserlös (200.000 GE) den entsprechenden Betrag des Korrekturpostens (150.000 GE) übersteigt, ist eine Anpassung der Kapitalrücklage vorzunehmen (50.000 GE).

Buchungen am 01.11.01:

Cash	GE	200.000	an	*Equity (treasury shares)*	GE	150.000
				Share premium	GE	50.000
Share premium	GE	440	an	*Cash*	GE	440

2. Anwendung der par value method

Findet eine Bilanzierung nach der *par value method* statt, so muss das gezeichnete Kapital in Höhe des Nennwerts der erworbenen eigenen Anteile verringert werden (90.000 × 5 GE = 450.000 GE). Das Aufgeld, das bei der ursprünglichen Emission gezahlt wurde (Differenz zwischen Nennwert und ursprünglichem Ausgabekurs), wird offen von der Kapitalrücklage abgesetzt (90.000 × 5 GE = 450.000 GE). In Höhe des den ursprünglichen Ausgabekurs übersteigenden Kaufpreises ist der Unterschiedsbetrag (90.000 × 5 GE = 450.000 GE) mit den Gewinnrücklagen zu verrechnen.

Buchungen am 01.09.01:

Share capital (treasury shares)	GE	450.000	an	*Cash*	GE	1.350.000
Share premium (treasury shares)	GE	450.000				
Retained earnings (treasury shares)	GE	450.000				
Share premium	GE	4.000	an	*Cash*	GE	4.000

Die Behandlung der Veräußerung der eigenen Anteile erfolgt entsprechend einer erstmaligen Aktienausgabe.

Buchungen am 01.11.01:

Cash	GE	200.000	an	*Share capital*	GE	50.000
				Share premium	GE	150.000
Share premium	GE	440	an	*Cash*	GE	440

3. Anwendung der modifizierten par value method

Die dritte in SIC-16 geregelte Möglichkeit zur Bilanzierung eigener Anteile ist die modifizierte *par value method.* Hierbei können die Anschaffungskosten der eigenen Anteile nach dem Ermessen des Unternehmens den verschiedenen Eigenkapitalkategorien zugeordnet werden. Der Nennbetrag der Aktien ist aber zwingend vom gezeichneten Kapital abzusetzen. Allerdings erscheint aufgrund des großen Ermessensspielraums für die Unternehmen die Vereinbarkeit der Methodik mit dem Grundsatz der *faithful representation* fraglich. Daher wird die Methode hier nicht weiter betrachtet.

Aufgabe 6.4: Gewinnausschüttung

Die Nordmeer AG erwirtschaftete im Jahr 01 einen Jahresüberschuss von 30 Mio. GE. Ihr Grundkapital beträgt 200 Mio. GE. Der Jahresabschluss wird von Vorstand und Aufsichtsrat festgestellt. Die gesetzliche Rücklage beträgt 15 Mio. GE, die Kapitalrücklage 4 Mio. GE (davon fallen 3 Mio. GE unter § 272 Abs. 2 Nr. 4 HGB) und die anderen

Gewinnrücklagen betragen 20 Mio. GE. Aus dem Vorjahr besteht ein Verlustvortrag von 40 Mio. GE.

Welchen Betrag können Vorstand und Aufsichtsrat der Hauptversammlung maximal zur Ausschüttung vorschlagen? (Die steuerlichen Konsequenzen der Ausschüttung sind zu vernachlässigen.)

Lösung

§ 150 Abs. 2 AktG schreibt vor, dass 5 % des um einen Verlustvortrag geminderten Jahresüberschusses in die gesetzliche Rücklage einzustellen sind, bis die Summe aus gesetzlicher Rücklage und Kapitalrücklage 10 % des Grundkapitals beträgt.

Der Jahresüberschuss ist somit zunächst um den Verlustvortrag aus dem Vorjahr zu vermindern:

Jahresüberschuss 01	Mio. GE	30
– Verlustvortrag	Mio. GE	40
= verbleibender, nicht durch Jahresüberschuss gedeckter Verlustvortrag	Mio. GE	– 10

Obwohl die gesetzliche Rücklage und die Kapitalrücklage (ohne den Anteil, der unter § 272 Abs. 2 Nr. 4 HGB entfällt) zusammen mit 15 Mio. GE + 1 Mio. GE = 16 Mio. GE 10 % des Grundkapitals (0,1 × 200 Mio. GE = 20 Mio. GE) nicht erreichen, ist keine Zuführung zur gesetzlichen Rücklage vorzunehmen, da der Jahresüberschuss durch die Verrechnung des Verlustvortrages aufgezehrt wird.

Dieser Fehlbetrag von 10 Mio. GE kann nicht nach § 150 Abs. 3 Nr. 2 AktG durch Auflösung der gesetzlichen Rücklage egalisiert werden, da der verbleibende Verlustvortrag durch Auflösung anderer Gewinnrücklagen ausgeglichen werden kann. Deshalb sind zur Erzielung eines maximalen Ausschüttungsvolumens die anderen Gewinnrücklagen um 10 Mio. GE zu verringern. Des Weiteren darf über Beträge, die nicht unter die Kapitalrücklage nach § 272 Abs. 2 Nr. 1–3 HGB fallen, ohne Einschränkungen verfügt werden. Der maximale Ausschüttungsbetrag erhöht sich somit um 3 Mio. GE (alternativ wäre auch die Fortführung des Verlustvortrages i. H. v. 10 Mio. GE möglich).

andere Gewinnrücklagen	Mio. GE	20
– verbleibender Verlustvortrag	Mio. GE	10
= ausschüttungsfähige andere Gewinnrücklagen	Mio. GE	10
+ Kapitalrücklage i. S. v. § 272 Abs. 2 Nr. 4 HGB	Mio. GE	3
= maximal ausschüttungsfähiger Betrag	Mio. GE	13

Die verbleibenden anderen Gewinnrücklagen i. H. v. 10 Mio. GE sowie die Kapitalrücklage des § 272 Abs. 2 Nr. 4 HGB, in Summe 13 Mio. GE, können zur Ausschüttung vorgeschlagen werden.

Aufgabe 6.5: Bilanzierung von Aktienoptionsplänen

Die Leistungsmeier AG legt am 01.01.01 einen neuen Aktienoptionsplan für die obersten Führungsebenen auf. Der Plan hat eine Laufzeit von zehn Jahren. Die Laufzeit teilt sich in eine *vesting period* von vier Jahren, an deren Ende die Optionen unverfallbar werden und in der die Aktienoptionen nicht ausgeübt werden können, und einen Ausübungszeitraum von sechs Jahren auf. Die übrigen Planbedingungen stellen sich wie folgt dar:

Basispreis = 100 GE

Kurs der zugrunde liegenden Aktie am 01.01.01 = 100 GE

Die Begünstigten müssen über die gesamte *vesting period* Mitarbeiter der Leistungsmeier AG sein, um die Optionen in Anspruch nehmen zu können. Es existieren keine weiteren Ausübungsbedingungen.

Es werden insgesamt 50.000 Aktienoptionen vergeben. Die Aktien der Leistungsmeier AG haben einen Nennwert i. H. v. 1 GE. Die Aktienoptionen sollen durch eine Kapitalerhöhung bedient werden. Es werden aller Voraussicht nach in den nächsten vier Jahren keine Dividenden gezahlt.

Die Leistungsmeier AG ist ein an der Frankfurter Wertpapierbörse notiertes Mutterunternehmen und bilanziert nach IFRS. Einer neu eingestellten Mitarbeiterin im Rechnungswesen wird die Aufgabe übertragen, den Aktienoptionsplan bilanziell abzubilden. Ihr stehen dazu folgende weitere Informationen zur Verfügung:

Die Personalabteilung hat eine Statistik angefertigt, die besagt, dass die Personalfluktuation in den betroffenen Führungsebenen erfahrungsgemäß 5 % p. a. beträgt. Es wurde darüber hinaus herausgefunden, dass die durchschnittliche Laufzeit einer Aktienoption bisher 80 % der Gesamtlaufzeit betragen hat. Jeder Begünstigte erhält die gleiche Menge an Aktienoptionen.

Aus der Finanzabteilung weiß man, dass Bundesanleihen, die als risikolos gelten, folgende Effektivverzinsung aufweisen:

Laufzeit 5 Jahre = 4 %

Laufzeit 8 Jahre = 4,5 %

Laufzeit 10 Jahre = 5 %

Die Aktie der Leistungsmeier AG weist eine historische Volatilität von 0,2 auf. Es wird allgemein erwartet, dass dieser Wert auch in den nächsten Jahren eintreten wird. Außerdem wurde eine Formel zur Verfügung gestellt, mit der sich Optionswerte berechnen lassen:

$$VSO_t = K \times N(d_1) - B \times e^{-r_f \times RLZ} \times N(d_2)$$

$$d_1 = \frac{\ln\frac{K}{B} + (r_f + 0,5 \times \sigma^2) \times RLZ}{\sigma\sqrt{RLZ}} \qquad d_2 = \frac{\ln\frac{K}{B} + (r_f - 0,5 \times \sigma^2) \times RLZ}{\sigma\sqrt{RLZ}}$$

$$d_2 = d_1 - \sigma\sqrt{RLZ}$$

mit:

K: Kurs der Aktie der Leistungsmeier AG

VSO_t: Wert der Aktienoption zum Zeitpunkt t

B: Basispreis

r_f: risikoloser Zinssatz

e: Euler'sche Zahl = 2,718281828

$N(d_i)$: Fläche unter der Kurve der Standardnormalverteilung

σ: erwartete jährliche Volatilität der Aktie der Leistungsmeier AG

RLZ: Restlaufzeit der Option in Jahren

Der Kurs der Aktie der Leistungsmeier AG weist folgende Entwicklung auf:

in GE	*service period*				Ausübungszeitraum					
Bilanzstichtag	01	02	03	04	05	06	07	08	09	10
Aktienkurs zum Bilanzstichtag	105	110	103	118	125	129	122	132	135	128

a) Wie ist der Aktienoptionsplan in den Perioden 01–04 in Bilanz und GuV zu berücksichtigen?

b) Wie ist der Aktienoptionsplan in den Perioden 01–04 in Bilanz und GuV zu berücksichtigen, wenn die tatsächliche Fluktuation in der Periode 01 5 %, in Periode 02 10 %, in Periode 03 2 % und in Periode 04 1 % beträgt?

c) Wie ist eine Ausübungsbedingung in Form von Leistungszielen, die in die Planbedingungen eingebaut ist, zu berücksichtigen?

Lösung

a) Die Leistungsmeier AG muss die Aktienoptionen nach IFRS 2 bilanzieren, der eine *fair value*-Bewertung der Aktienoptionen vorschreibt.

Die Bewertung der Aktienoptionen hat am *grant date* anhand von finanztheoretischen Bewertungsmodellen wie dem Modell von Black/Scholes oder dem Binomialmodell zu erfolgen. Demnach sind die Parameter, die den Wert einer Aktienoption determinieren (IFRS 2.17, .B6):

- der Ausübungspreis der Option,
- die Laufzeit der Option,
- der Marktpreis des zugrunde liegenden Wertpapiers (Aktie) am *grant date*,
- die erwartete Volatilität des zugrunde liegenden Wertpapiers,
- die erwarteten Dividendenzahlungen und
- der laufzeitadäquate risikolose Zinssatz.

Von den benötigten Parametern stehen der Ausübungspreis der Aktienoption und der Marktpreis der Aktie der Leistungsmeier AG bereits fest. Da das Modell von Black/Scholes nur solche Optionen bepreisen kann, die erst am Ende ihrer Laufzeit ausgeübt werden können (sog. »europäische Optionen«), muss dies durch eine Schätzung der Haltedauer bis zur Ausübung der Option berücksichtigt werden (IFRS 2.B17). Dabei sind die durchschnittlichen Laufzeiten vorangegangener Aktienoptionspläne zu Hilfe zu nehmen. In diesem Fall beträgt diese 80 % von zehn Jahren, also acht Jahre. Neben der Haltedauer ist zudem die erwartete Volatilität des Basispapiers der Aktienoption zu schätzen. Die historischen Werte für die Volatilität der zugrunde gelegten Aktie sind hierfür heranzuziehen (IFRS 2.B22 ff.), es wird also die ermittelte Volatilität von 0,2 benutzt. Die Leistungsmeier AG wird aller Voraussicht nach keine Dividenden zahlen, also müssen diese auch nicht in der Optionsbewertung berücksichtigt werden. Der in diesem Fall zu verwendende risikolose Zinssatz ist der Effektivzins der aufgeführten Bundesanleihen mit einer Laufzeit von acht Jahren, da diese der erwarteten Optionslaufzeit entspricht (IFRS 2.B37). Der Gesamtwert der zugesagten Optionen und damit der gesamte Personalaufwand ergibt sich aus der Multiplikation des Optionswertes mit der Anzahl der Optionen. Das Unternehmen muss die Zahl der tatsächlich zu bedienenden Optionen am *grant date* schätzen und diesen Wert zur Ermittlung des Personalaufwands benutzen. An jedem folgenden Bilanzstichtag während der *vesting period* ist dann zu schätzen, wie viele Begünstigte die Ausübungsbedingungen voraussichtlich nicht erfüllen, und der Personalaufwand nachträglich anzupassen. Eine Anpassung an die tatsächliche Anzahl zu bedienender Optionen erfolgt dann bei tatsächlichem Verfall am Ende der *vesting period* (IFRS 2.19 f.). Hier wird als Schätzwert für die tatsächlich übergehenden Aktienoptionen der Wert verwendet, der sich ergibt, indem die Anzahl der gewährten Aktienoptionen mit der Personalfluktuation der begünstigten Führungsebenen über die *vesting period* multipliziert wird.

Der so ermittelte Personalaufwand ist dann proportional über die Zeit, in der die entlohnten Arbeitsleistungen erbracht werden (*service period*), zu verteilen, die in den meisten Fällen mit der *vesting period* identisch sein dürfte.

In die Black/Scholes-Formel eingesetzt, ergibt sich folgender Wert einer Aktienoption:

$$VSO = 100 \times 0,82101469 - 100 \times e^{(-0,045 \times 8)} \times 0,63816313 = 37{,}58$$

$d_1 = 0{,}91923882$ $d_2 = 0{,}35355339$

Anzahl begebener Optionen = 50.000

Fluktuation p. a. = 5 %

service period = *vesting period* = 4 Jahre

Da jedem Begünstigten gleich viele Aktienoptionen gewährt werden, drückt die Fluktuation der betroffenen Mitarbeiter direkt auch die Anzahl der verfallenen Aktienoptionen aus. Die erwartungsgemäß auf die begünstigten Mitarbeiter übergehenden Aktienoptionen errechnen sich wie folgt:

$$50.000 \times 0,95^4 = 40.725{,}3125 \approx 40.725$$

Die so ermittelte Anzahl der erwartungsgemäß übergehenden Aktienoptionen wird mit dem Wert einer Aktienoption multipliziert. Man erhält den gesamten, aus dem Aktienoptionsplan resultierenden Personalaufwand:

$$37{,}58 \text{ GE} \times 40.725 \approx 1.530.446 \text{ GE}$$

Die *service period* beträgt vier Jahre, der zuvor errechnete Gesamtaufwand wird ratierlich über diesen Zeitraum verteilt:

$$1.530.446 \div 4 \approx 382.612 \text{ GE}$$

In den Perioden 01–04 wird der Aktienoptionsplan wie folgt verbucht:

Personalaufwand	an	Kapitalrücklage	GE	382.612

Damit ergeben sich folgende Auswirkungen auf die relevanten Posten in Bilanz und GuV (beachte rundungsbedingte Differenzen):

in GE	*service period*			
Periode	1	2	3	4
Bilanzstichtag	31.12.01	31.12.02	31.12.03	31.12.04
% der *service period* abgelaufen	25 %	50 %	75 %	100 %
Personalaufwand	382.612	382.612	382.612	382.612
Δ Kapitalrücklage (kumuliert)	382.612	765.224	1.147.836	1.530.448

b) Weicht die Anzahl der tatsächlich verfallenen Aktienoptionen von der erwarteten Anzahl ab, so sind dementsprechend Korrekturen bei der Einstellung in die Kapitalrücklage vorzunehmen. In diesem Fall kann es dann zu zusätzlichem Personalaufwand oder sonstigen betrieblichen Erträgen kommen. Wäre der gesamte auf die Perioden zu verteilende Personalaufwand, der auf den Aktienoptionsplan zurückzuführen ist, anhand aller begebenen Aktienoptionen berechnet worden, würde sich dies entsprechend nachfolgender Berechnung in Bilanz und GuV widerspiegeln.

Allgemein errechnet sich der Personalaufwand pro Periode durch:

$$\text{Personalaufwand pro Periode} = SO\prod_{i=1}^{n} FR_i \times VSO \times SP_i - \sum_{i=1}^{n-1} PA_i$$

mit:

SO: Gesamtmenge gewährter Aktienoptionen

FR_i: Fluktuationsrate der Periode i

VSO: Wert einer Aktienoption

SP_i: Anteil der in Periode i abgelaufenen *service period*

PA_i: bereits verrechneter Personalaufwand der Periode i

Personalaufwand Periode 01:

$$50.000 \times 0,95 \times 37,58 \times 0,25 - 0 = 446.263 \text{ GE}$$

Personalaufwand Periode 02:

$$50.000 \times 0,95 \times 0,90 \times 37,58 \times 0,50 - 446.263 = 357.010 \text{ GE}$$

Personalaufwand Periode 03:

$$50.000 \times 0,95 \times 0,90 \times 0,98 \times 37,58 \times 0,75 - 803.273 = 377.538 \text{ GE}$$

Personalaufwand Periode 04:

$$50.000 \times 0,95 \times 0,90 \times 0,98 \times 0,99 \times 37,58 \times 1,00 - 1.180.811 = 377.859 \text{ GE}$$

Damit ergeben sich folgende Auswirkungen auf die relevanten Posten in Bilanz und GuV (beachte rundungsbedingte Differenzen):

in GE	*service period*			
Periode	1	2	3	4
Bilanzstichtag	31.12.01	31.12.02	31.12.03	31.12.04
% der *service period* abgelaufen	25 %	50 %	75 %	100 %
Personalaufwand	446.263	357.010	377.538	377.859
Δ Kapitalrücklage (kumuliert)	446.263	803.273	1.180.811	1.558.670

c) Neben einer Ausübungsbedingung in Form einer Dienstbedingung (*service condition*), welche voraussetzt, dass eine bestimmte Dienstzeit abgeleistet wird (vgl. Teilaufgaben a) und b)), können zudem Leistungsbedingungen (*performance conditions*), wie z. B. das Erreichen eines bestimmten Umsatzvolumens, bestehen. Leistungsbedingungen verlangen zum einen die Ableistung einer bestimmten Dienstzeit, beinhalten somit immer eine Dienstbedingung, und zum anderen die Erfüllung bestimmter Erfolgsziele. Leistungsbedingungen können darüber hinaus auch eine Marktbedingung (*market condition*), z. B. das Erreichen eines festgelegten Aktienkurses, beinhalten (IFRS 2 Appendix A). In der vorliegenden Aufgabe soll die Behandlung eines Leistungsziels betrachtet werden.

Handelt es sich dabei um eine *market condition*, wie z. B. das Erreichen eines bestimmten Aktienkurses, so ist diese in das Bewertungsmodell einzubeziehen. Im Vergleich zu einer normalen Option wird hierdurch der Optionswert verringert. Dadurch wird z. B. auch die Möglichkeit des Verfalls der Aktienoption mangels Zielerreichung im ermittelten Wert der Option berücksichtigt. Die Bewertung ist endgültig; es erfolgt daher keine spätere Anpassung des verbuchten Personalaufwands mehr, für den Fall, dass die Verfehlung einer *market condition* zum Verfall der Aktienoption führt (IFRS 2.21).

Nicht marktbezogene Leistungsbedingungen können z. B. Vereinbarungen über Umsatz- oder Gewinnsteigerungen sein. Diese gehen nicht in die Berechnung des Wertes der Optionen ein. Am *grant date* ist deshalb die Anzahl der Aktienoptionen, die voraussichtlich aufgrund dieser Bedingungen verfallen werden, zu schätzen und die Berechnung des Personalaufwands dementsprechend anzupassen. Diese Schätzung muss zu jedem Bilanzstichtag erneut vorgenommen und die Höhe des Personalaufwands angepasst werden, bis die Anzahl der tatsächlich an die Begünstigten übergegangenen *stock options* am *vesting date* feststeht. Der bisher verbuchte Personalaufwand ist dementsprechend GuV-wirksam zu korrigieren. Das bedeutet, dass bei weniger tatsächlich übergegangenen Optionen ein Ertrag zu zeigen bzw. bei mehr übergegangenen Optionen ein zusätzlicher Aufwand zu erfassen ist (IFRS 2.IG12). Auf diese Weise wird erreicht, dass nur für tatsächlich übergegangene Aktienoptionen Personalaufwand verbucht wird (IFRS 2.19).

7. Kapitel: Bilanzierung des Fremdkapitals

Aufgabe 7.1: Verbindlichkeiten

Unter welchen Posten (gemäß § 266 HGB) und mit welchem Betrag sind folgende Verbindlichkeiten der Max Dette AG in der Handelsbilanz (HGB) bzw. in der Steuerbilanz zum 31.12.01 anzusetzen? Bitte machen Sie die entsprechenden Angaben auch für den Fall, dass die Max Dette AG ihren Jahresabschluss auf Basis der IFRS erstellen würde.

Stellen Sie mit den in Bilanz und Anhang zu machenden Angaben zu den Verbindlichkeitsposten eine tabellarische Übersicht (Verbindlichkeitenspiegel) nach HGB auf.

a) Verbindlichkeiten vom 25.12.01 aus Wareneinkauf i. H. v. 23.800 GE inkl. Umsatzsteuer, zahlbar bis 25.01.02 ohne Abzug oder innerhalb von 14 Tagen unter Abzug von 2 % Skonto.

b) 150.000 GE Darlehen der Kreditbank, Laufzeit 15 Jahre, jährlicher Zins 7 %, Auszahlung am 31.12.01, abzüglich 4 % Disagio, davon 100.000 GE durch Grundpfandrechte gesichert.

c) Von einem Kunden wurde aufgrund einer gesetzlichen Garantieverpflichtung Ware zurückgenommen. Er erhielt dafür eine in 02 einlösbare Gutschrift über 5.000 GE.

d) In der Schweiz wurde eine 8 %-Anleihe über 10.000.000 Schweizer Franken (CHF) aufgelegt, Restlaufzeit drei Jahre, Gesamtlaufzeit 15 Jahre. Der Kurs bei der Anleihenausgabe betrug: 100 CHF = 100 GE, der Kurs am Bilanzstichtag: 100 CHF = 105 GE.

e) Kurzfristiger Überziehungskredit bei der ABS-Bank i. H. v. 1.000.000 Britischen Pfund (GBP), Kurs am Tag der Kreditaufnahme: 1 GBP = 6 GE, Kurs am Bilanzstichtag: 1 GBP = 4,80 GE.

f) Ein Kunde leistete eine Anzahlung auf eine von ihm bestellte und im Jahr 02 zu liefernde Ware i. H. v. 50.000 GE.

g) Die Y-GmbH, an der die Max Dette AG zu 80 % beteiligt ist, stundete zum 31.12.00 der Max Dette AG Lieferverbindlichkeiten i. H. v. 200.000 GE zinslos auf drei Jahre. Der fristadäquate Marktzins für ähnliche Transaktionen beträgt 7 %.

h) Zur Begleichung einer Verbindlichkeit aus Lieferungen und Leistungen wurde ein Wechsel i. H. v. 200.000 GE akzeptiert (fällig in 04).

i) Bei einem Aktionär wurde ein zinsloses Schuldscheindarlehen i. H. v. 10.000 GE mit einer Gesamtlaufzeit von sechs Jahren, Restlaufzeit vier Jahre, aufgenommen und durch Sicherungsübereignung eines Pkw besichert. Adäquater Zinssatz: 7 %.

j) Am 02.01.01 wird eine Zero-Bond-Anleihe mit einer Laufzeit von zehn Jahren aufgelegt. Ausgabebetrag 10.000.000 GE, Effektivverzinsung 7 %, Einlösebetrag am Ende der Laufzeit 19.671.514 GE.

Lösung

a) Posten C. 4. »Verbindlichkeiten aus Lieferungen und Leistungen« 23.324 GE bzw. 23.800 GE in Handels- und Steuerbilanz (Bilanzierung zum Erfüllungsbetrag). Die Höhe der Verbindlichkeit ist von der bilanziellen Behandlung des Skontos abhängig. Soll unter Skontoabzug (innerhalb von 14 Tagen) gezahlt werden, kann die Verbindlichkeit bereits mit dem Nettobetrag (Rechnungsbetrag abzüglich 2 % Skonto) eingebucht werden (23.324 GE). Ist eine Inanspruchnahme des Skontos nicht beabsichtigt, ist die Verbindlichkeit zum Rechnungsbetrag (23.800 GE) zu bewerten. Der Ansatz in der Steuerbilanz unterscheidet sich nicht von der bilanziellen Behandlung nach HGB. In der Bilanz ist gemäß § 268 Abs. 5 Satz 1 HGB aufgrund der Restlaufzeit von weniger als zwölf Monaten ein gesonderter Ausweis vorgeschrieben.

   Nach IFRS handelt es sich hier um eine kurzfristige finanzielle Verbindlichkeit (*current financial liability*), die der Kategorie »*at amortised cost*« zugeordnet wird (IFRS 9.4.2.1) und beim Erstansatz zum *fair value* zu bewerten ist, was dem erhaltenen Gegenwert der Verbindlichkeit entspricht (23.800 GE) (IFRS 9.5.1.1). Eine Abzinsung ist aufgrund der Kurzfristigkeit der Verbindlichkeit nicht notwendig, d. h., nach IFRS ist ein Wertansatz von 23.800 GE zu wählen. Der Ausweis erfolgt gemäß IAS 1.54 unter den *trade payables* (Verbindlichkeiten aus Lieferungen und Leistungen). Alternativ kann die Verbindlichkeit unter gewissen Voraussetzungen bereits beim erstmaligen Ansatz freiwillig der Kategorie »*fair value through profit or loss*« (*fair value option*) zugeordnet werden (IFRS 9.4.2.2). Bei der Ausübung dieser Option sind gemäß IFRS 9.5.7.7 Änderungen des *fair value* der Verbindlichkeit aufgrund von Änderungen des Kreditrisikos (bezogen auf den die Schuld bilanzierenden Schuldner) gesondert im sonstigen Ergebnis (*other comprehensive income*) zu erfassen.

b) Posten C. 2. »Verbindlichkeiten gegenüber Kreditinstituten« 150.000 GE. In der Handels- und in der Steuerbilanz werden Verbindlichkeiten zum Erfüllungsbetrag angesetzt, das Disagio (4 % von 150.000 GE = 6.000 GE) kann im Jahr der Begründung der Verbindlichkeit in der Handelsbilanz unter den Rechnungsabgrenzungsposten aktiviert und über die Laufzeit abgeschrieben werden (§ 250 Abs. 3 HGB). Alternativ kann es auch im Jahr der Entstehung der Verbindlichkeit komplett als Aufwand erfasst werden. In der Steuerbilanz besteht für das Disagio nach § 5 Abs. 5 Satz 1 Nr. 1 EStG eine Aktivierungspflicht (Abschreibung ebenfalls über die Laufzeit). Kapitalgesellschaften haben das Disagio (falls es unter den Rechnungsabgrenzungsposten aktiviert wurde) entweder gesondert in der Bilanz auszuweisen oder im Anhang anzugeben (§ 268 Abs. 6 HGB). Da die Restlaufzeit der Verbindlichkeit mehr als ein Jahr beträgt, ist nach § 268 Abs. 5 Satz 1 HGB ein gesonderter Ausweis vorgeschrieben. Zudem ist eine gesonderte Angabe im Anhang erforderlich, da die Restlaufzeit der Verbindlichkeit mehr als fünf Jahre beträgt (§ 285 Nr. 1 Bst. a und Nr. 2 HGB). Der gesicherte Betrag sowie Art und Form der Sicherheit sind ebenfalls im Anhang anzugeben (§ 285 Nr. 1 Bst. b HGB).

Nach IFRS ist hier eine langfristige finanzielle Verbindlichkeit (*non-current financial liability*) auszuweisen (IAS 1.54). Die Verbindlichkeit ist gemäß IFRS 9.5.1.1 beim Erstansatz mit dem *fair value* i. H. v. 144.000 GE anzusetzen. Dieser Wert entspricht dem in Geld erhaltenen Wert (Rückzahlungsbetrag abzüglich Disagio), also dem Gegenwert der erhaltenen Leistung. In den Folgejahren ist dieser Betrag grundsätzlich GuV-wirksam per Effektivzinsmethode sukzessive auf den Rückzahlungsbetrag (150.000 GE) aufzuzinsen (IFRS 9.5.3.1 i. V. m. .4.2.1). Alternativ kann ggf. gemäß IFRS 9.4.2.2 bereits beim erstmaligen Ansatz freiwillig eine Klassifizierung entsprechend der *fair value option* vorgenommen werden (vgl. Teilaufgabe a)).

c) Posten C. 8. »Sonstige Verbindlichkeiten« 5.000 GE in Handels- und Steuerbilanz. Eine Bilanzierung unter C. 4. »Verbindlichkeiten aus Lieferungen und Leistungen« kommt nicht in Betracht, da keine Bestellung vorliegt. Die Restlaufzeit dieser Verbindlichkeit ist kleiner als ein Jahr, demnach ist eine gesonderte Angabe in der Bilanz erforderlich (§ 268 Abs. 5 Satz 1 HGB).

   Es handelt sich hier nach IFRS um eine kurzfristige sonstige Verbindlichkeit (*current other liability*), da die Abgrenzungskriterien für finanzielle Verbindlichkeiten (IAS 32.11) nicht erfüllt sind. Sonstige Verbindlichkeiten sind bei erstmaliger Erfassung zum Rückzahlungsbetrag i. H. v. 5.000 GE, d. h. zum Wert des voraussichtlichen Ressourcenabflusses, zu bewerten.

d) Posten C. 1. »Anleihen« 10.500.000 GE in Handels- und Steuerbilanz. Nach § 256a Satz 1 HGB sind Fremdwährungsverbindlichkeiten zum Devisenkassamittelkurs am Abschlussstichtag umzurechnen. Da die Restlaufzeit mehr als ein Jahr beträgt, ist dabei die vorsichtige Bewertung zu beachten (§ 256a Satz 2 HGB). Daher ist die zwischenzeitliche Kurssteigerung nach dem Imparitätsprinzip in der Handelsbilanz zu berücksichtigen (Höchstwertprinzip). Die Restlaufzeit und der Betrag der Verbindlichkeit sind gesondert in der Bilanz anzugeben (§ 268 Abs. 5 Satz 1 HGB). In der Steuerbilanz darf die Kurssteigerung berücksichtigt werden, aber nur insoweit, wie von einer voraussichtlich dauerhaften Kurssteigerung ausgegangen werden kann (§ 6 Abs. 1 Nr. 3 i. V. m. Nr. 2 EStG).

   Monetäre Fremdwährungsposten werden nach IAS 21.23a in den auf die Anschaffung folgenden Jahren GuV-wirksam zum Stichtagskurs (*closing rate*) am Bilanzstichtag umgerechnet. Die Anleihe ist demnach mit 10.500.000 GE unter den *non-current financial liabilities* anzusetzen.

e) Posten C. 2. »Verbindlichkeiten gegenüber Kreditinstituten« 4.800.000 GE in der Handelsbilanz. Kurzfristige Valutaverbindlichkeiten mit einer Restlaufzeit von bis zu einem Jahr müssen immer mit dem Devisenkassamittelkurs am Bilanzstichtag – ohne Beachtung des Realisations- und Imparitätsprinzips sowie des Anschaffungskostenprinzips – umgerechnet werden (§ 256a Satz 2 HGB). Ein solches Vorgehen ist allerdings in der Steuerbilanz nicht zulässig (§ 6 Abs. 1 Nr. 3 i. V. m. Nr. 2 EStG), hier ist die Verbindlichkeit i. H. v. 6.000.000 GE anzusetzen. Da die Restlaufzeit kleiner als ein Jahr ist, ist ein gesonderter Ausweis in der Bilanz erforderlich (§ 268 Abs. 5 Satz 1 HGB).

Dieser monetäre Fremdwährungsposten ist auch nach IFRS zum Stichtagskurs (IAS 21.23a) zu bewerten, d. h. mit 4.800.000 GE (vgl. Teilaufgabe d)). Der Ausweis erfolgt unter den *current financial liabilities*.

f) Posten C. 3. »Erhaltene Anzahlungen auf Bestellungen« 50.000 GE in Handels- und Steuerbilanz, da offensichtlich bereits ein Kaufvertrag besteht. Da die erhaltene Anzahlung zunächst nur eine Lieferverpflichtung und keine unmittelbare Zahlungsverpflichtung begründet, ist nach herrschender Meinung keine Angabe der Restlaufzeit in der Bilanz erforderlich. Alternativ können erhaltene Anzahlungen auf Bestellungen nach § 268 Abs. 5 Satz 2 HGB offen von dem Posten »Vorräte« (§ 266 Abs. 2 B. I. HGB) abgesetzt werden.

   Nach IFRS handelt es sich um eine Vertragsverbindlichkeit (*contract liability*), da ein Kaufvertrag besteht und der Kunde bereits den Transaktionspreis bezahlt hat, das Unternehmen seine Leistungen jedoch noch nicht erbracht hat (IFRS 15.105 f.). Die Vertragsverbindlichkeit ist i. H. v. 50.000 GE (Wert des voraussichtlichen Ressourcenabflusses) anzusetzen.

g) Posten C. 6. »Verbindlichkeiten gegenüber verbundenen Unternehmen« (Konzernvermutung, da Mehrheitsbeteiligung) 200.000 GE in der Handelsbilanz (Erfüllungsbetrag). Eine Abzinsung darf hier nicht erfolgen (Realisationsprinzip). In der Bilanz ist gemäß § 268 Abs. 5 Satz 1 HGB aufgrund der Restlaufzeit von mehr als einem Jahr ein gesonderter Ausweis vorgeschrieben. Der Ansatz in der Steuerbilanz unterscheidet sich nicht von der bilanziellen Behandlung nach HGB.

   Die Bewertung von *financial liabilities* hat nach IFRS grundsätzlich zu fortgeführten Anschaffungskosten unter Anwendung der Effektivzinsmethode zu erfolgen. Somit ist im obigen Sachverhalt auch nach IFRS der Barwert der Zahlungsströme anzusetzen (IFRS 9.5.3.1 i. V. m. .4.2.1). Als Abzinsungsfaktor für die unter den *non-current financial liabilities* auszuweisende Verbindlichkeit ist hier der effektive bzw. interne Zinssatz zu verwenden (vgl. hierzu IFRS 9.Appendix A), der im Fall der zinslos über drei Jahre gestundeten Lieferantenverbindlichkeit dem fristadäquaten Marktzinssatz ähnlicher Transaktionen entspricht. Demnach ergibt sich ein Wertansatz von 174.687,75 GE $\left(= \frac{200.000\ \text{GE}}{1{,}07^2}\right)$. Der Zinsaufwand ist jährlich zuzuschreiben. Alternativ kann ggf. gemäß IFRS 9.4.2.2 bereits beim erstmaligen Ansatz freiwillig eine Klassifizierung entsprechend der *fair value option* vorgenommen werden (vgl. Teilaufgabe a)).

h) Posten C. 5. »Verbindlichkeiten aus der Annahme gezogener Wechsel und der Ausstellung eigener Wechsel« 200.000 GE in Handels- und Steuerbilanz. Der Ausweis unter C. 5. geht dem Ausweis unter C. 4. »Verbindlichkeiten aus Lieferungen und

Leistungen« vor. Die Restlaufzeit ist größer als ein Jahr, demnach ist eine gesonderte Angabe in der Bilanz erforderlich (§ 268 Abs. 5 Satz 1 HGB).

Es handelt sich nach IFRS um eine *current financial liability*. Der Erstansatz hat zum *fair value* von 200.000 GE zu erfolgen (IFRS 9.5.1.1), danach ist die Schuld gemäß IFRS 9.5.3.1 i. V. m. .4.2.1 zu fortgeführten Anschaffungskosten zu bewerten. Alternativ kann ggf. gemäß IFRS 9.4.2.2 bereits beim erstmaligen Ansatz freiwillig eine Klassifizierung entsprechend der *fair value option* vorgenommen werden (vgl. Teilaufgabe a)).

i) Posten C. 8. »Sonstige Verbindlichkeiten« 10.000 GE in der Handelsbilanz (Erfüllungsbetrag). Eine Abzinsung darf hier nicht erfolgen (Realisationsprinzip). Der Ansatz in der Steuerbilanz unterscheidet sich nicht von der bilanziellen Behandlung nach HGB. Die Restlaufzeit sowie der Betrag sind in der Bilanz (§ 268 Abs. 5 Satz 1 HGB), der gesicherte Betrag sowie Art und Form der Sicherheit sind im Anhang (§ 285 Nr. 1 Bst. b HGB) anzugeben.

   Analog zum Vorgehen in Teilaufgabe g) erfolgt nach IFRS unter Verwendung des internen bzw. effektiven Zinssatzes in Form des adäquaten Marktzinssatzes (7 %) ein Wertansatz von 7.628,95 GE $\left(= \frac{10.000 \text{ GE}}{1{,}07^4}\right)$ für die unter den *non-current financial liabilities* auszuweisende Verbindlichkeit. Alternativ kann ggf. gemäß IFRS 9.4.2.2 bereits beim erstmaligen Ansatz freiwillig eine Klassifizierung entsprechend der *fair value option* vorgenommen werden (vgl. Teilaufgabe a)).

j) Posten C. 1. »Anleihen« 10.700.000 GE in Handels- und Steuerbilanz. Nach § 253 Abs. 1 Satz 2 HGB müssen Verbindlichkeiten handelsrechtlich zum Erfüllungsbetrag bilanziert werden. Nach herrschender Meinung wird bei Zero-Bond-Anleihen der Ausgabebetrag und nicht der Rücknahmebetrag als Erfüllungsbetrag angesehen, da die Schuld zu Beginn der Laufzeit geringer ist und sich erst durch die jährlich anfallenden Zinsen erhöht. Die Schuld zum 31.12.01 beträgt demnach 10.000.000 GE Ausgabebetrag zuzüglich 700.000 GE Zinsen für das Jahr 01. Die Bilanzierung in der Steuerbilanz entspricht der handelsrechtlichen Vorgehensweise. Die Anleihe ist folglich in der Handels- und Steuerbilanz mit 10.700.000 GE anzusetzen. Da die Restlaufzeit dieser Anleihe fünf Jahre übersteigt, ist eine gesonderte Angabe im Anhang erforderlich (§ 285 Nr. 1 Bst. a und Nr. 2 HGB). Zudem sind die Restlaufzeit und der Betrag der Verbindlichkeit in der Bilanz gesondert anzugeben (§ 264 Abs. 5 Satz 1 HGB).

   Nach IFRS erfolgt der Ansatz der *non-current financial liability* mit dem Gegenwert der erhaltenen Leistung (IFRS 9.5.1.1). In den Folgejahren ist dieser Betrag per Effektivzinsmethode (IFRS 9.5.3.1 i. V. m. .4.2.1) sukzessive auf den Rückzahlungsbetrag aufzuzinsen, der Wertansatz erfolgt demnach zu 10.700.000 GE. Alternativ kann ggf. gemäß IFRS 9.4.2.2 bereits beim erstmaligen Ansatz freiwillig eine Klassifizierung entsprechend der *fair value option* vorgenommen werden (vgl. Teilaufgabe a)).

Handelsrechtlicher Verbindlichkeitenspiegel (HGB) in GE						
Art der Verbindlichkeit	Gesamtbetrag	bis zu 1 Jahr	Restlaufzeit 1–5 Jahre	über 5 Jahre	gesicherte Beträge	Art der Sicherheit
1. Anleihen	21.200.000	–	10.500.000	10.700.000	–	–
2. Verbindlichkeiten gegenüber Kreditinstituten	4.950.000	4.800.000	–	150.000	100.000	Grundpfandrecht
3. erhaltene Anzahlungen auf Bestellungen	50.000	50.000	–	–	–	–
4. Verbindlichkeiten aus Lieferungen und Leistungen	23.800 (23.324)[1]	23.800 (23.324)[1]	–	–	–	–
5. Verbindlichkeiten aus der Annahme gezogener und der Ausstellung eigener Wechsel	200.000	–	200.000	–	–	–
6. Verbindlichkeiten gegenüber verbundenen Unternehmen	200.000	–	200.000	–	–	–
8. sonstige Verbindlichkeiten	15.000	5.000	10.000	–	10.000	Sicherungsübereignung

[1] Dieser Wert ergibt sich bei voraussichtlicher Inanspruchnahme des Skontos aus Teilaufgabe a).

Aufgabe 7.2: Effektivzinsmethode nach IFRS

Die Debtor AG nimmt am 31.12.01 ein Darlehen i. H. v. 500.000 GE mit fünfjähriger Laufzeit auf. Die Nominalverzinsung beträgt 5 %, das Darlehen wird mit einem Disagio von 4 % ausbezahlt. Zinszahlungen fallen jeweils zum 31.12. an, die Tilgung findet am Ende der Laufzeit statt. Etwaige steuerliche Effekte sind zu vernachlässigen und von einer ggf. möglichen *fair value option* nach IFRS 9.4.2.2 soll kein Gebrauch gemacht werden.

Wie erfolgt der Wertansatz (BW_t) der Verbindlichkeit nach IFRS in den einzelnen Jahren?

Lösung

Nach IFRS handelt es sich hier um eine langfristige finanzielle Verbindlichkeit (*non-current financial liability*), die beim erstmaligen Ansatz zum *fair value* zu bewerten ist, was hier dem in Geld erhaltenen Wert entspricht (Nennwert abzüglich Disagio = 480.000 GE) (IFRS 9.5.1.1). Gemäß IFRS 9.5.3.1 i. V. m. .4.2.1 werden finanzielle Verbindlichkeiten im Rahmen der Folgebewertung grundsätzlich zu ihren fortgeführten Anschaffungskosten angesetzt, welche unter Verwendung der Effektivzinsmethode ermittelt werden. Im Falle eines Disagios wird dieses beim Erstansatz vom Nennwert der Verbindlichkeit abgezogen, in den Folgeperioden erfolgt dann eine sukzessive GuV-wirksame Zuschreibung des Disagios auf den Rückzahlungsbetrag. Eine Aktivierung des Unterschiedsbetrags – wie nach HGB möglich – kommt nach IFRS demnach nicht in Betracht.

Aus der Aufgabenstellung ergibt sich nachfolgende Zahlungsreihe für das Darlehen (in GE):

Zeitpunkt	31.12.01	31.12.02	31.12.03	31.12.04	31.12.05	31.12.06
Zahlungen	480.000	– 25.000	– 25.000	– 25.000	– 25.000	– 525.000

Durch lineare Interpolation kann der Effektivzins (interner Zinsfuß) dieser Zahlungsreihe ermittelt werden. Dieser beträgt 5,94825 %. Mit Hilfe dieses Effektivzinses können nun sowohl der effektive Zinsaufwand als auch der Buchwert der Verbindlichkeit für die einzelnen Jahre ermittelt werden.

$$BW_t = BW_{t-1} + (ZA_{eff,\,t} - ZA_{nom,\,t})$$

$$ZA_{eff,\,t} = BW_{t-1} \times i_{eff}$$

$$ZA_{nom,\,t} = NW_D \times i_{nom}$$

Dabei stellen BW_{t-1} bzw. BW_t den Buchwert zum Stichtag des Vorjahres (t-1) bzw. zum aktuellen Stichtag (t) dar, $ZA_{eff,\,t}$ ist der effektive Zinsaufwand des Jahres, $ZA_{nom,\,t}$ der nominelle Zinsaufwand. Die zugehörigen Zinssätze sind mit i_{eff} und i_{nom} abgekürzt. Der Nennwert des Darlehens wird als NW_D definiert.

Damit ergeben sich folgende (ganzzahlig gerundete) Werte (in GE):

Stichtag	BW_t	$ZA_{eff,\,t}$	$ZA_{nom,\,t}$	$Disagio_t$
31.12.01	480.000	–	–	20.000
31.12.02	483.552	28.552	25.000	16.448
31.12.03	487.314	28.763	25.000	12.686
31.12.04	491.301	28.987	25.000	8.699
31.12.05	495.525	29.224	25.000	4.475
31.12.06	500.000	29.475	25.000	0

Aufgabe 7.3: Ermittlung der Finanzierungskosten nach IFRS

Die Borrow AG nimmt am 31.12.01 ein Darlehen i. H. v. 500.000 GE mit vierjähriger Laufzeit auf. Die Tilgungs- und Zinszahlungen fallen jeweils zum 31.12. an. Der Kreditvertrag sieht hierzu vier jährlich fällige Zahlungen i. H. v. jeweils 147.614,06 GE vor. Etwaige steuerliche Effekte sind zu vernachlässigen und von einer ggf. möglichen *fair value option* nach IFRS 9.4.2.2 soll kein Gebrauch gemacht werden.

Wie erfolgt der Wertansatz der Verbindlichkeit nach IFRS in den Jahren 01 bis 05?

Lösung

Nach IFRS handelt es sich um eine *non-current financial liability* (langfristige finanzielle Verbindlichkeit). Im Rahmen der Erstbewertung ist diese zum *fair value* zu bewerten, was hier dem in Geld erhaltenen Wert entspricht (500.000 GE) (IFRS 9.5.1.1). Die Folgebewertung erfolgt gemäß IFRS 9.5.3.1 i. V. m. .4.2.1 zu fortgeführten Anschaffungskosten unter Anwendung der Effektivzinsmethode, d. h., der Zinsaufwand muss so über die Laufzeit des Darlehens verteilt werden, dass auf den verbleibenden (Rest-)Darlehensbetrag immer ein konstanter Zinssatz angewendet wird.

Es ergibt sich folgende Zahlungsreihe für das Darlehen (in GE):

Zeitpunkt	31.12.01	31.12.02	31.12.03	31.12.04	31.12.05
Zahlungen	500.000	– 147.614,06	– 147.614,06	– 147.614,06	– 147.614,06

Der Effektivzins (interner Zinsfuß) dieser Zahlungsreihe kann durch lineare Interpolation ermittelt werden; er beträgt 7 %. Mit Hilfe dieses Effektivzinses können nun sowohl der effektive Zinsaufwand sowie der Tilgungsanteil als auch der Buchwert der Verbindlichkeit für die einzelnen Jahre ermittelt werden.

$$BW_t = BW_{t-1} - T_t$$

$$ZA_{eff,\,t} = BW_{t-1} \times i_{eff}$$

$$T_t = A - ZA_{eff,\,t}$$

Dabei stellen BW_{t-1} bzw. BW_t den Buchwert zum Stichtag des Vorjahres (t-1) bzw. zum aktuellen Stichtag (t) dar, $ZA_{eff,\,t}$ ist der effektive Zinsaufwand des Jahres, der zugehörige Zinssatz ist mit i_{eff} abgekürzt. A stellt die jährliche Annuität und T_t den Tilgungsanteil des jeweiligen Jahres dar.

Damit ergeben sich folgende Werte (in GE; Rundungsdifferenzen sind zu vernachlässigen):

Stichtag	BW_t	A	$ZA_{eff,\,t}$	T_t
31.12.01	500.000,00	–	–	–
31.12.02	387.385,94	147.614,06	35.000,00	112.614,06
31.12.03	266.888,90	147.614,06	27.117,02	120.497,04
31.12.04	137.957,06	147.614,06	18.682,22	128.931,84
31.12.05	0	147.614,06	9.656,99	137.957,07

Aufgabe 7.4: Rückstellungen

Wie können folgende Ereignisse in der Handels- bzw. Steuerbilanz der Bau AG (Bilanzstichtag 30.09.02) erfasst werden? Wie würde über die jeweilige Ansatz- und Bewertungsproblematik in einem Abschluss nach IFRS entschieden werden?

a) Durch einen Teilschaden im Getriebe kann eine Baumaschine seit Juni 02 nur noch in einer Fahrstufe gefahren werden. Da die Maschine für anstehende Bauarbeiten dringend gebraucht wird, soll der Schaden erst im Dezember (Winterpause) behoben werden. Die Kosten betragen etwa 20.000 GE. Wie wäre der Vorfall zu behandeln, wenn die Reparatur erst im Frühjahr erfolgen soll?

b) In 01 schloss die Z AG mit der Bau AG einen bis 30.09.03 befristeten Liefervertrag über monatlich 20 Fertiggaragen zum Preis von je 9.000 GE. Infolge der Rohstoffverteuerung werden seit Januar 02 10 % der Herstellungskosten (10.000 GE) nicht durch den Verkaufserlös gedeckt. Zum Bilanzstichtag befinden sich keine Fertiggaragen auf Lager.

c) Der in 02 aktuell laufende Prozess gegen die Rufus Bayerl & Co. KG auf Schadensersatz wegen mangelhafter Lieferung wird im Jahr 03 wahrscheinlich verloren gehen. Dadurch werden Gerichtskosten i. H. v. 1.000 GE fällig werden.

d) Seit 02 schließt die Bau AG für ihre Transporte keine Versicherung für Untergang bzw. Beschädigung des eigenen Transportgutes mehr ab. Die eingesparte Prämie beträgt 15.000 GE. Nach der Erfahrung der vergangenen Jahre muss im Durchschnitt alle fünf Jahre mit einem größeren Unfall gerechnet werden, der Schäden am eigenen Transportgut zwischen 20.000 GE und 100.000 GE verursacht.

e) In 03 ist mit einer Körperschaftsteuernachzahlung i. H. v. 50.000 GE zu rechnen (Körperschaftsteuerschuld für das abgeschlossene Geschäftsjahr). Außerdem wurde für das dritte Quartal 02 die Gewerbesteuervorauszahlung i. H. v. 10.000 GE noch nicht entrichtet.

f) Die aus dem abgelaufenen Geschäftsjahr resultierenden gesetzlichen Garantieverpflichtungen (Garantiefrist von zwölf Monaten) werden erfahrungsgemäß noch Kosten i. H. v. 100.000 GE verursachen (pauschale Bewertung). Die Geschäftsleitung sieht sich wegen des Konkurrenzdrucks auch weiterhin gezwungen, neben den Garantieleistungen noch Kulanzleistungen zu erbringen, deren Höhe auf 10 % der Kosten für Garantieverpflichtungen geschätzt wird. Diese fallen i. d. R. zwischen dem 13. und 24. Monat nach der Veräußerung an. Der durchschnittliche Marktzinssatz der vergangenen sieben Geschäftsjahre beträgt 5 %, der aktuelle Marktzins für vergleichbare Transaktionen 3 %.

g) Eine auf dem Betriebsgelände stehende Brücke muss aufgrund kontinuierlicher Abnutzung in absehbarer Zeit repariert werden. Die letzte Reparatur liegt am Bilanzstichtag drei Jahre zurück. Die durch Materialtransporte entstehenden Schäden an der Brücke werden auf 200.000 GE pro Jahr geschätzt. Bisher wurde keine Rückstellung dafür gebildet. Die Reparatur wird voraussichtlich zum Bilanzstichtag 04 i. H. v. 1.000.000 GE durchgeführt.

h) Bei der Renovierung einer Produktionshalle wurde festgestellt, dass der Boden unter der Halle durch ausgelaufenes Öl großflächig kontaminiert wurde. Gemäß der kommunalen Rechtslage ist die Bau AG dazu verpflichtet, den belasteten Boden innerhalb der nächsten zwei Jahre zu dekontaminieren. Die Sanierungskosten werden auf 500.000 GE geschätzt. Der durchschnittliche Marktzinssatz der vergangenen sieben Geschäftsjahre beträgt 5 %. Der aktuelle Marktzins für vergleichbare Transaktionen beläuft sich zum Bilanzstichtag auf 3 %.

Lösung

a) Es handelt sich um unterlassene Instandhaltungsmaßnahmen. Nach § 249 Abs. 1 Satz 2 Nr. 1 HGB ist für den Fall, dass die Reparatur in den ersten drei Monaten des folgenden Geschäftsjahres nachgeholt werden soll, die Bildung einer Rückstellung Pflicht. Soll die Nachholung nach dieser Frist erfolgen, so darf keine Rückstellung passiviert werden (§ 249 Abs. 2 Satz 1 HGB).

   Steuerlich ist eine Rückstellungsbildung für unterlassene Instandhaltung ebenfalls nur zulässig, wenn die Instandhaltungsarbeiten innerhalb von drei Monaten nach dem Bilanzstichtag nachgeholt werden. Die handelsrechtliche Passivierungspflicht führt in diesem Fall wegen des Maßgeblichkeitsprinzips nach herrschender Meinung auch zu einer steuerlichen Passivierungspflicht.

   Die Nachholung der Reparatur im Dezember fällt in die Dreimonatsfrist, sodass in Handels- und Steuerbilanz eine Rückstellung i. H. v. 20.000 GE gebildet werden muss.

   Buchungssatz:

sonstiger betrieblicher Aufwand	an	sonstige Rückstellungen	GE	20.000

   Wird die Reparatur dagegen erst im Frühjahr nachgeholt, so darf weder in der Handels- noch in der Steuerbilanz eine Rückstellung gebildet werden.

   Das IASB setzt in der Definition der *liabilities* voraus, dass eine Verpflichtung gegenüber einem Dritten besteht (IAS 37.20, F 4.26 i. V. m. .29). Rückstellungen für unterlassene Instandhaltungsmaßnahmen stellen aber Innenverpflichtungen dar, weshalb eine Rückstellungsbildung nach IFRS, unabhängig vom Zeitpunkt der Nachholung, nicht zulässig ist. Die Kosten i. H. v. 20.000 GE sind also bei Anfall als Aufwand zu erfassen.

b) Bei den zum Bilanzstichtag noch ausstehenden Lieferungen handelt es sich um ein schwebendes Geschäft. Da pro zu liefernder Garage ab Januar 02 ein Verlust i. H. v. 1.000 GE zu erwarten ist, muss nach § 249 Abs. 1 Satz 1 HGB eine Rückstellung für drohende Verluste aus schwebenden Geschäften gebildet werden. Der zurückzustellende Betrag für Oktober 02 bis September 03 errechnet sich wie folgt:

   12 Monate à 20 Garagen = 240 noch zu liefernde Garagen

   Bei 1.000 GE Verlust pro Garage ergibt sich ein drohender Verlust von 240.000 GE.

   Buchungssatz:

sonstiger betrieblicher Aufwand	an	sonstige Rückstellungen	GE	240.000

In der Steuerbilanz ist die Bildung einer Rückstellung für drohende Verluste aus schwebenden Geschäften gemäß § 5 Abs. 4a EStG nicht zulässig. Die Verluste aus dem Verkauf der Garagen werden demnach in dem Jahr als Aufwand erfasst, in dem sie auftreten.

Auch nach IFRS ist für die 240 noch zu liefernden Garagen aufgrund eines belastenden Vertrages (*onerous contract*) eine Rückstellung (*provision*) (IAS 37.66 ff.) i. H. v. 240.000 GE zu passivieren.

Eine Abschreibung der Vorräte kommt nicht in Frage, da sich zum Bilanzstichtag keine Fertiggaragen auf Lager befinden.

c) Es ist in der Handelsbilanz eine Rückstellung für ungewisse Verbindlichkeiten mit rechtlicher Verpflichtung (hier: Prozessrisiko) i. H. v. 1.000 GE zu bilden (§ 249 Abs. 1 Satz 1 HGB). Steuerlich besteht ebenfalls eine Rückstellungspflicht, da der Prozess bereits anhängig ist (H 5.7 Abs. 5 EStH).
Buchungssatz:

sonstiger betrieblicher Aufwand	an	sonstige Rückstellungen	GE	1.000

Auch nach IFRS ist eine *provision* zu bilden, wenn die Wahrscheinlichkeit einer Inanspruchnahme größer als 50 % ist (*probable*; IAS 37.14) und die Höhe der zu erwartenden Verpflichtung vernünftig geschätzt werden kann. Dies ist hier der Fall. Bei nur möglichem (*possible*; IAS 37.13) Verlust des Prozesses wäre dagegen der fällige Betrag im Rahmen einer Eventualverbindlichkeit (*contingent liability*) im Anhang anzugeben (IAS 37.27 f.).

d) Der Sachverhalt bietet keinen Grund für eine Rückstellung für ungewisse Verbindlichkeiten i. S. des § 249 Abs. 1 Satz 1 HGB. § 249 Abs. 2 Satz 1 HGB bestimmt explizit, dass für andere als die in § 249 Abs. 1 HGB bezeichneten Zwecke keine Rückstellungen gebildet werden dürfen. Das Rückstellungsverbot besteht über das Maßgeblichkeitsprinzip ebenfalls für die Steuerbilanz.

Auch nach IFRS darf für den geschilderten Sachverhalt keine Rückstellung gebildet werden, da keine Außenverpflichtung besteht (IAS 37.20, F 4.26 i. V. m. 29).

e) In der Handelsbilanz muss für die erwartete Körperschaftsteuerschuld i. H. v. 50.000 GE eine Rückstellung für ungewisse Verbindlichkeiten mit rechtlicher Verpflichtung gebildet werden (§ 249 Abs. 1 Satz 1 HGB). Der Betrag i. H. v. 10.000 GE für die Gewerbesteuervorauszahlung ist gemäß § 266 Abs. 3 HGB unter den sonstigen Verbindlichkeiten (C. 8.) gesondert anzugeben, da er in Höhe und Fälligkeit genau bestimmt ist.

Buchungssatz:

Steuern vom Einkommen und vom Ertrag	GE	60.000	an	Steuerrückstellungen	GE	50.000
				sonstige Verbindlichkeiten	GE	10.000

Wie nach HGB muss der auf die Gewerbesteuer entfallende Betrag von 10.000 GE in der Steuerbilanz unter den sonstigen Verbindlichkeiten verbucht werden, da Höhe und Fälligkeit der Verpflichtung bereits feststehen und damit eine Verbindlichkeit vorliegt. Eine Rückstellung für die Körperschaftsteuerschuld ist auch in der Steuerbilanz zu bilden. Da die Körperschaftsteuer gemäß § 10 Nr. 2 KStG aber nicht als Betriebsausgabe abzugsfähig ist, wird der Betrag im Rahmen der Ermittlung des zu versteuernden Einkommens wieder hinzugerechnet. Dadurch wird vermieden, dass die steuerliche Bemessungsgrundlage (zu Unrecht) durch die Rückstellungsbildung verringert wird.

Im vorliegenden Fall erfüllt die Körperschaftsteuerschuld die IFRS-Kriterien für die Bilanzierung einer *provision*. Die Wahrscheinlichkeit der Inanspruchnahme des Unternehmens ist gegeben, eine Schätzung des zu zahlenden Betrags kann ebenfalls vorgenommen werden (IAS 37.14). Die Gewerbesteuervorauszahlung wird auch nach IFRS als Verbindlichkeit behandelt, da Höhe und Fälligkeit feststehen.

f) In Höhe der zu erwartenden Garantieverpflichtungen muss handelsrechtlich eine Rückstellung für ungewisse Verbindlichkeiten mit rechtlicher Verpflichtung (hier: Garantierückstellung) (§ 249 Abs. 1 Satz 1 HGB) gebildet werden (100.000 GE). Da die Garantiefrist zwölf Monate beträgt, erfolgt keine Diskontierung (§ 253 Abs. 2 Satz 1 HGB). Außerdem kann sich die Bau AG den Kulanzleistungen aufgrund wirtschaftlicher Zwänge nicht entziehen. Deshalb muss nach § 249 Abs. 1 Satz 2 Nr. 2 HGB eine Rückstellung für Gewährleistungen ohne rechtliche Verpflichtung gebildet werden. Gemäß § 253 Abs. 2 Satz 1 HGB sind Rückstellungen mit einer Restlaufzeit von mehr als einem Jahr mit einem ihrer Restlaufzeit entsprechenden durchschnittlichen Marktzinssatz der vergangenen sieben Geschäftsjahre (5 %) abzuzinsen. Da das Unternehmen laut Angabe zwischen dem 13. und 24. Monat nach der Veräußerung mit Zahlungen zu rechnen hat, ist ein Betrag i. H. v. 9.070,29 GE $\left(= \frac{10.000 \text{ GE}}{1{,}05^2}\right)$ zu passivieren.

Buchungssatz:

sonstiger betrieblicher Aufwand	an	sonstige Rückstellungen	GE	109.070

Für beide Sachverhalte sind auch in der Steuerbilanz Rückstellungen zu bilden. Nach § 6 Abs. 1 Nr. 3a Bst. e EStG sind Rückstellungen steuerrechtlich i. d. R. mit einem Zinssatz von 5,5 % abzuzinsen. Für Pauschalrückstellungen, wie in diesen Fällen, gilt diese Regelung jedoch nach steuerlicher Rechtsprechung aus Vereinfachungsgründen nicht, es ist also ein Betrag i. H. v. 110.000 GE zu passivieren.

Garantieverpflichtungen fallen nach IFRS unter die ungewissen Verpflichtungen, die auf rechtlich durchsetzbaren Ansprüchen beruhen. Es werden auch solche Verpflichtungen unter die *liabilities* gefasst, denen sich das Unternehmen aus wirtschaftlichen Gründen (*constructive obligations*) nicht entziehen kann (IAS 37.10). Hierunter fallen auch die im Beispiel dargestellten Kulanzleistungen. Je nach Wahrscheinlichkeit der Inanspruchnahme sind Garantieverpflichtungen nach IFRS entweder als *provision* oder *contingent liability* zu erfassen, da eine gegenwärtige Verpflichtung aus einem vergangenen Tatbestand – nämlich dem Verkauf – besteht. Rückstellungen sind nach IFRS i. d. R. mit einem fristadäquaten Marktzins zu diskontieren, falls sich daraus wesentliche Effekte ergeben (IAS 37.45–.47), wovon regelmäßig bei einer Restlaufzeit von mehr als einem Jahr ausgegangen werden kann. Die Abzinsung der Verpflichtungen aus Kulanzleistung unter Verwendung des Zinssatzes von 3 % ergibt eine Rückstellungshöhe von 9.425,96 GE $\left(= \frac{10.000\text{ GE}}{1{,}03^2}\right)$. Somit ist in einem Abschluss nach IFRS insgesamt ein Betrag i. H. v. 109.426 GE zu passivieren.

g) Es handelt sich hierbei um reine Erhaltungsmaßnahmen. Die Aufwendungen sind zu dem Zeitpunkt zu erfassen, an dem die Reparatur stattfindet. Eine Rückstellungsbildung ist nicht zulässig. Die entsprechende Wertminderung durch die Nutzung der Brücke wird im Rahmen der planmäßigen Abschreibungen erfasst.

   Für die Steuerbilanz gilt die analoge Vorgehensweise.

   Auch nach IFRS darf für den geschilderten Sachverhalt keine Rückstellung gebildet werden, da keine Außenverpflichtung besteht (IAS 37.20, F 4.26 i. V. m. .29). Die Behandlung entspricht der Vorgehensweise nach HGB. Die Anwendung des Komponentenansatzes (*components approach*) nach IAS 16.43 ff. dürfte im Falle einer Brücke ausscheiden, da sich die Nutzungsdauern der einzelnen technischen Bestandteile der Brücke gegenseitig bedingen und deshalb nicht wesentlich voneinander abweichen dürften.

h) Aufgrund der rechtlichen Verpflichtung zur Dekontamination muss in der Handelsbilanz für die dabei anfallenden Kosten eine Rückstellung für ungewisse Verbindlichkeiten mit rechtlicher Verpflichtung (hier: Umweltschutzmaßnahmen) gebildet werden (§ 249 Abs. 1 Satz 1 HGB). Gemäß § 253 Abs. 2 Satz 1 HGB sind Rückstellungen mit einer Restlaufzeit von mehr als einem Jahr mit einem ihrer Restlaufzeit entsprechenden durchschnittlichen Marktzinssatz der vergangenen sieben Geschäftsjahre abzuzinsen. Es ist also eine Rückstellung für Umweltschutzmaßnahmen i. H. v. 453.514,74 GE $\left(= \frac{500.000\text{ GE}}{1{,}05^2}\right)$ zu bilden.

Buchungssatz:

sonstiger betrieblicher Aufwand	an	sonstige Rückstellungen	GE	453.515

Auch in der Steuerbilanz ist eine Rückstellungsbildung geboten, nach § 6 Abs. 1 Nr. 3a Bst. e EStG sind Rückstellungen steuerrechtlich aber mit einem Zinssatz von 5,5 % abzuzinsen. Die Rückstellung wird in der Steuerbilanz mit 449.226,21 GE $\left(= \frac{500.000\text{ GE}}{1{,}055^2}\right)$ bilanziert.

Nach IFRS ist für den geschilderten Sachverhalt ebenfalls eine Rückstellung zu bilden, da die Passivierungskriterien des IAS 37 für *provisions* erfüllt sind. Das verpflichtende Ereignis ist hier die Kontamination des Bodens, da gesetzliche Regelungen (öffentlich-rechtliche Verpflichtung) eine Dekontamination verlangen. Zudem ist der Ressourcenabfluss wahrscheinlich und der Wert zuverlässig schätzbar (IAS 37.14). Rückstellungen sind nach IFRS i. d. R. mit einem fristadäquaten Marktzins zu diskontieren, falls sich daraus wesentliche Effekte ergeben (IAS 37.45–.47). Damit ist eine Rückstellung i. H. v. 471.297,95 GE $\left(= \frac{500.000\text{ GE}}{1{,}03^2}\right)$ zu passivieren.

Aufgabe 7.5: Rückstellungsbildung nach IFRS

Die Vital AG, ein Hersteller von elektronischen Fitnessgeräten, erstellt ihren Jahresabschluss nach IFRS. Im Geschäftsjahr 01 haben sich bei der Vital AG folgende Geschäftsvorfälle ereignet.

a) Für die von der Vital AG verkauften Neuwaren besteht eine gesetzliche Garantiefrist von zwei Jahren. Der durchschnittliche Zeitraum zwischen Umsatzrealisation und Garantiefällen beträgt ein Jahr. Erfahrungsgemäß erweisen sich 30 % der verkauften Produkte innerhalb der Garantiefrist als fehlerhaft. Bei etwa 1/3 dieser Geräte liegen Defekte an der Elektronik vor, die restlichen 2/3 der defekten Geräte haben Gehäusefehler.

   Die Reparatur der Elektronik kostet die Vital AG 115 GE pro Stück, die Gehäusereparatur 80 GE pro Stück. Insgesamt wurden im abgelaufenen Geschäftsjahr 12.000 Fitnessgeräte verkauft.

b) Am 20.12.01 stimmt das Management einem detailliert ausgearbeiteten Plan zur Schließung eines Unternehmensbereiches zu. Vor dem Bilanzstichtag wurden weder Umsetzungsmaßnahmen begonnen, noch wurde die Entscheidung den Betroffenen oder ihren Interessenvertretern mitgeteilt. Für die Restrukturierung der verbleibenden Unternehmensteile werden direkt in diesem Zusammenhang stehende Kosten i. H. v. 500.000 GE erwartet.

c) Im Dezember 01 wurde die Vital AG aufgrund einer Patentrechtsverletzung verklagt. Nach Einschätzung des Rechtsanwalts ist eine Verurteilung »mit sehr hoher Wahrscheinlichkeit« zu erwarten. Die Höhe des Bußgeldes hängt allerdings von der Glaubwürdigkeit diverser Zeugenaussagen ab. Mit gleicher Wahrscheinlichkeit werden Werte von 200.000 GE und 300.000 GE geschätzt.

d) Die Vital AG hat ein Bürogebäude gemietet, für das eine vertragliche Verpflichtung zur Instandhaltung nach bestimmten Fristvorgaben besteht. Im Jahr 01 wird diese Instandhaltung betriebsbedingt unterlassen, soll aber Anfang des Jahres 02 nachgeholt werden. Die Wahrscheinlichkeit, dass dadurch Kosten i. H. v. 350.000 GE entstehen liegt bei 75 %, die Wahrscheinlichkeit einer Belastung mit 200.000 GE liegt bei 25 %.

Wie sind diese Geschäftsvorfälle in der IFRS-Bilanz zum 31.12.01 zu berücksichtigen?

Lösung

a) Das verpflichtende Ereignis ist der Verkauf der Produkte mit Garantie (rechtliche Verpflichtung). Der Ressourcenabfluss ist für die Gruppe der Garantieverpflichtungen wahrscheinlich (IAS 37.24), der Wertansatz der zu bildenden Rückstellung wird gemäß IAS 37.39 anhand der Erwartungswertmethode ermittelt (eine Abzinsung ist nicht notwendig, da die Zahlungsverpflichtung innerhalb des nächsten Jahres eintritt):

$$\left((12.000 \times 0,3) \times \frac{1}{3}\right) \times 115 \text{ GE} + \left((12.000 \times 0,3) \times \frac{2}{3}\right) \times 80 \text{ GE} = 330.000 \text{ GE}$$

b) Nach IAS 37.72 wird *restructuring* dann passivierungspflichtig, wenn ein detaillierter Restrukturierungsplan (mit bestimmten Mindestangaben) besteht und bei den Betroffenen eine gerechtfertigte Erwartung geweckt wurde, dass das *restructuring* durchgeführt wird. Die aus diesen Vorgaben erwachsende faktische Verpflichtung wird durch die Unentziehbarkeitskriterien »Beginn der Umsetzung des Plans«, d. h. Demontage einer Anlage bzw. Verkauf von *assets* oder »Ankündigung der Hauptmerkmale des Plans den Betroffenen gegenüber«, weiter konkretisiert (IAS 37.75).

Da die Kriterien für die faktische Verpflichtung hier noch nicht erfüllt sind (z. B. keine Ankündigung den Betroffenen gegenüber), darf in diesem Fall auch keine Rückstellung für Restrukturierungsmaßnahmen gebildet werden. Sollte mit der Umsetzung des Plans kurz nach dem Bilanzstichtag begonnen werden, ist eine Angabepflicht nach IAS 10 »*Events after the reporting period*« zu prüfen (IAS 37.75).

c) Verpflichtendes Ereignis ist hier die Klage aufgrund einer Patentrechtsverletzung. Da die Verurteilung wahrscheinlich ist, muss eine Rückstellung gebildet werden. Es liegt eine Einzelverpflichtung vor, daher entspricht der beste Schätzwert i. d. R. dem wahrscheinlichsten Ergebnis (IAS 37.40). Da hier mehrere mögliche Ergebnisse vorliegen, deren Eintrittswahrscheinlichkeiten gleich groß sind, wird in diesem Fall das arithmetische Mittel aus den verschiedenen Werten angesetzt, d. h. für den vorliegenden Fall 250.000 GE.

d) Aufgrund der vertraglichen Regelungen liegt eine rechtliche Verpflichtung (Einzelverpflichtung) gegenüber einem Dritten (Vermieter) vor, eine Rückstellungsbildung hat demnach stattzufinden. Auch hier existieren mehrere mögliche Ergebnisse, allerdings mit unterschiedlichen Wahrscheinlichkeiten. Für diesen Fall ist nach IAS 37.40 der Wertansatz mit der höchsten Wahrscheinlichkeit, hier also 350.000 GE, anzusetzen. Aber auch hier werden mögliche andere Ergebnisse in Betracht gezogen. Für den Fall, dass andere mögliche Ergebnisse entweder größtenteils über oder größtenteils unter dem wahrscheinlichsten Ergebnis liegen, ist die bestmögliche Schätzung ein höherer bzw. niedrigerer Betrag. D. h., der Wert mit der höchsten Wahrscheinlichkeit ist mit adäquaten Zu- bzw. Abschlägen zu versehen. Im vorliegenden Fall gibt es neben dem wahrscheinlichsten Ergebnis (350.000 GE) noch ein weiteres mögliches Ergebnis (200.000 GE). Deshalb ist hier ein angemessener Abschlag auf das wahrscheinlichste Ergebnis vorzunehmen.

Aufgabe 7.6: Fremdkapital nach HGB und IFRS

Die Lech AG erstellt für das Geschäftsjahr 01 erstmals einen vollständigen IFRS-Abschluss. Als Sachbearbeiter im Rechnungswesen sind Sie mit der Aufgabe betraut, das Fremdkapital der HGB-Bilanz in die IFRS-Bilanz zu überführen.

Es liegen Ihnen folgende – nach HGB-Vorgaben ermittelte – Posten vor:

• Rückstellung für Prozesskostenrisiken[1.]	GE	125.000
• Rückstellung für Verpflichtungen aus Patentrechtsverletzungen[1.]	GE	250.000
• Rückstellung für gesetzliche Jahresabschluss- und Prüfungskosten	GE	20.000
• Rückstellung für noch ausstehende Rechnungen	GE	150.000
• Rückstellung für Gewährleistungsverpflichtungen[2.]	GE	300.000
• Rückstellung für unterlassene Instandhaltung (Nachholung < 3 Monate)	GE	275.000
• Verbindlichkeiten gegenüber Kreditinstituten[3.]	GE	950.000
• Verbindlichkeiten aus Lieferungen und Leistungen	GE	450.000

Zudem stehen Ihnen folgende Zusatzangaben zu den Sachverhalten zur Verfügung:

1. Diese Rückstellungen wurden aufgrund einer Klage wegen Patentrechtsverletzungen durch einen Konkurrenten gebildet. Die Rechtsabteilung hält eine Verurteilung für möglich, geht aber davon aus, dass der Rechtsstreit wahrscheinlich gewonnen wird.

2. Die Rückstellung für Gewährleistungsverpflichtungen, die voraussichtlich innerhalb eines Jahres anfallen, basiert auf Erfahrungswerten und ist steuerlich anerkannt.
3. Die Verbindlichkeiten gegenüber Kreditinstituten enthalten einen am 31.12.01 gewährten Bankkredit i. H. v. 400.000 GE, der mit einem Disagio von 5 % ausgezahlt wurde.

Stellen Sie die gegebenen HGB-Posten des Fremdkapitals der Lech AG für das Geschäftsjahr 01 auf IFRS-Werte um.

Lösung

Die nach HGB aufgrund des Imparitätsprinzips bilanzierten Rückstellungen für die Verpflichtungen aus Patentrechtsverletzungen und Prozesskostenrisiken dürfen nach IFRS aufgrund der nicht erfüllten Wahrscheinlichkeitsbedingung (eine Verurteilung ist nur möglich, nicht wahrscheinlich) nicht gebildet werden (IAS 37.14 ff.). Allerdings ist hier eine Eventualverbindlichkeit außerhalb der Bilanz anzugeben, sofern die Inanspruchnahme nicht unwahrscheinlich (*remote*) ist (IAS 37.28).

Aufgrund des wesentlich höheren Bestimmtheitsgrades und ihrer zuverlässigeren Schätzbarkeit als bei *provisions* werden die nach HGB gebildeten Rückstellungen für Jahresabschluss- und Prüfungskosten sowie für noch ausstehende Rechnungen gemäß IAS 37.11b als *accruals* behandelt. Dem Grunde nach stehen diese Verbindlichkeiten i. d. R. fest, nur bezüglich ihrer Höhe und/oder ihres Erfüllungszeitpunktes besteht ein eher unwesentliches Restrisiko. Erstere sind dabei unter den sonstigen Verbindlichkeiten, Letztere unter den Verbindlichkeiten aus Lieferungen und Leistungen zu erfassen.

Gewährleistungsrückstellungen sind auch nach IFRS ansatzpflichtig, es genügt eine wirtschaftliche/faktische Verpflichtung (*constructive obligation*) des Unternehmens (IAS 37.10). Zur Bewertung dieser Massenverpflichtung wird die Erwartungswertmethode herangezogen (IAS 37.39). Eine Abzinsung kommt aufgrund der Kurzfristigkeit nicht in Frage.

Nach HGB gebildete Aufwandsrückstellungen (hier die Rückstellung für unterlassene Instandhaltung) dürfen nach IFRS aufgrund der fehlenden Außenverpflichtung nicht angesetzt werden (IAS 37.20).

Da finanzielle Verbindlichkeiten erstmalig zum *fair value* (Gegenwert der erhaltenen Leistung) angesetzt werden (IFRS 9.5.1.1, alternativ kann ggf. gemäß IFRS 9.4.2.2 bereits beim erstmaligen Ansatz freiwillig eine Klassifizierung entsprechend der *fair value option* vorgenommen werden), muss der am 31.12.01 gewährte Kredit abzüglich des Disagios passiviert werden. Der Unterschiedsbetrag (20.000 GE) wird dem Buchwert der Verbindlichkeit (380.000 GE) per Effektivzinsmethode über die Laufzeit zugeschrieben (IFRS 9.5.3.1 i. V. m. .4.2.1).

Aufgrund dieser Sachverhalte ergibt sich für den IFRS-Abschluss folgendes Bild:

• sonstige Rückstellungen	GE	300.000
• finanzielle Verbindlichkeiten	GE	930.000
• Verbindlichkeiten aus Lieferungen und Leistungen	GE	600.000
• sonstige Verbindlichkeiten	GE	20.000

Der Posten »sonstige Rückstellungen« enthält die Gewährleistungsrückstellungen (300.000 GE), die »finanziellen Verbindlichkeiten« enthalten die Verbindlichkeiten gegenüber Kreditinstituten abzüglich des Disagios (930.000 GE = 950.000 GE – 20.000 GE), die »Verbindlichkeiten aus Lieferungen und Leistungen« setzen sich zusammen aus dem ursprünglichen Betrag (450.000 GE) und aus 150.000 GE aufgrund der Umbuchung der als *accruals* auszuweisenden Rückstellung für noch ausstehende Rechnungen. Der Posten »sonstige Verbindlichkeiten« beinhaltet die umgegliederte Rückstellung für Jahresabschluss- und Prüfungskosten (20.000 GE).

Aufgabe 7.7: Pensionsrückstellungen

Die MF AG gibt am 02.01.06 einem Arbeitnehmer die feste schriftliche Zusage, dass er mit seinem Ausscheiden am 65. Geburtstag (02.01.13) jährlich eine vorschüssige Pensionszahlung von 20.000 GE erhält. Der Arbeitnehmer ist seit 02.01.01 bei der MF AG beschäftigt.

Das Geschäftsjahr der MF AG stimmt mit dem Kalenderjahr überein.

Berechnen Sie für die Jahre 06 bis 12 die Rückstellungswerte und Rückstellungszuführungen nach der Gegenwartswert- und Teilwertmethode. Der zum vorgegebenen Bilanzstichtag von der Deutschen Bundesbank festgelegte Zinssatz (§ 253 Abs. 2 HGB) beträgt 6 % und entspricht damit dem steuerlich vorgeschriebenen Zinssatz (§ 6a Abs. 3 Satz 3 EStG). Es werden keine Vereinbarungen bezüglich möglicher Witwen- bzw. Invaliditätsrenten getroffen. Aufgrund künftiger Rententrends sowie Lohn- und Gehaltsentwicklungen werden keine Auswirkungen erwartet. Die MF AG verfügt zudem über kein mit Pensionsrückstellungen gemäß § 246 Abs. 2 Satz 2 HGB zu saldierendes Planvermögen.

a) Veranschaulichen Sie die Ermittlung von Pensionsrückstellungen anhand der Vorgehensweise der indirekten Berechnung.

b) Stellen Sie zudem die Methode der direkten Ermittlung dar.

Lösung

Dieses Beispiel soll den Unterschied zwischen Gegenwartswert- und Teilwertmethode numerisch verdeutlichen. Die Rückstellungswerte und die den Rückstellungen zugeführten Beträge bei Anwendung des Gegenwartswert- bzw. Teilwertverfahrens lassen sich durch zweierlei Vorgehensweisen ermitteln. Einerseits erhält man sie indirekt über die Ermittlung des sog. »Anwartschaftsbarwertes«, andererseits kann man sie jedoch auch gleich direkt über die Bestimmung des Rentenendwertes der Annuitäten errechnen. Beide Vorgehensweisen sollen im Folgenden dargestellt und auf die Teilwert- und Gegenwartswertmethode angewandt werden. Steuerlich zulässig ist gemäß § 6a EStG allerdings ausschließlich das Teilwertverfahren.

Bei den Berechnungen können Rundungsdifferenzen auftreten, die jedoch zu vernachlässigen sind.

a) Im Folgenden wird die Ermittlung von Pensionsrückstellungen mittels der indirekten Berechnung aufgezeigt.

1. Schritt

Die Rentenbarwertfaktoren (a_x) einer lebenslangen vorschüssigen Rente mit Beginn im Alter (x) sind nachstehender Tabelle (unter Berücksichtigung aktuell gültiger versicherungsmathematischer Annahmen) zu entnehmen:

x	a_x	x	a_x
60	10,119	66	8,864
61	9,919	67	8,638
62	9,716	68	8,406
63	9,510	69	8,170
64	9,300	70	7,930
65	9,084		

Ermittlung des Barwertes der zukünftigen Rente (V) auf den Bilanzstichtag 31.12.12:

$$V = \text{Rente} \times a_x \qquad (x = 65)$$

$$V = 20.000 \text{ GE} \times 9{,}084$$

$$V = 181.680 \text{ GE}$$

2. Schritt

Berechnung des Anwartschaftsbarwertes (AB) für die jeweiligen Bilanzstichtage; hierzu ist der Barwert der zukünftigen Rente (V) auf den entsprechenden Bilanzstichtag mit 6 % abzuzinsen.

$$AB = V \times \frac{1}{q^n} \qquad (q = 1 + i = 1{,}06)$$

So ergibt sich z. B. zum 31.12.09 bei einem voraussichtlichen Renteneintritt zum 02.01.13 (n = 3) folgender Anwartschaftsbarwert:

$$181.680\text{ GE} \times \frac{1}{1{,}06^3} = 152.542{,}03\text{ GE}$$

Die Anwartschaftsbarwerte der anderen Jahre sind den abschließenden Tabellen zu entnehmen.

3. Schritt

Im Gegensatz zur nachfolgend in Teilaufgabe b) dargestellten praktikableren direkten Methode der Ermittlung des Rückstellungswertes ergibt sich bei der indirekten Methode der Wert der Rückstellung zum jeweiligen Bilanzstichtag aus der Differenz zwischen dem jeweiligen Barwert der Anwartschaft (AB) und dem Barwert der nach dem Bilanzstichtag noch zu verrechnenden Annuitäten (A).

Zur Ermittlung der Annuitäten ist der Anwartschaftsbarwert der künftigen Rente mit dem Annuitätenfaktor zu multiplizieren:

$$A = \frac{V}{q^n} \times \frac{q^n(q-1)}{q^n - 1} = V \times \frac{q-1}{q^n - 1} \; ; \; \frac{q^n(q-1)}{q^n - 1} = \text{Annuitätenfaktor}$$

Da Gegenwartswert- und Teilwertmethode bei der Ansammlung des Barwertes der laufenden Rente von unterschiedlichen Zeitpunkten ausgehen (Berechnung ab dem Zeitpunkt der Zusage bzw. des Diensteintritts des Arbeitnehmers), weichen die Annuitäten, die sich bei Anwendung der beiden Verfahren ergeben, voneinander ab.

(A) Teilwertmethode

Das Teilwertverfahren unterstellt, dass sich der Arbeitnehmer seinen Pensionsanspruch vom Diensteintritt an verdient, was hier eine Verteilung des Barwertes über zwölf Jahre (n = 12) bedeutet. Die Annuität bei der Teilwertmethode (A_T) errechnet sich wie folgt:

$$A_T = V \times \frac{q-1}{q^{12}-1} \qquad (n = 12)$$

$$A_T = 181.680 \text{ GE} \times 0{,}059277$$

$$A_T = 10.769{,}45 \text{ GE}$$

(B) Gegenwartswertmethode

Die Gegenwartswertmethode geht dagegen davon aus, dass der Arbeitnehmer seinen Pensionsanspruch erst ab dem Zeitpunkt der Pensionszusage verdient, was eine Verteilung des Barwertes über sieben Jahre (n = 7) bedeutet. Man erhält folgende Annuität (A_G):

$$A_G = V \times \frac{q-1}{q^{7}-1} \qquad (n = 7)$$

$$A_G = 181.680 \text{ GE} \times 0{,}119135$$

$$A_G = 21.644{,}45 \text{ GE}$$

4. Schritt

Berechnung des Barwertes der am jeweiligen Bilanzstichtag noch nicht verrechneten Annuitäten (NVA):

$$NVA = A \times \frac{q^n - 1}{q^n(q-1)} \quad ; \quad \frac{q^n - 1}{q^n(q-1)} = \text{Rentenbarwertfaktor}$$

So ergeben sich z. B. zum 31.12.09 bei einem voraussichtlichen Renteneintritt am 02.01.13 (n = 3) folgende Werte:

(A) Teilwertmethode

$$NVA_T = A_T \times \frac{q^3 - 1}{q^3(q-1)}$$

$$NVA_T = 10.769{,}45 \text{ GE} \times 2{,}673012$$

$$NVA_T = 28.786{,}87 \text{ GE}$$

(B) Gegenwartswertmethode

$$NVA_G = A_G \times \frac{q^3 - 1}{q^3(q-1)}$$

$$NVA_G = 21.644{,}45 \text{ GE} \times 2{,}673012$$

$$NVA_G = 57.855{,}87 \text{ GE}$$

5. Schritt

Der Rückstellungswert zum jeweiligen Bilanzstichtag ergibt sich aus der Differenz zwischen dem Anwartschaftsbarwert und dem Barwert der noch zu verrechnenden Annuitäten. So ergeben sich z. B. zum 31.12.09 folgende Rückstellungswerte (RW):

(A) Teilwertmethode

$$RW_T = AB - NVA_T$$

$$RW_T = 152.542{,}03 \text{ GE} - 28.786{,}87 \text{ GE}$$

$$RW_T = 123.755{,}16 \text{ GE}$$

(B) Gegenwartswertmethode

$$RW_G = AB - NVA_G$$

$$RW_G = 152.542{,}03 \text{ GE} - 57.855{,}87 \text{ GE}$$

$$RW_G = 94.686{,}16 \text{ GE}$$

Der Unterschiedsbetrag zwischen dem Rückstellungswert zweier Bilanzstichtage während der Anwartschaft entspricht dem notwendigen Betrag der Rückstellungszuführung. Die jährliche Zuführung der Rückstellung entspricht der Annuität zuzüglich der Verzinsung der bereits angesammelten Rückstellung.

Aus nachfolgenden Tabellen sind die sich nach der indirekten Methode zu den jeweiligen Bilanzstichtagen ergebenden Rückstellungswerte und Zuführungsbeträge (jeweils in GE) zu entnehmen.

Bilanzstichtag	Anwartschafts-barwert	Barwert der noch zu verrechnenden Annuitäten	Rückstellungs-wert	Rückstellungs-zuführung
	Teilwertmethode			
06	128.077,23	52.956,88	75.120,35	75.120,35
07	135.761,86	45.364,84	90.397,02	15.276,67
08	143.907,58	37.317,28	106.590,29	16.193,27
09	152.542,03	28.786,87	123.755,16	17.164,87
10	161.694,55	19.744,63	141.949,92	18.194,76
11	171.396,23	10.159,86	161.236,37	19.286,45
12	181.680,00	–	181.680,00	20.443,63

Bilanzstichtag	Anwartschafts-barwert	Barwert der noch zu verrechnenden Annuitäten	Rückstellungs-wert	Rückstellungs-zuführung
	Gegenwartswertmethode			
06	128.077,23	106.432,78	21.644,45	21.644,45
07	135.761,86	91.174,30	44.587,57	22.943,12
08	143.907,58	75.000,31	68.907,27	24.319,70
09	152.542,03	57.855,87	94.686,16	25.778,89
10	161.694,55	39.682,78	122.011,78	27.325,62
11	171.396,23	20.419,29	150.976,93	28.965,16
12	181.680,00	–	181.680,00	30.703,07

b) Nachfolgend wird die Ermittlung von Pensionsrückstellungen mittels der direkten Berechnung aufgezeigt.

1. Schritt

Berechnung des Barwertes der zukünftigen Rente (V) zum Bilanzstichtag 31.12.12 (vgl. oben):

$$V = \text{Rente} \times a_x \qquad (x = 65)$$

$$V = 20.000 \text{ GE} \times 9{,}084$$

$$V = 181.680{,}00 \text{ GE}$$

2. Schritt

Berechnung der Annuitäten (A):

$$A = \frac{V}{q^n} \times \frac{q^n(q-1)}{q^n - 1} = V \times \frac{q-1}{q^n - 1} \quad ; \quad \frac{q^n(q-1)}{q^n - 1} = \text{Annuitätenfaktor}$$

In diesem Schritt unterscheiden sich Teilwert- und Gegenwartswertmethode, da bei der Teilwertmethode von n = 12 (Eintrittszeitpunkt) und bei der Gegenwartswertmethode von n = 7 (Zusagezeitpunkt) auszugehen ist.

(A) Teilwertmethode

$$A_T = V \times \frac{q-1}{q^{12} - 1} \qquad (q = 1 + i = 1{,}06)$$

$$A_T = 181.680 \text{ GE} \times 0{,}059277$$

$$A_T = 10.769{,}45 \text{ GE}$$

(B) Gegenwartswertmethode

$$A_G = V \times \frac{q-1}{q^{7} - 1} \qquad (q = 1 + i = 1{,}06)$$

$$A_G = 181.680 \text{ GE} \times 0{,}119135$$

$$A_G = 21.644{,}45 \text{ GE}$$

3. Schritt

Berechnung der Rückstellungswerte (RW) (Rentenendwerte der Annuität):

$$RW = A \times \frac{q^n - 1}{q - 1}$$

Zum 31.12.09 ergeben sich beispielsweise folgende Rückstellungswerte:

(A) Teilwertmethode (Eintrittszeitpunkt bis 31.12.09 = 9 Jahre)

$$RW = A_T \times \frac{q^9 - 1}{q - 1}$$

$$RW = 10.769{,}45 \text{ GE} \times 11{,}49132 = 123.755{,}16 \text{ GE}$$

(B) Gegenwartswertmethode (Zusagezeitpunkt bis 31.12.09 = 4 Jahre)

$$RW = A_G \times \frac{q^4 - 1}{q - 1}$$

$$RW = 21.644{,}45 \text{ GE} \times 4{,}37462 = 94.686{,}16 \text{ GE}$$

Der Unterschiedsbetrag zwischen dem Rückstellungswert zweier Bilanzstichtage während der Anwartschaft entspricht dem notwendigen Betrag der Rückstellungszuführung.

Aus nachfolgender Tabelle sind die sich nach der direkten Berechnungsmethode zu den jeweiligen Bilanzstichtagen ergebenden Rückstellungswerte und Zuführungsbeträge (jeweils in GE) zu entnehmen.

Bilanzstichtag	Teilwertmethode		Gegenwartswertmethode	
	Zuführung	Rückstellungswert	Zuführung	Rückstellungswert
06	75.120,35	75.120,35	21.644,45	21.644,45
07	15.276,67	90.397,02	22.943,12	44.587,57
08	16.193,27	106.590,29	24.319,70	68.907,27
09	17.164,87	123.755,16	25.778,89	94.686,16
10	18.194,76	141.949,92	27.325,62	122.011,78
11	19.286,45	161.236,37	28.965,16	150.976,93
12	20.443,63	181.680,00	30.703,07	181.680,00

Aufgabe 7.8: Teilwertmethode vs. projected unit credit method

Ein Arbeitnehmer erhält eine Kapitalzusage, die in den ersten vier Jahren seiner Betriebszugehörigkeit einen Rentenanspruch von jeweils 10 % und in den folgenden vier Jahren einen Anspruch von jeweils 5 % seines Endgehaltes von 100.000 GE festschreibt.

a) Stellen Sie den jährlichen Aufwandsbetrag sowie die Entwicklung der Pensionsrückstellung sowohl nach dem Teilwertverfahren (gemäß § 6a EStG) als auch nach der *projected unit credit method* dar. Verzichten Sie dabei zur Verdeutlichung der grundlegenden Unterschiede zwischen beiden Verfahren auf die jeweils notwendige Barwertermittlung. Zinsen, Gehaltsentwicklungen, Sterbe-, Invaliditäts- und Fluktuationswahrscheinlichkeiten sollen nicht berücksichtigt werden.

b) Wie a), rechnen Sie aber im Unterschied zu a) – unter sonst gleichen Annahmen – mit einer wahrscheinlichen, nicht tariflich festgeschriebenen Gehaltssteigerung von 5 % jährlich (beginnend im Jahr 01).

Lösung

Im Rahmen des Teilwertverfahrens nach § 6a EStG wird die Rückstellung in gleichmäßigen Beträgen über die Laufzeit des Vertrages gebildet. Die *projected unit credit method,* ein Ansammlungsverfahren, stellt dagegen einen Betrag in Höhe des jährlich erworbenen Anspruchs zurück. Letztgenannte Methode ist nach IFRS zwingend für die Bewertung von Pensionsrückstellungen vorgeschrieben (IAS 19.57a, .67). Sie wird auch als »Verfahren der laufenden Einmalprämien« bezeichnet.

a) Insgesamt erwirbt der Arbeitnehmer durch die getroffene Vereinbarung einen Rentenanspruch von $4 \times (0,1 \times 100.000 \text{ GE}) + 4 \times (0,05 \times 100.000 \text{ GE}) = 60.000$ GE. Unter Berücksichtigung der in der Angabe formulierten Annahmen ergeben sich die in folgender Tabelle dargestellten Rückstellungsverläufe (in GE).

	Teilwertmethode		*projected unit credit method*	
	Aufwand	Rückstellung	Aufwand	Rückstellung
Jahr 01	7.500 (60.000 / 8)	7.500	10.000 (0,1 × 100.000)	10.000
Jahr 02	7.500	15.000	10.000	20.000
Jahr 03	7.500	22.500	10.000	30.000
Jahr 04	7.500	30.000	10.000	40.000
Jahr 05	7.500	37.500	5.000	45.000
Jahr 06	7.500	45.000	5.000	50.000
Jahr 07	7.500	52.500	5.000	55.000
Jahr 08	7.500	60.000	5.000	60.000

b) Im Rahmen des Teilwertverfahrens nach § 6a EStG dürfen Gehaltsprojektionen der in der Angabe angeführten Art – anders als im Handelsrecht – nicht berücksichtigt werden (§ 6 Abs. 1 Nr. 3a Bst. f EStG). Der Rückstellungsbetrag und der jährlich zuzuführende Aufwand berechnen sich auf Basis des jeweiligen Periodenendgehaltes zum Stichtag. Bei der *projected unit credit method* werden diese Posten hingegen auf Basis des prognostizierten Endgehaltes ermittelt. Aus diesem Grund werden im Rahmen der Teilwertmethode nach § 6a EStG (bei Gehaltssteigerungen) zu geringe

Beträge zurückgestellt, was in späteren Jahren aufzuholen ist. Der gesamte Periodenaufwand setzt sich bei der Teilwertmethode somit zusammen aus:

- dem Anspruch der Periode, errechnet auf Basis des feststehenden Endgehaltes der Periode, und
- der Nachpassivierung für Vorjahre aufgrund des gestiegenen Endgehaltes.

Bei einer jährlichen Gehaltssteigerung von 5 % ergibt sich ein Endgehalt von 100.000 GE × $1{,}05^8$= 147.746 GE. Davon stellt die *projected unit credit method* den jährlich neu dazu erworbenen Anspruch von 10 % bzw. 5 % ein.

Die Teilwertmethode hingegen errechnet im Jahr 01 den Aufwand gemäß folgender Formel:

$$\frac{60.000\ \text{GE} \times 1{,}05}{8} = 7.875\ \text{GE}$$

Im Jahr 02 errechnet sich der Aufwand (in nachfolgender Tabelle als »Anspruch der Periode« bezeichnet) wie folgt:

$$\frac{60.000\ \text{GE} \times 1{,}05^2}{8} = 8.269\ \text{GE}$$

Im Jahr 02 muss zusätzlich noch die Passivierung des Betrages erfolgen, der aus heutiger Sicht dem letzten Jahr zuzuordnen ist (»Nachaufwand«):

$$\left(\frac{60.000\ \text{GE} \times 1{,}05^2}{8} - \frac{60.000\ \text{GE} \times 1{,}05}{8}\right) \times 1 = 394\ \text{GE}$$

Für das Jahr 03 errechnet sich der »Nachaufwand« folgendermaßen:

$$\left(\frac{60.000\ \text{GE} \times 1{,}05^3}{8} - \frac{60.000\ \text{GE} \times 1{,}05^2}{8}\right) \times 2 = 827\ \text{GE}$$

	Teilwertmethode				*projected unit credit method*	
	Anspruch der Periode	Nachauf-wand	Gesamt-aufwand	Rückstel-lung	Aufwand	Rückstel-lung
Jahr 01	7.875		7.875	7.875	14.775	14.775
Jahr 02	8.269	394	8.663	16.538	14.775	29.550
Jahr 03	8.682	827	9.509	26.047	14.775	44.325
Jahr 04	9.116	1.302	10.418	36.465	14.775	59.100
Jahr 05	9.572	1.823	11.395	47.860	7.387	66.487
Jahr 06	10.051	2.393	12.444	60.304	7.387	73.874
Jahr 07	10.553	3.015	13.568	73.872	7.387	81.261
Jahr 08	11.081	3.694	14.775	88.647	7.387	88.648

Der Unterschied in der Rückstellungshöhe (im Jahr 08) zwischen beiden Methoden ergibt sich aufgrund von Rundungsdifferenzen (Werte in GE).

Die folgende Abbildung stellt die unterschiedlichen Verläufe im Rückstellungsaufbau bzw. im Periodenaufwand grafisch dar. Dabei ist deutlich zu erkennen, dass das Teilwertverfahren nach § 6a EStG bei Zahlungen, die auf steigende Endgehälter abgestimmt sind, zunächst einen zu geringen Rückstellungsbetrag ausweist.

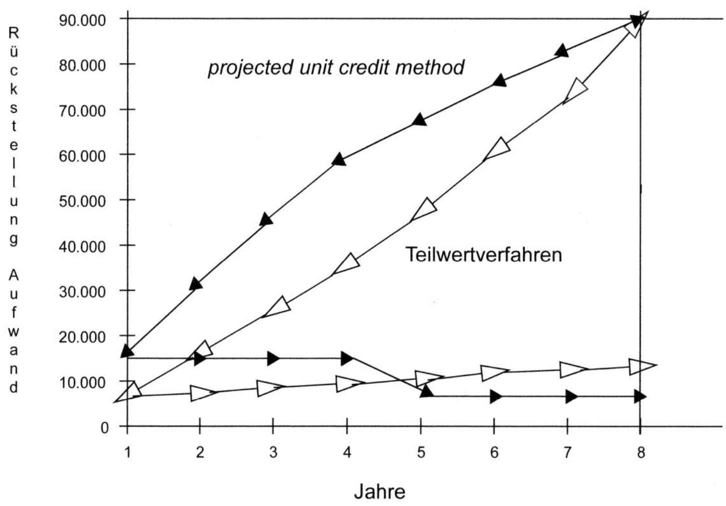

8. Kapitel: Übrige Bilanzposten

Aufgabe 8.1: Rechnungsabgrenzungsposten

Um welche Art von Rechnungsabgrenzungsposten handelt es sich bei den folgenden Beispielen und unter welchem Posten sind sie zum 31.12.01 in der Bilanz der Bau AG nach HGB bzw. IFRS zu erfassen?

a) Getätigte Mietvorauszahlung für die ersten sechs Monate von 02 i. H. v. 12.000 GE.

b) Erhaltene Anzahlung (34.000 GE) für eine Warenlieferung, die in 02 erfolgen soll.

c) Am 01.10.01 wurde ein neuer Firmen-Pkw angemeldet. Die Kfz-Steuer von 300 GE ist jährlich im Voraus zu entrichten.

d) Aus empfangenen Rohstofflieferungen ist noch eine Rechnung i. H. v. 25.000 GE offen.

e) Es wurde am 01.10.01 ein Kredit i. H. v. 100.000 GE mit einer Laufzeit von zehn Jahren aufgenommen, die Auszahlungsquote betrug 90 %. Es sind jährlich 5 % Zinsen im Nachhinein zu entrichten.

f) Erhaltene Pachtvorauszahlung (300 GE) für das erste Quartal 02.

g) Die Miete für ein in den letzten sechs Monaten genutztes Lagerhaus wurde noch nicht bezahlt (3.000 GE). Am 30.11.01 endete der Mietvertrag und die Bau AG zog aus der Lagerhalle aus.

Lösung

a) Ausgabe jetzt, Aufwand später; strenger Zeitraumbezug, deshalb transitorisches Aktivum. Ausweis unter: Aktivseite, C. Rechnungsabgrenzungsposten, 12.000 GE.

   Nach IFRS gibt es keinen selbstständigen Bilanzposten für die Rechnungsabgrenzung, allerdings sind auch hier Rechnungsabgrenzungen gemäß dem *accrual*-Prinzip zur periodengerechten Erfolgsabgrenzung vorzunehmen. Der Betrag von 12.000 GE ist unter den *current assets* als *prepaid expenses* auszuweisen.

b) Einnahme jetzt, Ertrag später; kein strenger Zeitraumbezug, deshalb auch kein Rechnungsabgrenzungsposten. Ausweis unter: Passivseite, C. 3. erhaltene Anzahlungen auf Bestellungen, 34.000 GE. Alternativ können die erhaltenen Anzahlungen auch offen von dem Posten »Vorräte« abgesetzt werden (§ 268 Abs. 5 Satz 2 HGB). Ausweis unter: Aktivseite, B. I. Vorräte, – 34.000 GE.

   Nach IFRS wird dieser Posten i. H. v. 34.000 GE unter den *current liabilities* ausgewiesen.

c) Ausgabe jetzt, Aufwand später; strenger Zeitraumbezug, deshalb transitorisches Aktivum. Ausweis unter: Aktivseite, C. Rechnungsabgrenzungsposten, 225 GE.

   Der Betrag von 225 GE wird nach IFRS als *prepaid expenses* unter den *current assets* ausgewiesen.

d) Ausgabe jetzt, Aufwand jetzt oder später; kein strenger Zeitraumbezug, deshalb kein Rechnungsabgrenzungsposten. Ausweis unter: Passivseite, C. 4. Verbindlichkeiten aus Lieferungen und Leistungen, 25.000 GE.

   Diese 25.000 GE sind nach IFRS als *trade and other payables* auszuweisen.

e) Disagio: Ausgabe jetzt, Aufwand später; strenger Zeitraumbezug, deshalb transitorisches Aktivum. Ausweis des Disagios unter: Aktivseite, C. Rechnungsabgrenzungsposten, 10.000 GE (handelsrechtlich besteht für das Disagio gemäß § 250 Abs. 3 HGB ein Aktivierungswahlrecht, steuerrechtlich nach § 5 Abs. 5 Satz 1 Nr. 1 EStG eine Aktivierungspflicht).

   Ein Disagio ist nach IFRS nicht separat auszuweisen. Die Verbindlichkeit wird zum Auszahlungsbetrag passiviert und unter Verwendung der Effektivzinsmethode sukzessiv über die Laufzeit zugeschrieben.

   Zinsen: Aufwand jetzt, Ausgabe später; kein Rechnungsabgrenzungsposten. Ausweis unter: Passivseite, C. Verbindlichkeiten, 1.250 GE.

   Nach IFRS handelt es sich um *trade and other payables* mit einem Wert von 1.250 GE.

f) Einnahme jetzt, Ertrag später; strenger Zeitraumbezug, deshalb transitorisches Passivum. Ausweis unter: Passivseite, D. Rechnungsabgrenzungsposten, 300 GE.

   Nach IFRS ist dieser Posten i. H. v. 300 GE als *deferred income* unter den *current liabilities* auszuweisen.

g) Aufwand jetzt, Ausgabe jetzt; kein antizipativer Rechnungsabgrenzungsposten, da die Ausgabe bereits vorliegt und der Aufwand nicht gegenüber dem neuen Geschäftsjahr abgegrenzt werden muss. Ausweis unter: Passivseite, C. 4. Verbindlichkeiten aus Lieferungen und Leistungen, 3.000 GE.

   Hier handelt es sich nach IFRS um *trade and other payables* mit einem Wert von 3.000 GE.

Aufgabe 8.2: Latente Steuern

Bei der Meditechno AG sind in den Geschäftsjahren 01 und 02 u. a. folgende Vorgänge angefallen, die ggf. noch im handelsbilanziellen Abschluss zu berücksichtigen sind:

a) 01: Aktivierung von Entwicklungskosten einer selbst geschaffenen Software im Anlagevermögen Anfang 01 i. H. v. 1.250.000 GE und Abschreibung über fünf Jahre Nutzungsdauer.

b) 01: Aufsichtsratsvergütungen i. H. v. 100.000 GE werden in den Posten »sonstige betriebliche Aufwendungen« eingestellt.

c) 02: Eine für 10 Mio. GE neu beschaffte Anlage, für die eine steuerliche Abschreibungsvergünstigung in Form einer Sofortabschreibung in Anspruch genommen wird, wurde linear (Nutzungsdauer zehn Jahre) abgeschrieben. Die bei Erwerb in der Steuerbilanz vorgenommene Sofortabschreibung beträgt 4 Mio. GE, sie erfolgt zusätzlich zur linearen Abschreibung auf Basis der Anschaffungskosten.

d) 02: Es wurde eine Liefervereinbarung mit der Bau-Max GmbH für das Jahr 03 getroffen. Nach Abschluss des Vertrags steigen die Rohstoffpreise so stark an, dass mit einem Verlust i. H. v. 50.000 GE aus diesem Geschäft zu rechnen ist.

Welche latenten Steuerabgrenzungen gemäß § 274 HGB und IAS 12 ergeben sich aus diesen Vorgängen in den Geschäftsjahren 01 bis 05? Verwenden Sie als Bezugsbasis eine Steuerbilanz nach EStG. Gehen Sie von einem Ertragsteuersatz von 40 % aus!

Lösung

a) Die Investitionen in selbst geschaffene Software werden in 01 in der Handelsbilanz aktiviert (§ 248 Abs. 2 HGB) und in den Jahren 01 bis 05 planmäßig abgeschrieben (§ 253 Abs. 3 HGB). In 01 kommt es zu einem Wertansatz von 1 Mio. GE (nach der auf das Jahr 01 entfallenden Abschreibung von 250.000 GE) auf der Aktivseite der Handelsbilanz. In der Steuerbilanz kann dagegen kein Ansatz vorgenommen werden und die Entwicklungskosten sind als Aufwand der Periode zu erfassen (§ 5 Abs. 2 EStG). Es entsteht somit eine temporäre Differenz i. H. v. 1 Mio. GE. In 02 bis 05 löst sich die temporäre Differenz mit der Verbuchung der Abschreibung um je 250.000 GE weiter auf. Eine latente Steuerabgrenzung in Form einer passiven latenten Steuer ist geboten.

   Entwicklungskosten für selbst geschaffene Software sind nach IFRS bei kumulativer Erfüllung der Ansatzkriterien des IAS 38.57 zu aktivieren. Es entstehen vorübergehende Differenzen zwischen den IFRS-Wertansätzen und dem Steuerbilanzansatz, sodass auch hier eine latente Steuerabgrenzung in Form einer passiven latenten Steuer erforderlich ist.

b) In diesem Fall ist eine permanente Differenz zwischen Handels- und Steuerbilanzergebnis gegeben, da Aufsichtsratsvergütungen gemäß § 10 Nr. 4 KStG in der Steuerbilanz nur zu 50 % als Betriebsausgabe anerkannt werden. Auch nach IFRS entsteht eine solche permanente Differenz, da in der Steuerbilanz nur 50 % der Aufsichtsratsvergütung – auch nicht in einer späteren Periode – berücksichtigt werden. Eine latente Steuerabgrenzung gemäß § 274 HGB oder IAS 12 ist nicht möglich.

c) Handelsbilanz- und Steuerbilanzwertansatz weichen voneinander ab, sodass eine temporäre Differenz i. H. v. 4 Mio. GE entsteht, wobei sich diese Differenz im Zeitverlauf ausgleicht. Der Ansatz einer passiven latenten Steuer ist erforderlich.

   Nach IFRS sind rein steuerlich bedingte Abschreibungen nicht zulässig, sodass wie nach HGB im Jahr 02 eine *temporary difference* i. H. v. 4 Mio. GE entsteht. Durch die in den Folgejahren höheren Abschreibungsbeträge im IFRS-Abschluss löst sich die Differenz über die Nutzungsdauer der Maschine auf. Es ist eine latente Steuerabgrenzung in Form einer passiven latenten Steuer erforderlich.

d) Aufgrund des zu erwartenden Verlusts aus dem Vertrag mit der Bau-Max GmbH ist handelsrechtlich gemäß § 249 Abs. 1 Satz 1 HGB eine Drohverlustrückstellung von 50.000 GE zu bilden. Steuerrechtlich besteht ein Passivierungsverbot für Drohverlustrückstellungen (§ 5 Abs. 4a EStG). Somit entsteht in 02 eine temporäre Differenz i. H. v. 50.000 GE, die sich in 03 auflöst. Eine latente Steuerabgrenzung in Form einer aktiven latenten Steuer ist möglich.

   Nach IFRS ist gemäß IAS 37.66 ebenfalls eine Drohverlustrückstellung zu bilden, da ein belastender Vertrag vorliegt. Es besteht auch hier eine vorübergehende Differenz zwischen den IFRS-Wertansätzen und dem Steueransatz, was zu einer latenten Steuerabgrenzung in Form einer aktiven latenten Steuer führt.

Bei einer Bilanzierung nach HGB kommt es grundsätzlich zu einem saldierten Ausweis latenter Steuern (§ 274 Abs. 1 HGB). Eine sich insgesamt ergebende zukünftige Steuerbelastung ist als passive latente Steuer (§ 266 Abs. 3 E. HGB) in der Bilanz anzusetzen (§ 274 Abs. 1 Satz 1 HGB). Im Falle einer sich insgesamt ergebenden zukünftigen Steuerentlastung besteht nach § 274 Abs. 1 Satz 2 HGB ein Wahlrecht zum Ansatz einer aktiven latenten Steuer (§ 266 Abs. 2 D. HGB). Daneben lässt das Gesetz auch einen Bruttoausweis der aktiven und passiven latenten Steuern zu (§ 274 Abs. 1 Satz 3 HGB), d. h., aktive und passive latente Steuern können unverrechnet ausgewiesen werden.

Bei einer Bilanzierung nach IFRS gilt sowohl für aktive latente Steuern (IAS 12.24) als auch für passive latente Steuern (IAS 12.15) eine Bilanzierungspflicht. Eine Saldierung ist nur unter sehr engen Voraussetzungen geboten (IAS 12.74).

Die Entwicklung der temporären Differenzen und der resultierenden latenten Steuern stellt sich für HGB und IFRS wie folgt dar:

alle Angaben in TGE	Perioden				
	01	02	03	04	05
Temporary difference					
(a) Softwareentwicklung					
Änderung *temporary difference*	1.000*	– 250	– 250	– 250	– 250
Stand *temporary difference*	1.000	750	500	250	–
(c) steuerliche Sonderabschreibung					
Änderung *temporary difference*	–	4.000	– 400	– 400	– 400
Stand *temporary difference*	–	4.000	3.600	3.200	2.800
(d) Drohverlustrückstellung					
Änderung *temporary difference*	–	50	– 50	–	–
Stand *temporary difference*	–	50	–	–	–
(a) + (c) + (d) Änderung *temporary difference*	1.000	3.700	– 600	– 650	– 650
(a) + (c) + (d) Stand *temporary difference*	1.000	4.700	4.100	3.450	2.800
Latente Steuer (Steuersatz 40 %)					
Einzeldifferenzenbetrachtung					
GuV: latenter Steueraufwand	400	1.600	20	–	–
latenter Steuerertrag	–	120**	260	260	260
Bilanz: aktive latente Steuer	–	20	–	–	–
passive latente Steuer	400	1.900	1.640	1.380	1.120
Gesamtdifferenzenbetrachtung mit Aktivierung					
GuV: latenter Steueraufwand	400	1.480***	–	–	–
latenter Steuerertrag	–	–	240	260	260
Bilanz: aktive latente Steuer	–	–	–	–	–
passive latente Steuer	400	1.880	1.640	1.380	1.120
Gesamtdifferenzenbetrachtung ohne Aktivierung					
GuV: latenter Steueraufwand	400	1.500	–	–	–
latenter Steuerertrag	–	–	260	260	260
Bilanz: aktive latente Steuer	–	–	–	–	–
passive latente Steuer	400	1.900	1.640	1.380	1.120

* = 1.250 – 250
** = 0,4 × 250 + 0,4 × 50
** = 1.600 – (0,4 × 250 + 0,4 × 50)

Aufgabe 8.3: Latente Steuern nach IFRS

Das international tätige Industrieunternehmen Little AG möchte in seinem Jahresabschluss nach IFRS von der alternativ zulässigen Neubewertungsmethode für Gegenstände des Sachanlagevermögens Gebrauch machen.

Zu Beginn des Jahres 01 kauft die Little AG ein Grundstück (Anschaffungskosten 1.000.000 GE) und eine Produktionsanlage (Anschaffungskosten 100.000 GE, Restwert: 0 GE) mit einer Nutzungsdauer von fünf Jahren.

Im Jahr 02 erhöht sich aufgrund der günstigen Lage der Wert des Grundstücks auf 1.100.000 GE.

Im Rahmen des allgemeinen Preisrückgangs auf dem Immobilienmarkt sinkt im Jahr 03 der Wert des Grundstücks auf 1.050.000 GE. Der Marktwert der Produktionsanlage steigt Ende 03 infolge neu entdeckter Einsatzbereiche hingegen auf 120.000 GE.

Im Jahr 04 verstärkt sich der Preisverfall für Immobilien, sodass das Grundstück nur noch einen Marktwert von 800.000 GE besitzt.

Im Verlauf des Jahres 05 erholt sich der Wert des Grundstücks auf 1.300.000 GE. Die gebrauchte Produktionsanlage kann Ende 05 überraschend für 1.000 GE an einen Schrotthändler verkauft werden.

Wegen Aufgabe des Zweigwerkes entschließt sich das Management im Jahr 06 zum Verkauf des Grundstücks zu einem Preis von 1.100.000 GE.

Welche Wertansätze ergeben sich für das Grundstück und die Produktionsanlage sowie für die korrespondierende Neubewertungsrücklage im Jahresabschluss nach IFRS, wenn das Unternehmen einem Steuersatz von 40 % unterliegt und die Neubewertung steuerlich nicht anerkannt wird (zur Behandlung ohne latente Steuern vgl. 3. Kapitel, Aufgabe 3.6)? Gehen Sie bei der Produktionsanlage davon aus, dass die Little AG von dem Wahlrecht in IAS 16.41 Gebrauch macht und die Neubewertungsrücklage (NBW-RL) nicht erst bei Veräußerung der Produktionsanlage in die Gewinnrücklage umbucht.

Lösung

Nach IAS 12 wird bei der Bildung latenter Steuern das *Temporary*-Konzept zugrunde gelegt. Das bedeutet, dass latente Steuern entstehen, wenn der Ansatz in der Handelsbilanz vom Steuerwert des Postens abweicht, unabhängig davon, ob das handels- bzw. steuerrechtliche Ergebnis beeinflusst wird oder nicht. Dabei entstehen aktive latente Steuern, wenn bei einem Vermögenswert der Ansatz in der Handelsbilanz kleiner ist als in der Steuerbilanz (z. B. Disagio) bzw. wenn bei einem Schuldposten der Ansatz in der Handelsbilanz größer ist als in der Steuerbilanz (möglich z. B. bei einer Bewertung der Pensionsrückstellungen in der Handelsbilanz mit einem höheren Wert als dem Teilwert nach § 6a EStG). Passive latente Steuern ergeben sich respektive dann, wenn bei einem

Vermögenswert der Ansatz in der Handelsbilanz größer ist als in der Steuerbilanz (z. B. bei steuerlich nicht anerkannten Neubewertungen) bzw. bei einem Schuldposten, wenn der Ansatz in der Handelsbilanz kleiner ist als in der Steuerbilanz (z. B. bei Aufwandsrückstellungen für unterlassene Instandhaltung, die nach R 5.7 Abs. 11 EStR unter bestimmten Voraussetzungen in der Steuerbilanz zu bilden sind, nach IFRS (IAS 37.20) in der Handelsbilanz aufgrund der fehlenden Verpflichtung gegenüber Dritten jedoch nicht).

Für das Grundstück ergeben sich folgende Wertansätze in GE:

Periode	*fair value*	Wert in der StB am 31.12.	Wirkung auf GuV	Änderung der Neubewertungsrücklage	Neubewertungsrücklage am 31.12.	Bestand (+) aktiver/ (–) passiver lat. Steuer am 31.12.
01		1.000.000	–	–	–	–
02	1.100.000	1.000.000	–	+ 60.000	60.000	– 40.000
03	1.050.000	1.000.000	–	– 30.000	30.000	– 20.000
04	800.000	Fall a) 1.000.000 Fall b) 800.000	Fall a) – 200.000 + 80.000 Fall b) – 200.000	– 30.000	–	Fall a) + 80.000 Fall b) –
05	1.300.000	Fall a) 1.000.000 Fall b) 1.000.000	Fall a) + 200.000 – 80.000 Fall b) + 200.000	+ 180.000	180.000	Fall a) – 120.000 Fall b) – 120.000
06	1.100.000	–	–	– 180.000	–	–

Buchungssätze:

01:	Grundstücke	1.000.000	an	Kasse	1.000.000
02:	Grundstücke	100.000	an	NBW-RL pass. lat. Steuer	60.000 40.000
03:	NBW-RL pass. lat. Steuer	30.000 20.000	an	Grundstücke	50.000

04: Fall a)
Die Wertminderung des Grundstücks wird als nicht dauerhaft angesehen; deshalb beträgt der Wertansatz in der StB weiterhin 1.000.000 GE.

NBW-RL	30.000	an	Grundstücke	250.000
pass. lat. Steuer	20.000			
Abschreibung	200.000			
akt. lat. Steuer	80.000	an	lat. Steuerertrag	80.000

Fall b)
Es wird von einer dauerhaften Wertminderung des Grundstücks ausgegangen. Bei einer dauerhaften Wertminderung im Anlagevermögen besteht ein steuerrechtliches Abschreibungswahlrecht. Wird hiervon kein Gebrauch gemacht, ist die Lösung identisch zu Fall a). Wird jedoch vom Abschreibungswahlrecht Gebrauch gemacht, wird der steuerrechtliche Wertansatz auf 800.000 GE verringert. So entsteht kein zusätzlicher Unterschiedsbetrag zwischen dem Steuerwert des Grundstücks und dem Wert nach IFRS. Es kommt nur zu einer weiteren Auflösung der in 02 gebildeten latenten Steuern.

NBW-RL	30.000	an	Grundstücke	250.000
pass. lat. Steuer	20.000			
Abschreibung	200.000			

05: Fall a)

Grundstücke	500.000	an	sonst. betr. Ertrag	200.000
			NBW-RL	180.000
			pass. lat. Steuer	120.000
lat. Steueraufwand	80.000	an	akt. lat. Steuer	80.000

Fall b)
Steuerlich erfolgt eine Zuschreibung auf die Anschaffungskosten von 1.000.000 GE

Grundstücke	500.000	an	sonst. betr. Ertrag	200.000
			NBW-RL	180.000
			pass. lat. Steuer	120.000

06: Eine Unterscheidung in Fall a) und Fall b) ist in 06 nicht mehr notwendig, da in 05 der Grund für die in Fall b) angenommene dauerhafte Wertminderung des Grundstücks und damit auch das steuerrechtliche Abschreibungswahlrecht entfallen ist.

NBW-RL	120.000	an	Grundstücke	200.000
pass. lat. Steuer	80.000			
Kasse	1.100.000	an	Grundstücke	1.100.000
NBW-RL	60.000	an	Gewinn-RL	100.000
pass. lat. Steuer	40.000			

Für die Produktionsanlage ergeben sich folgende Werte in GE:

Periode	Buchwert am 1.1.	planmäßige Abschreibung	Buchwert am 31.12.	Steuerbilanzansatz am 31.12.	Wirkung auf GuV	Neubewertungsrücklage am 31.12.	Bestand (–) der passiven lat. Steuern
01	100.000	– 20.000	80.000	80.000	– 20.000	–	–
02	80.000	– 20.000	60.000	60.000	– 20.000	–	–

03	60.000	– 20.000	120.000	40.000	– 20.000	48.000	– 32.000
04	120.000	– 60.000	60.000	20.000	– 60.000	24.000	– 16.000
05	60.000	– 60.000	–	–	– 60.000 + 1.000	–	–

Buchungssätze:

01:	Techn. Anlage	100.000	an	Kasse	100.000
	Abschreibung	20.000	an	Techn. Anlage	20.000
02:	Abschreibung	20.000	an	Techn. Anlage	20.000
03:	Abschreibung	20.000	an	Techn. Anlage	20.000
	Techn. Anlage	80.000	an	NBW-RL	48.000
				pass. lat. Steuer	32.000
04:	Abschreibung	60.000	an	Techn. Anlage	60.000
	NBW-RL	24.000	an	Gewinn-RL	40.000
	pass. lat. Steuer	16.000			
05:	Abschreibung	60.000	an	Techn. Anlage	60.000
	NBW-RL	24.000	an	Gewinn-RL	40.000
	pass. lat. Steuer	16.000			
	Kasse	1.000	an	sonst. betr. Ertrag	1.000

9. Kapitel: Erfolgsrechnung

Aufgabe 9.1: Korrektur von Fehlern

Die Sunlight AG stellt am Ende des Geschäftsjahres 03 fest, dass sie in den vorangegangenen Geschäftsjahren 01 und 02 jeweils Abschreibungen auf eine Anlage i. H. v. 5.000 GE doppelt erfasst hat. Der Fehler erfolgte aber nicht in der Steuerbilanz.

Es sind folgende Daten bekannt:

(Beträge in GE)	**Geschäftsjahr 03**	**Geschäftsjahr 02**
Umsatzerlöse	250.000	200.000
Summe der Aufwendungen	210.000 (inkl. einfacher Abschreibung)	170.000 (inkl. doppelter Abschreibung)
Buchwert der Anlage (zu Geschäftsjahresbeginn)	35.000	45.000
Buchwert der Anlage (zum Geschäftsjahresende)	30.000	35.000
Gewinnrücklagen (zu Geschäftsjahresbeginn)	100.000	95.000
Gewinnrücklagen (zum Geschäftsjahresende)	115.000	100.000

Der Steuersatz für die Geschäftsjahre 01–03 beträgt konstant 20 %.

a) Wie ist dieser Fehler in der Aufstellung des Jahresabschlusses 03 nach IFRS zu berücksichtigen?

b) Wie ist ein solcher Fehler in einem HGB-Abschluss zu korrigieren?

Lösung

a) Grundsätzlich ist gemäß IAS 8 jeder wesentliche Fehler retrospektiv zu korrigieren, wenn die notwendigen Anpassungseffekte praktikabel bestimmbar sind. Um den auf nicht mehr berichtete Vorperioden (in diesem Fall betrifft dies die Periode 01) entfallenden Anpassungsbetrag zu bestimmen, sind die Gewinnrücklagen zu Beginn der ersten berichteten Periode (in diesem Fall Periode 02) zu verändern. Die auf berichtete Perioden (in diesem Fall Periode 02 und 03, da Periode 02 die Vergleichsperiode ist) entfallenden Beträge sind direkt in den betreffenden Jahresabschlussposten zu berücksichtigen.

1. Anpassung der GuV

(Beträge in GE)	**Geschäftsjahr 03**	**Geschäftsjahr 02 (*restated*)**	**Geschäftsjahr 02 (ursprüngliche GuV)**
Umsatzerlöse	250.000	200.000	200.000
Summe der Aufwendungen	210.000	170.000 – 5.000 = **165.000**	170.000
Gewinn vor Steuern	40.000	**35.000**	**30.000**
Steuern	8.000	7.000	6.000
Gewinn nach Steuern	32.000	**28.000**	24.000

In der GuV des Geschäftsjahres 03 sind keine Änderungen vorzunehmen, da hier die fehlerhafte Abschreibung festgestellt und der Fehler nicht erneut umgesetzt wurde. Die GuV des Geschäftsjahres 02 ist anzupassen, da in diesem Geschäftsjahr die Aufwendungen durch die doppelte Abschreibung zu hoch ausgewiesen werden und entsprechend ein Abschreibungsbetrag i. H. v. 5.000 GE von den Aufwendungen abzuziehen ist (170.000 GE – 5.000 GE = 165.000 GE). Dadurch erhöht sich der Gewinn vor Steuern im Geschäftsjahr 02 von 30.000 GE auf 35.000 GE und die insgesamt auf den Gewinn zu zahlenden Steuern i. H. v. 20 % steigen um 1.000 GE auf 7.000 GE. Im Vergleich zur ursprünglichen GuV des Geschäftsjahres 02 erhöht sich der Gewinn nach Steuern durch die Fehlerkorrektur um 4.000 GE.

2. Anpassung der Bilanz

(Beträge in GE)	**Buchwert der Anlage**	**Gewinnrücklagen**
Beginn des Geschäftsjahres 02	45.000 + 5.000 = **50.000**	95.000 + (1 – 0,2) × 5.000 = 95.000 + 4.000 = **99.000**
Ende des Geschäftsjahres 02	35.000 + 2 × 5.000 = **45.000**	100.000 + 2 × 4.000 = **108.000**
Ende des Geschäftsjahres 03	30.000 + 2 × 5.000 = **40.000**	115.000 + 2 × 4.000 = **123.000**

Die Anpassung des Buchwerts der Anlage für das Geschäftsjahr 02 und 03 erfolgt durch ergebnisneutrale Gegenbuchungen in den Gewinnrücklagen.

Um die Ermittlung der entsprechenden Beträge besser nachvollziehen zu können, werden die aus der doppelten Abschreibung resultierenden Buchungen zum Ende des Geschäftsjahres 01 betrachtet:

Buchung der doppelten Abschreibung im Geschäftsjahr 01:

Abschreibung	GE	10.000	an	Sachanlagen	GE	10.000

Hieraus resultiert der Buchwert der Anlage zum Geschäftsjahresende 01: 45.000 GE.

Die doppelte Abschreibung führt zu aktiven latenten Steuern im Geschäftsjahr 01, da der Ansatz der Anlage in der IFRS-Bilanz (45.000 GE) geringer ist als in der Steuerbilanz (50.000 GE), in der der Fehler nicht gemacht wurde, und diese Differenz zeitlich begrenzt ist. Die aktiven latenten Steuern betragen 1.000 GE (= Differenz × Steuersatz = 5.000 GE × 0,2).

Buchung der aktiven latenten Steuern im Geschäftsjahr 01:

Aktive latente Steuern	GE	1.000	an	Steuerertrag	GE	1.000

Insgesamt hat die doppelte Erfassung der Abschreibung eine Ergebniswirkung im Geschäftsjahr 01 von – 9.000 GE (= Abschreibung (– 10.000 GE) + Steuerertrag (1.000 GE)). Dieselbe Wirkung wird auch durch die fehlerhafte Abschreibung im Geschäftsjahr 02 erreicht.

Korrektur zu Beginn des Geschäftsjahres 02:

Der Buchwert der Anlage zu Geschäftsjahresbeginn 02 beträgt 50.000 GE, da der Wert am Ende des Geschäftsjahres 01 (45.000 GE) um 5.000 GE erhöht werden muss, um die fehlerhafte, doppelte Abschreibung aus dem Geschäftsjahr 01 zu korrigieren. Die Gegenbuchung erfolgt ergebnisneutral in den Gewinnrücklagen. Zusätzlich müssen die mit der fehlerhaften Abschreibung in Verbindung stehenden aktiven latenten Steuern des Geschäftsjahres 01 ebenfalls ergebnisneutral korrigiert werden.

Buchung zu Beginn des Geschäftsjahres 02:

Sachanlagen	GE	5.000	an	Gewinnrücklagen	GE	4.000
				Aktive latente Steuern	GE	1.000

Die Ergebniswirkung der doppelten Abschreibung im Geschäftsjahr 01 (– 9.000 GE) mindert in derselben Höhe die Gewinnrücklagen zu Beginn des Geschäftsjahres 02. Durch die gebuchten 4.000 GE werden die Gewinnrücklagen erhöht, sodass insgesamt eine Gewinnrücklagenminderung von 5.000 GE erreicht wird, die genau der tatsächlichen Abschreibung für das Geschäftsjahr 01 entspricht. Insgesamt haben die Gewinnrücklagen zu Beginn des Geschäftsjahres 02 einen Wert von 99.000 GE (= 95.000 GE + 4.000 GE).

Korrektur am Ende des Geschäftsjahres 02:

Der Buchwert der Anlage erhöht sich von 35.000 GE auf 45.000 GE, da für die Geschäftsjahre 01 und 02 die doppelte Abschreibung (2 × 5.000 GE) korrigiert werden muss. Die Gewinnrücklagen am Ende des Geschäftsjahres 02 betragen 108.000 GE. Dieser Betrag beinhaltet sowohl die ergebnisneutrale Korrektur der fehlerhaften Abschreibungen aus dem Geschäftsjahr 01 i. H. v. 4.000 GE als auch die Korrektur des Periodenergebnisses i. H. v. ebenfalls 4.000 GE im Geschäftsjahr 02. Da nach IFRS kein Ausweis des Periodenergebnisses in der Bilanz erfolgt, erhöht die Korrektur des Periodenergebnisses die Gewinnrücklage am Ende des Jahres 02 (vgl. auch Aufgabe 9.6, Eigenkapitalveränderungsrechnung nach IFRS).

Korrektur am Ende des Geschäftsjahres 03:

Der Buchwert der Anlage erhöht sich von 30.000 GE auf 40.000 GE, da nur für die Geschäftsjahre 01 und 02 die doppelte Abschreibung (2 × 5.000 GE) korrigiert werden muss, da im Geschäftsjahr 03 keine fehlerhafte Abschreibung mehr erfolgte. Die Gewinnrücklagen am Ende des Geschäftsjahres 03 betragen 123.000 GE, da die fehlerhaften Abschreibungen aus den Geschäftsjahren 01 und 02 jeweils durch eine Erhöhung der Gewinnrücklagen i. H. v. 4.000 GE korrigiert werden. Die aktiven latenten Steuern aus den Geschäftsjahren 01 und 02 müssen ebenfalls ergebnisneutral ausgebucht werden.

b) Nach HGB muss zunächst geprüft werden, ob der vorliegende Fehler zur Nichtigkeit (§ 256 AktG) der Jahresabschlüsse der Geschäftsjahre 01 und 02 geführt hat und ob dieser Fehler evtl. schon durch den Zeitablauf geheilt wurde. Fehler, die keine Nichtigkeit des Abschlusses bewirkt haben, können immer in laufender Rechnung (d. h. im letzten noch nicht festgestellten Abschluss) korrigiert werden. Fehler, aus denen ein nichtiger Abschluss resultiert, müssen i. d. R. nur dann retrospektiv korrigiert werden, wenn eine zeitnahe Richtigstellung des tatsächlichen Bildes der Unternehmenslage nicht durch Korrektur im laufenden Abschluss möglich ist. Im Rahmen der retrospektiven Korrektur müssen aufgrund des Grundsatzes der Bilanzverknüpfung alle betroffenen Abschlüsse (auch wenn diese schon festgestellt wurden) geändert werden. Allerdings dürfen bei Kapitalgesellschaften dadurch die bereits festgestellten Gewinnansprüche ohne eine Einwilligung der Anteilseigner nicht vermindert werden. Im vorliegenden Fall wäre jedoch genau das Gegenteil der Fall, die Gewinnansprüche würden sich unter Umständen erhöhen.

   In einem HGB-Abschluss, der unter Beachtung der DRS aufgestellt wird, ist die Korrektur gemäß DRS 13 grundsätzlich im Ergebnis der laufenden Periode zu berücksichtigen. Führte der Fehler zu einer beeinträchtigten Darstellung der Lage des Unternehmens in Vorperioden, sind alle davon betroffenen vergangenen Abschlüsse zu ändern.

Aufgabe 9.2: GuV-Ausweis

Vom Vorstand der Allgäuer Bitumen AG erhalten Sie als Rechnungswesenleiter die Weisung, die handelsrechtliche GuV für das Jahr 03 aufzustellen. Die Geschäftsleitung hat sich für die Ergebnisrechnung nach dem Gesamtkostenverfahren entschieden (§ 275 Abs. 2 HGB). Folgende Geschäftsvorfälle sind angefallen:

a) Im Geschäftsjahr 03 wurden Waren zu einem Gesamtpreis von 59,5 Mio. GE inkl. 19 % USt abgesetzt. Auf Rechnungsbeträge von insgesamt 595.000 GE haben Kunden die gewährten 2 % Skonto in Anspruch genommen. Daneben wurde am 02.01.03 ein Pkw (Buchwert 2.000 GE) für 5.000 GE veräußert. In der Kantine wurden Erlöse von 10.000 GE + 7 % USt erzielt.

b) Die Zinserträge aus Bankguthaben betrugen 25.000 GE, die Zinsaufwendungen 50.000 GE.

c) Zum Preis von 35,7 Mio. GE (inkl. 19 % USt) wurden Roh-, Hilfs- und Betriebsstoffe gekauft. Dabei konnte ein Skontoabzug i. H. v. 50.000 GE in Anspruch genommen werden. Am 31.12.03 befanden sich noch RHB-Stoffe im Anschaffungswert von 1 Mio. GE (netto) auf Lager, deren Börsen- und Marktwert am 31.12.03 900.000 GE beträgt. Am 01.01.03 lagen keine RHB-Stoffe aus dem Vorjahr auf Lager. Da Produktions- und Absatzmenge im Jahr 03 auseinanderfallen, ist ein Bestandszugang an unfertigen und fertigen Erzeugnissen i. H. v. 500.000 GE zu verzeichnen.

d) Für 30.000 GE (netto) war im Jahr 03 das Fahrgestell eines Lkw beschafft worden. Die betriebseigene Schlosserei fertigte dazu einen Spezialaufbau an, der noch einmal Kosten i. H. v. 50.000 GE verursachte. Der Lkw besitzt eine voraussichtliche Nutzungsdauer von zehn Jahren und es wird die lineare Abschreibungsmethode verwendet. Er wurde am 01.04.03 fertiggestellt und eingesetzt. Die Aufwendungen für die von der Schlosserei verbrauchten Roh-, Hilfs- und Betriebsstoffe sind in Teilaufgabe c), die Personalaufwendungen in Teilaufgabe p) berücksichtigt.

e) Die Allgäuer Bitumen AG besitzt eine Beteiligung an der Straßenbau AG, aus der ihr am 02.05.03 Dividenden i. H. v. 100.000 GE abzüglich 20.000 GE Kapitalertragsteuer (= 80.000 GE) zuflossen.

f) Außerdem nahm die Allgäuer Bitumen AG im Jahr 03 an einer Lotterie teil und gewann 2,5 Mio. GE.

g) Eine im Jahr 01 gebildete Rückstellung für geschätzte Garantieverpflichtungen i. H. v. 100.000 GE wurde nicht in Anspruch genommen. Die Garantiezeit ist inzwischen abgelaufen.

h) Da die Firma Illite KG Insolvenz anmeldete, ist mit dem 90%igen Ausfall einer Forderung von 500.000 GE zu rechnen. Der Forderungsausfall übersteigt die in den letzten Jahren aufgetretenen Forderungsausfälle der Allgäuer Bitumen AG erheblich. Dagegen konnte eine bereits auf 0 GE abgeschriebene Forderung i. H. v. 10.000 GE gegen einen Privatkunden aufgrund der Nachforschungsarbeiten des Inkassobüros Argus voll eingetrieben werden.

i) Aus den Wohngebäuden wurden Mieteinkünfte i. H. v. 20.000 GE erzielt. Der Abschreibungsbetrag auf diese Gebäude beträgt im Jahr 03 5.000 GE. Ihre Erhaltung verursachte im Jahr 03 Aufwendungen von 10.000 GE. Die Instandhaltungsarbeiten wurden durch einen selbstständigen Maurerbetrieb durchgeführt.

j) Für eine Werbekampagne wurden 80.000 GE an die Werbeagentur Schulz & Amis überwiesen. Zudem wurden einige Angestellte auf mehrere Ausbildungskurse geschickt. Die Gesamtaufwendungen hierfür betrugen 50.000 GE. Anlass ist die Umstellung der Konstruktionsabteilung auf ein CAD-System.

k) Wegen eines Wasserschadens wurden Vorräte im Wert von 150.000 GE unbrauchbar.

l) Außer den bisher genannten Abschreibungen fielen planmäßige Abschreibungen auf Sachanlagen i. H. v. 500.000 GE an.

m) Am 01.01.03 wurde eine Maschine (Buchwert zum 31.12.02: 400.000 GE) aufgrund eines Wartungsfehlers zerstört. Der Schrottwert beträgt 40.000 GE.

n) Für das Jahr 01 zahlte das Finanzamt 90.000 GE zu viel entrichtete Körperschaftsteuer zurück.

o) Der Wert des Wertpapiervermögens, welches von der Allgäuer Bitumen AG zu Spekulationszwecken gehalten wird, stieg von 100.000 GE Anschaffungswert (Kaufdatum 15.09.03) auf einen Stichtagswert zum 31.12.03 i. H. v. 105.000 GE. Es wird jedoch bis zum 31.12.04 mit einem Kursverfall auf 90.000 GE gerechnet.

p) An Personalausgaben wurden ausgewiesen:

(1)	Lohn- und Gehaltsaufwendungen in 03	GE	9.000.000
(2)	Gehaltsvorschüsse auf das Jahr 04	GE	10.000
(3)	Aufsichtsratstantiemen	GE	300.000
(4)	Kantinenzuschuss	GE	15.000
(5)	Reisespesen	GE	30.000
(6)	Pensionszusagen im Barwert von	GE	700.000
(7)	Arbeitgeberanteil der Beiträge zur Renten-, Arbeitslosen-, Kranken- und Pflegeversicherung	GE	1.000.000
(8)	Arbeitnehmeranteil der Beiträge zur Renten-, Arbeitslosen-, Kranken- und Pflegeversicherung	GE	1.000.000
(9)	Familienfürsorgezahlungen	GE	15.000
(10)	Vergütungen für Verbesserungsvorschläge	GE	40.000

q) An Steuern wurden abgeführt:

(1)	Umsatzsteuer	GE	7.000.000
(2)	Körperschaftsteuervorauszahlungen	GE	2.000.000
(3)	Grundsteuer	GE	80.000
(4)	Ausfuhrzölle	GE	200.000
(5)	Lohnsteuer und Kirchensteuer	GE	3.000.000
(6)	Hundesteuer für Wachhunde	GE	500
(7)	Gewerbesteuervorauszahlungen	GE	300.000
(8)	Kfz-Steuer	GE	6.000
(9)	Pauschallohnsteuer	GE	20.000

r) Am 02.07.03 wurden 1.000 GE als Jahres-Bezugspreis für eine erstmals bezogene, wöchentlich erscheinende Fachzeitschrift für den Zeitraum vom 01.07.03 bis 30.06.04 fällig.

s) Aufgrund eines Ergebnisübernahmevertrags musste die Allgäuer Bitumen AG 1 Mio. GE als Verlustausgleich für das Jahr 03 an die Asphalt GmbH bezahlen. Die Vertrieb AG bezahlte aufgrund eines Gewinnabführungsvertrags 100.000 GE an die Allgäuer Bitumen AG.

t) Die Prüfung des Jahresabschlusses im Frühjahr 04 wird voraussichtlich Kosten i. H. v. 50.000 GE verursachen.

u) Der Marktpreis für den auf Lager befindlichen Beton-Spezialzusatz Marke »Härte-Fix« (Bestandswert zum 01.01.03: 40.000 GE) ist bis zum 31.12.03 auf 35.000 GE gefallen. Aufgrund von im Jahre 04 neu auf den Markt kommenden billigeren Konkurrenzprodukten wird nach dem Bilanzstichtag mit einem weiteren Wertverfall auf 25.000 GE gerechnet.

v) Aufgrund der Jahresabschlussdurchsprache mit dem Steuerberater hat die Allgäuer Bitumen AG für das Jahr 03 mit einem gesamten Veranlagungsbetrag für Körperschaft- und Gewerbesteuer i. H. v. 4,7 Mio. GE zu rechnen.

Lösung

a) Durch das BilRUG im Jahr 2015 sind als Umsatzerlöse gemäß § 277 Abs. 1 HGB die Erlöse aus dem Verkauf und der Vermietung oder Verpachtung von Produkten (= Erzeugnisse und Waren) sowie aus der Erbringung von Dienstleistungen des

Unternehmens nach Abzug von Erlösschmälerungen und der Umsatzsteuer sowie sonstiger direkt mit dem Umsatz verbundener Steuern auszuweisen:

	Umsatzerlöse	GE	59.500.000
–	Umsatzsteuer (19 %)	GE	9.500.000
=	Nettoumsätze	GE	50.000.000
–	2 % Skonto auf 500.000 GE (= 595.000 GE/1,19)	GE	10.000
=	Pos. 1 »Umsatzerlöse«	GE	49.990.000

Die Regelung des § 277 Abs. 1 HGB führt dazu, dass vermehrt die vor dem BilRUG unter den sonstigen betrieblichen Erträgen ausgewiesenen Erlöse den Umsatzerlösen zuzuordnen sind, wie z. B. die vormals als Erträge aus betriebsfremden Nebengeschäften eingeordneten Sachverhalte in Form der Kantinenerlöse. Sie sind deshalb netto als Umsatzerlöse zu erfassen. Kantinenerlös:

Pos. 1	»Umsatzerlöse«	GE	10.000

Pkw-Verkauf: Da es sich beim Sachanlagevermögen (Pkw) nicht um Produkte i. S. des § 277 Abs. 1 HGB handelt, entsteht ein Ertrag aus dem Abgang von Gegenständen des Anlagevermögens i. H. v. 3.000 GE (Verkaufserlös 5.000 GE – Buchwert 2.000 GE), der als sonstiger betrieblicher Ertrag zu erfassen ist.

Pos. 4	»Sonstige betriebliche Erträge«	GE	3.000

b) Zinsaufwendungen und -erträge dürfen nach § 246 Abs. 2 HGB nicht miteinander saldiert werden.

Pos. 11	»Sonstige Zinsen und ähnliche Erträge«	GE	25.000
Pos. 13	»Zinsen und ähnliche Aufwendungen«	GE	50.000

c) Der Aufwand an Roh-, Hilfs- und Betriebsstoffen wird folgendermaßen berechnet:

	Anschaffungspreis (netto)	GE	30.000.000
–	Anschaffungspreisminderung (Skonto) (§ 255 Abs. 1 Satz 3 HGB)	GE	50.000
=	Anfangsbestand zu Anschaffungskosten	GE	29.950.000
–	Endbestand zum Börsen- und Marktpreis	GE	900.000
=	Pos. 5a »Aufwendungen für Roh-, Hilfs- und Betriebsstoffe und für bezogene Waren«	GE	29.050.000

Die Abschreibungen auf den niedrigeren Börsen- und Marktpreis am Bilanzstichtag (§ 253 Abs. 4 HGB) werden bei Roh-, Hilfs- und Betriebsstoffen mit unter dem Posten Nr. 5 »Materialaufwand« erfasst. Ein Ausweis unter dem Posten Nr. 7b »Abschreibungen auf Vermögensgegenstände des Umlaufvermögens, soweit diese die in der Kapitalgesellschaft üblichen Abschreibungen überschreiten« kommt nicht in Betracht, da sowohl der Abschreibungsbetrag als auch die Abschreibungsursache im Rahmen des gewöhnlichen Geschäftsbetriebs liegen.

Pos. 2	»Erhöhung des Bestands an fertigen und unfertigen Erzeugnissen«	GE	500.000

d) Neben den Anschaffungskosten i. H. v. 30.000 GE sind nachträgliche Herstellungskosten i. H. v. 50.000 GE zu aktivieren:

Pos. 3	»Andere aktivierte Eigenleistungen«	GE	50.000

Die gesamten Anschaffungs- und Herstellungskosten des Lkw belaufen sich somit auf 80.000 GE. Aufgrund der Nutzungsdauer von zehn Jahren und der linearen Abschreibungsmethode ergibt sich ein jährlicher Abschreibungsbetrag von 8.000 GE. Da im Handelsrecht monatsgenau abgeschrieben werden muss, darf von der Jahresabschreibung nur der auf den Zeitraum vom 01.04.03–31.12.03 entfallende Anteil berücksichtigt werden, was einem Dreivierteljahr entspricht (= 8.000 GE × 9/12).

Pos. 7a	»Abschreibungen auf immaterielle Vermögensgegenstände des Anlagevermögens und Sachanlagen«	GE	6.000

e) Werden Erträge in Form von Dividendenausschüttungen erzielt, ist stets der Bruttoertrag in der GuV auszuweisen. In dem vorliegenden Fall handelt es sich um »Erträge aus Beteiligungen« (Pos. 9). Die Berechnung des Bruttoertrages erfolgt dadurch, dass zum Ausschüttungsbetrag die anrechenbare Kapitalertragsteuer hinzuaddiert wird.

Berechnung der auszuweisenden Dividende:

	Ausschüttung	GE	80.000
+	Kapitalertragsteuer	GE	20.000
=	Dividende	GE	100.000

Pos. 9	»Erträge aus Beteiligungen«	GE	100.000

Die einbehaltene Kapitalertragsteuer (20.000 GE) wird unter dem Posten »Steuern vom Einkommen und vom Ertrag« ausgewiesen und bei der späteren Berechnung der Ertragsteuern als Vorauszahlung berücksichtigt.

Pos. 14	»Steuern vom Einkommen und vom Ertrag«	GE	20.000

f) Da aufgrund des BilRUG keine außerordentlichen Ergebniskomponenten in der GuV auszuweisen sind, ist der Lotteriegewinn als sonstiger betrieblicher Ertrag zu erfassen. Gemäß § 285 Nr. 31 HGB sind im Anhang der Betrag und die Art der einzelnen Erträge und Aufwendungen von außergewöhnlicher Größenordnung oder außergewöhnlicher Bedeutung anzugeben.

Pos. 4	»Sonstige betriebliche Erträge«	GE	2.500.000

g) Bei den Rückstellungen für Garantieverpflichtungen handelt es sich um Rückstellungen für ungewisse Verbindlichkeiten (§ 249 Abs. 1 Satz 1 HGB). Sofern der Grund, der zu ihrer Bildung geführt hat, wegfällt, hat eine GuV-wirksame Auflösung zu erfolgen:

Pos. 4	»Sonstige betriebliche Erträge«	GE	100.000

h) Der drohende Forderungsausfall ist nach dem Imparitätsprinzip bei Bekanntwerden mittels einer Einzelwertberichtigung auf Forderungen zu erfassen. Gemäß § 275 Abs. 2 Nr. 7b HGB sind Wertkorrekturen auf Vermögensgegenstände des Umlaufvermögens, die das unternehmensübliche Maß übersteigen, von denjenigen zu trennen, die noch im unternehmensüblichen Rahmen liegen. Unternehmensübliche Abschreibungen auf Forderungen fallen hierbei unter die sonstigen betrieblichen Aufwendungen (GuV-Posten Nr. 8 nach dem GKV).

Grundsätzlich ist es schwierig zu entscheiden, ob ein Forderungsausfall das unternehmensübliche Maß überschreitet oder nicht. Da es sich bei diesem Forderungsausfall um eine der Höhe nach weit aus dem sonst üblichen Rahmen fallende

Wertkorrektur handelt, erfolgt ein gesonderter Ausweis unter Posten Nr. 7b (§ 275 Abs. 2 HGB):

Pos. 7b	»Abschreibungen auf Vermögensgegenstände des Umlaufvermögens, soweit diese die in der Kapitalgesellschaft üblichen Abschreibungen überschreiten«	GE	450.000

In Höhe des Zahlungseingangs auf die bereits abgeschriebene Forderung i. H. v. 10.000 GE liegt ein sonstiger betrieblicher Ertrag vor:

Pos. 4	»Sonstige betriebliche Erträge«	GE	10.000

i) Die Mieteinnahmen von 20.000 GE stellen gemäß der durch das BilRUG geänderten Umsatzdefinition des § 277 Abs. 1 HGB Umsatz dar und sind deshalb unter dem Posten »Umsatzerlöse« auszuweisen:

Pos. 1	»Umsatzerlöse«	GE	20.000

Die in diesem Zusammenhang angefallenen Aufwendungen werden wie folgt erfasst:

Pos. 7a	»Abschreibungen auf immaterielle Vermögensgegenstände des Anlagevermögens und Sachanlagen«	GE	5.000
Pos. 8	»Sonstige betriebliche Aufwendungen«	GE	10.000

j) Die Aufwendungen der Werbekampagne sowie der Schulungskosten für Mitarbeiter der Konstruktionsabteilung werden als sonstiger betrieblicher Aufwand behandelt:

Pos. 8	»Sonstige betriebliche Aufwendungen«	GE	130.000

k) Die aufgrund des Wasserschadens unbrauchbar gewordenen Vorräte dürfen nicht unter dem Posten »Materialaufwand« verrechnet werden. Stattdessen ist hierfür der Sonderposten Nr. 7b heranzuziehen, da die außerplanmäßige Abschreibung das für die Gesellschaft übliche Maß übersteigt:

Pos. 7b	»Abschreibungen auf Vermögensgegenstände des Umlaufvermögens, soweit diese die in der Kapitalgesellschaft üblichen Abschreibungen überschreiten«	GE	150.000

l) Ausweis der planmäßigen Abschreibungen auf das Sachanlagevermögen:

Pos. 7a	»Abschreibungen auf immaterielle Vermögensgegenstände des Anlagevermögens und Sachanlagen«	GE	500.000

m) Auf die Maschine muss eine außerplanmäßige Abschreibung auf den Schrottwert (= beizulegender Wert am Bilanzstichtag) vorgenommen werden (§ 253 Abs. 3 Satz 5 HGB). Da die Maschine in der gesamten Periode nicht genutzt werden kann, entfällt der Ausweis einer planmäßigen Abschreibung. Gemäß § 277 Abs. 3 Satz 1 HGB hat ein gesonderter Ausweis in der GuV (oder Angabe im Anhang) zu erfolgen:

Pos. 7c	»Außerplanmäßige Abschreibungen auf immaterielle Vermögensgegenstände des Anlagevermögens und Sachanlagen«	GE	360.000

Statt der Aufnahme in einen gesonderten GuV-Posten kann auch der Ausweis im Rahmen eines Vorspaltenvermerks zu Posten Nr. 7a erfolgen.

n) Bei der KSt-Rückerstattung für das Jahr 01 handelt es sich um einen aperiodischen Ertrag, der unter den Ertragsteuern auszuweisen ist. Als Ertrag mindert er die zu zahlenden Ertragsteuern (deshalb Betrag in Klammern). Für derartige Beträge sieht § 285 Nr. 32 HGB eine zusätzliche Anhangangabe vor, soweit sie nicht von untergeordneter Bedeutung sind.

Pos. 14	»Steuern vom Einkommen und vom Ertrag«	GE	(90.000)

o) Die Anschaffungskosten bilden die Bewertungsobergrenze. Eine Zuschreibung auf den höheren Stichtagswert ist demnach nicht zulässig (§ 253 Abs. 1 Satz 1 HGB).

p) Die genannten Personalaufwendungen werden wie folgt erfasst:

(1) + (8) + (10):

Pos. 6a	»Löhne und Gehälter«	GE	10.040.000

(2): Die Gehaltsvorschüsse erscheinen nicht in der GuV, sondern werden in der Bilanz unter dem Posten »sonstige Vermögensgegenstände« (§ 266 Abs. 2 B.II.4 HGB) verbucht.

(3) + (4) + (5):

Pos. 8	»Sonstige betriebliche Aufwendungen«	GE	345.000

Die Aufsichtsratsvergütungen sind nach § 285 Nr. 9a HGB im Anhang anzugeben.

Steuerlich werden diese Aufwendungen nur i. H. v. 50 % als Betriebsausgabe anerkannt (§ 10 Nr. 4 KStG), sodass Handels- und Steuerbilanzergebnis auseinanderfallen. Da es sich jedoch um eine permanente Ergebnisdifferenz handelt, entfällt eine latente Steuerabgrenzung.

(6) + (7) + (9):

Pos. 6b	»Soziale Abgaben und Aufwendungen für Altersversorgung und für Unterstützung,	GE	1.715.000
	davon für Altersversorgung«	GE	700.000

q) Das handelsrechtliche Gliederungsschema nach § 275 Abs. 2 HGB schreibt eine Unterteilung des Steuerpostens in ertragsabhängige (»Steuern vom Einkommen und vom Ertrag«) und nicht ertragsabhängige (»sonstige Steuern«) Steuern vor.

(2) + (7):

Pos. 14	»Steuern vom Einkommen und vom Ertrag«	GE	2.300.000

(3) + (4) + (6) + (8):

Pos. 16	»Sonstige Steuern«	GE	286.500

(1): Bei der Umsatzsteuer handelt es sich um einen durchlaufenden Posten, der die GuV nicht berührt, da Erlöse und Aufwendungen netto ausgewiesen werden.

(5): Die Lohn- und Kirchensteuer wurde bereits bei den Lohnaufwendungen berücksichtigt und stellt lediglich eine Verbindlichkeit gegenüber den Finanzbehörden dar.

(9): Die Pauschallohnsteuer, z. B. bei geringfügiger Beschäftigung, ist auch bereits in den Lohnaufwendungen enthalten.

r) Der auf die Zeit vom 01.07.03 bis zum Bilanzstichtag entfallende Teil des Bezugspreises ist dem abgelaufenen Geschäftsjahr als Aufwand zuzurechnen:

Pos. 8	»Sonstige betriebliche Aufwendungen«	GE	500

Für streng zeitraumbezogene Zahlungen, die jedoch nicht Aufwand der Zahlungsperiode darstellen (transitorische Posten), müssen Rechnungsabgrenzungsposten gebildet werden. In dem vorliegenden Fall ist zur GuV-neutralen Berücksichtigung des verbleibenden Bezugsanspruchs in der Bilanz ein aktiver Rechnungsabgrenzungsposten i. H. v. 500 GE zu bilden (§ 250 Abs. 1 HGB).

s) Aufwendungen und Erträge aus Ergebnisübernahmeverträgen sind gemäß § 277 Abs. 3 Satz 2 HGB gesondert unter entsprechender Bezeichnung auszuweisen:

Pos. 12a	»Aufwendungen aus Verlustübernahme«	GE	1.000.000
Pos. 10a	»Erträge aus Gewinngemeinschaften, Gewinnabführungs- und Teilgewinnabführungsverträgen«	GE	100.000

t) Handelsrechtlich ist für die Kosten der pflichtmäßigen Abschlussprüfung eine Rückstellung nach § 249 Abs. 1 HGB zu bilden. Die Kosten einer freiwilligen Prüfung sind gemäß § 249 Abs. 2 HGB nicht rückstellbar, da eine freiwillige Prüfung keine faktische Verpflichtung, der sich das Unternehmen nicht entziehen kann, darstellt.

Die Kosten der Jahresabschlussprüfung sind auch in der Steuerbilanz rückstellungspflichtig. Rückstellungen für freiwillige Prüfungen sind wie im Handelsrecht in der Steuerbilanz nicht rückstellungsfähig.

Pos. 8	»Sonstige betriebliche Aufwendungen«	GE	50.000

u) Die aufgrund des strengen Niederstwertprinzips vorzunehmenden Abschreibungen auf den niedrigeren beizulegenden Wert am Abschlussstichtag (§ 253 Abs. 4 HGB) werden im Rahmen des Materialverbrauchs erfasst, soweit die Abschreibungsursache der gewöhnlichen Geschäftstätigkeit zuzuordnen ist.

Eine Abschreibung zur Vorwegnahme künftiger Wertschwankungen kann nicht vorgenommen werden.

Pos. 5a	»Aufwendungen für Roh-, Hilfs- und Betriebsstoffe und für bezogene Waren«	GE	5.000

v) Für den noch nicht durch Vorauszahlungen und sonstige Abführungen gedeckten Ertragsteueraufwand ist zulasten des Postens Nr. 14 eine Steuerrückstellung zu bilden.

	Ertragsteueraufwand	GE	4.700.000
–	einbehaltene KapESt	GE	20.000
–	Körperschaftsteuervorauszahlungen	GE	2.000.000
–	Gewerbesteuervorauszahlungen	GE	300.000
=	zusätzlich in Pos. 14 einzustellender Betrag	GE	2.380.000

Vergleichen Sie zu dieser Rechnung die Sachverhalte aus e) und q).

Aufgrund der Geschäftsvorfälle a) bis v) ergibt sich folgende GuV:

Gewinn- und Verlustrechnung nach dem Gesamtkostenverfahren (in GE)				
1.	Umsatzerlöse	(a); (i)	+	50.020.000
2.	Bestandsveränderung	(c)	+	500.000
3.	Andere aktivierte Eigenleistungen	(d)	+	50.000
4.	Sonstige betriebliche Erträge	(a); (f); (g); (h)	+	2.613.000
5.	Materialaufwand			
5a.	Aufwendungen für Roh-, Hilfs- und Betriebsstoffe und für bezogene Waren	(c); (u)	–	29.055.000
5b.	Aufwendungen für bezogene Leistungen	–		–
6.	Personalaufwand			
6a.	Löhne und Gehälter	(p)	–	10.040.000
6b.	Soziale Abgaben und Aufwendungen für Altersversorgung und für Unterstützung davon für Altersversorgung	(p)	– –	1.715.000 700.000
7.	Abschreibungen			
7a.	Abschreibungen auf immaterielle Vermögensgegenstände des Anlagevermögens und Sachanlagen	(d); (i); (l)	–	511.000
7b.	Abschreibungen auf Vermögensgegenstände des Umlaufvermögens, soweit diese die in der Kapitalgesellschaft üblichen Abschreibungen überschreiten	(h); (k)	–	600.000
7c.	Außerplanmäßige Abschreibungen auf immaterielle Vermögensgegenstände des Anlagevermögens und Sachanlagen	(m)	–	360.000
8.	Sonstige betriebliche Aufwendungen	(i); (j); (p); (r); (t)	–	535.500
9.	Erträge aus Beteiligungen	(e)	+	100.000
10.	Erträge aus anderen Wertpapieren und Ausleihungen des Finanzanlagevermögens			
10a.	Erträge aus Gewinngemeinschaften, Gewinnabführungs- und Teilgewinnabführungsverträgen	(s)	+	100.000
11.	Sonstige Zinsen und ähnliche Erträge	(b)	+	25.000
12.	Abschreibungen auf Finanzanlagen und Wertpapiere des Umlaufvermögens			

12a.	Aufwendungen aus Verlustübernahme	(s)	–	1.000.000
13.	Zinsen und ähnliche Aufwendungen	(b)	–	50.000
14.	Steuern vom Einkommen und vom Ertrag	(e); (n); (q); (v)	–	4.610.000
15.	**Ergebnis nach Steuern**		=	**4.931.500**
16.	Sonstige Steuern	(q)	–	286.500
17.	**Jahresüberschuss**		=	**4.645.000**

Aufgabe 9.3: Umsatzrealisierung

Ein Kunde interessiert sich für einen neuen Pkw, der im Verkaufsraum der Autohaus GmbH ausgestellt ist. Um den Kunden vom Kauf zu überzeugen, wird ihm der Pkw zu einem Preis von 35.000 GE anstatt 38.000 GE angeboten. Dies ist jedoch nur möglich, wenn gleichzeitig ein zweijähriger Wartungsvertrag für 600 GE pro Jahr abgeschlossen wird. Wartungsverträge werden auch für neue Pkws, die nicht bei der Autohaus GmbH gekauft wurden, für 500 GE pro Jahr angeboten. Der Kunde entscheidet sich am 01.11.01 für das Kombinationsangebot mit dem Wartungsvertrag. Am 04.11.01 entschließt sich derselbe Kunde, zusätzlich einen Anhänger zu kaufen. Aufgrund des kürzlich abgeschlossenen Kaufvertrags bietet die Autohaus GmbH dem Kunden einen Anhänger für 790 GE anstatt 910 GE an. Die Übergabe des Anhängers und die Bezahlung per Banküberweisung erfolgen noch am selben Tag. Das vereinbarte Entgelt für den Pkw ist bei dessen Abholung am 01.12.01 und für die Wartungsleistung jeweils bei ihrer Inanspruchnahme im Jahr 02 und 03 zu überweisen.

a) Welche Buchungen sind vorzunehmen, wenn die Autohaus GmbH einen Abschluss nach IFRS erstellt?

b) Welche Buchungen sind vorzunehmen, wenn die Autohaus GmbH einen Abschluss nach HGB erstellt?

Lösung

a) Die Erfassung der Umsatzerlöse hat nach dem 5-Schritte-Modell des IFRS 15 zu erfolgen.

Schritt 1: Identifikation von Verträgen

Es liegen im Hinblick auf den Anhänger, den Pkw und die Wartungsleistung drei Verträge im Sinne des IFRS 15 vor, da zwischen der Autohaus GmbH und dem Kunden Vereinbarungen getroffen wurden, die durchsetzbare Rechte und Pflichten begründen (IFRS 15.9 f.). Gemäß IFRS 15.17b müssen in diesem Fall die drei Verträge zusammengefasst und als einziger Vertrag bilanziert werden, da die Verträge innerhalb kurzer Zeit mit demselben Kunden abgeschlossen wurden und die Preise des Anhängers, des Pkws sowie der Wartungsleistung in unmittelbarer Verbindung stehen.

Schritt 2: Identifizierung der Leistungsverpflichtungen

Nach IFRS 15.22 hat die Autohaus GmbH bei Vertragsschluss die dem Kunden zugesagten Güter und Dienstleistungen zu identifizieren. Im vorliegenden Fall stellen der Anhänger, der Pkw und die Wartungsleistung jeweils eigenständig abgrenzbare Leistungsverpflichtungen dar (IFRS 15.27).

Schritt 3: Bestimmung des Transaktionspreises

Im nächsten Schritt ist der Transaktionspreis zu bestimmen, der die Gegenleistung darstellt, die ein Unternehmen im Austausch für die Übertragung der zugesagten Güter oder Dienstleistungen auf einen Kunden voraussichtlich erhalten wird (IFRS 15.47). Die vertragliche Gegenleistung für den Anhänger beträgt 790 GE, für den Pkw 35.000 GE und für die Wartungsleistung insgesamt 1.200 GE. Der Transaktionspreis beträgt somit 36.990 GE.

Schritt 4: Aufteilung des Transaktionspreises auf die Leistungsverpflichtungen

Gemäß IFRS 15.73 f. ist der Transaktionspreis auf Basis der relativen Einzelveräußerungspreise auf die identifizierten Leistungsverpflichtungen aufzuteilen. Dazu hat die Autohaus GmbH zu Vertragsbeginn die Einzelveräußerungspreise jeder Leistungsverpflichtung zu bestimmen (IFRS 15.76). Der Einzelveräußerungspreis stellt jenen Preis dar, zu dem ein Unternehmen einem Kunden ein zugesagtes Gut oder eine Dienstleistung separat verkaufen würde (IFRS 15.77).

in GE	Transaktions-preis	Einzel-veräußerungs-preis	Verteilung des Transaktions-preises auf die Leistungsver-pflichtungen
Anhänger	790	910	843 (= 910 / 39.910 × 36.990)
Pkw	35.000	38.000	35.220 (= 38.000 / 39.910 × 36.990)
Wartungsleistung	1.200	1.000	927 (= 1.000 / 39.910 × 36.990
davon pro Jahr	600	500	463 (= 500 / 39.910 × 36.990)
Summe	36.990	39.910	36.990

Schritt 5: Erfüllung der Leistungsverpflichtungen

Ein Umsatzerlös ist zu erfassen, sobald der Kunde Verfügungsmacht (*control*) über eine Leistung erlangt (IFRS 15.31). Die Höhe des Umsatzerlöses richtet sich nach dem Teil des Transaktionspreises, der der erbrachten Leistungsverpflichtung in Schritt 4 zugeordnet wurde (IFRS 15.46).

04.11.01: Buchung bei Übergabe des Anhängers

Bank	GE	790	an	Umsatzerlöse	GE	843
contract asset	GE	53				

01.12.01: Buchung bei Übergabe des Pkw

Bank	GE	35.000	an	Umsatzerlöse	GE	35.220
contract asset	GE	220				

Jahr 02 und 03: Buchung jeweils bei Inanspruchnahme der Wartung

Bank	GE	600	an	Umsatzerlöse	GE	463
				contract asset	GE	137

b) Nach HGB ist ein Umsatzerlös zu erfassen, sobald die Leistung realisiert wurde, d. h. bei Gefahrenübergang (Realisationsprinzip, § 252 Abs. 1 Nr. 4 HGB).

04.11.01: Buchung bei Übergabe des Anhängers

Bank	GE	790	an	Umsatzerlöse	GE	790

01.12.01: Buchung bei Übergabe des Pkw

Bank	GE	35.000	an	Umsatzerlöse	GE	35.000

Jahr 02 und 03: Buchung jeweils bei Inanspruchnahme der Wartung

Bank	GE	600	an	Umsatzerlöse	GE	600

Aufgabe 9.4: Bilanzierung von erhaltenen Anzahlungen

Aufgrund steigender Vermietungen benötigt die Rent-A-Ship AG eine neue Yacht sowie ein Boot. Die Schiffbau AG unterbreitet der Rent-A-Ship AG ein Angebot über insgesamt 9 Mio. GE, sofern sowohl die Yacht als auch das Boot in Auftrag gegeben werden und der Betrag im Voraus bezahlt wird. Würde die Rent-A-Ship AG nicht beide Schiffe von der Schiffbau AG abnehmen oder erst bei Übergabe bezahlen, müsste für das Boot 1 Mio. GE und für die Yacht 9 Mio. GE gezahlt werden. Da sich die Rent-A-Ship AG mit dem Preisnachlass von 1 Mio. GE überzeugen lässt, nimmt sie das Angebot am 01.01.01 an und überweist den Betrag. Die Fertigstellung und Übergabe des Boots erfolgt Ende 02 und die der Yacht Ende 04. Würde die Schiffbau AG keine Vorauszahlung erhalten, müsste sie zur Finanzierung des Auftrags einen Kredit mit einem Zinssatz von 2 % aufnehmen. Der kalkulierte Zinssatz, der dem Auftrag zugrunde liegt, beträgt 8 %.

a) Welche Buchungen sind vorzunehmen, wenn die Schiffbau AG einen Abschluss nach IFRS erstellt?

b) Welche Buchungen sind vorzunehmen, wenn die Schiffbau AG einen Abschluss nach HGB erstellt?

Lösung

a) Zwischen der Schiffbau AG und der Rent-A-Ship AG liegt ein Vertrag nach IFRS 15.9 vor, der mit den beiden Schiffen zwei eigenständig abgrenzbare Leistungsverpflichtungen enthält (IFRS 15.22 i. V. m. IFRS 15.27).

Ausgangsbasis zur Bestimmung des Transaktionspreises ist die vertraglich vereinbarte Gegenleistung für das Boot und für die Yacht (IFRS 15.47). Zusätzlich liegt eine signifikante Finanzierungskomponente vor, die im Transaktionspreis zu berücksichtigen ist, da ein langer Zeitraum zwischen Zahlung und Leistungserbringung sowie eine hohe Preisdifferenz von 1 Mio. GE bei Vorauszahlung besteht (IFRS 15.60).

Der Transaktionspreis ist auf Basis der relativen Einzelveräußerungspreise auf die beiden Leistungsverpflichtungen aufzuteilen (IFRS 15.73 f.). Da die Summe der Einzelveräußerungspreise die vertraglich vereinbarte Gegenleistung übersteigt, liegt ein Preisnachlass (1 Mio. GE) vor, der auf die beiden Leistungsverpflichtungen im Verhältnis der Einzelveräußerungspreise aufzuteilen ist (IFRS 15.81).

Aufgrund der Beschaffenheit der Schiffe können diese auch von anderen Unternehmen genutzt werden. Somit ist keine der Voraussetzungen für eine zeitraumbezogene Leistungserfüllung nach IFRS 15.35 erfüllt und es handelt sich um eine zeitpunktbezogene Leistungserfüllung (IFRS 15.32). Das heißt, ein Umsatzerlös ist erst zu erfassen, wenn das Boot bzw. die Yacht fertiggestellt und übergeben wurde, sodass die Rent-A-Ship AG die Verfügungsgewalt über die Sache erhält (IFRS 15.38).

01.01.01:

Die Schiffbau AG hat die erhaltene Vorauszahlung in Höhe von 9 Mio. GE zu buchen.

Bank	GE	9.000.000	an	*contract liability*	GE	9.000.000

31.12.01:

Ende 01 ist nun die Finanzierungskomponente zu erfassen. Dabei ist der gleiche Zinssatz zu verwenden, den die Schiffbau AG bei einem gesonderten Finanzierungsgeschäft zahlen müsste und nicht der intern kalkulierte Zinssatz des Auftrags. Das heißt, die *contract liability* ist mit 2 % aufzuzinsen (IFRS 15.64).

Zinsaufwand	GE	180.000	an	*contract liability*	GE	180.000

Der Buchwert der *contract liability* nach Berücksichtigung des Zinsaufwands beträgt 9.180.000 GE.

31.12.02:

Auch Ende 02 ist der aktuelle Buchwert der *contract liability* i. H. v. 9.180.000 GE mit 2 % aufzuzinsen.

Zinsaufwand	GE	183.600	an	*contract liability*	GE	183.600

Der Buchwert der *contract liability* nach Berücksichtigung des Zinsaufwands beträgt 9.363.600 GE.

Mit Übergabe des Boots ist der Umsatzerlös zu erfassen. Dazu ist zunächst die vertraglich vereinbarte Gegenleistung von 10 Mio. GE auf die beiden Leistungsverpflichtungen aufzuteilen.

Dies hat auf Basis der relativen Einzelveräußerungspreise zu erfolgen (IFRS 15.74).

in GE	Einzelveräußerungspreis	Verteilung der vertraglich vereinbarten Gegenleistung auf die Leistungsverpflichtungen
Boot	1.000.000	900.000 (= 1 Mio. / 10 Mio. × 9 Mio.)
Yacht	9.000.000	8.100.000 (= 9 Mio. / 10 Mio. × 9 Mio.)
	10.000.000	9.000.000

Neben den 900.000 GE für das Boot ist zusätzlich der erfasste Zins, der auf das Boot entfällt, als Umsatzerlös zu verbuchen. Die Verteilung des Zinsaufwands hat in diesem Fall im selben Verhältnis zu erfolgen wie die Verteilung der vertraglich vereinbarten Gegenleistung auf die Leistungsverpflichtungen. Die bisher in der *contract liability* erfassten Zinsaufwendungen in Höhe von 363.600 GE (= 180.000 GE + 183.600 GE) sind zu 10 % (363.600 GE × 10 % = 36.360 GE) dem Boot zuzuordnen. Somit ist die *contract liability* um den Betrag von 936.360 GE (900.000 GE + 36.360 GE) zu verringern, der als Umsatzerlös zu erfassen ist.

contract liability	GE	936.360	an	Umsatzerlöse	GE	936.360

Der neue Buchwert der *contract liability* beträgt 8.427.240 GE.

31.12.03:

Der aktuelle Buchwert der *contract liability* ist wieder mit 2 % aufzuzinsen.

Zinsaufwand	GE	168.545	an	*contract liability*	GE	168.545

Der Buchwert der *contract liability* nach Berücksichtigung des Zinsaufwands beträgt 8.595.785 GE.

31.12.04:

Auch im letzten Jahr ist die *contract liability* mit 2 % aufzuzinsen.

Zinsaufwand	GE	171.916	an	*contract liability*	GE	171.916

Der Buchwert der *contract liability* nach Berücksichtigung des Zinsaufwands beträgt 8.767.701 GE.

Zudem ist der Umsatzerlös für die Yacht zu erfassen, da die Übergabe an die Rent-A-Ship AG erfolgt.

contract liability	GE	8.767.701	an	Umsatzerlöse	GE	8.767.701

b) Aufgrund des Realisationsprinzips nach § 252 Abs. 1 Nr. 4 HGB darf ein Umsatzerlös erst erfasst werden, wenn eine Leistung erbracht wurde (Gefahrenübergang). Die im Voraus erhaltenen Zahlungen stellen eine Leistungsverbindlichkeit für die Schiffbau AG dar. Die Bewertung von Verbindlichkeiten erfolgt mit ihrem Erfüllungsbetrag (§ 253 Abs. 1 Satz 2 HGB). Der Ausweis erfolgt nach § 266 Abs. 3 C. Nr. 3 HGB »erhaltene Anzahlungen auf Bestellungen« oder wahlweise offen abgesetzt von dem Posten »Vorräte« (§ 268 Abs. 5 Satz 2 HGB).

01.01.01: Buchung bei Erhalt der Zahlung

Bank	GE	9.000.000	an	Erhaltene Anzahlungen	GE	9.000.000

31.12.02: Buchung bei Übergabe des Boots

Erhaltene Anzahlungen	GE	900.000	an	Umsatzerlöse	GE	900.000

31.12.04: Buchung bei Übergabe der Yacht

Erhaltene Anzahlungen	GE	8.100.000	an	Umsatzerlöse	GE	8.100.000

Aufgabe 9.5: GuV nach dem Gesamt- und Umsatzkostenverfahren

Sie erhalten in Ihrer Eigenschaft als Leiter des Rechnungswesens von der Geschäftsführung den Auftrag, im Rahmen eines Vorstandsseminars die Unterschiede der GuV nach dem Gesamtkosten- und Umsatzkostenverfahren anhand eines einfachen Rechenbeispiels darzustellen.

Bei der Modellunternehmung handele es sich um einen Einproduktbetrieb, der durch folgende Daten charakterisiert sei:

Produktionsmenge	2.000
Absatzmenge	1.500
Absatzpreis pro Stück (in GE)	640

Da die GuV nach dem Umsatzkostenverfahren – soweit die betrieblichen Posten betroffen sind – nach sekundären Kostenarten (umsatzbezogene Herstellungskosten, Vertriebskosten, Verwaltungskosten, sonstige Kosten) gegliedert ist, benötigen Sie einen vereinfachten Betriebsabrechnungsbogen (BAB), um die primären Kosten in die sekundären Kosten überführen zu können. Gegeben sei folgende Kostenstruktur:

Betriebsabrechnungsbogen in GE:

Kostenarten		Kostenstellen			
		Fertigung	Material	Verwaltung	Vertrieb
Einzelkosten:					
Fertigungslöhne	200.000	200.000			
Fertigungsmaterial	300.000		300.000		
Summe EK	500.000	200.000	300.000		
Gemeinkosten:					
sonstige Personalkosten	220.000	70.000	40.000	70.000	40.000
Betriebsstoffe	110.000	70.000	10.000	10.000	20.000
Abschreibungen					
planmäßig	100.000	40.000	10.000	30.000	20.000
außerplanmäßig	40.000	40.000			
Summe GK	470.000	220.000	60.000	110.000	80.000
Gesamtkosten	970.000				

Erstellen Sie anhand dieser Daten

a) eine GuV nach dem Gesamtkostenverfahren gemäß HGB.

b) eine GuV nach dem Umsatzkostenverfahren gemäß HGB. Berücksichtigen Sie dabei, dass bei den umsatzbezogenen Herstellungskosten in der GuV (Posten Nr. 2) ein eigenständiger Begriff verwendet wird, der sich von dem bilanziellen Herstellungskostenbegriff gemäß § 255 Abs. 2 HGB unterscheidet. Aufgrund der funktionalen Abgrenzung der Aufwendungen im Umsatzkostenverfahren fallen unter die umsatzbezogenen Herstellungskosten sämtliche Einzel- und Gemeinkosten, die dem Herstellungsbereich (Fertigung und Material) zuzuordnen sind, auch wenn diese nicht im Rahmen der bilanziellen Beständebewertung gemäß § 255 Abs. 2 HGB aktiviert werden (wie z. B. angemessene Teile der Kosten für soziale Leistungen für Produktionsmitarbeiter).

Die Ermittlung der Herstellungskosten pro Stück erfolgt anhand der Divisionskalkulation. Unterscheiden Sie bei a) und b) jeweils zwischen bilanzieller Lagerzugangsbewertung zur Bewertungsunter- und -obergrenze gemäß § 255 Abs. 2 HGB.

c) Stellen Sie weiterhin eine GuV nach dem Umsatzkostenverfahren gemäß IFRS auf.

Lösung

a) HGB-GuV nach dem Gesamtkostenverfahren

Fall 1: Bewertung der Lagerzugänge zur Bewertungsuntergrenze

Die Herstellungskosten pro Stück errechnen sich wie folgt:

	Fertigungslöhne	GE	100
+	Fertigungsmaterial	GE	150
+	Fertigungsgemeinkosten (ohne außerplanmäßige Abschreibungen)	GE	90
+	Materialgemeinkosten	GE	30
=	Herstellungskosten	GE	370

Die Fertigungs- und Materialeinzelkosten (Fertigungslöhne und -material) werden aus dem BAB entnommen und durch die Produktionsmenge von 2.000 Stück geteilt. Ebenso wird für die Fertigungs- und Materialgemeinkosten verfahren.

GuV nach dem Gesamtkostenverfahren (in GE)		
1.	Umsatzerlöse	960.000
2.	Bestandserhöhung	185.000
5.	Materialaufwand	– 410.000
6.	Personalaufwand	– 420.000
7.	Abschreibungen (davon außerplanmäßig: 40.000)	– 140.000
	Ergebnis vor Steuern	175.000

Die Bestandserhöhung errechnet sich aus den Herstellungskosten pro Stück:
500 Stück × 370 GE/Stück = 185.000 GE

Der Materialaufwand errechnet sich aus den Kosten für Fertigungsmaterial und Betriebsstoffe, der Personalaufwand aus den Fertigungslöhnen und sonstigen Personalkosten.

Fall 2: Bewertung der Lagerzugänge zur Bewertungsobergrenze

Die Herstellungskosten pro Stück errechnen sich wie folgt:

	Fertigungslöhne	GE	100
+	Materialeinzelkosten	GE	150
+	Fertigungsgemeinkosten (ohne außerplanmäßige Abschreibungen)	GE	90
+	Materialgemeinkosten	GE	30
+	allgemeine Verwaltungskosten	GE	55
=	Herstellungskosten	GE	425

GuV nach dem Gesamtkostenverfahren (in GE)		
1.	Umsatzerlöse	960.000
2.	Bestandserhöhung	212.500
5.	Materialaufwand	– 410.000
6.	Personalaufwand	– 420.000
7.	Abschreibungen (davon außerplanmäßig: 40.000)	– 140.000
	Ergebnis vor Steuern	202.500

Die Differenz der Ergebnisse vor Steuern (kein vorgeschriebener GuV-Posten) ergibt sich aus der unterschiedlichen Bewertung der Lagerzugänge:

Die Bestandserhöhung errechnet sich aus den Herstellungskosten pro Stück:
500 Stück × 425 GE/Stück = 212.500 GE

Herstellungskostendifferenz (in GE je Stück): 425 GE – 370 GE = 55 GE
55 GE/Stück × 500 Stück = 27.500 GE = Differenz der Ergebnisse vor Steuern, da die Lagerzugänge mit höheren Herstellungskosten pro Stück aktiviert werden.

b) HGB-GuV nach dem Umsatzkostenverfahren

Der Herstellungskostenbegriff im Rahmen des § 275 Abs. 3 HGB weicht von demjenigen in § 255 Abs. 2 HGB ab, da aufgrund der funktionalen Abgrenzung der Aufwendungen im Umsatzkostenverfahren in die umsatzbezogenen Herstellungskosten sämtliche Aufwendungen des Material- und Fertigungsbereichs, d. h. auch die außerplanmäßigen Abschreibungen und – falls vorhanden – herstellungsbezogene Verwaltungskosten, einbezogen werden.

Fall 1: Bewertung der Lagerzugänge zur Bewertungsuntergrenze

GuV nach dem Umsatzkostenverfahren (in GE)		
1.	Umsatzerlöse	960.000
2.	Umsatzbezogene Herstellungskosten	– 595.000
3.	Bruttoergebnis vom Umsatz	365.000
4.	Vertriebskosten	– 80.000
5.	allgemeine Verwaltungskosten	– 110.000
	Ergebnis vor Steuern	175.000

Die umsatzbezogenen Herstellungskosten setzen sich aus den verkauften Produkten zusammen, deren Herstellungskosten pro Stück 370 GE betragen und somit auch der Wertuntergrenze der bilanziellen Herstellungskostendefinition des § 255 Abs. 2 HGB entsprechen, da keine herstellungsbezogenen Verwaltungskosten vorliegen. Zusätzlich müssen auch die außerplanmäßigen Abschreibungen einbezogen werden, da diese funktional dem Fertigungsbereich zuzuordnen sind.

Die umsatzbezogenen Herstellungskosten errechnen sich wie folgt:
370 GE/Stück × 1.500 Stück + 40.000 GE = 595.000 GE

Aufgrund der funktionalen Unterteilung der Aufwendungen im Umsatzkostenverfahren sind unter dem Posten »Verwaltungskosten« die gesamten in der Periode angefallenen allgemeinen Verwaltungskosten für die abgesetzten und auf Lager produzierten Produkte zu erfassen. Die gesamten Vertriebskosten sind immer periodenbezogen zuzuordnen.

Fall 2: Bewertung der Lagerzugänge zur Bewertungsobergrenze

GuV nach dem Umsatzkostenverfahren (in GE)		
1.	Umsatzerlöse	960.000
2.	Umsatzbezogene Herstellungskosten	– 595.000
3.	Bruttoergebnis vom Umsatz	365.000
4.	Vertriebskosten	– 80.000
5.	allgemeine Verwaltungskosten	– 82.500
	Ergebnis vor Steuern	202.500

Die umsatzbezogenen Herstellungskosten errechnen sich wie im Fall 1:
370 GE/Stück × 1.500 Stück + 40.000 GE = 595.000 GE

Im Gegensatz zu Fall 1 sind unter dem Posten »Verwaltungskosten« lediglich die den abgesetzten Produkten zuzuordnenden Verwaltungskosten zu erfassen (= 110.000 GE – 55 GE/Stück × 500 Stück), da die auf die Lagerzugänge entfallenden anteiligen Verwaltungskosten i. H. v. 27.500 GE als Herstellungskosten der Vorratsbestände aktiviert wurden.

c) GuV nach dem Umsatzkostenverfahren gemäß IFRS

Nach IFRS umfassen die umsatzbezogenen Herstellungskosten sämtliche produktionsbezogenen Kosten. Diese enthalten alle Material- und Fertigungskosten sowie, falls vorhanden, die produktionsbezogenen Verwaltungskosten. Zusätzlich müssen auch die außerplanmäßigen Abschreibungen einbezogen werden, da diese hier funktional dem Fertigungsbereich zuzuordnen sind. Es gibt demnach im Unterschied zum HGB keine Wahlrechte und folglich keine Unterscheidungsfälle.

Die umsatzbezogenen Herstellungskosten errechnen sich wie folgt:
370 GE/Stück × 1.500 Stück + 40.000 GE = 595.000 GE.

Nach IFRS sind nur herstellungsbezogene Verwaltungskosten in die Herstellungskosten einzubeziehen. Diese liegen hier im Beispiel aber nicht vor. Im Unterschied zum HGB besteht keine Aktivierungsfähigkeit der allgemeinen Verwaltungskosten, d. h., im Gegensatz zum HGB sind die gesamten allgemeinen Verwaltungskosten nach IFRS Aufwand der Periode (= 110.000 GE), während nach HGB der aktivierte Teil der allgemeinen Verwaltungskosten (= 27.500 GE) den Aufwand der Periode mindert. Der Ergebnisunterschied zwischen HGB und IFRS beträgt entsprechend 27.500 GE (= 202.500 GE – 175.000 GE).

GuV nach dem Umsatzkostenverfahren (in GE)	
Umsatzerlöse	960.000
Umsatzbezogene Herstellungskosten	– 595.000
Bruttoergebnis vom Umsatz	365.000
Vertriebskosten	– 80.000
Verwaltungskosten	– 110.000
Ergebnis vor Steuern	175.000

Aufgabe 9.6: Total Comprehensive Income

Als Mitarbeiter im Konzernrechnungswesen der nach IFRS bilanzierenden Thomas Book AG werden Sie mit der Aufstellung der Gesamtergebnisrechnung für das Geschäftsjahr 01 betraut. Als Grundlage hierfür sind in nachfolgender Tabelle bereits die einzelnen, jedoch bisher unstrukturierten Ergebniskomponenten dargestellt. Der Ertragsteuersatz beträgt 30 %.

	GE
Cost of sales	– 105.000
Other income	8.300
Administrative expenses	– 7.000
Revenue	150.000
Distribution costs	– 18.000
Income tax expense	– 8.220
Other expenses	– 3.200
Profit from discontinued operations	2.720
Profit attributable to non-controlling interest	4.380
Share of the profit of associates accounted for using the equity method	2.300
Remeasurements of defined benefit pension plans	– 1.800
Exchange differences on translating foreign operations	1.400
Losses on property revaluation	– 6.200
Losses on financial assets measured at fair value through OCI	– 14.400

Die Darstellung der Gesamtergebnisrechnung erfolgt anhand des *single statement approach*. Eine Vergleichsperiode muss aus Vereinfachungsgründen nicht angegeben werden.

a) Ermitteln Sie das Periodenergebnis (*profit or loss for the period*) der Thomas Book AG gemäß dem Umsatzkostenverfahren! Wie hoch ist das *total comprehensive income* im Geschäftsjahr 01?

b) Wie beurteilen Sie die Performance der Thomas Book AG? Welche Implikationen ergeben sich aus Teilaufgabe a)?

Lösung

a) Gesamtergebnisrechnung der Thomas Book AG für das Geschäftsjahr 01 (*single statement approach*), Berechnung des *profit or loss* nach dem Umsatzkostenverfahren:

Statement of profit or loss and other comprehensive income	GE
Revenue	150.000
Cost of sales	– 105.000
Gross Profit	45.000
Other income	8.300
Distribution costs	– 18.000
Administrative expenses	– 7.000
Other expenses	– 3.200
Share of the profit of associates accounted for using the equity method	2.300
Profit before tax	27.400
Income tax expense	– 8.220
Profit for the period from continuing operations	19.180
Profit from discontinued operations	2.720
Profit for the period	21.900
Other comprehensive income:	
Items that will not be reclassified to profit or loss:	
– Losses on property revaluation	– 6.200

– *Remeasurements of defined benefit pension plans*	– 1.800
Income tax relating to components of other comprehensive income	2.400
	– 5.600
Items that may be reclassified subsequently to profit or loss:	
– *Exchange differences on translating foreign operations*	1.400
– *Losses on financial assets measured at fair value through other comprehensive income*	– 14.400
Income tax relating to components of other comprehensive income	3.900
	– 9.100
Other comprehensive income for the period, net of tax	– 14.700
Total comprehensive income for the period	7.200
Profit attributable to:	
• *Non-controlling interests*	4.380
• *Owners of the parent*	17.520
	21.900
Total comprehensive income for the period attributable to:	
• *Non-controlling interests*	1.440
• *Owners of the parent*	5.760
	7.200

Da hier das Umsatzkostenverfahren anzuwenden ist, ergibt sich als erste Zwischensumme das Bruttoergebnis vom Umsatz (*gross profit*) als Differenz aus Umsatzerlösen (*revenue*) und umsatzbezogenen Herstellungskosten (*cost of sales*) (IAS 1.103). Aufgrund der nach Funktionsbereichen unterteilten Zuordnung der Aufwendungen werden die Vertriebs- (*distribution costs*) und Verwaltungskosten (*administrative expenses*) gesondert ausgewiesen und ergeben zusammen mit den sonstigen betrieblichen Erträgen und Aufwendungen (*other income*, *other expenses*) und dem Ergebnisbeitrag aus nach der *Equity*-Methode bilanzierten Beteiligungen (*share of the profit of associates accounted for using the equity method*) das Ergebnis vor Steuern (*profit before tax*). Von diesem Zwischenergebnis müssen die Ertragsteuern (*income tax expense*) abgezogen werden, um das Ergebnis aus fortgeführten Geschäftsbereichen (*profit for the period from continuing operations*) zu erhalten. Da gemäß IFRS eine Unterteilung in auf fortgeführte Geschäftsbereiche und in auf aufgegebene Geschäftsbereiche entfallende Ergebnisbestandteile vorzunehmen ist, muss zum

Ergebnis aus fortgeführten Geschäftsbereichen das Ergebnis aus aufgegebenen Geschäftsbereichen (*profit from discontinued operations*) hinzugerechnet werden (IFRS 5.33), um das Periodenergebnis (*profit for the period*) zu erhalten. Dieses wird im Anschluss auf die Minderheitsgesellschafter (*non-controlling interests*) und Eigenkapitalgeber (*owners of the parent*) aufgespalten (IAS 1.81Ba).

Zur Ermittlung des *total comprehensive income* anhand der Darstellung nach dem *single statement approach* rechnet man zum Periodenergebnis (*profit for the period*) die GuV-neutral erfassten Bestandteile (*other comprehensive income*, OCI) hinzu (IAS 1.81A). Das *other comprehensvie income* ist nach der Möglichkeit der *reclassification* (= *recycling*) getrennt auszuweisen und die entsprechenden Steuereffekte sind zuzuordnen (IAS 1.82A, .91b). Die auf das *other comprehensive income* entfallende Ertragsteuer – hier ein latenter Steuerertrag bei den nicht *recycling*-fähigen OCI-Bestandteilen von 2.400 GE (= [– 6.200 GE – 1.800 GE] × 30 %) und bei den *recycling*-fähigen OCI-Komponenten von 3.900 GE (= [1.400 GE – 14.400 GE] × 30 %) – muss hinzuaddiert werden. Das Periodenergebnis (21.900 GE) wird durch das negative *other comprehensive income* nach Steuern (– 14.700 GE) auf das *total compehensive income* von 7.200 GE gemindert. Das Gesamtergebnis wird im Anschluss wiederum in die auf die Minderheitsgesellschafter und Eigenkapitalgeber entfallenden Anteile aufgegliedert. Der Gewinnanteil der Minderheitengesellschafter am Periodenergebnis (= 21.900 GE) beträgt laut Angabe 4.380 GE, sodass auch ein Anteil von 20 % (= 4.380 GE / 21.900 GE) des *total comprehensive income* i. H. v. 1.440 GE (= 7.200 GE × 20 %) ihnen zuzurechnen ist.

b) Die Performance der Thomas Book AG in dem dargestellten Geschäftsjahr stellt sich zweigeteilt dar:

Zum einen erwirtschaftet sie ein Ergebnis aus fortgeführten Geschäftsbereichen (*profit for the period from continuing operations*) von 19.180 GE. Dies spricht für ein effektiv und effizient geführtes Geschäft. Auch aus der Aufgabe von Geschäftsbereichen (*profit from discontinued operations*) entsteht ein positives Ergebnis.

Sehr kritisch ist jedoch das *other comprehensive income* im Bereich der Finanzanlagen zu sehen: Der Posten »*losses on financial assets measured at fair value through other comprehensive income*« weist einen Betrag aus, der ungefähr drei Viertel des *profit for the period* entspricht. Finanzielle Vermögenswerte werden der Kategorie »*fair value through other comprehensive income*« zugeordnet, wenn das Geschäftsmodell einer Unternehmung sowohl das Halten von finanziellen Vermögenswerten zur Erzielung vertraglicher Zahlungsströme als auch den Handel mit finanziellen Vermögenswerten beinhaltet und der Vermögenswert ausschließlich vertraglich vereinbarte Zins- und Tilgungszahlungen zu festgelegten Zeitpunkten generiert (IFRS 9.4.1.2A). Eine solch große Wertminderung aus dem Finanzanlagevermögen wirft ein schlechtes Licht auf die Anlageentscheidungen des Unternehmens. Diese Einbußen sind zwar nicht realisiert, wären aber bei Verkauf zu diesem Zeitpunkt zu realisieren.

Der andere signifikante Negativposten im *other comprehensive income* sind die Wertminderungen aus der Neubewertung des Sachanlagevermögens (*losses on property revaluation*). Eine solche Wertminderung ist vorzunehmen, wenn der *fair value* dieser Vermögenswerte unter den Buchwert zum Bilanzstichtag gefallen ist. Dadurch, dass diese Wertminderungen GuV-neutral im *other comprehensive income* erfasst werden, muss in den Vorjahren bereits eine Neubewertungsrücklage gebildet worden sein, die jetzt durch die Verluste reduziert wird. Wenn man den Wertverfall der Vermögenswerte und den Kursrückgang der *financial assets measured at fair value through other comprehensive income* zusammen betrachtet, kann dies möglicherweise auf eine Abschwächung der allgemeinen Wirtschaftsleistung in der Volkswirtschaft zurückgeführt werden. Es wäre aber auch denkbar, dass eine zyklische Marktbereinigung nach starken Preissteigerungen auf dem Wertpapier- und Immobilienmarkt vorliegt.

Das *total comprehensive income*, also die gesamte nicht durch Eigentümertransaktionen verursachte Eigenkapitalveränderung, beträgt nur ein Drittel des ausgewiesenen Jahresüberschusses. D. h., das *other comprehensive income*, also die GuV-neutralen Eigenkapitalveränderungen, die nicht eigentümerinduziert sind, kompensieren den positiven GuV-Effekt zu zwei Dritteln. Damit ist die Gesamtperformance nur noch leicht positiv. Es muss jedoch angemerkt werden, dass alle im *other comprehensive income* verbuchten Geschäftsvorfälle keinerlei Zahlungswirksamkeit haben, also die Liquiditätsposition der Thomas Book AG durch diese nicht tangiert wird. Insgesamt ist die Performance der Thomas Book AG im operativen Bereich positiv zu bewerten. Der Finanzbereich wäre jedoch für eine abschließende Aussage näher zu analysieren.

Aufgabe 9.7: Ausschüttung/Gewinnthesaurierung

Die Röhricht AG erzielte in der vorläufigen Handels- und Steuerbilanz ein Jahresergebnis vor Körperschaftsteuer von 100.000 GE. Der Körperschaftsteuersatz beträgt 15 %.

a) Welcher Betrag kann maximal den Rücklagen zugeführt bzw. ausgeschüttet werden, wenn die Körperschaftsteuer aus dem vorläufigen Jahresergebnis gedeckt werden soll?

b) Wie viel muss die AG demnach vor Körperschaftsteuer verdienen, um 1 GE in die Rücklagen einstellen bzw. 1 GE ausschütten zu können?

c) Vorstand und Aufsichtsrat stellen den Jahresabschluss fest und wollen aus dem vorläufigen Jahresergebnis 10.000 GE den Rücklagen zuführen. Wie hoch sind dann Jahresüberschuss und Bilanzgewinn?

d) Vorstand und Aufsichtsrat schlagen der Hauptversammlung unter Vorlage des bei c) ermittelten Ergebnisses vor, aus dem Bilanzgewinn weitere 10.000 GE den Rücklagen zuzuführen und den restlichen, nach Körperschaftsteuer verbleibenden, Gewinn auszuschütten. Ergibt sich daraus ein zusätzlicher Körperschaftsteueraufwand?

Lösung

a) Berechnung der Körperschaftsteuerlast: KSt = 15 % × 100.000 GE = 15.000 GE

Die Rücklagenzuführung ergibt sich aus der Differenz zwischen vorläufigen Jahresüberschuss und Körperschaftsteuerlast: 100.000 GE – 15.000 GE = 85.000 GE

b) Der vorläufige Jahresüberschuss (JÜ) beträgt:

$$\text{JÜ} = \frac{100}{85} \times 1 \text{ GE} = 1{,}18 \text{ GE}$$

Die Röhricht AG muss folglich 1,18 GE vor Körperschaftsteuer verdienen, um 1 GE in die Rücklagen einstellen bzw. 1 GE ausschütten zu können.

c) Wenn die Unternehmensleitung 10.000 GE den Gewinnrücklagen zuführt und den restlichen Gewinn nach Steuern voll ausschüttet, ergibt sich folgende Rechnung:

	Jahresergebnis vor KSt	GE	100.000
–	15 % KSt	GE	15.000
=	Jahresergebnis nach KSt	GE	85.000
–	Rücklagenzuführung	GE	10.000
=	zur Ausschüttung verfügbares EK (= Bilanzgewinn)	GE	75.000

In den Gewinn- und Verlustrechnungen gemäß § 275 Abs. 2 und 3 HGB stellt sich der Sachverhalt unter Beachtung von § 275 Abs. 4 HGB wie folgt dar:

	Jahresergebnis vor Steuern (kein GuV-Posten)	GE	100.000
–	Steueraufwand Posten Nr. 14 (GKV) Posten Nr. 13 (UKV)	GE	15.000
=	Jahresüberschuss Posten Nr. 17 (GKV) Posten Nr. 16 (UKV)	GE	85.000
–	Einstellungen in andere Gewinnrücklagen	GE	10.000
=	Bilanzgewinn	GE	75.000

d) Der Vorstand einer AG kann der Hauptversammlung vorschlagen, bei ihrer Entscheidung über die Verwendung des Bilanzgewinnes von ihrem Recht nach § 58 Abs. 3 Satz 1 AktG Gebrauch zu machen, einen Teil oder den gesamten Bilanzgewinn den Gewinnrücklagen zuzuführen.

   Die zusätzlich vorgeschlagene Rücklagendotierung von 10.000 GE führt dazu, dass das zur Ausschüttung verbleibende Eigenkapital noch 65.000 GE beträgt. Aufgrund des einheitlichen Steuertarifes für einbehaltene und ausgeschüttete Gewinne fällt durch die zusätzlich vorgeschlagene Rücklagendotierung kein zusätzlicher Körperschaftsteueraufwand an; d. h., der Steueraufwand beträgt weiterhin 15.000 GE.

Aufgabe 9.8: Eigenkapitalveränderungsrechnung nach IFRS

Von einem Unternehmen sind folgende Buchwerte zum 31.12.01 bekannt:

- Gezeichnetes Kapital: 1.000.000 GE
- Kapitalrücklage: 5.000.000 GE
- Gewinnrücklagen: 8.000.000 GE
- Komponenten des *other comprehensive income*:
  - Rücklage aus Investments in Eigenkapitalinstrumente: 300.000 GE
  - Neubewertungsrücklage: 500.000 GE
  - Währungsumrechnungsrücklage: 200.000 GE

Im Geschäftsjahr 02 fielen folgende Sachverhalte an, die ggf. im Eigenkapitalausweis zu berücksichtigen sind:

a) Neubewertung eines betrieblich genutzten Grundstücks: Buchwert 2.000.000 GE; *fair value* 2.500.000 GE

b) Bewertungsdifferenz von Eigenkapitalinstrumenten, die der Kategorie »*fair value through other comprehensive income*« (OCI-Option gemäß IFRS 9.5.7.5) zugeordnet sind: + 1.000.000 GE

c) Bewertungsdifferenz von Eigenkapitalinstrumenten, die der Kategorie »*fair value through profit or loss*« zugeordnet sind: – 500.000 GE

d) Währungsumrechnungsdifferenz: – 200.000 GE

e) Periodenergebnis: 2.400.000 GE

f) Dividende: 1.000.000 GE

Im Geschäftsjahr 03 sind folgende Sachverhalte ggf. im Eigenkapitalausweis zu berücksichtigen:

g) Fehlerkorrektur: Abschreibung einer Anlage wurde jeweils in 01 und 02 i. H. v. 200.000 GE nicht berücksichtigt; Steuersatz 50 %

h) Ausgabe von 200.000 neuen Aktien: Nennwert 1 GE; Ausgabekurs 10 GE; Emissionskosten 20.000 GE

i) Währungsumrechnungsdifferenz: + 400.000 GE

j) Periodenergebnis: – 800.000 GE

k) Dividendenausschüttung: 200.000 GE

Erstellen Sie eine Eigenkapitalveränderungsrechnung nach IAS 1.106 ff. für den Abschluss des Geschäftsjahres 03 anhand des Ausweisformats, in dem Sie alle Eigenkapitaländerungen zeigen. Nehmen Sie an, es sind keine Minderheitenanteile zu berücksichtigen.

Lösung

a) Periode 02: Neubewertungsrücklage + 500.000 GE
Periode 03: keine Auswirkung, da Grundstücke nicht abgeschrieben werden und keine Informationen über eine in der Periode 03 durchgeführte Neubewertung oder über einen Verkauf des Grundstücks vorhanden sind

b) Periode 02: Rücklage aus Investments in Eigenkapitalinstrumente + 1.000.000 GE

c) Keine Auswirkung, da die Wertschwankungen dieser Wertpapiere GuV-wirksam erfasst werden. Entsprechend ist der Sachverhalt schon im Periodenergebnis 02 enthalten und muss nicht separat in der Eigenkapitalveränderungsrechnung gezeigt werden.

d) Periode 02: Währungsumrechnungsrücklage – 200.000 GE

e) Periode 02: Gewinnrücklagen (Periodenergebnis) muss aufgrund der Fehlerkorrektur (vgl. g)) angepasst werden (2.400.000 GE – 100.000 GE = 2.300.000 GE)

f) Periode 02: Gewinnrücklagen – 1.000.000 GE

g) Hierbei handelt es sich um einen auf nicht mehr berichtete Perioden (hier Periode 01) entfallenden Effekt, sodass eine Anpassung der Gewinnrücklagen zum 01.01.02 mit – 100.000 GE (= – (1 – 0,5) × 200.000 GE) erfolgt.

31.12.02: Auf berichtete Perioden (hier Periode 02) entfallender Effekt: Anpassung der betroffenen Posten (hier Gewinnrücklagen (Korrektur des Periodenergebnisses; vgl. e)) mit – 100.000 GE (= – (1 – 0,5) × 200.000 GE)

h) Periode 03: Erhöhung des gezeichneten Kapitals in Höhe der Nennwerte der ausgegebenen Aktien (200.000 × 1 GE = 200.000 GE); Erhöhung der Kapitalrücklage in Höhe des Agios abzüglich der Emissionskosten (200.000 × 9 GE – 20.000 GE = 1.800.000 GE – 20.000 GE = 1.780.000 GE)

Emissionskosten sind bis zur Höhe des Agios steuerlich nicht abzugsfähig und deshalb in voller Höhe mit diesem zu verrechnen.

i) Periode 03: Währungsumrechnungsrücklage + 400.000 GE

j) Periode 03: Gewinnrücklagen – 800.000 GE

k) Periode 03: Gewinnrücklagen – 200.000 GE

(Beträge in TGE)				Other comprehensive income			
	Gez. Kapital	Kapi-tal-RL	Gewinn-RL	RL aus Invest. in EK-Instr.	Neu-bewer-tungs-RL	Wäh-rungs-umr.-RL	Gesamt
Buchwert 01.01.02	**1.000**	**5.000**	**8.000**	**300**	**500**	**200**	**15.000**
Fehlerkorrektur			– 100				– 100
Buchwert 01.01.02 (*restated*)	**1.000**	**5.000**	**7.900**	**300**	**500**	**200**	**14.900**
Eigenkapitalveränderungen in 02							
Dividende			– 1.000				– 1.000
Gesamtergebnis			2.300	1.000	500	– 200	3.600
Buchwert 31.12.02	**1.000**	**5.000**	**9.200**	**1.300**	**1.000**	**0**	**17.500**
Eigenkapitalveränderungen in 03							
Ausgabe von Aktien	200	1.780					1.980
Dividende			– 200				– 200
Gesamtergebnis			– 800			400	– 400
Buchwert 31.12.03	**1.200**	**6.780**	**8.200**	**1.300**	**1.000**	**400**	**18.880**

Aufgabe 9.9: Ergebnis je Aktie nach IFRS

Die Gier AG weist in ihrer Konzern-GuV ein Periodenergebnis nach Steuern von 100 Mio. GE aus. Es liegt folgende Aktienstruktur vor, wobei sich keine Änderungen im laufenden Geschäftsjahr ergeben haben, d. h., alle Aktien und Wertpapiere waren in dieser Form das ganze Geschäftsjahr über ausgegeben:

- 6 Mio. Stück Stammaktien (Nennwert 5 GE); davon hält das Unternehmen 1 Mio. Stück im eigenen Bestand
- 1 Mio. Stück kündbare, limitierte Vorzugsaktien mit Pflichtdividende von 20 % des Nennwertes (Nennwert 5 GE)
- Wandelschuldverschreibungen: Nennwert 10 Mio. GE; in 1 Mio. Stück Stammaktien wandelbar; Zinssatz 5 %; Steuersatz 40 %
- 1 Mio. Stück Aktienoptionen auf den Erwerb jeweils einer Aktie zum Kurs von 15 GE

Der Kurs einer Gier-Aktie betrug im Geschäftsjahr durchschnittlich 20 GE. Für die Stammaktien wird eine Dividende von 5 GE ausgeschüttet.

a) Ermitteln Sie das unverwässerte Ergebnis je Aktie nach IFRS!

b) Ermitteln Sie ggf. das verwässerte Ergebnis je Aktie nach IFRS!

Lösung

Klassifizierung der Aktien bzw. Wertpapiere:

- Stammaktien: *ordinary shares* i. S. v. IAS 33, da nachrangiger und grundsätzlich unbeschränkter Gewinnanspruch
- Vorzugsaktien: keine *ordinary shares* i. S. v. IAS 33, da vorrangiger Gewinnanspruch gegenüber den Stammaktien
- Wandelschuldverschreibungen: *potential ordinary shares* i. S. v. IAS 33, d. h. Bezugsrechte auf *ordinary shares*
- Optionen: *potential ordinary shares* i. S. v. IAS 33

Da sowohl tatsächliche als auch potenzielle *ordinary shares* vorhanden sind, muss die Gier AG sowohl ein unverwässertes als auch ein verwässertes Ergebnis je Aktie (*earnings per share*) gemäß IAS 33 ermitteln und offenlegen.

a) Berechnung des unverwässerten Ergebnisses je Aktie (IAS 33.9 ff.):

   Das unverwässerte Ergebnis je Aktie wird auf Basis der tatsächlichen während des Geschäftsjahres ausstehenden *ordinary shares* ermittelt. Da die Gier AG 1 Mio. Stück Stammaktien selbst hält, muss die zu berücksichtigende Aktienanzahl um diese korrigiert werden. Ebenso muss das Ergebnis um die auf die von der Gier AG selbst gehaltenen Aktien entfallenden Dividendenansprüche sowie die Gewinnansprüche der Vorzugsaktien gekürzt werden.

Aktienzahl: 6 Mio. – 1 Mio. = 5 Mio. Stück

Ergebnis: 100 Mio. GE – (1 Mio. × 5 GE) – (1 Mio. × 5 GE × 0,2)
= 100 Mio. GE – 5 Mio. GE – 1 Mio. GE = 94 Mio. GE

Unverwässertes Ergebnis je Aktie = 94 Mio. GE / 5 Mio. Stück = 18,80 GE/Stück

b) Berechnung des verwässerten Ergebnisses je Aktie (IAS 33.30 ff.):

Für die Ermittlung des verwässerten Ergebnisses je Aktie werden zusätzlich zu den tatsächlichen ausstehenden *ordinary shares* noch potenzielle ausstehende *ordinary shares* einbezogen, d. h., es wird unterstellt, dass von den Bezugsrechten auf *ordinary shares* Gebrauch gemacht wurde. Die Idee dabei ist, eine Art zukunftsgerichtetes Performance-Maß zu ermitteln. Dabei sind jedoch nur die Arten von *potential ordinary shares* einzubeziehen, die zu einem verwässernden Effekt führen, also das Ergebnis je Aktie verringern. Außerdem ist das maximal verwässerte Ergebnis anzugeben. Existieren wie hier mehrere Arten von *potential ordinary shares* ist für jede Art der Verwässerungseffekt zunächst einzeln zu berechnen. Dann sind die Papiere der Reihe nach einzubeziehen, wobei man bei den Papieren mit dem stärksten Verwässerungseffekt beginnt, solange bis eine Minderung der Verwässerung eintritt (IAS 33.44).

Verwässerungseffekt durch Wandelschuldverschreibungen:

Anpassung der Aktienzahl: 5 Mio. + 1 Mio. = 6 Mio. Stück

Anpassung des Ergebnisses nach Steuern um die entfallenden Zinszahlungen:
94 Mio. GE + [10 Mio. GE × 0,05 × (1 – 0,4)] = 94 Mio. GE + 0,3 Mio. GE
= 94,3 Mio. GE

Verwässertes Ergebnis je Aktie (Wandelschuldverschreibungen)
= 94,3 Mio. GE / 6 Mio. Stück = 15,72 GE/Stück

Verwässerungseffekt durch Optionen:

Anpassung der Aktienzahl (zusätzliche Aktienzahl ergibt sich durch Vergleich der aus der Ausübung der Optionen erzielten Erlöse mit den fiktiven bei einer Ausgabe neuer Aktien zu Marktkonditionen erzielten Erlösen):
5 Mio. Stück + [1 Mio. × (20 – 15)] / 20 = 5 Mio. + 0,25 Mio. = 5,25 Mio. Stück

Anpassung des Ergebnisses: keine Anpassung notwendig

Verwässertes Ergebnis je Aktie (Optionen) = 94 Mio. GE / 5,25 Mio. Stück
= 17,90 GE/Stück

Da der Verwässerungseffekt durch die Wandelschuldverschreibungen größer ist, sind zunächst diese und dann erst die Optionen bei der Berechnung des verwässerten Ergebnisses zu berücksichtigen:

1. Einbezug der Wandelschuldverschreibungen:
   Verwässertes Ergebnis je Aktie = 15,72 GE/Stück (siehe oben)
2. Anschließend Einbezug der Optionen:
   Verwässertes Ergebnis je Aktie = 94,3 Mio. GE / (6 Mio. + 0,25 Mio.) Stück
   = 15,09 GE/Stück

Im vorliegenden Fall tragen beide Arten von potenziellen Stammaktien zu einer Verwässerung bei. Das sich daraus ergebende maximal verwässerte Ergebnis je Aktie beträgt 15,09 GE/Stück.

10. Kapitel: Grundlagen des Konzernabschlusses

Aufgabe 10.1: Aufstellungs- und Einbeziehungspflicht

Die M-AG mit Sitz in München hält 55 % der Stimmrechte an der T1-GmbH in Starnberg. Diese wiederum hält eine Beteiligung an der TT1-GmbH (ebenfalls Starnberg) mit einem Stimmrechtsanteil von 70 %. Weiter besitzt die M-AG 60 % der T2-OHG in Augsburg, in deren Besitz sich die restlichen 30 % an der TT1-GmbH befinden. Über das Vermögen der T2-OHG ist das Insolvenzverfahren eröffnet. Daneben hält die M-AG noch einen Anteil von 20 % an der T3-AG in Kempten, der sich die TT2-AG in Lindau durch Beherrschungsvertrag unterstellt hat. Der Anteil an der T3-AG wird von der M-AG nur als lukrative Geldanlage gesehen, an eine wirtschaftliche Zusammenarbeit ist nicht gedacht. Außerdem besteht eine 25%ige Beteiligung an der T4-Corp., die im Rahmen einer Projektfinanzierung für den Bau einer Großanlage gegründet wurde. Von den am Bau beteiligten Unternehmen trägt die M-AG die gesamte Projektverantwortung, da die Großanlage primär für ihre betrieblichen Zwecke gebaut wird. Der Sitz der T4-Corp. befindet sich in den USA.

a) Zeichnen Sie ein Schaubild der Unternehmensverflechtung!

b) Wer muss nach den Vorschriften des HGB bzw. der IFRS und US-GAAP prinzipiell einen Konzernabschluss aufstellen? Gibt es Ausnahmen von der Erstellungspflicht?

c) Welche Unternehmen sind in den jeweiligen Konzernabschluss prinzipiell einzubeziehen? Welche sind nicht einzubeziehen?

d) Welche Unternehmen sind als »verbundene Unternehmen« i. S. v. § 271 Abs. 2 HGB zu betrachten?

Lösung

a) Im nachfolgenden Schaubild der Unternehmensverflechtung sind zusätzlich Angaben zur Bilanzsumme (BS) und den Umsatzerlösen (UE) in Euro sowie zur Anzahl der Arbeitnehmer (AN) gegeben.

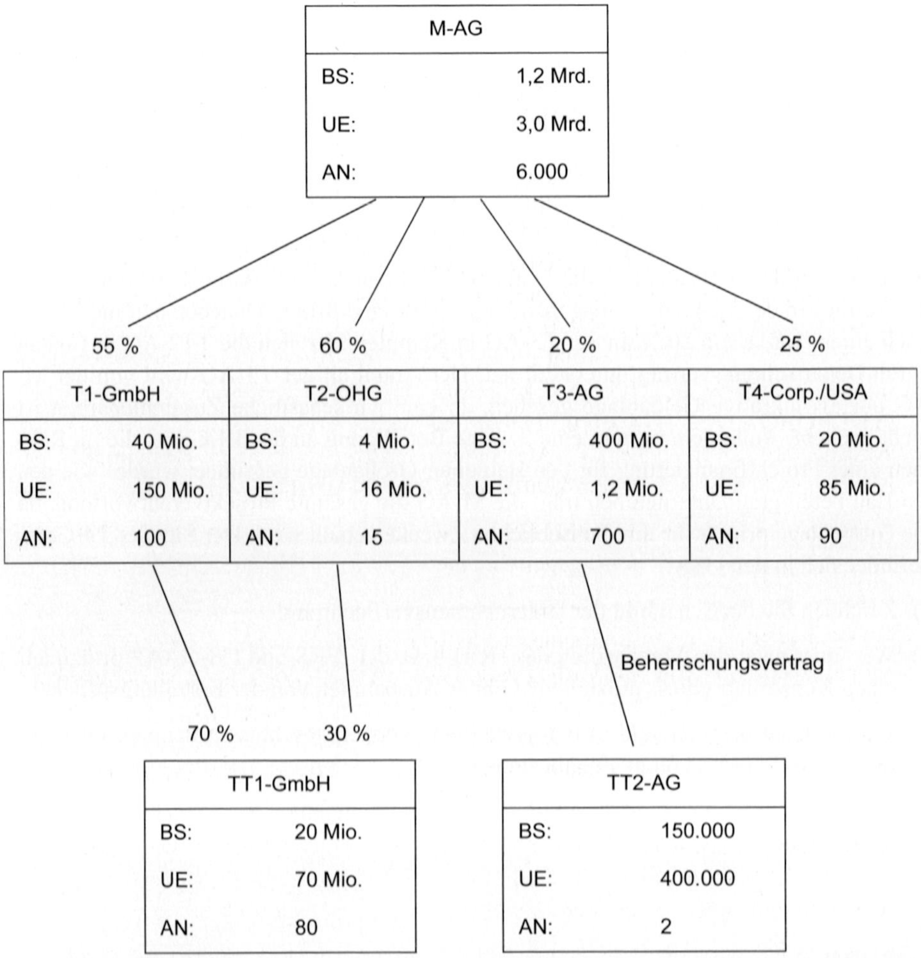

b) Aufstellungspflicht:

Nach § 290 Abs. 1 HGB ist eine Kapitalgesellschaft mit Sitz im Inland stets zur Aufstellung eines Konzernabschlusses verpflichtet, wenn sie auf ein anderes Unternehmen unmittelbar oder mittelbar einen beherrschenden Einfluss ausüben kann.

Beherrschender Einfluss eines Mutterunternehmens besteht nach § 290 Abs. 2 HGB stets, wenn

- ihm bei einem Unternehmen die Mehrheit der Stimmrechte zusteht,
- es bei einem Unternehmen die Mehrheit der Mitglieder des Verwaltungs-, Leitungs- oder Aufsichtsorgans bestellen oder abberufen kann und es gleichzeitig Gesellschafter ist,

- es aufgrund eines Beherrschungsvertrags oder einer Satzungsbestimmung die Finanz- und Geschäftspolitik eines Unternehmens bestimmen kann,
- oder es bei wirtschaftlicher Betrachtung die Mehrheit der Risiken und Chancen eines Unternehmens trägt, das zur Erreichung eines eng begrenzten und genau definierten Ziels des Mutterunternehmens dient (Zweckgesellschaft).

Das erwerbende Unternehmen wird dann als Mutterunternehmen, das erworbene Unternehmen als Tochterunternehmen bezeichnet. Die M-AG ist folglich gegenüber der T1-GmbH und der T2-OHG aufgrund ihrer Mehrheit der Stimmrechte Mutterunternehmen (§ 290 Abs. 2 Nr. 1 HGB). Zusätzlich ist sie gegenüber der T4-Corp. Mutterunternehmen, da sie die Mehrheit der Risiken und Chancen an der sog. »Zweckgesellschaft« trägt (§ 290 Abs. 2 Nr. 4 HGB). Sowohl die gesamte Projektverantwortung der M-AG spricht dafür, als auch der Umstand, dass die Großanlage primär für ihre betrieblichen Zwecke gebaut wird. Entsprechend sind die T1-GmbH, die T2-OHG und die T4-Corp. Tochterunternehmen der M-AG. Die Verflechtung zwischen der M-AG und der T3-AG beinhaltet keine der Voraussetzungen von § 290 Abs. 1 und 2 HGB, sodass hier kein Mutter-Tochter-Verhältnis gegeben ist.

Außerdem ist auch die T1-GmbH Mutterunternehmen der TT1-GmbH (§ 290 Abs. 2 Nr. 1 HGB) sowie die T3-AG gegenüber der TT2-AG (§ 290 Abs. 2 Nr. 3 HGB).

Die T2-OHG besitzt 30 % der Stimmrechte an der TT1-GmbH. Nach § 11 Abs. 1 PublG muss für ein Mutter-Tochter-Verhältnis auch bei Nicht-Kapitalgesellschaften ein beherrschender Einfluss vorliegen und es wird bezüglich der Aufstellungspflicht auf § 290 Abs. 2 Nr. 1–4 HGB verwiesen. Im konkreten Fall ist aber über ein Vorliegen der Voraussetzungen nach § 290 Abs. 2 Nr. 1–4 nichts gesagt. Wären die Voraussetzungen erfüllt, so wäre darüber hinaus zu prüfen, ob die Vorschriften des PublG bezüglich der Größenkriterien erfüllt sind.

Nach § 290 Abs. 1 und 2 HGB müssen prinzipiell alle Mutterunternehmen, also sowohl die M-AG als auch die T1-GmbH und die T3-AG, einen Konzernabschluss aufstellen. Von dieser generellen Erstellungspflicht gibt es jedoch drei Ausnahmen:

- wenn ein Mutterunternehmen nur Tochterunternehmen hat, die gemäß § 296 HGB nicht in den Konzernabschluss einbezogen werden brauchen (§ 290 Abs. 5 HGB), oder
- wenn ein Mutterunternehmen, das selbst Tochterunternehmen ist, mit seinen Tochterunternehmen in den Konzernabschluss des übergeordneten Mutterunternehmens einbezogen wird (befreiender Konzernabschluss, § 291 HGB) oder
- wenn der Unternehmensverbund selbst bestimmte Größenkriterien nicht überschreitet (§ 293 HGB).

Die M-AG ist – wie oben gezeigt – Mutterunternehmen der T1-GmbH. Unter den Voraussetzungen des § 291 Abs. 2 HGB kann sie also bezüglich der T1-GmbH einen befreienden Konzernabschluss aufstellen. Für diese entfällt dann die Pflicht, selbst einen Konzernabschluss (Teilkonzernabschluss) zu erstellen.

Da nach § 290 Abs. 3 HGB als Rechte des Mutterunternehmens an einem Unternehmen auch solche Rechte gelten, die einem Tochterunternehmen zustehen, sind auch die Töchter von Tochterunternehmen (hier also die TT1-GmbH) als Töchter des an der Konzernspitze stehenden Mutterunternehmens (hier M-AG) anzusehen.

Eine Befreiung von der Abschlusspflicht aufgrund der Größenkriterien scheidet für den M-AG-Konzern aus, da er über den zulässigen Höchstwerten liegt.

Die T3-AG ist – wie oben gezeigt – Mutterunternehmen der TT2-AG. In Anbetracht der geringen Größe der TT2-AG ist davon auszugehen, dass ihre Konsolidierung für die Vermittlung eines den tatsächlichen Verhältnissen entsprechenden Bildes der Vermögens-, Finanz- und Ertragslage des Konzerns nur von untergeordneter Bedeutung ist. Nach § 296 Abs. 2 HGB besteht für diesen Fall ein Konsolidierungswahlrecht. Somit müsste die T3-AG in ihren Konzernabschluss nur ein Tochterunternehmen einbeziehen, das jedoch gemäß § 296 Abs. 2 HGB einem Wahlrecht unterliegt. Für diesen Fall sieht § 290 Abs. 5 HGB eine Befreiung von der Abschlusspflicht vor. Die T3-AG ist somit nicht zur Konzernabschlusserstellung verpflichtet.

Nach IFRS (IFRS 10.5 ff.) wird ein Mutter-Tochter-Verhältnis durch ein *Control*-Verhältnis begründet. IFRS 10 gibt ein einheitliches »*Control*«-Konzept für alle Unternehmen einschließlich Zweckgesellschaften vor. Nach der Definition ist ein »*Control*«-Verhältnis dann gegeben, wenn das Mutterunternehmen »*power*« hat, die Aktivitäten des Tochterunternehmens zu lenken, um daraus Rückflüsse für sich zu generieren (IFRS 10.6). Zur Erfüllung dieses Konzepts nennt IFRS 10 drei konkretisierende Kriterien. Das beteiligte Unternehmen muss die Bestimmungsmacht über das Beteiligungsunternehmen besitzen, aus der Beteiligung variable Rückflüsse erhalten und die Möglichkeit haben, seine Bestimmungsmacht über das Beteiligungsunternehmen so einzusetzen, dass es die Höhe seiner Rückflüsse aus der Beteiligung beeinflussen kann (IFRS 10.7). Im einfachsten Fall einer Stimmrechtsmehrheit sind die genannten Kriterien als erfüllt anzusehen, sofern keine weiteren Erkenntnisse dies widerlegen.

Demnach ergeben sich keine wesentlichen Unterschiede zur Aufstellungspflicht nach HGB. Ebenso wie nach HGB ist nach IFRS die M-AG gegenüber der T1-GmbH, T2-OHG und T4-Corp. Mutterunternehmen und zur Konzernabschlusserstellung verpflichtet. Was die befreiende Wirkung des Konzernabschlusses der M-AG für eine Erstellungspflicht von Teilkonzernabschlüssen durch die Tochterunternehmen T1-GmbH und T2-OHG angeht, so sieht auch IFRS 10.4 eine entsprechende Befreiung vor. Lediglich für kapitalmarktorientierte Unternehmen ist dies ausgeschlossen, wenn ein Tochterunternehmen nahezu vollständig im Besitz des Mutterunternehmens ist, was im vorliegenden Fall nicht zutrifft.

Hinsichtlich der Pflicht zur Konzernabschlusserstellung der T3-AG ist auch bei IFRS aufgrund des *materiality*-Grundsatzes davon auszugehen, dass die TT2-AG aufgrund ihrer geringen Größe nicht konsolidiert werden würde. Der T3-AG würde somit kein zu konsolidierendes Unternehmen unterstehen, sodass von einer Konzernabschlusserstellung abgesehen werden kann.

Nach US-GAAP begründet sich eine Konzernabschlusserstellungspflicht durch den direkten oder indirekten Mehrheitsbesitz. Eine Befreiung von der Teilkonzernabschlusserstellungspflicht kennen die US-GAAP grundsätzlich nicht.

c) Konsolidierungskreis:

Nach § 294 HGB und IFRS 10 sind in den Konzernabschluss das Mutterunternehmen und prinzipiell alle Tochterunternehmen – ohne Rücksicht auf deren Sitzstaat – einzubeziehen (Weltabschlussprinzip). Dies gilt ebenso nach US-GAAP.

In den Konzernabschluss der M-AG sind demnach prinzipiell die T1-GmbH, die TT1-GmbH, die T2-OHG sowie die in den USA ansässige T4-Corp. einzubeziehen, da sie alle Tochterunternehmen der M-AG sind.

Das Gebot des § 294 Abs. 1 HGB und IFRS 10.20, dass alle Tochterunternehmen voll zu konsolidieren sind, impliziert gleichzeitig auch ein Einbeziehungsverbot für solche Unternehmen, die keine Tochterunternehmen sind. Eine Konsolidierung der T3-AG – und damit auch der TT2-AG – durch die M-AG ist also nicht zulässig.

Nach § 296 Abs. 1 Nr. 1 HGB kann auf die Einbeziehung eines Tochterunternehmens dann verzichtet werden, wenn die Rechte des Mutterunternehmens bezüglich Vermögen oder Geschäftsführung eines Tochterunternehmens nachhaltig beeinträchtigt sind. Da die T2-OHG unter Insolvenzverwaltung steht, sind die Eigentümerrechte zumindest hinsichtlich des Vermögens der T2-OHG erheblichen und voraussichtlich auch andauernden Beschränkungen unterworfen, sodass zweifellos eine nachhaltige Beeinträchtigung dieser Rechte gegeben ist. Bezüglich der T2-OHG hat die M-AG also ein Konsolidierungswahlrecht. Nach IFRS existiert kein solches Wahlrecht. Jedoch ist hier nicht mehr von einem Beherrschungsverhältnis auszugehen, da die Bestimmungsmacht zur Lenkung der Aktivitäten der T2-OHG nicht mehr gegeben sein dürfte. Fehlt das Beherrschungsverhältnis, ist eine Konsolidierung nicht mehr zulässig.

In den prinzipiell zu erstellenden Teilkonzernabschluss der T1-GmbH (die Aufstellung erübrigt sich bei Vorlage eines befreienden Konzernabschlusses durch die M-AG) ist deren einziges Tochterunternehmen, die TT1-GmbH, einzubeziehen.

Wie in Teilaufgabe b) dargestellt, würde der Konzernabschluss der T3-AG ebenfalls nur deren einziges Tochterunternehmen (TT2-AG) umfassen. Diese muss aufgrund ihrer geringen Größe nicht verpflichtend konsolidiert werden (§ 296 Abs. 2 HGB). Aus diesem Grund ist die T3-AG von der Pflicht zur Konzernabschlusserstellung befreit, da die TT2-AG das einzige zu konsolidierende Unternehmen darstellen würde (§ 290 Abs. 5 HGB). Dies wird auch nach IFRS so zu interpretieren sein (vgl. Teilaufgabe b)).

d) Verbundene Unternehmen:

Nach § 271 Abs. 2 HGB gelten als verbundene Unternehmen solche Unternehmen, die als Mutter- oder Tochterunternehmen nach den Regeln der Vollkonsolidierung in den Konzernabschluss des obersten Mutterunternehmens einzubeziehen sind oder prinzipiell einzubeziehen wären. Nach § 300 Abs. 1 Satz 1 HGB sind nur Mutter-

und Tochterunternehmen voll zu konsolidieren. Folglich sind alle in den Konzernabschluss eines obersten Mutterunternehmens einzubeziehenden Tochterunternehmen im Verhältnis zueinander verbundene Unternehmen, auch wenn zwischen einzelnen von ihnen keinerlei kapitalmäßige Verflechtungen bestehen. In den jeweiligen Einzelabschlüssen sind deshalb die entsprechenden Ausweisvorschriften zu beachten.

Im bilanztechnischen Sinn verbundene Unternehmen sind also einerseits die M-AG, T1-GmbH, T2-OHG, T4-Corp. und die TT1-GmbH, andererseits die T3-AG und die TT2-AG. Auch wenn die T2-OHG und die TT2-AG in Ausübung des Konsolidierungswahlrechts nicht in den jeweiligen Konzernabschluss einbezogen werden, sind sie demnach »verbundene Unternehmen«. Dabei kommt es nicht auf den tatsächlichen Einbezug, sondern auf die prinzipielle Qualifikation als Tochterunternehmen an.

Die in § 15 AktG enthaltene Definition verbundener Unternehmen hat für die bilanztechnische Definition in § 271 Abs. 2 HGB keine Bedeutung, sondern ist nur i. V. m. den Schutzvorschriften des 3. Buches des AktG (§§ 291–328 AktG) zu sehen.

Aufgabe 10.2: Einbeziehungspflicht

Die MU-AG besitzt 60 % der stimmberechtigten Anteile an der TU1-GmbH und 70 % der stimmberechtigten Anteile an der TU2-KGaA. Die TU1-GmbH hält 40 %, die TU2-KGaA 20 % der Einlagen der E3-OHG.

Welche Unternehmen stehen sich als Mutter-/Tochterunternehmen gegenüber und müssen folglich prinzipiell in den Konzernabschluss nach HGB, IFRS und US-GAAP einbezogen werden? Begründen Sie Ihre Antwort!

Lösung

Nach den Kriterien für ein Mutter-Tochter-Verhältnis des § 290 Abs. 1 und 2 HGB ist – falls neben dem Kapitalanteil keine weiteren Beziehungen unterstellt werden – die E3-OHG weder bezüglich der TU1-GmbH noch der TU2-KGaA ein Tochterunternehmen. Weder für die TU1-GmbH noch für die TU2-KGaA besteht demnach die Pflicht nach § 290 HGB, einen (Teil-)Konzernabschluss zu erstellen.

Die TU1-GmbH ist Tochterunternehmen der MU-AG nach § 290 Abs. 1 und Abs. 2 Nr. 1 HGB, ebenso die TU2-KGaA. Die MU-AG muss folglich einen Konzernabschluss aufstellen unter Einbezug der TU1-GmbH und TU2-KGaA.

Da die MU-AG über die beiden Töchter auch indirekt an der E3-OHG beteiligt ist, muss geprüft werden, ob sich hieraus eine Einbeziehungspflicht für die E3-OHG in den übergeordneten Konzernabschluss ergibt, da nach § 290 Abs. 3 Satz 1 HGB den Tochterunternehmen zustehende Rechte dem Mutterunternehmen zuzurechnen sind. Aus der

Beherrschungsmöglichkeit der MU-AG gegenüber der TU1-GmbH wie auch der TU2-KGaA resultiert durch die Zusammenfassung von deren Anteilen (40 % + 20 %) auch eine Beherrschungsmöglichkeit gegenüber der E3-OHG. Die formalrechtliche Beteiligungshöhe (0,6 × 0,4 + 0,7 × 0,2 = 38 %) würde dem Sinn der Regelung zuwiderlaufen und ist somit für die Einbeziehungspflicht nicht zugrunde zu legen. Die E3-OHG ist deshalb ebenfalls Tochterunternehmen der MU-AG nach § 290 HGB und mit den beiden anderen Tochterunternehmen gemäß § 300 Abs. 1 Satz 1 HGB nach den Regeln der Vollkonsolidierung in den Konzernabschluss der MU-AG aufzunehmen.

Dieses Ergebnis ergibt sich in gleicher Weise nach den Vorschriften der IFRS und US-GAAP.

Aufgabe 10.3: Publizitätsgesetz

Eine OHG ist mit jeweils 100 % an der TU1-AG und der TU2-GmbH beteiligt.

a) Aus welcher Vorschrift könnte sich für die OHG eine Verpflichtung zur Erstellung eines Konzernabschlusses ergeben?

b) Können Sie anhand der folgenden Daten abschließend beurteilen, ob die OHG einen Konzernabschluss erstellen muss? Gehen Sie dabei davon aus, dass die Zahlen in den vorausgegangenen Jahren nur geringfügigen Schwankungen unterlagen!

	Bilanzsumme in Euro	Umsatzerlöse in Euro	Arbeitnehmer
OHG	90 Mio.	160 Mio.	500
TU1-AG	30 Mio.	70 Mio.	200
TU2-GmbH	10 Mio.	30 Mio.	50

Lösung

a) Ebenso wie eine Kapitalgesellschaft ist auch eine Nicht-Kapitalgesellschaft zur Aufstellung eines Konzernabschlusses verpflichtet, wenn sie einen beherrschenden Einfluss über ein anderes Unternehmen ausübt. Dies ergibt sich für Nicht-Kapitalgesellschaften nach § 11 Abs. 1 PublG. Zur Definition des Konzepts des beherrschenden Einflusses verweist § 11 Abs. 6 Satz 1 Nr. 1 PublG wiederum auf das HGB. Im Einzelnen folgt die Konzernabschlusserstellungspflicht für die OHG als Personenhandelsgesellschaft somit auch aus § 290 Abs. 2–5 HGB und die Möglichkeit einer Befreiung von dieser Pflicht aus §§ 291 und 292 HGB. Zusätzlich müssen gemäß § 11 PublG auch bestimmte Größenkriterien für eine Konzernabschlusserstellungspflicht erfüllt sein.

b) § 11 Abs. 6 Satz 1 Nr. 1 PublG verweist bei den Voraussetzungen, die zu einer Konzernabschlusserstellungspflicht führen, auf § 290 Abs. 2–5 HGB. Aufgrund des jeweiligen Stimmrechtsanteils von 100 % ist davon auszugehen, dass die OHG einen beherrschenden Einfluss über die TU1-AG und die TU2-GmbH ausübt. Neben des grundlegenden Kriteriums eines beherrschenden Einflusses gibt § 11 Abs. 1 PublG zusätzlich drei Größenkriterien vor, wovon mindestens zwei Kriterien an drei aufeinanderfolgenden Stichtagen erfüllt sein müssen:

- Konzernbilanzsumme > 65 Mio. EUR,
- Umsatzerlöse in der Konzern-GuV > 130 Mio. EUR,
- Arbeitnehmerzahl > 5.000.

Dabei ist jedoch zu beachten, dass – abweichend von der Befreiungsregelung in § 293 HGB – die Kriterien Bilanzsumme und Umsatz nur einer Konzernbilanz bzw. Konzern-GuV entnommen werden können. Eine additive Zusammenfassung der Einzelabschlussdaten ist nicht erlaubt. Obwohl also im vorliegenden Fall die vorgegebenen Größen bei Bilanzsumme und GuV im Wege der Addition überschritten werden (130 Mio. EUR bzw. 260 Mio. EUR), kann daraus eine Entscheidung noch nicht abgeleitet werden, da durch Konsolidierungsmaßnahmen (Schulden- bzw. Innenumsatzkonsolidierung) im Rahmen der notwendigen Konzernabschlusserstellung die im Gesetz genannten Größenordnungen noch unterschritten werden können.

Hinweis: Die Pflicht zur Erstellung eines Konzernabschlusses gemäß IFRS und US-GAAP besteht unabhängig von der Rechtsform eines Unternehmens.

Aufgabe 10.4: Einheitliche Bewertung I

Als verantwortlicher Prüfer haben Sie den zum 31.12.01 nach den §§ 290 ff. HGB erstellten Konzernabschluss der Motorenfabrik Augsburg-München AG (MAM) zu prüfen.

Dabei entdecken Sie folgende Sachverhalte, die Eingang in den Konzernabschluss der MAM gefunden haben:

1. Die Bitter-AG, ein US-amerikanisches Tochterunternehmen der MAM, hat in ihrem Abschluss Entwicklungskosten für ein selbst geschaffenes Patent als Aufwand in der GuV erfasst.
2. Die Rädlein KG, ein inländisches Tochterunternehmen der MAM, hatte in ihrem Abschluss die Vorräte nach dem Fifo-Verfahren bewertet. Das Mutterunternehmen wandte für die gleichen Vorräte die einfach gewogene Durchschnittsmethode an und wählte diese Methode auch für den Konzernabschluss.
3. Die Vallhermoso S.A. in Brasilien, ebenfalls Tochterunternehmen von MAM, hat in Übereinstimmung mit den brasilianischen Bilanzierungsvorschriften ihr Anlagevermögen mit einem an die Inflationsrate angelehnten Index aufgewertet.

4. Die Köfte LtdS., eine 100%ige Vertriebstochter der MAM in der Türkei, hat in Übereinstimmung mit den türkischen Rechnungslegungsvorschriften keine Rückstellungen für ihre nach 1987 eingegangenen Pensionsverpflichtungen (unmittelbare Versorgungszusagen) gebildet.
5. Außerdem schreibt die Köfte LtdS. ihre technischen Anlagen grundsätzlich linear ab, während die MAM in ihrem handelsrechtlichen Einzelabschluss von der Möglichkeit der degressiven Abschreibung Gebrauch macht.

Aufgabe:

a) Erläutern Sie der Konsolidierungsstelle der MAM Ihre Einwände gegen diese Vorgehensweisen und begründen Sie Ihre Argumente anhand der Bestimmungen des HGB!

b) Wo sind die erforderlichen Korrekturen vorzunehmen?

c) Wie wären die Sachverhalte zu beurteilen, wenn der Konzernabschluss nach den Vorschriften der IFRS bzw. US-GAAP aufgestellt werden würde?

Lösung

a) Der Konzernabschluss nach den §§ 290 ff. HGB steht unter der Prämisse der Einheitstheorie (§ 297 Abs. 3 Satz 1 HGB), ist also analog dem Einzelabschluss eines Unternehmens aufzustellen. Daraus ergibt sich, dass Bilanzansatz und Bewertung nur nach einheitlichen Vorschriften für den gesamten Konzern bestimmt werden können. Diese Forderung ist in § 300 HGB für den Bilanzansatz und in § 308 Abs. 1 HGB für die Bewertung niedergelegt. Demnach sind auf Ansatz und Bewertung im Konzernabschluss nur die für das Mutterunternehmen zulässigen Vorschriften anzuwenden. Sind Ansatz und/oder Bewertung bei einem einbezogenen Tochterunternehmen nicht mit den für das Mutterunternehmen geltenden Vorschriften vereinbar, so muss der Ansatz oder die Bewertung im Abschluss des Tochterunternehmens (HB II) entsprechend angepasst werden (§ 300 Abs. 2 Satz 1, § 308 Abs. 2 Satz 1 HGB).

   Da die MAM den verschärften Vorschriften der §§ 264 ff. HGB für Kapitalgesellschaften unterliegt, muss der von ihr zu erstellende Konzernabschluss wie der Einzelabschluss einer AG erstellt werden.

   1. Nach § 248 Abs. 2 HGB besteht ein Wahlrecht, selbst geschaffene immaterielle Vermögensgegenstände zu aktivieren. Die für das deutsche Mutterunternehmen geltenden Bilanzierungswahlrechte können nach § 300 Abs. 2 Satz 2 HGB unabhängig von ihrer Ausübung in den Einzelabschlüssen der einbezogenen Unternehmen ausgeübt werden. Somit kann die MAM die Entwicklungskosten für das selbst geschaffene Patent der Bitter-AG im Konzernabschluss aktivieren, wenn mit hoher Wahrscheinlichkeit davon ausgegangen werden kann, dass ein immaterieller Vermögensgegenstand in der Entstehung begriffen ist. Da dies bei dem vorliegenden Patent bejaht werden kann, sind die Voraussetzungen für eine Aktivierung erfüllt.

2. Die Bewertungsmethode, die das Mutterunternehmen für die Vorratsbewertung in der HB II wählt, ist für den gesamten Konzern die verbindliche Methode bei demselben Sachverhalt (§ 308 Abs. 2 Satz 1 HGB). Da die Wertansätze der Vorräte der Rädlein KG von der durch das Mutterunternehmen vorgegebenen Durchschnittsbewertung abweichen, müssen sie entsprechend korrigiert werden.
3. Nach den Vorschriften des DRS 25.96 ff. sind Abschlüsse von Tochterunternehmen aus Hochinflationsländern inflationsbereinigt in den Konzernabschluss einzubeziehen. Die Währungsumrechnung der Vallhermoso S.A. kann demnach entweder durch Aufstellung eines Hartwährungsabschlusses oder durch Indexierung erfolgen.
4. Nach § 249 Abs. 1 Satz 1 HGB muss jeder Kaufmann Rückstellungen für ungewisse Verbindlichkeiten bilden. Hierunter fallen auch ungewisse Verbindlichkeiten aus Pensionszusagen. Für den Konzernabschluss muss die Köfte LtdS. folglich die entsprechenden Rückstellungen für Pensionsverpflichtungen nachträglich bilden, soweit es sich dabei um Neuzusagen handelt (§ 300 Abs. 2 HGB).
5. Einheitlichkeit der Bewertung heißt nicht zwingend, dass alle technischen Anlagen im Konzern einheitlich linear abzuschreiben sind. Soweit Umweltbedingungen und technische Einsatzbedingungen sehr unterschiedlich sein können, sind auch unterschiedliche Bewertungsmethoden zulässig.

b) Die für die Konzernabschlusserstellung notwendigen Umbewertungen bzw. Nachbilanzierungen in den einzubeziehenden Einzelabschlüssen sind nicht in diesen selbst vorzunehmen. Zu diesem Zweck wird vielmehr neben dem ursprünglichen Einzelabschluss (Handelsbilanz I) nur für Zwecke des Konzernabschlusses ein zweiter, korrigierter Einzelabschluss (Handelsbilanz II) erstellt, der die Grundlage für den Einbezug des Unternehmens bildet. Diese HB II ist wie die HB I jährlich fortzuführen.

c) Im Gegensatz zum HGB gelten die IFRS und US-GAAP grundsätzlich sowohl für Einzel- als auch für Konzernabschlüsse, abgesehen von den Spezialvorschriften für die Konsolidierung. Nach IFRS 10.B87 liegt der Erstellung eines Konzernabschlusses die einheitliche Bilanzierung und Bewertung zugrunde. Eine solche explizite Verpflichtung kennen die US-GAAP nicht. Da aber ein Konzernabschluss nach den Vorschriften der US-GAAP zu erstellen ist, sind zuvor nicht GAAP-konforme einzubeziehende Abschlüsse, wie etwa nach ausländischen Vorschriften erstellte Abschlüsse, an die US-GAAP anzupassen. Solange die Einzelabschlüsse bereits GAAP-konform sind, besteht keine Notwendigkeit einer Anpassung, weshalb auch das Konzept der HB II in den USA weitgehend unbekannt ist.

1. Für die Beurteilung des Ansatzes eines selbst geschaffenen *intangible assets* nach IFRS wären die Ansatzkriterien für die Aktivierung von Entwicklungskosten des IAS 38.57 zu prüfen. Wären alle sechs Kriterien erfüllt, so müssten die Entwicklungskosten ab dem Zeitpunkt der Erfüllung der Kriterien im Konzernabschluss aktiviert werden. Nach US-GAAP hingegen sind Forschungs- und Entwicklungskosten von selbst geschaffenen *intangible assets*, ausgenommen Softwareentwicklung *for internal use* (ASC 350-40-25), grundsätzlich als Aufwand zu behandeln

(ASC 730-10-25-1). Im Konzernabschluss hat die MAM das Patent jedoch gemäß der Erwerbsmethode zu aktivieren (ASC 805-20-25-4).

2. Nach IFRS 10.B87 f. sind wie nach HGB die von den Mutterunternehmen gewählten Bewertungsregeln maßgeblich für den gesamten Konzernabschluss. Deshalb wären auch nach IFRS die Vorräte der Rädlein KG nach der Durchschnittsmethode zu bewerten. Nach US-GAAP hingegen ergibt sich kein Korrekturbedarf, da die vom Tochterunternehmen gewählte Fifo-Methode US-GAAP-konform ist.
3. Nach IAS 21 i. V. m. IAS 29 muss der Einzelabschluss des Tochterunternehmens mit Sitz in einem Hochinflationsland nach den Vorschriften des IAS 29 inflationsbereinigt werden. Die Bereinigung der Inflation ist unabhängig davon vorzunehmen, ob nach Anschaffungskosten oder Tageswerten bilanziert wird. Die Anpassung betrifft grundsätzlich nur nicht monetäre Posten, da diese bei Inflation zu niedrig bewertet sind. Im Anschluss an die Inflationsbereinigung erfolgt gemäß IAS 29.35 eine Umrechnung des Abschlusses des Tochterunternehmens zum Stichtagskurs. Nach US-GAAP ist für Tochterunternehmen in Hochinflationsländern die Zeitbezugsmethode zwingend vorgeschrieben (ASC 830-10-45-11).
4. Auch nach IAS 19 und ASC 715 sind für unmittelbare Versorgungszusagen Pensionsrückstellungen zu bilden, sodass für den Konzernabschluss der MAM die Pensionszusagen der Köfte LtdS. nachträglich zu bilanzieren sind.
5. Wie nach HGB sind auch nach IFRS und US-GAAP unterschiedliche Bewertungsmethoden bei unterschiedlichen Umfeldbedingungen zulässig.

Aufgabe 10.5: Einheitliche Bewertung II

Die in München ansässige Rohling GmbH ist Hersteller hochwertiger Möbel. Um auch im norddeutschen Raum präsent zu sein, wurde dort als 100%iges Tochterunternehmen die Nordlicht GmbH gegründet, die eine mit dem Mutterunternehmen identische Produktpalette hat. Zum Einkauf und zur sicheren Lieferung wichtiger Holzarten wurde zudem von der Rohling GmbH in Brasilien die Arbol S.A. gegründet.

Zur Sicherstellung gleichbleibender Rohstoffqualität lagern alle drei Unternehmen die eingekauften Hölzer in eigenen Holzschuppen bis zur Verarbeitung.

Die lagernden Holzvorräte werden von der Rohling GmbH mit durchschnittlichen Einstandspreisen, von der Nordlicht GmbH und der Arbol S.A. nach Fifo bewertet. Auf Lager liegende Fertigprodukte bilanziert die Rohling GmbH an der handelsrechtlich zulässigen Untergrenze, die Nordlicht GmbH an der handelsrechtlich zulässigen Obergrenze.

Die Konsolidierungsstelle bittet Sie um Rat, wie die dargestellten Sachverhalte im Rahmen konzerneinheitlicher Bewertung nach § 308 HGB behandelt werden können.

Lösung

Nach § 308 Abs. 1 HGB dürfen für den Konzernabschluss nur die auch für das Mutterunternehmen zulässigen Wertansätze gewählt werden. Da für die Rohling GmbH die Vorratsbewertung sowohl zu Durchschnittspreisen als auch nach Fifo (§ 256 HGB) zulässig ist und bei den Herstellungskosten ein Wertansatz zu der zulässigen Wertober- oder Wertuntergrenze des § 255 Abs. 2 HGB möglich ist, sind prinzipiell alle von den einzubeziehenden Unternehmen angewandten Bewertungsmethoden auch für den Konzernabschluss zulässig.

Diese für das Mutterunternehmen zulässigen Methoden stellen jedoch nur den maximalen Spielraum für den Konzernabschluss dar, der nicht notwendigerweise auch zur Gänze zur Verfügung steht. Die geforderte »einheitliche« Bewertung nämlich schließt für gleichartige Vermögensgegenstände diejenigen Wahlrechte aus, die vom Mutterunternehmen nicht angewandt werden. In sachlich begründeten Einzelfällen sind hierbei Ausnahmen zulässig, für die allerdings eine Angabe- und Begründungspflicht im Konzernanhang besteht (§ 308 Abs. 2 Satz 4 HGB). Außerdem ist zu beachten, dass im Konzernabschluss nicht zwangsläufig die Methoden anzuwenden sind, die vom Mutterunternehmen in dessen Einzelabschluss angewandt werden. Für den Konzernabschluss stehen nämlich auch für das Mutterunternehmen alle zulässigen Wahlrechte erneut zur Disposition (§ 308 Abs. 1 Satz 2 HGB), wobei ein Abweichen von im Einzelabschluss angewandten Methoden im Konzernanhang anzugeben und zu begründen ist (§ 308 Abs. 1 Satz 3 HGB).

Bezüglich der Bewertung der Holzvorräte, bei denen es sich um gleichartige Vermögensgegenstände handelt (identische Produktpalette), darf nur ein Bewertungsverfahren zur Anwendung kommen, wobei sowohl das Fifo- wie auch das Durchschnittsverfahren, bei Begründbarkeit auch das handelsrechtlich zulässige Lifo-Verfahren, zulässig sind. Der Rohling Konzern kann also

- die Vorratsbewertung an das vom Mutterunternehmen gewählte Durchschnittsverfahren anpassen (Arbol S.A. und Nordlicht GmbH müssen entsprechend für die HB II umbewerten),
- die von den beiden Tochterunternehmen praktizierte Fifo-Methode übernehmen (die Rohling GmbH muss entsprechend umbewerten und hat zusätzlich nach § 308 Abs. 1 Satz 3 HGB die Angabe- und Begründungspflicht im Konzernanhang, warum von den Einzelabschlussmethoden des Mutterunternehmens abgewichen wurde) oder
- wenn es sich begründen lässt, das handelsrechtlich für das Mutterunternehmen zulässige Lifo-Bewertungsverfahren wählen (alle einbezogenen Unternehmen müssen dann umbewerten, zusätzlich Anhangspflicht wie im zweiten Punkt).

Auch nach IFRS 10.B87 sind für gleichartige Sachverhalte einheitliche Vorgehensweisen anzuwenden. Obige Ausführungen gelten folglich analog. Nach US-GAAP hingegen existiert keine solche Forderung, weshalb alle GAAP-konformen Vorgehensweisen in den Einzelabschlüssen auch im Konzernabschluss beibehalten werden dürfen.

Die Ermittlung der Herstellungskosten ist als Bewertungsmethode i. S. v. § 308 HGB zu qualifizieren. Ein einheitliches Vorgehen ist auch hier zu erreichen, indem sich entweder die Nordlicht GmbH an das Vorgehen des Mutterunternehmens anpasst und die Fertigprodukte zum handelsrechtlichen Mindestwert bilanziert, oder indem die Rohling GmbH wie ihr Tochterunternehmen ihren Wertansatz auf die handelsrechtliche Obergrenze umstellt. Daneben wäre auch ein für das Mutterunternehmen zulässiger, aber von keinem einbezogenen Unternehmen gewählter Wertansatz – also zwischen den handelsrechtlichen Ober- bzw. Untergrenzen – zulässig. Er müsste jedoch wiederum einheitlich vorgenommen werden. Da sowohl nach IFRS als auch nach US-GAAP der produktionsbezogene Vollkostenansatz vorgeschrieben ist, wäre nach beiden Regelungssystemen ein Wertansatz zu vorgeschriebenen Herstellungskosten (handelsrechtliche Wertobergrenze ohne allgemeine, nicht herstellungsbezogene Verwaltungskosten) zwingend vorzunehmen.

Aufgabe 10.6: Währungsumrechnung

Zum 01.01.01 wird ein ausländisches Tochterunternehmen erworben. Für diesen Zeitpunkt ist die folgende Bilanz gegeben (Werte in Fremdwährungseinheiten [FW]).

Bilanz 01.01.01 in FW	Aktiva	Passiva
Sachanlagen	200	
Vorräte	150	
Forderungen	150	
Liquide Mittel	200	
	700	
Gezeichnetes Kapital		100
Kapitalrücklage		150
Gewinnrücklage		150
Bankverbindlichkeiten		300
		700

Der Kurs FW : EUR beträgt zu diesem Zeitpunkt 2 : 1. Im Laufe des Jahres sinkt der Wechselkurs der Fremdwährung und steht zum 31.12.01 bei 4 : 1. Diese Kursschwankung wird nicht als dauerhafter Wertverfall angesehen.

Am Anfang des Jahres 01 werden bei dem dann gültigen Kurs von 2 : 1 Vorräte i. H. v. 150 FW erworben. Davon werden im Jahresverlauf bei einem durchschnittlichen Kurs von 3 : 1 Vorräte im Wert von 65 FW verbraucht. Der Marktwert (= *net realisable value*) der Vorräte am Jahresende beträgt 170 FW.

Der Marktwert (= *recoverable amount*) der Sachanlagen am Jahresende, der im Rahmen eines durchgeführten *impairment test* ermittelt wurde, beträgt 230 FW.

GuV und Bilanz der Auslandstochter zum 31.12.01 lauten folgendermaßen:

GuV 31.12.01:			
	Umsatzerlöse	FW	1.000
+	Sonstige Erträge	FW	100
–	Material- und Personalaufwand	FW	960
–	Abschreibungen auf Sachanlagen	FW	40
=	Jahresüberschuss	FW	100

Bilanz 31.12.01 in FW	Aktiva	Passiva
Sachanlagen	220	
Vorräte	160	
Forderungen	160	
Liquide Mittel	230	
	770	
Gezeichnetes Kapital		100
Kapitalrücklage		150
Gewinnrücklage		150
Jahresüberschuss		100
Bankverbindlichkeiten		270
		770

Aufgabe:

a) Führen Sie die Umrechnung des FW-Abschlusses nach HGB und IFRS zum 01.01.01 durch!

b) Führen Sie die Umrechnung des FW-Abschlusses nach HGB zum 31.12.01 durch!

c) Führen Sie die Umrechnung des FW-Abschlusses nach IFRS zum 31.12.01 durch!

Lösung

a) Umrechnung zum 01.01.01:

Bei Erstkonsolidierung einer Auslandstochter wird der Erwerb der einzelnen Bilanzposten zum Tag des Kaufes und deshalb auch einheitlich zu dem an diesem Tag geltenden Umrechnungskurs fingiert. Für alle Bilanzposten (und GuV-Posten) ist im vorliegenden Beispiel also die Umrechnung einheitlich zum Kurs am 01.01.01 (2 : 1) durchzuführen. Für diesen Zeitpunkt besteht somit kein Unterschied zwischen der Umrechnung nach der modifizierten Stichtagskursmethode (HGB) und der Umrechnung nach der Zeitbezugsmethode (IFRS).

Bilanz 01.01.01 in Euro	Aktiva	Passiva
Sachanlagen	100	
Vorräte	75	
Forderungen	75	
Liquide Mittel	100	
	350	
Gezeichnetes Kapital		50
Kapitalrücklage		75
Gewinnrücklage		75
Bankverbindlichkeiten		150
		350

b) Modifizierte Stichtagskursmethode nach HGB:

Nach § 308a HGB werden die Erträge und Aufwendungen als zeitraumbezogene Größen zum Durchschnittskurs umgerechnet. Der Jahresüberschuss ergibt sich als deren Saldo, da § 308a HGB eine Umrechnung der Zwischensummen des Jahresüberschusses bzw. Jahresfehlbetrages nicht vorschreibt.

GuV 31.12.01	FW	Kurs	EUR
Umsatzerlöse	1.000	3:1	333,33
Sonstige Erträge	100	3:1	33,33
Material- und Personalaufwand	960	3:1	320
Abschreibungen auf Sach-AV	40	3:1	13,33
Jahresüberschuss	100		33,33

In der Bilanz werden alle Abschlussposten mit Ausnahme des Eigenkapitals zum Stichtagskurs (Devisenkassamittelkurs) umgerechnet. Die Posten des Eigenkapitals außer dem Jahresüberschuss werden zum historischen Kurs umgerechnet. Der Jahresüberschuss ergibt sich in Übereinstimmung mit der GuV durch Anwendung des Durchschnittskurses. Aus der Umrechnung der Bilanzposten zu unterschiedlichen Kursen resultiert eine bilanzielle Umrechnungsdifferenz, die GuV-neutral erfasst wird, d. h., die als »Eigenkapitaldifferenz aus Währungsumrechnung« ausgewiesen wird und sich nicht auf die Höhe des Jahresüberschusses auswirkt.

Bilanz 31.12.01	FW			EUR	
	Aktiva	Passiva	Kurs	Aktiva	Passiva
Sachanlagen	220		4:1	55	
Vorräte	160		4:1	40	
Forderungen	160		4:1	40	
Liquide Mittel	230		4:1	57,5	
	770		4:1	192,5	
Gezeichnetes Kapital		100	2:1		50
Kapitalrücklage		150	2:1		75
Gewinnrücklage		150	2:1		75
Umrechnungsdifferenz		–			– 108,33
Jahresüberschuss		100			33,33
Bankverbindlichkeiten		270	4:1		67,50
		770			192,5

c) GuV-wirksame Zeitbezugsmethode nach IFRS:

Bei Anwendung der Zeitbezugsmethode werden Erträge und Aufwendungen zu Transaktionskursen, vereinfachend auch zu Durchschnittskursen, umgerechnet. Beziehen sie sich allerdings auf die Wertveränderung von bilanziellen Größen, z. B. Abschreibungen auf Sachanlagen, dann werden sie wie diese umgerechnet. Abschlussposten werden nach dem Äquivalenz- bzw. Zeitpunktprinzip, also mit unterschiedlichen Kursen, umgerechnet. Die daraus resultierende bilanzielle Umrechnungsdifferenz wird GuV-wirksam verrechnet, d. h. in der GuV als zusätzlicher Aufwand oder Ertrag verbucht. Für die Umrechnung des einzelnen Postens sind gemäß IAS 21.23 ff. monetäre und nicht monetäre Posten zu unterscheiden: Monetäre Posten, z. B. liquide Mittel, Forderungen und Bankverbindlichkeiten, sind zu Stichtagskursen umzurechnen. Nicht monetäre Posten sind zu historischen Kursen umzurechnen, wenn sie zu historischen Kosten verbucht sind. Daneben ist das erweiterte Niederstwertprinzip zu beachten, d. h., die Buchwerte zu historischen Kursen sind mit den Zeitwerten zu Stichtagskursen zu vergleichen, sofern zur Bewertung bereits auf Einzelabschlussebene Vergleichswerte herangezogen werden. Dies betrifft Positionen, die mittels eines *impairment test* auf Wertminderungen überprüft worden sind, und das Vorratsvermögen. Die nicht monetären Posten, Sachanlagen und Vorräte, sind daher einem Niederstwerttest zu unterziehen.

Der Buchwert der Sachanlagen von 220 FW zu historischen Kursen (2 : 1) ist mit dem Zeitwert von 230 FW zu Stichtagskursen (4 : 1) zu vergleichen:
110 EUR > 57,50 EUR.

Nach IFRS gilt das strenge Niederstwertprinzip, sodass die Sachanlagen mit 57,50 EUR anzusetzen sind. Aus diesem Grund sind auch die dazu korrespondierenden Abschreibungen auf Sachanlagen zum Stichtagskurs (4 : 1) umzurechnen und betragen 10 EUR.

Der Buchwert der Vorräte von 160 FW zu historischen Kursen (2 : 1) ist mit dem Zeitwert von 170 FW zu Stichtagskursen (4 : 1) zu vergleichen:
80 EUR > 42,50 EUR.

Ebenso wie die Sachanlagen sind die Vorräte nach dem strengen Niederstwertprinzip mit dem niedrigeren Wert von 42,50 EUR anzusetzen.

Bilanz 31.12.01	FW			EUR	
	Aktiva	Passiva	Kurs	Aktiva	Passiva
Sachanlagen	220		4:1	57,50	
Vorräte	160		4:1	42,50	
Forderungen	160		4:1	40	
Liquide Mittel	230		4:1	57,50	
	770			197,50	
Gezeichnetes Kapital		100	2:1		50
Kapitalrücklage		150	2:1		75
Gewinnrücklage		150	2:1		75
Jahresüberschuss		100	–		– 70
Bankverbindlichkeiten		270	4:1		67,50
		770			197,50

GuV 31.12.01	FW		Kurs	EUR	
Umsatzerlöse	+	1.000	3:1	+	333,33
Sonstige Erträge	+	100	3:1	+	33,33
Material- und Personalaufwand	–	960	3:1	–	320
Abschreibungen auf Sach-AV	–	40	4:1	–	10
= vorl. Jahresüberschuss (Residuum)	=	100		=	36,66
Umrechnungsdifferenz der GuV				–	11,66
= vorl. Jahresüberschuss (umgerechnet)		100	4:1	=	25
Bilanzielle Umrechnungsdifferenz				–	95
= Jahresüberschuss		100		=	– 70

Der Ansatz dieser Werte in der Bilanz führt zu einer Summe der Aktiva von 197,50 EUR. Die Summe der Passiva ohne den Jahresüberschuss beträgt 267,50 EUR. Damit beide Seiten übereinstimmen können, muss (bei GuV-wirksamer Verrechnung der Umrechnungsdifferenz) ein Jahresfehlbetrag von 70 EUR entstehen. Da in Fremdwährung der Jahresüberschuss 100 FW beträgt, der als stichtagsbezogene Größe zum Stichtagskurs umgerechnet 25 EUR ausmacht, entsteht in der Bilanz eine negative Umrechnungsdifferenz von 95 EUR. Diese wird in der GuV als Verlust aus der Währungsumrechnung gezeigt und reduziert so den Jahresüberschuss von 25 EUR auf die zum Ausgleich der Bilanz benötigten negativen 70 EUR.

11. Kapitel: Konsolidierungsmaßnahmen im Rahmen des Konzernabschlusses

Aufgabe 11.1: Kaufpreisallokation

Einer zu konsolidierenden Beteiligung mit einem Buchwert von 1.200 GE und einer Beteiligungsquote von 100 % steht ein aufzurechnendes Eigenkapital bei dem Beteiligungsunternehmen zum Buchwert von 700 GE gegenüber. Nach Neubewertung des Vermögens ergibt sich für das Beteiligungsunternehmen ein Substanzwert von 900 GE.

a) Was versteht man unter der Kapitalkonsolidierung?

b) Errechnen Sie den nicht verteilbaren Unterschiedsbetrag! Wie lässt sich – ohne weitere Informationen – dieser Unterschiedsbetrag interpretieren?

c) Errechnen Sie den Unterschiedsbetrag unter der Annahme, dass der Beteiligungsbuchwert nur 800 GE beträgt! Ändert sich die Interpretation des Unterschiedsbetrags dadurch?

Lösung

a) Unter Kapitalkonsolidierung versteht man die Aufrechnung des Beteiligungsbuchwertes aus dem Einzelabschluss des Mutterunternehmens mit dem anteiligen neubewerteten Eigenkapital des zu konsolidierenden Tochterunternehmens. In der Konzernbilanz taucht also weder das Eigenkapital des Tochterunternehmens noch der Beteiligungswert aus der Bilanz des Mutterunternehmens auf. Um den Wert des neubewerteten Eigenkapitals zu erhalten, werden alle Vermögensgegenstände und Schulden mit Zeitwerten angesetzt. Der daraus resultierende Wert des Nettovermögens (bewertet zu Zeitwerten) wird als Substanzwert bezeichnet. Stehen sich Beteiligungswert und anteiliges neubewertetes Eigenkapital nicht in selber Höhe gegenüber, so entsteht ein verbleibender »Unterschiedsbetrag«.

b) Der Unterschiedsbetrag errechnet sich wie folgt:

   Beteiligungsbuchwert – Beteiligungsquote × neubewertetes Eigenkapital
   = Unterschiedsbetrag

   1.200 GE – 1,0 × 900 GE = 300 GE

   Hier handelt es sich um einen aktivischen Unterschiedsbetrag, da der (aktivische) Beteiligungswert das (passivische) anteilige neubewertete Eigenkapital übersteigt. Das Mutterunternehmen hat für die Beteiligung um 300 GE mehr bezahlt, als die anteilige Substanz des Tochterunternehmens wert ist.

Folgende Gründe können für die Bezahlung des Mehrpreises in Frage kommen:

- Dem Unternehmen werden positive Zukunftschancen eingeräumt.
- Für den Anteil wurde zu viel bezahlt, d. h., die Beteiligung ist überbewertet oder es liegt eine Überbezahlung aus nicht finanziellen Gründen vor. Dies sollte jedoch im Weiteren zu außerplanmäßigen Abschreibungen führen.

Die genannten Gründe schließen sich gegenseitig nicht aus, sodass sie auch in Kombination vorkommen können.

c) Beteiligungsbuchwert – anteiliges neubewertetes Eigenkapital = Unterschiedsbetrag

800 GE – 1,0 × 900 GE = – 100 GE

Unter diesen Annahmen übersteigt das anteilige neubewertete Eigenkapital den Beteiligungswert. Es ergibt sich ein passivischer Unterschiedsbetrag. Das Mutterunternehmen hat für den Unternehmensanteil weniger als den anteiligen Substanzwert des Beteiligungsunternehmens bezahlt. Auch für diesen Minderbetrag lassen sich zwei Gründe anführen:

- Die Zukunftsperspektiven des Unternehmens werden negativ beurteilt.
- Die Beteiligung wurde »günstig«, d. h. unter ihrem tatsächlichen Wert – z. B. durch Verhandlungsgeschick (*lucky buy*) –, erworben.

Aufgabe 11.2: Kapitalkonsolidierung

Die MU-AG erwirbt im Jahr 01 100 % der Anteile an der TU-GmbH. Im Folgenden finden Sie die komprimierten Bilanzen der MU-AG (Bilanz I und Bilanz II mit unterschiedlichem Beteiligungswert) und der TU-GmbH zum 31.12.01. Von der TU-GmbH ist zusätzlich auch eine auf Zeitwerten basierende Bilanz angegeben.

Bilanz I MU-AG 31.12.01 in GE			**Bilanz II MU-AG 31.12.01** in GE		
Sonst. AV	1.400		Sonst. AV	1.400	
Beteiligung	1.200		Beteiligung	600	
UV	1.400		UV	1.400	
Summe	4.000		Summe	3.400	
Gez. Kapital		1.000	Gez. Kapital		700
Rücklagen		1.000	Rücklagen		700
Fremdkapital		2.000	Fremdkapital		2.000
Summe		4.000	Summe		3.400

Bilanz TU-GmbH 31.12.01	Buchwerte in GE	Zeitwerte in GE
Anlagevermögen Umlaufvermögen	800 700	920 780
Summe	1.500	1.700
Gez. Kapital Rücklagen Neubewertungs-Differenz Fremdkapital	500 300 – 700	500 300 200 700
Summe	1.500	1.700

a) Welche Behandlungsmöglichkeiten für den Geschäftswert gibt es nach HGB, IFRS und US-GAAP bei der Erstkonsolidierung bzw. bei Folgekonsolidierungen?

b) Erstellen Sie die Konzernbilanz zum Erstkonsolidierungszeitpunkt im Jahr 01 über eine Summenbilanz und eine Konsolidierungsspalte, einmal unter Berücksichtigung der Bilanz I, einmal unter Berücksichtigung der Bilanz II für die MU-GmbH! Führen Sie die Kapitalkonsolidierung nach der sog. »Neubewertungsmethode« durch (§ 301 Abs. 1 Satz 2 HGB). Geben Sie jeweils die Buchungssätze an! Gehen Sie außerdem auf Abweichungen ein, die sich nach IFRS und US-GAAP ergäben!

c) Erstellen Sie die Konzernbilanz nach HGB unter Verwendung der Bilanz I zum Zeitpunkt der ersten Folgekonsolidierung im Jahr 02!

   Für das vorliegende Beispiel wird hierfür angenommen:

   - der Geschäftswert (200 GE) wird über zwei Jahre abgeschrieben,
   - die aufgelösten stillen Reserven des sonstigen AV werden wie die ihnen zugrunde gelegten Vermögensgegenstände linear über fünf Jahre abgeschrieben,
   - die aufgelösten stillen Reserven des UV werden in 02 durch Umschlag vollständig realisiert.

   Bei der MU-AG wird von einer gegenüber 01 unveränderten Bilanz I ausgegangen. Die TU-GmbH hat in 02 einen Gewinn von 150 GE in die Gewinnrücklagen eingestellt, der zu 2/3 im AV und zu 1/3 im UV gebunden ist.

   Welche Unterschiede ergäben sich nach IFRS und US-GAAP?

Lösung

a) Nach § 301 Abs. 3 Satz 1 HGB ist ein positiver Unterschiedsbetrag aus der Kapitalkonsolidierung als Geschäfts- oder Firmenwert auf der Aktivseite der Konzernbilanz auszuweisen, da er nach § 246 Abs. 1 Satz 4 HGB qua Fiktion zum zeitlich begrenzt abnutzbaren Vermögensgegenstand erhoben wurde. Bei Aktivierung ist er in den folgenden Geschäftsjahren planmäßig über die Nutzungsdauer abzuschreiben (§ 309 Abs. 1 HGB). Die Wahl der Nutzungsdauer ist im Anhang zu begründen. Falls die Nutzungsdauer nicht verlässlich bestimmt werden kann, ist in diesem Ausnahmefall eine Nutzungsdauer von 10 Jahren zu unterstellen. An jedem Bilanzstichtag ist der Geschäftswert zudem auf die verbleibende Restnutzungsdauer sowie die Werthaltigkeit zu überprüfen und unterliegt der außerplanmäßigen Abschreibung.

   Auch nach IFRS und US-GAAP ist ein positiver Unterschiedsbetrag als Goodwill zu aktivieren. Nach IFRS 3 und ASC 350-20 ist der Goodwill jedoch nicht planmäßig über die Nutzungsdauer abzuschreiben, sondern einem jährlichen Werthaltigkeitstest zu unterziehen (sog. »*impairment-only-approach*« (IOA)). Dabei ist der bei Unternehmenserwerben entstehende Goodwill auf diejenigen Bereiche aufzuteilen, die den ökonomischen Nutzen aus dem Zusammengehen der beiden Unternehmen erhalten. Nach US-GAAP sind dies die *reporting units* (RU) i. S. eines operativen Segments bzw. eine Ebene darunter. Nach IFRS sind es *cash-generating units* (CGU) oder Gruppen von *cash-generating units*. Der *impairment test* erfolgt in den Folgeperioden auf der Ebene dieser Bereiche. Er erfordert eine Neubewertung des Goodwill nach den Regeln der Unternehmensbewertung. Ein dabei evtl. entstehender Abwertungsverlust (*impairment loss*) wird als Bestandteil des operativen Ergebnisses (*income from continuing operations*) in der GuV separat ausgewiesen (vgl. hierzu Aufgabe 11.3).

b) Kapitalkonsolidierung bei Erstkonsolidierung am 31.12.01

   Bei der nach § 301 Abs. 1 Satz 2 HGB vorgeschriebenen Neubewertungsmethode wird das aufzurechnende Eigenkapital des Tochterunternehmens auf Basis der Zeitwerte der Bilanzposten errechnet, d. h., stille Reserven und stille Lasten im Einzelabschluss der TU-GmbH werden vor der Konsolidierung aufgelöst.

   1. Bilanz I:

   Im ersten Schritt werden die stillen Reserven von 200 GE voll aufgelöst. Gegen das dadurch um 200 GE erhöhte EK des TU ist dann die Konsolidierung durchzuführen. Es resultiert ein Unterschiedsbetrag von 200 GE der als Geschäftswert zu interpretieren und auszuweisen ist.

   1.200 GE – 1,0 × (500 GE + 300 GE + 200 GE) = 200 GE

   Buchungssatz für die Neubewertung in GE:

Sonstiges AV	120	an	Rücklagen	200
UV	80			

Buchungssatz für die Kapitalkonsolidierung in GE:

Soll	GE		Haben	GE
Geschäftswert	200	an	Beteiligung	1.200
Gez. Kapital	500			
Rücklagen	500			

31.12.01	MU		TU		Summen-Bilanz		Neubewertung		Konsolidierung		Konzernbilanz	
in GE	A	P	A	P	A	P	S	H	S	H	A	P
Geschäftswert	–		–		–				200		200	
Beteiligung	1.200		–		1.200					1.200	–	
Sonstiges AV	1.400		800		2.200		120				2.320	
UV	1.400		700		2.100		80				2.180	
Summe	4.000		1.500		5.500						4.700	
Gez. Kapital		1.000		500		1.500			500			1.000
Rücklagen		1.000		300		1.300		200	500			1.000
FK		2.000		700		2.700						2.700
Summe		4.000		1.500		5.500	200	200	1.200	1.200		4.700

2. Bilanz II:

Es werden zunächst die stillen Reserven von 200 GE voll aufgelöst. Die Konsolidierung erfolgt gegen das durch diese Auflösung erhöhte EK des TU. Es ergibt sich ein Unterschiedsbetrag von – 400 GE, der als Badwill zu interpretieren ist.

600 GE – 1,0 × (500 GE + 300 GE + 200 GE) = – 400 GE

Buchungssatz für die Neubewertung in GE:

Soll	GE		Haben	GE
Sonstiges AV	120	an	Rücklagen	200
UV	80			

Buchungssatz für die Kapitalkonsolidierung in GE:

Soll	GE		Haben	GE
Gez. Kapital	500	an	Beteiligung	600
Rücklagen	500		Badwill	400

31.12.01	MU		TU		Summen-Bilanz		Neubewertung		Konsolidierung		Konzernbilanz	
in GE	A	P	A	P	A	P	S	H	S	H	A	P
Beteiligung	600		–		600					600	–	
Sonstiges AV	1.400		800		2.200		120				2.320	
UV	1.400		700		2.100		80				2.180	
Summe	3.400		1.500		4.900						4.500	
Gez. Kapital		700		500		1.200			500			700
Rücklagen		700		300		1.000		200	500			700
Badwill										400		400
FK		2.000		700		2.700						2.700
Summe		3.400		1.500		4.900	200	200	1.000	1.000		4.500

Der Badwill ist nach den Vorschriften des HGB zu passivieren und prinzipiell unverändert fortzuführen (§ 309 Abs. 2 HGB). Er ist erst dann GuV-wirksam aufzulösen, wenn ein solches Vorgehen nach den allgemeinen Bilanzierungsgrundsätzen geboten ist. Dies bedeutet, dass eine Auflösung entweder erfolgt, wenn eine zum Erwerbszeitpunkt erwartete ungünstige Entwicklung eingetreten ist oder wenn feststeht, dass diese nicht mehr eintreten wird (DRS 23.143). Beruht der Badwill auf einem günstigen Kauf, so ist er mit der Zeit erfolgswirksam zu vereinnahmen. In der Regel erfolgt die erfolgswirksame Vereinnahmung über die gewichtete durchschnittliche Restnutzungsdauer der erworbenen abnutzbaren Vermögensgegenstände (DRS 23.145). Falls das erworbene Vermögen zu einem wesentlichen Teil aus nicht abnutzbaren Vermögensgegenständen besteht, erfolgt die erfolgswirksame Vereinnahmung in Relation zu den außerplanmäßigen Abschreibungen bzw. Veräußerungen der nicht abnutzbaren Vermögensgegenstände (DRS 23.146).

Nach IFRS und US-GAAP wird zunächst der Wertansatz der aufgelösten stillen Reserven einer nochmaligen Prüfung unterzogen. Ein verbleibender Badwill wird GuV-wirksam vereinnahmt.

c) Kapitalkonsolidierung bei Folgekonsolidierung am 31.12.02

Die bei der Erstkonsolidierung durch die Auflösung stiller Reserven bzw. stiller Lasten entstandenen Werte sind in der Konzernbilanz fortzuführen. Dadurch ergeben sich – wie durch die Abschreibung eines Geschäftswertes – zusätzliche Ergebnisbestandteile im Rahmen des Konzernabschlusses. Im Jahr der GuV-Wirksamkeit muss die entsprechende bilanzielle Verrechnung gegen den Bilanzgewinn erfolgen. Auch bei Folgekonsolidierungen werden zuerst die Buchungen der Erstkonsolidierung vorgenommen; daran schließen sich dann die entsprechenden Abschreibungsbuchungen an.

Die Aufrechnung des Beteiligungsbuchwertes mit dem anteiligen Eigenkapital des TU erfolgt immer gegen das bei der Erstkonsolidierung vorhandene Eigenkapital. Bei der Folgekonsolidierung werden der Geschäftswert um 200 GE / 2 = 100 GE und die aufgelösten stillen Reserven des AV um 120 GE / 5 = 24 GE abgeschrieben.

Entsprechend werden die Abschreibungen um 100 GE + 24 GE = 124 GE in der GuV erhöht. Außerdem erhöht sich der Materialaufwand um 80 GE, da die aufgelösten stillen Reserven des UV vollständig realisiert wurden. Insgesamt vermindert sich das in der GuV ausgewiesene Ergebnis dadurch um 204 GE.

Buchungssatz zur Erstkonsolidierung siehe Lösung zu Aufgabe b); Buchungssatz zur Folgekonsolidierung in GE:

Bilanzgewinn/ Gewinnrücklagen	204	an	Geschäftswert	100
			Sonstiges AV	24
			UV	80

31.12.02	MU		TU		Summen-Bilanz		Erst-konsolidierung		Folge-konsolidierung		Konzernbilanz	
in GE	A	P	A	P	A	P	S	H	S	H	A	P
Geschäftswert	–		–		–		200			100	100	
Beteiligung	1.200		–		1.200			1.200		–	–	
Sonst. AV	1.400		900		2.300		120			24	2.396	
UV	1.400		750		2.150		80			80	2.150	
Summe	4.000		1.650		5.650						4.646	
Gez. Kapital		1.000		500		1.500	500					1.000
Rücklagen		1.000		450		1.450	300		204			946
FK		2.000		700		2.700						2.700
Summe		4.000		1.650		5.650	1.200	1.200	204	204		4.646

Wie unter a) ausgeführt, wäre nach IFRS und US-GAAP der Goodwill nicht planmäßig abzuschreiben, sondern einem *impairment test* zu unterziehen. Da die Aufgabe keine Anhaltspunkte enthält, dass der Goodwill an Werthaltigkeit eingebüßt hat, entfällt die Abschreibung auf den Goodwill i. H. v. 100 GE.

Aufgabe 11.3: Folgekonsolidierung und Goodwill-Bilanzierung

Die ALGONQUIN AG erwirbt am 31.12.01 100 % der Anteile der EQUIPMENT GmbH zu einem Preis von 2.800 TGE. Zum Geschäftsjahresende im Jahr 01 weisen die Unternehmen folgende Einzelbilanzen aus:

HB II der ALGONQUIN AG 01 in TGE

Aktiva		Passiva	
Grundstücke	2.750	Gez. Kapital	3.500
Maschinen	3.000	Rücklagen	2.750
Beteiligung	2.800	Rückstellungen	1.400
Vorräte	2.100	Verbindlichkeiten	3.000
Summe	10.650	Summe	10.650

HB II der EQUIPMENT GmbH 01 in TGE

Aktiva		Passiva	
Grundstücke	1.500	Gez. Kapital	900
Maschinen	1.200	Rücklagen	1.000
Beteiligung	0	Rückstellungen	1.400
Vorräte	1.750	Verbindlichkeiten	1.150
Summe	4.450	Summe	4.450

Bei den Maschinen, den Vorräten und den Rückstellungen der EQUIPMENT GmbH entsprechen die ausgewiesenen Buchwerte nicht den Zeitwerten.

Die Zeitwerte betragen zum 31.12.01:

Maschinen	TGE	1.500
Vorräte	TGE	2.050
Rückstellungen	TGE	1.500

Die ALGONQUIN AG besteht aus den Geschäftsbereichen (*reporting units* (RUs) / *cash-generating units* (CGUs)) Canoeing (C) und Trekking (TK). Die EQUIPMENT GmbH unterteilt sich in die Bereiche Canoeing (C) und Rafting (Rf). Folgende Zeitwerte (*fair values*) sind bekannt:

31.12.01	ALGONQUIN AG		EQUIPMENT GmbH	
(in TGE)	C	TK	C	Rf
fair value (FV) der RU/ CGU	5.500	3.000	1.000	1.800
Bilanzielles Eigenkapital auf FV-Basis (ohne Goodwill)	4.750	2.450	900	1.500
Bilanzielles Eigenkapital zu Buchwerten	4.250	2.000	700	1.200
derivativer Goodwill	0	0	100	300

Nach der erfolgten Akquisition werden die Bereiche integriert:

01.01.02	ALGONQUIN AG		
(in TGE)	C	TK	Rf
fair value (FV) der RU/CGU	6.500	3.000	1.800
Bilanzielles Eigenkapital auf FV-Basis (ohne Goodwill)	5.650	2.450	1.500
derivativer Goodwill	100	0	300

Bei der EQUIPMENT GmbH werden im Jahr 02 die Vorräte zweimal umgeschlagen und die Rückstellungen vollständig aufgelöst. Deren Maschinen besaßen zum Erwerbszeitpunkt eine Restnutzungsdauer von fünf Jahren. Konzernweit wird die Methode der linearen Abschreibung angewandt. Die Einzelbilanzen zum 31.12.02 lauten:

HB II der ALGONQUIN AG 02 in TGE

Aktiva		Passiva	
Grundstücke	2.750	Gez. Kapital	3.500
Maschinen	3.200	Rücklagen	2.750
Beteiligung	2.800	Jahresüberschuss	550
Vorräte	2.250	Rückstellungen	1.400
		Verbindlichkeiten	2.800
Summe	11.000	Summe	11.000

HB II der EQUIPMENT GmbH 02 in TGE

Aktiva		Passiva	
Grundstücke	1.500	Gez. Kapital	900
Maschinen	1.200	Rücklagen	1.000
Beteiligung	0	Jahresüberschuss	250
Vorräte	2.000	Rückstellungen	1.400
		Verbindlichkeiten	1.150
Summe	4.700	Summe	4.700

Für den *impairment test* zum 31.12.02 liegen folgende Informationen vor:

31.12.02	ALGONQUIN AG		
(in TGE)	C	TK	Rf
fair value (FV) der RU/CGU	6.500	3.000	1.900
value in use der RU/CGU	6.600	2.900	1.850
Bilanzielles Eigenkapital auf FV-Basis (mit deriv. Goodwill)	6.050	2.750	2.060
Bilanzielles Eigenkapital zu Buchwerten (mit deriv. Goodwill)	5.350	2.300	2.000

a) Führen Sie die Erstkonsolidierung nach der Neubewertungsmethode zum 31.12.01 durch!

b) Welche Vorgehensweisen sehen die IFRS und US-GAAP für die Goodwill-Bilanzierung der Folgekonsolidierung vor?

c) Bestimmen Sie den Abschreibungsbedarf des Goodwill in 02 nach IFRS 3/IAS 36!

d) Bestimmen Sie den Abschreibungsbedarf des Goodwill in 02 nach US-GAAP!

e) Führen Sie die Folgekonsolidierung nach HGB zum 31.12.02 durch! Für den Goodwill wird eine Nutzungsdauer von 10 Jahren unterstellt.

f) Führen Sie außerdem die Folgekonsolidierung nach IFRS sowie nach US-GAAP zum 31.12.02 durch!

Lösung

a) Erstkonsolidierung zum 31.12.01:

Hierzu muss zunächst die Höhe der stillen Reserven, die in den Posten der EQUIPMENT GmbH enthalten sind, bestimmt werden. Diese ergeben sich aus der Differenz zwischen Zeit- und Buchwerten:

	Zeitwert		Buchwert		stille Reserven	
Maschinen	TGE	1.500	TGE	1.200	TGE	300
Vorräte	TGE	2.050	TGE	1.750	TGE	300
Rückstellungen	TGE	1.500	TGE	1.400	TGE	– 100

Diese werden im Rahmen der Neubewertung vollständig aufgelöst und den betreffenden Bilanzposten zugeordnet. Es ergibt sich ein anteiliges Eigenkapital nach Neubewertung von:

1,0 × (900 TGE + 1.000 TGE + 500 TGE) = 2.400 TGE.

Für dieses wurde ein Preis von 2.800 TGE bezahlt. Es resultiert daher ein Goodwill von:

2.800 TGE – 1,0 × (900 TGE + 1.000 TGE + 500 TGE) = 400 TGE.

In der folgenden Tabelle sind die Neubewertung, Kapitalkonsolidierung und die Konzernbilanz zum 31.12.01 dargestellt:

31.12.01	Algonquin AG 01		Equipment GmbH 01		Summen-Bilanz		Neubewertung		Kapitalkonsolidierung		Konzernbilanz	
(in TGE)	A	P	A	P	A	P	S	H	S	H	A	P
Goodwill	–		–						400		400	
Grundstücke	2.750		1.500		4.250						4.250	
Maschinen	3.000		1.200		4.200		300				4.500	
Beteiligungen	2.800		–		2.800					2.800	0	
Vorräte	2.100		1.750		3.850		300				4.150	
Neubewertungsdifferenz								500	500			
Gez. Kapital		3.500		900		4.400			900			3.500
Rücklagen		2.750		1.000		3.750			1.000			2.750
Rückstellungen		1.400		1.400		2.800		100				2.900
Verbindlichkeiten		3.000		1.150		4.150						4.150
Summe	10.650	10.650	4.450	4.450	15.100	15.100	600	600	2.800	2.800	13.300	13.300

b) Die IFRS sehen in IAS 36 ebenso wie die US-GAAP in ASC 350-20-35-1 keine planmäßige Abschreibung des Goodwill vor. Es muss jährlich ein *impairment test* durchgeführt werden. Nach einer Akquisition ist der Goodwill zunächst in sinnvoller und nachvollziehbarer Weise auf Zahlungsmittel generierende bzw. operative Untereinheiten (CGUs bzw. RUs) aufzuteilen.

Sowohl nach IFRS als auch nach US-GAAP erfolgt ein einstufiger *impairment test.* Nach IFRS 3/IAS 36 wird der Buchwert des Eigenkapitals inkl. Goodwill mit dem *recoverable amount* (erzielbarer Betrag) verglichen. Dieser ist der höhere Wert aus dem *fair value* abzüglich Veräußerungskosten und dem *value in use* (Nutzungswert). Ist der erzielbare Betrag kleiner als das bilanzielle Eigenkapital inkl. Goodwill, so wird der Goodwill um die Differenz abgeschrieben. Ist der Abschreibungsbetrag höher als der Buchwert des Goodwill, so ist nach vollständiger Abschreibung des Goodwill der verbleibende Rest von den übrigen bilanzierten Vermögenswerten der getesteten CGU anteilig abzuschreiben. Nach US-GAAP wird der Buchwert des Eigenkapitals inkl. Goodwill mit dem *fair value* der RU verglichen. Falls der *fair value* kleiner ist als das bilanzielle Eigenkapital inkl. Goodwill, erfolgt wiederum eine außerplanmäßige Abschreibung basierend auf der Differenz dieser Werte.

c) Nur bei dem Bereich Rf liegt der erzielbare Betrag (in diesem Fall der *fair value*) der CGU unter dem bilanziellen Eigenkapital inkl. Goodwill: 1.900 TGE < 2.000 TGE. Dort ergibt sich demzufolge eine Wertberichtigung i. H. v. 2.000 TGE – 1.900 TGE = 100 TGE.

d) Nach US-GAAP wird kein erzielbarer Betrag ermittelt, sondern direkt der *fair value* zum Vergleich mit dem bilanziellen Eigenkapital inkl. Goodwill herangezogen. Der *fair value* liegt nur bei der RU Rf unter dem bilanziellen Eigenkapital inkl. Goodwill. Da der *fair value* hier dem erzielbaren Betrag nach IFRS entspricht, entspricht sich auch der Abschreibungsbedarf i. H. v. 2.000 TGE – 1.900 TGE = 100 TGE.

Hinweis: Die früher gebotene zweite Stufe des *impairment test* ist spätestens für Geschäftsjahre, die nach dem 15.12.2022 beginnen, nicht mehr durchzuführen.

e) Folgekonsolidierung nach HGB zum 31.12.02:

Im Jahr 02 ist zu beachten, dass sich die stillen Reserven in den Vorräten und Rückstellungen vollständig auflösen, während sich die stillen Reserven in den Maschinen anteilig über die Restnutzungsdauer auflösen (hier: 300 TGE / 5 = 60 TGE p. a.). Außerdem wird die Kapitalkonsolidierung exakt aus dem Vorjahr übernommen und der Goodwill wird über die Nutzungsdauer abgeschrieben (400 TGE / 10 = 40 TGE):

31.12.02	Algonquin AG 02		Equipment GmbH 02		Summenbilanz		Erst-konsolidierung		Folgekonso-lidierung		Konzernbilanz	
in TGE	A	P	A	P	A	P	S	H	S	H	A	P
Goodwill	–		–				400			40	360	
Grundstücke	2.750		1.500		4.250						4.250	
Maschinen	3.200		1.200		4.400		300			60	4.640	
Beteiligungen	2.800		–		2.800			2.800			0	
Vorräte	2.250		2.000		4.250		300			300	4.250	
Neubewertungs-differenz							500	500				
Gez. Kapital		3.500		900		4.400	900					3.500
Rücklagen		2.750		1.000		3.750	1.000					2.750
Jahresüberschuss		550		250		800			300			500
Rückstellungen		1.400		1.400		2.800		100	100			2.800
Verbindlichkeiten		2.800		1.150		3.950						3.950
Summe	11.000	11.000	4.700	4.700	15.700	15.700	3.400	3.400	400	400	13.500	13.500

f) Im Vergleich zur Folgekonsolidierung nach HGB ändert sich bei der Konsolidierung nach IFRS bzw. US-GAAP in vorliegendem Beispiel nur die Abschreibung des Goodwill, die sich am oben durchgeführten *impairment test* ausrichtet und daher 100 TGE beträgt (vgl. Teilaufgabe c) bzw. d)):

31.12.02	Algonquin AG 02		Equipment GmbH 02		Summenbilanz		Kapital-konsolidierung		Folgekonso-lidierung		Konzernbilanz	
in TGE	A	P	A	P	A	P	S	H	S	H	A	P
Goodwill	–		–				400			100	300	
Grundstücke	2.750		1.500		4.250						4.250	
Maschinen	3.200		1.200		4.400		300			60	4.640	
Beteiligungen	2.800		–		2.800			2.800			0	
Vorräte	2.250		2.000		4.250		300			300	4.250	
Neubewertungsdif-ferenz							500	500				
Gez. Kapital		3.500		900		4.400	900					3.500
Rücklagen		2.750		1.000		3.750	1.000					2.750
Jahresüberschuss		550		250		800			360			440
Rückstellungen		1.400		1.400		2.800		100	100			2.800
Verbindlichkeiten		2.800		1.150		3.950						3.950
Summe	11.000	11.000	4.700	4.700	15.700	15.700	3.400	3.400	460	460	13.440	13.440

Aufgabe 11.4: Kapitalkonsolidierung bei einer Beteiligungsquote unter 100 %

Im Folgenden werden die Ausgangsdaten der Aufgabe 11.2 zugrunde gelegt (Bilanz I der MU-AG und Bilanz der TU-GmbH). Nur der Beteiligungsprozentsatz der MU-AG betrage statt 100 % nun 75 %.

a) Welcher zusätzliche Konzern-Bilanzposten ergibt sich daraus, dass das Mutterunternehmen weniger als 100 % der Anteile an dem Tochterunternehmen hält? Wie ist der Posten materiell zu interpretieren?

b) Führen Sie die Kapitalkonsolidierung im Erstkonsolidierungszeitpunkt zum 31.12.01 nach HGB durch! Erstellen Sie die Konzernbilanz durch eine Kapitalkonsolidierung nach der Neubewertungsmethode. Geben Sie die Buchungssätze an!

c) Wie ändert sich dieses Ergebnis durch die *full goodwill method* nach IFRS (Wahlrecht) und US-GAAP (Pflicht)?

Lösung

a) Neben die MU-AG treten nun auch andere Teilhaber an der TU-GmbH auf, die nicht direkt zum Konzernverbund gehören. Diese werden auch als nicht beherrschende Gesellschafter bezeichnet. Deren Anteil am Eigenkapital der TU-GmbH ist nach § 307 Abs. 1 Satz 1 HGB in der Konzernbilanz unter dem Posten »nicht beherrschende Anteile« innerhalb des Eigenkapitals gesondert auszuweisen. Es erfolgt also keine Aufrechnung.

   Nach der Einheitstheorie (*Entity Theory*) stellt auch dieses von Nicht-Konzernunternehmen an Tochterunternehmen zur Verfügung gestellte Kapital konzeptionell Eigenkapital des Konzerns dar, da alle Gruppen von Eigenkapitalgebern als gleichgestellt gelten. Deshalb ist der Posten nach HGB, IFRS und US-GAAP im Eigenkapital auszuweisen, wenn auch als gesonderter Posten.

   Auch wird den Minderheitenanteilen ein Anteil an den stillen Reserven und eventuell dem Goodwill zugewiesen und es kommt zu einer 100%igen Auflösung der stillen Reserven. Hierzu ist eine Hochrechnung des Goodwill um die Minderheitenanteile notwendig, wie sie nach deutschen Vorschriften grundsätzlich nicht erfolgt. Nach US-GAAP ist durch Business Combinations II die *full goodwill method* verpflichtend geworden, bei der die Minderheiten auch einen Anteil am Goodwill zugewiesen bekommen. Nach IFRS besteht bezüglich der *full goodwill method* hingegen ein Wahlrecht. Alternativ zur *full goodwill method* kann nach IFRS, wie nach HGB, ein beteiligungsproportionaler Goodwill ermittelt werden.

b) Bei der Neubewertungsmethode werden die Bilanzposten vor Kapitalkonsolidierung auf Tageswerte umbewertet. Sämtliche stillen Reserven bzw. Lasten kommen zur

Auflösung, auch diejenigen, die nicht beherrschenden Gesellschaftern zuzurechnen sind.

Buchungssatz für die Neubewertung in GE:

Sonstiges AV	120	an	Rücklagen	200
UV	80			

Der Minderheitenanteil besteht nun aus 25 % des neubewerteten Eigenkapitals:

Anteile nicht beherrschender Gesellschafter: 0,25 × (800 GE + 200 GE) = 250 GE

In diesem Kapitalanteil nicht beherrschender Gesellschafter ist folglich nun deren Anteil an den gesamten stillen Reserven (200 GE) i. H. v. 50 GE enthalten. Die Kapitalkonsolidierung erfolgt gegen das neubewertete Eigenkapital:

Goodwill: 1.200 GE – 0,75 × (800 GE + 200 GE) = 450 GE

Buchungssatz für die Kapitalkonsolidierung in GE:

Geschäftswert	450	an	Beteiligung	1.200
Gez. Kapital	500		Anteile nicht beherrschender Gesellschafter	250
Rücklagen	500			

31.12.01	MU		TU		Summenbilanz		Neubewertung		Konsolidierung		Konzernbilanz	
in GE	A	P	A	P	A	P	S	H	S	H	A	P
Goodwill	–		–		–				450		450	
Beteiligung	1.200		–		1.200					1.200	–	
Sonstiges AV	1.400		800		2.200		120				2.320	
UV	1.400		700		2.100		80				2.180	
Summe	4.000		1.500		5.500						4.950	
Gez. Kapital		1.000		500		1.500			500			1.000
Rücklagen		1.000		300		1.300		200	500			1.000
Anteile anderer Gesellschafter										250		250
FK		2.000		700		2.700						2.700
Summe		4.000		1.500		5.500	200	200	1.450	1.450		4.950

In den Folgejahren wird die auf die nicht beherrschenden Gesellschafter entfallende EK-Veränderung des Tochterunternehmens (Rücklagenerhöhungen, Vermögensminderungen durch Abschreibung aufgelöster stiller Reserven) dem Bilanzposten »nicht beherrschende Anteile« zu- oder abgeschrieben.

c) Bei einem konsequent nach der Einheitstheorie aufgestellten Konzernabschluss wird den Anteilen nicht beherrschender Gesellschafter sowohl ein Anteil an den stillen Reserven als auch am Goodwill zugewiesen. Nach US-GAAP besteht die Pflicht des Ausweises eines Goodwill, der auch den Anteil enthält, der auf die Minderheiten entfällt. Nach IFRS besteht ein Wahlrecht, diesen *full goodwill* auszuweisen oder alternativ einen beteiligungsproportionalen Goodwill wie nach HGB.

Sowohl nach IFRS als auch nach US-GAAP sind bei einem Unternehmenszusammenschluss folgende Komponenten zu ermitteln: sämtliche erworbenen Vermögenswerte, sämtliche übernommenen Schulden sowie die nicht beherrschenden Anteile. Der Goodwill entspricht der Differenz aus Anschaffungskosten abzüglich dieser Komponenten.

Die Anteile nicht beherrschender Gesellschafter können nach IFRS auf zwei Arten ermittelt werden: Alternative eins besteht darin, diese zu ihrem Anteil am neubewerteten identifizierbaren Nettovermögen zu bestimmen. Im vorliegenden Fall entspricht die Differenz aus erworbenen Vermögenswerten und übernommenen Schulden: 1.700 GE – 700 GE = 1.000 GE. Der Wert der Anteile nicht beherrschender Gesellschafter beträgt somit 0,25 × 1.000 GE = 250 GE. Alternative zwei besteht darin, die Anteile nicht beherrschender Gesellschafter zum *fair value* zu bestimmen. Hierzu ist es notwendig, von dem Kaufpreis der Mehrheitsanteile auf einen fiktiven Kaufpreis des Gesamtunternehmens zu schließen, um so den fiktiven anteiligen Goodwill der Minderheitenaktionäre zu ermitteln. Im vorliegenden Fall wurde ein Preis von 1.200 GE für 75 % der Anteile bezahlt. Rechnet man dies auf 100 % hoch, so entspricht dies einem fiktiven Kaufpreis von 1.600 GE für 100 % der Anteile. Dieser Wert kann auch rechnerisch über eine Unternehmensbewertung ermittelt werden. Der Wert der Anteile nicht beherrschender Gesellschafter wird somit zum *fair value* ausgewiesen und beträgt 0,25 × 1.600 GE = 400 GE.

Beteiligungsproportionaler Goodwill-Ansatz	**in TGE**	***full goodwill*-Ansatz**	**in TGE**
fair value der gewährten Gegenleistung (Anschaffungskosten)	1.200	*fair value* der gewährten Gegenleistung (Anschaffungskosten)	1.200
+ Minderheitenanteile bestimmt zu ihrem Anteil am neubewerteten identifizierbaren Nettovermögen	250	+ Minderheitenanteile bestimmt zum *fair value*	400
- vollständiges neubewertetes Nettovermögen (einschließlich des Anteils der Minderheiten)	1.000	- vollständiges neubewertetes Nettovermögen (einschließlich des Anteils der Minderheiten)	1.000
Höhe des Goodwill	**450**	**Höhe des Goodwill**	**600**

Werden die Anteile nicht beherrschender Gesellschafter nach Alternative eins bestimmt, beträgt der Goodwill 1.200 GE + 250 GE – 1.000 GE = 450 GE. Nach IFRS können die Minderheiten ebenso nach Alternative zwei bestimmt werden, wonach der Goodwill einem *full goodwill* entspricht: 1.200 GE + 400 GE – 1.000 GE = 600 GE. Von diesem Goodwill erhalten die Mehrheitsaktionäre einen Anteil von 75 % = 450 GE und die Minderheitenaktionäre 25 % = 150 GE. Nach US-GAAP darf nur dieser *full goodwill* i. H. v. 600 GE ausgewiesen werden.

Aufgabe 11.5: Sukzessiver Anteilserwerb nach IFRS

Der Investor CAPITAL AG erwirbt am 31.12.01 einen Anteil von 20 % am börsennotierten Unternehmen TARGET AG zum Kaufpreis von 1.000 TGE. Es liegen folgende Werte der TARGET AG zum 31.12.01 vor:

HB II der TARGET AG zu Buchwerten 31.12.01 in TGE

Aktiva			Passiva
Grundstücke	2.400	EK	3.600
Bank	1.200		
Summe	3.600	Summe	3.600

HB II der TARGET AG zu Zeitwerten 31.12.01 in TGE

Aktiva			Passiva
Grundstücke	2.600	EK	3.800
Bank	1.200		
Summe	3.800	Summe	3.800

Am 31.12.02 erwirbt die CAPITAL AG weitere 60 % an der TARGET AG zum Kaufpreis von 2.700 TGE. Der Börsenwert der TARGET AG liegt am 31.12.02 bei 6.000 TGE (entspricht ihrem *fair value*). Zum 31.12.02 liegen folgende Werte vor:

HB II der TARGET AG zu Buchwerten 31.12.02 in TGE

Aktiva			Passiva
Grundstücke	2.400	EK	3.600
Bank	1.200		
Summe	3.600	Summe	3.600

HB II der TARGET AG zu Zeitwerten 31.12.02 in TGE

Aktiva			Passiva
Grundstücke	2.900	EK	4.100
Bank	1.200		
Summe	4.100	Summe	4.100

a) Was wird unter einem sukzessiven Anteilserwerb verstanden?

b) Verbuchen Sie die Zeitwertänderung des bisher gehaltenen Anteils zum Zeitpunkt des Erwerbs der 2. Tranche!

c) Bestimmen Sie den Goodwill nach IFRS 3! Stellen Sie sowohl die Möglichkeit zur Bilanzierung eines beteiligungsproportionalen Goodwill als auch die Möglichkeit zur Bilanzierung des *full goodwill* dar!

Lösung

a) Bei einem sukzessiven Anteilserwerb werden Anteile an einem Beteiligungsunternehmen in mehreren Schritten erworben. Im ersten Schritt werden Anteile an einem Unternehmen erworben, wodurch keine Beherrschung dieses Unternehmens erlangt wird. Folglich stellt der Anteilsbesitz zunächst nur eine Beteiligung an einem assoziierten Unternehmen oder eine Beteiligung, die nach den Vorschriften für Finanzinstrumente zu bilanzieren ist, dar. Durch den Erwerb weiterer Tranchen kommt es schließlich zur Beherrschung des Beteiligungsunternehmens. Zum Erwerbszeitpunkt der Tranche, die zur Kontrollerlangung führt, ist das Beteiligungsunternehmen erstmalig als Tochterunternehmen vollzukonsolidieren.

b) Die am 31.12.01 erworbene 20%ige Beteiligung wird als Beteiligung an assoziierten Unternehmen mittels der Equity-Methode in den Konzernabschluss einbezogen. Wegen der Kontrollerlangung am 31.12.02 werden die bereits zuvor gehaltenen Anteile zum *fair value* bewertet. Mit der Bewertung zum erzielbaren Marktwert wird fiktiv eine Veräußerung und ein anschließender Rückkauf unterstellt, d. h., die Steigerung des *fair value* wird, wie im Falle einer Veräußerung, als realisierter Gewinn erfasst und anschließend zu diesem Betrag wieder erworben. Der *fair value* bezogen auf 20 % der TARGET AG beträgt 20 % × 6.000 TGE = 1.200 TGE. Die Wertsteigerung i. H. v. 200 TGE gegenüber dem Buchwert der Beteiligung wird erfolgswirksam erfasst.

Buchungssatz für die Zuschreibung der bisherigen Beteiligung am 31.12.02 in GE:

Beteiligungen an assoziierten Unternehmen	200	an	Gewinn aus *fair value*-Steigerungen	200

c) Der Goodwill ist bei Kontrollerlangung am 31.12.02 zu ermitteln. Zunächst ist die Summe aus dem Kaufpreis der 2. Tranche, dem Wert der bereits gehaltenen Anteile sowie dem Wert der Anteile nicht-beherrschender Gesellschafter zu bilden. Die bereits in der 1. Tranche erworbenen Anteile gehen in die Ermittlung des Goodwill mit ihrem *fair value* am 31.12.02 i. H. v. 1.200 TGE ein. Die Minderheitenanteile dürfen aufgrund des Wahlrechts in IFRS 3.32 entweder zum anteiligen Wert des neubewerteten Nettovermögens oder zum *fair value* angesetzt werden. Der Wert des anteiligen Nettovermögens am 31.12.02 beträgt 20 % × 4.100 TGE = 820 TGE. Für den *fair value* ergibt sich ein Wert von 20 % × 6.000 TGE = 1.200 TGE. Anschließend ist das gesamte Nettovermögen zu Zeitwerten i. H. v. 4.100 TGE von der zuvor ermittelten Summe zu subtrahieren. Entsprechend der Ausübung des Wahlrechts resultiert daraus entweder ein beteiligungsproportionaler Goodwill oder ein *full goodwill*. Die Berechnung des Goodwill am 31.12.02 ist nachfolgend dargestellt:

Beteiligungsproportionaler Goodwill-Ansatz	**in TGE**	***full goodwill*-Ansatz**	**in TGE**
Anschaffungskosten der 2. Tranche (60 %)	2.700	Anschaffungskosten der 2. Tranche (60 %)	2.700
+ bereits gehaltene Anteile (20 %) bestimmt zum *fair value*	+ 1.200	+ bereits gehaltene Anteile (20 %) bestimmt zum *fair value*	+ 1.200
+ Minderheitenanteile (20 %) bestimmt zum anteiligen neubewerteten identifizierbaren Nettovermögen	+ 820	+ Minderheitenanteile (20 %) bestimmt zum *fair value*	+ 1.200
– vollständiges neubewertetes Nettovermögen (einschließlich des Anteils der Minderheiten)	– 4.100	– vollständiges neubewertetes Nettovermögen (einschließlich des Anteils der Minderheiten)	– 4.100
Höhe des Goodwill	**620**	**Höhe des Goodwill**	**1.000**

Aufgabe 11.6: Assoziierte Unternehmen I

Die Motorenfabrik Augsburg-Düsseldorf (MAD) AG ist nicht kapitalmarktorientiert und unterliegt der Pflicht zur Konzernabschlusserstellung nach HGB. Die MAD AG kauft zum 31.12.01 einen Anteil von 15 % an der Copper Industry Engineering (CIE) Corp. in Blacksburgh/USA. Die restlichen Anteile befinden sich in Streubesitz. Die MAD AG ist der Hauptauftraggeber der CIE Corp., die sich deshalb zur Erlangung langfristiger Lieferverträge nicht unerheblich am Produkt- und Forschungsprogramm der MAD AG ausrichtet. Wie sind die Anteile an der CIE Corp. bei der Konzernabschlusserstellung zu behandeln?

Lösung

Zunächst ist zu prüfen, ob es sich bei der CIE Corp. um ein Tochterunternehmen handelt.

Da die Kriterien des § 290 Abs. 1 und 2 HGB nicht zutreffen, liegt kein beherrschender Einfluss und somit kein Mutter-Tochter-Verhältnis vor. Ein Einbezug nach den Regeln der Vollkonsolidierung scheidet somit aus.

Weiterhin muss geprüft werden, ob es sich bei der CIE Corp. um ein sog. »assoziiertes Unternehmen« gemäß §§ 311 f. HGB handelt, d. h. um eine solche Beteiligung, die zwar keinen beherrschenden, wohl aber einen maßgeblichen Einfluss vermittelt. Die gesetzliche Beteiligungsvermutung ab 20 % der Stimmrechte (§ 311 Abs. 1 Satz 2 HGB) reicht bei den vorgegebenen 15 % allein nicht aus, um auf maßgeblichen Einfluss zu schließen. Nach herrschender Meinung sind wichtige Abnehmer-Lieferanten-Verhältnisse ein Indiz für maßgeblichen Einfluss. Der aufgeführte Sachverhalt lässt deshalb auf das Vorliegen maßgeblichen Einflusses schließen. Die Beteiligung an der CIE Corp. ist deshalb nach der Equity-Methode (§ 312 HGB) in den Konzernabschluss der MAD AG einzubeziehen. Gleiches gilt auch nach IAS 28.

Aufgabe 11.7: Assoziierte Unternehmen II

Im Folgenden wird der Ausgangssachverhalt der Aufgabe 11.6 zugrunde gelegt. Für den Anteil an der CIE Corp. bezahlte die MAD AG 2 Mio. GE. Das bilanzielle Eigenkapital der CIE Corp. beträgt zum Kaufzeitpunkt umgerechnet 8 Mio. GE. Die Aktiva der CIE Corp. enthalten 1 Mio. GE stille Reserven. 500.000 GE entfallen auf sehr niedrig angesetztes Vorratsvermögen, 300.000 GE auf abnutzbares Anlagevermögen (Restnutzungsdauer fünf Jahre, lineare Abschreibung) und 200.000 GE auf ein Grundstück. Die Passiva enthalten keine stillen Reserven oder stille Lasten.

In 02 erwirtschaftet die CIE Corp. einen Jahresüberschuss von 1,2 Mio. GE und schüttet 750.000 GE des Jahresüberschusses aus dem Vorjahr an die Aktionäre aus. Von den Vorräten wurden 4/5 umgesetzt. Geschäftswerte werden im MAD-Konzern einheitlich über zehn Jahre abgeschrieben.

a) Mit welchem Wert kann die MAD AG zum 31.12.01 die Beteiligung an der CIE Corp. ausweisen?

b) Zeigen Sie die Errechnung des Beteiligungswertes zum 31.12.02 auf!

Lösung

a) Wie auch IFRS und US-GAAP fordert das HGB für die Bewertung assoziierter Unternehmen die Anwendung der Equity-Methode. Dabei wird der Beteiligungswert zu Anschaffungskosten in der Bilanz ausgewiesen. Ein sich ergebender Unterschiedsbetrag zwischen diesem Buchwert und dem anteiligen bilanziellen Eigenkapital des assoziierten Unternehmens sowie ein darin enthaltener Goodwill oder Badwill sind im Konzernanhang anzugeben (§ 312 Satz 1 HGB).

   Die Beteiligung wurde zu einem Preis von 2 Mio. GE erworben. Die Beteiligung repräsentiert einen Anteil von 15 % am bilanziellen Eigenkapital der CIE Corp. (0,15 × 8 Mio. GE = 1,2 Mio. GE). Es wurde folglich ein Aufpreis von 2 Mio. GE – 1,2 Mio. GE = 800.000 GE bezahlt.

   Im Konzernbilanzausweis zum 31.12.01 wird die Beteiligung zu Anschaffungskosten ausgewiesen:

Beteiligung an assoziierten Unternehmen	GE	2.000.000

Der Unterschiedsbetrag muss in einer Nebenrechnung analog der Vollkonsolidierung auf die Vermögensgegenstände und Schulden der CIE Corp. verteilt werden, um ihn in den Folgeperioden entsprechend der Vorgehensweise bei der Folgekonsolidierung von Tochterunternehmen fortschreiben zu können. Wie in der Kapitalkonsolidierung von Tochterunternehmen sind für die Vermögensgegenstände und Schulden Zeitwerte heranzuziehen, um das Nettovermögen auf Basis von Zeitwerten zu ermitteln. Ein Teil des Unterschiedsbetrags kann dann den anteiligen stillen Reserven bzw. Lasten zugerechnet werden. Der nicht verteilbare Restbetrag zwischen dem Wert der Beteiligung und dem anteiligen neubewerteten Nettovermögen ist wie ein Geschäfts- oder Firmenwert (Goodwill) oder ggf. ein Badwill zu behandeln.

Aufteilung des Unterschiedsbetrags:

	GE	800.000		
–	GE	75.000	Vorräte	(15 % von 500.000 GE)
–	GE	45.000	abnutzbares AV	(15 % von 300.000 GE)
–	GE	30.000	Grundstück	(15 % von 200.000 GE)
=	GE	650.000	Geschäfts- oder Firmenwert	

b) In den Folgejahren werden die aufgeteilten Beträge innerhalb der Nebenrechnung entsprechend den Posten, denen sie zugeordnet wurden, fortgeführt, abgeschrieben oder aufgelöst (§ 312 Abs. 2 Satz 2 HGB), wodurch gleichzeitig Vermögen und Ertrag des Konzerns beeinflusst werden. Der Wertansatz der Beteiligung ist um anteilige EK-Veränderungen beim assoziierten Unternehmen zu korrigieren; ausgeschüttete Gewinne sind abzuziehen (§ 312 Abs. 4 Satz 1 HGB). Die Ergebnisse aus diesen beiden Vorgängen werden in der Konzern-GuV zu einem Ergebnis zusammengefasst und gesondert ausgewiesen (§ 312 Abs. 4 Satz 2 HGB). Üblicherweise sinkt der Unterschiedsbetrag. Dieser ist nun im Beteiligungswert enthalten und wird nicht getrennt ausgewiesen. Eine gesonderte Angabe dieses Betrages ist nach HGB bei den Folgekonsolidierungen im Gegensatz zur Erstkonsolidierung nicht verpflichtend, jedoch sieht DRS 26.89 eine derartige Angabe für jedes Geschäftsjahr vor.

Das Eigenkapital der CIE Corp. steigt im Geschäftsjahr 02 um den Jahresüberschuss von 1,2 Mio. GE. Die zu korrigierende anteilige EK-Veränderung beträgt folglich $0{,}15 \times 1{,}2$ Mio. GE = 180.000 GE. Hiervon abzuziehen sind ausgeschüttete Vorjahresgewinne i. H. v. $0{,}15 \times 750.000$ GE = 112.500 GE. Zusammengefasst ergibt sich ein Anpassungsbetrag von 180.000 – 112.500 GE = 67.500 GE.

Fortführung der Werte aus der Verteilung des Unterschiedsbetrages:

Posten	AK in GE	Abschreibung in 02 in GE	Restwert in GE
Geschäfts- oder Firmenwert	650.000	65.000	585.000
Stille Reserven abnutzbares AV	45.000	9.000	36.000
Stille Reserven Vorräte	75.000	60.000	15.000
Stille Reserven Grundstück	30.000	–	30.000
Summe	800.000	134.000	666.000

Fortschreibung des Beteiligungswertes zum 31.12.02:

	AK der Beteiligung	GE	2.000.000
–	GuV-wirksame Veränderung des darin enthaltenen Unterschiedsbetrages	GE	134.000
+	Anteilige EK-Veränderung abzgl. Gewinnausschüttungen	GE	67.500
=	Beteiligungsbuchwert	GE	1.933.500

Konzernbilanzausweis am 31.12.02:

Anteile an assoziierten Unternehmen	GE	1.933.500

Aufgabe 11.8: Zwischenerfolgseliminierung und GuV I

Die Nürnberger Textilmaschinen AG (NÜRTEX) ist eine 100%ige Tochter der Industriemaschinen AG München (IMAG). Im vergangenen Geschäftsjahr (02) hat die IMAG 60 Stück Elektromotoren des Typs 08/15 an die NÜRTEX geliefert. Die IMAG fertigt diese Motoren nach einer Lizenz der NÜRTEX. Als Preis war ein Betrag von 47.850 GE je Stück vereinbart worden, den die IMAG wie folgt kalkuliert hatte:

Materialeinzelkosten	GE	9.520
Lohneinzelkosten	GE	10.455
Material- und Fertigungsgemeinkosten (produktionsbezogen)	GE	11.000
Verwaltungskosten (allgemein)	GE	10.325
Lizenzgebühr	GE	400
Kosten für Transport an die NÜRTEX	GE	150
Anteilige Werbekosten	GE	500
Gewinnaufschlag	GE	5.500
Verkaufspreis	GE	47.850

Am Bilanzstichtag (31.12.02) befinden sich noch zehn Motoren dieser Art bei der NÜRTEX, die diese zu Anschaffungskosten in ihrer Einzelbilanz ausgewiesen hat. Vier Motoren werden von der NÜRTEX ab dem Jahr 03 in der eigenen Produktion eingesetzt, die sechs anderen Motoren sind als Handelsware zur Weiterveräußerung bestimmt. Die restlichen 50 Stück wurden zu 55.000 GE bereits verkauft.

a) Mit welchen Beträgen dürfen die Motoren höchstens, mit welchen müssen sie mindestens in der Konzernbilanz nach HGB bzw. IFRS und US-GAAP angesetzt werden? Welche Rückwirkungen auf die Konzern-GuV ergeben sich?

b) Die vier in der Produktion der NÜRTEX eingesetzten Maschinen werden in den folgenden fünf Jahren (03–07) linear abgeschrieben. Welche Korrekturen ergeben sich daraus für die Konzernbilanzen und Konzern-GuV, wenn die Motoren bereits in 02 so niedrig wie möglich angesetzt wurden?

c) Müssten Zwischenerfolge auch dann eliminiert werden, wenn die IMAG an der NÜRTEX nur zu 30 % beteiligt wäre? Welche Probleme tauchen hierbei auf?

Lösung

a) Sowohl nach HGB als auch nach IFRS und US-GAAP ist grundsätzlich eine Eliminierung von Zwischenerfolgen durchzuführen. Für den maßgeblichen Wertansatz und damit die Höhe des zu eliminierenden Zwischenerfolges sind die jeweiligen Regelungen des HGB bzw. der Standards relevant.

   Nach HGB sind unter Fiktion der rechtlichen Einheit die Vorschriften für den Einzelabschluss des Mutterunternehmens entsprechend anzuwenden (§ 304 Abs. 1 i. V. m. § 308 HGB). Es gelten also die Vorschriften des § 255 HGB über den Wertansatz gekaufter oder eigenerstellter Vermögensgegenstände. Für Herstellungskosten gewährt § 255 Abs. 2 HGB einen Spielraum zwischen einer handelsrechtlichen Wertuntergrenze (Einzel- und Gemeinkosten; im vorliegenden Fall Materialeinzelkosten, Lohneinzelkosten sowie Material- und Fertigungsgemeinkosten) und einer handelsrechtlichen Wertobergrenze (Wertuntergrenze zuzüglich der Verwaltungskosten). Dabei ist unter Umständen die konzerneinheitliche Bewertung zu beachten.

   Nach US-GAAP und IFRS sind die Vollkosten einschließlich lediglich produktionsbezogener Verwaltungskosten anzusetzen. Im vorliegenden Fall entspricht dies der handelsrechtlichen Wertuntergrenze, da die gesamten Verwaltungskosten nicht produktionsbezogen sind.

   Folgende Wertansatzmöglichkeiten ergeben sich also in einem HGB-Konzernabschluss der IMAG (je Motor):

1. Wertuntergrenze

Materialeinzelkosten	GE	9.520
+ Lohneinzelkosten	GE	10.455
+ Transportkosten (HK-Mehrung)	GE	150
+ produktionsbezogene Gemeinkosten	GE	11.000
= Konzernmindestwert	GE	31.125

Bei Ansatz zur Wertuntergrenze:

Anschaffungskosten	GE	47.850
– Konzernmindestwert	GE	31.125
= Zwischengewinn	GE	16.725

2. Wertobergrenze

Wertuntergrenze	GE	31.125
+ Verwaltungskosten	GE	10.325
= Konzernhöchstwert	GE	41.450

Bei Ansatz zur Wertobergrenze:

Anschaffungskosten	GE	47.850
– Konzernhöchstwert	GE	41.450
= Zwischengewinn	GE	6.400

Die Zwischengewinne (in Klammern jeweils die Werte bei Ansatz zur Konzern-Wertuntergrenze) i. H. v. 6.400 GE (16.725 GE) je Motor sind aus den betroffenen Bilanzposten zu eliminieren.

Daraus ergibt sich folgende Buchung in GE in der Konsolidierungsspalte für zehn Motoren, wovon vier für die Produktion und sechs als Handelsware eingesetzt werden sollen:

Jahresüberschuss	64.000 (167.250)	an	Techn. Anlagen u. Maschinen	25.600 (66.900)
			Fertige Erzeugnisse u. Waren	38.400 (100.350)

3. Innenumsatzkonsolidierung

In der Konzern-GuV ist aus diesem Motorengeschäft ein Umsatzerlös bei der IMAG i. H. v. 60 × 47.850 GE = 2.871.000 GE ausgewiesen, der unter dem Gesichtspunkt der Einheitstheorie jedoch unzulässig ist. Die Summen-Umsatzerlöse sind also um die Zwischenumsätze zu bereinigen (§ 305 Abs. 1 Nr. 1 HGB) und in diesem Fall auf Posten 2 bzw. 3 des GuV-Gliederungsschemas nach § 275 Abs. 2 HGB umzugliedern (Erhöhung oder Verminderung des Bestands an fertigen und unfertigen Erzeugnissen bzw. andere aktivierte Eigenleistungen). Zwischengewinne sind zulasten des Jahresüberschusses zu eliminieren, da die Zwischengewinneliminierung in der Bilanz zulasten des Bilanzergebnisses erfolgt.

Buchungssätze für die Konsolidierung (in Klammern jeweils die Werte bei Ansatz zur Konzern-Wertuntergrenze) für 60 Motoren in GE:

Umsatzerlöse	2.871.000	an	Bestandserhöhung	248.700 (186.750)
			akt. Eigenleist.	165.800 (124.500)
			Materialaufwand	2.392.500 (2.392.500)
			Jahresüberschuss	64.000 (167.250)

b) Der Wertansatz und damit die Abschreibungsbasis der Motoren differiert zwischen dem Einzelabschluss der NÜRTEX (47.850 GE) und dem Konzernabschluss (31.125 GE).

Die linearen Abschreibungsbeträge betragen im Einzelabschluss 9.570 GE, im Konzernabschluss 6.225 GE.

1. Vorgehensweise in der Konzernbilanz

In der Konzernbilanz müssen jährlich die Zwischengewinne (= Differenz zwischen den Wertansätzen im Einzel- und Konzernabschluss) in voller Höhe sowohl aus dem Aktivvermögen als auch aus dem Bilanzgewinn eliminiert werden. Sie verringern sich jährlich um die Differenz der Abschreibungsbeträge im Einzel- und Konzernabschluss.

2. Vorgehensweise in der Konzern-GuV

Die aus Konzernsicht zu hohen Abschreibungen des Einzelabschlusses der NÜRTEX müssen in der Konzern-GuV korrigiert werden. Die Zwischengewinnkonsolidierung erhöht in den Jahren 03–07 den Konzern-JÜ gegenüber dem Einzel-JÜ um 3.345 GE (= Differenz zwischen den Abschreibungen im Einzel- und Konzernabschluss). Zur technischen Überleitung des Konzern-JÜ in den Konzern-Bilanzgewinn muss deshalb in der Gewinnverwendungsrechnung jeweils der Zwischengewinn des Vorjahres als Sollposten (= Minderung eines Gewinnvortrages bzw. Erhöhung eines Verlustvortrages) eingestellt werden.

Bilanz (pro Motor) in GE				
Stichtag	EA-Wert	KA-Wert	Zwischengewinn	K-Bilanzgewinn
31.12.02	47.850	31.125	16.725	– 16.725
31.12.03	38.280	24.900	13.380	– 13.380
31.12.04	28.710	18.675	10.035	– 10.035
31.12.05	19.140	12.450	6.690	– 6.690
31.12.06	9.570	6.225	3.345	– 3.345
31.12.07	–	–		

GuV (pro Motor) in GE					
Stichtag	EA-Abschreibung	ZG-Konsolidierung	KA-Abschreibung	KA-Jahresüberschuss	KA-Gewinnvortrag
31.12.02	–	– 16.725	–	– 16.725	
31.12.03	9.570	+ 3.345	6.225	+ 3.345	– 16.725
31.12.04	9.570	+ 3.345	6.225	+ 3.345	– 13.380
31.12.05	9.570	+ 3.345	6.225	+ 3.345	– 10.035
31.12.06	9.570	+ 3.345	6.225	+ 3.345	– 6.690
31.12.07	9.570	+ 3.345	6.225	+ 3.345	– 3.345

c) Bei einer 30%igen Beteiligung sind die NÜRTEX und die IMAG assoziierte Unternehmen. § 312 Abs. 5 Satz 3 HGB schreibt auch für assoziierte Unternehmen eine anteilig vorzunehmende Zwischenerfolgseliminierung nach § 304 HGB vor, soweit die maßgeblichen Sachverhalte bekannt oder zugänglich sind.

Auch nach IAS 28 und ASC 323 ist für assoziierte Unternehmen generell eine Zwischenerfolgseliminierung durchzuführen.

Sachgemäß sollte die Entscheidung zwischen vollständiger und quotaler Zwischenerfolgseliminierung davon abhängen, in welcher Beziehung die betroffenen Unternehmen stehen. Handelt es sich um ein echtes assoziiertes Unternehmen, also nicht um ein von der Vollkonsolidierung ausgeschlossenes Tochterunternehmen, so ist die quotale Eliminierung sinnvoller. Für ein Tochterunternehmen, das nach § 296 HGB nicht vollkonsolidiert wird, ist die vollständige Eliminierung sachgerechter.

Probleme gegenüber der Zwischenerfolgskonsolidierung bei vollkonsolidierten Tochterunternehmen ergeben sich, weil die Abschlussposten des assoziierten Unternehmens nicht in den Konzernabschluss Eingang finden. Das technische Vorgehen richtet sich nun danach, ob in der Equity-Methode nur ein Vorgang der reinen Beteiligungsbewertung oder eine verkürzte Konsolidierungsmethode gesehen wird.

Geht man von einem Bewertungsvorgang aus, so werden bei der Zwischenerfolgseliminierung nur der Bilanzposten »Beteiligungen an assoziierten Unternehmen« und der GuV-Posten »Ergebnis aus assoziierten Unternehmen« berührt. Der Buchungssatz in 02 würde folgendermaßen lauten (ohne Klammern die vollständige, in Klammern die anteilige Zwischenerfolgseliminierung, jeweils bei Ansatz der Motoren zur Wertunter- und Wertobergrenze; in GE):

Ergebnis aus assoziierten Unternehmen	64.000 GE / 167.250 GE (19.200 GE / 50.175 GE)	an	Beteiligungen an assoziierten Unternehmen	64.000 GE / 167.250 GE (19.200 GE / 50.175 GE)

Geht man dagegen von einer Konsolidierungsmethode aus, also einem der Vollkonsolidierung analogen Vorgehen, müssen einheitstheoretisch unkorrekte Posten bereinigt werden. Im vorliegenden Fall einer *downstream*-Lieferung sind dabei die Umsätze um den (anteiligen) Zwischengewinn zu hoch und müssen zulasten des »Ergebnisses aus assoziierten Unternehmen« bereinigt werden. Da andererseits in den Vermögensposten der Konzernbilanz die bei der NÜRTEX bilanzierten Motoren nicht enthalten sind, muss die Korrektur hier gegen den Beteiligungswert durchgeführt werden.

Buchungssatz in GE (zu den einzelnen Werten vgl. obigen Buchungssatz):

Umsatzerlöse	64.000 GE / 167.250 GE (19.200 GE / 50.175 GE)	an	Beteiligungen an assoziierten Unternehmen	64.000 GE / 167.250 GE (19.200 GE / 50.175 GE)

Aufgabe 11.9: Zwischenerfolgseliminierung und GuV II

Die DITTMANN-GmbH, eine 100%ige Tochtergesellschaft der nicht kapitalmarktorientierten QUENCH-AG, stellt elektrische Saftpressen her. Für diese Produktion hat die DITTMANN-GmbH ein Darlehen i. H. v. 25.000 TGE von der QUENCH-AG erhalten, für das im Jahr 01 Zinsaufwendungen i. H. v. 1.900 TGE verbucht wurden. Zudem liefert die DITTMANN-GmbH im Jahr 01 zehn elektrische Saftpressen zum Preis von jeweils 1.500 TGE an die QUENCH-AG. Zwei dieser Saftpressen verwendet die QUENCH-AG in ihrem Geschäftsbetrieb. Für die selbst genutzten Saftpressen wird eine Nutzungsdauer von 5 Jahren unterstellt. Von den restlichen Saftpressen sind am Ende des Geschäftsjahres 01 noch fünf auf Lager. Mit den drei verkauften Saftpressen wurde ein Umsatz i. H. v. 5.000 TGE erzielt. Beide Unternehmen bilanzieren nach HGB.

Der DITTMANN-GmbH sind für die Produktion und Lieferung der zehn Saftpressen folgende Aufwendungen entstanden:

Material	TGE	3.100
Arbeitslohn für die Fertigung der Saftpresse	TGE	1.300
Aus Kostengründen pauschal ermittelte Energiekosten	TGE	100
Abschreibungen auf das Fertigungsgebäude	TGE	1.100
Anteilige Meisterlöhne	TGE	1.000
Zinsaufwendungen für das Darlehen (siehe oben)	TGE	1.900
Löhne für die allgemeine Verwaltung	TGE	1.190
Anteilige Kosten für Werbung	TGE	300
Löhne für die Lieferung an die QUENCH-AG	TGE	110
Löhne für den allgemeinen Vertrieb	TGE	150
Summe	TGE	10.250

a) Geben Sie die Wertobergrenze und die Wertuntergrenze der Herstellungskosten einer Saftpresse für den handelsrechtlichen Einzelabschluss der DITTMANN-GmbH und den Konzernabschluss nach HGB der QUENCH-AG an.

b) Stellen Sie die Auswirkungen der Geschäftsvorfälle auf die GuV der jeweiligen Einzelabschlüsse und des Konzernabschlusses unter der Berücksichtigung des Steuerpostens zum 31.12.01 dar. Sowohl im Konzernabschluss als auch in den Einzelabschlüssen soll eine Jahresüberschussmaximierung erfolgen. Der Ertragsteuersatz liegt für beide Unternehmen bei 60 %. Der Gesamtkonzern verwendet ebenso wie auch die einzelnen Unternehmen die lineare Abschreibungsmethode.

Lösung

a) Die Bestimmung der Wertuntergrenze und der Wertobergrenze im Einzel- und Konzernabschluss für die zehn Saftpressen ist in folgender Tabelle dargestellt.

in TGE		Einzelabschluss	Konzernspezifische Mehrungen/ Minderungen	Konzernabschluss
	Material	3.100		3.100
	Fertigungslöhne	1.300		1.300
	Energiekosten	100		100
	Löhne für Lieferung an QUENCH-AG	0	+110	110
	Abschreibungen	1.100		1.100
	Anteilige Meisterlöhne	1.000		1.000
Wertuntergrenze		6.600		6.710
	Zinsaufwendungen	1.900	– 1.900	0
	Löhne für Verwaltung	1.190		1.190
Wertobergrenze		9.690		7.900
	Löhne für Lieferung an QUENCH-AG	110		–
	Zinsaufwendungen	–		1.900
	Anteilige Kosten für Werbung	300		300
	Löhne für Vertrieb	150		150
Gesamt		10.250		10.250

Diese Werte müssen noch durch zehn geteilt werden, um die Werte pro Saftpresse zu erhalten.

in TGE	Einzelabschluss	Konzernabschluss
Wertuntergrenze	660	671
Wertobergrenze	969	790

b) In der GuV der DITTMANN-GmbH werden alle Aufwendungen erfasst, die bei der Herstellung der Saftpressen angefallen sind. In der GuV der QUENCH-AG wird der Wareneinsatz von 3 × 1.500 TGE = 4.500 TGE als Materialeinsatz verbucht. Die fünf Saftpressen, die im Umlaufvermögen aktiviert sind, haben im Einzelabschluss keine Auswirkung auf die GuV. Für die zwei selbst genutzten ergibt sich eine Abschreibung von (1.500 TGE × 2) / 5 = 600 TGE.

Im Konzernabschluss müssen die Saftpressen, die sich im Anlage- bzw. Umlaufvermögen befinden, zur Konzernwertobergrenze über die Konten »aktivierte Eigenleistung« bzw. »Bestandsveränderungen« aktiviert werden (790 TGE × 2 = 1.580 TGE bzw. 790 TGE × 5 = 3.950 TGE). Die Zinszahlungen müssen rückgängig gemacht und die Abschreibung muss um 600 TGE – [(790 TGE × 2) / 5] = 284 TGE korrigiert werden. In folgendem Schema sind alle Maßnahmen dargestellt.

in TGE	DITTMANN-GmbH		QUENCH-AG		Konsolidierung		Konzern-GuV	
	S	H	S	H	S	H	S	H
Umsatzerlöse		15.000		5.000	15.000			5.000
Bestandsveränderung						3.950		3.950
Aktivierte Eigenleistung						1.580		1.580
Zinsertrag				1.900	1.900			–
Materialaufwand	3.100		4.500			4.500	3.100	
Personalaufwand	3.750						3.750	
Abschreibungen	1.100		600			284	1.416	
Zinsaufwendungen	1.900					1.900	–	
Sonstige Aufwendungen	400						400	
Ergebnis vor Steuern	4.750		1.800			4.686	1.864	
Steueraufwand:								
– effektiv	2.850		1.080				3.930	
– latent						2.812		2.812
Jahresüberschuss/-fehlbetrag	1.900		720			1.874	746	

Aufgabe 11.10: Schuldenkonsolidierung

Die Textil-Vertriebsgesellschaft AG (TVG) München ist eine 100%ige Tochter der Frankfurter Woll AG (Frankwolle). Die Frankwolle erhält von der TVG im Jahr 01 ein Darlehen i. H. v. 20 Mio. GE, das am 31.12.05 in einem Betrag zurückzuzahlen ist. Das Darlehen ist mit 10 % p. a. zu verzinsen und wird mit einem Disagio i. H. v. 5 % ausgezahlt, welches die Frankwolle sofort als Aufwand erfasst, während die TVG den Betrag über die Laufzeit vereinnahmt. Beide Unternehmen bilanzieren nach HGB.

Welche Korrekturen sind in Konzernbilanz und Konzern-GuV für die Jahre 01 bis 05 erforderlich?

Die Forderung ist in der Summenbilanz mit der entsprechenden Verbindlichkeit zu verrechnen. Die Differenz wird zugunsten/zulasten des Konzern-Bilanzgewinns verbucht.

Lösung

Die Frankwolle erfasst in 01 das Disagio i. H. v. 1 Mio. GE als Aufwand, während die TVG jährlich einen Anteil des Disagios i. H. v. 1 / 5 × 5 % × 20 Mio. GE = 200.000 GE als Ertrag erfasst. Die jährlichen Zinsen betragen 10 % × 20 Mio. GE = 2 Mio. GE.

Bilanz in GE	01	02	03	04	05
Einzelbilanzen					
TVG: Ford.	19.200.000	19.400.000	19.600.000	19.800.000	20.000.000
Frankwolle: Verb.	20.000.000	20.000.000	20.000.000	20.000.000	20.000.000
Differenz	800.000	600.000	400.000	200.000	–
Konzernbilanz					
Ford.	0	0	0	0	0
Verbindl.	0	0	0	0	0
Bilanzgewinn	+ 800.000	+ 600.000	+ 400.000	+ 200.000	–

Stichtag	GuV in GE	TVG	Frankwolle	Konsolidierung S	Konsolidierung H	Konzern-GuV
01	Zinsaufwand		3.000.000		3.000.000	
	Zinsertrag	2.200.000		2.200.000		
	JÜ			+ 800.000		+ 800.000
	Gewinnvortrag					
	Bilanzgewinn					+ 800.000
02	Zinsaufwand		2.000.000		2.000.000	
	Zinsertrag	2.200.000		2.200.000		
	JÜ				200.000	– 200.000
	Gewinnvortrag					+ 800.000
	Bilanzgewinn					+ 600.000
03	Zinsaufwand		2.000.000		2.000.000	
	Zinsertrag	2.200.000		2.200.000		
	JÜ				200.000	– 200.000
	Gewinnvortrag					+ 600.000
	Bilanzgewinn					+ 400.000
04	Zinsaufwand		2.000.000		2.000.000	
	Zinsertrag	2.200.000		2.200.000		
	JÜ				200.000	– 200.000
	Gewinnvortrag					+ 400.000
	Bilanzgewinn					+ 200.000
05	Zinsaufwand		2.000.000		2.000.000	
	Zinsertrag	2.200.000		2.200.000		
	JÜ				200.000	– 200.000
	Gewinnvortrag					+ 200.000
	Bilanzgewinn					–

Aufgabe 11.11: GuV-Konsolidierung

Die NÜRTEX liefert in 01 an ihr Mutterunternehmen IMAG 60 Motoren (Verkaufspreis 10.000 GE, HK 7.000 GE), von denen am Bilanzstichtag bei dieser noch zehn Motoren als Handelsware auf Lager liegen und fünf Motoren ins Anlagevermögen übernommen wurden, die noch nicht abgeschrieben sind. 45 Motoren wurden von der IMAG in derselben Abrechnungsperiode für jeweils 12.500 GE weiterverkauft. Außerdem hat ein Ingenieur-Team der IMAG die NÜRTEX bei der Erstellung einer großen Maschinenanlage beraten. Der NÜRTEX wurden dafür zur Kostenerstattung 800.000 GE in Rechnung gestellt, die diese aktiviert hat. Bei dem Verkauf zweier großer Lkw aus dem Fuhrpark der IMAG an die NÜRTEX wurde von der IMAG ein Verlust von 100.000 GE realisiert. Beide Unternehmen bilanzieren nach HGB.

Welche Anpassungen sind zur Erstellung der Konzern-GuV vorzunehmen?

Lösung

Bei dem Verkauf der Motoren an die IMAG handelt es sich aus Konzernsicht um einen Innenumsatz, der nach § 305 Abs. 1 Nr. 1 HGB bzw. IFRS 10 und ASC 810 durch Aufrechnung mit den darauf entfallenden Aufwendungen oder durch Umgliederung zu eliminieren ist.

Aus Konzernsicht stellt sich der gesamte Vorgang (einschließlich des Weiterverkaufs der 45 Motoren durch die IMAG) so dar, dass 60 Motoren zu HK von 420.000 GE produziert wurden, von denen 45 für 562.500 GE verkauft und fünf zu HK in das Anlagevermögen sowie zehn zu HK ins Umlaufvermögen übernommen wurden. Folglich ist der dem Verkauf der 45 Motoren bei der IMAG gegenüberstehende Materialeinsatz von 450.000 GE (= 45 × 10.000 GE) rückgängig zu machen, ebenso der Zwischengewinn i. H. v. 45.000 GE aus den bei der IMAG aktivierten Motoren (= 15 × 3.000 GE). Die aktivierten Motoren sind zu HK auf Erhöhung des Bestandes an fertigen Erzeugnissen (UV: 10 × 7.000 GE) bzw. andere aktivierte Eigenleistungen (AV: 5 × 7.000 GE) umzugliedern.

Buchungssatz in der GuV-Konsolidierungsspalte in GE:

Umsatzerlöse	600.000	an	Bestandserhöhung	70.000
			Aktivierte Eigenleistungen	35.000
			Materialaufwand	450.000
			Jahresüberschuss	45.000

Bei der Ingenieur-Leistung der IMAG handelt es sich aus Konzernsicht um eine betriebsinterne Leistung. Die 800.000 GE sind folglich von den sonstigen betrieblichen Erträgen auf »andere aktivierte Eigenleistungen« umzubuchen.

Auch der Verkauf der Lkws hat aus Konzernsicht nicht stattgefunden. Die bei Verkauf realisierte Wertminderung ist deshalb als außerplanmäßige Abschreibung umzudeuten und in der Konzern-GuV umzugliedern oder, wenn keine Wertminderung vorliegt, als Zwischenergebnis zu eliminieren. Hier wird von dem Fall der Abschreibung ausgegangen. In folgendem Schema sind alle Maßnahmen dargestellt.

GuV in GE	Einzel-GuV NÜRTEX	Einzel-GuV IMAG	Konsolidierung		Konzern-GuV
			S	H	
Umsatzerlöse	600.000	562.500	600.000		562.500
Bestandserhöhung fertige Erzeugnisse				70.000	70.000
Andere aktivierte Eigenleistungen				35.000 800.000	835.000
Sonstige betriebliche Erträge		800.000	800.000		
Material-/ Personalaufwand	420.000	450.000 800.000		450.000	1.220.000
Abschreibungen			100.000		100.000
Sonstige betriebliche Aufwendungen		100.000		100.000	
Jahresüberschuss	180.000	12.500		45.000	147.500
Summe	–	–	1.500.000	1.500.000	–

Aufgabe 11.12: Latente Steuern nach § 306 HGB

Sind bei den folgenden Vorgängen im Rahmen der Erstellung des Konzernabschlusses grundsätzlich die Voraussetzungen für die Bildung latenter Steuern erfüllt? In welchen Fällen müssen nach § 306 HGB latente Steuern angesetzt werden?

a) Im Rahmen der Erstellung der HB II werden Wertansätze der HB I verändert (vgl. Aufgabe 10.4) und Ansatzwahlrechte neu ausgeübt.

b) Im Rahmen der Kapitalkonsolidierung werden stille Reserven aufgelöst und auf abnutzbare Anlagegüter verteilt (vgl. Aufgabe 11.2).

c) Im Rahmen der Zwischenerfolgseliminierung werden Zwischengewinne aus Konzernlieferungen im Anlagevermögen eliminiert (vgl. Aufgabe 11.8).

d) Die bei Umrechnung des Abschlusses einer ausländischen Tochtergesellschaft entstandene Umrechnungsdifferenz wird GuV-wirksam verbucht (vgl. Aufgabe 10.6).

e) Errechnen Sie die latenten Steuern aus den Vorfällen der Aufgabe 11.10! Unterstellen Sie dabei einen Ertragsteuersatz von 60 %! Geben Sie die Buchungssätze in GE an.

Lösung

Die im Rahmen der Konzernabschlusserstellung durchzuführenden Konsolidierungsmaßnahmen haben Auswirkungen auf die Summenbilanz der einbezogenen Unternehmen und/oder auf die Konzernbilanz. Dadurch kann es zu Unterschieden hinsichtlich der Wertansätze von Aktiva und Passiva zwischen der Summenbilanz und der Konzernbilanz kommen. Soweit es sich dabei um temporäre Differenzen handelt, die im Rahmen der Anwendung von § 274 HGB noch nicht berücksichtigt wurden, sind im Konzern hierauf latente Steuern zu bilden.

a) Durch die unterschiedliche Ausübung von Bewertungs- und Ansatzwahlrechten beim Übergang von der HB I auf die HB II kommt es zu unterschiedlichen Wertansätzen zwischen den Summenbilanzen der HB I der einbezogenen Unternehmen und den Summenbilanzen aus deren HB II, wobei es sich im Regelfall um temporäre Differenzen handelt. Dennoch ist § 306 HGB hierauf nicht anwendbar, da gemäß dieser Vorschrift nur solche temporären Differenzen zu latenten Steuern führen, die aus Konsolidierungsmaßnahmen resultieren. Da dies hier nicht der Fall ist, greift die für den Konzernabschluss geschaffene Regelung latenter Steuern nicht. Die Erstellung der HB II wird vielmehr als Vorgang im Rahmen des Einzelabschlusses betrachtet. Temporäre Differenzen sind folglich nach § 274 HGB zu behandeln.

b) Durch die Auflösung stiller Reserven und deren Verteilung auf abnutzbare Anlagegüter ändern sich die Wertansätze dieser Anlagegüter in der Konzernbilanz gegenüber den Ansätzen in der HB II. Es entstehen somit temporäre Differenzen, auf welche latente Steuern nach § 306 HGB abzugrenzen sind. Durch die zusätzlichen Abschreibungsbeträge in den Folgeperioden kommt es zu einer Auflösung der latenten Steuern.

c) Bei Eliminierung eines Zwischengewinns (Zwischenverlusts) ändern sich die Wertansätze in der Konzernbilanz gegenüber der HB II, wodurch eine temporäre Differenz entsteht oder sich verändert, da die Zwischengewinneliminierung steuerlich nicht nachvollzogen wird. Es liegt eine temporäre Differenz vor, auf die nach § 306 HGB passive (aktive) latente Steuern abzugrenzen sind.

d) Ebenso wie Maßnahmen der konzerneinheitlichen Bilanzierung und Bewertung (HB II) fällt die Umrechnung der Einzelabschlüsse der Tochterunternehmen in die Konzernwährung nicht unter die konzernspezifischen Vorschriften zur latenten Steuerabgrenzung nach § 306 HGB, da sich diese Maßnahmen nicht auf Konsolidierungsvorgänge, sondern auf die Aufstellung von Einzelabschlüssen beziehen (siehe hierzu unter a)). Insofern ist eine latente Steuerabgrenzung nach § 274 HGB vorzunehmen.

e) In Aufgabe 11.10 ist der Saldo aus Forderungen und Verbindlichkeiten in der Konzernbilanz in 01 aufgrund der Schuldenkonsolidierung um 800.000 GE niedriger als in der Summenbilanz (ohne Berücksichtigung latenter Steuern). Es ist daher eine passive latente Steuer i. H. v. 0,6 × 800.000 GE = 480.000 GE abzugrenzen, die den Konzern-JÜ in 01 verringert. In den Jahren 02–05 nimmt die Differenz hinsichtlich der Wertansätze der Bilanzposten zwischen der Summenbilanz und Konzernbilanz um 200.000 GE p. a. ab. Der passive latente Steuerposten muss folglich in den Jahren ebenso angepasst werden. Er weist in der entsprechenden Konzernbilanz der Jahre 02–05 einen konstant um 0,6 × 200.000 GE = 120.000 GE geringer werdenden Betrag aus und ist Ende 05 komplett aufgelöst.

Buchungssätze in GE:

31.12.01	Latenter Steueraufwand	480.000	an	Passive latente Steuern	480.000
31.12.02	Passive latente Steuern	120.000	an	Latenter Steuerertrag	120.000
31.12.03	Passive latente Steuern	120.000	an	Latenter Steuerertrag	120.000
31.12.04	Passive latente Steuern	120.000	an	Latenter Steuerertrag	120.000
31.12.05	Passive latente Steuern	120.000	an	Latenter Steuerertrag	120.000

Mit dem 31.12.05 hat sich die ursprüngliche Ergebnisdifferenz von 800.000 GE durch Vereinnahmung des Disagios im Zeitablauf neutralisiert. Mit umgekehrtem Vorzeichen wurde dies durch die latenten Steuern nachvollzogen. Die Konzern-GuV der Aufgabe 11.10 ist um die jeweiligen latenten Steueraufwendungen/-erträge zu ergänzen.

Veränderung des Konzern-JÜ durch die Konsolidierung in 01:

Schuldenkonsolidierung	+	800.000 GE
Latenter Steueraufwand	–	480.000 GE

Veränderung des Konzern-JÜ durch die Konsolidierung in 02–05:

Differenz zwischen EA und KA durch Vereinnahmung des Disagios	–	200.000 GE
Latenter Steuerertrag	+	120.000 GE

Aufgabe 11.13: Latente Steuern nach HGB und IFRS

Die Phoenix AG erwirbt zum 31.12.01 eine 100%ige Beteiligung an der Tucson GmbH zu einem Kaufpreis von 1.000 GE. Die Unternehmen weisen folgende Bilanzen in GE auf:

Phoenix AG				Tucson GmbH					
				Zeitwerte		Buchwerte			
Beteiligung	1.000	EK	1.000	AV	400	AV	300	EK	200
Sonstiges AV	200								
UV	600	FK	800	UV	400	UV	200	FK	300
Summe	**1.800**		**1.800**		**800**		**500**		**500**

Beide Unternehmen unterliegen einem Steuersatz von 40 %.

Welche Schritte sind im Rahmen einer Erstkonsolidierung nach HGB und IFRS nötig? Wie unterscheiden sich hierzu die Regelungen nach US-GAAP?

Lösung

Es ergibt sich ein positiver Unterschiedsbetrag i. H. v. 1.000 GE – 200 GE = 800 GE, der zu 300 GE auf stille Reserven und zu 500 GE auf einen Goodwill vor latenten Steuern zurückzuführen ist. Durch den Ansatz der Vermögenswerte der Tucson GmbH zu Zeitwerten im Konzernabschluss ergeben sich Unterschiede zum Steuerwert der Posten. Bei Anwendung der Erwerbsmethode im Rahmen der Kapitalkonsolidierung kommt es durch die Neubewertung von Vermögensposten und Schulden zu GuV-neutralen temporären Differenzen.

Das Konzept latenter Steuerverrechnung nach HGB und nach IFRS (IAS 12) basiert auf dem bilanzorientierten *temporary*-Konzept. Die Regelungen nach US-GAAP (ASC 740) sind ebenso weitgehend identisch. In allen angesprochenen Regelungskreisen kommt es zum Ansatz GuV-neutraler latenter Steuern auf die temporären Differenzen aus der Kapitalkonsolidierung.

Latente Steuern aus der Auflösung stiller Reserven in der Kapitalkonsolidierung gelten mit dem Tag des Vollzugs der Akquisition als entstanden (IAS 12.66 bzw. ASC 740-10-30-4). Folglich führt eine derart entstandene aktive latente Steuer zur Verminderung und eine passive latente Steuer zur Vergrößerung des resultierenden Goodwill (bzw. mit umgekehrtem Vorzeichen des Badwills). Allerdings wird auf den Goodwill (bzw. Badwill) selbst gemäß § 306 Satz 3 HGB, IAS 12.15a, und ASC 805-740-25-3 keine latente Steuer verrechnet. Aus der Bewertung zu Zeitwerten ergibt sich bei der Tucson GmbH ein Unterschied von 300 GE, der demzufolge zu einer passiven latenten Steuer

i. H. v. 0,4 × 300 GE = 120 GE führt. Der Goodwill nach latenten Steuern beträgt 500 GE + 120 GE = 620 GE.

	Summenbilanz in GE		Konsolidierung in GE		Konzernbilanz in GE	
AV:						
Beteiligung	1.000			1.000	–	
Goodwill	–		620		620	
Sonstiges AV	500		100		600	
UV	800		200		1.000	
EK		1.200	200			1.000
FK:						
Sonstiges FK		1.100				1.100
Pass. lat. St.		–		120		120

12. Kapitel: Kapitalflussrechnung

Aufgabe 12.1: Erstellung einer originären Kapitalflussrechnung

Die Cashflow GmbH möchte auf Einzelabschlussebene eine Kapitalflussrechnung erstellen. Für die Erstellung dieser zahlungsorientierten Einzelkapitalflussrechnung nach DRS 21 für das Geschäftsjahr 02 sind folgende Daten der Cashflow GmbH in der Abteilung Rechnungswesen und Finanzen zusammengetragen worden.

Die nachfolgende Bilanz lag zum Vorjahresstichtag 31.12.01 vor und stellt die Eröffnungsbilanz für das Geschäftsjahr 02 dar.

Bilanz zum 31.12.01 (in Mio. GE)

Aktiva	01	Passiva	01
A. Anlagevermögen		A. Eigenkapital	
I. Sachanlagen	90	I. Gezeichnetes Kapital	50
II. Finanzanlagen	75	II. Kapitalrücklage	30
B. Umlaufvermögen		III. Gewinnrücklage	20
I. Vorräte	120	IV. Jahresüberschuss	25
II. Forderungen aus LuL	105	B. Rückstellungen	100
III. Wertpapiere	40	C. Verbindlichkeiten	
IV. Zahlungsmittel	20	I. Verbindlichkeiten gegenüber KI	100
		II. Verbindlichkeiten aus LuL	100
		III. Steuerverbindlichkeiten	25
Bilanzsumme	450	Bilanzsumme	450

KI: Kreditinstitute
LuL: Lieferungen und Leistungen

Des Weiteren sind die folgenden Geschäftsvorgänge aus dem Rechnungswesen der Cashflow GmbH bekannt:

a) Sachanlagen i. H. v. 10 Mio. GE sind bar gekauft worden.

b) Der Barverkauf von Sachanlagen erbrachte einen Restverkaufserlös von 8 Mio. GE. Der Restbuchwert dieser Sachanlagen betrug 5 Mio. GE.

c) Planmäßige Abschreibungen auf Sachanlagen wurden i. H. v. 15 Mio. GE vorgenommen.

d) Finanzanlagen wurden i. H. v. 10 Mio. GE auf Ziel gekauft.

e) Finanzanlagen wurden zum Restbuchwert von 25 Mio. GE in bar verkauft (Restverkaufserlös entspricht Restbuchwert).

f) Es wurden Zuschreibungen auf Finanzanlagen i. H. v. 5 Mio. GE vorgenommen, da die Gründe für die in früheren Perioden vorgenommenen außerplanmäßigen Abschreibungen entfallen sind (Wertaufholungsgebot gemäß § 253 Abs. 5 HGB).

g) Der Anfangsbestand an fertigen und unfertigen Erzeugnissen als Teil der Vorräte betrug 120 Mio. GE. Für den Endbestand an fertigen und unfertigen Erzeugnissen als Teil der Vorräte wurde ein Wert von 160 Mio. GE ermittelt, sodass sich der Bestand bei fertigen und unfertigen Erzeugnissen um 40 Mio. GE erhöht hat (Bestandsveränderung). Die ausgewiesenen Vorratsbestände umfassen aus Vereinfachungsgründen ausschließlich fertige und unfertige Erzeugnisse. Folglich waren weder zu Beginn noch am Ende der Periode Bestände an Roh-, Hilfs- und Betriebsstoffen als Teil der Vorräte vorhanden (Anfangs- und Endbestand = 0 GE).

h) Der Zugang der Roh-, Hilfs- und Betriebsstoffe als Teil der Vorräte i. H. v. 300 Mio. GE wurde im Laufe der Periode voll aufgebraucht und entspricht damit dem Materialaufwand. Die zugegangenen Roh-, Hilfs- und Betriebsstoffe sind i. H. v. 185 Mio. GE bar bezahlt worden. Der übrige Teil im Wert von 115 Mio. GE ist auf Ziel gekauft worden.

i) Die in der Berichtsperiode erzielten Umsatzerlöse i. H. v. 800 Mio. GE setzen sich aus Umsatzeinzahlungen i. H. v. 450 Mio. GE und Umsätzen, bei denen ein Kundenkredit gewährt wurde, i. H. v. 350 Mio. GE zusammen. Daraus ergaben sich Zugänge bei Forderungen aus Lieferungen und Leistungen i. H. v. 350 Mio. GE.

j) In der Berichtsperiode haben Kunden Forderungen aus Lieferungen und Leistungen, die aus Vorgängen der laufenden Geschäftstätigkeit stammten, im Wert von 250 Mio. GE bezahlt.

k) Im Laufe der Periode wurden im Rahmen des Cash Managements mehrfach Wertpapiere gekauft und wieder verkauft. In der Periode 02 sind Zahlungsmittel für kurze Zeit in Wertpapieren i. H. v. insgesamt 205 Mio. GE angelegt worden (Finanzdisposition).

l) Im Rahmen der Finanzdisposition wurden gleichzeitig wiederum Wertpapiere im Wert von insgesamt 200 Mio. GE verkauft.

m) Es wurde eine Kapitalerhöhung durch Ausgabe neuer Anteile gegen Bareinzahlung i. H. v. 10 Mio. GE durchgeführt, wobei der Nennwert der neuen Anteile insgesamt 4 Mio. GE beträgt. Das Aufgeld der Kapitalerhöhung belief sich folglich auf 6 Mio. GE.

n) Eine in Vorjahren entstandene Verbindlichkeit gegenüber einem Kreditinstitut i. H. v. 5 Mio. GE wurde in eine Eigenkapitalbeteiligung mit einem Nennwert von 5 Mio. GE umgewandelt.

o) In der Periode 02 wurde bei der Gesellschafterversammlung die Ergebnisverwendung des Jahresüberschusses der Vorperiode beschlossen. Demnach wurde eine Einstellung in die Gewinnrücklagen vorgenommen und eine Dividende an die Anteilseigner ausgeschüttet. Die Verwendung des Jahresüberschusses aus dem Vorjahr (25 Mio. GE) führte zu einer Einstellung in die Gewinnrücklage i. H. v. 12 Mio. GE.

p) Der übrige Anteil des Jahresüberschusses vom Vorjahr i. H. v. 13 Mio. GE wurde an die Gesellschafter ausgezahlt (Bardividende).

q) Eine neue Rückstellung wurde i. H. v. 15 Mio. GE gebildet. Es liegt keine Auflösung oder Inanspruchnahme von Rückstellungen vor.

r) Langfristige Bankkredite wurden i. H. v. 80 Mio. GE aufgenommen.

s) Kredite gegenüber Kreditinstituten wurden i. H. v. 25 Mio. GE getilgt.

t) Während des Geschäftsjahres sind Verbindlichkeiten aus Lieferungen und Leistungen, die aus dem laufenden Geschäft stammten, i. H. v. 155 Mio. GE bezahlt worden.

u) Nach dem vorläufigen Steuerbescheid betragen die Steuern vom Einkommen und Ertrag des Geschäftsjahres 78 Mio. GE. Sie sind aber noch nicht entrichtet worden.

v) Die Steuern vom Einkommen und Ertrag aus der Vorperiode i. H. v. 25 Mio. GE sind beglichen worden.

w) Der Personalaufwand beträgt 340 Mio. GE und wurde im Berichtsjahr auch vollständig ausbezahlt.

x) Der Zinsaufwand von 22 Mio. GE wurde in der Periode 02 voll bezahlt.

Erstellen Sie aus den gegebenen Informationen eine originäre Kapitalflussrechnung für das Geschäftsjahr 02 mit der Abgrenzung der Zahlungsmittel (Bilanzposten B. IV.) als Finanzmittelfonds! Benutzen Sie hierfür das dreiteilige Rechnungswesen mit Bestands-, Erfolgs- und Zahlungskonten (vgl. folgende Abbildung), aus deren Schlussbeständen bzw. Salden Sie schließlich die zahlungsorientierte Kapitalflussrechnung nach DRS 21 zusammen mit Bilanz und Erfolgsrechnung (nach dem Gesamtkostenverfahren) erstellen (HGB). Über die Verwendung des in der Periode 02 erwirtschafteten Jahresüberschusses liegt bisher kein Beschluss vor, sodass die Erfolgsrechnung vor Gewinnverwendung aufzustellen ist.

Bei der Zuordnung der Ein- und Auszahlungen auf die Aktivitätsbereiche sind die Ertragsteuern in voller Höhe dem Bereich der laufenden Geschäftstätigkeit zuzurechnen. Die Gliederung der Kapitalflussrechnung soll sich an dem Gliederungsschema I des DRS 21 orientieren, in dem der Cashflow aus der laufenden Geschäftstätigkeit nach der direkten Methode dargestellt wird.

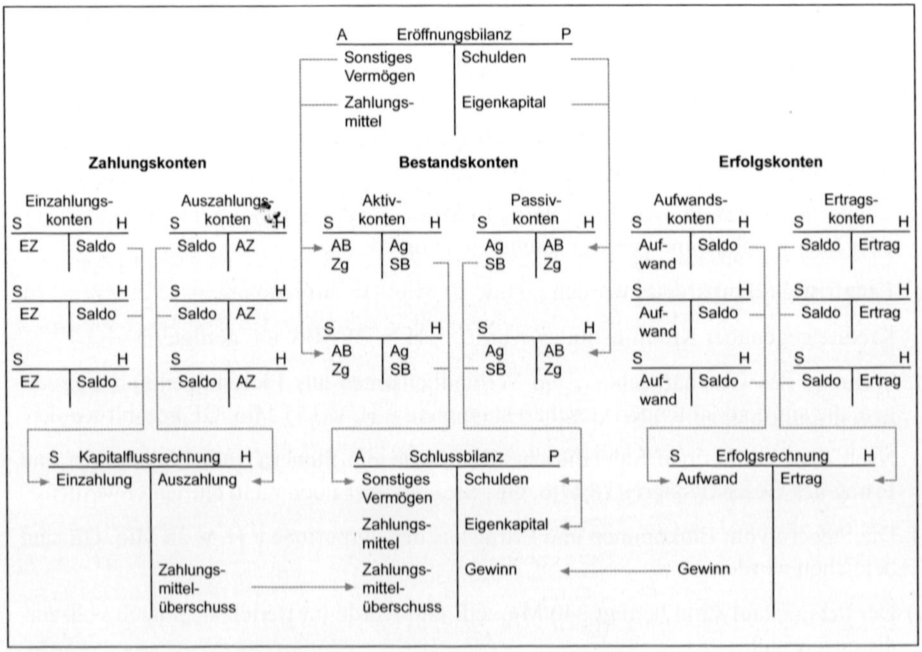

A: Aktiva S: Soll AB: Anfangsbestand Zg: Zugang EZ: Einzahlung
P: Passiva H: Haben SB: Schlussbestand Ag: Abgang AZ: Auszahlung

Lösung

Für die originäre Erstellung einer Kapitalflussrechnung der Cashflow GmbH nach DRS 21 eignet sich eine dreistufige Vorgehensweise. Im ersten Schritt muss für die einzelnen Vorgänge entschieden werden, ob sie eine Veränderung des Finanzmittelfonds, der in dieser Aufgabe ausschließlich die Zahlungsmittel enthält, verursacht haben oder nicht. Im zweiten Schritt müssen die eine zahlungswirksame Fondsveränderung auslösenden Vorgänge der zugehörigen Aktivität zugeordnet werden. Zuletzt ist gemäß der im DRS 21 vorgegebenen Mindestgliederung zu entscheiden, unter welchem Posten der zahlungswirksame und fondsverändernde Geschäftsvorgang auszuweisen ist. Somit ergeben sich für die hier gewählte Ermittlungsmethode die folgenden drei Schritte:

I. Identifizierung zahlungswirksamer Geschäftsvorgänge, die eine Fondsveränderung verursachen, durch Buchung in einem dreiteiligen Rechnungswesen mit Bilanz-, Erfolgs- und Zahlungskonten.

II. Zuordnung zahlungswirksamer (fondsverändernder) Geschäftsvorgänge auf die Aktivitätsbereiche »laufendes Geschäft«, »Investition« und »Finanzierung«.

III. Ausweis der fondswirksamen Zahlungsvorgänge in den Posten der drei Teilbereiche und der Fondsveränderung mit Hilfe des Gliederungsschemas I des DRS 21.

Um die Erstellung einer Kapitalflussrechnung nicht isoliert, sondern im Kontext der Erstellung eines Jahresabschlusses zu verdeutlichen, werden neben der Kapitalflussrechnung der Cashflow GmbH zugleich die Erfolgsrechnung und die Bilanz aufgestellt.

I. Identifizierung zahlungswirksamer Geschäftsvorgänge durch Buchung in einem dreiteiligen Rechnungswesen mit Bilanz-, Erfolgs- und Zahlungskonten:

   Es bietet sich an, die gegebenen Informationen in T-Konten einzutragen und so die Kontenumsätze auf Basis der zugrunde liegenden Geschäftsvorgänge zu ermitteln. Für die Bilanzposten werden die jeweiligen Bestandskonten gebildet. Außerdem werden Kontenumsätze – wie vorgeschlagen – gemäß dem dreiteiligen Rechnungswesen in den Zahlungskonten, die Unterkonten des Bestandskontos B. IV. »Zahlungsmittel« darstellen, bzw. in den Erfolgskonten, die Unterkonten des Bestandskontos A. IV. »Jahresüberschuss« darstellen, abgebildet.

   Die gesamten bilanzwirksamen Kontenumsätze (Soll- und Habenbuchungen) sowie die Schlussbestände der Bestandskonten (mit Ausnahme des Aktivpostens B. IV. »Zahlungsmittel« und des Passivpostens A. IV. »Jahresüberschuss«) können auf die in nachfolgender Abbildung dargestellte Weise bestimmt werden. Die jeweils zugehörigen Gegenbuchungen finden sich ggf. in den Erfolgskonten der Abbildung auf S. 293 oder in den Zahlungskonten der Abbildung auf S. 294.

Aktive Bestandskonten

Soll	Sachanlagen		Haben
AB	90	b_1)	5
a)	10	c)	15
		SB	80

Soll	Finanzanlagen		Haben
AB	75	e)	25
d)	10		
f)	5	SB	65

Passive Bestandskonten

Soll	Gezeichnetes Kapital		Haben
		AB	50
		m_1)	4
SB	59	n)	5

Soll	Kapitalrücklage		Haben
		AB	30
SB	36	m_2)	6

Soll	Vorräte		Haben
AB	120	h_1)	300
g_2)	40		
h_2)	185	g_1):	160
h_3)	115	= SB	

Soll	Forderungen aus LuL		Haben
AB	105	j)	250
i_2)	350	SB	205

Soll	Wertpapiere		Haben
AB	40	l)	200
k)	205	SB	45

Soll	Zahlungsmittel		Haben
AB	20		

Soll	Gewinnrücklage		Haben
		AB	20
SB	32	o)	12

Soll	Jahresüberschuss		Haben
o)	12	AB	25
p)	13		

Soll	Rückstellungen		Haben
		AB	100
SB	115	q)	15

Soll	Verb. gegenüber KI		Haben
n)	5	AB	100
s)	25	r)	80
SB	150		

Soll	Verb. aus LuL		Haben
t)	155	AB	100
		d)	10
SB	70	h_3)	115

Soll	Steuerverb.		Haben
v)	25	AB	25
SB	78	u)	78

AB: Anfangsbestand; SB: Schlussbestand; KI: Kreditinstitute; LuL: Lieferungen und Leistungen; Verb.: Verbindlichkeiten

Die Veränderungen der Bestandskonten »Zahlungsmittel« und »Jahresüberschuss« können mit Hilfe der Kapitalflussrechnung bzw. der Erfolgsrechnung bestimmt werden. Daher sollen (bzw. können) diese beiden Bestandskonten erst nach der Aufstellung der beiden Stromrechnungen abgeschlossen werden.

Die gesamten GuV-wirksamen Kontenumsätze (Soll- und Habenbuchungen) können in die nachfolgend aufgeführten Erfolgskonten (Aufwands- und Ertragskonten) eingetragen werden. Anschließend können die Salden dieser Konten ermittelt werden.

Aufwandskonten

Soll	Materialaufwand		Haben
h_1)	300	Saldo	300

Soll	Personalaufwand		Haben
w)	340	Saldo	340

Soll	Abschreibungen auf SAV		Haben
c)	15	Saldo	15

Soll	Sonst. betriebl. Aufw.		Haben
q)	15	Saldo	15

Soll	Zinsaufwendungen		Haben
x)	22	Saldo	22

Soll	Steuern vom EuE		Haben
u)	78	Saldo	78

Ertragskonten

Soll	Umsatzerlöse		Haben
		i_1)	450
Saldo	800	i_2)	350

Soll	Bestandsveränderung		Haben
Saldo	40	g_2)	40

Soll	Sonst. betriebl. Erträge		Haben
		b_2)	3
Saldo	8	f)	5

SAV: Sachanlagevermögen; betriebl.: betriebliche; EuE: Einkommen und Ertrag
Aufw.: Aufwendungen; sonst.: sonstige

Die gesamten zahlungswirksamen Kontenumsätze (Soll- und Habenbuchungen) werden auf die nachfolgend dargestellte Weise in den Zahlungskonten erfasst. Nach der Erfassung aller Zahlungsbuchungen können die Zahlungskonten abgeschlossen werden, indem deren Salden bestimmt werden.

Einzahlungskonten

Soll	Einz. von Kunden		Haben
i_1)	450		
j)	250	Saldo	700

Soll	Einz. aus SAV-Abgang		Haben
b_{1+2})	8	Saldo	8

Soll	Einz. aus FAV-Abgang		Haben
e)	25	Saldo	25

Soll	Einz. aufgrund kurzfristiger Finanzdisposition		Haben
l)	200	Saldo	200

Soll	Einz. aus Eigenkapitalzuführungen		Haben
m_{1+2})	10	Saldo	10

Soll	Einz. aus der Aufnahme von (Finanz-) Krediten		Haben
r)	80	Saldo	80

Auszahlungskonten

Soll	Ausz. an Lieferanten		Haben
		h_2)	185
Saldo	340	t)	155

Soll	Ausz. an Beschäftigte		Haben
Saldo	340	w)	340

Soll	gezahlte Zinsen		Haben
Saldo	22	x)	22

Soll	gezahlte Ertragsteuern		Haben
Saldo	25	v)	25

Soll	Ausz. für SAV-Zugang		Haben
Saldo	10	a)	10

Soll	Ausz. aufgrund kurzfristiger Finanzdisposition		Haben
Saldo	205	k)	205

Soll	Ausz. an Unternehmenseigner		Haben
Saldo	13	p)	13

Soll	Ausz. aus der Tilgung von (Finanz-)Krediten		Haben
Saldo	25	s)	25

Ausz.: Auszahlungen FAV: Finanzanlagevermögen
Einz.: Einzahlungen SAV: Sachanlagevermögen

II. Aktivitätsorientierte Zuordnung zahlungswirksamer (fondsverändernder) Geschäftsvorgänge:

Die Salden der Zahlungskonten sind in der Kapitalflussrechnung zusammenzutragen. Bei der Aufstellung einer Kapitalflussrechnung muss zunächst die Zuordnung der Zahlungsströme auf die Aktivitätsbereiche »laufendes Geschäft«, »Investition« und »Finanzierung« erfolgen, bevor die Form des Ausweises innerhalb eines dieser drei Teilbereiche zu klären ist. Die Zuordnung der Zahlungseingänge und -ausgänge erfolgt im Allgemeinen nach der Art des zugrunde liegenden Geschäftsvorfalls, wobei die drei Aktivitätsbereiche wie folgt charakterisiert sind:

Der »*Cashflow aus der laufenden Geschäftstätigkeit*« umfasst Zahlungsvorgänge der auf Erlöserzielung ausgerichteten Aktivitäten im Produktions-, Verkaufs- und Servicebereich. Der operative Bereich wird negativ gegenüber dem Investitions- und Finanzierungsbereich abgegrenzt, d. h., sämtliche Zahlungsvorgänge werden dem Bereich der laufenden Geschäftstätigkeit zugeordnet, soweit sie nicht unmittelbar der Investitions- oder Finanzierungstätigkeit zuzurechnen sind. Demnach sind die folgenden Ein- und Auszahlungen des gegebenen Beispiels dem operativen Bereich zuzuordnen:

- sämtliche Einzahlungen aus dem Umsatzgeschäft i. H. v. 700 Mio. GE, d. h. Umsatzeinzahlungen (450 Mio. GE) und von Kunden beglichene Forderungen aus Lieferungen und Leistungen (250 Mio. GE);
- Auszahlungen an Lieferanten i. H. v. 340 Mio. GE, d. h. Barzahlungen der Roh-, Hilfs- und Betriebsstoffe (185 Mio. GE) und Begleichung von Verbindlichkeiten aus Lieferungen und Leistungen (155 Mio. GE), die aus dem laufenden Geschäft stammten;
- Auszahlungen an das Personal i. H. v. 340 Mio. GE;
- gezahlte Ertragsteuern i. H. v. 25 Mio. GE (für die Zuordnung zum operativen Bereich vgl. auch Aufgabenstellung).

Der »*Cashflow aus der Investitionstätigkeit*« ist der Saldo aus Ein- und Auszahlungen im Zusammenhang mit Unternehmensressourcen, die langfristig – i. d. R. länger als ein Jahr – dem Unternehmen zur Ertragserzielung dienen sollen. Zu den Zahlungen im Investitionsbereich zählen Zahlungsvorgänge im Zusammenhang mit dem Erwerb und der Veräußerung von Gegenständen des Anlagevermögens, die im Rahmen des Umsatzprozesses beim jeweiligen Unternehmen eingesetzt werden. Außerdem sind Zahlungen aus Investitionen und Desinvestitionen in längerfristige finanziellen Vermögensgegenstände (z. B. Ausleihungen) und in Finanzmittelbeständen (z. B. nicht zu Handelszwecken gehaltene Wertpapiere des Umlaufvermögens) zu berücksichtigen, die nicht in den Finanzmittelfonds einbezogen oder den beiden anderen Bereichen zuzuordnen sind. Daraus folgt, dass die nachfolgend genannten Ein- und Auszahlungen des Beispiels dem Investitionsbereich zuzurechnen sind:

- Einzahlungen aus Abgängen von Sachanlagen i. H. v. 8 Mio. GE;
- Auszahlungen für Investitionen in Sachanlagen i. H. v. 10 Mio. GE;
- Einzahlungen aus Abgängen von Finanzanlagen i. H. v. 25 Mio. GE;
- Einzahlungen aus der Veräußerung bzw. Fälligkeit von gehaltenen Finanzmittelanlagen (Wertpapiere) im Rahmen der kurzfristigen Finanzdisposition i. H. v. 200 Mio. GE;
- Auszahlungen für Geldanlagen (Wertpapiere) im Rahmen der kurzfristigen Finanzdisposition i. H. v. 205 Mio. GE.

Der »*Cashflow aus der Finanzierungstätigkeit*« umfasst zahlungswirksame Aktivitäten, die sich auf den Umfang und die Zusammensetzung der Eigenkapitalposten und der Finanzschulden des Unternehmens auswirken. Im (Außen-)Finanzierungsbereich werden sämtliche Zahlungsvorgänge aufgrund von Transaktionen mit Eigen- und Fremdkapitalgebern erfasst. Zum Bereich der Finanzierungstätigkeit gehören die folgenden Ein- und Auszahlungen des Beispiels:

- Einzahlungen aus der durchgeführten Kapitalerhöhung i. H. v. 10 Mio. GE;
- gezahlte Dividenden an die Anteilseigner i. H. v. 13 Mio. GE;
- Einzahlungen aus der Aufnahme von Bankkrediten i. H. v. 80 Mio. GE;
- gezahlte Zinsen i. H. v. 22 Mio. GE;
- Auszahlungen für die Tilgung von Bankkrediten i. H. v. 25 Mio. GE.

III. Ausweis der fondswirksamen Zahlungsvorgänge und der Fondsveränderung:

Nach der aktivitätsorientierten Zuordnung der Zahlungsvorgänge ist für Ausweisfragen die im DRS 21 gegebene Mindestgliederung heranzuziehen (bei der Anwendung der direkten Methode zur Darstellung der Zahlungsvorgänge aus der laufenden Geschäftstätigkeit), sodass sich die nachfolgend aufgestellte originäre Kapitalflussrechnung ergibt.

Kapitalflussrechnung für das Geschäftsjahr 02 (in Mio. GE)			
1.		Einzahlungen von Kunden für den Verkauf von Erzeugnissen, Waren und Dienstleistungen	700
2.	–	Auszahlungen an Lieferanten und Beschäftigte	– 680
3.	–	Gezahlte Ertragsteuern	– 25
4.	=	Cashflow aus der laufenden Geschäftstätigkeit	– 5
5.		Einzahlungen aus Abgängen von Gegenständen des Sachanlagevermögens	8
6.	–	Auszahlungen für Investitionen in das Sachanlagevermögen	– 10
7.	+	Einzahlungen aus Abgängen von Gegenständen des Finanzanlagevermögens	+ 25
8.	+	Einzahlungen aufgrund von Finanzmittelanlagen im Rahmen der kurzfristigen Finanzdisposition	+ 200
9.	–	Auszahlungen aufgrund von Finanzmittelanlagen im Rahmen der kurzfristigen Finanzdisposition	– 205
10.	=	Cashflow aus der Investitionstätigkeit	18
11.		Einzahlungen aus Eigenkapitalzuführungen (Kapitalerhöhung)	10
12.	+	Einzahlungen aus der Aufnahme von (Finanz-)Krediten	+ 80
13.	–	Auszahlungen aus der Tilgung von (Finanz-)Krediten	– 25
14.	–	Gezahlte Zinsen	– 22
15.	–	Gezahlte Dividenden	– 13
16.	=	Cashflow aus der Finanzierungstätigkeit	30
17.		Zahlungswirksame Veränderungen des Finanzmittelfonds (ΔF_{02}) (Summe aus 4, 10, 16)	43
18.	+	Finanzmittelfonds am Anfang der Periode	+ 20
19.	=	Finanzmittelfonds am Ende der Periode	63

Erläuterungen zu ausgewählten Posten der gezeigten Kapitalflussrechnung:

2. »Auszahlungen an Lieferanten und Beschäftigte«:
   In diesem Posten werden die Auszahlungen an die Lieferanten (340 Mio. GE) und an das Personal (340 Mio. GE) zu einer Größe zusammengefasst.

17. »Zahlungswirksame Veränderungen des Finanzmittelfonds (ΔF_{02})«:
   Die zahlungswirksame Fondsveränderung ergibt sich durch die Addition der drei

Bereichssalden (Posten Nr. 4, Nr. 10 und Nr. 16). Alternativ bzw. zur Überprüfung können auch sämtliche Salden der Auszahlungskonten addiert werden (= Summe aller Habenbuchungen auf den Zahlungskonten), sodass sich Zahlungsausgänge i. H. v. 980 Mio. GE ergeben. Zur Begleichung dieser Mittelverwendung stand ein Zufluss von Zahlungsmitteln i. H. v. 1.023 Mio. GE zur Verfügung (= Summe aller Sollbuchungen auf den Zahlungskonten). Die Mittelherkunft übertraf folglich die Mittelverwendung um 43 Mio. GE. Hierbei ist anzumerken, dass zahlungsunwirksame Veränderungen des Finanzmittelfonds, die sich z. B. aus der Bewertung oder der Währungsumrechnung von Finanzmitteln am Ende der Periode ergeben könnten, in dieser Beispielaufgabe nicht vorliegen.

19. »Finanzmittelfonds am Ende der Periode«:
Der Schlussbestand des Finanzmittelfonds ergibt sich aus der Addition des Fondsanfangsbestandes (Posten Nr. 18) – in diesem Beispiel identisch mit dem Bestand der Zahlungsmittel in der Eröffnungsbilanz – und der zahlungswirksamen Veränderungen des Finanzmittelfonds (Posten Nr. 17).

Anzumerken ist, dass bei einem solch einfachen Beispiel die Zuordnung der Zahlungsvorgänge auf die Teilbereiche und ihr Ausweis innerhalb eines Teilbereiches gleichzeitig erfolgen und somit der zweite und dritte Schritt auch zu einem Schritt zusammengefasst werden können.

Weiteres Vorgehen zur Aufstellung der Erfolgsrechnung und Bilanz:

Für den Jahresabschluss werden – analog zu den Zahlungskonten, deren Salden in der Kapitalflussrechnung zusammengetragen wurden – die Salden der Erfolgskonten zur Erfolgsrechnung verdichtet.

Gewinn- und Verlustrechnung nach dem Gesamtkostenverfahren für das Geschäftsjahr 02 (in Mio. GE)		
1.	Umsatzerlöse	800
2.	Bestandsveränderungen	+ 40
3.	Sonstige betriebliche Erträge	+ 8
4.	Materialaufwand	– 300
5.	Personalaufwand	– 340
6.	Abschreibungen auf Sachanlagen	– 15
7.	Sonstige betriebliche Aufwendungen	– 15
8.	Zinsaufwendungen	– 22
9.	Steuern vom Einkommen und Ertrag	– 78
10.	Jahresüberschuss ($JÜ_{02}$)	= 78

Die Salden der Erfolgskonten ergeben die oben gezeigte Erfolgsrechnung nach dem Gesamtkostenverfahren der Cashflow GmbH für das Geschäftsjahr 02.

Erläuterungen zu ausgewählten Posten der dargestellten Erfolgsrechnung:

3. »Sonstige betriebliche Erträge«:
   Die sonstigen betrieblichen Erträge enthalten den Gewinn aus dem Abgang von Sachanlagen (3 Mio. GE) und die Zuschreibungen auf Finanzanlagen (5 Mio. GE).

4. »Materialaufwand«:
   Der Anfangs- und Endbestand der Roh-, Hilfs- und Betriebsstoffe als Teil der Vorräte betrug 0 GE, d. h., der Zugang der Roh-, Hilfs- und Betriebsstoffe i. H. v. 300 Mio. GE wurde im Lauf der Periode voll aufgebraucht und entspricht damit dem Materialaufwand.

In der Kapitalflussrechnung bzw. der Erfolgsrechnung wird jeweils ein Gesamtsaldo ermittelt (aus sämtlichen Ein- und Auszahlungen bzw. aus sämtlichen Aufwendungen und Erträgen). Im Fall der Kapitalflussrechnung ergibt sich ein Zahlungsmittelüberschuss (bzw. -defizit), der der zahlungswirksamen Veränderung des Finanzmittelfonds entspricht und in diesem Beispiel zugleich die bilanzielle Veränderung der Zahlungsmittel angibt. Für die Erfolgsrechnung wird der Periodenerfolg errechnet, der in diesem Beispiel als Jahresüberschuss die bilanzielle Veränderung des gleichnamigen Passivpostens vorgibt. Nachdem nunmehr also die Veränderung des Aktivposten B. IV. »Zahlungsmittel« sowie die Veränderung der Passivposten A. IV. »Jahresüberschuss« bekannt sind, können die Abschlussbuchungen in diesen beiden Bestandskonten vorgenommen werden:

Bestandskonto der Zahlungsmittel

Soll	Zahlungsmittel		Haben
AB	20		
ΔF_{02}	43		
		SB	63

Bestandskonto des Jahresüberschusses

Soll	Jahresüberschuss		Haben
o)	12	AB	25
p)	13	$JÜ_{02}$	78
SB	78		

AB: Anfangsbestand
SB: Schlussbestand
ΔF_{02}: Zahlungswirksame Veränderungen des Finanzmittelfonds in der Berichtsperiode 02
$JÜ_{02}$: Jahresüberschuss in der Berichtsperiode 02

Die zahlungswirksame Erhöhung des Finanzmittelfonds (ΔF_{02}) i. H. v. 43 Mio. GE stellt einen Zugang an Zahlungsmitteln dar und ergibt zusammen mit dem Anfangsbestand (20 Mio. GE) den Schlussbestand der Zahlungsmittel von 63 Mio. GE. Das

T-Konto der »Zahlungsmittel« entspricht in diesem Beispiel der Fondsveränderungsrechnung der Kapitalflussrechnung (vgl. Posten Nr. 17, Nr. 18 und Nr. 19 in der Abbildung auf S. 297).

Der Gewinn der betrachteten Periode ($JÜ_{02}$) i. H. v. 78 Mio. GE wird auf dem Bestandskonto »Jahresüberschuss« auf der Habenseite ausgewiesen. Im Lauf des Geschäftsjahres 02 ist der Jahresüberschuss der Vorperiode teils den Gewinnrücklagen zugeführt worden (vgl. Geschäftsvorgang o) auf S. 288) und teils als Dividende ausgeschüttet worden (vgl. Geschäftsvorgang p) auf S. 289). Für den Jahreserfolg aus Periode 02 liegt bisher kein Gewinnverwendungsbeschluss vor, sodass sich ein Schlussbestand von 78 Mio. GE ergibt.

Damit liegen sämtliche notwendigen Bestandssalden vor, die in den Abbildungen auf S. 291 f. und S. 299 ermittelt wurden, sodass die ausgeglichene Schlussbilanz der Cashflow GmbH für das Geschäftsjahr 02 aufgestellt werden kann.

Bilanz zum 31.12.02 (in Mio. GE)

Aktiva	02	01	Passiva	02	01
A. Anlagevermögen			A. Eigenkapital		
I. Sachanlagen	80	90	I. Gezeichnetes Kapital	59	50
II. Finanzanlagen	65	75	II. Kapitalrücklage	36	30
B. Umlaufvermögen			III. Gewinnrücklage	32	20
I. Vorräte	160	120	IV. Jahresüberschuss	78	25
II. Forderungen aus LuL	205	105	B. Rückstellungen	115	100
III. Wertpapiere	45	40	C. Verbindlichkeiten		
IV. Zahlungsmittel	63	20	I. Verbindlichkeiten ggü. KI	150	100
			II. Verbindlichkeiten aus LuL	70	100
			III. Steuerverbindlichkeiten	78	25
Bilanzsumme	618	450	Bilanzsumme	618	450

ggü. KI: gegenüber Kreditinstituten
LuL: Lieferungen und Leistungen

Aufgabe 12.2: Indirekte Darstellungsformen

Die Konkurrenzunternehmen der Cashflow GmbH stellen ihre Kapitalflussrechnung nach der indirekten Methode auf, d. h., im Bereich der laufenden Geschäftstätigkeit wird eine Überleitungsrechnung vom Periodenergebnis auf den Cashflow der laufenden Geschäftstätigkeit gezeigt. Da diese Überleitung eine Rückrechnung darstellt, wird sie als indirekte (Darstellungs-)Methode bezeichnet. Zu Vergleichszwecken soll der Bereich der laufenden Geschäftstätigkeit nunmehr nach dieser indirekten Darstellungsform abgebildet werden.

Stellen Sie mit Hilfe der in Aufgabe 12.1 gegebenen Informationen sowie der ermittelten Bilanz und Erfolgsrechnung den Cashflow der laufenden Geschäftstätigkeit der Cashflow GmbH nach der indirekten Methode für das Geschäftsjahr 02 dar! Für die Gliederung der indirekten Darstellungsform verwenden Sie das im DRS 21 vorgegebene Mindestgliederungsschema II. Die gezahlten Ertragsteuern sollen dem Teilbereich der laufenden Geschäftstätigkeit zugerechnet werden.

a) Stellen Sie zunächst den Cashflow aus laufender Geschäftstätigkeit nach DRS 21 dar.

   Gehen Sie anschließend auf den Cashflow aus laufender Geschäftstätigkeit nach IAS 7 ein. Die gezahlten Ertragsteuern und auch die gezahlten Zinsen sollen dem Cashflow aus laufender Geschäftstätigkeit zugeordnet werden.

   Hinweis: Dies ist aktuell nach IAS 7 zulässig. Die Wahlmöglichkeiten hinsichtlich der Zuordnung von Zins-, Dividenden- und Ertragsteuerzahlungen zu den drei Bereichscashflows sollen durch den Standard »*Presentation and Disclosure in Financial Statements*«, der im ersten Halbjahr 2024 veröffentlicht werden und 2027 in Kraft treten soll, abgeschafft werden.

   Unter den aktuellen Bestimmungen sollen im Rahmen dieser Aufgabe zwei Fälle unterschieden werden, und zwar sollen alle gezahlten Zinsen und gezahlten Ertragsteuern:

b) *gesondert* innerhalb des operativen Bereichs ausgewiesen werden – wie nach IAS 7 zulässig, aber nach ASC 230 unzulässig.

c) *nicht* im operativen Bereich gesondert gezeigt, sondern in einer ergänzenden Angabe genannt werden – wie nach IAS 7 möglich sowie nach ASC 230 vorgeschrieben.

Lösung

a) Der Cashflow der laufenden Geschäftstätigkeit der Cashflow GmbH stellt sich nach der indirekten Methode nach DRS 21 wie in unten stehender Abbildung dar:

   Erläuterungen zu ausgewählten Posten:

   1. »Jahresüberschuss«:
      DRS 21.41 geht bei der indirekten Darstellung vom Periodenergebnis der Gewinn- und Verlustrechnung aus, welches im Beispiel 78 Mio. GE entspricht. Alternativ zulässig ist eine andere Ergebnisgröße, beispielsweise das Ergebnis vor Ertragsteuern, wenn auf das Ergebnis aus der GuV übergeleitet wird.

   2. »Abschreibungen auf Gegenstände des Anlagevermögens«:
      Die Abschreibungen auf Sachanlagen (15 Mio. GE) sind nicht zahlungswirksame Aufwendungen und müssen dementsprechend der Ausgangsgröße hinzugerechnet werden. Hiervon werden allerdings noch die zahlungsunwirksamen Erträge in Form der Zuschreibungen auf Finanzanlagen (5 Mio. GE) abgezogen.

Der Posten Nr. 2 i. H. v. 10 Mio. GE ist folglich eine saldierte Größe aus auszahlungslosen Aufwendungen und einzahlungslosen Erträgen.

Kapitalflussrechnung für das Geschäftsjahr 02 (in Mio. GE)			
1.		Jahresüberschuss	78
2.	+	Abschreibungen auf Gegenstände des Anlagevermögens (Saldo) *	+ 10
3.	+	Zunahme der Rückstellungen	+ 15
4.	–	Zunahme der Vorräte und der Forderungen aus Lieferungen und Leistungen, die nicht der Investitions- oder Finanzierungstätigkeit zuzuordnen sind	– 140
5.	–	Abnahme der Verbindlichkeiten aus Lieferungen und Leistungen, die nicht der Investitions- oder Finanzierungstätigkeit zuzuordnen sind	– 40
6.	–	Gewinn aus dem Abgang von Gegenständen des Anlagevermögens	– 3
7.	+	Gezahlte Zinsen	+ 22
8.	+	Ertragsteueraufwand	+ 78
9.	–	Gezahlte Ertragsteuern	– 25
10.	=	Cashflow aus der laufenden Geschäftstätigkeit	– 5

* Einschließlich Zuschreibungen auf Finanzanlagen i. H. v. 5 Mio. GE.

3. »Zunahme der Rückstellungen«:
   Die Erhöhung der Rückstellungen um 15 Mio. GE (vgl. Veränderung des Passivposten B. »Rückstellungen« in der Bilanz auf S. 300) ist ein nicht zahlungswirksamer sonstiger betrieblicher Aufwand und daher der Ausgangsgröße hinzuzurechnen.
4. »Zunahme der Vorräte und der Forderungen aus Lieferungen und Leistungen, die nicht der Investitions- oder Finanzierungstätigkeit zuzuordnen sind«:
   Dieser Wert i. H. v. 140 Mio. GE setzt sich aus der Zunahme der Vorräte an fertigen und unfertigen Erzeugnissen i. H. v. 40 Mio. GE und der Zunahme der Forderungen aus Lieferungen und Leistungen i. H. v. 100 Mio. GE zusammen (vgl. die Veränderungen der Aktivposten B. I. »Vorräte« und B. II. »Forderungen aus Lieferungen und Leistungen« in der Bilanz auf S. 300).
5. »Abnahme der Verbindlichkeiten aus Lieferungen und Leistungen, die nicht der Investitions- oder Finanzierungstätigkeit zuzuordnen sind«:
   Nach der auf S. 300 gezeigten Bilanz haben die Verbindlichkeiten aus Lieferungen und Leistungen im Vergleich zum Vorjahr um 30 Mio. GE abgenommen. Diese Veränderung ist das Resultat der Zugänge i. H. v. 125 Mio. GE und der Abgänge i. H. v. 155 Mio. GE. Allerdings resultieren die Zugänge bei Verbind-

lichkeiten aus Lieferungen und Leistungen nicht nur aus solchen Geschäftsvorfällen, die dem operativen Bereich zuzurechnen sind, sondern auch aus dem Kauf von Finanzanlagen i. H. v. 10 Mio. GE auf Ziel, der als Investitionstätigkeit zu klassifizieren ist (vgl. Geschäftsvorgang d) auf S. 287). Somit ergibt sich die Veränderung der Verbindlichkeiten aus Lieferungen und Leistungen, die dem Bereich der laufenden Geschäftstätigkeit zuzurechnen sind, i. H. v. 40 Mio. GE aus den Zugängen bei den operativen Verbindlichkeiten aus Lieferungen und Leistungen i. H. v. 115 Mio. GE und deren Abgängen i. H. v. 155 Mio. GE.

6. »Gewinn aus dem Abgang von Sachanlagen«:
   Beim Verkauf von Sachanlagen wurde ein Gewinn von 3 Mio. GE erzielt (Restverkaufserlös von 8 Mio. GE abzüglich des Restbuchwertes von 5 Mio. GE), der als sonstiger betrieblicher Ertrag in den Jahresüberschuss eingegangen ist. Da es sich aber um einen Desinvestitionsvorgang (i. H. v. 8 Mio. GE) handelt, der dem Investitionsbereich zuzuordnen ist (vgl. hierzu Posten Nr. 5 in der Abbildung auf S. 297), muss der Gewinn aus dem Abgang von Sachanlagen zur Vermeidung einer doppelten Berücksichtigung aus dem operativen Bereich herausgerechnet werden, sodass er von der Ausgangsgröße abgezogen wird.

7. »Gezahlte Zinsen«:
   Die gezahlten Zinsen i. H. v. 22 Mio. GE sind nach DRS 21 dem Finanzierungsbereich zuzuordnen und müssen deshalb hier herausgerechnet werden.

8. »Ertragsteueraufwand«
   Der Ertragsteueraufwand i. H. v. 78 Mio. GE ist als nicht zahlungswirksamer Vorgang aus dem Cashflow aus laufender Geschäftstätigkeit herauszurechnen.

10. »Cashflow aus der laufenden Geschäftstätigkeit«:
    Die Summe aus den Posten Nr. 1 bis Nr. 9 ergibt einen Abfluss aus der laufenden Geschäftstätigkeit i. H. v. 5 Mio. GE und entspricht dem Bereichssaldo bei direkter Darstellung (vgl. Posten Nr. 4 in der Abbildung auf S. 297).

b) Die Darstellung des Cashflow der laufenden Geschäftstätigkeit der Cashflow GmbH nach der indirekten Methode für das Geschäftsjahr 02 kann für den Fall des *gesonderten Ausweises* der gezahlten Zinsen und Ertragsteuern wie in unten stehender Darstellung erfolgen.

   Erläuterungen zu ausgewählten Posten:

   1. »Jahresüberschuss vor Zinsaufwendungen und vor Ertragsteuern«:
      Da in der Aufgabenstellung gefordert wird, dass die gezahlten Zinsen und gezahlten Ertragsteuern separat im operativen Bereich ausgewiesen werden sollen, muss als Ausgangsgröße das Periodenergebnis vor Zinsaufwendungen und vor Ertragsteueraufwendungen gewählt werden und entspricht damit der international häufig verwendeten Kennzahl EBIT (»*Earnings before Interest and Taxes*«). Der Wert i. H. v. 178 Mio. GE setzt sich aus dem Jahresüberschuss (78 Mio. GE), den Zins-aufwendungen (22 Mio. GE) und den Steuern vom Einkommen und Ertrag (78 Mio. GE) zusammen.

9. »Cashflow aus der laufenden Geschäftstätigkeit«:
   Die Summe aus den Posten Nr. 1 bis Nr. 8 ergibt einen Abfluss aus dem laufenden Geschäft von 27 Mio. GE. Dieser Betrag unterscheidet sich vom Cashflow nach DRS aufgrund der unterschiedlichen Zuordnung der gezahlten Zinsen.

Kapitalflussrechnung für das Geschäftsjahr 02 (in Mio. GE)			
1.		Jahresüberschuss vor Zinsaufwendungen und vor Ertragsteuern	178
2.	+	Abschreibungen auf Gegenstände des Anlagevermögens (Saldo) *	+ 10
3.	+	Zunahme der Rückstellungen	+ 15
4.	–	Zunahme der Vorräte und der Forderungen aus Lieferungen und Leistungen, die nicht der Investitions- oder Finanzierungstätigkeit zuzuordnen sind	– 140
5.	–	Abnahme der Verbindlichkeiten aus Lieferungen und Leistungen, die nicht der Investitions- oder Finanzierungstätigkeit zuzuordnen sind	– 40
6.	–	Gewinn aus dem Abgang von Gegenständen des Anlagevermögens	– 3
7.	–	Gezahlte Zinsen	– 22
8.	–	Gezahlte Ertragsteuern	– 25
9.	=	Cashflow aus der laufenden Geschäftstätigkeit	– 27

* Einschließlich Zuschreibungen auf Finanzanlagen i. H. v. 5 Mio. GE.

c) Die Darstellung des Bereichs der laufenden Geschäftstätigkeit der Cashflow GmbH nach der indirekten Methode für das Geschäftsjahr 02 kann alternativ wie in unten stehender Abbildung aussehen. Diese Variante gilt für den Fall, dass die gezahlten Zinsen und Ertragsteuern *nicht* gesondert innerhalb der Kapitalflussrechnung ausgewiesen werden sollen.

   Erläuterungen zu ausgewählten Posten:

   1. »Jahresüberschuss«:
      Die Aufgabenstellung verlangt, dass die gezahlten Zinsen und gezahlten Ertragsteuern nicht im operativen Bereich gezeigt werden sollen. Als Ausgangsgröße wird dann der Jahresüberschuss (bzw. das Periodenergebnis nach Zinsaufwendungen und nach Ertragsteueraufwendungen) gewählt. Damit als Bereichssaldo ein rein zahlungsorientierter Cashflow aus der laufenden Geschäftstätigkeit vorliegt, müssen nunmehr anschließend neben den übrigen zahlungsunwirksamen Erfolgsgrößen auch die zahlungslosen Zins- und Ertragsteueraufwendungen der Ausgangsgröße hinzuaddiert werden. In diesem konkreten Beispiel liegen allerdings keine zahlungsunwirksamen Zinsaufwendungen vor, da die angefallenen Zinsaufwendungen (22 Mio. GE) in derselben Berichtsperiode bezahlt worden sind.

4. »Sonstige zahlungsunwirksame Aufwendungen«:
Der Ausgangsgröße »Jahresüberschuss« müssen die zahlungslosen Ertragsteueraufwendungen hinzugerechnet werden. Sie lassen sich bestimmen, indem von den gesamten Ertragsteueraufwendungen i. H. v. 78 Mio. GE die gezahlten Ertragsteuern i. H. v. 25 Mio. GE abgezogen werden. Die zahlungsunwirksamen Ertragsteueraufwendungen betragen somit 53 Mio. GE und können im (Sammel-)Posten »Sonstige zahlungsunwirksame Aufwendungen« ausgewiesen werden.

8. »Cashflow aus der laufenden Geschäftstätigkeit«:
Die Addition der Posten Nr. 1 bis Nr. 7 ergeben einen zahlungswirksamen Abfluss aus dem laufenden Geschäft von 27 Mio. GE.

Kapitalflussrechnung für das Geschäftsjahr 02 (in Mio. GE)			
1.		Jahresüberschuss	78
2.	+	Abschreibungen auf Gegenstände des Anlagevermögens (Saldo) *	+ 10
3.	+	Zunahme der Rückstellungen	+ 15
4.	+	Sonstige zahlungsunwirksame Aufwendungen	+ 53
5.	–	Zunahme der Vorräte und der Forderungen aus Lieferungen und Leistungen, die nicht der Investitions- oder Finanzierungstätigkeit zuzuordnen sind	– 140
6.	–	Abnahme der Verbindlichkeiten aus Lieferungen und Leistungen, die nicht der Investitions- oder Finanzierungstätigkeit zuzuordnen sind	– 40
7.	–	Gewinn aus dem Abgang von Gegenständen des Anlagevermögens	– 3
8.	=	Cashflow aus der laufenden Geschäftstätigkeit	– 27

* Einschließlich Zuschreibungen auf Finanzanlagen i. H. v. 5 Mio. GE.

Zu dieser indirekten Darstellungsmöglichkeit, bei der die gezahlten Zinsen und Ertragsteuern nicht einzeln innerhalb des Bereichs der laufenden Geschäftstätigkeit, sondern nur die nicht zahlungswirksamen Zinsaufwendungen und nicht zahlungswirksamen Ertragsteueraufwendungen gezeigt werden sollen, ist anzumerken, dass IAS 7 (analog zu ASC 230) die Offenlegung der geleisteten Zins- und Ertragsteuerzahlungen in den ergänzenden Angaben zur Kapitalflussrechnung fordert. Für das Beispiel müssen die ergänzenden Angaben also darauf hinweisen, dass im Cashflow der laufenden Geschäftstätigkeit der Cashflow GmbH gezahlte Zinsen i. H. v. 22 Mio. GE und gezahlte Ertragsteuern i. H. v. 25 Mio. GE enthalten sind.

Aufgabe 12.3: Fondsabgrenzung in der Kapitalflussrechnung

Im Rahmen der Erstellung der Kapitalflussrechnung in Aufgabe 12.1 wurde der Posten B. IV. »Zahlungsmittel« als Finanzmittelfonds abgegrenzt. Die Standards DRS 21 und IAS 7 erlauben bzw. fordern allerdings auch die Einbeziehung von sog. »Zahlungsmitteläquivalenten« in den Fonds, soweit diese Finanzmittel leicht liquidierbar sind, unbedeutenden Wertänderungsrisiken unterliegen und eine kurze Restlaufzeit von bis zu drei Monaten ab dem Erwerbszeitpunkt aufweisen sowie als Liquiditätsreserve gehalten werden. Ausschlaggebend für die Klassifizierung von Finanzmitteln als Zahlungsmitteläquivalente soll in diesem Beispiel aus Vereinfachungsgründen lediglich das Kriterium der *Restlaufzeit ab dem Erwerbszeitpunkt* sein; die übrigen an Zahlungsmitteläquivalente gestellten Anforderungen sind als erfüllt anzunehmen. Ihre Aufgabe besteht nun darin, den Finanzmittelfonds um Zahlungsmitteläquivalente zu erweitern und daraus folgerichtig die in Aufgabe 12.1 aufgestellte Kapitalflussrechnung unter Beachtung der nachfolgenden Angaben anzupassen. Vergleichen und erläutern Sie hierbei die Posten in der Kapitalflussrechnung (bzw. genau genommen im Bereich der Investitionstätigkeit als auch in der Fondsveränderungsrechnung), die sich gegenüber der in Aufgabe 12.1 erstellten Kapitalflussrechnung geändert haben. Es werden folgende Fälle unterschieden:

a) Im Laufe der Periode sind Zahlungsmittel im Rahmen des Cash Managements in Wertpapieren angelegt worden, die teils eine Restlaufzeit ab dem Erwerbszeitpunkt von bis zu drei Monaten (Anfangsbestand i. H. v. 12 Mio. GE) und teils von über drei Monaten (Anfangsbestand i. H. v. 28 Mio. GE) aufweisen. Das Gleiche gilt für die Veräußerung von solchen kurzfristigen Investments bzw. deren Einlösung. Im Einzelnen haben sich folgende Zu- und Abgänge ergeben:

   - Insgesamt wurden Zahlungsmittel in verzinsliche, hoch liquide Wertpapiere mit einer Restlaufzeit von bis zu drei Monaten im Wert von 135 Mio. GE angelegt.
   - Veräußert wurden in der Periode verzinsliche, hoch liquide Investments mit einer Restlaufzeit von bis zu drei Monaten im Wert von 112 Mio. GE.
   - Geldanlagen in Wertpapiere, die eine Laufzeit von mehr als drei Monaten ab dem Erwerbszeitpunkt aufweisen, wurden i. H. v. 70 Mio. GE getätigt.
   - Der Abgang bei Geldanlagen mit einer Laufzeit von über drei Monaten ab dem Erwerbszeitpunkt betrug 88 Mio. GE.

b) In der Berichtsperiode sind im Rahmen des Cash Managements ausschließlich verzinsliche, äußerst liquide Wertpapiere mit einer Laufzeit von bis zu drei Monaten gekauft und veräußert worden, sodass sich die Geschäftsvorgänge i. V. m. der Veräußerung von Investments bzw. deren Einlösung wie folgt gestalten:

   - Insgesamt wurden Zahlungsmittel in verzinsliche, hoch liquide Wertpapiere mit einer Restlaufzeit von bis zu drei Monaten im Wert von 205 Mio. GE angelegt.
   - Außerdem wurden in der Periode verzinsliche, hoch liquide Investments mit einer Restlaufzeit von bis zu drei Monaten im Wert von 200 Mio. GE veräußert.

Lösung

a) Es werden lediglich die Wertpapiere der Bilanzposten B. III. »Wertpapiere« in den Finanzmittelfonds einbezogen, die die Anforderungskriterien der Zahlungsmitteläquivalente erfüllen. In diesem Beispiel ist gemäß Aufgabenstellung für die Klassifizierung von Wertpapieren als Zahlungsmitteläquivalente die Restlaufzeit ab dem Erwerbszeitpunkt ausschlaggebend. Im Ergebnis erhält man die in nachfolgender Abbildung gezeigten Bestände, Zugänge, Abgänge und Nettoveränderungen jeweils für die Wertpapiere mit einer Laufzeit von mehr als drei Monaten, für die beiden Fondskomponenten und deren Summe sowie für den Finanzmittelfonds.

Bilanzposten bzw. Fondskomponenten (in Mio. GE)	Anfangsbestand zum 01.01.02 (1)	Zugänge (2)	Abgänge (3)	Veränderung (Nettoausweis) (= 2 – 3)	Schlussbestand zum 31.12.02 (= 1 + 2 – 3)
B. III. Wertpapiere mit einer RLZ > 3 Monate	28	70	88	– 18	10
Fondskomponenten:					
B. III. Wertpapiere mit einer RLZ ≤ 3 Monate	12	135	112	23	35
B. IV. Zahlungsmittel	20	1.023	980	43	63
Summe	32	1.158	1.092	66	98
Finanzmittelfonds	32	911	845	66	98

RLZ: Restlaufzeit

Bei der Bestimmung der Zu- und Abflüsse des Fonds ist aufgrund des Einbezugs der Zahlungsmittel und der verzinslichen Wertpapiere mit einer Laufzeit von bis zu drei Monaten in den Fonds zu bedenken, dass die Zahlungsvorgänge zwischen den beiden Fondskomponenten fondsinterne Vorgänge darstellen, die es zu eliminieren gilt. Von daher sind zur Ermittlung der Zugänge des Fonds die Zugänge der Zahlungsmittel um die fondsinternen Abgänge der Wertpapiere mit der Laufzeit von bis zu drei Monaten zu kürzen (1.023 Mio. GE – 112 Mio. GE = 911 Mio. GE), während sich die Abgänge des Fonds durch Verrechnung der Abgänge der Zahlungsmittel mit den fondsinternen Zugängen der Wertpapiere mit der Laufzeit von bis zu drei Monaten ergeben (980 Mio. GE – 135 Mio. GE = 845 Mio. GE). Anschließend sind zwecks Nettoausweis der zahlungswirksamen Veränderungen des Fonds die ermittelten Fondszuflüsse mit den Fondsabflüssen zu saldieren (911 Mio. GE – 845 Mio. GE = 66 Mio. GE).

Dasselbe Ergebnis erhält man rechnerisch, wenn zunächst das Wertpapierkonto netto – in Form der Bestandsdifferenz (135 Mio. GE – 112 Mio. GE = 23 Mio. GE) – ausgewiesen und dann mit der Veränderung der Zahlungsmittel (1.023 Mio. GE – 980 Mio. GE = 43 Mio. GE) zur gesamten zahlungswirksamen Fondsveränderung (23 Mio. GE + 43 Mio. GE = 66 Mio. GE) verdichtet wird. Bei diesem Rechenweg werden die fondsinternen Zahlungsbewegungen implizit eliminiert.

Bei der Erstellung der Kapitalflussrechnung mit einem Fonds bestehend aus den Zahlungsmitteln und einem Teilbestand der Wertpapiere ergibt sich somit die in folgender Darstellung aufgestellte Kapitalflussrechnung nach DRS 21 bei Anwendung der direkten Darstellungsmethode im Bereich der laufenden Geschäftstätigkeit.

Kapitalflussrechnung für das Geschäftsjahr 02 (Mio. GE); Fall a)			
1.		Einzahlungen von Kunden für den Verkauf von Erzeugnissen, Waren und Dienstleistungen	700
2.	–	Auszahlungen an Lieferanten und Beschäftigte	– 680
3.	–	Gezahlte Ertragsteuern	– 25
4.	=	Cashflow aus der laufenden Geschäftstätigkeit	– 5
5.		Einzahlungen aus Abgängen von Gegenständen des Sachanlagevermögens	8
6.	–	Auszahlungen für Investitionen in das Sachanlagevermögen	– 10
7.	+	Einzahlungen aus Abgängen von Gegenständen des Finanzanlagevermögens	+ 25
8.	+	Einzahlungen aufgrund von Finanzmittelanlagen im Rahmen der kurzfristigen Finanzdisposition	+ 88
9.	–	Auszahlungen aufgrund von Finanzmittelanlagen im Rahmen der kurzfristigen Finanzdisposition	– 70
10.	=	Cashflow aus der Investitionstätigkeit	41
11.		Einzahlungen aus Eigenkapitalzuführungen (Kapitalerhöhung)	10
12.	+	Einzahlungen aus der Aufnahme von (Finanz-)Krediten	+ 80
13.	–	Auszahlungen aus der Tilgung von (Finanz-)Krediten	– 25
14.	–	Gezahlte Zinsen	– 22
15.	–	Auszahlungen an Unternehmenseigner (Dividende)	– 13
16.	=	Cashflow aus der Finanzierungstätigkeit	30
17.		Zahlungswirksame Veränderungen des Finanzmittelfonds (ΔF_{02}) (Summe aus 4, 10, 16)	66
18.	+	Finanzmittelfonds am Anfang der Periode	+ 32
19.	=	Finanzmittelfonds am Ende der Periode	98

Erläuterungen zu ausgewählten Posten der dargestellten Kapitalflussrechnung (für den Vergleich mit den Werten der in Aufgabe 12.1 erstellten Kapitalflussrechnung siehe Abbildung auf S. 297):

8. »Einzahlungen aufgrund von Finanzmittelanlagen im Rahmen der kurzfristigen Finanzdisposition«:
   Dieser Posten umfasst nun ausschließlich die Einzahlungen aus den Abgängen der Wertpapiere mit einer Laufzeit von mehr als drei Monaten. Diese betragen insgesamt 88 Mio. GE. Im Vergleich zu den 200 Mio. GE in Aufgabe 12.1 liegt der Wert um 112 Mio. GE niedriger, da diese zahlungswirksamen Abgänge nun fondsinterne Vorgänge darstellen.

9. »Auszahlungen aufgrund von Finanzmittelanlagen im Rahmen der kurzfristigen Finanzdisposition«:
   Dieser Posten enthält ebenso nur die Auszahlungen aus den Zugängen der Wertpapiere mit einer Laufzeit von mehr als drei Monaten, die insgesamt 70 Mio. GE ergeben. Verglichen mit den 205 Mio. GE in Aufgabe 12.1 haben sich die Zahlungsausgänge um die Auszahlungen für die Zugänge bei den Wertpapieren mit einer Laufzeit von bis zu drei Monaten, die aufgrund der erweiterten Fondsabgrenzung jetzt als fondsinterne Bewegungen zu behandeln sind, i. H. v. 135 Mio. GE reduziert.

10. »Cashflow aus der Investitionstätigkeit«:
   Der Cashflow aus der Investitionstätigkeit beträgt 41 Mio. GE. Im Vergleich zu den 18 Mio. GE in Aufgabe 12.1 ist der Cashflow nun um 23 Mio. GE höher. Diese Veränderung ist ausschließlich das Resultat der geänderten Fondsabgrenzung, da nun die Zahlungsbewegungen der verzinslichen, hoch liquiden Wertpapiere mit einer Restlaufzeit von bis zu drei Monaten fondsinterne Vorgänge darstellen und nicht mehr im Investitionsbereich abgebildet werden.

17. »Zahlungswirksame Veränderungen des Finanzmittelfonds«:
   Der im Vergleich zu Aufgabe 12.1 höhere Cashflow aus der Investitionstätigkeit schlägt sich rechentechnisch auch auf die zahlungswirksamen Veränderungen des Finanzmittelfonds nieder, die mit einem Wert von 66 Mio. GE folglich um 23 Mio. GE höher ausfallen als in Aufgabe 12.1.

18. »Finanzmittelfonds am Anfang der Periode«:
   Der Fondsanfangsbestand beträgt 32 Mio. GE und hat im Vergleich zum Anfangsbestand des Fonds in Aufgabe 12.1 (20 Mio. GE) genau um den neu in den Fonds aufgenommenen Anfangsbestand an Wertpapieren mit einer Restlaufzeit von bis zu drei Monaten i. H. v. 12 Mio. GE zugenommen.

19. »Finanzmittelfonds am Ende der Periode«:
   Ebenso wie der Anfangsbestand enthält auch der Schlussbestand des Fonds (98 Mio. GE) den Endbestand an Wertpapieren mit einer Restlaufzeit von bis zu drei Monaten und fällt somit verglichen mit dem Schlussbestand des Fonds in Aufgabe 12.1 (63 Mio. GE) um 35 Mio. GE höher aus.

b) Der Bilanzposten B. III. »Wertpapiere« wird vollständig mit in den Finanzmittelfonds einbezogen, sodass sich die in folgender Abbildung angegebenen Bestände, Zugänge, Abgänge und Netto-Veränderungen für die einzelnen Fondskomponenten ergeben.

Fonds-komponenten (in Mio. GE)	Anfangs-bestand zum 01.01.02 (1)	Zugänge (2)	Abgänge (3)	Verände-rung (Netto-ausweis) (= 2 – 3)	Schluss-bestand zum 31.12.02 (= 1 + 2 – 3)
B. III. Wertpapiere	40	205	200	5	45
B. IV. Zahlungsmittel	20	1.023	980	43	63
Summe	60	1.228	1.180	48	108
Finanzmittelfonds	60	823	775	48	108

Da nunmehr Zahlungsmittel und verzinsliche Wertpapiere des Umlaufvermögens im Fonds zusammengefasst werden, stellen die Soll- und Habenumsätze auf dem Bestandskonto der Wertpapiere fondsinterne Zahlungsbewegungen dar und sind mit ihren jeweiligen Gegenbuchungen auf dem Zahlungsmittelkonto zu den gesamten Fondszugängen (1.023 Mio. GE – 200 Mio. GE = 823 Mio. GE) und Fondsabgängen (980 Mio. GE – 205 Mio. GE = 775 Mio. GE) zu verrechnen. Des Weiteren sind für den Nettoausweis des Fonds die so ermittelten Fondszuflüsse mit den -abflüssen zur gesamten zahlungswirksamen Fondsveränderung zu verdichten (823 Mio. GE – 775 Mio. GE = 48 Mio. GE).

Dasselbe Ergebnis ergibt sich rechentechnisch, wenn zunächst das Wertpapierkonto netto – in Form der Bestandsdifferenz (205 Mio. GE – 200 Mio. GE = 5 Mio. GE) – ausgewiesen und anschließend mit der Veränderung der Zahlungsmittel (1.023 Mio. GE – 980 Mio. GE = 43 Mio. GE) zur gesamten zahlungswirksamen Fondsveränderung (5 Mio. GE + 43 Mio. GE = 48 Mio. GE) komprimiert wird.

Werden *sämtliche* Wertpapiere der Bilanzposten B. III. als Zahlungsmitteläquivalente klassifiziert und mit den Zahlungsmitteln zum Fonds zusammengefasst, so ergibt sich nachfolgende Kapitalflussrechnung nach DRS 21 bei Anwendung der direkten Darstellungsmethode im Bereich der laufenden Geschäftstätigkeit. Die Posten »Einzahlungen...« bzw. »Auszahlungen aufgrund von Finanzmittelanlagen im Rahmen der kurzfristigen Finanzdisposition« entfallen im Investitionsbereich der Kapitalflussrechnung, da alle in der Liquiditätsdisposition eingesetzten Instrumente gemäß der Aufgabenstellung als Zahlungsmitteläquivalente zu klassifizieren sind.

Erläuterungen zu ausgewählten Posten der gezeigten Kapitalflussrechnung (für die Vergleichswerte der gleichnamigen Posten der in Aufgabe 12.1 erstellten Kapitalflussrechnung siehe Abbildung auf S. 297):

8. »Cashflow aus der Investitionstätigkeit«:
   Der Cashflow aus der Investitionstätigkeit beträgt 23 Mio. GE. Im Vergleich zu den 18 Mio. GE aus Aufgabe 12.1 ist der Cashflow um 5 Mio. GE höher.

Kapitalflussrechnung für das Geschäftsjahr 02 (Mio. GE); Fall b)			
1.		Einzahlungen von Kunden für den Verkauf von Erzeugnissen, Waren und Dienstleistungen	700
2.	–	Auszahlungen an Lieferanten und Beschäftigte	– 680
3.	–	Gezahlte Ertragsteuern	– 25
4.	=	Cashflow aus der laufenden Geschäftstätigkeit	– 5
5.		Einzahlungen aus Abgängen von Gegenständen des Sachanlagevermögens	8
6.	–	Auszahlungen für Investitionen in das Sachanlagevermögen	– 10
7.	+	Einzahlungen aus Abgängen von Gegenständen des Finanzanlagevermögens	+ 25
8.	=	Cashflow aus der Investitionstätigkeit	23
9.		Einzahlungen aus Eigenkapitalzuführungen (Kapitalerhöhung)	10
10.	+	Einzahlungen aus der Aufnahme von (Finanz-)Krediten	+ 80
11.	–	Auszahlungen aus der Tilgung von (Finanz-)Krediten	– 25
12.	–	Gezahlte Zinsen	– 22
13.	–	Auszahlungen an Unternehmenseigner (Dividende)	– 13
14.	=	Cashflow aus der Finanzierungstätigkeit	30
15.		Zahlungswirksame Veränderungen des Finanzmittelfonds (ΔF_{02}) (Summe aus 4, 8, 14)	48
16.	+	Finanzmittelfonds am Anfang der Periode	+ 60
17.	=	Finanzmittelfonds am Ende der Periode	108

Grund hierfür ist, dass der Cashflow aus der Investitionstätigkeit nunmehr nur noch die Ein- und Auszahlungen resultierend aus den Zu- und Abgängen im Anlagevermögen (Posten Nr. 5, Nr. 6 und Nr. 7) umfasst. Die Zahlungsbewegungen der verzinslichen, hoch liquiden Wertpapiere, deren Zahlungssaldo eben diese 5 Mio. GE beträgt, sind die eingangs genannten fondsinternen Vorgänge und fallen nicht mehr in den Investitionsbereich.

15. »Zahlungswirksame Veränderungen des Finanzmittelfonds«:
Der im Vergleich zu Aufgabe 12.1 höhere Cashflow aus der Investitionstätigkeit führt entsprechend zu einem Anstieg der zahlungswirksamen Veränderungen des Finanzmittelfonds um 5 Mio. GE auf 48 Mio. GE.

16. »Finanzmittelfonds am Anfang der Periode«:
Der Fondsanfangsbestand beträgt 60 Mio. GE und hat sich im Vergleich zum Anfangsbestand des Fonds in Aufgabe 12.1 (20 Mio. GE) um den neu in den Fonds aufgenommenen Anfangsbestand an Wertpapieren i. H. v. 40 Mio. GE erhöht.

17. »Finanzmittelfonds am Ende der Periode«:
Der Schlussbestand des Fonds (108 Mio. GE) umfasst nun auch den Schlussbestand der Wertpapiere und fällt verglichen mit dem Schlussbestand des Fonds in Aufgabe 12.1 (63 Mio. GE) um 45 Mio. GE höher aus.

Aufgabe 12.4: Behandlung von gezahlten Zinsen, Dividenden und Ertragsteuern

Die Kapitalflussrechnung der Cashflow GmbH soll nun unter der Vorgabe erstellt werden, dass ein möglichst hoher operativer Cashflow ausgewiesen wird. Von der Abteilung Rechnungswesen und Finanzen wird u. a. ein Vergleich der Kapitalflussrechnung nach DRS 21 mit einer Kapitalflussrechnung nach IAS 7 für das Geschäftsjahr 02 verlangt. Dieser Abteilung ist lediglich ganz allgemein bekannt, dass sich die Standards DRS 21 und IAS 7 bezüglich Zuordnung und Ausweis von Zinsen, Dividenden und Ertragsteuern unterscheiden.

a) Zunächst sollen die Zuordnung und der Ausweis von gezahlten Zinsen, gezahlten Dividenden und gezahlten Ertragsteuern nach DRS 21 und IAS 7 vergleichend dargestellt werden.

Anschließend soll die Kapitalflussrechnung der Cashflow GmbH nach den Standards

b) DRS 21 bzw.

c) IAS 7

aufgestellt werden. Die vorgegebenen Bestimmungen über Zuordnung und Ausweis von gezahlten Zinsen, gezahlten Dividenden und gezahlten Ertragsteuern sind jeweils so anzupassen, dass der Cashflow aus der laufenden Geschäftstätigkeit maximal ist. Hierbei sind folgende Zusatzinformationen zu den gezahlten Zinsen (Geschäftsvorfall x) auf S. 289) und den gezahlten Ertragsteuern (Geschäftsvorfälle u) und v) auf S. 289) aus Aufgabe 12.1 zu berücksichtigen:

- Die gezahlten Zinsen i. H. v. 22 Mio. GE teilen sich auf in Zinszahlungen (4 Mio. GE), die aus dem laufenden Geschäft stammen (z. B. Verzugszinsen, Zinsen im Zusammenhang mit kurzfristigen Lieferantenkrediten), und in Zinsen für Bankkredite (18 Mio. GE).
- Im Geschäftsvorfall b) der Aufgabe 12.1 (vgl. S. 287) wurde beim Barverkauf von Sachanlagen (8 Mio. GE), deren Restbuchwert 5 Mio. GE betrug, ein Gewinn i. H. v. 3 Mio. GE erzielt. Die hierauf entfallenden Ertragsteuern betrugen 1 Mio. GE und

sind in den in der Berichtsperiode 02 an das Finanzamt abgeführten Ertragsteuern i. H. v. 25 Mio. GE enthalten. Im Vergleich zu Aufgabe 12.1 ergeben sich daraus – damit der Schlussbestand der Steuerverbindlichkeiten i. H. v. 78 Mio. GE in der Bilanz und die Ertragsteueraufwendungen i. H. v. 78 Mio. GE in der Erfolgsrechnung der Cashflow GmbH für das Berichtsjahr 02 unverändert bleiben – folgende Modifikationen für die Geschäftsvorgänge u) und v):

u) Nach dem vorläufigen Steuerbescheid betragen die Steuern vom Einkommen und Ertrag des betrachteten Geschäftsjahres 78 Mio. GE. Davon sind bisher lediglich die auf die in der Berichtsperiode abgegangenen Sachanlagen entfallenden Ertragsteuern i. H. v. 1 Mio. GE an das Finanzamt entrichtet worden.

v) Die Steuern vom Einkommen und Ertrag aus der letzten Periode (25 Mio. GE) sind i. H. v. 24 Mio. GE beglichen worden, für den ausstehenden Betrag von 1 Mio. GE besteht weiterhin eine Steuerverbindlichkeit.

Benutzen Sie die in Aufgabe 12.1 erstellte Kapitalflussrechnung bei Anwendung der direkten Methode für die Darstellung des operativen Cashflow (vgl. Abbildung auf S. 297). Die gezahlten Zinsen, Dividenden und Ertragsteuern sollen wiederum einzeln in der Ursachenrechnung ausgewiesen werden. Ferner vergleichen und erläutern Sie dabei die Posten in der Ursachenrechnung, die sich gegenüber der in Aufgabe 12.1 erstellten Kapitalflussrechnung verändert haben.

Hinweis: Im Entwurf eines neuen Standards »*Presentation and Disclosure in Financial Statements*« des IASB sind auch Änderungen des IAS 7 vorgesehen. Hierbei wurde die Klassifizierung von gezahlten und erhaltenen Zinsen und Dividenden sowie gezahlten Ertragssteuern in der Kapitalflussrechnung überarbeitet. Da diese bisher nicht in die IFRS übernommen wurden, bleiben sie im Rahmen dieser Aufgabe außer Acht. Es wird erwartet, dass der finale Standard im ersten Halbjahr 2024 veröffentlicht wird und 2027 in Kraft tritt.

Lösung

a) Zunächst ist zu klären, welchem Teilbereich die gezahlten Zinsen, gezahlten Dividenden und gezahlten Ertragsteuern zugeordnet werden können bzw. müssen und auf welche Weise sie dann in dem jeweiligen Teilbereich auszuweisen sind.

Zahlungsvorgänge	DRS 21 [Tz.]	IAS 7 [Tz.]
gezahlte Zinsen	Finanzierungsbereich [48]	operativer Bereich [33]/ Investitionsbereich [33]/ Finanzierungsbereich [33]
gezahlte Dividenden	Finanzierungsbereich [48]	operativer Bereich [34]/ Finanzierungsbereich [34]
gezahlte Ertragsteuern	operativer Bereich [18]/ (Investitionsbereich [19]/ Finanzierungsbereich [19])	operativer Bereich [35]/ (Investitionsbereich [35]/ Finanzierungsbereich [35])

Die Möglichkeiten der *aktivitätsorientierten Zuordnung* sind jeweils für die drei Zahlungsvorgänge in vorstehender Tabelle dargestellt (bei in Klammern gesetzten Bereichen, ist die Zuordnung an eine Bedingung geknüpft bzw. trotz einer bevorzugten Lösung zulässig). Die Bestimmungen für ihren *Ausweis* sind in der folgenden Tabelle zusammengefasst.

Zahlungsvorgänge	DRS 21	IAS 7
gezahlte Zinsen	keine Wahlrechte, Ausweis im Finanzierungsbereich	Ausweis des Gesamtbetrages der gezahlten Zinsen in der Kapitalflussrechnung: gesonderte Angabe im operativen Bereich, Investitionsbereich und/oder Finanzierungsbereich
gezahlte Dividenden	keine Wahlrechte, Ausweis im Finanzierungsbereich	faktisches Ausweiswahlrecht: gesonderte Angabe im operativen Bereich oder Finanzierungsbereich oder auch alternativ in den Zusatzangaben
gezahlte Ertragsteuern	kein Ausweiswahlrecht: gesonderte Angabe in der Kapitalflussrechnung im jeweiligen Bereich	gesonderte Angabe im jeweils zugeordneten Bereich oder in den Zusatzangaben: Angabe der Gesamtsumme der gezahlten Ertragsteuern bei Inanspruchnahme des Wahlrechts für Aufspaltung auf mehr als einen Bereich

Gezahlte Zinsen gehören nach DRS 21 grundsätzlich zum Finanzierungsbereich. Nach IAS 7 besteht nur für Finanzinstitute eine Vorschrift zur Zuordnung von gezahlten Zinsen (zum operativen Bereich). Andere Unternehmen können gezahlte Zinsen alternativ auch ohne Vorliegen besonderer Gründe dem Investitions- oder Finanzierungsbereich zuordnen. Für den Ausweis bestimmt IAS 7, dass gezahlte Zinsen gesondert von erhaltenen Zinsen anzugeben sind und dass der Gesamtbetrag der gezahlten Zinsen innerhalb der Kapitalflussrechnung zu zeigen ist (sowohl die als

Aufwand verbuchten Zinsen als auch die aktivierten Zinsen). Unklar bleibt, ob die gezahlten Zinsen nur als Gesamtsumme entweder im operativen Bereich, im Investitions- oder im Finanzierungsbereich zu zeigen sind oder ob sie auch auf die Bereiche aufgeteilt und jeweils einzeln ausgewiesen werden dürfen.

Gemäß DRS 21 sind gezahlte Dividenden dem Finanzierungsbereich zuzuordnen und gesondert anzugeben.

IAS 7 verlangt, dass gezahlte Dividenden gesondert angegeben werden. Angefallene Dividendenauszahlungen können gemäß dem Zuordnungs- und Ausweiswahlrecht entweder im Finanzierungsbereich oder im operativen Bereich wie auch gesondert in den Zusatzangaben ausgewiesen werden.

Gezahlte Ertragsteuern werden nach DRS 21 grundsätzlich dem operativen Bereich zugeordnet. Sie können aber auch ausnahmsweise dem Investitions- oder Finanzierungsbereich zugerechnet werden, wenn der zugrunde liegende Geschäftsvorfall diesen Bereichen eindeutig zugehört. Die Ertragsteuerzahlungen müssen in der Kapitalflussrechnung gezeigt werden.

Ertragsteuerzahlungen werden durch Vorgänge in allen drei Teilbereichen der Kapitalflussrechnung ausgelöst, sodass IAS 7 ein bedingtes Wahlrecht enthält. Als *benchmark treatment* gilt die Zurechnung der gezahlten Ertragsteuern zum operativen Bereich. Bei eindeutiger Zugehörigkeit zu Investitions- bzw. Finanzierungsvorgängen ist die Zuordnung zum Investitions- bzw. Finanzierungsbereich zulässig. Die Ertragsteuerzahlungen sind nach IAS 7 unabhängig von der Zuordnung in jedem Fall einzeln auszuweisen. Werden die ertragsteuerbedingten Zahlungsausgänge auf mehr als einen Aktivitätsbereich aufgeteilt, so muss die Gesamtsumme der gezahlten Ertragsteuern offengelegt werden.

Wie erläutert, unterscheiden sich die Standards in Bezug auf Zuordnung und gesonderten Ausweis der Zins-, Dividenden- und Ertragsteuerauszahlungen bzw. der dazu geforderten ergänzenden Angaben voneinander. Da gemäß der Aufgabenstellung das Ziel der Maximierung des operativen Cashflow verfolgt werden soll, gilt es, so weit wie möglich Auszahlungen aus dem Bereich der laufenden Geschäftstätigkeit auszuklammern und den beiden anderen Bereichen zuzuordnen. Im Fall der gezahlten Dividenden bedeutet das, dass sie – wie nach DRS 21 vorgeschrieben, nach IAS 7 zulässig und in den vorherigen Aufgaben auch praktiziert – dem Finanzierungsbereich zuzurechnen sind und damit nachfolgend nicht mehr näher betrachtet werden brauchen. Allerdings können nach IFRS die in den Standards gewährten, unterschiedlichen Zuordnungsmöglichkeiten für gezahlte Zinsen und Ertragsteuern genutzt werden, um einen möglichst hohen operativen Cashflow aufzuweisen. So können sich je nach gewähltem Standard für das Beispiel unterschiedliche Kapitalflussrechnungen ergeben. Im vorliegenden Fall sind die Ausweiswahlrechte nach IAS 7 aufgrund der Maximierung des operativen Cashflow analog zu den Vorschriften des DRS 21 anzuwenden.

b) Nachfolgend ist die Kapitalflussrechnung nach DRS 21 dargestellt (für die Vergleichswerte der gleichnamigen Posten der in Aufgabe 12.1 erstellten Kapitalflussrechnung siehe Abbildung auf S. 297; für Erläuterungen zu ausgewählten Posten wird auf Teilaufgabe c) verwiesen).

Kapitalflussrechnung nach DRS 21 für das Geschäftsjahr 02 (in Mio. GE)			
1.		Einzahlungen von Kunden für den Verkauf von Erzeugnissen, Waren und Dienstleistungen	700
2.	–	Auszahlungen an Lieferanten und Beschäftigte	– 680
3.	–	Ertragssteuerzahlungen	– 24
4.	=	Cashflow aus der laufenden Geschäftstätigkeit	– 4
5.		Einzahlungen aus Abgängen von Gegenständen des Sachanlagevermögens	8
6.	–	Gezahlte Ertragsteuern auf den Gewinn aus dem Abgang von Sachanlagen	– 1
7.	–	Auszahlungen für Investitionen in das Sachanlagevermögen	– 10
8.	+	Einzahlungen aus Abgängen von Gegenständen des Finanzanlagevermögens	+ 25
9.	+	Einzahlungen aufgrund von Finanzmittelanlagen im Rahmen der kurzfristigen Finanzdisposition	+ 200
10.	–	Auszahlungen aufgrund von Finanzmittelanlagen im Rahmen der kurzfristigen Finanzdisposition	– 205
11.	=	Cashflow aus der Investitionstätigkeit	17
12.		Einzahlungen aus Eigenkapitalzuführungen (Kapitalerhöhung)	10
13.	–	Gezahlte Dividenden	– 13
14.	+	Einzahlungen aus der Aufnahme von (Finanz-)Krediten	+ 80
15.	–	Auszahlungen aus der Tilgung von (Finanz-)Krediten	– 25
16.	–	Gezahlte Zinsen	– 22
17.	=	Cashflow aus der Finanzierungstätigkeit	30
18.		Zahlungswirksame Veränderungen des Finanzmittelfonds (ΔF_{02}) (Summe aus 4, 11, 17)	43
19.	+	Finanzmittelfonds am Anfang der Periode	+ 20
20.	=	Finanzmittelfonds am Ende der Periode	63

c) Nachfolgend ist die Kapitalflussrechnung nach IAS 7 dargestellt (für die Vergleichswerte der gleichnamigen Posten der in Aufgabe 12.1 erstellten Kapitalflussrechnung siehe Abbildung auf S. 297).

Kapitalflussrechnung nach IFRS für das Geschäftsjahr 02 (in Mio. GE)			
1.		Einzahlungen von Kunden für den Verkauf von Erzeugnissen, Waren und Dienstleistungen	700
2.	–	Auszahlungen an Lieferanten und Beschäftigte	– 680
3.	–	Gezahlte Ertragsteuern der laufenden Geschäftstätigkeit	– 24
4.	=	Cashflow aus der laufenden Geschäftstätigkeit	– 4
5.		Einzahlungen aus Abgängen von Gegenständen des Sachanlagevermögens	8
6.	–	Gezahlte Ertragsteuern auf den Gewinn aus dem Abgang von Sachanlagen	– 1
7.	–	Auszahlungen für Investitionen in das Sachanlagevermögen	– 10
8.	+	Einzahlungen aus Abgängen von Gegenständen des Finanzanlagevermögens	+ 25
9.	+	Einzahlungen aufgrund von Finanzmittelanlagen im Rahmen der kurzfristigen Finanzdisposition	+ 200
10.	–	Auszahlungen aufgrund von Finanzmittelanlagen im Rahmen der kurzfristigen Finanzdisposition	– 205
11.	=	Cashflow aus der Investitionstätigkeit	17
12.		Einzahlungen aus Eigenkapitalzuführungen (Kapitalerhöhung)	10
13.	–	Auszahlungen an Unternehmenseigner (Dividende)	– 13
14.	+	Einzahlungen aus der Aufnahme von (Finanz-)Krediten	+ 80
15.	–	Auszahlungen aus der Tilgung von (Finanz-)Krediten	– 25
16.	–	Gezahlte Zinsen	– 22
17.	=	Cashflow aus der Finanzierungstätigkeit	30
18.		Zahlungswirksame Veränderungen des Finanzmittelfonds (ΔF_{02}) (Summe aus 4, 11, 17)	43
19.	+	Finanzmittelfonds am Anfang der Periode	+ 20
20.	=	Finanzmittelfonds am Ende der Periode	63

Erläuterungen zu ausgewählten Posten der Kapitalflussrechnung nach IAS 7:

3. »Gezahlte Ertragsteuern« innerhalb der laufenden Geschäftstätigkeit:
Der Posten umfasst lediglich solche Ertragsteuerzahlungen (24 Mio. GE), die aus Geschäftsvorgängen der operativen Tätigkeit resultieren.

4. »Cashflow aus der laufenden Geschäftstätigkeit«:
Aus dem laufenden Geschäft fließen insgesamt 4 Mio. GE ab. Damit ist der operative Cashflow um 1 Mio. GE niedriger als in Aufgabe 12.1 (vgl. Posten Nr. 4 in der Abbildung auf S. 297), da die auf den Gewinn aus dem Sachanlagenabgang entfallenden Ertragsteuerzahlungen i. H. v. 1 Mio. GE der Investitionstätigkeit und die gezahlten Zinsen in voller Höhe (22 Mio. GE) der Finanzierungstätigkeit zugerechnet werden.

6. »Gezahlte Ertragsteuern auf den Gewinn aus dem Abgang von Sachanlagen«:
Die gezahlten Ertragsteuern, die auf den erzielten Gewinn der Desinvestition von Sachanlagen entfallen, können auch nach IAS 7 dem Investitionsbereich zugerechnet werden. Sie werden in dem neu eingefügten Posten Nr. 6 i. H. v. 1 Mio. GE ausgewiesen.

11. »Cashflow aus der Investitionstätigkeit«:
Der Mittelzufluss aus der Investitionstätigkeit beträgt nach IAS 7 – wie auch schon nach DRS 21 – durch die neu zum Investitionsbereich zugeordnete Ertragsteuerzahlung (1 Mio. GE) nun 17 Mio. GE.

16. »Gezahlte Zinsen«:
Die gezahlten Zinsen i. H. v. 22 Mio. GE werden nicht mehr wie in Aufgabe 12.2 dem operativen Bereich, sondern unter Ausnutzung des nach IAS 7 gewährten Wahlrechts in voller Höhe dem Finanzierungsbereich zugeordnet, um das in der Aufgabenstellung vorgegebene Ziel, den Cashflow der laufenden Geschäftstätigkeit zu maximieren, zu erreichen. Dies entspricht dem Vorgehen nach den Vorschriften des DRS 21, gemäß dessen eine Zuordnung zum Finanzierungsbereich geboten ist.

17. »Cashflow aus der Finanzierungstätigkeit«:
Der Cashflow aus der Finanzierungstätigkeit wird um die gesamten gezahlten Zinsen (22 Mio. GE) auf 30 Mio. GE geschmälert und entspricht dem Cashflow aus der Finanzierungstätigkeit, der sich nach den verpflichtenden Vorgaben des DRS 21 ergibt.

Abschließend kann für den Vergleich der Kapitalflussrechnung der Cashflow GmbH nach DRS 21 und IAS 7 für das Geschäftsjahr 02 festgestellt werden, dass beide Rechnungen zum selben Cashflow aus laufender Geschäftstätigkeit kommen. In diesem Beispiel ergibt sich nach IAS 7 und DRS 21 ein Abfluss aus laufender Geschäftstätigkeit von 4 Mio.

13. Kapitel: Berichtsinstrumente und erweiterte Berichterstattung

Aufgabe 13.1: Anhang – Bilanzierungs- und Bewertungsmethoden I

Im Anhang zum HGB-Abschluss für das Geschäftsjahr 02 der Fleiß GmbH findet sich folgende Angabe hinsichtlich der verwendeten Bewertungsmethoden: »Die Bewertungsmethoden wurden gegenüber den Vorjahren nicht verändert. Es wird auf die Erörterung der Bewertungsmethoden im Anhang des Jahresabschlusses 01 verwiesen.«

Genügt diese Angabe den gesetzlichen Vorschriften?

Lösung

Gemäß § 284 Abs. 2 Nr. 1 HGB sind die auf die Posten der Bilanz und GuV angewandten Bilanzierungs- und Bewertungsmethoden anzugeben. Dies impliziert, dass dies jährlich neu zu geschehen hat. Eine Bezugnahme auf Darstellungen in vorangegangenen Jahren ist nicht zulässig.

Aufgabe 13.2: Anhang – Bilanzierungs- und Bewertungsmethoden II

Im Anhang des HGB-Abschlusses des Geschäftsjahres 01 der Hammer GmbH heißt es u. a.:

a) Die Sachanlagen werden zu Anschaffungs- oder Herstellungskosten, vermindert um Abschreibungen, bewertet. Zur Berechnung der planmäßigen Abschreibungen wurden alle zugelassenen Methoden herangezogen.

b) Selbst erstellte immaterielle Vermögensgegenstände des Anlagevermögens werden aktiviert, wenn eine Abgrenzung von Forschungs- und Entwicklungsphase möglich ist.

c) Roh-, Hilfs- und Betriebsstoffe werden nach dem Niederstwertprinzip bewertet.

d) Die Herstellungskosten der fertigen und unfertigen Erzeugnisse werden auf der Basis der Normalbeschäftigung in Einklang mit den steuerlichen Vorschriften ermittelt.

Wie sind diese Angaben zu beurteilen?

Lösung

Neben der Vorschrift des § 284 Abs. 2 Nr. 1 HGB, die angewandten Bilanzierungs- und Bewertungsmethoden (zu denen implizit auch die Abschreibungsmethoden zählen) anzugeben, ist zu beachten, dass der Anhang bei Kapitalgesellschaften als Teil des Jahresabschlusses (§ 264 Abs. 1 Satz 1 HGB) generell unter Beachtung der GoB ein den tatsächlichen Verhältnissen entsprechendes Bild der Vermögens-, Finanz- und Ertragslage zu vermitteln hat (§ 264 Abs. 2 Satz 1 HGB). Hieraus folgt, dass pauschale Angaben einerseits nicht genügen, dass aber andererseits auf Details, die für eine Vermittlung dieses Bildes nicht unbedingt notwendig sind, verzichtet werden kann. An diesen Kriterien sind die im Anhang für das Jahr 01 enthaltenen Angaben zu messen:

a) Die Angaben zur Bewertung des Sachanlagevermögens sind zu global, um der Generalnorm zu genügen.

   Die Bewertung der Sachanlagen zu Anschaffungs- oder Herstellungskosten, vermindert um Abschreibungen, ist gesetzlich vorgeschrieben, sodass der erste Satz keinen Informationsgehalt hat. Bei den Herstellungskosten ist zumindest darauf einzugehen, ob eine Bewertung zur Wertunter- oder -obergrenze erfolgt.

   Der ungenaue Hinweis auf die Heranziehung aller zugelassenen Methoden zur Berechnung der planmäßigen Abschreibungen ist ebenfalls unzureichend, da die Erläuterungspflicht ja geradezu Auskünften über die jeweils angewandten Methoden führen soll. Es muss hier z. B. mindestens angegeben werden, bei welchen Posten welche Abschreibungsmethode, z. B. die degressive bzw. lineare Abschreibung, zur Anwendung kommt. Damit einhergehend sind die Abschreibungssätze bzw. Nutzungsdauern für einzelne Gruppen von Anlagegegenständen anzugeben. Ein Rückgriff auf die allein steuerlich motivierte Vorgehensweise genügt nicht, da mit der Abschaffung der umgekehrten Maßgeblichkeit allein steuerrechtlich zulässige Abschreibungen nicht mehr in die Handelsbilanz übernommen werden dürfen.

b) Die in den Anhang aufgenommene Angabe hinsichtlich der Vorgehensweise der Hammer GmbH bezüglich selbst erstellter immaterieller Vermögensgegenstände des Anlagevermögens ist unzureichend. So ist zum einen anzugeben, ob im aktuellen Geschäftsjahr Entwicklungskosten aktiviert wurden und auf welche Weise eine Abgrenzung von Forschungs- und Entwicklungsphase und den zugehörigen Kosten im konkreten Fall erfolgte und zum anderen ist auf den Umfang der Entwicklungskosten bei Aktivierung einzugehen. An dieser Stelle sei darauf verwiesen, dass § 285 Nr. 22 HGB weitere Angaben zu Forschung und Entwicklung verlangt. Demnach ist im Fall der Aktivierung nach § 248 Abs. 2 HGB der Gesamtbetrag der Forschungs- und Entwicklungskosten des Geschäftsjahres sowie der davon auf die selbst geschaffenen immateriellen Vermögensgegenstände des Anlagevermögens entfallende Betrag anzugeben.

c) Der Hinweis auf das ohnehin gesetzlich verankerte Niederstwertprinzip ist unzureichend. Es fehlt der Hinweis, inwieweit bei den Roh-, Hilfs- und Betriebsstoffen von einem unter den Anschaffungskosten liegenden Wertansatz Gebrauch gemacht werden musste, sowie die Angabe der Art des niedrigeren Werts (z. B. Marktpreis). Hinsichtlich der Anschaffungskosten der Roh-, Hilfs- und Betriebsstoffe fehlt ferner eine Angabe darüber, ob und ggf. inwieweit ein Sammel-, Fest- oder Gruppenbewertungsverfahren verwendet wurde. Sollte sich aus der Anwendung eines solchen Verfahrens ein erheblicher Bewertungsunterschied zu einer Bewertung auf der Grundlage des am Abschlussstichtag bekannten letzten Börsenkurses oder Marktpreises ergeben, so ist zusätzlich nach § 284 Abs. 2 Nr. 3 HGB der Unterschiedsbetrag auszuweisen.

d) Auch die Angaben über die Ermittlung der Herstellungskosten von unfertigen und fertigen Erzeugnissen sind unzureichend. Zumindest wäre ein Hinweis auf die Bedeutung der Orientierung an der Normalbeschäftigung angebracht.

   Zudem ist der Hinweis auf die Anlehnung an steuerliche Vorschriften in dieser Form nicht ausreichend. Durch den Wegfall der umgekehrten Maßgeblichkeit seit BilMoG sind steuerrechtliche Vorschriften grundsätzlich nicht mehr relevant für die handelsrechtliche Bilanzierung. Durch die Neuregelung des § 6 Abs. 1 Nr. 1b EStG im Rahmen des Steuermodernisierungsgesetzes von 2016 wurden die bislang existierenden steuerlichen Wahlrechte erstmalig gesetzlich kodifiziert und ihre Ausübung an das Vorgehen in der Handelsbilanz geknüpft. Somit kam es grundsätzlich zu einer Bewahrung des Maßgeblichkeitsprinzips, da die handelsrechtliche Bewertung wieder maßgeblich für die Steuerbilanz ist. Innerhalb des Anhangs sollte darauf hingewiesen werden, wie die handelsrechtlichen Wahlrechte bei der Ermittlung der Herstellungskosten genutzt wurden.

Aufgabe 13.3: Anhang – Bilanzierungs- und Bewertungsmethoden III

Die Frosch & Partner AG ist eine nicht kapitalmarktorientierte, große Kapitalgesellschaft. Der Leiter der Abteilung Rechnungswesen möchte den Anhang für den Jahresabschluss des Jahres 01 nach HGB erstellen. Ein Mitarbeiter liefert ihm dazu die folgende Aufstellung von Geschäftsvorfällen und Informationen, die bisher noch keine Berücksichtigung bei der Erstellung des Anhangs gefunden haben:

a) Im Geschäftsjahr 01 hat die Frosch & Partner AG einen Bankkredit i. H. v. 10 Mio. GE aufgenommen, der auch vollständig in 01 ausbezahlt wurde. Der Kreditvertrag ist so ausgestaltet, dass der Kredit erst ab dem Jahr 06 getilgt wird. Als Sicherheit hat die Frosch & Partner AG ein Firmengrundstück mit einem Zeitwert i. H. v. 8 Mio. GE an die Bank verpfändet.

b) Die Vorratsbewertung zu Fifo ergab einen Wertansatz von 1,2 Mio. GE. Die Inventur am Bilanzstichtag führt zu einem Bestand von 5.000 kg. Der letzte vor dem Abschlussstichtag bekannte Marktpreis beträgt 400 GE/kg.

c) Am Ende des ersten Quartals des Geschäftsjahres 02, dem Zeitpunkt der Fertigstellung des Jahresabschlusses, sind die Verhandlungen des Managements mit verschiedenen Banken zur Einräumung einer Kreditlinie zur Finanzierung des laufenden Geschäfts noch nicht abgeschlossen. Falls diese Verhandlungen scheitern, muss damit gerechnet werden, dass die Zulieferungen wegen zunehmender Außenstände eingestellt werden und damit die Produktions- sowie die Lieferfähigkeit der Frosch & Partner AG in Frage gestellt werden.

Welche Anhangangaben ergeben sich aus den oben geschilderten Maßnahmen?

Lösung

a) Nach § 285 Nr. 1a HGB ist der Gesamtbetrag der in der Bilanz ausgewiesenen Verbindlichkeiten mit einer Restlaufzeit von mehr als fünf Jahren anzugeben. Des Weiteren muss der Gesamtbetrag der Verbindlichkeiten, die durch Pfandrechte oder ähnliche Rechte gesichert sind, unter Angabe von Art und Form der Sicherheiten angegeben werden (§ 285 Nr. 1b HGB). Die Frosch & Partner AG muss daher den Bankkredit und die damit zusammenhängende Sicherheit (Verpfändung des Grundstücks) im Anhang angeben.

b) Nach § 284 Abs. 2 Nr. 3 HGB sind bei Anwendung einer Bewertungsmethode nach § 256 Satz 1 HGB die Unterschiedsbeträge pauschal für die jeweilige Gruppe auszuweisen, wenn die Bewertung im Vergleich zu einer Bewertung auf der Grundlage des letzten vor dem Abschlussstichtag bekannten Börsenkurses oder Marktpreises einen erheblichen Unterschied aufweist. Demnach muss die Frosch & Partner AG die Differenz zwischen dem Wert nach der Fifo-Methode (1,2 Mio. GE) und dem Marktpreis (2 Mio. GE = 5.000 kg × 400 GE/kg) im Anhang angeben, sofern es sich für die Frosch & Partner AG um einen wesentlichen Unterschied handelt.

c) Gemäß § 285 Nr. 33 HGB ist im Anhang auf Vorgänge von besonderer Bedeutung einzugehen, die nach Schluss des Geschäftsjahres eingetreten sind und weder in der Bilanz noch in der Gewinn- und Verlustrechnung berücksichtigt wurden (wertbegründende Sachverhalte). Hierbei ist konkret auf die Art und die finanziellen Auswirkungen der Geschehnisse einzugehen. In diesem sog. »Nachtragsbericht« ist der aktuelle Verhandlungsstand des Managements mit verschiedenen Banken zur Einräumung einer Kreditlinie bis zum Zeitpunkt der Fertigstellung des Jahresabschlusses (= i. d. R. Ende des 1. Quartals) wiederzugeben, da die aktuellen Entwicklungen und Tendenzen eine wesentliche Beeinträchtigung des im Jahresabschluss zum Bilanzstichtag vermittelten Bildes der Vermögens-, Finanz- und Ertragslage bewirken können (hier: bei einem Scheitern der Verhandlungen muss damit gerechnet werden, dass die Zulieferungen wegen zunehmender Außenstände eingestellt werden und damit die Produktions- und Lieferfähigkeit der Frosch & Partner AG in Frage gestellt wird). Zugleich dienen diese Informationen den zuständigen Organen als Beurteilungsgrundlage bei der Feststellung des Jahresabschlusses und der Entscheidung über die Gewinnverwendung.

Aufgabe 13.4: Anhangangaben nach IFRS

Im Anhang des IFRS-Abschlusses der Trueview AG heißt es u. a.:

a) Der Jahresabschluss wurde in Übereinstimmung mit allen Regelungen des IASB sowie des IFRS Interpretations Committee erstellt.

b) Für die Bewertung der Vorräte wurde das Lifo-Verfahren herangezogen.

c) Alle Leasingverträge, in denen die Trueview AG als Leasinggeber auftritt, sind als *operating lease* zu betrachten. Deshalb verbleiben die *underlying assets* sowie die korrespondierenden Abschreibungen in der Bilanz bzw. GuV der Trueview AG.

d) Umsätze und Aufwendungen aus Fertigungsaufträgen werden nach der *percentage of completion*-Methode bilanziert, wonach die Umsatzerlöse entsprechend dem Fertigstellungsgrad ausgewiesen werden.

e) Sachanlagen werden unter Verwendung des *revaluation model* regelmäßig einer Neubewertung unterzogen. Der *fair value* wird hierfür unter Bezugnahme auf einen aktiven Markt, sofern vorhanden, ermittelt.

f) Im Sachanlagevermögen wurde eine Wertminderung nach IAS 36 auf den erzielbaren Betrag vorgenommen.

g) Herr Relevance hält 50,5 % der Aktien der Trueview AG. Er ist stellvertretender Aufsichtsratsvorsitzender. Zusätzlich zu der Zahlung der Dividende und der regulären Vergütung für sein Aufsichtsratsmandat hat Herr Relevance im Berichtsjahr von der Trueview AG Fertigerzeugnisse erworben.

Sind diese Anhangangaben jeweils notwendig, richtig und ausreichend?

Lösung

a) Jeder Anhang nach IFRS hat ein sog. »*statement of compliance*« zu beinhalten, in dem die Übereinstimmung des Jahresabschlusses mit den IFRS bestätigt wird (IAS 1.16, .114c (i)). Die Angabe ist somit notwendig. Die Anhangangabe ist zudem richtig, es sei allerdings darauf hingewiesen, dass nach IAS 1.117, .114c (ii) zusätzlich eine zusammenfassende Darstellung der wesentlichen angewandten Rechnungslegungsmethoden vorzunehmen ist.

b) Aufgrund der Anwendung des Lifo-Verfahrens für die Bewertung der Vorräte ist eben diese Konformität mit den IFRS nicht gegeben. Gemäß IAS 2.25 sind lediglich das Fifo-Verfahren und das Durchschnittsverfahren zulässig. Grundsätzlich sind Angaben über die Anwendung von Bewertungsvereinfachungsverfahren zur Vorratsbewertung zu machen (IAS 2.36a).

c) Die Angabe, dass alle Leasingverträge als *operating lease* zu klassifizieren sind, ist nicht ausreichend. In IAS 1.119, .122 weist das IASB explizit darauf hin, dass überall dort, wo die Anwendung von Bilanzierungs- und Bewertungsmethoden mit bilanzpolitischen Spielräumen verbunden ist, Erläuterungen im Anhang zu geben sind. Die Klassifizierung von Leasing-Sachverhalten wird dabei beispielhaft als in diesem Sinne erläuterungspflichtig genannt (IAS 1.123b). Im vorliegenden Fall müsste deshalb die Trueview AG als Leasinggeber nach IFRS 16 genauer darauf eingehen, warum in ihren Leasingverträgen die wesentlichen mit dem rechtlichen Eigentum verbundenen Risiken und Chancen nicht auf die jeweiligen Leasingnehmer übergegangen sind und deshalb keine Klassifizierung als *finance lease,* sondern eine Klassifizierung als *operating lease* erfolgt. Darüber hinaus hat die Trueview AG als Leasinggeber nach IFRS 16.89 ff. diejenigen Angaben im Anhang bereitzustellen, die es den Abschlussadressaten – zusammen mit den in der Bilanz, GuV und Kapitalflussrechnung enthaltenen Informationen – ermöglichen, die Auswirkungen der Leasingverhältnisse auf die Vermögens-, Finanz- oder Ertragslage sowie die Zahlungsströme zu beurteilen.

d) Die im Anhang der Trueview AG vorgenommene Anhangangabe bezüglich der bilanziellen Erfassung von Fertigungsaufträgen ist in dieser Form nicht ausreichend. IFRS 15.110 ff. sieht umfangreiche Angabevorschriften vor, sodass sich die Abschlussadressaten ein Bild von Art, Höhe, Zeitpunkt und Unsicherheit der Umsatzerlöse und Zahlungsströme aus den Fertigungsaufträgen machen können. Da die Umsatzrealisierung bei über die Zeit erfüllten Leistungsverpflichtungen – zu welchen (längerfristige) Fertigungsaufträge i. d. R. gehören – gemäß IFRS 15.39 anhand des Leistungsfortschritts zu erfolgen hat, sind gemäß IFRS 15.113 die in der Berichtsperiode erfassten Auftragserlöse und Wertminderungsverluste aus Forderungen im Einklang mit IFRS 9 anzugeben sowie die erfassten Erlöse gemäß IFRS 15.114 nach Wesen, Höhe, Zeitpunkt und Unsicherheit zu kategorisieren. Zudem hat das Unternehmen nach IFRS 15.123 die im Rahmen der Auftragsabwicklung wesentlichen, getroffenen und geänderten Ermessensentscheidungen darzulegen. Darüber hinaus fordert IFRS 15.124 explizit eine Angabe und Begründung der angewandten Methode zur Ermittlung der Erfüllung der Leistungsverpflichtung (zu den Methoden vgl. IFRS 15.App.B14 ff., z. B. Anwendung der *cost to cost-method*).

e) Wendet die Trueview AG das *revaluation model* zur Bewertung ihrer Sachanlagen an, so sind Angaben hierüber in den Anhang aufzunehmen. Die Angabe, dass der *fair value* unter Bezugnahme auf einen aktiven Markt ermittelt wird, falls ein solcher vorhanden ist, ist aber nicht ausreichend. Nach IFRS 13.91 ff. ist detailliert anzugeben, welche Bewertungsmethoden bei der Ermittlung des *fair value* angewandt wurden. Darüber hinaus fordern IAS 16.73, .77 zahlreiche weitere Angaben, u. a. den Stichtag der Neubewertung sowie betragsmäßige Angaben hinsichtlich der ausgewiesenen Neubewertungsrücklage.

f) Die Angabe bezüglich vorgenommener Wertminderungen nach IAS 36 ist grundsätzlich notwendig, allerdings keinesfalls ausreichend. Aus IAS 36.126 ff. folgen zahlreiche Angaben, die bei Vornahme eines *impairment* zu machen sind. So fordert IAS 36.130 insbesondere die Angabe der Ereignisse und Umstände, die zu der Vornahme der Wertminderung geführt haben, sowie die Höhe des erfassten Wertminderungsaufwands. Zudem ist anzugeben, in welcher Höhe der Wertminderungsaufwand GuV-wirksam oder GuV-neutral (ggf. bei einer Wertminderung von neubewerteten Vermögenswerten) erfasst wurde (IAS 36.126). Anzugeben sind weiterhin die Art des Vermögenswerts und das berichtspflichtige Segment, zu dem der Vermögenswert gehört, sowie die Tatsache, ob der *recoverable amount* dem *fair value less costs of disposal* oder dem *value in use* entspricht (IAS 36.130).

g) Bei Herrn Relevance handelt es sich um eine nahestehende Person i. S. des IAS 24.9, da er *control* über die Trueview AG ausüben kann (Aktienanteil > 50 %). Zudem hat er eine Schlüsselposition im Unternehmen inne (Aufsichtsrat). Nach IAS 24.17 sind hinsichtlich der Vergütungen an Mitarbeiter in Schlüsselpositionen der Gesamtbetrag aller Bezüge sowie einzelne Teilbeträge, z. B. Leistungen nach Beendigung des Arbeitsverhältnisses, kurzfristig fällige Leistungen und aktienbasierte Vergütungen, anzugeben. Bei dem Erwerb von Fertigerzeugnissen der Trueview AG durch Herrn Relevance handelt es sich um ein Geschäft zwischen nahestehenden Unternehmen bzw. Personen (IAS 24.21a). Nach IAS 24.18 muss die Trueview AG neben der Tatsache, dass ein Geschäft stattgefunden hat, auch den betragsmäßigen Umfang sowie die am Bilanzstichtag offenen Salden angeben. Insoweit ist die Anhangangabe der Trueview AG unvollständig.

Aufgabe 13.5: Segmentbericht I

Die Immobilien AG mit Sitz in Düsseldorf erstellt ihren Konzernabschluss auf Basis der IFRS. Sie besteht aus den Tochterunternehmen Bau GmbH (Hamburg), Veneso SA (Reims), Beton GmbH (München) und Holzhaus KG (Prag). Darüber hinaus unterhält sie in Düsseldorf ein rechtlich unselbstständiges Konstruktionsbüro, das wesentliche Bauprojekte der Tochterunternehmen plant und betreut, jedoch auch von anderen Bauträgern und Unternehmen Aufträge erhält und ausführt. Ein weiterer rechtlich unselbstständiger Teilbereich der AG ist die Konzernverwaltung, die für das Portfoliomanagement und die strategische Ausrichtung sowie Kontrolle der einzelnen Geschäftsbereiche zuständig ist.

Die Bau GmbH ist ein auf Hochbau spezialisiertes, weltweit tätiges Bauunternehmen. Die Veneso SA ist ebenfalls global tätig und hat sich auf die Errichtung von Windkraft- und Solaranlagen spezialisiert. Die Beton GmbH ist ein klassisches Betonwerk. Die Holzhaus KG baut Bio-Holzhäuser von der Hundehütte bis zum Zweifamilienhaus in ganz Europa mit starkem Expansionspotenzial in andere Regionen der Welt. Alle Tochterunternehmen haben Betriebsstätten und Beteiligungen in verschiedenen Ländern der Welt.

Dieser an Produkten und Tätigkeiten ausgerichteten Organisationsstruktur ist aufgrund der starken internationalen Ausrichtung des Konzerns auch eine nach wesentlichen Regionen (Deutschland, Rest-Europa, USA, Asien, Arabien und Südamerika) eingeteilte Struktur unterlegt.

Wesentliche Daten des Konzernabschlusses sind:

Bilanzsumme	TGE	28.900
Umsätze	TGE	72.200
Schulden	TGE	16.800
Abschreibungen	TGE	1.170
Zinserträge	TGE	260
Zinsaufwendungen	TGE	820
Ertragsteuern	TGE	460
Konzernergebnis	TGE	920

Während des letzten Geschäftsjahres aktivierten die Bau AG und die Veneso SA innerhalb des berichteten Segmentvermögens Forschungskosten im Wert von zusammen 560.000 GE. Außerdem schreiben sie erworbene Geschäfts- oder Firmenwerte intern planmäßig über die geschätzte Nutzungsdauer ab. Aus dieser Abschreibung resultiert eine Reduzierung des Vermögens gegenüber der Bilanz um 260.000 GE. Davon entfallen von den Forschungskosten 400.000 GE und von der Goodwill-Abschreibung 60.000 GE auf in Deutschland ansässige Geschäftsbereiche.

Das Organigramm des Konzerns sieht wie folgt aus:

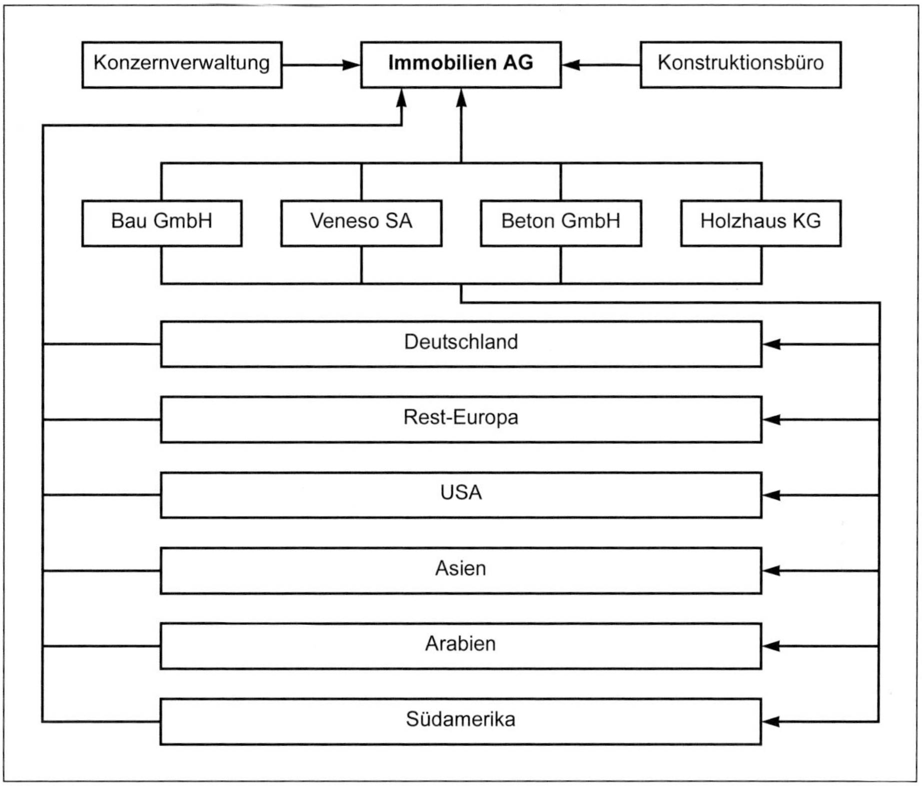

Die einzelnen Konzernbereiche berichten regelmäßig (teilweise wöchentlich) auf Basis ihrer Produkte und Dienstleistungen die nachfolgenden Informationen an die Konzernleitung. Diese bilden die Grundlage für die Konzernsteuerung.

Daneben werden aber auch (allerdings in geringerem Umfang) Informationen mit Bezug zu den jeweiligen geografischen Regionen aus den Konzernbereichen in die Zentrale nach Düsseldorf kommuniziert, die ebenfalls zu einem wesentlichen Ausmaß in die Vorstandsentscheidungen einfließen (insbesondere was die internationale Expansion des Konzerns betrifft).

Die angegebenen Zahlen sind die Werte für das gesamte Berichtsjahr:

in TGE	Bau	Veneso	Beton	Holzhaus	Konstruktion	Konzernverwaltung
Umsatz mit externen Kunden	32.000	28.000	4.600	6.000	1.600	–
Umsatz mit anderen Segmenten	200	400	1.400	–	1.800	–
Verwaltungsaufwand	–	–	–	–	–	400
EBIT	400	–	200	600	–	–
EBITDA	–	1.800	–	–	500	–
Zinsertrag	200	–	–	40	–	60
Zinsaufwand	160	340	–	100	–	260
Vermögenswerte	9.600	12.000	100	3.000	500	4.000
Schulden	4.000	8.000	–	2.000	–	3.600

Zu den wesentlichen Regionen, in denen die Immobilien AG tätig ist, werden regelmäßig die nachfolgenden Daten berichtet (die angegebenen Zahlen sind die Werte für das gesamte Berichtsjahr):

in TGE	Deutschland	Rest-Europa	Asien	USA	Arabien	Südamerika
Umsatz mit externen Kunden	11.800	22.600	7.600	15.000	7.400	7.800
Umsatz mit anderen Segmenten	3.400	400	–	–	–	–
EBIT	660	980	320	680	300	340
Vermögenswerte	4.600	8.000	2.200	3.000	3.600	3.800
davon langfristig	4.400	6.000	2.000	2.400	3.200	3.000
davon Finanzinstrumente	3.100	500	–	–	–	–
Investitionen in langfristige Vermögenswerte	1.200	360	20	40	20	–
davon Finanzinstrumente	440	40	–	–	–	–

Die nachfolgenden Daten sind im Rechnungswesen erfasst, werden aber nicht regelmäßig an den Vorstand berichtet:

in TGE	Bau	Veneso	Beton	Holzhaus	Konstruktion	Konzernverwaltung
Zinsertrag aus Darlehen an Veneso i. H. v. 800	–	–	–	40	–	–
Zinsaufwand aus Darlehen von Holzhaus i. H. v. 800	–	40	–	–	–	–
Außerordentliche Rückstellungsdotierungen	200	–	–	1.600	–	–
In Vermögenswerten enthaltene Finanzinstrumente	200	400	–	–	–	3.000
Abschreibungen	500	200	10	300	20	400
Zugänge zu den Vermögenswerten	600	200	–	300	20	400
davon langfristige Vermögenswerte	560	200	–	80	100	600
In den Zugängen langfristiger Vermögenswerte enthaltene Finanzinstrumente	80	40	–	–	–	360

a) Welches sind berichtspflichtige Segmente der Immobilien AG?

b) Welche Daten sind in den Segmentbericht pro Segment aufzunehmen? Welche Angaben sind darüber hinaus noch zu machen?

c) Welches sind die darzustellenden Überleitungsbeträge?

Lösung

a) Das Berichtswesen des Immobilienkonzerns ist in Matrixform strukturiert, d. h., es ist sowohl entlang der Produktlinien als auch der geografischen Regionen, in denen die Geschäftsaktivitäten ausgeführt werden, ausgerichtet. Die Daten aus beiden Strukturebenen werden zur Entscheidungsfindung herangezogen. Bei einer solchen Matrixstruktur hat die Geschäftsführung zu entscheiden, welche der beiden Berichtsstrukturen die finanziellen Auswirkungen und die Umfeldbedingungen der Geschäftstätigkeiten des Konzerns besser abbildet (IFRS 8.10). In diesem Fall kann davon ausgegangen werden, dass die Produktlinien die primäre Organisationsstruktur darstellen und sich deshalb die Verantwortlichkeit der Segmentmanager auch auf die Produkte bezieht; u. a. weil auf dieser Ebene auch deutlich mehr Daten kommuniziert werden und die rechtliche Struktur des Konzerns weitgehend dementsprechend ausgestaltet ist (IFRS 8.9 f.).

   Außer der Konzernverwaltung (hier fehlt der Ertragserzielungszweck i. S. v. IFRS 8.5a) erfüllen alle anderen Konzernbereiche die Definitionskriterien eines *operating segment* nach IFRS 8.5. Dazu zählt auch das Konstruktionsbüro der Immobilien AG, da es regelmäßig finanzielle Daten an den Vorstand übermittelt, in wesentlichem Ausmaß Erträge erwirtschaftet und ein Ergebnis ermittelt.

   Alle *operating segments* sind auch berichtspflichtig, da eine Ähnlichkeit hinsichtlich der langfristigen Gewinnentwicklung und anderer spezifischer wirtschaftlicher Eigenschaften (i. S. v. IFRS 8.12) nicht gegeben ist, und somit eine Zusammenfassung aufgrund qualitativer Kriterien ausscheidet. Auch eine Zusammenfassung von Segmenten aufgrund der Unterschreitung der Schwellenwerte von IFRS 8.13 kommt nicht in Frage, da lediglich das Geschäftssegment »Beton« in allen drei Bereichen die 10 % der entsprechenden Segmentsummen unterschreitet (»Holzhaus« unterschreitet lediglich beim Umsatz und »Konstruktion« beim Umsatz und Vermögen). Um die Schwellenwerte bezüglich des Ergebnisses berechnen zu können, muss zunächst eine einheitliche Ergebnisbasis geschaffen werden, da drei der Segmente EBIT- und zwei EBITDA-Größen kommunizieren. Zu diesem Zweck wurden die EBITDA-Zahlen durch Berücksichtigung der Abschreibungen in EBIT-Werte umgewandelt (zur Begründung vgl. Teilaufgabe b)); für »Veneso« ergibt sich dabei ein EBIT von 1.600 TGE (= 1.800 TGE – 200 TGE) und für das Konstruktionsbüro von 480 TGE (= 500 TGE – 20 TGE). Ein Ausweis von »Beton« als »Sammelsegment« würde keinen Sinn machen, da es sich lediglich um ein Segment handelt und die Geschäftstätigkeiten des Sammelsegments auch erklärt werden müssten (IFRS 8.16).

b) In der internen Berichterstattung der Immobilien AG finden mit EBIT und EBITDA zwei verschiedene Ergebnisgrößen Verwendung. Nach IFRS 8.26 ist in den Segmentbericht die Größe aufzunehmen, die dem im Abschluss ausgewiesenen Konzernergebnis am nächsten kommt. Dies ist das EBIT. Folglich werden die beiden EBITDA-Größen der Segmente »Veneso« und »Konstruktion« durch die Subtraktion der Abschreibungen in EBIT-Größen transformiert.

Da die Zinsaufwendungen ebenfalls regelmäßig intern kommuniziert werden, sind auch sie im Segmentbericht auszuweisen, obgleich sie nicht Bestandteil des EBIT sind. Sie dürfen nicht mit den Zinserträgen verrechnet werden, da sie auch intern getrennt von diesen kommuniziert werden (IFRS 8.23). Die Investitionen in langfristige Vermögenswerte sind gemäß IFRS 8.24b um die darin enthaltenen Finanzinstrumente zu kürzen (für »Bau« ergibt sich 480 TGE (= 560 TGE – 80 TGE) und für »Veneso« 160 TGE (= 200 TGE – 40 TGE)).

Zusätzlich zu den quantitativen Angaben sind erklärende Angaben zu machen (IFRS 8.22). So sind die Zusammensetzung der Segmente und deren Geschäftstätigkeit zu erläutern. Ebenso ist auf die Verrechnungspreisgestaltung bei Transaktionen zwischen den Segmenten einzugehen (IFRS 8.27). Wesentliche Unterschiede zwischen den im Segmentbericht ausgewiesenen Daten und jenen des Konzernabschlusses sind zu erklären, wenn sich eine entsprechende Erklärung nicht aus der Überleitungsrechnung ergibt.

Die berichtspflichtigen Daten sind folgender Tabelle zu entnehmen:

in TGE	Bau	Veneso	Beton	Holzhaus	Konstruktion	Summe
Umsatz mit externen Kunden	32.000	28.000	4.600	6.000	1.600	72.200
Umsatz mit anderen Segmenten	200	400	1.400	–	1.800	3.800
EBIT	400	1.600	200	600	480	3.280
Abschreibungen	500	200	10	300	20	1.030
Sonstige wesentliche nicht zahlungswirksame Aufwendungen	200	–	–	1.600	–	1.800
Zinsertrag	200	–	–	40	–	240
Zinsaufwand	160	340	–	100	–	600
Vermögenswerte	9.600	12.000	100	3.000	500	25.200
Schulden	4.000	8.000	–	2.000	–	14.000
Investitionen in langfristige Vermögenswerte	480	160	–	80	100	820

Neben dem Segmentbericht sind noch die nach IFRS 8.33 geforderten Angaben zu den Regionen zu machen. Die in IFRS 8.32 geforderten Informationen zu den Produktgruppen können entfallen, da sich der Segmentbericht der Immobilien AG auf diese Strukturierungsebene bezieht. Hinsichtlich der Regionen sind mindestens folgende Informationen anzugeben:

in TGE	Deutschland	sonstige Länder
Umsatz mit externen Kunden	11.800	60.400
Langfristiges Vermögen	960	16.140

Gemäß IFRS 8.33b sind die Finanzinstrumente (3.100 TGE) aus dem langfristigen Vermögen (4.400 TGE) herauszurechnen. Ebenso sind die intern aktivierten Forschungskosten zu subtrahieren und die Goodwill-Abschreibung zu addieren, da die Bilanzierungsregeln der IFRS anzuwenden sind. So ergeben sich langfristige Vermögenswerte i. S. v. IFRS 8.33b beispielsweise für Deutschland i. H. v. 960 TGE (= 4.400 TGE – 3.100 TGE – 400 TGE + 60 TGE). Für die Angaben nach IFRS 8.34 zu dominanten Kunden gibt es aus dem Falltext keine Hinweise.

c) Folgende Überleitungsrechnungen sind nach IFRS 8.28 darzustellen:

Umsätze:		
Summe der Segmentumsätze	TGE	76.000
– interne Segmentumsätze	TGE	3.800
Konzernumsätze	TGE	72.200

Konzernergebnis:		
Summe der Segment-EBIT	TGE	3.280
– aktivierte Forschungskosten	TGE	560
+ planmäßige Goodwill-Abschreibung	TGE	260
– sonstige Konzernaufwendungen[1)]	TGE	1.600
Konzernergebnis vor Steuern[2)]	TGE	1.380

Vermögen:		
Summe der Segmentvermögenswerte	TGE	25.200
– aktivierte Forschungskosten	TGE	560
+ planmäßige Goodwill-Abschreibung	TGE	260
+ sonstige Vermögenswerte	TGE	4.000
Bilanzsumme Konzern	TGE	28.900

Schulden:		
Summe der Segmentschulden	TGE	14.000
– interne Darlehensgewährung	TGE	800
+ sonstige Schulden	TGE	3.600
Konzernschulden	TGE	16.800

1) Dieser Wert ergibt sich nicht aus den Fallangaben, sondern lediglich als Differenz aus dem angegebenen Konzernergebnis und den notwendigen Korrekturen der Segmentergebnisse.
2) Der Wert ergibt sich aus Konzernergebnis (920 TGE) zuzüglich der Ertragsteuern (460 TGE).

Aufgabe 13.6: Segmentbericht II

Die Alpin GmbH mit Sitz in Berchtesgaden, die unterschiedliche Typen von Bergschuhen herstellt und vertreibt, erstellt und publiziert ihren Jahresabschluss aufgrund ihrer internationalen Geschäftstätigkeit freiwillig nach IFRS. Gleichzeitig hat sie zur Finanzierung ihrer Expansionsstrategie am Kapitalmarkt eine Anleihe platziert. Sie steuert ihr Geschäft auf Basis von sechs geografischen Geschäftseinheiten (vgl. Tabelle).

Da es sich bei der Alpin GmbH um ein Einproduktunternehmen handelt, keine Börsennotierung vorliegt und kein Konzernabschluss erstellt sowie die Anwendung der IFRS freiwillig gewählt wird, vertritt die Geschäftsführung den Standpunkt, keine Segmentberichterstattung in den Abschluss aufnehmen zu müssen.

Die Geschäftsführung lässt sich monatlich folgende Daten von den für die geografischen Regionen verantwortlichen Niederlassungen berichten:

- Umsatzerlöse,
- abgesetzte Stückzahlen,
- Lagerbewegungen,
- Auftragsbestand,
- Anzahl neu gewonnener Kunden,
- Ergebnis vor Zinsen und Steuern,
- Betriebskosten,
- betrieblich gebundenes Vermögen (einschließlich Planvermögen zur Deckung der zukünftigen Pensionsverpflichtungen für an den jeweiligen Standorten beschäftigte Mitarbeiter).

Auf Basis dieser Daten trifft die Geschäftsführung ihre globalen Investitions-, Vertriebs- und Finanzierungsentscheidungen.

Nach der Erfahrung der Alpin GmbH unterscheiden sich die wirtschaftlichen Ertragschancen in den sechs Regionen wesentlich voneinander.

Einige der Größen verteilen sich wie folgt über die sechs Geschäftseinheiten:

in Mio. GE	Deutschland	Europa	Afrika	Asien	USA	Südamerika
Erträge	15	50	11	55	10	14
Ergebnis	– 1	5	1	7	– 2	1
Vermögen	10	60	10	65	14	11

In den Erträgen der Alpin GmbH sind folgende Umsatzerlöse aus Geschäften mit Kunden enthalten:

Chinese Sports Association	Mio. GE	12
Hong Kong Sports Ltd.	Mio. GE	3
Beijing International	Mio. GE	4
US Mountain Corp.	Mio. GE	3
Indonesian Hiking Ltd.	Mio. GE	2
Mountain Sports Corp.	Mio. GE	6

Der Alpin GmbH wurde bekannt, dass sich die ersten drei Unternehmen im Vorjahr zu einem Konzern zusammengeschlossen haben.

a) Teilen Sie die Auffassung der Geschäftsführung, dass kein Segmentbericht zu erstellen ist? Begründen Sie Ihre Antwort!

b) Wie viele und welche Segmente müssen im Falle der Erstellung eines Segmentberichts explizit dargestellt werden?

c) Welche Daten sind berichtspflichtig?

d) Müssen aufgrund von IFRS 8 neben dem Segmentbericht auch noch andere Informationen gewährt werden?

Lösung

a) Die Auffassung der Geschäftsführung ist nicht richtig. Denn zum einen fallen nach IFRS 8.2a (i) auch Unternehmen, die Fremdkapitalpapiere zum Handel auf einem öffentlichen Markt ausgegeben haben, unter die Segmentberichterstattungspflicht, unabhängig davon, ob der IFRS-Abschluss freiwillig oder aufgrund einer Verpflichtung erstellt wird. Zum anderen stellt die Segmentdefinition des IFRS 8.5 nicht notwendigerweise auf die Verschiedenartigkeit der Produkte und erbrachten

Dienstleistungen eines Unternehmens, sondern auf die Gestaltung des internen Berichtsystems ab (*management approach*). Darüber hinaus ist die Segmentberichterstattung nicht auf Konzernabschlüsse beschränkt, sondern auch für den Einzelabschluss relevant.

Die Alpin GmbH steuert ihr globales Geschäft offensichtlich intern nicht bezüglich der verschiedenen Bergschuhtypen, sondern auf Basis ihrer regionalen Niederlassungen. Eine regelmäßige Berichterstattung der Niederlassungen an die Geschäftsführung findet statt. Darüber hinaus werden spezifische finanzielle Daten erfasst (darunter auch das Betriebsergebnis) und an die Geschäftsführungen (*chief operating decision makers*) berichtet. Folglich sind alle Voraussetzungen für *operating segments* nach IFRS 8.5 erfüllt. Die sechs geografischen Vertriebsregionen bilden somit *operating segments*.

b) Die *operating segments* sind gemäß IFRS 8.11 grundsätzlich auch *reportable segments*, es sei denn, Einzelne von ihnen können aufgrund vergleichbarer wirtschaftlicher Parameter zusammengefasst werden oder liegen unter den Schwellenwerten des IFRS 8.13.

Nach IFRS 8.12 können Geschäftssegmente zusammengefasst werden, wenn sie aufgrund ihrer wirtschaftlichen Eigenschaften voraussichtlich ähnliche zukünftige Ergebnisentwicklungen haben, wenn die Zusammenfassung nicht der Generalnorm des IFRS 8.1 widerspricht und wenn sie bezüglich all den nachfolgenden Parametern ähnlich sind:

- Produkt- und Dienstleistungstyp,
- Produktionsprozess,
- Kundentypen,
- Vertriebsmethoden,
- relevantes regulatorisches Umfeld.

Gemäß den hier vorliegenden Angaben weisen die Regionen wesentlich unterschiedliche Ertragschancen auf, was gegen eine Zusammenfassung der Segmente aufgrund von qualitativen Kriterien spricht, obgleich möglicherweise Ähnlichkeiten bezüglich der obigen Parameter bestehen würden.

Folglich sind für eine mögliche Zusammenfassung des Weiteren die Schwellenwerte des IFRS 8.13 zu überprüfen.

Das Ergebnis ist aus der nachfolgenden Tabelle ersichtlich:

in Mio. GE	Deutschland	Europa	Afrika	Asien	USA	Südamerika	Summe
Erträge	15	50	11	55	10	14	155
Ergebnis	– 1	5	1	7	– 2	1	11
Vermögen	10	60	10	65	14	11	170
Berichtspflichtige Segmente	Nein	Ja (wegen allen Kriterien)	Nein	Ja (wegen allen Kriterien)	Ja (wegen Ergebnis)	Nein	

Aufgrund des Überschreitens der Größenkriterien des IFRS 8.13 ergeben sich drei berichtspflichtige Segmente: »Europa« und »Asien« aufgrund des Überschreitens aller drei Schwellenwerte und »USA« aufgrund des Verlusts von 2 Mio. GE; denn die Summe der positiven Ergebnisse (14 Mio. GE) ist größer als die Summe der negativen Ergebnisse (3 Mio. GE) und der Verlust von 2 Mio. GE übersteigt 10 % von 14 Mio. GE.

In Summe machen die Erträge der Segmente »Europa«, »Asien« und »USA« aber lediglich 74 % (115 Mio. GE/155 Mio. GE) der gesamten Erträge aus. Folglich ist nach IFRS 8.15 noch ein weiteres Segment explizit in den Segmentbericht aufzunehmen, da die Summe der Erträge nicht die geforderten 75 % erreicht. Welches der drei anderen Segmente aufzunehmen ist, lässt sich aus der Formulierung des Standards nicht schlussfolgern. Grundsätzlich bietet es sich an, das Segment mit dem nächstgrößten Umsatz explizit in den Segmentbericht aufzunehmen (Segment »Deutschland«), allerdings ist dies nicht zwangsläufig notwendig.

Die anderen zwei Segmente können in einem Sammelsegment »Alle sonstigen Segmente« zusammengefasst werden. Die zugrunde liegenden Geschäftstätigkeiten sind allerdings zu erläutern (IFRS 8.16).

c) Nach IFRS 8.23 sind folgende Daten pro Segment anzugeben:

- Ergebnis,
- Vermögen,
- Erträge mit externen Kunden,
- Erträge mit anderen Segmenten,
- Abschreibungen,
- wesentliche zahlungsunwirksame Aufwendungen neben den Abschreibungen.

Ergebnis und Vermögen sind anzugeben, weil sie regelmäßig an die Geschäftsführung berichtet werden. Die restlichen Informationen sind anzugeben, weil sie im Segmentergebnis enthalten sind. Aufgrund von IFRS 8.24 sind auch die Investitionen des Berichtsjahres in langfristige Vermögenswerte anzugeben. Die in IFRS 8.23 erwähnten Ergebnisse aus Beteiligungen an assoziierten Unternehmen müssen ebenfalls berichtet werden. Die Angabe von Zinsen scheidet aus, da diese nicht Bestandteil der Segmentergebnisgröße sind und auch nicht regelmäßig intern berichtet werden. Darüber hinaus sind die nach IFRS 8.20–.22 geforderten Informationen zu gewähren.

d) Neben den Angaben zu den *operating segments* muss die Alpin GmbH die in IFRS 8.31 ff. geforderten Informationen auf Unternehmensebene machen. Allerdings entfallen die Angaben nach IFRS 8.32 aufgrund der Ähnlichkeit der Produkte. Die Angaben nach IFRS 8.33 sind dann zu gewähren, wenn das Segment »Deutschland« (*country of domicile*) im Segmentbericht aufgrund des Unterschreitens der Größenkriterien nicht explizit angegeben, sondern ins Sammelsegment aufgenommen wird. Ist dies der Fall, müssen die in Deutschland erzielten Erträge und die Summe der in anderen Regionen erzielten Erträge zusätzlich angegeben werden. Das Gleiche gilt für das langfristige Vermögen. Hierbei ist zu beachten, dass das Planvermögen für die Deckung der zukünftigen Pensionsverpflichtungen aus dem Vermögen herauszurechnen ist. Hinsichtlich dieser Vermögenswerte (ohne Planvermögen) muss trotz des Ausweises des Segmentvermögens im Segmentbericht eine Aufteilung auf die einzelnen Teilregionen erfolgen, soweit diese Beträge wesentlich sind (IFRS 8.33). Diese Aufteilung der Vermögenswerte muss auch dann erfolgen, wenn die Region Deutschland im Segmentbericht als Segment ausgewiesen wird, da die Vermögensdefinition im Segmentbericht mit jener des IFRS 8.33 nicht übereinstimmt. Die Alpin GmbH kann sich diesen Angaben durch Berufung auf einen großen Informationsbeschaffungsaufwand nicht entziehen, da diese Informationen durch die interne Berichterstattung vorliegen müssten (IFRS 8.33).

   Da die Erträge eines Jahres, die mit Unternehmen des chinesischen Konzerns (Chinese Sports Association, Hong Kong Sports Ltd. und Beijing International) gemacht wurden (in Summe 19 Mio. GE), 10 % der gesamten Jahreserträge übersteigen, handelt es sich bei diesem Konzern um einen dominanten Kunden. Deshalb sind dieser Sachverhalt, die Summe der Erträge, die mit diesem Konzern gemacht wurden, sowie die Segmente, die Erträge mit diesem Kunden enthalten, anzugeben (IFRS 8.34). Die Identität des Kunden muss nicht preisgegeben werden.

Aufgabe 13.7: Lagebericht und weitere Berichtspflichten

Die Aufsteiger AG mit Sitz in Garmisch-Partenkirchen ist auf die Produktion von Wintersportbekleidung sowie Tourenski und Schneeschuhen spezialisiert. Bei dem Unternehmen handelt es sich um eine große Kapitalgesellschaft i. S. des § 267 Abs. 3 Satz 1 HGB. Die Aufsteiger AG ist kapitalmarktorientiert i. S. des § 264d HGB und ihre Aktien werden an einer Börse gehandelt. Im Jahresdurchschnitt beschäftigt sie 750 Arbeitnehmer.

Bis Ende des Jahres 00 hielt die International Sports Corp. 100 % der Anteile an dem Unternehmen. Anfang des Jahres 01 entschied sich das Management der Aufsteiger AG für einen Management-Buy-Out. Das Unternehmen ist seither rechtlich und wirtschaftlich selbstständig. Die Aufsteiger AG ist gemäß § 290 Abs. 1 HGB zur Aufstellung eines Konzernabschlusses verpflichtet. Vereinbarungsgemäß wird sie mit Beginn des neuen Geschäftsjahres aus dem Cash-Management-System ihres bisherigen Mutterkonzerns herausgelöst.

Anfang des Jahres 01 begann das Unternehmen an einem neuen Materialkonzept und Produktionsverfahren zu forschen, wodurch die Schneeschuhe haltbarer, stabiler und zugleich leichter werden sollen, und investierte hierin 2,1 Mio. GE. Bereits Ende des Jahres 01 gelang ein Durchbruch in der Forschung und die Aufsteiger AG beabsichtigt, in den kommenden zwei Jahren weitere 5 Mio. GE in die Entwicklung eines marktreifen Produktes zu investieren. Das Unternehmen erwartet im Bereich Skibergsteigen ein jährliches Marktwachstum von 10 %. Die Aufsteiger AG prognostiziert, den Marktanteil in Deutschland, Österreich und der Schweiz im Bereich Tourenski und Schneeschuhe von 12 % im Jahr 01 auf 36 % im Jahr 02 erhöhen zu können.

Im Geschäftsjahr 00 nahm die Aufsteiger AG einen für die Darstellung der Vermögens-, Finanz- und Ertragslage nicht unwesentlichen Kredit in Schweizer Franken auf, der eine Laufzeit von mehreren Jahren hat. Um sich gegen Wechselkursschwankungen abzusichern, schloss die AG ein Devisentermingeschäft (Devisenforward) ab.

Das Grundkapital der Aufsteiger AG beläuft sich zum 31.12.01 auf 250 Mio. GE, eingeteilt in ebenso viele nennwertlose Namensaktien, die jeweils mit 1 GE am Grundkapital beteiligt sind. Jede Aktie gewährt auf der Hauptversammlung eine Stimme. Mit allen Aktien sind die gleichen Rechte und Pflichten verbunden. Zum 31.12.01 besaß die Aufsteiger AG fünf Mio. eigene Aktien, aus denen der Gesellschaft gemäß § 71b AktG keine Rechte zustehen. Der Aufsteiger AG sind keine Beteiligungen am Grundkapital bekannt, die 10 % der Stimmrechte überschreiten. Bis 14.09.05 ist der Vorstand der Aufsteiger AG dazu ermächtigt, mit Zustimmung des Aufsichtsrats das Grundkapital einmal oder mehrmals durch Ausgabe neuer Aktien zu erhöhen. Die Kapitalerhöhung ist jedoch im Falle einer Aktienemission gegen Sacheinlage auf insgesamt 10 Mio. GE und im Falle einer Bareinlage auf insgesamt 4 Mio. GE beschränkt (Genehmigtes Kapital).

Vorstand und Aufsichtsrat der Aufsteiger AG arbeiten zum Wohle des Unternehmens eng zusammen und stehen in regelmäßigem Kontakt. Die strategische Ausrichtung des Unternehmens sowie die Umsetzung der Strategie wird vom Vorstand laufend mit dem Aufsichtsrat abgestimmt und erörtert. Bei der Aufsteiger AG finden jährlich mindestens vier Aufsichtsratssitzungen statt. Darüber hinaus erklären Vorstand und Aufsichtsrat, dass sie den Empfehlungen der »Regierungskommission Deutscher Corporate Governance Kodex« ohne Ausnahmen entsprochen haben.

Die Aufsteiger AG versteht sich als ein nachhaltiges Unternehmen, das zum Ziel hat, ein Gleichgewicht zwischen den Interessen seiner Aktionäre und den Bedürfnissen seiner Mitarbeiter, Konsumenten, Beschäftigten in der Beschaffungskette sowie der Umwelt zu halten. So schloss sich die Aufsteiger AG im Geschäftsjahr 01 der internationalen

Umweltschutzinitiative »*Save The Planet Now*« an. Die Initiative hat zum Ziel, ein breites Verständnis für die Notwendigkeit einer klimaneutralen und umweltfreundlichen Gesellschaft zu schaffen. Die Mitglieder von »*Save The Planet Now*« verpflichten sich zur Einhaltung von Umweltauflagen und Klimaschutzzielen und werden hierbei vonseiten der Initiative im Rahmen der Ausgestaltung und Umsetzung von Umweltschutzprogrammen unterstützt. In diesem Rahmen entwickelte die Aufsteiger AG das »*Green Sports Factory Program*« und realisierte hierdurch erhebliche Einsparungen im Bereich des Abfallaufkommens, Wasserverbrauchs und Energieverbrauchs sowie dem Einsatz von gefährlichen Chemikalien in der Produktion. Als Rahmenwerk zur Erstellung der nichtfinanziellen Erklärung wendet die Aufsteiger AG die GRI-Standards der *Global Reporting Initiative* an. Der Aufsichtsrat der Aufsteiger AG hat gemäß § 111 Abs. 2 Satz 4 AktG eine externe inhaltliche Prüfung der nichtfinanziellen Erklärung veranlasst. Sie wurde von der beauftragten Wirtschaftsprüfungsgesellschaft mit *Limited Assurance* geprüft.

Die Aufsteiger AG vereint als ein global ausgerichtetes Unternehmen eine große Vielfalt an Kulturen, Erfahrungen und Persönlichkeiten. So beschloss der Vorstand des Unternehmens bereits im Geschäftsjahr 00 ein Förderungsprogramm, das zum Ziel hat, den Anteil von Frauen in Führungspositionen sowie im Vorstand und Aufsichtsrat zu erhöhen und flexible Arbeitszeiten für Frauen und Männer zu schaffen. Der Frauenanteil in Führungspositionen konnte von 35 % im Geschäftsjahr 00 auf 40 % im Geschäftsjahr 01 gesteigert werden. Die Vergütung der Mitarbeiter richtet sich nach der Art und dem Umfang der ausgeübten Tätigkeit und nicht nach dem Geschlecht. Die Aufsteiger AG hat im gesamten Unternehmen eine Frauenquote von durchschnittlich 45 %. Von diesen Frauen arbeiten durchschnittlich 70 % in Vollzeit und 30 % in Teilzeit. Die männlichen Beschäftigten (55 %) arbeiten durchschnittlich zu 85 % in Vollzeit und 15 % in Teilzeit.

Die Vorstandsmitglieder der Aufsteiger AG erhalten jeweils eine Vergütung, die sich aus erfolgsunabhängigen und erfolgsbezogenen Bestandteilen zusammensetzt. Erstere besteht aus einer jährlichen Festvergütung sowie sonstigen Leistungen und Sachbezügen. Zweitere beinhaltet einerseits eine variable Barvergütung, die zu gleichen Teilen aus einer kurzfristigen und einer langfristigen Barvergütung besteht, und andererseits eine langfristige aktienbasierte Vergütung mit vierjähriger Sperrfrist umfasst. Die vom Aufsichtsrat gemäß § 87a Abs. 1 Nr. 1 AktG festgelegte Maximalvergütung wurde eingehalten und es besteht kein Anlass zur Rückforderung variabler Vergütungsbestandteile.

Am Ende des ersten Quartals des Geschäftsjahres 02, dem Zeitpunkt der Fertigstellung des Jahresabschlusses, sind die Verhandlungen des Managements mit verschiedenen Banken zur Einräumung einer Kreditlinie zur Finanzierung des laufenden Geschäfts noch nicht abgeschlossen. Falls diese Verhandlungen scheitern, was nicht auszuschließen ist, muss damit gerechnet werden, dass die Zulieferungen wegen zunehmender Außenstände eingestellt werden und damit die Produktions- und Lieferfähigkeit der Aufsteiger AG in Frage gestellt wird.

Welche konkreten Inhalte ergeben sich aus den oben genannten Sachverhalten für den Lagebericht des Geschäftsjahres 01 der Aufsteiger AG nach HGB? Gehen Sie auch auf diejenigen Sachverhalte ein, die nicht in den Lagebericht aufzunehmen sind. Die Lösung ist auf Grundlage der HGB-Vorschriften zu erarbeiten, die sich auf vor dem 01.01.2024 beginnende Geschäftsjahre beziehen.

Lösung

Da es sich bei der Aufsteiger AG um eine Kapitalgesellschaft handelt, sind ihre gesetzlichen Vertreter nach § 264 Abs. 1 Satz 1 HGB dazu verpflichtet, jährlich einen Lagebericht nach §§ 289 ff. HGB aufzustellen. Darüber hinaus handelt es sich bei der Aufsteiger AG um ein Konzernmutterunternehmen mit Sitz im Inland, wonach die gesetzlichen Vertreter gemäß § 290 Abs. 1 Satz 1 HGB ebenso einen Konzernlagebericht nach §§ 315 ff. HGB jährlich aufzustellen haben. Es ist allerdings möglich, den Lagebericht des Mutterunternehmens und den Konzernlagebericht zusammenzufassen (§ 315 Abs. 5 i. V. m. § 298 Abs. 2 HGB). Eine Konkretisierung der handelsrechtlichen Vorschriften für den Konzernlagebericht erfolgt durch DRS 20. Das DRSC empfiehlt darüber hinaus die Anwendung des DRS 20 auch für den Lagebericht nach § 289 HGB.

Der Lagebericht gemäß §§ 289 ff. HGB (bzw. für den Konzern gemäß §§ 315 ff. HGB) stellt ein den Jahres- (bzw. Konzern-)abschluss ergänzendes, eigenständiges Informationsinstrument mittelgroßer und großer Kapitalgesellschaften dar. Im (Konzern-)Lagebericht sind der Geschäftsverlauf einschließlich des Geschäftsergebnisses und die Lage der Gesellschaft bzw. des Konzerns – auch in Form einer ausgewogenen, umfassenden Analyse – darzustellen (Wirtschaftsbericht). In diesem Zusammenhang ist auch die voraussichtliche Entwicklung mit ihren wesentlichen Chancen und Risiken zu beurteilen und zu erläutern (Risiko- und Prognosebericht). Des Weiteren ist auf das Risikomanagement sowie finanzwirtschaftliche Risiken in Bezug auf Finanzinstrumente (Bericht über die Finanzrisiken), auf Informationen zu Forschungs- und Entwicklungstätigkeiten (Forschungs- und Entwicklungsbericht) sowie auf bestehende Zweigniederlassungen (Zweigniederlassungsbericht) einzugehen. Darüber hinaus werden Erläuterungen zur Übernahmesituation des Unternehmens (Bericht über die Übernahmesituation) gefordert. Da die Aufsteiger AG kapitalmarktorientiert i. S. des § 264d HGB ist, hat sie auch Angaben zum internen Kontroll- und Risikomanagementsystem im Hinblick auf den Rechnungslegungsprozess (Bericht über das interne Kontroll- und Risikomanagementsystem) zu machen. Nach § 289f HGB ist zudem eine Erklärung zur Unternehmensführung in einen gesonderten Abschnitt des (Konzern-)Lageberichts aufzunehmen. Wird sie alternativ auf der Internetseite der Gesellschaft öffentlich zugänglich gemacht, so ist im (Konzern-)Lagebericht auf die Internetseite zu verweisen.

Darüber hinaus ist der (Konzern-)Lagebericht gemäß § 289b HGB um eine nichtfinanzielle Erklärung nach Maßgabe der §§ 289c ff. HGB zu erweitern. Hierbei steht es den betroffenen Unternehmen gemäß § 289b Abs. 1 Satz 3 HGB (ebenso DRS 20.243) frei, die Inhalte der nichtfinanziellen Erklärung in einem gesonderten Abschnitt des Lagerichts zu bündeln oder auf entsprechende andere Stellen im Lagebericht zu verweisen. Es bietet sich insbesondere an, von der Möglichkeit einer integrativen Form der nichtfinanziellen Erklärung Gebrauch zu machen, wenn etwa im Rahmen der Erklärung zur Unternehmensführung über besondere Unternehmensführungspraktiken berichtet wird, die über die gesetzlichen Anforderungen hinaus angewandt werden (§ 289f Abs. 2 Nr. 2 HGB) und zugleich für die nichtfinanzielle Erklärung relevant sind. Durch das »CSR-Richtlinie-Umsetzungsgesetz« von 2017 wurde gemäß § 289c Abs. 1 HGB erstmals gesetzlich eine kurze Beschreibung des Geschäftsmodells von den betroffenen Unternehmen gefordert. Obgleich die Beschreibung des Geschäftsmodells bereits vorher nach DRS 20.37 gefordert – sofern für das Verständnis der Ausführungen im Lagebericht erforderlich – und auch üblich war, so ist dies fortan kraft Gesetzes explizit Angabepflichtig. Hierbei bietet es sich ebenso an und ist als wünschenswert zu betrachten, von der nach § 289b Abs. 1 Satz 3 HGB eröffneten Verweismöglichkeit Gebrauch zu machen und die nichtfinanziellen Einflussfaktoren nach § 289c Abs. 2 und 3 HGB mit der etwaigen Beschreibung des Geschäftsmodells nach DRS 20.37 zu verknüpfen. Die nichtfinanzielle Erklärung darf nach § 289b Abs. 3 HGB auch alternativ als gesonderter nichtfinanzieller Bericht außerhalb des Lageberichts erstellt und veröffentlicht werden.

Da gemäß § 264 Abs. 1 Satz 1 HGB der Vorstand der Aufsteiger AG zur Aufstellung des Lageberichts verpflichtet ist, handelt es sich hierbei um einen Bericht des Vorstands, wodurch die Lageberichterstattung dem sog. »*management approach*« folgt. Somit muss der Lagebericht die Einschätzungen und Beurteilungen des Vorstands zum Ausdruck bringen (DRS 20.31). Für den (Konzern-)Lagebericht der Aufsteiger AG ergeben sich im Rahmen der grundsätzlich geforderten Lageberichterstattung aus den oben genannten Sachverhalten konkret die folgenden Inhalte, wobei allerdings grundsätzlich gemäß DRS 20.32 f. das Prinzip der Wesentlichkeit und gemäß DRS 20.34 f. das Prinzip der Informationsabstufung zu beachten ist:

- Risiko- und Prognosebericht:

  Im Risiko- und Prognosebericht ist über die wesentlichen Chancen und Risiken der voraussichtlichen Entwicklung zu berichten. Für den »Prognosebericht« der Aufsteiger AG fordert DRS 20.118–.134 eine Beurteilung und Erläuterung der voraussichtlichen Entwicklung des Konzerns für mindestens ein Jahr, gerechnet vom letzten Konzernabschlussstichtag. Im »Risikobericht« gemäß DRS 20.135 ff. sind zunächst Informationen zum Risikomanagementsystem und zu den einzelnen Risiken sowie eine zusammenfassende Darstellung der Risikolage anzugeben. Zu berichten sind speziell diejenigen Risiken, welche die Entscheidungen von verständigen Adressaten beeinflussen können sowie für den Konzern bestandsgefährdend sind.

  Im vorliegenden Sachverhalt sind die bestandsgefährdenden Risiken, die sich in diesem Fall durch die Herauslösung aus dem Cash-Management-System des bisherigen Mutterkonzerns ergeben, hinreichend zu erläutern. Die Bestandsgefährdung ergibt sich hier insbesondere aufgrund der möglichen negativen Auswirkung auf die künftige Finanzlage.

Aus dem beschriebenen Sachverhalt resultiert zudem zwangsläufig die Notwendigkeit, eine Beurteilung über die voraussichtliche Marktentwicklung vorzunehmen. Das Unternehmen ist als auf den Wintersport spezialisierter Sportartikelhersteller mit dem Fokus auf Skibergsteigen stark von Umweltbedingungen abhängig. Somit hat die Aufsteiger AG im Risikobericht auch auf globale Risiken (beispielsweise den Klimawandel) einzugehen, die Auswirkungen auf die zu erwartende Absatzentwicklung haben könnten.

Für die Berichterstattung der wesentlichen Chancen in einem »Chancenbericht« (DRS 20.165–.167) sind die Regelungen zum Risikobericht sinngemäß anzuwenden. Hierbei hat die Aufsteiger AG fokussiert auf die Entwicklung des Marktes für Produkte für Skitourengeher und die erwarteten Wachstumschancen des Gesamtmarktes (jährliche Wachstumsrate von 10 %) und des Marktanteils im deutschsprachigen Raum (Anstieg von 24 %-Punkten binnen eines Geschäftsjahres) einzugehen.

- Bericht über die Finanzrisiken:

  Gemäß § 315 Abs. 2 Nr. 1 HGB und konkretisiert durch DRS 20.179 ff. muss im Konzernlagebericht eine Risikoberichterstattung in Bezug auf die Verwendung von Finanzinstrumenten erfolgen. In diesem Berichtsteil sind die Ziele und Methoden des Risikomanagements der Aufsteiger AG darzustellen. Dabei ist insbesondere auf ihre Methoden zur Absicherung aller wichtigen Arten von Transaktionen, die im Rahmen der Bilanzierung von Sicherungsgeschäften erfasst werden, die Preisänderungs-, Ausfall- und Liquiditätsrisiken sowie die Risiken aus Zahlungsstromschwankungen, denen die Gesellschaft ausgesetzt ist, jeweils in Bezug auf die Verwendung von Finanzinstrumenten durch die Gesellschaft – sofern dies für die Beurteilung der Lage oder der voraussichtlichen Entwicklung von Belang ist – gesondert einzugehen.

  Die Aufsteiger AG hat hier auf den auf Schweizer Franken lautenden Kredit und die damit verbundenen Wechselkursrisiken einzugehen. Darüber hinaus gilt es, die Kurssicherung durch das Devisentermingeschäft darzustellen und zu erläutern, wie sich die Aufsteiger AG dadurch vor möglichen Verlusten durch Kursschwankungen schützt. Ferner ergeben sich aus der Herauslösung aus dem Cash-Management-System des bisherigen Mutterkonzerns weitere Berichtspflichten.

- Forschungs- und Entwicklungsbericht:

  Als Berichtsinhalte eines Forschungs- und Entwicklungsberichts kommen Informationen über die Bereiche der Grundlagenforschung, der angewandten Forschung und der experimentellen Entwicklung in Betracht. Sie sind für Adressaten insbesondere zur Beurteilung der Zukunftsaussichten von Bedeutung.

  Die Aufsteiger AG muss hier Angaben über die Forschung im Bereich der Materialkunde und des Produktionsverfahrens neuer Schneeschuhe (Investitionsvolumen i. H. v. 2,1 Mio. GE) sowie über künftige Vorhaben im Rahmen der Weiterentwicklung der Forschungsergebnisse im Umfang von geplanten Investitionen i. H. v. 5 Mio. GE in den kommenden zwei Jahren machen. Würde die Aufsteiger AG keine

Forschung und Entwicklung betreiben, so wären dennoch entsprechende Erläuterungen (sog. »Fehlbericht«) aufzunehmen, sofern Forschungs- und Entwicklungsaktivitäten in der Branche, in der die Aufsteiger AG tätig ist, üblich sind.

- Bericht zur Übernahmesituation:

  Nach § 289a HGB hat die Aufsteiger AG im Lagebericht über die Übernahmesituation zu berichten. Hierdurch soll möglichen Bietern vor der Entscheidung zu einer Übernahme ein Überblick über das Unternehmen sowie eventuelle Übernahmehindernisse gegeben werden. Die Aufsteiger AG hat die oben genannten Angaben zur Zusammensetzung des gezeichneten Kapitals, zu den mit jeder Aktiengattung verbundenen Rechten und Pflichten, zum Anteil jeder Aktiengattung am Gesellschaftskapital (§ 289a Satz 1 Nr. 1 HGB) sowie zu Beteiligungen am Grundkapital, die 10 % der Stimmrechte überschreiten (§ 289a Satz 1 Nr. 3 HGB), in diesen Bericht aufzunehmen. Sollten diese Angaben bereits im Anhang gemacht worden sein, können sie gemäß § 289a Satz 2 HGB im Lagebericht (mit Verweis auf den Anhang) unterlassen werden. Darüber hinaus sind die oben genannten Befugnisse des Vorstands hinsichtlich der Möglichkeit zur Aktienausgabe in den Bericht zur Übernahmesituation mit aufzunehmen (§ 289a Nr. 7 HGB).

- Erklärung zur Unternehmensführung:

  Die Aufsteiger AG hat nach § 289f Abs. 1 HGB als börsennotierte AG eine Erklärung zur Unternehmensführung in einen gesonderten Abschnitt des Lageberichts aufzunehmen. Alternativ kann die Erklärung auch auf der Internetseite der Gesellschaft öffentlich zugänglich gemacht werden, wobei in diesem Fall eine Bezugnahme unter Angabe der Internetseite in den Lagebericht aufzunehmen ist. Die Aufsteiger AG hat die obige Entsprechenserklärung nach § 161 AktG zum Deutschen Corporate Governance Kodex (§ 289f Abs. 2 Nr. 1 HGB) sowie die Beschreibung der Arbeitsweise von Vorstand und Aufsichtsrat (§ 289f Abs. 2 Nr. 3 HGB) in die Erklärung zur Unternehmensführung aufzunehmen. Darüber hinaus hat die Aufsteiger AG die Erklärung zur Unternehmensführung um Angaben zur Frauenquote (§ 289f Abs. 2 Nr. 4 HGB), zur Einhaltung der Mindestquoten bei der Besetzung des Aufsichtsrats (§ 289f Abs. 2 Nr. 5 HGB) sowie eine Beschreibung des Diversitätskonzepts (§ 289f Abs. 2 Nr. 6 HGB) zu ergänzen. Sollte die Aufsteiger AG kein Diversitätskonzept verfolgen, so hätte sie dies gemäß § 289f Abs. 5 HGB in der Erklärung zur Unternehmensführung zu erläutern. Die Aufsteiger AG hat aufgrund ihrer Börsennotierung nach § 289f Abs. 2 Nr. 1a HGB auch eine Bezugnahme auf die Internetseite der Gesellschaft in die Erklärung zur Unternehmensführung aufzunehmen, auf der der nach § 162 AktG zu erstellende Vergütungsbericht (vgl. hierzu den nachfolgenden Punkt »Inhaltlich nicht zum Lagebericht gehörende Sachverhalte«) sowie der Vermerk des Abschlussprüfers, das geltende Vergütungssystem sowie der letzte Vergütungsbeschluss öffentlich zugänglich gemacht werden.

- Nichtfinanzielle Erklärung bzw. nichtfinanzieller Bericht:

  Da die Aufsteiger AG die Voraussetzungen des § 289b Abs. 1 HGB erfüllt, ist sie dazu verpflichtet, ihren Lagebericht um eine nichtfinanzielle Erklärung zu erweitern, oder nach § 289b Abs. 3 HGB einen vom Lagebericht gesonderten nichtfinanziellen Bericht zu erstellen. Hierbei hat die Aufsteiger AG kurz ihr Geschäftsmodell zu beschreiben (§ 289c Abs. 1 HGB) und darüber hinaus zumindest Angaben zu den Aspekten von Umwelt-, Arbeitnehmer- und Sozialbelangen sowie der Achtung der Menschenrechte und der Bekämpfung von Korruption und Bestechung zu machen (§ 289c Abs. 2 HGB). Nach § 289c Abs. 3 und 4 HGB sind zu den genannten Aspekten u. a. Informationen zu den verfolgten Konzepten, erzielten Ergebnissen und Risiken sowie relevanten Leistungsindikatoren zu gewähren. Die Aufsteiger AG hat hierbei auch noch weitere Angaben zu machen, wenn diese für das Verständnis des Geschäftsverlaufs, des Geschäftsergebnisses, der Lage der Kapitalgesellschaft sowie der Auswirkungen ihrer Tätigkeit auf die genannten Aspekte erforderlich sind.

In diesem Rahmen hat die Aufsteiger AG über die Auswirkungen der Teilnahme an der Umweltschutzinitiative »*Save The Planet Now*« zu informieren und die Leitlinien, Strukturen und Prozesse sowie Ziele und Ergebnisse ihres »*Green Sports Factory Program*« zu erläutern. Die Aufsteiger AG hat zu den Umweltbelangen beispielsweise Angaben über Treibhausgasemissionen, den Wasserverbrauch, die Luftverschmutzung, den Energieverbrauch oder den Schutz der biologischen Vielfalt zu machen (§ 289c Abs. 2 Nr. 1 HGB). Als Hersteller von Funktionsbekleidung und dem damit einhergehenden Einsatz von umweltschädlichen Chemikalien in der Produktion, können für die Aufsteiger AG insbesondere die Angaben zum Schutz der biologischen Vielfalt von Relevanz sein. Darüber hinaus können auch Angaben zu Arbeitnehmerbelangen in Form von Informationen über den Gesundheitsschutz oder die Sicherheit am Arbeitsplatz für die nichtfinanzielle Erklärung relevant sein (§ 289c Abs. 2 Nr. 2 HGB). Im Rahmen der Ausführungen zu den Arbeitnehmerbelangen gemäß 289c Abs. 2 Nr. 2 HGB hat die Aufsteiger AG auch über die Maßnahmen zur Gewährleistung der Geschlechtergleichheit und somit über das bereits im Geschäftsjahr 00 beschlossene Förderungsprogramm zur Erhöhung des Frauenanteils in Führungspositionen zu berichten. Darüber hinaus ergeben sich für die Aufsteiger AG als global tätiges Unternehmen auch Angabepflichten zu Sozialbelangen (§ 289c Abs. 2 Nr. 3 HGB), der Achtung der Menschenrechte (§ 289c Abs. 2 Nr. 4 HGB) und der Bekämpfung von Korruption und Bestechung (§ 289c Abs. 2 Nr. 5 HGB). Als Unternehmen in der Sportartikel- und Textilbranche können für die Aufsteiger AG hierbei insbesondere auch etwaige Produktionsstandorte in Schwellen- oder Entwicklungsländern sowie die (internationale) Lieferkette mit zu berücksichtigen und von besonderer Relevanz sein.

Schließlich hat die Aufsteiger AG gemäß § 289d HGB in der nichtfinanziellen Erklärung auch anzugeben, dass sie als Rahmenwerk für die Erstellung der nichtfinanziellen Erklärung die GRI-Standards der *Global Reporting Initiative* genutzt hat. Für den Fall der Beauftragung einer inhaltlichen Prüfung der nichtfinanziellen Erklärung oder des gesonderten nichtfinanziellen Berichts, ist die Beurteilung des Prüfungsergebnisses in gleicher Weise öffentlich zugänglich zu machen, wie der Berichtspflicht nach § 289b Abs. 1 bzw. Abs. 3 HGB nachgekommen wird (§ 289b Abs. 4 HGB).

Der Aufsichtsrat der Aufsteiger AG hat gemäß § 111 Abs. 2 Satz 4 AktG von der Möglichkeit Gebrauch gemacht, eine Wirtschaftsprüfungsgesellschaft mit der inhaltlichen Prüfung der nichtfinanziellen Erklärung zu beauftragen. Nach § 289b Abs. 4 HGB ist die Beurteilung des Prüfungsergebnisses in gleicher Weise wie die nichtfinanzielle Erklärung öffentlich zugänglich zu machen.

- Inhaltlich nicht zum Lagebericht gehörende Sachverhalte:

  Da die Aufsteiger AG 750 Beschäftigte hat und nach § 264 Abs. 1 HGB zur Erstellung eines Lageberichts verpflichtet ist, hat sie nach § 21 Abs. 1 Entgelttransparenzgesetz (EntgTranspG) einen Bericht zur Gleichstellung und Entgeltgleichheit zu erstellen. Der Entgelttransparenzbericht ist gemäß § 22 Abs. 1 EntgTranspG von tarifgebundenen oder bestimmten tarifanwendenden Arbeitgebern alle drei Jahre und gemäß § 22 Abs. 2 EntgTranspG von allen anderen Arbeitgebern alle fünf Jahre über diesen Zeitraum zu erstellen, wenn sie unter die Berichtspflicht des § 21 Abs. 1 EntgTranspG fallen. In dem Bericht sind Angaben zur Förderung und Gleichstellung von Frauen und Männern sowie zur Herstellung von Entgeltgleichheit zu machen. Darüber hinaus sind nach § 21 Abs. 2 EntgTranspG in dem Bericht – jeweils nach Geschlecht aufgeschlüsselt – Angaben zur durchschnittlichen Beschäftigtenzahl sowie der durchschnittlichen Zahl an Voll- und Teilzeitbeschäftigten zu machen. Der Entgelttransparenzbericht zählt jedoch nicht zum Lagebericht nach § 289 HGB, sondern ist nach § 22 Abs. 4 EntgTranspG dem nächsten Lagebericht nach § 289 HGB, der auf den jeweiligen Berichtszeitraum von drei bzw. fünf Jahren folgt, als Anlage beizufügen.

  Im Nachtragsbericht ist der aktuelle Verhandlungsstand des Managements mit verschiedenen Banken zur Einräumung einer Kreditlinie bis zum Zeitpunkt der Fertigstellung des Jahresabschlusses wiederzugeben, da die aktuellen Entwicklungen und Tendenzen eine wesentliche Beeinträchtigung des im Jahresabschluss zum Bilanzstichtag vermittelten Bildes der Vermögens-, Finanz- und Ertragslage bewirken können (hier: bei einem Scheitern der Verhandlungen muss damit gerechnet werden, dass die Zulieferungen wegen zunehmender Außenstände eingestellt und damit die Produktions- und Lieferfähigkeit der Aufsteiger AG in Frage gestellt werden würde). Die Inhalte des Nachtragsberichts dienen zugleich auch der Information der zuständigen Organe und als Beurteilungsgrundlage bei der Feststellung des Jahresabschlusses sowie der Entscheidung über die Gewinnverwendung. Seit dem »Bilanzrichtlinie-Umsetzungsgesetz« von 2015 ist der Nachtragsbericht jedoch nicht mehr Bestandteil des Lageberichts, sondern gemäß § 285 Nr. 33 HGB in den Anhang aufzunehmen.

  Da es sich bei der Aufsteiger AG um eine börsennotierte Gesellschaft handelt, sind deren Vorstand und Aufsichtsrat gemäß § 162 Abs. 1 Satz 1 AktG dazu verpflichtet, jährlich einen (aktienrechtlichen) Vergütungsbericht zu erstellen. In dem Vergütungsbericht wird das Vergütungssystem der Gesellschaft in Bezug auf die Vergütungsbestandteile der beiden Organe beschrieben. In den Bericht sind die gesetzlich vorgeschriebenen Angaben nur dann aufzunehmen, wenn auch berichtspflichtige Tatbestände vorliegen (§ 162 Abs. 1 Satz 2 AktG), womit keine Negativerklärung erforderlich ist. Der Bericht ist klar und verständlich zu verfassen und hat über die im letzten Geschäftsjahr jedem einzelnen amtierenden oder ausgeschiedenen Vorstands- und Aufsichtsratsmitglied der Aufsteiger AG gewährte und geschuldete Vergütung zu berichten. Hierbei sind die in § 162 Abs. 1 Satz 2 AktG genannten Angaben unter Namensnennung der betreffenden Personen anzugeben, sofern sie inhaltlich tatsächlich vorliegen. Darüber hinaus sind nach § 162 Abs. 2 AktG zur Vorstandsvergütung weitere Angaben vorgesehen. In den Vergütungsbericht sind diverse Angaben aus dem beschriebenen Fall des Management-Buy-Out sowie die beschriebene Ausgestaltung der Vergütungsstruktur des Vorstandes der Aufsteiger AG mit aufzunehmen. Nach § 162 Abs. 1 Satz 2 AktG sind hierbei unter Namensnennung der betreffenden Personen etwa alle festen und variablen Vergütungsbestandteile (mit relativen Anteilen) zu erläutern. In den Ausführungen ist ebenso anzugeben, wie die Vergütungsbestandteile dem zugrundeliegenden Vergütungssystem entsprechen, wie die Vergütung die langfristige Entwicklung der Aufsteiger AG fördert und wie die Leistungskriterien angewendet wurden (§ 162 Abs. 1 Satz 2 Nr. 1 AktG). Ferner ist in diesen Bericht eine vergleichende Darstellung der jährlichen Änderung der Vergütung, der Ertragsentwicklung der Aufsteiger AG sowie die durchschnittliche Vergütung von Arbeitnehmern auf Vollzeitäquivalenzbasis über die letzten fünf Geschäftsjahre aufzunehmen und der Kreis der in die Ermittlung des Durchschnittswerts einbezogenen Arbeitnehmer zu erläutern (§ 162 Abs. 1 Satz 2 Nr. 2 AktG). Im Vergütungsbericht ist ebenso anzugeben, dass von der Möglichkeit variable Vergütungsbestandteile zurückzufordern, kein Gebrauch gemacht wurde (§ 162 Abs. 1 Satz 2 Nr. 4 AktG). Darüber hinaus ist zu erläutern, wie die vom Aufsichtsrat gemäß § 87a Abs. 1 Nr. 1 AktG festgelegte Maximalvergütung eingehalten wurde (§ 162 Abs. 1 Satz 2 Nr. 7 AktG). Durch das »Gesetz zur Umsetzung der zweiten Aktionärsrechterichtlinie« (ARUG II) wurde im Jahr 2019 der bisherige Vergütungsbericht nach HGB als Teilmenge des Lageberichts herausgelöst und als eigenständiger Bericht nach § 162 AktG neben dem Jahresabschluss und Lagebericht statuiert (siehe hierzu nächste Aufgabe).

Freiwillige Zusatzberichterstattung:

In den (Konzern-)Lagebericht dürfen auch über die in den §§ 289 ff. bzw. 315 ff. HGB geforderten Pflichtangaben hinausgehende freiwillige Angaben aufgenommen werden. So wird der Lagebericht z. B. zum Teil um Wertschöpfungsrechnungen oder Ausführungen zum *intellectual capital* erweitert.

Aufgabe 13.8: Vergütungsbericht

Die Güte AG ist ein börsennotiertes Unternehmen i. S. des § 3 Abs. 2 AktG mit Sitz in München. Der Vorstand der Güte AG besteht zum Zeitpunkt der Erstellung des Jahresabschlusses sowie des Lageberichts aus fünf Mitgliedern und der Aufsichtsrat aus drei Mitgliedern. Im vergangenen Geschäftsjahr gab es keine personellen Veränderungen.

Die Vergütung des Aufsichtsrats enthält ausschließlich feststehende Bezüge, die sich an den Aufgaben und der Verantwortung des jeweiligen Mitglieds bemessen. Alle fünf aktiven Vorstandsmitglieder der Güte AG (V1 bis V5) erhalten sowohl fixe als auch erfolgsabhängige, also variable Vergütungen (in TGE):

Vorstand	Fixe Vergütung (in TGE)	Variable Vergütung (in TGE)
V1	1.250	200
V2	750	300
V3	760	100
V4	600	150
V5	800	200

Die fixen Bezüge setzen sich aus monatlich ausbezahlten Gehältern und Sachbezügen zusammen. Die variable Vergütung in Form einer Tantieme richtet sich nach dem geschäftlichen Erfolg im abgelaufenen Geschäftsjahr und ist, wie nach § 87 Abs. 1 Satz 2 AktG gefordert, auf eine nachhaltige und langfristige Entwicklung der Gesellschaft ausgerichtet. Sie ist abhängig von der Erreichung der Zielvorgaben für den Umsatz als finanzieller Indikator und den CO_2-Emissionen als nichtfinanzieller Indikator. Die jeweiligen Zielvorgaben wurden von allen fünf aktiven Vorstandsmitgliedern erreicht, sodass die gesamte variable Vergütung auch ausgeschüttet wird.

Die vom Aufsichtsrat gemäß § 87a Abs. 1 Nr. 1 AktG festgelegte Maximalvergütung wurde eingehalten. Für die Vorstandsmitglieder bestehen außerdem Versorgungszusagen, die als Pensionsrückstellungen passiviert sind.

Zusätzlich erhält jeder der fünf aktiven Vorstandsmitglieder folgende individuelle Leistungen und Zusagen:

- V1 war in ihrer Vorstandsposition im vergangenen Geschäftsjahr bei der Herzig GmbH, einer Tochtergesellschaft der Güte AG, beratend tätig und wird dafür entsprechend von der Herzig GmbH mit 10 TGE vergütet;
- V2 hat zwei Kinder und erhält einen Kinderzuschlag in Höhe von 0,5 TGE/Kind von der Güte AG;
- V3 ist voraussichtlich noch drei weitere Jahre im Vorstand tätig. Für den Fall einer vorzeitigen Beendigung seiner Tätigkeit, wurde vor Kurzem eine Abfindungssumme festgelegt;
- V4 erhält zusätzlich zur Tantieme eine aktienbasierte Vergütung, die aus 50 Aktienoptionen mit einem Ausübungspreis von 20 GE/Aktie besteht und eine zweijährige Sperrfrist umfasst;

- V5 ist Personalvorstand; ihre variable Vergütung hängt abweichend vom Vergütungssystem der Güte AG von der Mitarbeiterzufriedenheit ab, die anhand der Mitarbeiterfluktuation und ausgewerteter Fragebögen ermittelt wird.

Neben den aktuellen erhalten auch zwei ehemalige Vorstandsmitglieder (V6 und V7) Leistungen von der Güte AG:

- V6 ist vor zwölf Jahren aus dem Unternehmen ausgeschieden und bekommt eine lebenslange monatliche Rente von der Güte AG;
- V7 ist erst im vergangenen Geschäftsjahr aus der Gesellschaft ausgeschieden; er erhielt eine Abfindung und die Zusage für monatliche Rentenbezüge nach Erreichen des 62. Lebensjahres.

Welche allgemeinen Informationen und individuellen Bestandteile der Vergütung von Vorstand und Aufsichtsrat sind verpflichtend in den Vergütungsbericht nach § 162 AktG aufzunehmen?

Gehen Sie dabei auch auf die Rechtsgrundlage und Zuständigkeit sowie auf die Prüfungs- und Offenlegungspflichten ein.

Lösung

Aufgrund der Börsennotierung i. S. des § 3 Abs. 2 AktG der Güte AG sind deren Vorstand und Aufsichtsrat gemäß § 162 Abs. 1 Satz 1 AktG dazu verpflichtet, gemeinsam einen (aktienrechtlichen) Vergütungsbericht zu erstellen. Der Vergütungsbericht unterliegt gemäß § 162 Abs. 3 AktG der formellen, nicht aber der materiellen Prüfungspflicht durch den Abschlussprüfer (d. h., der Abschlussprüfer prüft nicht die Richtigkeit der Angaben). Zusammen mit dem Vermerk über seine Prüfung ist der Vergütungsbericht nach § 162 Abs. 4 AktG für mindestens zehn Jahre auf der Internetseite der Gesellschaft kostenfrei öffentlich zugänglich zu machen. Entscheidet sich die Gesellschaft dazu, ihre Vergütungsberichte länger als zehn Jahre öffentlich zugänglich zu machen, müssen die darin enthaltenen personenbezogenen Daten gemäß § 162 Abs. 5 Satz 3 AktG rückwirkend gelöscht werden.

Auf Grundlage von § 162 Abs. 1 Satz 2 AktG sind die obigen Informationen zum Unternehmen in einen klaren und verständlichen Vergütungsbericht zu überführen. Unter Namensnennung der Mitglieder müssen folgende allgemeine Erläuterungen und individuelle Angaben enthalten sein:

- Alle festen und variablen Vergütungsbestandteile sowie deren relative Anteile von Vorstand und Aufsichtsrat: Gehälter, Sachbezüge, Tantiemen und Versorgungszusagen (beispielsweise V5 hat bei einer Gesamtvergütung von 800 TGE + 200 TGE = 1.000 TGE einen variablen Anteil von 200 TGE/1.000 TGE = 20 % sowie einen fixen Anteil von 800 TGE/1.000 TGE = 80 %) sowie eine Erläuterung, wie sie dem maßgeblichen Vergütungssystem entsprechen (§ 162 Abs. 1 Satz 2 Nr. 1 AktG).

- Die Vergütung der Herzig GmbH an V1 für ihre Beratungstätigkeit (§ 162 Abs. 1 Satz 2 Nr. 1 AktG).
- Der Kinderzuschlag i. H. v. 1 TGE ist in die gesamten Bezüge von V2 einzubeziehen, jedoch zum Schutz personenbezogener Daten, die Aufschluss auf die familiäre Situation geben können, ohne Angabe des Gewährungsgrundes (fixe Vergütung: 750 TGE + 2 × 0,5 TGE = 751 TGE; § 162 Abs. 5 Satz 1 AktG).
- Die zugesagte Abfindungszahlung an V3 für den Fall einer vorzeitigen Beendigung der Tätigkeit (§ 162 Abs. 2 Nr. 2 AktG).
- Eine vergleichende Darstellung der jährlichen Änderung der Vergütung, der Ertragsentwicklung der Güte AG sowie die durchschnittliche Vergütung von Arbeitnehmern auf Vollzeitäquivalenzbasis über die letzten fünf Geschäftsjahre sowie eine Erläuterung des Kreises der in die Ermittlung des Durchschnittswerts einbezogenen Arbeitnehmer (§ 162 Abs. 1 Satz 2 Nr. 2 AktG).
- Die 50 zugesagten Aktienoptionen an V4 inklusive der Ausübungsbedingungen in Form des Ausübungspreises von 20 GE/Aktie und das Ausübungsdatum sowie die zweijährige Sperrfrist (§ 162 Abs. 1 Satz 2 Nr. 3 AktG).
- Eine Erläuterung, dass die Vergütungsstruktur der Güte AG durch das Koppeln der variablen Vergütungsbestandteile an finanzielle und nichtfinanzielle Leistungskriterien die langfristige Entwicklung der Gesellschaft fördert. Hierbei ist ebenso anzugeben, dass die Leistungskriterien für die variablen Vergütungsbestandteile, und somit die Zielvorgaben für den Umsatz als finanzieller Indikator sowie der CO_2-Ausstoß als nichtfinanzieller Indikator, erreicht bzw. übertroffen wurden (§ 162 Abs. 1 Satz 2 Nr. 1 AktG).
- Eine Erläuterung, wie die festgelegte Maximalvergütung eingehalten wurde (§ 162 Abs. 1 Satz 2 Nr. 7 AktG).
- Angaben zu der vom Vergütungssystem abweichenden variablen Vergütung von V5 und eine Erläuterung der Notwendigkeit der Abweichung (§ 162 Abs. 1 Satz 2 Nr. 5 AktG).
- Die Rentenleistungen an V6 sind ohne die Angabe personenbezogener Daten in die gesamten Bezüge an ehemalige Vorstandsmitglieder einzubeziehen, da diese Angabe auf einen Zeitraum von zehn Jahren nach Ausscheiden aus der aktiven Tätigkeit begrenzt ist (§ 162 Abs. 5 Satz 2 AktG).
- Die zugesagten Rentenleistungen und die gezahlte Abfindung an V7, der im abgelaufenen Geschäftsjahr aus der Gesellschaft ausgeschieden ist (§ 162 Abs. 2 Nr. 4 AktG).

14. Kapitel: Kapitalmarktorientierte Berichterstattung: Zwischenberichterstattung, Ad-hoc-Publizität

Aufgabe 14.1: Quartalserfolgsermittlung: eigenständiger vs. integrativer Ansatz I

Die GAMES 'R' US AG ist Hersteller von Spielzeug und Freizeitbedarf. Der Vorstand beschließt, eine Zwischenberichterstattung auf Basis der Quartale vorzunehmen.

Die GAMES 'R' US AG weist über die einzelnen Quartale seit Jahren ein relativ stabiles saisonales Umsatzmuster (10 %; 25 %; 15 %; 50 %) auf. Die Produktion und das Produktprogramm sind über die Quartale eines Geschäftsjahres hinweg weitgehend konstant. P. Baldwin, der Leiter des Rechnungswesens, hat ferner folgende Informationen bzw. Prognosen zusammengestellt:

	Ist 1. Quartal 01 (Mio. GE)	Prognose für Geschäftsjahr 01 (Mio. GE)
Umsatz	20	200
Bestandsveränderungen	9	–
Gesamtleistung	29	200
Mat.-, Lohn-, Transp.-Einzelko.	15	60
Gehälter	10	48
Pensionsaufwand	–	8
Miete, Versicherungen	–	10
planm. Abschreib. und sonst. Jahresaufwand	–	34
Werbung und Verkaufsförderung	2	16

- Die GAMES 'R' US AG ist zu 60 % an der MOMENTUM AG beteiligt. Für das 2. Quartal kann mit einer Dividendenausschüttung von 6 Mio. GE gerechnet werden.
- Für das 3. Quartal ist die Reparatur der hauseigenen Kläranlage vorgesehen, voraussichtliche Kosten: 4 Mio. GE. Bislang wurden hierfür keine Rückstellungen gebildet.
- Im prognostizierten Jahresaufwand für Werbung und Verkaufsförderung sind Messekosten von 3 Mio. GE für die jährliche Spielwarenmesse enthalten (3. Quartal).
- Die Geschäftsleitung trägt sich zudem mit dem Gedanken, noch im laufenden Geschäftsjahr eine nicht mehr benötigte Lagerhalle zu veräußern. Der Veräußerungsertrag würde voraussichtlich bei 1,8 Mio. GE liegen.
- Die effektive Ertragsteuerbelastung schätzt Baldwin für das Jahr 01 auf 40 %.

Baldwin ist noch unschlüssig, ob er für die Ermittlung der Zwischenergebnisse den eigenständigen oder den integrativen Ansatz heranziehen soll.

a) Erläutern Sie, was allgemein unter dem eigenständigen und dem integrativen Ansatz zur unterjährigen Erfolgsermittlung zu verstehen ist!

b) Wie stellt sich die Ergebnisrechnung für das 1. Quartal 01 nach den beiden Alternativen dar?

Lösung

a) Der eigenständige oder diskrete Ansatz zur Abgrenzung von unterjährigen Erfolgskomponenten versteht die Zwischenperiode als eine unabhängige Periode. Am Ende einer Zwischenperiode wird daher eine Erfolgsermittlung anhand der Abgrenzungskriterien durchgeführt, die auch im Jahresabschluss Verwendung finden. Die Hauptaufgabe eines Zwischenberichts nach dem eigenständigen Ansatz besteht demzufolge darin, das Ergebnis und den Geschäftsverlauf der Zwischenperiode als *stand-alone period* darzustellen. Die Berichterstattung ist im Gegensatz zum integrativen Ansatz nicht prospektiv, sondern tendenziell retrospektiv. Die alleinige Betrachtung der unterjährigen Ergebniskomponenten kann zu der paradox anmutenden Situation führen, dass einem Verlust in der Zwischenperiode ein Gewinn im Jahresabschluss folgt oder umgekehrt; es kann damit zu größeren Ergebnisschwankungen innerhalb der unterjährigen Perioden kommen. Dadurch besteht die Gefahr einer Missinterpretation des Zwischenergebnisses im Hinblick auf das gesamte Geschäftsjahr. Bei Kenntnis des Geschäftszyklus eines Unternehmens ermöglicht ein diskret abgegrenztes Zwischenergebnis jedoch eine fundiertere Beurteilung der Erfolgsaussichten als eine integrative Abgrenzung, da es z. B. möglich ist, auf Basis von Vorjahresberichten die Entwicklung eines Unternehmens nachzuvollziehen. Ebenso erleichtert der diskrete Ansatz das Erkennen von Wendepunkten im Geschäftsverlauf oder – bei entsprechenden Angaben – der Liquiditätssituation, die durch integrative Abgrenzungsmaßnahmen verschleiert werden würden.

Im Gegensatz zum eigenständigen Ansatz sieht der integrative Ansatz die unterjährige Berichtsperiode als einen integralen Bestandteil der Jahresperiode an. Er unterstellt, dass der Jahresabschluss im Mittelpunkt des Informationsinteresses der Investoren steht. Der Zwischenbericht stellt nach dieser Interpretation nur ein Instrument zur Überbrückung zweier aufeinanderfolgender Jahresabschlüsse dar. Ihm kommt hauptsächlich die Aufgabe zu, den Anlegern eine möglichst verlässliche Prognose des Jahresergebnisses zu ermöglichen. Die unterjährig veröffentlichten Erfolgszahlen haben sich deshalb an den erwarteten jährlichen Erfolgsgrößen zu orientieren und sind somit als Teil des Jahresergebnisses zu interpretieren. Es kommt zu einer Glättung von Ertrags- und Aufwandskomponenten, um so Informationen für eine verbesserte Prognose des Jahresergebnisses zu gewähren. Die Rechnungslegungsmethoden, die dem integrativen Ansatz zugrunde liegen, stimmen damit zwangsläufig nicht durchgehend mit denjenigen des Jahresabschlusses überein.

b) Der integrative und der eigenständige Ansatz, in ihrer jeweils gängigen Form, fordern übereinstimmend die Beachtung des Realisationsprinzips für Umsätze sowie des Grundsatzes der sachlichen Abgrenzung für umsatzabhängige Aufwendungen. Sie unterscheiden sich durch die jeweilige Abgrenzung der im Rahmen des Jahresabschlusses zeitlich abzugrenzenden Aufwendungen und Erträge.

Diese werden gemäß der integrativen Methode nach Maßgabe des anteiligen Umsatzes auf die einzelnen Quartale verteilt (für das 1. Quartal: 10 % des Jahresumsatzes).

Bei richtiger Allokation bzw. richtiger Schätzung der entsprechenden Jahresbeträge ergibt sich unterjährig ein stabiles Verhältnis von Umsatz und Ergebnis.

Nach dem eigenständigen Ansatz werden die angesprochenen Aufwendungen und Erträge wie folgt abgegrenzt:

- streng zeitraumbezogen: Miete, Versicherungen
- zeitanteilig verrechnete Jahresaufwendungen und -erträge: Pensionen, Abschreibungen, Beteiligungserträge (nach Zeitpunkt und Höhe stabil)
- zeitpunktbezogene Verrechnung: Gehälter, Großreparatur, Werbung und Messekosten

Die Beteiligungserträge wären nach dem eigenständigen Ansatz grundsätzlich zeitpunktbezogen zu erfassen und ggf. als neutraler Ertrag gesondert auszuweisen, um die zeitliche Vergleichbarkeit der Ergebniszahlen zu gewährleisten. Angesichts einer Beteiligung von 60 % ist jedoch zu vermuten, dass die GAMES 'R' US AG die zu erwartende Dividende relativ sicher abschätzen kann, weshalb nichts gegen eine antizipierende Verteilung dieses Ertrages im Zwischenbericht spricht, sofern dieses Vorgehen erläutert wird.

Der Messeaufwand im 3. Quartal ist zwar ebenso vorhersehbar, da er jedes Jahr im gleichen Quartal und etwa in gleicher Höhe anfällt. Eine Antizipation dieses betrieblichen Aufwands wäre damit grundsätzlich möglich. Andererseits scheint die zeitliche Vergleichbarkeit der Quartale auch bei einer zeitpunktbezogenen Verrechnung durchaus gewährleistet.

Der Veräußerungsertrag aus dem geplanten Verkauf der Lagerhalle kann auch bei Verwendung des integrativen Ansatzes noch nicht berücksichtigt werden, da noch unsicher ist, ob der Verkauf überhaupt innerhalb des Geschäftsjahres stattfindet.

in Mio. GE	1. Quartal		Prognose für Geschäftsjahr
	eigenständig	integrativ	
Umsatz	20 (10 %)		200
Bestandsveränderungen	9		–
Gesamtleistung	29		200
Mat.-, Lohn-, Transp.-Einzelko.	15		60
Beteiligungserträge	1,5	0,6	6
Mieten, Versicherungen	2,5	1	10
Gehälter	10	4,8	48
Pensionen	2	0,8	8
planm. Abschreib. und sonst. Jahresaufwand	8,5	3,4	34
Werbung und Verkaufsförderung	2	1,6	16
Großreparatur	–	0,4	4
Veräußerungsertr. Lagerhalle	–	–	(1,8)
Ergebnis vor Steuern	– 9,5	2,6	26
Ertragsteuern*	a) + 3,8 b) –	1,04 1,04	10,4 10,4
Ergebnis nach Steuern	a) – 5,7 b) – 9,5	a) 1,56 b) 1,56	a) 15,6 b) 15,6

*) Alternative a) geht davon aus, dass das Unternehmen in der Verlustperiode einen (fiktiven) Steuerertrag ausweist, nachdem für das Gesamtjahr ein Gewinn zu erwarten ist.
Alternative b) verzichtet auf die Berücksichtigung positiver Steuereffekte, wenn in späteren Quartalen eine positive kumulierte Steuerrückstellung erforderlich ist.

Aufgabe 14.2: Quartalserfolgsermittlung: eigenständiger vs. integrativer Ansatz II

Die AKTUELL AG erzielte im laufenden Geschäftsjahr folgende Quartalsumsätze:

1. Quartal	GE	1.500
2. Quartal	GE	1.000
3. Quartal	GE	3.000
4. Quartal	GE	4.500
Geschäftsjahr	GE	10.000

Im Geschäftsjahr fielen folgende Aufwendungen an:

in GE	Q1	Q2	Q3	Q4	Gesamtjahr
Einzelkosten					
Materialeinzelkosten	225	150	450	675	1.500
Direkte Löhne	180	120	360	540	1.200
Transportkosten	45	30	90	135	300
Gemeinkosten					
Mieten					200
Versicherungen					400
Gehälter	450	450	450	650	2.000
Werbeaufwand	75	100	130	95	400
Rückstellung für unterlassene Instandhaltungsmaßnahmen	–	150	450	–	600
Pensionen	Verrechnung am Ende des Jahres				300
Abschreibungen	Verrechnung am Ende des Jahres				1.200

Der Ertragsteuersatz beträgt 50 %. Es lagen keine Bestandsveränderungen vor. Für die im laufenden Geschäftsjahr unterlassenen Aufwendungen für Instandhaltungen wird aufwandswirksam eine Rückstellung gebildet, da sie im folgenden Geschäftsjahr innerhalb von drei Monaten nachgeholt werden.

Erstellen Sie die Ergebnisrechnungen für das Geschäftsjahr! Verwenden Sie alternativ die beiden Ansätze:

- eigenständiger Ansatz;
- integrativer Ansatz, wobei dieser so gestaltet werden soll, dass die Gemeinkosten und die selten anfallenden Aufwendungen umsatzanteilig verrechnet werden.

Lösung

Ergebnisrechnungen der AKTUELL AG nach dem eigenständigen und dem integrativen Ansatz:

- eigenständiger Ansatz:

in GE	Q1	Q2	Q3	Q4	Gesamtjahr
Umsatz	1.500	1.000	3.000	4.500	10.000
sachlich abgrenzbarer Aufwand:					
Material-Einzelkosten	225	150	450	675	1.500
Direkte Löhne	180	120	360	540	1.200
Transportkosten	45	30	90	135	300
streng zeitraumbezogener Aufwand:					
Mieten	50	50	50	50	200
Versicherungen	100	100	100	100	400
nicht streng zeitraumbezogener Aufwand (zeitpunktbez. Verrechnung):					
Gehälter	450	450	450	650	2.000
Werbeaufwand	75	100	130	95	400
Aufwand für unterlassene Instandhaltung	–	150	450	–	600
zeitanteilig verrechneter Jahresaufwand:					
Pensionen	75	75	75	75	300
Abschreibungen	300	300	300	300	1.200
Ergebnis vor Steuern	0	– 525	545	1.880	1.900
Ertragsteuern*					
a) mit positivem Steuereffekt	–	– 262,5	272,5	940	950
b) nur Steuerrückstellungen	–	–	10	940	950
Ergebnis nach Steuern					
a)	–	– 262,5	272,5	940	950
b)	–	- 525	535	940	950
Umsatzrendite (in %)	0	– 26,3	9,1	20,9	9,5
a)	0	– 52,5	17,8	20,9	9,5
b)					

*) Alternative a) geht davon aus, dass das Unternehmen in der Verlustperiode einen (fiktiven) Steuerertrag ausweist, nachdem für das Gesamtjahr ein Gewinn zu erwarten ist.
Alternative b) unterstellt, dass erst dann Steuerrückstellungen gebildet werden, wenn das kumulierte Ergebnis positiv wird.

- integrativer Ansatz:

in GE	Q1	Q2	Q3	Q4	Gesamtjahr
Umsatz	1.500	1.000	3.000	4.500	10.000
direkt zurechenbarer Aufwand:					
Material-Einzelkosten	225	150	450	675	1.500
Direkte Löhne	180	120	360	540	1.200
Transportkosten	45	30	90	135	300
umsatzanteilige Allokation der Gemeinkosten:					
Mieten	30	20	60	90	200
Versicherungen	60	40	120	180	400
Gehälter	300	200	600	900	2.000
Werbeaufwand	60	40	120	180	400
Pensionen	45	30	90	135	300
Abschreibungen	180	120	360	540	1.200
umsatzanteilige Verrechnung seltener bzw. besonderer Aufwendungen:					
Aufwand für unterlassene Instandhaltung	90	60	180	270	600
Ergebnis vor Steuern	285	190	570	855	1.900
Ertragsteuern	142,5	95	285	427,5	950
Ergebnis nach Steuern	142,5	95	285	427,5	950
Umsatzrendite (in %)	9,5	9,5	9,5	9,5	9,5

Aufgabe 14.3: Zwischenberichterstattung

Die Aktien der MANNI TIMES AG sind im Prime Standard des regulierten Marktes an der Frankfurter Wertpapierbörse (FWB) notiert. Die MANNI TIMES AG hat ihren Sitz in Köln und ist in keinen Konzernverbund integriert.

a) Erläutern Sie, ob, und wenn ja, nach welchen Vorschriften, die MANNI TIMES AG zur Zwischenberichterstattung verpflichtet ist!

b) Welchen Zeitraum müssen der Halbjahresfinanzbericht der MANNI TIMES AG nach § 115 WpHG sowie die Quartalsmitteilung nach BörsO (FWB) umfassen und welchen Berichtsumfang haben diese?

Lösung

a) Die zusätzlichen Pflichten zur unterjährigen Finanzberichterstattung ergeben sich in diesem Sachverhalt aus dem WpHG und ergänzend aus der Börsenordnung der FWB. Die Regelungen nach dem WpHG betreffen Unternehmen, die als Inlandsemittent Wertpapiere an einem organisierten Markt begeben haben. Inlandsemittenten sind gemäß § 2 Abs. 14 WpHG grundsätzlich Emittenten, für die die Bundesrepublik Deutschland der Herkunftsstaat (§ 2 Abs. 13 WpHG) ist. Allerdings zählen solche Emittenten, für die Deutschland zwar der Herkunftsstaat ist, deren Wertpapiere aber nicht im Inland, sondern nur im EU/EWR-Ausland zugelassen sind, nicht zu den Inlandsemittenten (§ 2 Abs. 14 Nr. 1 WpHG), soweit sie in diesem anderen Staat Veröffentlichungs- und Mitteilungspflichten gemäß der EU-Transparenzrichtlinie 2004/109/EG unterliegen. Schließlich gelten auch diejenigen Emittenten als Inlandsemittenten, deren Herkunftsstaat ein EU/EWR-Staat ist und deren Wertpapiere zugleich nur im deutschen Inland zum Handel an einem organisierten Markt zugelassen sind (§ 2 Abs. 14 Nr. 2 WpHG).

   Gemäß § 115 Abs. 1 Satz 1 WpHG sind alle Inlandsemittenten von Aktien oder Schuldtiteln verpflichtet, einen Halbjahresfinanzbericht zu erstellen. Die MANNI TIMES AG ist Inlandsemittent i. S. des § 2 Abs. 14 i. V. m. Abs. 13 Nr. 1a WpHG, da sie ihren Sitz im Inland hat und ihre Aktien an einem organisierten Markt im Inland notiert sind. Damit ist sie verpflichtet, einen Halbjahresfinanzbericht zu erstellen.

   Nachdem die MANNI TIMES AG im Prime Standard des regulierten Marktes an der FWB gelistet ist, gelten für sie die im Vergleich zum WpHG weitaus strengeren unterjährigen Publizitätsvorschriften der Börsenordnung der FWB. Somit ist die MANNI TIMES AG gemäß § 53 Abs. 1 BörsO der FWB zusätzlich verpflichtet, zum Stichtag des ersten und des dritten Quartals eines Geschäftsjahres eine Quartalsmitteilung zu erstellen.

b) Der Halbjahresfinanzbericht nach WpHG der MANNI TIMES AG ist für die ersten sechs Monate eines jeden Geschäftsjahres zu erstellen und hat mindestens einen verkürzten Abschluss, bestehend aus einer verkürzten Bilanz, einer verkürzten GuV und einem Anhang (§ 115 Abs. 3 WpHG), einen Zwischenlagebericht und eine Versicherung der gesetzlichen Vertreter, den sog. »Bilanzeid« und den »Lageberichtseid«, zu enthalten (§ 115 Abs. 1 Satz 1 und Abs. 2 WpHG). Als Aktienemittent muss die MANNI TIMES AG zudem wesentliche nicht zu marktüblichen Bedingungen abgeschlossene Geschäfte mit nahestehenden Unternehmen und Personen im Anhang oder im Lagebericht des Halbjahresfinanzberichts angeben (§ 115 Abs. 4 Satz 2 WpHG). Würde es sich bei der MANNI TIMES AG um ein konsolidierungspflichtiges Mutterunternehmen handeln, so wäre der Halbjahresfinanzbericht allein auf Konzernebene zu erstellen (§ 117 Nr. 2 WpHG). Nach § 115 Abs. 1 WpHG ist der Halbjahresfinanzbericht spätestens drei Monate nach Ablauf des Berichtszeitraums zu veröffentlichen.

Die Quartalsmitteilung nach der BörsO der FWB umfasst die zwischen dem letzten Jahresabschlussstichtag und dem Mitteilungsstichtag liegenden Monate, somit handelt es sich um eine Dreimonats-, Sechsmonats- und Neunmonatsmitteilung. In der Quartalsmitteilung sind die wesentlichen Ereignisse und Geschäfte des Mitteilungszeitraums im Unternehmen und ihre Auswirkungen auf die Finanzlage zu erläutern sowie die Finanzlage und das Geschäftsergebnis im Mitteilungszeitraum zu beschreiben (§ 53 Abs. 2 BörsO der FWB). Sofern das Unternehmen aufgrund neuer Erkenntnisse zu dem Ergebnis kommt, dass sich die im letzten Lagebericht bzw. Zwischenlagebericht abgegebenen Prognosen und sonstigen Aussagen zur voraussichtlichen Entwicklung des Unternehmens wesentlich verändert haben, so ist auch hierüber zu berichten (§ 53 Abs. 3 BörsO der FWB). Die Mitteilung muss in deutscher und englischer Sprache abgefasst sein (§ 53 Abs. 4 BörsO der FWB). Die Veröffentlichung muss gemäß § 53 Abs. 5 BörsO der FWB spätestens zwei Monate nach Ende des jeweiligen Mitteilungszeitraums erfolgen. Die Pflicht zur Aufstellung einer Quartalsmitteilung entfällt, wenn ein Quartalsfinanzbericht analog den Vorgaben der §§ 115 Abs. 2 Nr. 1 und 2, Abs. 3 und 4 oder 117 Nr. 2 WpHG erstellt wird (§ 53 Abs. 6 BörsO der FWB).

Aufgabe 14.4: Ad-hoc-Publizität

Die UNVERZÜGLICH AG, deren Aktien im regulierten Markt der Frankfurter Wertpapierbörse (FWB) notiert sind, hat ihren Geschäftssitz in Frankfurt am Main. Im laufenden Geschäftsjahr 01 treten unabhängig voneinander folgende Sachverhalte auf:

- Die UNVERZÜGLICH AG muss im Februar 01 ihre Prognose des Jahresüberschusses für das laufende Geschäftsjahr aufgrund von Absatzschwierigkeiten um 30 % nach unten korrigieren.
- Im April 01 erfährt die UNVERZÜGLICH AG, dass die Insolvenz des größten Konkurrenten kurz bevorsteht.
- Im Juni 01 wird infolge eines Blitzeinschlags durch ein Gewitter am zentralen Standort der UNVERZÜGLICH AG die Hauptproduktionshalle fast vollständig zerstört.
- Der UNVERZÜGLICH AG wird im September 01 ein Patent für eine von der Entwicklungsabteilung der UNVERZÜGLICH AG getätigte bedeutende Erfindung erteilt, durch die sie ihre Produktion in hohem Maße effizienter gestalten kann.
- Mitte Oktober 01 steigt der Ölpreis aufgrund politischer Unruhen in wichtigen Fördergebieten auf sein Jahreshoch.
- Anfang November 01 verlässt der Vorstandsvorsitzende der UNVERZÜGLICH AG unerwartet das Unternehmen.

a) Erläutern Sie allgemein die Zielsetzung, die mit der Ad-hoc-Publizität verbunden ist!

b) Muss die UNVERZÜGLICH AG Ad-hoc-Mitteilungen hinsichtlich der einzelnen genannten Sachverhalte veröffentlichen? Wenn ja, aufgrund welcher Vorschriften und auf welche Weise?

Lösung

a) Die Zielsetzung der Ad-hoc-Publizität besteht darin, eine Ergänzung zu den zu veröffentlichenden Jahresabschlüssen, Lageberichten und Zwischenberichten zu schaffen. Durch die kontinuierliche Publikation kursrelevanter Informationen, werden die Informationszeiträume verkürzt. Damit werden den Investoren zusätzliche Informationen für ihre Anlageentscheidungen bereitgestellt, wodurch Informationsasymmetrien zwischen ihnen und dem Unternehmensmanagement verringert werden sollen. Eine weitere Aufgabe der Ad-hoc-Publizität ist die Prävention von Insidergeschäften durch zeitnahe Publizität. Insgesamt soll die Ad-hoc-Publizität damit zur Verbesserung der Transparenz und der Informationseffizienz des Kapitalmarktes beitragen.

b) Die UNVERZÜGLICH AG ist gemäß Art. 17 Abs. 1 Marktmissbrauchsverordnung (MMVO) als Emittent i. S. des Art. 3 Abs. 1 Nr. 21 MMVO dazu verpflichtet, Insiderinformationen i. S. des Art. 7 MMVO so bald als möglich (i. S. v. unverzüglich) bekannt zu geben (Ad-hoc-Publizität). Es sind im obigen Sachverhalt keine Umstände bekannt, die einer etwaigen Veröffentlichungspflicht der UNVERZÜGLICH AG entgegenstehen, sodass von der Selbstbefreiungsmöglichkeit nach Art. 17 Abs. 4 MMVO nicht Gebrauch gemacht werden kann. Ergänzt wird Art. 17 MMVO auf nationaler Ebene durch das WpHG. Die UNVERZÜGLICH AG ist ein Inlandsemittent i. S. des § 2 Abs. 14 i. V. m. Abs. 13 Nr. 1a WpHG, da sie ihren Sitz im Inland hat und ihre Aktien an einem organisierten Markt im Inland notiert sind. Somit hat die UNVERZÜGLICH AG ebenso gemäß § 26 Abs. 1 WpHG (i. V. m. Art. 17 Abs. 1 MMVO) Insiderinformationen unverzüglich zu veröffentlichen. Die Insiderinformationen sind vor der Veröffentlichung der BaFin als auch den Geschäftsführungen der zuständigen Börsen mitzuteilen sowie nach ihrer Veröffentlichung unverzüglich dem Unternehmensregister i. S. des § 8b HGB zur Speicherung zu übermitteln. Bei Verstößen gegen die Ad-hoc-Publizität sehen die §§ 97 und 98 WpHG Schadensersatzansprüche sowie § 120 WpHG erhebliche Bußgelder vor.

Unter Insiderinformationen sind nach Art. 7 MMVO nicht öffentlich bekannte präzise Informationen zu verstehen, die direkt oder indirekt Emittenten oder deren Finanzinstrumente betreffen und – im Fall einer öffentlichen Bekanntmachung – geeignet wären, den Kurs der Finanzinstrumente oder der damit verbundenen Derivate erheblich zu beeinflussen. Die Informationen sind gemäß Art. 7 Abs. 2 MMVO als präzise anzusehen, wenn sie eine Reihe von Umständen oder Ereignisse betreffen, die bereits gegeben bzw. eingetreten sind oder von denen man vernünftigerweise erwarten kann, dass sie in der Zukunft gegeben sein bzw. eintreten werden. Darüber hinaus müssen diese Informationen spezifisch genug sein, um einen Schluss auf die mögliche Auswirkung der Umstände bzw. Ereignisse auf die Kurse der Finanzinstrumente zuzulassen. Die wesentliche Voraussetzung des Kursbeeinflussungspotenzials einer Information ist als gegeben anzusehen, wenn ein verständiger Anleger die Information bei seiner Anlageentscheidung berücksichtigen würde (Art. 7 Abs. 4 MMVO). Dabei können auch Zwischenschritte von zeitlich gestreckten Sachverhalten, die einen bestimmten Umstand oder ein Ereignis herbeiführen sollen, als Insiderinformationen betrachtet werden (Art. 7 Abs. 2 MMVO).

Die im Sachverhalt genannten einzelnen Vorkommnisse lassen sich hinsichtlich ihrer Berichtspflicht folgendermaßen beurteilen:

- Die UNVERZÜGLICH AG muss ihre Jahresprognose des Jahresüberschusses erheblich korrigieren. Die Verringerung der Prognose um 30 % muss als wesentliche Information, die einen erheblichen Einfluss auf den Börsenkurs der UNVERZÜGLICH AG haben wird, angesehen werden (Art. 7 Abs. 4 MMVO). Darüber hinaus handelt es sich bei der Prognose um eine präzise Information i. S. v. Art. 7 Abs. 2 MMVO, die der breiten Öffentlichkeit nicht bekannt ist und unmittelbar die UNVERZÜGLICH AG betrifft. Somit handelt es sich um eine Insiderinformation i. S. des Art. 7 Abs. 1a MMVO, die nach Art. 17 Abs. 1 MMVO bzw. § 26 Abs. 1 WpHG (i. V. m. Art. 17 Abs. 1 MMVO) unverzüglich veröffentlicht werden muss.

- Die bevorstehende Insolvenz des wichtigsten Konkurrenten der UNVERZÜGLICH AG betrifft diese nicht »unmittelbar« (gemäß Art. 17 Abs. 1 MMVO), sondern nur mittelbar, d. h., es handelt sich lediglich um einen Sachverhalt, der von »außen« kommt. Während für Insiderinformationen im Allgemeinen nach Art. 7 Abs. 1a MMVO bereits ein »indirekter« Bezug zum Emittenten ausreichend ist, sind nach Art. 17 Abs. 1 MMVO lediglich Insiderinformationen zu veröffentlichen, die einen »unmittelbaren« Emittentenbezug haben. Weiterführende Bestimmungen, unter welchen Voraussetzungen ein Emittentenbezug anzunehmen ist, werden in Art. 17 MMVO nicht genannt. Analog zur alten Rechtslage nach § 15 Abs. 1 Satz 3 WpHG a. F. – wonach eine Insiderinformation »unmittelbar« den Emittenten betrifft, »wenn sie sich auf Umstände bezieht, die in seinem Tätigkeitsbereich eingetreten sind« – kann weiterhin davon ausgegangen werden, dass nur die im Tätigkeitsbereich des Emittenten eingetretenen Insiderinformationen und somit primär unternehmensinterne Entwicklungen erfasst werden. Die Insolvenz des wichtigsten Konkurrenten der UNVERZÜGLICH AG fällt damit nicht unter die Ad-hoc-Berichtspflicht nach Art. 17 Abs. 1 MMVO bzw. § 26 Abs. 1 WpHG (i. V. m. Art. 17 Abs. 1 MMVO).

- Durch den Großschaden der UNVERZÜGLICH AG (fast komplette Zerstörung der Produktionshalle) entstehen ihr erhebliche Aufwendungen. Diese Tatsache, die den Emittenten unmittelbar betrifft, birgt erhebliches Kursbeeinflussungspotenzial (Art. 7 Abs. 4 MMVO), insbesondere da die Hauptproduktionshalle am Hauptstandort der UNVERZÜGLICH AG betroffen ist. Die Information ist als präzise i. S. v. Art. 7 Abs. 2 MMVO und der breiten Öffentlichkeit nicht bekannt zu verstehen. Somit handelt es sich hierbei um eine Insiderinformation i. S. des Art. 7 Abs. 1a MMVO, die nach Art. 17 Abs. 1 MMVO bzw. § 26 Abs. 1 WpHG (i. V. m. Art. 17 Abs. 1 MMVO) unverzüglich zu veröffentlichen ist.

- Die Erteilung von Patenten führt ebenfalls zur Pflicht der Abgabe einer Ad-hoc-Mitteilung, wenn es sich um ein für das Unternehmen bedeutendes Patent handelt. Durch die patentierte Erfindung kann der Produktionsprozess der UNVERZÜGLICH AG erheblich verbessert werden, was ihr somit einen Wettbewerbsvorteil gegenüber ihren Konkurrenten ermöglicht. Die unmittelbare Betroffenheit des Emittenten ist somit gegeben. Auch von einem Kursbeeinflussungspotenzial gemäß Art. 7 Abs. 4 MMVO der Veröffentlichung dieser Nachricht ist auszugehen. Ebenso ist die Information als präzise i. S. v. Art. 7 Abs. 2 MMVO anzusehen. Daher liegt für den Sachverhalt eine unverzügliche Publikationspflicht nach Art. 17 Abs. 1 MMVO bzw. § 26 Abs. 1 WpHG (i. V. m. Art. 17 Abs. 1 MMVO) vor.
- Die Entwicklung des Ölpreises wird die UNVERZÜGLICH AG als Industrieunternehmen betreffen, allerdings wohl nur mittelbar (vgl. hierzu ähnlich bereits den zweiten Sachverhalt zur Insolvenz des wichtigsten Konkurrenten). Die Information hinsichtlich der Erhöhung des Ölpreises bezieht sich jedoch nicht auf einen Umstand, der im Tätigkeitsbereich der UNVERZÜGLICH AG eingetreten ist. Über derartige allgemeine Wirtschaftsdaten muss daher nach Art. 17 Abs. 1 MMVO bzw. § 26 Abs. 1 WpHG (i. V. m. Art. 17 Abs. 1 MMVO) i. d. R. nicht berichtet werden.
- Kommt es bei Unternehmen zu überraschenden Veränderungen in Schlüsselpositionen, ist darüber grundsätzlich in einer Ad-hoc-Mitteilung nach Art. 17 Abs. 1 MMVO bzw. § 26 Abs. 1 WpHG (i. V. m. Art. 17 Abs. 1 MMVO) zu berichten. Die Tatsache, dass der Vorstandsvorsitzende der UNVERZÜGLICH AG das Unternehmen überraschend verlässt, ist offensichtlich eine nicht öffentlich bekannte und präzise (gemäß Art. 7 Abs. 2 MMVO) Insiderinformation, die erhebliches Kursbeeinflussungspotenzial (gemäß Art. 7 Abs. 4 MMVO) birgt sowie die UNVERZÜGLICH AG unmittelbar betrifft und damit unverzüglich publikationspflichtig ist.

15. Kapitel: Prüfung, Offenlegung und Enforcement

Aufgabe 15.1: Prüfung und Offenlegung

Sie sind Leiter Rechnungswesen der in Deutschland ansässigen Publishing GmbH & Co. KG. Im Jahr 02 weist die Publishing GmbH & Co. KG auf der Aktivseite der Bilanz ein Anlagevermögen i. H. v. 12.350.090 EUR (Jahr 01: 13.480.300 EUR), ein Umlaufvermögen i. H. v. 6.950.000 EUR (Jahr 01: 5.050.800 EUR) und einen nicht durch Eigenkapital gedeckten Fehlbetrag i. H. v. 1.200.800 EUR (Jahr 01: 500.400 EUR) aus. Die Publishing GmbH & Co. KG beschäftigte im Jahr 02 durchschnittlich 245 Mitarbeiter (Jahr 01: 254). Aufgrund einer innovativen Geschäftspolitik konnte die Publishing GmbH & Co. KG den Umsatz im Jahr 02 gegenüber dem Vorjahr um 25 % auf 48.000.000 EUR steigern. Klären Sie folgende Fragestellungen!

a) Ist die Publishing GmbH & Co. KG im Jahr 02 nach den Vorschriften des HGB als Kleinstkapitalgesellschaft, kleine, mittelgroße oder große Gesellschaft einzuordnen? Ergibt sich hieraus eine Prüfungspflicht der Publishing GmbH & Co. KG im Jahr 02? Wenn ja, wer ist prüfungsberechtigt?

b) Welche Dokumente muss die Publishing GmbH & Co. KG im Jahr 02 offenlegen? Wo erfolgt diese Offenlegung?

Lösung

a) Als haftungsbeschränkte (= unechte) Personenhandelsgesellschaft fällt die Publishing GmbH & Co. KG unter den § 264a Abs. 1 HGB und unterliegt damit auch den besonderen Regelungen des HGB für Kapitalgesellschaften. Damit sind auch die Größenkriterien der §§ 267, 267a HGB zu prüfen. Die Bilanzsumme der Publishing GmbH & Co. KG ergibt im Jahr 02 einen Wert von 18.099.290 EUR, da hier von der Summe aus Anlage- und Umlaufvermögen der auf der Aktivseite ausgewiesene Fehlbetrag (§ 268 Abs. 3 HGB) abzuziehen ist. Im Jahr 01 betrug die Bilanzsumme entsprechend 18.030.700 EUR, sodass in beiden Jahren das Größenkriterium des § 267 Abs. 2 Nr. 1 i. V. m. Abs. 3 Satz 1 HGB bezüglich großer Kapitalgesellschaften (hier: Bilanzsumme kleiner 20.000.000 EUR) unterschritten wird. Das Größenkriterium der Umsatzerlöse (40.000.000 EUR) wird jedoch im Jahr 02 überschritten (48.000.000 EUR) und wurde im Vorjahr unterschritten (38.400.000 EUR). Die Größengrenze von durchschnittlich 250 Mitarbeitern wird im Jahr 02 mit 245 Mitarbeitern bzw. im Jahr 01 mit 254 Mitarbeitern unter- bzw. übertroffen. Da gemäß § 267 Abs. 4 Satz 1 i. V. m. Abs. 2 HGB in zwei aufeinanderfolgenden Geschäftsjahren zwei der drei Größenkriterien des § 267 Abs. 2 HGB nicht überschritten werden dürfen, ist die Publishing GmbH & Co. KG wie eine mittelgroße Kapitalgesellschaft zu behandeln. Es ist dabei unerheblich, dass in den zwei aufeinanderfolgenden Geschäftsjahren nicht dieselben Größenkriterien unterschritten werden (hier: Umsatzerlöse und Mitarbeiteranzahl), sondern es können in den Geschäftsjahren jeweils zwei unterschiedliche der drei möglichen Kriterien erfüllt sein.

Da die Publishing GmbH & Co. KG als mittelgroße Personenhandelsgesellschaft i. S. des § 264a Abs. 1 HGB wie eine mittelgroße Kapitalgesellschaft zu behandeln ist, unterliegt sie der Prüfungspflicht des § 316 Abs. 1 Satz 1 HGB. Als Abschlussprüfer kommen ein Wirtschaftsprüfer und auch ein vereidigter Buchprüfer gemäß § 319 Abs. 1 Satz 2 HGB in Betracht.

b) Die Publishing GmbH & Co. KG hat gemäß § 325 Abs. 1 HGB Bilanz, GuV, Anhang und Lagebericht, den »Bilanz-« und den »Lageberichtseid« sowie den Bestätigungsvermerk bzw. den Vermerk über dessen Versagung offenzulegen. Hierbei kann die Publishing GmbH & Co. KG die größenabhängigen Erleichterungen des § 327 HGB für Angaben in Bilanz und Anhang in Anspruch nehmen. Die Offenlegung hat durch elektronische Übermittlung der Dokumente an die das Unternehmensregister führende Stelle zur Einstellung in das Unternehmensregister spätestens binnen zwölf Monaten nach dem Abschlussstichtag zu erfolgen (§ 325 Abs. 1 und 1a HGB).

Aufgabe 15.2: Ausschlussgründe

Die Wirtschaftsprüfer Schlaumeier und Erbsenzähler haben sich im Jahr 02 zu einer dauerhaften Zusammenarbeit entschlossen, um größere Mandate betreuen und prüfen zu können. Hierzu haben sie gemeinsam Büroräume angemietet und Mitarbeiter eingestellt, deren Kosten gemeinschaftlich geteilt werden. Herr Schlaumeier wird im Jahr 03, entsprechend den Regelungen des Gesellschaftsvertrags, durch die Gesellschafter der Service GmbH zum Abschlussprüfer gewählt und von dem gemäß § 52 GmbHG eingerichteten Aufsichtsrat mit der Prüfungsdurchführung beauftragt. Der Aufsichtsratsvorsitzende spielt mit Herrn Schlaumeier in einer Seniorenmannschaft gemeinsam Fußball. Herr Erbsenzähler berät im Jahr 03 die Service GmbH zu einer neuen, die Expansion fördernden Unternehmensstrategie. Herr Schlaumeier, der die Zusatzausbildung eines Aktuars besitzt, hat für den Abschluss im Jahr 01 die damalige versicherungsmathematische Berechnung der nicht unwesentlichen Pensionsrückstellungen der Service GmbH übernommen. Herr Häkchen, ein in der Prüfung durch Herrn Schlaumeier fest eingeplanter Mitarbeiter, besitzt im Jahr 03 5 % der Anteile an der Service GmbH.

Darf Herr Schlaumeier den Prüfungsauftrag der Service GmbH annehmen oder liegt ein Ausschlussgrund vor? Prüfen Sie die vorliegenden Sachverhalte anhand der Normen des HGB.

Lösung

Zur Prüfung der Ausschlussgründe ist allgemein § 319 HGB zu beachten. Des Weiteren liegt hier auch ein Netzwerk gemäß § 319b Abs. 1 Satz 3 HGB vor, da die Herren Schlaumeier und Erbsenzähler bei ihrer Berufsausübung (= Beratung und Prüfung) zur Verfolgung gemeinsamer wirtschaftlicher Interessen (= neue Mandate und Teilung der Büro- und Mitarbeiterkosten) für eine gewisse Dauer zusammenarbeiten. § 319b HGB stellt eine Ergänzung der sog. »Sozietätsklausel« in § 319 Abs. 3 Satz 1 HGB dar, da auch »ein Wirtschaftsprüfer [...], wenn er oder eine Person, mit der er seinen Beruf gemeinsam ausübt«, bei Vorliegen von Ausschlussgründen die Prüfung nicht durchführen darf.

Der Sachverhalt, dass der Aufsichtsratsvorsitzende ein Mitspieler in der Fußballmannschaft des Abschlussprüfers Schlaumeier ist, fällt als Beziehung persönlicher Art unter § 319 Abs. 2 HGB. Damit hier eine Besorgnis der Befangenheit besteht, muss ein vernünftiger und sachverständiger Dritter objektive Gründe dafür haben, dass berechtigte Zweifel an der Unabhängigkeit des Abschlussprüfers vorliegen. So ein Grund kann in einer persönlichen Vertrautheit bestehen. Da in diesem Fall die persönliche Beziehung nur aus der gemeinsamen Mannschaftszugehörigkeit abzuleiten ist, kann man objektiv davon ausgehen, dass eine persönliche Vertrautheit, die gemäß § 35 der Berufssatzung eine »enge persönliche Beziehung« voraussetzt und zur Befangenheit führt, zu verneinen ist. Ein Prüfungsausschluss ergibt sich hieraus grundsätzlich nicht.

Herr Erbsenzähler zählt gemäß § 319b HGB zum Netzwerk des Abschlussprüfers Schlaumeier. Durch seine Beratung der Service GmbH im Hinblick auf eine neue Unternehmensstrategie erbringt Herr Erbsenzähler im Jahr 03 eine Dienstleistung, die durch § 319 Abs. 3 Satz 1 Nr. 3 HGB nicht ausgeschlossen ist, sodass sich durch die Unternehmensberatung kein Ausschlussgrund ergibt. Jedoch muss gemäß § 319b Abs. 1 Satz 1 HGB auch die Besorgnis der Befangenheit geprüft werden. Diese ergibt sich nach § 319 Abs. 2 HGB für Herrn Erbsenzähler aus der aus dem Beratungsauftrag resultierenden finanziellen Verflechtung mit der Service GmbH. Diese finanzielle Verflechtung kann einen möglichen Ausschlussgrund darstellen. Hierbei muss allerdings eine weitere Differenzierung vorgenommen werden, da Herr Erbsenzähler als Netzwerkmitglied zwar einen Ausschlussgrund verursacht, aber gemäß § 319b Abs. 1 Satz 1 HGB keinen Einfluss auf das Ergebnis der Abschlussprüfung in Form der Beurteilung der Ordnungsmäßigkeit der Rechnungslegung nehmen kann. So liegt auch bei diesem Sachverhalt kein Prüfungsausschluss vor.

Herr Schlaumeier hatte die versicherungsmathematische Berechnung der Pensionsrückstellungen der Service GmbH übernommen, die einen wesentlichen Einfluss auf den Jahresabschluss besaß. Laut Angabe hat diese Dienstleistung aber bereits vor zwei Jahren stattgefunden und gemäß § 319 Abs. 3 Nr. 3 HGB nicht »in dem zu prüfenden Geschäftsjahr« und sie hat auch keine Auswirkung »auf den zu prüfenden Jahresabschluss« (§ 319 Abs. 3 Nr. 3 d) HGB). Da Herr Schlaumeier der Abschlussprüfer für das Jahr 03 ist, entfaltet diese frühere Tätigkeit keine ausschließende Wirkung.

Der durch Herrn Schlaumeier in der Prüfung der Service GmbH eingeplante Herr Häkchen besitzt 5 % der Anteile der Service GmbH. § 319 Abs. 3 Nr. 1 HGB sieht vor, dass der mit der Prüfung beauftragte Wirtschaftsprüfer keine Anteile an der zu prüfenden Kapitalgesellschaft besitzen darf. Hier besitzt aber nicht der Abschlussprüfer Herr Schlaumeier einen Kapitalanteil, sondern sein Mitarbeiter Herr Häkchen. Wenn Herr Schlaumeier wie geplant Herrn Häkchen in der Prüfung der Service GmbH einsetzt, liegt gemäß § 319 Abs. 3 Nr. 4 ein Ausschlussgrund vor, da auch ein an der Prüfung beteiligter Mitarbeiter keine wesentlichen Anteile – bei 5 % der Anteile ist von der Wesentlichkeit auszugehen – besitzen darf. Hiermit ist ein Ausschlussgrund erfüllt und Herr Schlaumeier darf den Prüfungsauftrag der Service GmbH nicht annehmen. Herr Schlaumeier kann die Prüfung nur dann durchführen, wenn er Herrn Häkchen bei der Prüfung der Service GmbH nicht beschäftigt.

Aufgabe 15.3: Erwartungslücke

Im Jahr 01 hat der Abschlussprüfer der Luckless GmbH nach einer gewissenhaften, gründlichen und den Normen entsprechenden Prüfung einen uneingeschränkten Bestätigungsvermerk gemäß § 322 Abs. 2 Nr. 1 HGB erteilt. Im Dezember 02 muss die Luckless GmbH aufgrund einer nicht vorhersehbaren Wirtschaftskrise Insolvenz anmelden. Die Mitarbeiter, die nicht geschäftsführenden Gesellschafter der Luckless GmbH und die örtlichen Medien sind außer sich, da trotz des uneingeschränkten Bestätigungsvermerks des Abschlussprüfers der Insolvenzfall eingetreten ist. Wie beurteilen Sie objektiv unter Beachtung der handelsrechtlichen Normen diesen Sachverhalt?

Lösung

Der vorliegende Sachverhalt ist ein Beispiel für die sog. »Erwartungslücke«, die die Diskrepanz zwischen der öffentlichen Meinung und Erwartungshaltung zu den Aufgaben und Ergebnissen einer normenkonformen Abschlussprüfung und der tatsächlichen und gesetzlich bestimmten Aussagekraft eines Bestätigungsvermerks beschreibt. Die Regelungen des HGB sehen vor, dass gemäß § 317 Abs. 1 und 2 HGB die Übereinstimmung von Buchführung, Jahresabschluss und Lagebericht mit den gesetzlichen Vorschriften, dem Gesellschaftsvertrag und der Satzung geprüft wird und so der Jahresabschluss und Lagebericht ein den tatsächlichen Verhältnissen entsprechendes Bild der Vermögens-, Finanz- und Ertragslage der Luckless GmbH widerspiegeln und die wirtschaftliche Lage sowie künftige Chancen und Risiken zutreffend dargestellt werden (zusätzlich sind bei bestimmten kapitalmarktorientierten Kapitalgesellschaften diejenigen Unterlagen Gegenstand der Abschlussprüfung, die zum Zweck der Offenlegung den Vorschriften des § 328 Abs. 1 HGB entsprechen müssen; vgl. § 317 Abs. 3a HGB). Die Beurteilung dieser Sachverhalte wird durch den Abschlussprüfer als Ergebnis der Prüfung im Bestätigungsvermerk zum Ausdruck gebracht. Bei einer gewissenhaften, gründlichen und den

Normen entsprechenden Prüfungsdurchführung überprüft der Abschlussprüfer nur die Ordnungsmäßigkeit der Rechnungslegung und erfüllt nicht die Erwartungen der Öffentlichkeit in Bezug auf die Ordnungs- und Zweckmäßigkeit der Geschäftsführung, die Erfolgsaussichten der Unternehmensstrategie und damit die für die Mitarbeiter interessante Arbeitsplatzsicherheit oder die für die Gesellschafter wichtige Wahrscheinlichkeit der Erzielung künftiger Gewinne (siehe auch § 317 Abs. 4a HGB). Soweit dies nicht bereits aus der Lageberichterstattung bzw. aus der Darstellung künftiger Chancen und Risiken ersichtlich ist, muss der Abschlussprüfer diese Erwartungen nicht durch weitere Berichtsformate erfüllen. Ebenso wurde auch durch einen uneingeschränkten Bestätigungsvermerk keine Garantie für den Fortbestand der Luckless GmbH ausgestellt und der Abschlussprüfer hat die Insolvenz nicht zu verantworten.

Aufgabe 15.4: Enforcement

Aufgrund der immens gestiegenen Nachfrage im Maschinenbausegment beschloss die Tech AG im Jahr 01, das für eine Produktionserweiterung notwendige Kapital über einen Börsengang zu beschaffen. Zum 01.01.02 wird die Tech AG erstmalig gelistet. Aufgrund des erstmaligen Listings fällt die Tech AG in die Stichprobenprüfung der Bundesanstalt für Finanzdienstleistungsaufsicht (BaFin). Der Vorstand der Tech AG wird daraufhin in einer Mitteilung der BaFin über die Prüfung informiert und aufgefordert, die sonstigen Auskunftspersonen, an die sich die BaFin bei Durchführung ihrer Prüfung wenden kann, zu benennen.

a) Erklären Sie anhand der gesetzlichen Normen die Rechtfertigung der Prüfung durch die BaFin im Rahmen des deutschen Enforcement-Systems.

b) Da der Vorstand sich noch nicht im Klaren darüber ist, in welchem Umfang das Unternehmen der Prüfung durch die BaFin unterliegt, beauftragt er Sie, ihn über das Prüfungsverfahren zu informieren. Mit welchem Prüfungsgegenstand der BaFin muss der Vorstand rechnen? Was wären die Folgen eines entdeckten Fehlers in der Rechnungslegung?

c) Nach Ihren Recherchen will sich der Vorstand mit allen Mitteln gegen eine Mitwirkung an der Prüfung wehren. Erläutern Sie, inwiefern die Kooperation des Unternehmens mit der BaFin verpflichtend ist. Gehen Sie dabei insbesondere auf hoheitliche Befugnisse der BaFin ein.

Lösung

a) Die Tech AG ist gemäß § 264d HGB eine kapitalmarktorientierte Kapitalgesellschaft, da sie im Inland an einer Börse zum Wertpapierhandel zugelassen ist (§ 2 Abs. 1 Nr. 1 i. V. m. § 2 Abs. 11 WpHG). Kapitalmarktorientierte Unternehmen unterliegen seit dem Bilanzkontrollgesetz (BilKoG) einem Kontrollsystem zur Überwachung der normenkonformen Rechnungslegung. Bis zum 31.12.2021 war dieses Kontrollsystem zweistufig ausgestaltet mit der Deutschen Prüfstelle für Rechnungslegung (DPR) als privatrechtlicher Instanz auf der ersten Stufe und der BaFin als staatlicher Instanz auf der zweiten Stufe (§ 342b Abs. 2 Satz 2 HGB a. F.). Mit Inkrafttreten des Gesetzes zur Stärkung der Finanzmarktintegrität (FISG) am 01.01.2022 wurde das Enforcement in Deutschland auf ein einstufiges Verfahren umgestellt. Seitdem trägt die BaFin die Alleinverantwortung für das Bilanzkontrollverfahren. Die einschlägigen Normen finden sich seit Inkrafttreten des FISG in den §§ 106–113a WpHG. Die BaFin kann ihre Kontrolltätigkeit als reaktive Anlassprüfung und proaktive Stichprobenprüfung aufnehmen. Anlassprüfungen finden bei konkreten Anhaltspunkten für einen Verstoß gegen die Rechnungslegungsvorschriften (§ 107 Abs. 1 Satz 1 WpHG) statt. Bei der Tech AG handelt es sich um eine Stichprobenprüfung gemäß § 107 Abs. 1 Satz 3 WpHG. Zwar ist eine stichprobenartige Prüfung ohne besonderen Anlass durchzuführen, jedoch liegen im Fall der Tech AG durch das erstmalige Listing besondere risikobehaftete Umstände vor, die sie Teil der Stichprobe werden lassen.

b) Nach § 106 WpHG unterliegen der Prüfung durch die BaFin prinzipiell der zuletzt festgestellte Jahresabschluss und der zugehörige Lagebericht; der Halbjahresfinanzbericht wird nur reaktiv geprüft. Bei Anlassprüfungen dürfen gemäß § 107 Abs. 2 WpHG grundsätzlich die veröffentlichten Abschlüsse und Berichte der letzten drei Geschäftsjahre als Gegenstand der Prüfung herangezogen werden. Da es sich bei der Tech AG jedoch um eine Stichprobenprüfung handelt, dürfen nur der Jahresabschluss und der zuletzt festgestellte zugehörige Lagebericht der Tech AG durch die BaFin geprüft werden (§ 107 Abs. 1 Satz 3 und Satz 5 WpHG). Die BaFin prüft dabei die ordnungsgemäße Anwendung der Rechnungslegung, d. h. die Einhaltung der gesetzlichen Vorschriften (§ 238 ff. HGB) und die Beachtung der Grundsätze ordnungsmäßiger Buchführung. Ergänzend nimmt die BaFin Einsicht in den Prüfungsbericht des Abschlussprüfers. Die Enforcement-Prüfung ist nicht wie die Abschlussprüfung nach § 317 HGB eine vollumfängliche Prüfung, sondern es werden die von der BaFin für ein Jahr im Voraus festgelegten Prüfungsschwerpunkte, die im Rahmen der Stichprobenprüfung für die Tech AG relevant sind, geprüft. Die Schwerpunktsetzung dient dazu, besonders kritische Rechnungslegungsthemen oder Abschlussposten, bei denen Zweifel hinsichtlich der Rechtmäßigkeit eines Abschlusses bestehen, zu kontrollieren. Des Weiteren teilt die BaFin den Verdacht einer Straftat im Zusammenhang mit der Rechnungslegung der zuständigen Behörde mit und meldet mögliche Berufspflichtverletzungen des Abschlussprüfers der Abschlussprüferaufsichtsstelle (APAS) beim Bundesamt für Wirtschaft und Ausfuhrkontrolle (§ 109a WpHG).

Ergibt die Prüfung keine Beanstandungen in der Rechnungslegung, informiert die BaFin die Tech AG gemäß § 109 Abs. 3 Satz 1 WpHG über die Fehlerfreiheit. Zusätzlich muss das Ergebnis der Prüfung auf der Website der BaFin sowie in einem überregionalen Börsenpflichtblatt oder einem äquivalenten elektronischen Informationssystem veröffentlicht werden (§ 109 Abs. 3 Satz 2 WpHG). Gemäß § 109 Abs. 3

Satz 3 WpHG ist die Bekanntmachung zusätzlich unverzüglich an die das Unternehmensregister führende Stelle zur Einstellung in das Unternehmensregister zu übermitteln. Im Falle einer Fehlerfeststellung in der Rechnungslegung der Tech AG muss die BaFin gemäß § 109 Abs. 2 Satz 1 WpHG das Ergebnis der Prüfung feststellen und zusätzlich unter Nennung des Namens der Tech AG und wesentlicher Teile der Begründung der Fehlerfeststellung den Fehler auf der Website der BaFin sowie in einem überregionalen Börsenpflichtblatt oder einem äquivalenten elektronischen Informationssystem veröffentlichen. Außerdem ist die Bekanntmachung an die das Unternehmensregister führende Stelle zur Einstellung in das Unternehmensregister zu übermitteln (§ 109 Abs. 2 Satz 6 WpHG). Seit Inkrafttreten des FISG hat die BaFin die Möglichkeit festzustellen, wie die Rechnungslegung ohne den Fehler darzustellen gewesen wäre. Demnach kann die BaFin gemäß § 109 Abs. 2 Satz 4 WpHG gegenüber der Tech AG anordnen, den festgestellten Fehler unter Neuaufstellung des Abschlusses oder Berichts für das geprüfte Geschäftsjahr oder im nächsten Abschluss oder Bericht zu korrigieren. Im Falle von Uneinigkeiten zwischen der BaFin und der Tech AG hinsichtlich des Ergebnisses der Prüfung der Rechnungslegung, hat der Vorstand der Tech AG die Möglichkeit, über den Verwaltungsrechtsweg tätig zu werden. Gemäß §§ 112, 113 WpHG stehen als Rechtsmittel gegen die Fehlerfeststellung der Widerspruch und die Beschwerde zur Verfügung.

c) Anders als beim früheren zweistufigen Enforcement, bei dem die DPR eine privatrechtlich organisierte Prüfstelle darstellte und deshalb auf der ersten Stufe die freiwillige Kooperation des zu prüfenden Unternehmens Grundlage für die Bilanzkontrolle war, ist seit der Einführung des einstufigen Enforcements für die Unternehmen die Mitwirkung an der Prüfung von Beginn an verpflichtend. Da es sich bei der BaFin um eine staatliche Instanz handelt, hat sie hoheitliche Befugnisse inne, die mit Inkrafttreten des FISG deutlich erweitert wurden. Demnach darf die BaFin bei der Ermittlung von Rechnungslegungsverstößen auf forensische Mittel zurückgreifen (§ 107 Abs. 5 bis Abs. 7 WpHG). Dazu zählen beispielsweise Durchsuchungen, Sicherstellungen und Beschlagnahmungen. Wenn konkrete Anhaltspunkte für erhebliche Verstöße vorliegen, dürfen neben den Geschäftsräumen sogar Wohnräume durchsucht werden. Allerdings stehen sowohl Durchsuchungen als auch Beschlagnahmungen unter Richtervorbehalt. Außerdem hat die BaFin das Recht, Personen vorzuladen und zu vernehmen. Bei konkreten Anhaltspunkten für Verstöße bestehen diese Auskunfts-, Vorlage- und Vernehmungsbefugnisse gegenüber »jedermann«. Beim konkreten Verdacht auf Verstöße im Zusammenhang mit der Rechnungslegung ist die BaFin zudem gemäß § 109a WpHG von Verschwiegenheitspflichten befreit.

16. Kapitel: Bilanzpolitik

Aufgabe 16.1: Bilanzpolitische Instrumente

Charakterisieren Sie die nachfolgenden Maßnahmen entsprechend ihres bilanzpolitischen Wesens im Hinblick auf die Kriterien

- materielle oder formelle Bilanzpolitik,
- vor oder nach dem Bilanzstichtag sowie
- Wahlrecht oder (Verfahrens- bzw. Individual-)Spielraum

und geben Sie ihre bilanzpolitische Wirkung auf Jahresüberschuss und Eigenkapital des betroffenen Geschäftsjahres an.

a) Ein Disagio aus einem aufgenommenen Darlehen wird nach § 250 Abs. 3 HGB unter den aktiven Rechnungsabgrenzungsposten aktiviert.

b) Die Nutzungsdauer einer Maschine wird auf 5 Jahre geschätzt.

c) Um kurzfristig an Liquidität zu gelangen, werden Forderungen an die Hausbank veräußert.

d) Selbst geschaffene immaterielle Vermögensgegenstände des Anlagevermögens werden gemäß § 248 Abs. 2 Satz 1 HGB aktiviert.

e) Ein nach § 250 Abs. 3 HGB aktiviertes Disagio wird in der Bilanz gesondert unter den Rechnungsabgrenzungsposten ausgewiesen.

f) In die Herstellungskosten nach § 255 Abs. 2 HGB werden die allgemeinen Verwaltungskosten nicht einbezogen.

g) Gleichartige Vermögensgegenstände des Vorratsvermögens werden gemäß § 256 Satz 1 HGB mit der Fifo-Methode bewertet.

h) Die Bilanz wird gemäß § 268 Abs. 1 i. V. m. § 270 Abs. 2 HGB nach teilweiser Verwendung des Jahresergebnisses aufgestellt.

i) Es erfolgt eine außerplanmäßige Abschreibung von Wertpapieren im Umlaufvermögen gemäß § 253 Abs. 4 HGB aufgrund eines vorübergehenden Kursverfalls.

j) Die planmäßige Abschreibung der Sachanlagen erfolgt auf Basis der linearen Abschreibungsmethode.

Lösung

a) Das Disagio könnte alternativ sofort als Aufwand verrechnet werden. Es handelt sich somit um eine Maßnahme materieller Bilanzpolitik, da der ausgewiesene Jahresüberschuss hiervon beeinflusst wird. Sie findet nach dem Bilanzstichtag statt und stellt ein explizites Wahlrecht dar. Eine Aktivierung erhöht den Jahresüberschuss und das Eigenkapital gegenüber einer Nichtaktivierung.

b) Die Schätzung der Nutzungsdauer ist der materiellen Bilanzpolitik zuzuordnen, da der ausgewiesene Jahresüberschuss der einzelnen Geschäftsjahre hiervon beeinflusst wird. Sie findet nach dem Bilanzstichtag statt, möglicherweise auch bereits während des Geschäftsjahres. Den Unternehmen wird hiermit ein bewusster, individuell ausübbarer Spielraum zugestanden (Ermessens- bzw. Individualspielraum). Je kürzer die Schätzung der Nutzungsdauer, umso stärker werden der Jahresüberschuss und das Eigenkapital in der aktuellen Berichtsperiode gemindert.

c) Bei der Veräußerung von Forderungen (Factoring) wird i. d. R. ein Risikoabschlag von der Bank einbehalten, d. h., der Jahresüberschuss nimmt ab. Gleichzeitig nimmt aber der Bestand an liquiden Mitteln sowie der in einer Kapitalflussrechnung ausgewiesene Cashflow zu. Damit handelt es sich primär um ein Instrument formeller Bilanzpolitik, jedoch mit materieller Wirkung. Die Bilanzpolitik erfolgt in diesem Fall durch Sachverhaltsgestaltung vor dem Bilanzstichtag.

d) Die Aktivierung selbst geschaffener immaterieller Vermögensgegenstände des Anlagevermögens nach § 248 Abs. 2 HGB stellt ein Mittel zur materiellen Bilanzpolitik dar. Hierdurch werden im Jahr der Aktivierung der Jahresüberschuss und das Eigenkapital erhöht. Es handelt sich um Bilanzpolitik nach dem Bilanzstichtag, die durch ein explizites Wahlrecht ermöglicht wird.

e) Der gesonderte Ausweis des aktivierten Disagios hat keinen Einfluss auf die Höhe des Vermögens oder der Schulden, sondern betrifft lediglich die Struktur der Bilanz. Alternativ wäre auch eine Angabe im Anhang möglich (§ 268 Abs. 6 HGB). Es handelt sich somit um eine Maßnahme formeller Bilanzpolitik, die nach dem Bilanzstichtag stattfindet und in Form eines expliziten Wahlrechts gewährt wird. Sie dient der detaillierteren Informationsbereitstellung.

f) Nach § 255 Abs. 2 HGB besteht die Möglichkeit (aber nicht die Pflicht), angemessene Teile der allgemeinen Verwaltungskosten in die Herstellungskosten der zum Bilanzstichtag noch auf Lager liegenden fertigen Erzeugnissen einzubeziehen. Es handelt sich um eine Maßnahme materieller Bilanzpolitik, da durch die Ausübung dieses expliziten Wahlrechts unmittelbar der Jahresüberschuss und das Eigenkapital gegenüber einer Nichtaktivierung höher ausgewiesen werden. Zudem handelt es sich um eine Maßnahme nach dem Bilanzstichtag.

g) Gemäß § 256 HGB besteht das Wahlrecht, gleichartige Vermögensgegenstände des Vorratsvermögens neben der Durchschnittsmethode nach der Fifo- oder der Lifo-Methode zu bewerten. Da die angewandte Methodik Einfluss auf den Jahresüberschuss haben kann, handelt es sich um eine Maßnahme, die der materiellen Bilanzpolitik zuzuordnen ist. Sie erfolgt nach dem Bilanzstichtag. Die Anwendung der Fifo-Methode wirkt bei steigenden Preisen Jahresüberschuss bzw. Eigenkapital erhöhend.

h) § 266 Abs. 3 HGB sieht eine Aufstellung der Bilanz vor Gewinnverwendung vor. Demnach sind auf der Passivseite der Gewinn- bzw. Verlustvortrag sowie der Jahresüberschuss bzw. -fehlbetrag als Bestandteil des Eigenkapitals auszuweisen. Gemäß § 268 Abs. 1 i. V. m. § 270 Abs. 2 HGB darf die Bilanz auch unter Berücksichtigung einer vollständigen oder teilweisen Verwendung des Jahresergebnisses aufgestellt werden. Wird die Bilanz unter Berücksichtigung der teilweisen Gewinnverwendung aufgestellt, sind die Posten »Jahresüberschuss/Jahresfehlbetrag« und »Gewinnvortrag/Verlustvortrag« durch den Posten »Bilanzgewinn/Bilanzverlust« zu ersetzen. Ein in den Posten »Bilanzgewinn/Bilanzverlust« einbezogener Gewinn- oder Verlustvortrag ist in der Bilanz gesondert oder im Anhang anzugeben. Hierbei handelt es sich um ein Instrument der formellen Bilanzpolitik und die Ausübung eines expliziten Wahlrechts nach dem Bilanzstichtag.

i) Bei der außerplanmäßigen Abschreibung der Wertpapiere handelt es sich nicht um eine bilanzpolitische Maßnahme, da im Umlaufvermögen nach § 253 Abs. 4 Satz 1 HGB das strenge Niederstwertprinzip gilt und unabhängig von der Dauer einer Wertminderung auf einen zum Bilanzstichtag bestehenden niedrigeren beizulegenden Wert außerplanmäßig abgeschrieben werden muss.

j) Das HGB enthält keine Regelung, welche Methodik im Falle der planmäßigen Abschreibung anzuwenden ist. Gemäß § 253 Abs. 3 Satz 2 HGB ist lediglich gefordert, dass der Abschreibungsplan die Anschaffungs- oder Herstellungskosten auf die Geschäftsjahre, in denen der Vermögensgegenstand voraussichtlich genutzt werden kann, verteilt wird. Ob die Abschreibung z. B. auf degressiver, progressiver oder linearer Basis erfolgt, ist nicht explizit vorgeschrieben. Da die Höhe des Jahresüberschusses und damit auch des Eigenkapitals von der verwendeten Abschreibungsmethodik abhängig ist, handelt es sich um eine Maßnahme materieller Bilanzpolitik, die nach dem Bilanzstichtag oder bereits während des Geschäftsjahres durchgeführt wird. Den Unternehmen wird hierdurch ein Verfahrensspielraum eröffnet.

Aufgabe 16.2: Effekte bilanzpolitischer Maßnahmen

Erläutern Sie für folgende Geschäftsvorfälle die möglichen bilanzpolitischen Maßnahmen sowie hieraus resultierende Ergebniseffekte für die Bipo AG im Jahr 01 sowie im Folgejahr. Das Geschäftsjahr entspricht dem Kalenderjahr. Dabei sollen nacheinander folgende Annahmen gelten:

- Zielsetzung, im Jahr 01 einen möglichst hohen Jahresüberschuss oder
- Zielsetzung, im Jahr 01 einen möglichst geringen Jahresüberschuss

zu generieren.

a) Die Bipo AG nimmt am 31.12.01 einen Kredit i. H. v. 100.000 GE von ihrer Hausbank auf. Die Auszahlung erfolgt zu 95 %. Die Laufzeit des Kredits beträgt 5 Jahre.

b) Unter den »Wertpapieren des Anlagevermögens« hält die Bipo AG im Jahr 01 100 Aktien der Wertvoll AG. Der Buchwert je Aktie beträgt 100 GE. Zum 31.12.01 beträgt der Börsenpreis je Aktie 90 GE. Da der Wert der Aktie in der Vergangenheit sehr volatil war, ist davon auszugehen, dass der Kursverfall lediglich vorübergehend ist. Am 04.04.02 muss die Bipo AG die 100 Aktien der Wertvoll AG zum aktuellen Börsenpreis von 120 GE je Aktie verkaufen, um überraschend aufgetretene Liquiditätsengpässe zu umgehen.

c) Die Bipo AG führt seit Längerem ein Forschungsprojekt für eine neuartige Software durch, die sie für ihren Produktionsprozess selbst nutzen möchte. Im Jahr 01 fallen für die Gehälter des Forschungspersonals Aufwendungen i. H. v. 10.000 GE an. In der Entwicklungsphase, die im März 01 beginnt und im Dezember 01 endet, entstehen Aufwendungen i. H. v. 12.000 GE. Die Nutzung der Software ist ab dem 02.01.02 möglich. Die Nutzungsdauer der Software wird auf 6 Jahre geschätzt.

d) Im Geschäftsjahr 01 werden Fertigerzeugnisse produziert, für die folgende Kosten aufgewendet werden:

- Materialeinzelkosten: 4.500 GE,
- Fertigungseinzelkosten: 2.500 GE,
- Materialgemeinkosten: 5.000 GE,
- Fertigungsgemeinkosten: 6.400 GE,
- Allgemeine Verwaltungskosten: 4.700 GE.

Die Fertigerzeugnisse liegen zum Bilanzstichtag 31.12.01 noch auf Lager und werden im Dezember 02 zu einem Gesamtpreis i. H. v. 26.500 GE veräußert.

Lösung

a) Die Bipo AG steht zum Bilanzstichtag 31.12.01 vor der Wahl, das Disagio i. H. v. 5 % der Kreditsumme gemäß § 250 Abs. 3 Satz 1 HGB unter den aktiven Rechnungsabgrenzungsposten anzusetzen oder sofort i. S. einer vorweggenommenen Zinszahlung als Aufwand zu erfassen. Möchte sie im Jahr 01 einen möglichst hohen Jahresüberschuss erzielen, dann wird sie das Disagio i. H. v. 5.000 GE aktivieren. Damit erfasst sie in 01 keinen Aufwand. Nach § 250 Abs. 3 Satz 2 HGB ist das Disagio in diesem Fall aber über die Laufzeit des Darlehens planmäßig abzuschreiben. Dies führt dazu, dass im Jahr 02 eine Abschreibung i. H. v. 1.000 GE (= 5.000 GE / 5 Jahre) zu erfassen ist, die den Jahresüberschuss 02 mindert.

Besteht das bilanzpolitische Ziel der Bipo AG in einem möglichst niedrigen Jahresüberschuss, wird sie das Disagio sofort im Jahr der Kreditaufnahme aufwandswirksam erfassen. In den Folgejahren ergeben sich dann keine Ergebniseffekte mehr aus dem Disagio.

b) Die Aktien der Wertvoll AG sind im Jahr 01 mit einem Wert i. H. v. 10.000 GE in der Bilanz der Bipo AG erfasst. Da für das Finanzanlagevermögen nach § 253 Abs. 3 Satz 6 HGB die Möglichkeit besteht, auch bei einer nur vorübergehenden Wertminderung eine außerplanmäßige Abschreibung vorzunehmen, steht die Bipo AG vor der Wahl, die Aktien in der Bilanz zum 31.12.01 zum aktuellen Buchwert (10.000 GE) oder zum niedrigeren Börsenpreis (100 × 90 GE = 9.000 GE) anzusetzen. Hier spielt die bilanzpolitische Zielsetzung eine wesentliche Rolle. Angenommen, die Bipo AG möchte in 01 ein möglichst hohes Jahresergebnis ausweisen, dann wird sie keine außerplanmäßige Abschreibung auf den niedrigeren Börsenpreis vornehmen, d. h., die Aktien werden in der Bilanz zum 31.12.01 weiterhin mit einem Wert i. H. v. 10.000 GE ausgewiesen. Bei dem Verkauf der Aktien am 04.04.02 wird sie dann einen Ertrag in Höhe der Differenz zwischen dem aktuellen Börsenpreis (100 × 120 GE = 12.000 GE) und dem Buchwert (10.000 GE) realisieren (2.000 GE).

   Ist Jahresüberschussminimierung das bilanzpolitische Ziel der Bipo AG, so wird sie eine außerplanmäßige Abschreibung auf den niedrigeren Börsenpreis vornehmen und damit einen Aufwand i. H. v. 1.000 GE für das Geschäftsjahr 01 erfassen. Der Bilanzansatz der Wertpapiere erfolgt dann zu 9.000 GE. Bei Veräußerung in 02 führt diese Vorgehensweise zur Realisierung eines Ertrags i. H. v. 3.000 GE (= 12.000 GE – 9.000 GE).

c) Gemäß § 248 Abs. 2 HGB i. V. m. § 255 Abs. 2a HGB hat die Bipo AG das Wahlrecht, die auf die Entwicklungsphase immaterieller Vermögensgegenstände des Anlagevermögens entfallenden Herstellungskosten zu aktivieren, sofern das Entstehen eines Vermögensgegenstandes wahrscheinlich ist. Für Forschungskosten besteht jedoch ein explizites Ansatzverbot. Liegt das Ziel der Bipo AG in der Jahresüberschussmaximierung, wird sie die auf die Entwicklungsphase entfallenden Aufwendungen i. H. v. 12.000 GE für die selbst erstellte Software in ihrer Bilanz zum 31.12.01 auf der Aktivseite ansetzen. Da die Software ab dem 02.01.02 nutzbar ist und eine begrenzte Nutzungsdauer von 6 Jahren hat, ist jedoch im Abschluss des Jahres 02 sowie in den Folgeperioden bei Anwendung der linearen Abschreibung eine planmäßige Abschreibung i. H. v. 2.000 GE (= 12.000 GE / 6 Jahre) zu erfassen (§ 253 Abs. 3 HGB). Damit kehrt sich der Ergebniseffekt der Aktivierung über die Nutzungsdauer von sechs Jahren wieder vollständig um.

   Verfolgt die Bipo AG das Ziel der Jahresüberschussminimierung, wird sie im Jahr 01, neben den Forschungskosten, auch die Entwicklungskosten aufwandswirksam erfassen und auf eine Aktivierung des selbst erstellten Vermögensgegenstandes verzichten. Damit sind in den Folgeperioden auch keine planmäßigen Abschreibungen vorzunehmen.

d) Die Bipo AG hat nach § 255 Abs. 2 Satz 3 HGB das Wahlrecht, über die Herstellungskostenuntergrenze (Material-, Fertigungseinzel- und -gemeinkosten) hinaus angemessene Teile der Kosten der allgemeinen Verwaltung, die auf den Zeitraum der Herstellung entfallen, im Abschluss zum 31.12.01 anzusetzen. Unter Zugrundelegung der Jahresüberschussmaximierung als bilanzpolitisches Ziel wird sie die Fertigerzeugnisse im Abschluss zum 31.12.01 zur Wertobergrenze (23.100 GE) aktivieren, um möglichst wenig Aufwand erfassen zu müssen. Werden die Fertigerzeugnisse dann aber im folgenden Jahr veräußert, steht den Umsatzerlösen aus der Veräußerung i. H. v. 26.500 GE ein erhöhter Aufwand von 23.100 GE aus der Ausbuchung der Vermögensgegenstände gegenüber. Der Ergebnisbeitrag für das Jahr 02 aus diesem Geschäft beläuft sich somit auf 3.400 GE.

Verfolgt die Bipo AG die Zielsetzung, einen möglichst geringen Jahresüberschuss auszuweisen, so wird sie die Fertigerzeugnisse im Abschluss zum 31.12.01 zur Wertuntergrenze (18.400 GE) aktivieren und die Verwaltungskosten (4.700 GE) aufwandswirksam erfassen. In der Folgeperiode stehen den Umsatzerlösen von 26.500 GE aus der Veräußerung folglich »nur« Aufwendungen i. H. v. 18.400 GE gegenüber. Damit ergibt sich für die Bipo AG in diesem Fall ein Ergebnisbeitrag für das Jahr 02 von 8.100 GE. Gleichzeitig hat das Unternehmen im Jahr 01 einen um 4.700 GE niedrigeren Ergebnisbeitrag im Vergleich zum Fall der Jahresüberschussmaximierung. Die Ausübung des Wahlrechts bezüglich der Definition der Herstellungskosten unterliegt dem Stetigkeitsgebot nach § 252 Abs. 1 Nr. 6 HGB.

Zweiter Teil
Analyse des Jahresabschlusses

17. Kapitel: Grundlagen der Bilanzanalyse

Aufgabe 17.1: Pro-forma-Kennzahlen

Die TransPhone GmbH ist ein international agierendes Unternehmen, das im Bereich der Telekommunikation tätig ist. Traditionell basiert ihre Rechnungslegung auf dem deutschen HGB, für die Ermittlung von Renditekennziffern wird der Jahresüberschuss verwendet. Aufgrund ihres Wunsches, die erzielte Rendite auch mit den hauptsächlich ausländischen Konkurrenten vergleichen zu können, schlägt der Vorstandsvorsitzende Schlaumeier vor, als Ergebnisgröße künftig auch den EBIT zu verwenden.

Als Leiter des Rechnungswesens werden Sie beauftragt, aus den bisherigen Jahresabschlussangaben den EBT, EBIT und EBITDA zu berechnen.

Hierfür liegt Ihnen zunächst folgende Gewinn- und Verlustrechnung vor:

Gewinn- und Verlustrechnung (Mio. GE)	
Umsatzerlöse	93.689
Bestandsveränderungen und andere aktivierte Eigenleistungen	534
Gesamtleistung	**94.223**
Sonstige betriebliche Erträge	5.411
Materialaufwand	– 14.418
Personalaufwand	– 13.480
Abschreibungen auf immaterielle Vermögensgegenstände des Anlagevermögens und Sachanlagen	– 36.880
Sonstige betriebliche Aufwendungen	– 14.110
Finanzergebnis	– 6.022
Steuern vom Einkommen und vom Ertrag	– 2.847
Ergebnis nach Steuern	**11.877**
Sonstige Steuern	364
Jahresüberschuss	**12.241**

Des Weiteren liegen Ihnen folgende Angaben aus dem Anhang des Geschäftsberichtes vor:

1. Abschreibungen

Die Abschreibungen gliedern sich wie folgt auf (in Mio. GE):

Abschreibungen auf immaterielle Vermögensgegenstände des Anlagevermögens	27.355
davon Abschreibungen auf Geschäfts- und Firmenwerte	13.108
davon Abschreibungen auf Mobilfunklizenzen	13.244
Abschreibungen auf Sachanlagen	+ 9.525
Abschreibungen auf immaterielle Vermögensgegenstände des Anlagevermögens und Sachanlagen	**36.880**

2. Finanzergebnis

Das Finanzergebnis ermittelt sich folgendermaßen (in Mio. GE):

Ergebnis aus Beteiligungen	41
Ergebnis aus at equity bilanzierten Unternehmen	– 430
Beteiligungsergebnis	**– 389**
Erträge aus anderen Wertpapieren und Ausleihungen des Finanzanlagevermögens	171
Sonstige Zinsen und ähnliche Erträge	+ 1.781
Zinsen und ähnliche Aufwendungen	– 6.000
Zinsergebnis	**– 4.048**
Beteiligungsergebnis	– 389
Zinsergebnis	– 4.048
Abschreibungen auf Finanzanlagen und auf Wertpapiere des Umlaufvermögens	– 1.585
Finanzergebnis	**– 6.022**

3. Sonstige betriebliche Erträge

Die ausgewiesenen sonstigen betrieblichen Erträge beinhalten Erträge aus dem Verkauf der Festnetzsparte des Konzerns i. H. v. 1.510 Mio. GE. Dieser zunehmend unprofitable Geschäftszweig wurde zugunsten opportuner Investitionen in den Mobilfunkbereich aufgegeben.

4. Sonstige Steuern

Die sonstigen Steuern resultieren aus Rückerstattungen für im Vorjahr zu viel entrichtete sonstige Betriebssteuern i. H. v. 364 Mio. GE.

Lösung

Die geforderten Pro-forma-Kennzahlen, auch Zwischenergebnisgrößen genannt, lassen sich ausgehend vom Jahresüberschuss laut GuV berechnen.

Zunächst ist der Jahresüberschuss um außergewöhnliche Ergebniseffekte zu bereinigen (1.510 Mio. GE, vgl. Anhang, Posten 3). Um eine steuersystemunabhängige Kennziffer zu erhalten sind ferner die ertragsabhängigen Steuern vom Einkommen und vom Ertrag zu addieren, um zu den *Earnings before Taxes* (EBT) zu gelangen. Diese belaufen sich bei der TransPhone GmbH auf 2.847 Mio. GE (vgl. Anhang, Posten 4).

Um ferner von der Finanzierungsstruktur des Unternehmens unabhängige Renditen ermitteln zu können, liegt es nahe, eine weitere Zwischenergebnisgröße zu berechnen, die dieser Anforderung gerecht wird. Hierbei sind insbesondere die bereits gezahlten Finanzierungsvergütungen zu korrigieren. Da Eigenkapitalgeber lediglich Anspruch auf die Residualgröße »Jahresüberschuss« haben, sind für diese keine weiteren Ergebniskorrekturen notwendig. Allerdings wurde den Fremdkapitalgebern bereits eine Vergütung für die Bereitstellung von finanziellen Mitteln in Form der Zinsaufwendungen gezahlt. Diese können den Anhangangaben entnommen werden (vgl. Posten 2). Um die *Earnings before Interest and Taxes* (EBIT) zu erhalten, ist demnach der Betrag von 6.000 Mio. GE zum EBT zu addieren.

Eine weitere wichtige Erfolgsgröße für Jahresabschlussanalysen stellen die sog. »*Earnings before Interest, Taxes, Depreciation and Amortization*« (EBITDA) dar. Hier werden ausgehend vom EBIT wesentliche zahlungsunwirksame Ergebniseinflüsse eliminiert. Deshalb kann diese Kennziffer auch als Approximation für eine vereinfachte Cashflow-Kennziffer verwendet werden. Im Wesentlichen findet eine Bereinigung um Abschreibungen, insbesondere für Sachanlagen und immaterielle Vermögensgegenstände, statt. Für die TransPhone GmbH sind deshalb einerseits 9.525 Mio. GE und andererseits 27.355 Mio. GE zum EBIT zu addieren (vgl. Anhang, Posten 1).

Folgendes Tableau stellt die Ausführungen anschaulich dar (in Mio. GE):

	Jahresüberschuss	12.241
–	Außergewöhnliche Ergebniseffekte	1.510
+	Steuern vom Einkommen und vom Ertrag	2.847
=	**EBT (Ergebnis der gewöhnlichen Geschäftstätigkeit)**	**13.578**
+	Zinsen und ähnliche Aufwendungen	6.000
=	**EBIT**	**19.578**
+	Abschreibungen auf Sachanlagevermögen	9.525
+	Abschreibungen auf immaterielle Vermögensgegenstände	27.355
=	**EBITDA**	**56.458**

18. Kapitel: Finanzwirtschaftliche Bilanzanalyse

Aufgabe 18.1: Analyse der Kapitalflussrechnung

Die nachfolgend angegebenen Informationen stammen aus dem Konzernabschluss der börsennotierten MaxMoney AG, der nach HGB/DRS erstellt wurde. Zunächst gehört dazu die Konzernkapitalflussrechnung nach DRS 21, in der der Cashflow aus laufender Geschäftstätigkeit nach der indirekten Methode dargestellt wird.

In den ergänzenden Angaben zur Konzernkapitalflussrechnung wird erklärt, dass das zukunftsträchtige Tochterunternehmen Dotcom AG an die Börse gegangen ist. Im Zuge dieses Börsengangs der ehemaligen 100%igen Tochter hat sich die MaxMoney AG von 40 % ihrer Anteile getrennt. Die dabei erzielten Erlöse für die Desinvestition des 40%igen Beteiligungsanteils entsprechen den Einzahlungen aus dem Verkauf von konsolidierten Unternehmen und sonstigen Geschäftseinheiten i. H. v. 2.418 TGE.

Aus dem Geschäftsbericht lassen sich ein Eigenkapital von 7.830 TGE, Finanzschulden von 11.527 TGE und eine Effektivverschuldung von 8.645 TGE ermitteln.

a) Wie beurteilen Sie die Entwicklung der Liquiditätssituation der MaxMoney AG während der abgeschlossenen Berichtsperiode? Erläutern Sie das Zustandekommen der Fondsveränderung durch nähere Betrachtung der drei Cashflow-Bereiche!

b) Wie stellt sich die Free Cashflow-Performance der MaxMoney AG dar (wie hoch ist der Free Cashflow vor gezahlten Zinsen und wie hoch ist er nach gezahlten Zinsen)? Berechnen und interpretieren Sie zuerst diese beiden absoluten Free Cashflow-Größen für die MaxMoney AG. Bestimmen Sie darauf aufbauend jeweils die gesamtkapitalbezogene Free Cashflow-Rate und die eigenkapitalbezogene Free Cashflow-Rate!

c) Wie gut stellt sich die Free Cashflow-Performance der MaxMoney AG ohne die aus der Teilveräußerung der Dotcom AG erzielten Barerlöse dar? Berechnen Sie die Free Cashflow-Kennzahlen wie in der vorigen Aufgabe b), diesmal allerdings bereinigt um den Einfluss aus der Veräußerung der Beteiligungen an der Dotcom AG!

d) Welche Aussagen lassen sich über die Innenfinanzierungskraft der MaxMoney AG machen? Berechnen Sie hierfür die zahlungsorientierte Form der Kennzahlen Investitionsdeckung, Investitionsgrad des Cashflow und Wachstumsquote auf Basis der in der Konzernkapitalflussrechnung gegebenen Daten und erläutern Sie die Ergebnisse!

e) Wie beurteilen Sie die Verschuldungsfähigkeit der MaxMoney AG? Benutzen Sie dazu als Kennzahl den zahlungsorientierten dynamischen Verschuldungsgrad und erläutern Sie seine Aussagefähigkeit!

	Konzernkapitalflussrechnung der MaxMoney AG (in TGE)	
	Jahresüberschuss	3.155
+	Abschreibungen auf Gegenstände des Anlagevermögens	2.076
+	Zunahme der Rückstellungen	1.203
–	Sonstige zahlungsunwirksame Erträge	– 229
–	Gewinn aus dem Abgang von Gegenständen des Sachanlagevermögens	– 757
–	Veränderung der Vorräte, der Forderungen aus Lieferungen und Leistungen sowie anderer Aktiva, die nicht der Investitions- oder Finanzierungstätigkeit zuzuordnen sind	– 656
–	Veränderung der Verbindlichkeiten aus Lieferungen und Leistungen sowie anderer Passiva, die nicht der Investitions- oder Finanzierungstätigkeit zuzuordnen sind	– 391
+	Zinsaufwendungen	515
+	Ertragsteueraufwand	947
–	Ertragsteuerzahlungen	– 924
=	**Cashflow aus der laufenden Geschäftstätigkeit (1)**	**4.939**
+	Einzahlungen aus Abgängen von Gegenständen des Sachanlagevermögens	601
–	Auszahlungen für Investitionen in das Sachanlagevermögen	– 4.865
+	Einzahlungen aus Abgängen von Gegenständen des Finanzanlagevermögens	165
–	Auszahlungen für Investitionen in das Finanzanlagevermögen	– 417
+	Einzahlungen aus Abgängen aus dem Konsolidierungskreis	2.418
+	Einzahlungen aufgrund von Finanzmittelanlagen im Rahmen der kurzfristigen Finanzdisposition	1.446
–	Auszahlungen aufgrund von Finanzmittelanlagen im Rahmen der kurzfristigen Finanzdisposition	– 2.304
=	**Cashflow aus der Investitionstätigkeit (2)**	**– 2.956**
+	Einzahlungen aus Eigenkapitalzuführungen von Gesellschaftern des Mutterunternehmens	938
+	Einzahlungen aus der Begebung von Anleihen und der Aufnahme von (Finanz-)Krediten	503
–	Auszahlungen aus der Tilgung von Anleihen und (Finanz-)Krediten	– 1.807
–	Gezahlte Zinsen	– 515
–	Gezahlte Dividenden an Gesellschafter des Mutterunternehmens	– 515
=	**Cashflow aus der Finanzierungstätigkeit (3)**	**– 1.396**
	Zahlungswirksame Veränderung des Finanzmittelfonds (Summe aus 1, 2, 3)	**587**
+	Finanzmittelfonds am Anfang der Periode	1.201
=	Finanzmittelfonds am Ende der Periode	1.788

Lösung

a) Den Ausgangspunkt der Auswertung von (Konzern-)Kapitalflussrechnungen bildet die Untersuchung der zahlungswirksamen Veränderung des Finanzmittelfonds. Dabei sind weniger die Höhe der Fondsveränderung als vielmehr die ihr zugrunde liegenden Ursachen von Bedeutung, die in den drei Cashflow-Bereichen der Kapitalflussrechnung dargestellt werden. Folglich rücken die drei Bereichssalden wie auch einzelne Ein- und Auszahlungsströme in den Fokus der Analyse.

Die MaxMoney AG weist für die im Fonds gebundenen liquiden Mittel (bzw. Zahlungsmittel und Zahlungsmitteläquivalente) eine Erhöhung von 587 TGE aus, sodass der Finanzmittelfonds mit einem Anfangsbestand von 1.201 TGE auf einen Endbestand von 1.788 TGE angestiegen ist. Bei der Gesamtbetrachtung der drei Bereichs-Cashflows ist der Anstieg der Barliquidität im Wesentlichen auf den Cashflow aus laufender Geschäftstätigkeit von 4.939 TGE zurückzuführen. Mit dem im operativen Geschäft erwirtschafteten Cashflow konnten zugleich der Zahlungsmittelabfluss der Investitionstätigkeit von 2.956 TGE und der Zahlungsmittelabfluss im Bereich der Außenfinanzierung von 1.396 TGE gedeckt werden. Ausgehend von diesem Blickwinkel hat der Cashflow aus laufender Geschäftstätigkeit zur Finanzierung der Barinvestitionen mehr als ausgereicht. Es bestand kein Bedarf der Außenfinanzierung.

Der indirekt dargestellte Bereich der laufenden Geschäftstätigkeit gewährt einen Einblick in die Veränderungen des operativen Netto-Umlaufvermögens, das sich aus den Zu- und Abnahmen der Vorräte, der Forderungen und Verbindlichkeiten aus Lieferungen und Leistungen sowie anderer Aktiva und Passiva, die allesamt nicht der Investitions- oder Finanzierungstätigkeit zugehörig sind, zusammensetzt. Per saldo hat die Zunahme der Vorräte, der operativen Forderungen aus Lieferungen und Leistungen und der anderen operativen Aktiva Barmittel i. H. v. 656 TGE gebunden. Ebenfalls hat die Reduzierung operativer Verbindlichkeiten aus Lieferungen und Leistungen sowie anderer operativer Passiva per saldo Finanzmittel i. H. v. 391 TGE in Anspruch genommen.

Bei näherer Untersuchung der Ein- und Auszahlungen der Investitionstätigkeit wird deutlich, dass die MaxMoney AG hohe Barinvestitionen von 4.865 TGE in Sachanlagen getätigt und einen relativ hohen Zufluss von 2.418 TGE aus dem Verkauf des 40%igen Beteiligungsanteils an der Dotcom AG generiert hat.

Im Bereich der Finanzierungstätigkeit ist auffällig, dass ein verhältnismäßig großer Barbetrag von 1.807 TGE zur Tilgung von Anleihen und Krediten eingesetzt worden ist.

b) Der Free Cashflow vor gezahlten Zinsen ergibt sich als Summe aus dem Cashflow aus laufender Geschäftstätigkeit i. H. v. 4.939 TGE und dem (negativen) Cashflow aus Investitionstätigkeit mit – 2.956 TGE.

Bei der Bestimmung des Free Cashflow nach gezahlten Zinsen ist der bereits errechnete Free Cashflow um die geleisteten Zinsauszahlungen zu korrigieren.

		in TGE
	Cashflow aus laufender Geschäftstätigkeit	4.939
+	Cashflow aus Investitionstätigkeit	– 2.956
=	Free Cashflow vor gezahlten Zinsen	1.983
–	gezahlte Zinsen	– 515
=	Free Cashflow nach gezahlten Zinsen	1.468

Der Free Cashflow vor gezahlten Zinsen gibt den erwirtschafteten Zahlungsbetrag an, der nach der Investitionstätigkeit zur Ausschüttung an Eigenkapitalgeber und zur Bedienung von Ansprüchen der Fremdkapitalgeber (Zins- und Tilgungsansprüche) zur Verfügung steht. Der Free Cashflow nach gezahlten Zinsen zeigt den Einzahlungsüberschuss nach Investitionen und Desinvestitionen, der zur Ausschüttung an Eigenkapitalgeber und zur Tilgung von Fremdkapital, aber nicht mehr für die Abgeltung von Zinsansprüchen verwendbar ist, da Letztere bereits durch die gezahlten Zinsen befriedigt worden sind.

Mit den beiden Free Cashflow-Größen und unter Verwendung der angegebenen Größen Eigenkapital (7.830 TGE) und Finanzschulden (11.527 TGE) lassen sich nunmehr die gesamtkapitalbezogene Free Cashflow-Rate und die eigenkapitalbezogene Free Cashflow-Rate ermitteln:

$$\text{Gesamtkapitalbezogene Free Cashflow-Rate} = \frac{\text{Free Cashflow vor gezahlten Zinsen}}{\text{Eigenkapital + Finanzschulden}} = 10{,}2\ \%$$

$$\text{Eigenkapitalbezogene Free Cashflow-Rate} = \frac{\text{Free Cashflow nach gezahlten Zinsen}}{\text{Eigenkapital}} = 18{,}7\ \%$$

c) Durch die Teilveräußerung der Dotcom AG hat das Mutterunternehmen MaxMoney AG Einzahlungen aus dem Verkauf von konsolidierten Unternehmen und sonstigen Geschäftseinheiten i. H. v. 2.418 TGE erhalten. Da es sich hierbei um einen nicht fortwährend wiederholbaren Vorgang, sondern eher um einen Einmaleffekt handelt, sind die Free Cashflow-Größen um diesen Einfluss zu bereinigen.

		in TGE
	Cashflow aus laufender Geschäftstätigkeit	4.939
–	Cashflow aus Investitionstätigkeit	– 2.956
–	Bereinigung um Einzahlungen aus dem Verkauf von konsolidierten Unternehmen und sonstigen Geschäftseinheiten	– 2.418
=	(bereinigter) Free Cashflow vor gezahlten Zinsen	– 435
–	gezahlte Zinsen	– 515
=	(bereinigter) Free Cashflow nach gezahlten Zinsen	– 950

Da die beiden Free Cashflow-Größen nach der Bereinigung negativ ausfallen, ergeben sich zwangsläufig auch negative Free Cashflow-Raten:

$$\frac{\text{Gesamtkapitalbezogene}}{\text{Free Cashflow-Rate}} = \frac{\text{(Bereinigter) Free Cashflow vor gezahlten Zinsen}}{\text{Eigenkapital + Finanzschulden}} = -2{,}2\ \%$$

$$\frac{\text{Eigenkapitalbezogene}}{\text{Free Cashflow-Rate}} = \frac{\text{(Bereinigter) Free Cashflow nach gezahlten Zinsen}}{\text{Eigenkapital}} = -12{,}1\ \%$$

Die bereinigten Free Cashflow-Renditen zeigen nunmehr ein ganz anderes Bild der Free Cashflow-Performance der MaxMoney AG als die unbereinigten Free Cashflow-Renditen aus Aufgabe b). Damit wird der positive Einfluss der Teilveräußerung der Dotcom AG auf das mit der Konzernkapitalflussrechnung vermittelte Bild über die Free Cashflow-Generierung der MaxMoney AG offenkundig. Für eine hinreichende Beurteilung der Free Cashflow-Performance sind weitergehende Untersuchungen notwendig, insbesondere ob es sich bei den hohen Sachinvestitionen um Ersatzinvestitionen oder Wachstumsinvestitionen handelt und ob sie in Zukunft in ähnlicher Höhe erneut anfallen werden.

d) Die zahlungsorientierte Berechnung der Kennzahlen Investitionsdeckung und Investitionsgrad des Cashflow – als Indikatoren der Innenfinanzierungskraft – sowie der Wachstumsquote – als Indikator zur Überprüfung der angezeigten Innenfinanzierungskraft – erfolgt ebenfalls auf der Grundlage der Kapitalflussrechnung als Ergänzung zu den gleichnamigen bilanzorientierten Versionen dieser Kennzahlen. Dabei ist der zahlungsorientierte Investitionsgrad des Cashflow lediglich der Kehrwert der zahlungsorientierten Investitionsdeckung. Die für die Ermittlung der zahlungsorientierten Wachstumsquote benötigten Abschreibungen auf Gegenstände des Anlagevermögens (AV) von 2.076 TGE können aus dem Bereich der laufenden Geschäftstätigkeit entnommen werden, da dieser Teilbereich in der Kapitalflussrechnung der MaxMoney AG indirekt dargestellt wird.

Anmerkung: Bei der Verwendung des Cashflow aus Investitionstätigkeit, der im Regelfall negativ ausfällt, ist zu beachten, dass nicht dessen negativer Wert aus dem Rechenschema der veröffentlichten Konzernkapitalflussrechnung, sondern nur sein absoluter Betrag in den Zähler bzw. Nenner der folgenden Kennzahlen übernommen wird. Andernfalls wäre der Bruch jeweils noch mit dem Wert minus eins (– 1) zu multiplizieren, um jeweils einen positiven prozentualen Kennzahlenwert zu erhalten.

$$\text{Zahlungsorientierte Investitionsdeckung} = \frac{\text{Cashflow aus laufender Geschäftstätigkeit}}{\text{Cashflow aus Investitionstätigkeit}} = 167{,}1\ \%$$

$$\text{Zahlungsorientierter Investitionsgrad des Cashflow} = \frac{\text{Cashflow aus Investitionstätigkeit}}{\text{Cashflow aus laufender Geschäftstätigkeit}} = 59{,}9\ \%$$

$$\text{Zahlungsorientierte Wachstumsrate} = \frac{\text{Cashflow aus Investitionstätigkeit}}{\text{Abschreibungen auf Gegenstände des AV}} = 142{,}4\ \%$$

Generell gilt, dass die finanzwirtschaftliche Situation umso günstiger einzuschätzen ist, je höher der Wert der Investitionsdeckung ausfällt. Die Investitionsdeckung von 167,1 % besagt, dass der Cashflow aus laufender Geschäftstätigkeit mehr als ausreicht, um den Cashflow aus Investitionstätigkeit zu decken, und dass darüber hinaus ein Free Cashflow i. H. v. 167,1 % – 100 % = 67,1 % der Investitionstätigkeit übrig bleibt, der z. B. zur Schuldentilgung oder zum Rückkauf von eigenen Anteilen eingesetzt werden kann.

Als Kehrwert der Investitionsdeckung besagt der zahlungsorientierte Investitionsgrad des Cashflow, dass 59,9 % des im laufenden Geschäft erwirtschafteten Einzahlungsüberschusses in Investitionen geflossen sind.

Bei der Interpretation der Investitionsdeckung bzw. des Investitionsgrads ist einschränkend zu berücksichtigen, dass ein erfreulicher Kennzahlenwert auch das Ergebnis geringer Investitionsauszahlungen bzw. hoher Desinvestitionseinzahlungen sein kann. Vor diesem Hintergrund sollten Aussagen zur Investitionsdeckung stets zusammen mit der Wachstumsquote beurteilt werden. Wachstum wird angenommen, wenn über die Abschreibungen – als Maßstab für Abnutzung und Substanzverringerung von Anlagen – hinaus investiert wurde. Der Wert der zahlungsorientierten Wachstumsquote von 142,4 % zeigt an, dass die Investitionen die Abschreibungen übersteigen. Dies lässt den Schluss zu, dass die Unternehmenspolitik auf Wachstum ausgerichtet ist.

e) Auf Basis der Konzernkapitalflussrechnung der MaxMoney AG lässt sich der zahlungsorientierte dynamische Verschuldungsgrad – als Indikator der Verschuldungsfähigkeit, da Verbindlichkeiten letztlich nur aus selbst erwirtschafteten Zahlungsmittteln getilgt werden können – wie folgt errechnen:

$$\text{Zahlungsorientierter dynamischer Verschuldungsgrad} = \frac{\text{Effektivverschuldung}}{\text{Cashflow aus laufender Geschäftstätigkeit}} = 1{,}75$$

Der Wert von 1,75 des zahlungsorientierten dynamischen Verschuldungsgrads bedeutet, dass – ceteris paribus – eine vollständige Tilgung der Effektivschulden aus dem selbst erwirtschafteten operativen Cashflow in 1,75 Jahren (Tilgungsdauer) möglich wäre. Dabei wird implizit unterstellt, dass zum einen der operative Einzahlungsüberschuss nicht für Investitionen benötigt wird. Zum anderen wird angenommen, dass der Umfang der Verschuldung abgebaut werden soll, was allerdings in der Praxis selten zu beobachten ist. Im Allgemeinen bleibt der Bestand der aufgenommenen Schulden konstant oder wird bei auf Wachstum abzielender Unternehmenstätigkeit sogar ausgedehnt.

Aufgabe 18.2: Cash Burn Rate

Die Dotcom AG, ein Tochterunternehmen der MaxMoney AG (siehe Aufgabe 18.1), ist aufgrund ihrer Börsennotierung zu einer eigenen Berichterstattung verpflichtet und weist in ihrer Bilanz liquide Mittel i. H. v. 356 TGE und geldnahe Mittel i. H. v. 696 TGE aus. Da sich die Dotcom AG als Internetunternehmen noch in der Start-up-Phase befindet, zeigt ihre Einzelkapitalflussrechnung nicht nur einen hohen Mittelabfluss im Investitionsbereich, sondern auch im operativen Bereich. Der Brutto-Cashflow aus laufender Geschäftstätigkeit ist negativ und beträgt – 701 TGE.

Wie schätzen Sie die Überlebenschance für das börsennotierte Tochterunternehmen Dotcom AG ein, wenn anzunehmen ist, dass der Brutto-Cashflow in den nächsten Monaten weiterhin in ähnlicher Höhe anfällt? Ermitteln Sie die *Cash Burn Rate* für die Dotcom AG mit Hilfe der angegebenen Daten und beurteilen Sie den Informationswert dieser Kennzahl!

Lösung

Erste Anzeichen für die Überlebenschance der in der Start-up-Phase befindlichen Dotcom AG liefert die *Cash Burn Rate*. Sie misst die Zeitdauer, in der die vorhandenen liquiden Mittel und weitere kurzfristig verfügbare Liquiditätsreserven (geldnahe Mittel) durch den derzeitigen negativen Cashflow aus laufender Geschäftstätigkeit aufgebraucht (verbrannt) sein werden. Die Kennzahl gibt somit die Anzahl der Tage an, die das Unternehmen beim gegenwärtigen operativen Mittelverbrauch noch überlebt, wenn es nicht aus anderen Quellen (z. B. Außenfinanzierung, Desinvestition) Mittel schöpfen kann.

Die notwendigen Zähler- und Nennerwerte zur Berechnung der *Cash Burn Rate* lassen sich dem Geschäftsbericht der börsennotierten Dotcom AG entnehmen, wobei im Nenner der absolute Betrag und nicht der negative Wert des operativen Brutto-Cashflow einzusetzen ist:

$$\text{Cash Burn Rate} = \frac{\begin{array}{c}\text{Bestand Periodenende}\\ \text{liquide Mittel + geldnahe Mittel}\end{array}}{\begin{array}{c}\text{abs. Betrag des (negativen)}\\ \text{Brutto-Cashflow}\end{array}} \times 365 = 547 \text{ Tage}$$

Laut der berechneten *Cash Burn Rate* gilt die Überlebensfähigkeit der Dotcom AG zunächst für die Dauer von 547 Tagen als gesichert. Die Kennzahl liefert aber nur ein erstes vages Indiz. Denn es ist fraglich, ob die Höhe des operativen Brutto-Cashflow der Dotcom AG in der Zukunft unverändert bleibt. Verringert (erhöht) sich der Cashabfluss aus laufender Geschäftstätigkeit, so verlängert (verkürzt) sich ceteris paribus die mit der *Cash Burn Rate* gemessene Überlebensdauer. Außerdem kann die Dotcom AG evtl. weitere Barmittel durch Kreditaufnahmen oder durch die Ausgabe junger Aktien im Rahmen einer Kapitalerhöhung erlangen. Sollten diese Möglichkeiten zur Verbesserung der Finanzausstattung der Dotcom AG ausgeschöpft oder aufgrund schwieriger Unternehmensumstände oder einer allgemeinen schlechten Marktlage nicht gegeben sein, kann es notfalls auch beim Mutterunternehmen MaxMoney AG finanzielle Unterstützung einfordern.

Aufgabe 18.3: Liquiditätskreislauf und Liquiditätsindex

Die Cashfix AG wurde im Jahr 03 von einem anderen Unternehmen übernommen. Im Rahmen der Finanzplanung stellt sich für den Konzernvorstand die Frage, wie es um das Liquiditätsmanagement der Cashfix AG bestellt ist.

Hierzu liegt neben den unten stehenden bilanziellen Werten der Cashfix AG noch die Auskunft aus dem Rechnungswesen vor, dass die Umsatzerlöse 74.233 TGE für das Jahr 03 bzw. 84.016 TGE für 02 betrugen. Der Wareneingang verringerte sich für die beiden Jahre von 52.265 TGE auf 51.289 TGE im Jahr 03.

Der Materialaufwand nahm ebenfalls ab, von 64.065 TGE auf 44.117 TGE.

Ausgewählte Bilanzposten (in TGE)	**03**	**02**	**01**
Vorräte	21.517	14.345	26.145
Forderungen aus Lieferungen und Leistungen	13.049	13.882	16.115
Liquide Mittel	12.149	11.196	7.802
Verbindlichkeiten aus Lieferungen und Leistungen	8.404	8.649	10.798

Beurteilen Sie die Liquiditätssituation der Cashfix AG anhand von »Liquiditätskreislauf« und »Liquiditätsindex«!

Lösung

1. Liquiditätskreislauf

Die Kennziffer »Liquiditätskreislauf« misst die durchschnittliche Dauer, die benötigt wird, um die für den Wareneinkauf eingesetzten liquiden Mittel durch den Umsatzprozess zurückzugewinnen. Damit ist sie ein ausgezeichneter Indikator für die kurzfristige dynamische Liquiditätssituation eines Unternehmens. Für die Berechnung des Liquiditätskreislaufs werden folgende Werte benötigt:

$$\text{Vorratsumschlagsdauer} = \frac{\text{Durchschnittlicher Vorratsbestand} \times 365}{\text{Materialaufwand}}$$

$$\text{Kundenziel} = \frac{\text{Durchschnittlicher Forderungsbestand} \times 365}{\text{Umsatzerlöse}}$$

$$\text{Lieferantenziel} = \frac{\text{Durchschnittliche Lieferantenverbindlichkeiten} \times 365}{\text{Wareneingang}}$$

Der Wert für den Liquiditätskreislauf berechnet sich nun als Summe der Vorratsumschlagsdauer und des Kundenziels abzüglich des Lieferantenziels.

Für die Cashfix AG ergeben sich folgende Werte:

(in Tagen)	03	02
Vorratsumschlagsdauer	148,35	115,34
+ Kundenziel	+ 66,21	+ 65,16
– Lieferantenziel	– 60,68	– 67,91
= Liquiditätskreislauf	**153,88**	**112,59**

Wie die Aufstellung zeigt, hat sich der Zeitraum, der für die Remonetarisierung der im Umsatzprozess gebundenen finanziellen Mittel benötigt wird, von 112,59 auf 153,88 Tage erheblich erhöht. D. h., die im Umsatzprozess benötigten liquiden Mittel sind länger gebunden. Die Liquiditätssituation hat sich also verschlechtert.

Die Ursachen hierfür lassen sich aus der obigen Berechnung leicht ableiten. Hauptursache für die Verschlechterung ist die verlängerte Vorratsumschlagsdauer. Obwohl sich der Wareneingang nicht wesentlich verändert hat, hat der Vorratsbestand von 02 auf 03 erheblich zugenommen, da im Jahr 03 weniger verkauft wurde (siehe Entwicklung der Umsatzerlöse und des Materialaufwands). Außerdem wurde den Kunden im Durchschnitt ein längeres Zahlungsziel eingeräumt bzw. ein weniger strenges Forderungsmanagement betrieben. Schließlich ist aber auch eine Verkürzung der kurzfristigen Lieferantenkreditlaufzeit um über sieben Tage festzustellen, was u. a. an einer gesunkenen Verhandlungsmacht gegenüber den Zulieferern liegen kann. Per Saldo bleibt festzuhalten, dass die Effizienz des *net working capital*-Managements bei der Cashfix AG nachgelassen hat.

Aus Sicht der Konzernleitung ist diese Entwicklung insofern bedenklich, als sie einerseits als Anzeichen für einen zukünftigen Liquiditätsengpass betrachtet werden kann. Andererseits ergibt sich durch die längere Bindungsfrist der finanziellen Mittel ein höherer Finanzierungsbedarf, was zu steigenden Finanzierungskosten führt.

2. Liquiditätsindex

Ein weiteres Instrument zur Beurteilung der Entwicklung der kurzfristigen Liquiditätslage ist der Liquiditätsindex. Dieser basiert, ähnlich wie auch der Liquiditätskreislauf, auf den Umschlagsdauern des Vorrats- und Forderungsvermögens als Ausgangsgrößen. Durch ihn findet eine Gewichtung des operativen Geschäftszyklus anhand von Geldsummen und der Zeitdauer statt. D. h., die relevanten Buchwerte werden mit der Zeit, die bis zu ihrer Umwandlung in liquide Mittel benötigt wird, gewichtet. Der Liquiditätsindex ermittelt sich deshalb aus:

$$\text{Liquiditätsindex} = \frac{(\text{Forderungen} \times \text{Kundenziel}) + (\text{Vorräte} \times \text{operativer Zyklus})}{\text{Liquide Mittel} + \text{Forderungen} + \text{Vorräte}}$$

oder auch:

$$\text{Liquiditätsindex} = \frac{\text{Summe gewichteter Geldeinheiten/Tages-Werte}}{\text{Liquide Mittel + Forderungen + Vorräte}}$$

Der Vorteil des Liquiditätsindex im Vergleich zum Liquiditätskreislauf liegt in der Möglichkeit, auch die absoluten Beträge der Vermögensposten in die Betrachtung einbeziehen zu können. Allerdings ist eine Berücksichtigung der kurzfristigen Zwischenfinanzierungsmöglichkeiten in Form von Lieferantenkrediten hier nicht möglich.

Der für den Index ermittelte absolute Wert ist dabei ohne Informationsgehalt. Aussagekraft erhält er erst im zeitlichen oder überbetrieblichen Vergleich. Hierbei ist ein niedriger bzw. fallender Wert ein Indikator für eine gute bzw. verbesserte Liquiditätssituation.

Für die Cashfix AG ergeben sich folgende Berechnungsschemata:

Jahr 02	**Buchwerte (in TGE)**	**Tage bis zur Remonetarisierung**	**Gewichtete GE/Tages-Wert**
Liquide Mittel	11.196	0	0
Forderungen	13.882	65,16*	904.551,12
Vorräte	14.345	180,50**	2.589.272,50
Summe	**39.423**		**3.493.823,62**

Jahr 03	**Buchwerte (in TGE)**	**Tage bis zur Remonetarisierung**	**Gewichtete GE/Tages-Wert**
Liquide Mittel	12.149	0	0
Forderungen	13.049	66,21*	863.974,29
Vorräte	21.517	214,56**	4.616.687,52
Summe	**46.715**		**5.480.661,81**

* Kundenziel

** Die Länge des operativen (Geschäfts-)Zyklus ergibt sich als Summe der Vorratsumschlagsdauer und des Kundenziels.

Nach Einsetzen der Werte in die oben genannte Formel ergibt sich für das Jahr 03 ein Liquiditätsindexwert von 117,32 Tagen und für 02 ein Wert von 88,62 Tagen.

Analog zu der für den Liquiditätszyklus getroffenen Aussage stellt sich auch unter Nicht-Beachtung der Zwischenfinanzierungsmöglichkeit heraus, dass sich die Liquiditätssituation der Cashfix AG verschlechtert hat. Dies kann anhand des um 29 Tage gestiegenen Wertes für den Liquiditätsindex abgeleitet werden.

19. Kapitel: Erfolgswirtschaftliche Bilanzanalyse

Aufgabe 19.1: Betriebswirtschaftliche Erfolgsspaltung der GuV nach IFRS

Die Energy AG ist ein deutsches Energieversorgungsunternehmen, das seinen Jahresabschluss nach IFRS erstellt. Folgende Gewinn- und Verlustrechnung liegt vor:

Gewinn- und Verlustrechnung (in Mio. GE)	**Anhang**	**02**	**01**
Umsatzerlöse		40.996	42.771
Bestandsveränderung der Erzeugnisse		– 87	– 1
Andere aktivierte Eigenleistungen		321	320
Sonstige Erträge	2	2.717	3.306
Materialaufwand		22.975	22.923
Personalaufwand		6.122	7.530
Abschreibungen		3.765	4.511
Sonstige Aufwendungen	3	6.054	7.805
Beteiligungsergebnis		846	300
Finanzergebnis	4	– 2.485	– 2.878
Ergebnis vor Steuern		3.392	1.049
Ertragsteuern		1.521	1.187
Ergebnis aus fortgeführten Geschäftsbereichen nach Steuern		1.871	– 138
Ergebnis aus *discontinued operations*		543	1.074
Jahresergebnis		2.414	936

Darüber hinaus finden sich zu den bezifferten Posten im Anhang des Jahresabschlusses noch folgende Informationen:

Anhang

1. Allgemeine Bilanzierungsgrundsätze

Der Jahresabschluss der Energy AG wurde in voller Übereinstimmung mit den gültigen IFRS erstellt. Um die Klarheit der Darstellung zu verbessern, sind verschiedene Posten der Bilanz und der Gewinn- und Verlustrechnung zusammengefasst. Diese Posten sind im Anhang gesondert ausgewiesen und erläutert.

Die angegebenen Erfolge aus der Aufgabe von Geschäftsbereichen (*discontinued operations*) beziehen sich auf die Veräußerung von Kohlekraftwerken.

Soweit die Möglichkeit besteht, werden zeitnahe Ansätze gewählt. Diese Bewertungsmethode wurde insbesondere bei Finanzinstrumenten (durch Einordnung in die Kategorie »*at fair value through profit or loss*«) sowie im Rahmen der Bilanzierung von als Finanzinvestitionen gehaltenen Immobilien (sog. »*investment property*« i. S. des IAS 40) angewendet.

2. Sonstige Erträge

in Mio. GE	02	01
Neubewertung von *Investment Property*	1.508	1.546
Zeitwertbewertung von Finanzinstrumenten	129	396
Abgänge von Gegenständen des Anlagevermögens	68	87
Gewinne aus Währungskursdifferenzen	275	271
Vermietung und Verpachtung	40	54
Schadensersatz/Versicherungsleistungen	33	27
Übrige	664	925
	2.717	3.306

Die Erträge aus der Zeitwertbewertung von Finanzinstrumenten gehen auf die notwendige *fair value*-Anpassung bei in der Kategorie »*at fair value through profit or loss*« gehaltenen Wertpapieren zurück.

3. Sonstige Aufwendungen

in Mio. GE	02	01
Abgänge von Gegenständen des Anlagevermögens	527	507
Rückstellungszuführungen	482	719
Miete für die Nutzung fremder Stromnetze	1.544	1.828
Werbemaßnahmen	169	162
Währungsverluste	867	773
Sonstige Steuern	114	189
Struktur- und Anpassungsmaßnahmen	347	1.104
Allgemeine Verwaltungskosten	593	784
Rechtsberatungskosten	453	521
Übrige	958	1.218
	6.054	7.805

4. Finanzergebnis

in Mio. GE	02	01
Zinserträge	1.117	1.116
Zinsaufwendungen	– 2.247	– 2.247
Zinsergebnis	– 1.130	– 1.131
Zinsanteil an den langfristigen Rückstellungen	– 1.327	– 1.558
Übriges Finanzergebnis	– 28	– 189
Finanzergebnis	– 2.485	– 2.878

a) Da die nach IFRS vorgesehene GuV-Gliederung hinsichtlich der Ertragskraft der Energy AG nur eingeschränkt aussagekräftig ist, werden Sie gebeten, eine qualitative Spaltung des Jahresergebnisses nach IFRS vorzunehmen. Achten Sie dabei besonders auf die korrekte Abgrenzung eines prognosefähigen, nachhaltigen Ergebnisses! Ferner ist die Konzernleitung daran interessiert, Aufschluss über den Einfluss der häufig angewandten *fair value*-Bewertung auf das Jahresergebnis zu erhalten. Tragen Sie diesem Anliegen durch die separate Ermittlung von aperiodischen Ergebnissen Rechnung!

b) Interpretieren Sie die relative Veränderung der Teilergebnisse zueinander im Hinblick auf die (ertrags-)wirtschaftliche Lage der Energy AG!

Lösung

a) Ermittlung von Teilergebnissen mittels Erfolgsspaltung

Die Erfolgsspaltung zielt darauf ab, nachhaltige und prognosefähige Erfolgsbestandteile von den nicht nachhaltigen, kurzfristig starken Schwankungen ausgesetzten Erfolgskomponenten zu trennen. Hierbei finden insbesondere die Kriterien der »Regelmäßigkeit« und »Betriebsbezogenheit« Anwendung. Darüber hinaus bietet es sich an, aperiodische, d. h. der Höhe und dem Grunde nach volatile, Erfolgskomponenten zu separieren. Außerdem ist es sinnvoll, vorab die sicher nicht mehr wiederkehrenden Erfolgskomponenten – aus *discontinued operations* – abzuspalten. Im Rahmen der Erfolgsspaltung nach IFRS werden somit fünf Teilergebnisse ermittelt:

1. ordentliches Betriebsergebnis,
2. aperiodisches betriebliches Ergebnis,
3. ordentliches betriebsfremdes Ergebnis (Finanzergebnis),
4. aperiodisches betriebsfremdes Ergebnis und
5. nicht fortgeführtes Ergebnis.

Grundsätzlich wird bei der betriebswirtschaftlichen Erfolgsspaltung von einem Ergebnis vor Steuern ausgegangen, d. h., die Ertragsteuern müssen keinem der oben genannten Bereiche zugeordnet werden. Hierbei ist darauf hinzuweisen, dass die im nicht fortgeführten Ergebnis enthaltenen Erfolge aus *discontinued operations* jedoch bereits als Nachsteuergröße ausgewiesen sind.

1. Ordentliches Betriebsergebnis

Im ordentlichen Betriebsergebnis werden die regelmäßig wiederkehrenden, mit dem Betriebszweck in unmittelbarem Zusammenhang stehenden Erfolgsbestandteile zusammengefasst. Aus den Angaben der Energy AG lässt sich dieses Teilergebnis ermitteln. Abgesehen von den Posten »sonstige Erträge« und »sonstige Aufwendungen« ist die Zuordnung der aufgeführten Erfolgsbestandteile unmittelbar nachvollziehbar.

Die Erträge aus Vermietung und Verpachtung, die in den »sonstigen Erträgen« enthalten sind, resultieren aus der kurzzeitigen Vermietung von momentan ungenutzten Trafostationen an ein Konkurrenzunternehmen. Da jedoch keine Absicht besteht, diese Vermietung längerfristig und somit als Erlösquelle einer Finanzinvestition zu behandeln, scheint die Zuordnung zum ordentlichen Ergebnis angemessen.

Der Posten »sonstige Aufwendungen« umfasst einen Großteil der sonstigen betrieblichen Aufwendungen, wie sie im Anhang (Posten 3) dargestellt sind. Ausgeklammert wurden erkennbare aperiodische Erfolgskomponenten, im Wesentlichen die Verluste aus Anlagenabgängen, Rückstellungszuführungen, Währungsverlusten, Struktur- und Anpassungsaufwendungen sowie Rechtsberatungskosten. Der Posten »Übrige« wurde gänzlich dem aperiodischen betrieblichen Ergebnis zugeordnet, da hierüber keine weiteren Informationen vorliegen.

in Mio. GE	**02**	**01**
Umsatzerlöse	40.996	42.771
Bestandsveränderung der Erzeugnisse	– 87	– 1
Andere aktivierte Eigenleistungen	+ 321	+ 320
Sonstige Erträge	+ 40	+ 54
Materialaufwand	– 22.975	– 22.923
Personalaufwand	– 6.122	– 7.530
Abschreibungen	– 3.765	– 4.511
Sonstige Aufwendungen	– 2.420	– 2.963
Ordentliches Betriebsergebnis	**5.988**	**5.217**

2. Aperiodisches betriebliches Ergebnis

Im aperiodischen betrieblichen Ergebnis werden diejenigen Erfolgskomponenten erfasst, die zwar grundsätzlich betrieblicher Natur, jedoch ihrer Art oder Höhe nach nicht regelmäßig wiederkehrend sind.

Wie die Übersicht zeigt, sind bei der Energy AG im Wesentlichen die Erträge und Aufwendungen aus Anlagenabgängen sowie Währungsverluste zu diesem Ergebnis zu zählen. Darüber hinaus werden auch die Erträge aus Versicherungsleistungen aufgrund der Schadensersatzpflicht Dritter i. H. v. 33 Mio. GE (Vorjahr 27 Mio. GE) hier erfasst, da anzunehmen ist, dass das Kriterium der Einmaligkeit erfüllt ist.

Geprägt wird das aperiodische betriebliche Ergebnis insbesondere durch die hierin erfassten Gewinne und Verluste der Wertänderung von Auslandswährungen. Sie werden nicht etwa dem finanziellen Bereich zugeordnet, um herauszustellen, dass die ihnen zugrunde liegenden Geschäfte betrieblicher Natur sind. Währungsschwankungen können nicht eindeutig geplant werden, sodass sie dem aperiodischen Ergebnis zuzurechnen sind.

Des Weiteren wurden die auf einen Unternehmenserwerb im Jahr 02 zurückzuführenden Aufwendungen für Restrukturierungsmaßnahmen i. H. v. 347 Mio. GE (Vj. 1.104 Mio. GE) sowie die hiermit in Zusammenhang stehenden Rechtsberatungskosten von 453 Mio. GE (Vj. 521 Mio. GE) innerhalb des aperiodischen Bereichs erfasst. Dasselbe gilt für die Aufstockung von bereits bestehenden Rückstellungen um 482 Mio. GE (Vj. 719 Mio. GE). Es handelt sich hierbei nur in geringem Umfang um Zuführungen für Gewährleistungsrückstellungen, die dem ordentlichen Betriebsergebnis zuzuordnen wären. Vielmehr dient der überwiegende Teil des Aufstockungsbetrages der Abdeckung von Risiken, die aus einer zu erwartenden Verpflichtung aus einem Rechtsstreit aufgrund einer Patentrechtsverletzung resultieren.

Abschließend gehören mangels genauerer Informationen die übrigen sonstigen Erträge mit 664 Mio. GE (Vj. 925 Mio. GE) sowie die übrigen sonstigen Aufwendungen mit 958 Mio. GE (Vj. 1.218 Mio. GE) zum aperiodischen Betriebsergebnis.

in Mio. GE	**02**	**01**
Aufwendungen aus dem Abgang von Gegenständen des AV	– 527	– 507
Erträge aus dem Abgang von Gegenständen des AV	+ 68	+ 87
Rückstellungszuführungen	– 482	– 719
Währungsverluste	– 867	– 773
Währungsgewinne	+ 275	+ 271
Schadensersatz/Versicherungsleistungen	+ 33	+ 27
Struktur- und Anpassungsmaßnahmen	– 347	– 1.104
Rechtsberatungskosten	– 453	– 521
Übrige sonstige Erträge	+ 664	+ 925
Übrige sonstige Aufwendungen	– 958	– 1.218
Aperiodisches betriebliches Ergebnis	**– 2.594**	**– 3.532**

3. Ordentliches betriebsfremdes Ergebnis (Finanzergebnis)

Das Finanzergebnis enthält, ähnlich wie das ordentliche Betriebsergebnis, regelmäßig wiederkehrende Erfolgsbestandteile aus den finanziellen Aktivitäten des Unternehmens. Da es sich hier um ein Unternehmen der Dienstleistungsbranche und nicht aus dem Finanzbereich handelt, sind diese Erfolge jedoch nicht betrieblicher Natur und somit in einem ordentlichen, aber betriebsfremden Ergebnis zusammenzufassen.

in Mio. GE	**02**	**01**
Beteiligungsergebnis	846	300
Finanzergebnis	– 2.485	– 2.878
Ordentliches betriebsfremdes Ergebnis	**– 1.639**	**– 2.578**

Die Zusammensetzung des ordentlichen betriebsfremden Ergebnisses ist evident. Anpassungsbedarf wird aus den Angaben der Energy AG nicht ersichtlich. Erklärend sei nur angemerkt, dass der Zinsanteil an den langfristigen Rückstellungen, der im Finanzergebnis enthalten ist, bewusst hier belassen wurde. Obwohl ein direkter Zusammenhang zu den im operativen Ergebnis erfassten Personalaufwendungen erkennbar ist, handelt es sich dennoch um hierauf gezahlte Zinsen.

4. Aperiodisches betriebsfremdes Ergebnis

Das aperiodische betriebsfremde Ergebnis aus den finanziellen Aktivitäten des Unternehmens setzt sich wie folgt zusammen:

in Mio. GE	**02**	**01**
Neubewertung von *investment property*	1.508	1.546
Zeitwertbewertung von Finanzinstrumenten	129	396
Außerordentliches Bewertungsergebnis	**1.637**	**1.942**

Charakteristisch für die im aperiodischen betriebsfremden Ergebnis erfassten Erfolgsbestandteile ist, dass sie allesamt auf aperiodische, d. h. der Höhe und dem Grunde nach nicht vorhersehbare, Sachverhalte mit finanzwirtschaftlichem Bezug zurückzuführen sind.

Dass derartige Erfolgsbeiträge nicht in einem nachhaltigen operativen Ergebnis enthalten sein dürfen, ist evident. Besonders deutlich wird dies am Beispiel der Bewertungsgewinne aus *investment property*. Wird vorausgesetzt, dass es sich tatsächlich um langfristige Finanzinvestitionen handelt, darf eine Aufdeckung von stillen Reserven nicht zu einer Erhöhung des operativen Ergebnisses und damit zu einer fälschlichen Andeutung tatsächlich nicht vorhandener Ertragskraft führen.

5. Nicht fortgeführtes Ergebnis

Der beste Indikator für nicht wiederkehrende Erfolgskomponenten sind die auf aufgegebene Geschäftsbereiche entfallenden Erfolge. Nach IFRS 5 ist neben den hierauf entfallenden Abgangsgewinnen/-verlusten auch das durch diesen Bereich noch erwirtschaftete operative Ergebnis hier auszuweisen. Besonders positiv im Hinblick auf eine prospektive Analyse ist, dass nicht nur die Erfolge bereits aufgegebener Geschäfte, sondern auch die Erfolge derjenigen Bereiche, für die eine definitive Absicht zur Aufgabe besteht, gesondert angegeben werden müssen.

Im Fall der Energy AG wurde im Laufe des Jahres 01 beschlossen, einen Großteil der betriebenen Kohlekraftwerke aufzugeben, was zu einem Ergebnis aus *discontinued operations* von 1.074 Mio. GE führte. Im Folgejahr wurden schließlich die noch verbliebenen Kraftwerke an einen Mitbewerber veräußert, was einen Veräußerungserlös i. H. v. 543 Mio. GE einbrachte.

b) *Analyse der Gesamtergebnisstruktur*

Um einen Überblick über die Ergebnisstruktur zu erhalten, sei die Entwicklung der Teilergebnisse zusammenfassend dargestellt:

Ergebnisbestandteile (in Mio. GE)	**02**	**01**
Ordentliches Betriebsergebnis	5.988	5.217
Aperiodisches betriebliches Ergebnis	– 2.594	– 3.532
Ordentliches betriebsfremdes Ergebnis (Finanzergebnis)	– 1.639	– 2.578
Aperiodisches betriebsfremdes Ergebnis	1.637	1.942
Laufendes Ergebnis (vor Steuern)	**3.392**	**1.049**
Nicht fortgeführtes Ergebnis (nach Steuern)	**543**	**1.074**

Wie aus dieser Aufstellung bereits ersichtlich wird, konnte die Energy AG eine deutliche Verbesserung ihres operativen Geschäfts erreichen. Dies kann u. a. an der Umstrukturierung des Geschäfts liegen. Durch den Verkauf der Kohlekraftwerke im Jahr 01 (1.074 Mio. GE) wurde offenbar ein unprofitabler Geschäftsbereich abgestoßen. Insgesamt ist die Ertragslage der Energy AG als durchwegs positiv zu beurteilen. Das operative Betriebsergebnis ist im betrachteten Zeitraum nicht nur um 14,7 % gestiegen, vielmehr war es auch jeweils in der Lage, die (hohen) aperiodischen betrieblichen Verluste sowie das schlechte Finanzergebnis zu kompensieren.

Im Hinblick auf das deutlich höhere (laufende) Gesamtergebnis im Jahr 02 von 3.392 Mio. GE im Vergleich zu 1.049 Mio. GE im Vorjahr ist jedoch darauf hinzuweisen, dass insbesondere die Verringerung der aperiodischen Aufwendungen, im Wesentlichen die rückläufigen Restrukturierungsaufwendungen, sowie das deutlich bessere Finanzergebnis zu dieser Ergebnisverbesserung beigetragen haben.

Aufgabe 19.2: Rentabilitätsanalyse und Analyse der Wertgenerierung

Die an der Frankfurter Börse gehandelte ProValue AG ist ein Unternehmen, das zur Ergebnissteuerung und im Rahmen seiner Investor Relations-Arbeit vor allem die Kennzahlen Eigenkapitalrentabilität, Gesamtkapitalrentabilität und Umsatzrentabilität verwendet. Der Leiter der Controllingabteilung sieht die ProValue AG auf Basis dieser Kennzahlen als sehr profitabel an.

Auf der letzten internationalen Investoren-Konferenz fragten Analysten der Rating-Agentur Launisch & Partner nach dem ROI, dem ROCE und dem RONA. Zudem kam die Frage auf, ob die ProValue AG ein wertorientiertes Steuerungssystem verwendet. In diesem Zusammenhang wurde seitens der Unternehmensberatung Schlaumeier angeregt, künftig über den »Wertbeitrag« der ProValue AG zu berichten.

Für das abgeschlossene Geschäftsjahr hat die ProValue AG folgende Gewinn- und Verlustrechnung und Bilanz nach HGB erstellt:

Gewinn- und Verlustrechnung (in Mio. GE)

Umsatz	1.200
Herstellungskosten des Umsatzes	– 535
Bruttoergebnis	665
Vertriebskosten	– 465
Verwaltungskosten	– 148
Sonstige betriebliche Erträge	75
Ergebnis vor Zinsen (EBIT)	127
Zinsaufwand	– 50
Ertragsteuer	– 27
Jahresüberschuss	50

Bilanz (in Mio. GE)

Aktiva		**Passiva**	
Anlagevermögen		Eigenkapital	
Abnutzbares Sach-AV	675	Gezeichnetes Kapital	300
Nichtabnutzbares Sach-AV	445	Rücklagen	475
Finanz-AV	25		
	1.145		775
Umlaufvermögen		Fremdkapital	
Vorräte	450	Pensionsrückstellungen	250
Forderungen aus LuL	200	Sonstige Rückstellungen	100
Flüssige Mittel	90	Finanzschulden	460
		Verbindlichkeiten aus LuL	300
	740		1.110
Bilanzsumme	1.885	Bilanzsumme	1.885

Darüber hinaus liegen folgende Anmerkungen zum Jahresabschluss und zur finanziellen Situation der ProValue AG sowie weitere allgemeine Marktdaten vor:

- Die kumulierten Abschreibungen betragen 1.250 Mio. GE, die durchschnittliche Nutzungsdauer der Sachanlagen liegt bei 8 Jahren. Die in den Funktionskosten enthaltenen Abschreibungen des Geschäftsjahres belaufen sich auf 240 Mio. GE.
- Die Pensionsrückstellungen werden mit 6 % verzinst und sind im Zinsaufwand enthalten.
- Der durchschnittliche Steuersatz beträgt 35 %.
- Die durchschnittliche Performance des DAX (r_M) betrug in den vergangenen Jahren 11 %.
- Der Betafaktor der ProValue AG lag im langjährigen Durchschnitt bei 1,8.
- Die Rendite von langfristigen Bundesanleihen (r_F) lag im langjährigen Mittel bei 6 %.

Aus Vereinfachungsgründen wird mit Jahresendwerten anstatt mit Durchschnittswerten gerechnet.

a) Ermitteln Sie Eigenkapital-, Gesamtkapital- und Umsatzrentabilität der ProValue AG!

b) In welchem Verhältnis stehen diese Kennzahlen zum *Return on Investment* (ROI) und zum *Return on Capital Employed* (ROCE)?

c) Ermitteln Sie die Wertkenngrößen *Economic Value Added* (EVA^{TM}) und *Cash Value Added* (CVA) der ProValue AG und interpretieren Sie die darin enthaltenen Aussagen!

Lösung

a) Rentabilitätskennzahlen

1. Eigenkapitalrentabilität (EKR)

$$\text{EKR} = \frac{\text{Jahresüberschuss}}{\text{Eigenkapital}} = \frac{50}{775} = 6{,}46\ \%$$

2. Gesamtkapitalrentabilität (GKR)

Vor Steuern:

$$GKR = \frac{EBIT}{Gesamtkapital} = \frac{127}{1.885} = 6{,}74\ \%$$

Nach Steuern:

$$GKR = \frac{Jahresüberschuss + Zinsaufwand}{Gesamtkapital} = \frac{100}{1.885} = 5{,}31\ \%$$

3. Umsatzrentabilität (UR)

Vor Steuern und Zinsen:

$$UR = \frac{EBIT}{Umsatz} = \frac{127}{1.200} = 10{,}58\ \%$$

Nach Steuern und Zinsen:

$$UR = \frac{Jahresüberschuss}{Umsatz} = \frac{50}{1.200} = 4{,}17\ \%$$

b) Zusammenhang zu weiteren gängigen Rentabilitätskennzahlen

1. Return on Investment (ROI)

Der ROI wird üblicherweise mit der Gesamtkapitalrentabilität als identisch betrachtet, d. h. ROI = GKR. Dabei wird der ROI meist in der Form einer Vorsteuergröße ermittelt, also:

$$ROI = \frac{EBIT}{Gesamtkapital} = \frac{127}{1.885} = 6{,}74\ \%$$

Charakteristisch für die ROI-Analyse ist die Verwendung eines Kennzahlenbaums, wobei der ROI als Produkt aus Kapitalumschlag (KU) und Umsatzrentabilität (UR) dargestellt wird:

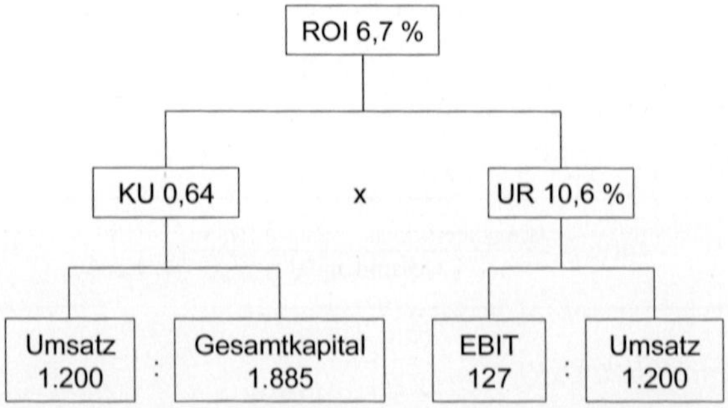

Mittels eines solchen, noch weiter aufgliederbaren Kennzahlensystems lassen sich die Ursachen mangelnder Rentabilität erkennen, wie bei der ProValue AG beispielsweise die sehr hohe Kapitalbindung im Verhältnis zum Umsatz.

2. Return on Capital Employed (ROCE)/Return on Net Assets (RONA)

Im Vergleich zu GKR und ROI bezieht sich der *Return on Capital Employed* (ROCE) nicht auf das Gesamtkapital, sondern nur auf das »gebundene« Kapital (*capital employed*). Gleichbedeutend mit dem ROCE ist der *Return on Net Assets* (RONA) zu sehen. Bei Letzterem ermittelt man das gebundene Kapital von der Vermögensseite aus (*net assets*), beim ROCE von der Kapitalseite aus. Beide Ermittlungsmethoden sind im Folgenden für die ProValue AG dargestellt:

Ermittlung von der Vermögensseite aus (in Mio. GE):

Anlagevermögen		1.145
+ Netto-Umlaufvermögen		
Umlaufvermögen	740	
– Unverzinsliches Fremdkapital	– 400	340
= Gebundenes Vermögen (*net assets*)		1.485

Ermittlung von der Kapitalseite aus (in Mio. GE):

Eigenkapital	775
+ Pensionsrückstellungen	250
+ Finanzschulden	460
= Gebundenes Kapital (*capital employed*)	1.485

Damit ergibt sich der folgende Kennzahlenwert:

$$\text{ROCE/RONA} = \frac{\text{EBIT}}{\text{Gebundenes Kapital/Vermögen}} = \frac{127}{1.485} = 8{,}55\ \%$$

c) Wertorientierte Rentabilitätskennzahlen

1. Economic Value Added (EVA)

$$\text{EVA} = (\text{r} - \text{WACC}) \times \text{Vermögen}$$

Mittels des Zusammenhangs:

$$\text{r} = \frac{\text{NOPAT}}{\text{Vermögen}}$$

ergibt sich:

$$\text{EVA} = \text{NOPAT} - \text{WACC} \times \text{Vermögen}$$

Der NOPAT (*net operating profit after tax*) ist dabei wie folgt definiert (in Mio. GE):

EBIT	127
– fiktive Ertragsteuern (0,35 × 127)	– 44,45
+/– Adjustments	0
= NOPAT	82,55

Das Vermögen ist aus dem gebundenen Vermögen, ggf. mit entsprechenden Adjustments, abzuleiten, die dann auch im NOPAT vorgenommen werden müssten:

Gebundenes Vermögen (*net assets*)	1.485
+/– Adjustments	0
= Geschäftsvermögen	1.485

Die Rendite r ergibt sich folglich aus:

$$r = \frac{82{,}55}{1.485} = 5{,}56\ \%$$

Der Kapitalkostensatz WACC entspricht dem gewichteten Mittel aus Eigen- und Fremdkapitalkostensatz.

Der Eigenkapitalkostensatz (r_{EK}) ergibt sich wie folgt:

$$r_{EK} = r_f + (r_M - r_f) \times \beta$$

$$r_{EK} = 6\ \% + (11\ \% - 6\ \%) \times 1{,}8\ \% = 15\ \%$$

Beim Fremdkapitalkostensatz (r_{FK}) ist zwischen Pensionsrückstellungen (r_{PR}) und Finanzschulden (r_{FS}) zu unterscheiden:

$$r_{PR} = 6\ \%$$

$$r_{FS} = \frac{35{,}85}{460} = 7{,}8\ \%$$

Dabei ergeben sich die Zinsen auf die Finanzschulden wie folgt:

$$ZA - ZA_{PR} = ZA_{FS}$$

$$50 - \left(1 - \frac{1}{1{,}06}\right) 250 = 35{,}85$$

Der Kapitalkostensatz für eine Gegenüberstellung mit der Rendite r (nach Steuern) lässt sich mit diesen Angaben bestimmen als:

$$WACC = r_{EK} \times \frac{EK}{GK} + r_{PR} \times (1 - s) \times \frac{PR}{GK} + r_{FS} \times (1 - s) \times \frac{FS}{GK}$$

Mit GK = EK + PR + FS (anstelle der theoretisch notwendigen Marktbewertung des Kapitals wird mangels Angaben mit dem Buchwert gearbeitet) folgt für die ProValue AG:

$$\text{WACC} = 15\,\% \times \frac{775}{1.485} + 6\,\% \times (1 - 0{,}35) \times \frac{250}{1.485} + 7{,}8\,\% \times (1 - 0{,}35) \times \frac{460}{1.485} = 10{,}06\,\%$$

Daraus ergibt sich für den Wertbeitrag:

$$(5{,}56\,\% - 10{,}06\,\%) \times 1.485 = -66{,}83$$

2. Cash Value Added (CVA)

Wie bereits bei der Berechnung des EVA wird auch bei der Ermittlung des CVA eine Überrendite mit einer Vermögensgröße multipliziert, um den betrieblichen Wertbeitrag zu erhalten. Der CVA orientiert sich jedoch bei der Ermittlung der Rendite an zahlungsnahen Werten:

$$\text{CVA} = (\text{CFROI} - \text{WACC}) \times \text{BIB}$$

mit:
CFROI = *Cashflow Return on Investment*
BIB = Bruttoinvestitionsbasis

Die BIB ermittelt sich wie folgt (in Mio. GE):

	Abnutzbares Anlagevermögen	675
+	Kumulierte Abschreibungen	1.250
=	Bruttowert des abnutzbaren Anlagevermögens (BIB_a)	1.925
+	Nichtabnutzbares Anlagevermögen	470
=	Brutto-Anlagevermögen	2.395
+	Netto-Umlaufvermögen	340
=	Bruttoinvestitionsbasis (BIB)	2.735

Der CFROI kann als statische oder als dynamische Rentabilitätskennzahl aus dem Verhältnis von Brutto-Cashflow und BIB abgeleitet werden. Der Brutto-Cashflow (BCF) ermittelt sich dabei wie folgt (in Mio. GE):

	EBIT	127
+	Abschreibungen des Geschäftsjahres	240
–	fiktive Ertragsteuern	– 44,45
=	Brutto-Cashflow (BCF)	322,55

3. *Statischer CFROI*

$$CFROI = \frac{BCF - ÖAB}{BIB}$$

mit: ÖAB = Ökonomische Abschreibung

Die ökonomische Abschreibung entspricht der konstanten jährlichen Zahlung, die unter Berücksichtigung von Zinseffekten über die gesamte Lebensdauer des abnutzbaren Anlagevermögens angelegt, die ursprünglichen Investitionsausgaben des abnutzbaren Anlagevermögens (BIB_a) wieder bereitstellen würde:

$$ÖAB \times \sum_{t=1}^{n} (1 + WACC)^{n-t} = BIB_a$$

$$ÖAB \times \frac{(1 + WACC)^n - 1}{WACC} = BIB_a$$

Folglich gilt:

$$\begin{aligned} ÖAB &= BIB_a \times \frac{WACC}{(1 + WACC)^n - 1} \\ &= 1.925 \times \frac{0{,}1006}{(1 + 0{,}1006)^8 - 1} \\ &= 1.925 \times 0{,}08725 \\ &= 167{,}96 \end{aligned}$$

Somit ergibt sich folgender statischer CFROI

$$CFROI = \frac{322{,}55 - 167{,}96}{2.735} = 5{,}65\ \%$$

und damit als CVA:

$$CVA = (5{,}65\,\% - 10{,}06\,\%) \times 2.735 = -120{,}61$$

4. Dynamischer CFROI

Mittels eines dynamischen Rechenansatzes wird der CFROI als interner Zinssatz aus einem Zahlungsstrom wie folgt ermittelt:

$$0 = -BIB + \sum_{t=1}^{n} \frac{BCF}{(1 + CFROI)^t} + \frac{NAV}{(1 + CFROI)^n}$$

mit: NAV = Nichtabnutzbares Vermögen

Für die ProValue AG lautet der Ansatz:

$$0 = -2.375 + \sum_{t=1}^{8} \frac{322,55}{(1 + CFROI)^t} + \frac{810}{(1 + CFROI)^8}$$

$$CFROI = 4{,}21\,\%$$

$$CVA = (4{,}21\,\% - 10{,}06\,\%) \times 2.735 = -160{,}00$$

5. Interpretation

Sowohl nach dem EVA- als auch nach dem CVA-Ansatz zeigt sich, dass die ProValue AG ihre durchschnittlichen Kapitalkosten nicht erwirtschaftet. Ein negativer EVA bzw. CVA bedeutet aber nicht grundsätzlich, dass Wert vernichtet wird. Dazu muss der Periodenwert insbesondere im Zusammenhang mit der zeitlichen Entwicklung des Wertbeitrages betrachtet werden. Denn bei neuen strategischen Maßnahmen werden zu Beginn oft negative Wertbeiträge in Kauf genommen, um insgesamt eine Wertgenerierung auf lange Sicht zu erreichen.

Aufgabe 19.3: Cashflow Return on Investment

Für das Unternehmen Rendimax AG liegt folgende Bilanz sowie Gewinn- und Verlustrechnung vor:

A		Bilanz (in TGE)		P
Sachanlagen (hist. HK/AK)	8.000		Eigenkapital	4.484
Kumulierte Abschreibungen	3.200		Verbindlichkeiten aus LuL	600
Sachanlagen		4.800	Verb. ggü. Kreditinstituten	1.800
Finanzanlagen		284		
Vorräte		400		
Forderungen		800		
Liquide Mittel		600		
Bilanzsumme		6.884	Bilanzsumme	6.884

Gewinn- und Verlustrechnung (in TGE)	
Umsatz	4.812
Herstellungskosten	– 2.614
Sonstige Kosten	– 1.420
EBIT	778
Zinsen	– 90
EBT	688
Steuern	– 451
Jahresüberschuss	237

Aus dem Anlagespiegel lassen sich Abschreibungen auf Sachanlagen i. H. v. 800 TGE ermitteln. Die durchschnittliche Nutzungsdauer der Sachanlagen beträgt zehn Jahre, während sich das durchschnittliche Alter der Sachanlagen auf vier Jahre beläuft. Ferner wird von einer Inflationsrate von 2,0 % p. a. ausgegangen.

Das Unternehmen möchte eine wertorientierte Erfolgsbeurteilung mit Hilfe des dynamischen *Cashflow Return on Investment* (CFROI) vornehmen.

Aus Vereinfachungsgründen wird mit Jahresendwerten anstatt mit Durchschnittswerten gerechnet.

Lösung

Für den dynamischen CFROI gilt per Definition folgende Gleichung, bei der die Verzinsung der Zahlungsströme genau der Ursprungsinvestition entspricht:

$$\text{BIB} = \frac{\text{BCF}}{1+\text{CFROI}} + \frac{\text{BCF}}{(1+\text{CFROI})^2} + \ldots + \frac{\text{BCF}+\text{NAV}}{(1+\text{CFROI})^n}$$

Entsprechend gilt es, die Werte Bruttoinvestitionsbasis (BIB), Brutto-Cashflow (BCF) und die netto nicht-abschreibbaren Vermögenswerte (NAV) zu ermitteln (in TGE):

	in TGE
Ergebnis (JÜ)	237
+ Abschreibungen	800
+ Zinsaufwand	90
= Brutto-Cashflow	1.127

	in TGE
Finanzanlagen	284
+ Umlaufvermögen	1.800
– unverzinsliches FK	600
= NAV	1.484

Bei einer jährlichen Inflationsrate von 2 % liegt der Gegenwartsneuwert des Sachanlagevermögens um den Faktor $1{,}02^4 = 1{,}08243$ über den ursprünglichen Anschaffungskosten, folglich bei 8.659 TGE. Zusammen mit dem NAV ergibt sich eine Bruttoinvestitionsbasis von 10.143 TGE. Damit lautet die zu lösende Gleichung:

$$10.143 = \frac{1.127}{1+\text{CFROI}} + \frac{1.127}{(1+\text{CFROI})^2} + \ldots + \frac{1.127}{(1+\text{CFROI})^{10}} + \frac{1.484}{(1+\text{CFROI})^{10}}$$

Über Iteration lässt sich als Lösung für den CFROI ein Wert von 4,0 % ermitteln. Damit ist allerdings noch keine Aussage über die Wertschaffung des Unternehmens möglich. Unter Berücksichtigung der angegebenen Zinsaufwendungen lässt sich jedoch eine *Fremdkapitalzinslast* von 5 % errechnen. Nachdem die Eigenkapitalkosten typischerweise über den Fremdkapitalzinsen liegen, dürfte sich für das vorliegende Unternehmen ein WACC von deutlich über 5 % ergeben. Bei einem CFROI von nur 4 % wird deutlich, dass das Unternehmen seine Kapitalkosten nicht verdient:

$$\text{CVA} = (\text{CFROI} - \text{WACC}) \times \text{BIB}$$

Angenommen, die gewichteten Kapitalkosten lägen bei 10 %, so ergäbe sich für die Rendimax AG ein negativer *Cash Value Added* (CVA) von – 608.580 GE.

Eine Interpretation der Wertentwicklung der Unternehmung ist allerdings nur bei Betrachtung der zeitlichen Entwicklung des Wertbeitrags möglich.

20. Kapitel: Strategische Bilanzanalyse

Aufgabe 20.1: Kennzahlengestützte Geschäftsportfolio-/ Segmentanalyse

Im Folgenden sind aus dem Konzernabschluss der InPhono AG die Gewinn- und Verlustrechnung sowie der Segmentbericht gegeben.

Gewinn- und Verlustrechnung der InPhono AG (in TGE)

Umsatzerlöse	+	1.056.276
Herstellungskosten des Umsatzes	–	568.703
Bruttoergebnis vom Umsatz	=	487.573
Vertriebskosten	–	135.568
Allgemeine Verwaltungskosten	–	189.248
F&E-Kosten	–	110.548
Sonstige betriebliche Erträge	+	2.486
Sonstige betriebliche Aufwendungen	–	5.678
Sonstige Zinsen und ähnliche Erträge	+	3.465
Zinsen und ähnliche Aufwendungen	–	20.577
Ergebnis vor Steuern	=	31.905
Steuern	–	12.762
Jahresüberschuss	=	19.143

Segmentbericht der InPhono AG (in TGE)

Segment	Umsatz*	EBIT**	Vermögen***	Abschr.****	Invest.*****
Hardware	560.320	28.756	278.622	19.847	17.855
Media	352.145	22.146	244.961	65.841	39.821
Services	143.658	– 3.564	82.367	14.589	13.555
Custom Solutions	58.947	10.248	41.357	5.887	8.711
Summe Segmente	1.115.070	57.586	647.307	106.164	79.942
Sonstige/Überleitung******	– 58.794	– 5.104	147.863	3.689	12.478
Konzern	1.056.276	52.482	795.170	109.853	92.420

* Außen- und Innenumsatz
** *Earnings before Interest and Taxes*
*** Durchschnittliches Nettovermögen im Berichtszeitraum
**** Abschreibungen auf Anlagevermögen
***** Investitionsausgaben für Anlagevermögen
****** Ausgaben für die sonstigen Segmente, die Konzernzentrale, Konsolidierung sowie Anpassungen für die Überleitung

Dem Geschäftsbericht lassen sich ein bilanzielles Eigenkapital von 302.256 TGE und ein Fremdkapital von 587.914 TGE entnehmen. Ferner wird darauf hingewiesen, dass die InPhono AG ausschließlich in Regionen ohne anrechenbare Steuern operiert.

Der Finanzmarkt weist aktuell einen risikolosen Zinssatz von etwa 4 % und eine durchschnittliche Aktienmarktrendite von 9 % auf. Daraus resultiert eine Marktrisikoprämie von 5 %. Das langfristige Beta der Aktien der InPhono AG liegt bei 1,54.

Die langfristigen durchschnittlichen Nettovermögensrenditen (nach Steuern) in den Branchen der vier Hauptsegmente (in der im Segmentbericht angegebenen Reihenfolge) betragen 6,0 %, 5,5 %, 7,0 % bzw. 9,0 %.

a) Wie stellt sich die wertorientierte Performance des InPhono-Konzerns und seiner Segmente dar?

b) Welche Aussagen über die Investitionspolitik des Konzerns bzw. der Segmente lassen sich aus den Fragmenten des Geschäftsberichts ableiten?

Lösung

a) Wertorientierte Analyse

1. Rentabilitätsanalyse vor Steuern

Ausgehend von den Angaben des Segmentberichts lässt sich zunächst eine Renditebetrachtung auch auf Segmentebene durchführen.

Segment	Umsatzrendite	Kapitalumschlag	ROCE (vor St.)
Hardware	5,1 %	2,01	10,3 %
Media	6,3 %	1,44	9,0 %
Services	– 2,5 %	1,74	– 4,3 %
Custom Solutions	17,4 %	1,43	24,8 %
Summe Segmente	5,2 %	1,72	8,9 %
Konzern	5,0 %	1,33	6,6 %

Mit Ausnahme des Segments »Services« stellt sich die Situation unter dieser Vorsteuerbetrachtung auf den ersten Blick sehr positiv dar. Ermittelt man die gewichteten Kapitalkosten des Unternehmens – zunächst ohne Berücksichtigung der Steuern –, so ergibt sich eine Zielrendite des Nettovermögens ($WACC_{NV}$) von 7 %:

$$r_{EK} = r_f + \Delta r_M \times \beta = 4\,\% + 5\,\% \times 1{,}54 = 11{,}7\,\%$$

$$\text{verz. FK} = \text{FK} - \text{unverz. FK} = \text{FK} - (\text{GK} - \text{NV}) = 492.914 \text{ TGE}$$

$$WACC_{NV} = r_{EK} \times \frac{EK}{NV} + r_{\text{verz. FK}} \times \frac{\text{verz. FK}}{NV} = 11{,}7\,\% \times 38\,\% + 4{,}2\,\% \times 62\,\% = 7{,}0\,\%$$

Die geforderte Eigenkapitalrendite lässt sich mittels des CAPM abschätzen, weiterhin die Fremdkapitalzinslast aus den Zinsaufwendungen und dem verzinslichen Fremdkapital errechnen. Nachdem auf Segmentebene nur das Nettovermögen angegeben ist, sind die Kapitalkosten entsprechend auf das Nettovermögen anzupassen. Die InPhono AG erreicht als Konzern folglich nicht ganz die geforderte Rendite, die Summe der Hauptsegmente – quasi das operative Hauptgeschäft des Konzerns – dagegen schon.

2. Nachsteuerbetrachtung

Der InPhono Konzern unterliegt gemäß der Gewinn- und Verlustrechnung einem durchschnittlichen Steuersatz von 40 %. Unter Berücksichtigung der Steuerlast ergeben sich konzernweite Kapitalkosten von 6 % (niedriger als der unter 1. errechnete WACC von 7 %, aufgrund des Steuervorteils des Fremdkapitals). Damit lässt sich eine wertorientierte Analyse entweder anhand eines Vergleichs der Renditen mit den Kapitalkostensätzen oder anhand der ökonomischen Gewinne (EVA) durchführen.

$$WACC_{NV} = r_{EK} \times \frac{EK}{NV} + (1 - s) \times r_{\text{verz. FK}} \times \frac{\text{verz. FK}}{NV} = 6{,}0\,\%$$

Segmente	**EBI**	**ROCE (n. St.)**	**WACC***	**Kapitalkosten**	**EVA**
Hardware	17.254	6,2 %	> 6,0 %	16.717	537
Media	13.288	5,4 %	< 5,5 %	13.473	– 185
Services	– 2.138	– 2,6 %	< 7,0 %	5.766	– 7.904
Custom Solutions	6.149	14,9 %	> 9,0 %	3.722	2.427
Summe Segmente	34.553	5,3 %	< 6,1 %**	39.678	– 5.125
Konzern	31.489	4,0 %	< 6,0 %	47.710	– 16.221

* Auf Segmentebene wird anstelle des WACC die durchschnittliche Nettovermögensrendite als Vergleichsmaßstab herangezogen.
** Gewichtet, basierend auf dem Nettovermögen der verschiedenen Segmente.

Übersteigt die Kapitalrendite den jeweils geforderten Kapitalkostensatz, so schafft der Bereich ökonomischen Wert, folglich ist der entsprechende Wertbeitrag positiv – et vice versa. In der Gesamtbetrachtung wird ersichtlich, dass die enorme Wertvernichtung des Bereichs »Services« durch die deutlich bzw. geringfügig positiven Wertbeiträge der Bereiche »Custom Solutions« bzw. »Hardware« nicht kompensiert werden kann. Der Gesamtkonzern bleibt damit 2 %-Punkte oder 16,2 Mio. GE hinter der erwarteten Kapitalverzinsung zurück.

b) Investitionsanalyse

Eine im Rahmen der vorliegenden Segmentberichterstattung leicht durchzuführende Investitionsanalyse betrachtet die *Wachstumsquote* und den *Investitionsgrad des Cashflow* für die einzelnen Segmente.

$$\text{Segment-Wachstumsquote} = \frac{\text{Segmentinvestitionen}}{\text{Segmentabschreibungen}}$$

$$\text{Segmentbezogener Investitionsgrad des Cashflow} = \frac{\text{Segmentinvestitionen}}{\text{Segment-Cashflow}}$$

Während Segmentabschreibungen und -investitionen direkt dem Segmentbericht entnommen werden können, muss der Segment-Cashflow näherungsweise über den EBITDA bestimmt werden. Hierbei wird i. d. R. auf eine Nachsteuerbetrachtung verzichtet, da eine solche Nullpunktverschiebung nur einen geringen Nutzen stiften würde. Auf eine Annäherung an den Cashflow aus der Kapitalflussrechnung wird hier kein Wert gelegt.

Segmente	EBITDA	Wachstumsquote	Investitionsgrad des CF
Hardware	48.603	0,90	0,37
Media	87.987	0,60	0,45
Services	11.025	0,93	1,23
Custom Solutions	16.135	1,48	0,54
Summe Segmente	163.750	0,75	0,49
Konzern	162.335	0,84	0,57

Bei einer Wachstumsquote von knapp unter eins investieren die Bereiche »Hardware« und »Services« gerade etwas weniger als ihre Abschreibungen. Dies deutet auf eine wenig aggressive Strategie in diesen Segmenten hin. Während allerdings der Bereich »Hardware« dieses Investitionsniveau bequem aus dem Cashflow finanzieren kann, übersteigen die relativ geringen Investitionen im Bereich »Services« den in diesem Bereich erwirtschafteten Cashflow deutlich. Dies erklärt sich durch die schlechte Ertragssituation des Bereichs, was naturgemäß den Investitionsgrad ansteigen lässt und hier wohl auch zu der vorsichtigen Investitionspolitik geführt hat.

Für den Bereich »Media« kann bei einer Wachstumsquote von 0,6 nahezu von einer Desinvestitionspolitik gesprochen werden. Höhere Investitionen würden hier auch den Investitionsgrad deutlich in Richtung eins bewegen und den geringen Innenfinanzierungsspielraum offenbaren. Dagegen ist die Situation des Bereichs »Custom Solutions« mit einer aggressiven Wachstumspolitik bei gleichzeitig günstigem Finanzierungsspielraum fast ideal.

Die Gesamtsituation des Konzerns ist vor allem durch die beiden großen Segmente »Hardware« und »Media« geprägt, was die eher zurückhaltende Investitionspolitik bei hinreichendem Finanzierungsspielraum offenlegt. Die abweichende Situation der beiden Bereiche »Services« und »Custom Solutions« wird erst durch die Segmentangaben ersichtlich.

Fallstudie: Meditec AG

Fallstudie zum 17. bis 20. Kapitel

Finanzwirtschaftliche, erfolgswirtschaftliche und strategische Analyse des Jahresabschlusses der Meditec AG

Im Folgenden finden Sie für das Geschäftsjahr 03, mit Vergleichszahlen für die beiden vorhergehenden Geschäftsjahre, Auszüge aus dem gemäß HGB-Vorschriften erstellten Jahresabschluss und Lagebericht des fiktiven Unternehmens Meditec AG. Ermitteln Sie unter Verwendung des in den Kapiteln 17, 18, 19 und 20 erläuterten Instrumentariums die für eine Jahresabschlussanalyse notwendigen Kennzahlen und interpretieren Sie die Ergebnisse. Erarbeiten Sie aus den auszugsweise gegebenen Jahresabschlussdaten eine Kapitalflussrechnung. Beschreiben Sie die wirtschaftliche Lage der Meditec AG, indem Sie Aussagen zu deren Vermögens-, Finanz- und Ertragslage treffen. Gehen Sie auch auf die strategische Positionierung des Unternehmens ein!

Hinweis: Die Kennzahlen der Jahre 00 bis 02 sind in der Lösung zur Verdeutlichung der zeitlichen Entwicklung angeführt. Auf den Abdruck der zugrunde liegenden Jahresabschlüsse wurde verzichtet.

Meditec AG Jahresabschluss 03

Gewinn- und Verlustrechnung Meditec AG

01. Januar bis 31. Dezember 03 (in TGE)

	03	02	01
Umsatzerlöse	688.322	649.370	606.888
Umsatzkosten	268.079	253.189	236.745
Bruttoergebnis vom Umsatz	420.243	396.181	370.143
Forschungs- und Entwicklungskosten	51.749	51.500	49.050
Vertriebskosten	211.142	199.360	186.254
Allgemeine Verwaltungskosten	77.229	73.050	68.520
Sonstige betriebliche Erträge	3.970	2.963	1.589
Sonstige betriebliche Aufwendungen	19.122	15.549	15.944
Betriebsergebnis	64.971	59.685	51.964
Erträge aus Finanzanlagen	2.721	2.034	2.031
Zinsen und ähnliche Erträge	5.590	4.774	4.226
Zinsen und ähnliche Aufwendungen	9.134	10.506	11.868
Finanzergebnis	– 823	– 3.698	– 5.611
Steuern vom Einkommen und vom Ertrag	22.452	19.595	16.224
Jahresüberschuss	**41.696**	**36.392**	**30.129**
Einstellung in andere Gewinnrücklagen	20.976	18.632	15.329
Bilanzgewinn	**20.720**	**17.760**	**14.800**

Bilanz Meditec AG zum 31.12.03 (in TGE)

AKTIVA	**03**	**02**	**01**
Anlagevermögen			
Immaterielle Vermögensgegenstände	8.551	9.406	10.336
Sachanlagen	103.210	102.454	97.350
Finanzanlagen	22.672	16.673	15.583
	134.433	128.533	123.269
Umlaufvermögen			
Vorräte	202.990	188.967	176.150
Erhaltene Anzahlungen	– 10.172	– 9.060	– 6.029
	192.818	179.907	170.121
Forderungen aus LuL	154.820	145.013	136.636
Übrige Forderungen und sonstige Vermögensgegenstände	6.282	6.845	5.855
Liquide Mittel	76.031	67.166	61.728
	429.951	398.931	374.340
Summe Aktiva	**564.384**	**527.464**	**497.609**
PASSIVA	**03**	**02**	**01**
Eigenkapital			
Gezeichnetes Kapital	74.000	74.000	74.000
Kapitalrücklage	30.000	30.000	30.000
Gewinnrücklage (einschl. Bilanzgewinn)	101.420	77.484	55.892
	205.420	181.484	159.892
Rückstellungen			
Pensionen	90.627	84.698	79.157
Übrige Rückstellungen	36.234	34.181	36.406
	126.861	118.879	115.563
Verbindlichkeiten			
Finanzschulden	149.441	147.288	146.408
Verbindlichkeiten aus LuL	82.662	79.813	75.746
	232.103	227.101	222.154
Summe Passiva	**564.384**	**527.464**	**497.609**

Anhang: Erläuterungen zum Jahresabschluss der Meditec AG

Bilanz

1. Bilanzierungs- und Bewertungsgrundsätze

Erworbene immaterielle Vermögensgegenstände werden zu Anschaffungskosten, vermindert um planmäßige Abschreibungen, bewertet. Als Nutzungsdauer werden regelmäßig vier Jahre zugrunde gelegt, wenn sich nicht ein abweichender Zeitraum z. B. aufgrund der abweichenden Laufzeit einer Lizenz ergibt. Aufwendungen für selbst erstellte immaterielle Vermögensgegenstände werden nicht in der Bilanz aktiviert.

Das Sachanlagevermögen wird zu Anschaffungs- bzw. Herstellungskosten, vermindert um planmäßige lineare Abschreibungen, angesetzt. In die Herstellungskosten der selbsterstellten Anlagen werden neben den direkt zurechenbaren Kosten auch anteilige Gemeinkosten und Abschreibungen einbezogen. Die Abschreibungen werden bei Gebäuden linear über eine Nutzungsdauer von maximal 40 Jahren, beim beweglichen Anlagevermögen ebenfalls linear vorgenommen. Die Nutzungsdauer beträgt bei technischen Anlagen und Maschinen sechs bis acht Jahre, bei anderen Anlagen, Betriebs- und Geschäftsausstattung drei bis zehn Jahre. Geringwertige Wirtschaftsgüter werden so weit als möglich im Jahr des Zugangs in voller Höhe abgeschrieben.

Soweit der nach den vorstehenden Grundsätzen ermittelte Wert von Gegenständen des Anlagevermögens über dem Wert liegt, der ihnen am Abschlussstichtag beizulegen ist, wird diesem Sachverhalt entsprechend den gesetzlichen Vorgaben durch außerplanmäßige Abschreibung oder Wertberichtigung Rechnung getragen.

Die Vorräte werden zu Anschaffungs- bzw. Herstellungskosten oder zu niedrigeren Tageswerten angesetzt. Die Herstellungskosten werden gemäß den steuerlichen und handelsrechtlichen Mindestansätzen bewertet, d. h., neben den direkt zurechenbaren Kosten werden auch Fertigungs- und Materialgemeinkosten sowie die steuerlichen Abschreibungsmöglichkeiten einbezogen. Die Roh-, Hilfs-, und Betriebsstoffe werden gemäß der Durchschnittsmethode bewertet.

Bei den Forderungen werden erkennbare Einzelrisiken durch Wertberichtigungen berücksichtigt.

Der Barwert der Pensionsverpflichtungen wird nach versicherungsmathematischen Methoden auf Basis eines Zinsfußes von 6 % errechnet.

Die Verbindlichkeiten sind zu ihrem Erfüllungsbetrag bewertet.

2. Anlagespiegel (in TGE)

	Ansch.-/ Herst.-Kosten 01.01.03	Zugänge	Umbuchungen	Abgänge*	Kumulierte Abschr.	Buchwert 31.12.03	Buchwert 31.12.02	Abschreibung
A. Immaterielle Vermögensgegenstände								
1. Konzessionen, gewerbliche Schutzrechte, ähnliche Rechte, sowie Lizenzen an solchen Rechten	15.054	855	–	–	7.358	8.551	9.406	1.710
2. Geschäfts- oder Firmenwert	–	–	–	–	–	–	–	–
Summe	15.054	855	–	–	7.358	8.551	9.406	1.710
B. Sachanlagen								
1. Grundstücke und grundstücksgleiche Rechte und Bauten einschließlich Bauten auf fremden Grundstücken	56.344	1.140	+ 592	244	8.909	48.923	48.325	901
2. Technische Anlagen und Maschinen	51.332	6.958	+ 285	113	28.735	29.727	28.880	6.329
3. Andere Anlagen und Betriebs- und Geschäftsausstattung	67.395	14.668	+ 221	2.923	56.062	23.299	24.073	14.809
4. Geleistete Anzahlungen und Anlagen im Bau	1.176	1.183	– 1.098	–	–	1.261	1.176	–
Summe	176.247	23.949	0	3.280	93.706	103.210	102.454	22.039
C. Finanzanlagen								
1. Anteile an verbundenen Unternehmen	–	–	–	–	–	–	–	–
2. Beteiligungen	21.362	7.936	–	231	6.395	22.672	16.673	1.767
Summe	21.362	7.936	–	231	6.395	22.672	16.673	1.767
Gesamtes Anlagevermögen	**212.663**	**32.740**	**0**	**3.511**	**107.459**	**134.433**	**128.533**	**25.516**

* zu historischen Anschaffungs- oder Herstellungskosten

3. Forderungen

In den Forderungen sind Beträge mit einer Restlaufzeit von mehr als einem Jahr enthalten:

(in TGE)	03	02
Forderungen aus Lieferungen und Leistungen	830	1.505
Übrige Forderungen und sonstige Vermögensgegenstände	276	502

4. Der Posten Liquide Mittel setzt sich wie folgt zusammen:

(in TGE)	03	02
Wertpapiere	60.159	52.256
Flüssige Mittel einschließlich Bankguthaben	15.872	14.910
Liquidität	76.031	67.166

5. Gezeichnetes Kapital

Das Grundkapital hat sich 03 in seiner Höhe und Zusammensetzung gegenüber dem Vorjahr nicht verändert.

Verglichen mit dem Branchendurchschnitt hat sich der Aktienkurs der Meditec AG günstig entwickelt. Während der Aktienkurs der Meditec AG von 29 GE (in 00) auf 36,95 GE (in 03), d. h. um 27 %, gestiegen ist, hat sich der Branchendurchschnitt im gleichen Zeitraum lediglich um 15 % erhöht.

Die folgende Tabelle gibt eine Übersicht über die Entwicklung des gezeichneten Kapitals:

	03	02	01	00
Stammaktien:				
Anzahl der ausgegebenen	14.800.000	14.800.000	14.800.000	14.500.000
Anzahl der zusätzlich genehmigten	3.000.000	–	–	300.000*
Nennwert (in GE)	5	5	5	5
Jahresmittelkurs (in GE)	36,95	24,49	30,26	29

* Ausgabekurs GE 28,50

6. Gewinnrücklagen und Bilanzgewinn

In den Gewinnrücklagen ist der jeweilige Bilanzgewinn enthalten. Der Bilanzgewinn wurde im jeweils folgenden Geschäftsjahr in vollem Umfang ausgeschüttet.

7. Pensionsrückstellungen

Die Pensionsrückstellungen erhöhten sich gegenüber dem Vorjahr um 5.929 TGE. Dieser Betrag, der sich aus Aufstockungen, Neuzusagen und Aufzinsungen mit 6 % p. a. zusammensetzt, ist in den Personalaufwendungen innerhalb der Funktionskosten enthalten.

8. Andere Rückstellungen

Die anderen Rückstellungen setzen sich aus ungewissen Verbindlichkeiten, Beträgen für Gewährleistungen, Gratifikationen, Instandhaltungen und Reparaturen zusammen. Des Weiteren sind Steuerrückstellungen i. H. v. 11.900 TGE enthalten. In dieser Größe sind Beträge für das laufende Jahr und passive latente Steuern i. H. v. 2.500 TGE bilanziert.

9. Verbindlichkeiten

In den Verbindlichkeiten sind folgende Beträge mit einer Restlaufzeit von unter einem Jahr enthalten:

(in TGE)	**03**	**02**
Finanzschulden	65.436	62.024
Verbindlichkeiten aus Lieferungen und Leistungen	77.004	73.413

Am 31.12.03 betragen die nach fünf Jahren fälligen Finanzschulden 25.500 TGE und die gesicherten Finanzschulden 34.300 TGE.

Außerdem bestehen nicht bilanzierte Eventualverbindlichkeiten in Form von:

a) Bürgschaften: 17.100 TGE

b) Wechselobligo: 22.800 TGE

Gewinn- und Verlustrechnung

10. Umsatzerlöse

Die regionale und spartenmäßige Herkunft der Umsatzerlöse 03 gestaltet sich wie folgt:

Auslieferung nach Sparten (in TGE)	Inland	Ausland	Gesamt
Diagnosegeräte	41.320	106.111	147.431
Beatmungsgeräte	51.096	273.597	324.693
Stimulatoren	34.001	182.197	216.198
Insgesamt	126.417	561.905	688.322

11. Fertige und unfertige Erzeugnisse, aktivierte Eigenleistungen

Der Bestand an fertigen und unfertigen Erzeugnissen erhöhte sich im Berichtsjahr um 6.871 TGE. Die aktivierten Eigenleistungen beliefen sich auf 6.880 TGE.

12. Materialaufwand, Personalaufwand

Der Materialaufwand betrug im Berichtsjahr 256.314 TGE und im Jahr 02 244.621 TGE.

Der Personalaufwand (273.760 TGE) setzte sich zusammen aus Löhnen und Gehältern (228.957 TGE), sozialen Abgaben (38.874 TGE) und Aufwendungen für Altersversorgung und Unterstützung (5.929 TGE). Der Personalstand beträgt im Jahresdurchschnitt 03 5.007 Mitarbeiter und in 02 4.912 Mitarbeiter.

13. Sonstige betriebliche Aufwendungen und Erträge

Die sonstigen betrieblichen Aufwendungen enthalten im Wesentlichen nicht gesondert auszuweisende Betriebskosten, z. B. Instandhaltungsaufwendungen, Garantieleistungen sowie Aufwendungen für die Bildung von Rückstellungen. Außerdem enthalten sie Gewinne bzw. Verluste aus dem Abgang von Gegenständen des Anlagevermögens.

14. Gewinn und Gewinnverwendung

Als vorläufige Gewinnverwendung wird vorgeschlagen, aus dem Jahresüberschuss 1,20 GE je Aktie als Dividende zuzüglich 0,20 GE als Bonuszahlung auszuschütten und den Rest in die anderen Gewinnrücklagen einzustellen. Damit ergibt sich für 03 eine Dividendenrendite von 3,8 % und für die Aktionäre, die ihre Aktien während der gesamten letzten drei Jahre gehalten haben, von 9,7 %. Dagegen beträgt die durchschnittliche Dividendenrendite der Branche über den gesamten letzten Dreijahreszeitraum lediglich 4 %.

Der Gewinn je Aktie (*Earnings per Share*) der Meditec AG ist vom Jahr 01 bis zum Jahr 03 von 2 GE auf 2,80 GE gestiegen. Die vergleichbare Branchenentwicklung bezüglich des Gewinns je Aktie beläuft sich auf 2 GE bzw. 2,40 GE. Das Kurs-Gewinn-Verhältnis bzw. die *Price-Earnings-Ratio* hat sich von 01 bis 03 vermindert, und zwar für die Meditec AG von 15,0 auf 13,2, für die Branche von 15,0 auf 14,0.

15. Segmentberichterstattung (in TGE)

	Umsatz	**EBIT**	**Netto-Vermögen**	**Investi-tionen**	**Abschrei-bungen**
EKG-1	6.510	– 70	4.450	65	256
EKG-3	47.000	616	32.434	1.430	1.866
EKG-6	44.011	3.894	23.997	1.200	1.380
V-100	49.910	3.765	27.213	1.620	1.566
R-2000	179.972	27.140	98.129	6.240	5.646
OS-R-10	47.845	998	26.088	1.255	1.500
PA-60	96.876	5.636	52.821	2.844	3.040
IHS-18	210.170	22.814	114.600	7.220	6.594
INS-2	6.028	178	3.287	921	191
Operatives Geschäft	688.322	64.971	383.019	22.795	22.039

Bilanzielle Überleitung Segmentdaten (in TGE)

EBIT	64.971
+ Erträge aus Finanzanlagen	2.721
+ Zinsen und ähnliche Erträge	5.590
– Zinsen und ähnliche Aufwendungen	9.134
= Gesamtergebnis (vor Steuern)	64.148
– Steuern vom Einkommen und vom Ertrag	22.452
= Jahresüberschuss	41.696

Netto-Vermögen	383.019
+ Finanzanlagen	22.672
+ Liquide Mittel	76.031
+ Verbindlichkeiten aus LuL	82.662
= Bilanzsumme	564.384

16. Kapitalmarktdaten

Zinssatz von 10-jährigen Bundesanleihen:	6 %
Durchschnittliche Risikoprämie für deutsche Aktien:	5 %
Beta-Faktor der Meditec AG:	1

Lagebericht

1. Allgemeine Geschäftsentwicklung

a) Umstrukturierung

Die Meditec AG ist ein in Völklingen (Saarland) angesiedeltes traditionsreiches Unternehmen und einer der bedeutendsten Arbeitgeber in der Region. Der vor 15 Jahren begonnene Prozess der Umstrukturierung von einem Versorger der saarländischen Bergwerksindustrie mit Ausrüstungen der unterschiedlichsten Art hin zu einem Unternehmen mit Kernkompetenz in der Medizinelektronik ist weitgehend abgeschlossen. Allerdings wird zunehmend deutlich, dass der Standort Völklingen für Entwicklung und Produktion mit dem Wechsel des Geschäfts immer drastischere Grenzen zeigt. Das betrifft insbesondere die Themen Mitarbeiterrekrutierung, Logistik und strategische Währungsabsicherung bei zunehmend globalem Geschäft. Hier steht die Meditec AG in den nächsten Jahren vor entscheidenden Weichenstellungen.

b) Geschäftsentwicklung im Berichtsjahr

Das abgelaufene Geschäftsjahr war sowohl von der Ergebnis- als auch von der Liquiditätsentwicklung her erfolgreich. Einen Hauptbeitrag zu diesem Erfolg leistete unser gutes Vertriebssystem sowie die hohe Qualität und Ausgereiftheit unserer Produkte.

2. Lage und Geschäftsentwicklung der Segmente

Zur zahlenmäßigen Darstellung der Ertragslage der Segmente verweisen wir auf Ziffer 15 des Anhangs.

Durch unsere drei Untersuchungsbereiche (Diagnose, Beatmung, Stimulatoren) mit insgesamt neun Segmenten decken wir ein relativ weites Spektrum der Elektromedizintechnik ab. In jedem Unternehmensbereich stehen wir jeweils anderen, im Vergleich zu uns stärker fokussierten Wettbewerbern gegenüber. Die stark steigenden Wachstumsraten im Markt für Elektromedizintechnik gehören der Vergangenheit an. Immerhin ist in den nächsten drei Jahren weltweit ein durchschnittliches Wachstum von 4–5 % p. a. zu erwarten.

a) Unternehmensbereich Diagnosegeräte

Das Produktsortiment im Bereich Herzdiagnose umfasst vier Produkte:

EKG-1	1-Kanal-EKG-Gerät
EKG-3	3-Kanal-EKG-Gerät
EKG-6	6-Kanal-EKG-Gerät
V-100	Herzkatheter (Messplatz)

Bei den Produkten EKG-1 und EKG-3 handelt es sich um Routine-EKG-Geräte in der Hebelschreibertechnik für die Arztpraxis oder das Krankenhaus. Sie sind nicht alphanumerikfähig und haben auch keine Schnittstelle zur EDV. Der Vorteil des 3-Kanal-Gerätes gegenüber dem 1-Kanal-Gerät liegt in der Möglichkeit, 3 Messroutinen simultan laufen zu lassen. Die Wachstumsaussichten sind mit – 1,8 % bzw. 0,8 % p. a. unterdurchschnittlich. Mit Marktanteilen von 3 % bzw. 17 % bleiben wir weit hinter Fukuda mit 17,5 % bzw. 38 % zurück.

Beim 6-Kanal-Gerät handelt es sich um ein höherwertiges EKG-Gerät mit komplexeren Aufzeichnungsmöglichkeiten, Alphanumerik und einer EDV-Schnittstelle. Das V-100 ist ein Herzkatheter-Messplatz mit einer halb automatischen Auswerteeinheit. Hier werden mit Hilfe einer Sonde Messdaten direkt im Herz gewonnen. Aufgrund des Schwierigkeitsgrades dieses Eingriffes wird er nur von speziell ausgerüsteten Krankenhäusern und Herzzentren vorgenommen. Bei diesen Produkten rechnen wir künftig mit einem jährlichen Wachstum von 3,8 % und 3,6 %. Mit 18 % Marktanteil liegen wir beim EKG-6 knapp über den 17 %, beim V-100 mit 25 % unter den 35 % unseres stärksten Wettbewerbers.

b) Unternehmensbereich Beatmungstechnik

Das Produktsortiment im Bereich Beatmungstechnik umfasst drei Produkte:

R-2000	medizinisches Beatmungsgerät
OS-R-10	Luftüberwachungsgerät
PA-60	Druckversorgungsanlage

Unser Hauptwettbewerber im Unternehmensbereich Beatmungstechnik sind die Dräger-Werke. Das medizinische Beatmungsgerät R-2000 zur Anästhesie und Beatmung von Patienten während einer Operation und zur Nachbehandlung ermöglicht eine lückenlose Überwachung aller wesentlichen Parameter (z. B. Beatmungsdruck, Beatmungsfrequenz, Kohlendioxid-Konzentration). Wir erwarten, dass der Markt für dieses Gerät sich mit rund 11,4 % p. a. überdurchschnittlich entwickeln wird. Mit 30 % Weltmarktanteil liegen wir beim 1,5-Fachen von Dräger.

Das Luftüberwachungsgerät OS-R-10 wird fast ausschließlich an Bergbaugesellschaften geliefert. Es dient zur zentralen und kontinuierlichen Luftüberwachung (Methan- und Schwefelwasserstoffmessungen) der abgesaugten Gase aus Flözen von zumeist Kohlegruben. Es handelt sich dabei um einen Nischenmarkt, der sich allenfalls mit etwa 1,1 % p. a. entwickeln wird. Ganz im Gegensatz zu R-2000 ist Dräger uns volumenmäßig um mehr als den Faktor 2 überlegen.

Die Druckgasversorgungsanlage PA-60 wird bei Tiefseetaucharbeiten benötigt. Sie ermöglicht durch Variation der Gasmischung das Arbeiten in unterschiedlichen Tauchtiefen für zwei Taucher gleichzeitig. Kunden für dieses Gerät sind vor allem die Marine und die Ölindustrie. Der Markt entwickelt sich nicht stürmisch, aber immerhin mit rund 2,3 % p. a. Unsere Marktposition ist mit 45 % Weltmarktanteil gegenüber Dräger mit 20 % dominierend.

c) Unternehmensbereich Stimulatoren

Das Produktsortiment im Bereich Stimulatoren umfasst zwei Produktbereiche:

- IHS-18 Herzschrittmacher
- INS-2 Nervenstimulatoren

Die Herzschrittmacherfamilie IHS-18 umfasst drei Typen von Schrittmachern in der Einkammer-Technologie. Im Gegensatz zu den großen Konkurrenten hat sich die Meditec AG bislang noch nicht in der komplexeren Zwei-Kammer-Technologie engagiert, bei der Vor- und Hauptkammer des Herzens stimuliert werden. Marktführer ist mit 36 % Weltmarktanteil Medtronic. Wir behaupten mit knapp über 9 % den fünften Platz im Weltmarkt. Das Marktwachstum beträgt in diesem Bereich 3,6 %.

Nervenstimulatoren beruhen auf dem gleichen Prinzip wie Herzschrittmacher; über elektrische Impulse sollen Störungen im Nervenbereich behoben werden. Das INS-2 ist eines der ersten Geräte im praktischen Einsatz auf einem noch sehr jungen, relativ unerforschten, mit 9,7 % Wachstum aber sehr attraktiven Gebiet. Mit etwa 13 % Marktanteil haben wir hinter Hewlett Packard mit 24 % Marktanteil eine zweite Position aufgebaut.

3. Informationen über Wettbewerber

Die Lagebeschreibung unserer Unternehmensbereiche macht deutlich, dass wir es – wie ausgeführt – in den Unternehmensbereichen mit jeweils unterschiedlichen Wettbewerbern zu tun haben. Die folgende Tabelle zeigt ausgewählte Finanzdaten aus den Abschlüssen unserer vier wichtigsten Wettbewerber.

	Hewlett Packard (Mio. US $)	Fukuda (Mio. US $)	Medtronic (Mio. US $)	Dräger (Mio. GE)
Eigenkapital	17.022	390	1.683	362
Bilanzsumme	33.472	888	2.573	1.145
Umsatz	40.634	958	2.656	1.362
F&E-Kosten	3.522	n. e.	266	n. e.
Gewinn nach Steuern	2.354	40	394	16

4. Auftragseingang und Umsatz

Der Auftragseingang erreichte im abgelaufenen Geschäftsjahr 722,5 Mio. GE (Vj. 669 Mio. GE) und der Umsatz 688 Mio. GE (Vj. 649 Mio. GE). Damit hat sich der Umsatz im Berichtsjahr mit 6 % (Vj. 7 %) zufriedenstellend entwickelt. Zum Ende des Geschäftsjahres betrug der Auftragsbestand 181 Mio. GE (Vj. 146 Mio. GE).

5. Investitionen

Die Investitionen von 7 Mio. GE für Maschinen und maschinelle Anlagen sind hauptsächlich zur Rationalisierung unserer Montage und Prüfgeräte aufgewandt worden. Die gesamten Investitionen in Sachanlagen beliefen sich auf 23 Mio. GE und die Investitionen in immaterielle Werte auf 0,9 Mio. GE.

6. Forschung und Entwicklung

Die F&E-Aufwendungen wurden mit rund 52 Mio. GE in etwa auf Vorjahresniveau gehalten. Das erforderte eine Konzentration der Ressourcen. 32 % der F&E-Aufwendungen flossen in den Produktbereich IHS-18, 20 % in EKG-6 und V-100 und 12 % in R-2000.

7. Ergebnis

Die Ertragslage hat sich noch weiter stabilisiert und verbessert. Der Jahresüberschuss ist um 15 % gegenüber dem Vorjahr auf 41,7 Mio. GE gestiegen, sodass dieses Jahr die an die Aktionäre auszuschüttende Dividende um nochmals 2 %-Punkte erhöht werden wird. Dies ist eine gegenüber dem Umsatzzuwachs von 6 % erhebliche Ertragssteigerung. Im Vorjahr hat sich das Ergebnis um 21 % bei einem Umsatzwachstum von 7 % verbessert.

8. Ausblick

Die im Berichtsjahr erzielte weitere Verbesserung unserer Ertrags- und Finanzlage ist eine notwendige Voraussetzung für die Bewältigung der großen und weit reichenden

Zukunftsaufgaben, welche die technologisch sehr anspruchsvollen und sich schnell ändernden Märkte der Elektromedizintechnik an uns stellen.

Für das Geschäftsjahr 04 und die beiden Folgejahre erwarten wir einen weiteren, wenn auch verlangsamten Umsatzzuwachs von etwa 5 % p. a. und einen Gewinnzuwachs von 10 % p.a. Die Mitarbeiterzahl (5.007 am Jahresende) werden wir voraussichtlich konstant halten können.

9. Nichtfinanzielle Erklärung/Nachhaltigkeit

Die Erderwärmung birgt Risiken für die Gesellschaft und materielle Risiken für Unternehmen in aller Welt. Die Risiken für die Meditec AG umfassen sowohl klimabedingte Störungen in der Beschaffungskette und an unserem Produktionsstandort als auch Risiken in den Bereichen Regulierung, Technologie, Markt und Unternehmensreputation. Vorbild und Innovationstreiber zu sein, sichert unseren Geschäftserfolg. Als nachhaltiges Unternehmen erkennen wir zusätzlich zur ökologischen Dimension die Relevanz von sozialen und governance-bezogenen Aspekten an. Durch klare Ziele, transparente Governance und kontinuierliche Innovation streben wir eine harmonische Balance zwischen wirtschaftlichem Erfolg und gesellschaftlicher Verantwortung an und berücksichtigen die Interessen unserer Aktionäre, die Bedürfnisse unserer Mitarbeiter und Kunden, die Anforderungen von Beschäftigten in der Beschaffungskette, sowie Umweltaspekte. Der Einsatz für eine klima- und umweltfreundliche Gesellschaft ist seit unserer Transformation zu einem Medizinelektronikunternehmen eines der Haupthandlungsfelder unserer Corporate Responsibility Strategie. Diese strategische Ausrichtung erhöht unsere Widerstandsfähigkeit gegenüber Veränderungen des geschäftlichen Umfelds, sichert die Produktdifferenzierung und Preisprämien, und ermöglicht uns zukunftssicheres Wachstum durch die Entwicklung und Einführung kohlenstoffneutraler Technologien und kohlenstoff-emissionsarmer Produkte.

Dieser Sustainability Report, basierend auf den GRI-Standards der Global Reporting Initiative unter Berücksichtigung der HGB-Vorschriften für vor dem 01.01.2024 beginnende Geschäftsjahre bietet einen Überblick über unsere Initiativen und Fortschritte in den Bereichen Umwelt, Soziales und Governance.

Umwelt:

Um unseren ökologischen Impact zu steuern, erfassen wir direkte Treibhausgas-Emissionen (Scope 1) nach dem GHG Protocol. Unsere Klimaschutzziele sehen vor, bereits ab dem Jahr 05 nur noch Strom aus erneuerbaren Energiequellen zu verwenden und bis zum Jahr 10 CO_2-neutral zu operieren, um so zur Einhaltung des Pariser Klimaschutzabkommens beizutragen. Wir investieren in erneuerbare Energien, Energieeffizienzmaßnahmen und die Umstellung auf grüne Lieferketten. Fortschritte in Richtung dieses Ziels werden regelmäßig überwacht und veröffentlicht. Wir haben im Jahr 03 aktiv Maßnahmen ergriffen, um unsere Treibhausgasemissionen weiter zu reduzieren. Investitionen in erneuerbare Energien, Energieeffizienzsteigerungen und Prozessoptimierungen trugen dazu bei, die Scope-1-Emissionen auf 7,821 t CO_2-Äquivalente zu senken. Damit liegen die Scope-1-Emissionen 1,375 t CO_2-Äquivalente unter dem Vorjahreswert. Die Scope-

1-Emissionen sollen bis zum Jahr 06 um weitere 30 % gesenkt werden, um somit ein Niveau von 25 % der CO_2-Emissionen im Vergleich zum Niveau des Jahres 01 zu erreichen.

Soziales:

Die Mitarbeiter sind das Herzstück unseres Unternehmens. Wir fördern eine integrative und diverse Unternehmenskultur, die auf Respekt und Gleichberechtigung basiert. Unsere Initiativen zur Mitarbeiterentwicklung umfassen Schulungen, Weiterbildungen und Gesundheitsförderungsprogramme. Wir setzen uns für die Sicherheit und das Wohlbefinden unserer Mitarbeiter ein und streben nach einer Null-Toleranz-Politik gegenüber Diskriminierung und Belästigung.

Governance:

Wir setzen auf transparente und verantwortungsvolle Unternehmensführung. Unser Leitbild basiert auf ethischen Grundsätzen, Integrität und einer verantwortungsbewussten Entscheidungsfindung. Der Vorstand überwacht die Einhaltung unserer Nachhaltigkeitsziele und stellt sicher, dass ethische Standards in allen Geschäftsbereichen eingehalten werden. Unsere Governance-Struktur fördert die Rechenschaftspflicht und Transparenz gegenüber unseren Stakeholdern.

Unsere Produkte in der Medizinelektronik tragen aktiv zur Verbesserung der Gesundheitsversorgung und damit dem gesellschaftlichen Gesamtwohl bei. Wir entwickeln Technologien, die die Lebensqualität verbessern und gleichzeitig umweltverträglich sind. Mit dem Mensch im Fokus hat die Einhaltung von Qualitätsstandards und Sicherheitsrichtlinien für uns höchste Priorität. Dabei pflegen wir eine offene Kommunikation mit unseren Stakeholdern. Wir stehen im regen Austausch mit unseren Kunden, Mitarbeitern, Lieferanten und der Gemeinschaft und berücksichtigen deren Anliegen. Diese Dialoge beeinflussen unsere Entscheidungen und fördern eine partnerschaftliche Zusammenarbeit.

Lösung

Angaben über branchendurchschnittliche Werte sowie über das Geschäftsjahr 00 stellen zusätzliche Informationen dar und können nur teilweise aus der Angabe entnommen werden.

I. Finanzwirtschaftliche Bilanzanalyse: Investition, Finanzierung und Liquidität

1. Investitionsanalyse: Die Vermögensstruktur

Für die Meditec AG stellt sich die Vermögensstruktur im Zeitablauf wie folgt dar:

	Jahre				Branchen-durchschn.
	00	**01**	**02**	**03**	
Anlagevermögen/ Umlaufvermögen	33 %	33 %	32 %	31 %	25 %
Umsatzerlöse/ Sachanlagevermögen	623 %	623 %	634 %	667 %	909 %
Vorräte/ Umsatzerlöse	27 %	29 %	29 %	29 %	25 %
Nettoinvestitionen/ Abschreibungen SAV	142 %	133 %	119 %	103 %	91 %
Abnutzungsgrad	40 %	42 %	44 %	48 %	45 %

Die Relation Anlage- zu Umlaufvermögen ist über die betrachteten Perioden stetig, wenn auch nicht sehr stark, gesunken. Was sind die Ursachen dafür, und wie sind diese im Hinblick auf die Finanzlage der Meditec AG zu bewerten?

Eine Ursache könnte darin liegen, dass das Unternehmen keine wachstumsorientierte Investitionspolitik betrieben hat. Um zu ergründen, ob diese Ursache für das veränderte Verhältnis von Anlage- zu Umlaufvermögen maßgebend ist, sind die Investitionen in das Sachanlagevermögen (inkl. des immateriellen Anlagevermögens) zu untersuchen. Eine hier nützliche Kennzahl ergibt sich, wenn wir die Nettoinvestitionen in das Sachanlagevermögen zu den Abschreibungen auf das Sachanlagevermögen in Relation setzen. Sind die Nettoinvestitionen bezogen auf die Abschreibungen größer als 100 %, kann von wachstumsorientierter Investitionspolitik gesprochen werden. Sind sie kleiner als 100 %, dann liegt keine wachstumsorientierte Investitionspolitik, sondern eine Abschöpfungspolitik vor. Eine auf Wachstum gerichtete Investitionspolitik wird sich zugleich auf den sog. »Abnutzungsgrad« auswirken.

$$\text{Abnutzungsgrad} = \frac{\text{Kumulierte Abschreibungen auf Sachanlagevermögen}}{\text{Historische Kosten des Sachanlagevermögens}}$$

Im Fall der Meditec AG liegt die Nettoinvestition zunächst oberhalb der Abschreibung, nähert sich ihr dann aber an. Im Zeitablauf wird die Investitionspolitik vorsichtiger und bewirkt einen steigenden Abnutzungsgrad. Damit ist der Übergang von einer Wachstums- auf eine Abschöpfungspolitik als ein, wenn auch nicht zwingend einziger Grund für die sinkende Anlageintensität identifiziert.

Eine weitere Ursache kann darin liegen, dass das Unternehmen die Reichweite seiner Vorratsbestände verändert hat. Als Kennzahl verwendet man die

$$\text{Vorratsbindung} = \frac{\text{Vorräte}}{\text{Umsatz}} \; {}^{*)}$$

*) Wenn eine Bestandsgröße zu einer Stromgröße ins Verhältnis gesetzt wird, ist die Bestandsgröße grundsätzlich als Mittelwert von Anfangs- und Endbestand zu berechnen. Wir verwenden in dieser Lösung allerdings Stichtagsgrößen, um Abweichungen zwischen errechneten und aus der Bilanz/GuV entnommenen Kennzahlen zu vermeiden.

Diese Ursache lässt sich ergründen, indem die Vorratsbindung über die vier Jahre betrachtet wird. Dabei liegt es ggf. nahe, diese Kennzahl gemäß den verschiedenen Einzelposten des Vorratsvermögens aufzugliedern. Sinken die Vorräte relativ zum Umsatz, dann liegt eine Bestandsreichweitenverkürzung vor, und umgekehrt. In unserem Falle geht von der Bestandsreichweite kein Einfluss auf die Relation zwischen Anlage- und Umlaufvermögen aus.

Eine weitere Erklärung könnte schließlich in einer Veränderung der Beschäftigungslage des Unternehmens gesehen werden. Eine Veränderung des Outputs führt in vielen Fällen schnell zu einer Anpassung des Umlaufvermögens, nicht dagegen zu einer Anpassung des Anlagevermögens, weil durch den fixen Charakter des Anlagevermögens und den Wunsch nach Aufrechterhaltung der Betriebsbereitschaft Anpassungen nicht vorgenommen werden können. Zur Untersuchung dieser Ursache kann die Kennzahl Sachanlage-Vermögens-Umschlag herangezogen werden:

$$\text{Sachanlage-Vermögens-Umschlag} = \frac{\text{Umsatzerlöse}}{\text{Sachanlagevermögen}}$$

Steigt diese Kennzahl, dann könnte die verbesserte Beschäftigungslage als vermutliche Ursache für die relative Veränderung von Anlage- und Umlaufvermögen mitverantwortlich sein. In dem Beispielfall ist dies in der Tat gegeben.

Die sinkende Anlageintensität hat im vorliegenden Fall drei nicht trennbare Ursachen: nachlassende Investitionstätigkeit, steigende Vorratsbindung und steigende relative Beschäftigungslage.

2. Finanzierungsanalyse: Die Kapitalstruktur

Die Lage der Meditec AG stellt sich wie folgt dar:

	Jahre				Branchen-durchschn.
	00	**01**	**02**	**03**	
Eigenkapital*/ Gesamtkapital	27 %	29 %	31 %	33 %	23 %
Gesamtkapitalrentabilität (vor Steuern)	11,3 %	11,7 %	12,6 %	13,0 %	8,5 %
Gesamtkapitalrentabilität (nach Steuern)	7,5 %	8,4 %	8,9 %	9,0 %	3,3 %
Eigenkapitalrentabilität	18,3 %	20,7 %	22,2 %	22,4 %	–
Fremdkapital-Zinslast	3,5 %	3,4 %	2,9 %	2,4 %	2,2 %

* Eigenkapital ohne Bilanzgewinn, da dieser an die Aktionäre ausgeschüttet wird und somit zum kurzfristigen Fremdkapital zählt.

Aus Vereinfachungsgründen wurde für die Kapitalbasis der Kapitalrentabilitätskennzahlen mit Jahresendwerten gerechnet. Die Eigenkapitalquote steigt von 27 % auf 33 %, d. h., der Verschuldungsgrad sinkt. Zugleich sinkt die Fremdkapitalzinslast in den letzten drei Jahren bei leicht steigender Gesamtkapitalrentabilität nach Steuern. Für das Jahr 03 zeigt sich folgender Leverage-Effekt:

$$\text{EKR} = 9{,}0 + (9{,}0 - 2{,}4) \times \frac{67}{33} = 22{,}4\ \%$$

Das heißt, die Eigenkapitalrendite steigt gegenüber dem Vorjahr bei gleichzeitig steigender Eigenkapitalquote. Die Finanzstruktur der Meditec AG ist als solide zu beurteilen.

3. Liquiditätsanalyse: Der Zusammenhang zwischen Investition und Finanzierung

3.1 Statische Liquiditätsanalyse

Die Meditec AG weist folgende Kennzahlenwerte auf:

	Jahre				Branchen-durchschn.
	00	**01**	**02**	**03**	
Deckungsgrad A	112 %	117 %	127 %	137 %	115 %
Deckungsgrad B	195 %	197 %	208 %	223 %	217 %

Der Deckungsgrad A liegt in allen Jahren deutlich über der geforderten Deckung von 70–80 %. Zudem liegt der Deckungsgrad A ab dem Jahr 01 durchgehend über dem Branchendurchschnitt. Der Deckungsgrad B übersteigt mit 223 % ebenfalls den geforderten Normwert von 100 % deutlich. Die langfristige Liquiditätsposition der Meditec AG erscheint aus Sicht der statischen Kennzahlen überaus solide.

3.2 Dynamische Liquiditätsanalyse

In ihrer einfachsten Form orientiert sich die dynamische Liquiditätsanalyse lediglich an der Betrachtung von Umsatzüberschussziffern, den sog. »Cashflow-Ziffern«. Eine Verfeinerung ergibt sich bei Verwendung von Kapitalflussrechnungen. Im Mittelpunkt stehen die gesamte Mittelherkunft und Mittelverwendung des Unternehmens.

a) Cashflow-Analyse

Ermittlung des Brutto-Cashflow für 03 (in TGE)

	Jahresüberschuss/-fehlbetrag	41.696
+	Abschreibungen (– Zuschreibungen) auf Gegenstände des Anlagevermögens	25.516
+	Zunahme (– Abnahme) von langfristigen Rückstellungen (hier: Pensionsrückstellungen)	5.929
+	andere nicht zahlungswirksame Aufwendungen (– Erträge) von wesentlicher Bedeutung	–
=	Cashflow des Geschäftsjahres (Brutto-Cashflow)	73.141

Zur Beurteilung der Liquiditätssituation auf der Grundlage des Brutto-Cashflow werden der Investitionsgrad des Cashflow und der Dynamische Verschuldungsgrad verwendet. Der Investitionsgrad des Cashflow ist wie folgt definiert:

$$\text{Investitionsgrad des Cashflow} = \frac{\text{Nettoinvestitionen (in Sachanlagevermögen)}}{\text{Cashflow}}$$

Die Nettoinvestitionen (in das Sachanlagevermögen) errechnen sich für 03 wie folgt:

	Buchwert 31.12.03	103.210 TGE
–	Buchwert 31.12.02	102.454 TGE
+	Abschreibungen 03	22.039 TGE
=	Nettoinvestitionen	22.795 TGE

Damit ergibt sich:

$$\text{Investitionsgrad des Cashflow} = \frac{22.795}{73.141} = 0{,}31$$

D. h., 31 % des Brutto-Cashflow sind für Investitionen in Sachanlagen verwendet worden und somit 69 % frei verfügbar für Dividenden und Schuldentilgungen sowie für Ausgaben in andere Investitionsbereiche außerhalb des Sachanlagevermögens.

Als ergänzende Information zum Investitionsgrad ist die (Investitions-)Wachstumsquote zu betrachten, die bereits in der Vermögensstruktur-Analyse Verwendung gefunden hat:

$$\text{Wachstumsquote} = \frac{\text{Nettoinvestitionen}}{\text{Abschreibungen}} = \frac{22.795}{22.039} = 1{,}03$$

Das heißt, die Meditec AG hat sich den sehr günstigen Investitionsgrad des Cashflow durch kaum noch auf Wachstum gerichtete Nettoinvestitionen erkauft.

Der dynamische Verschuldungsgrad ist wie folgt definiert:

$$\text{Dynamischer Verschuldungsgrad} = \frac{\text{Effektivverschuldung}}{\text{Cashflow}} = \frac{53.030}{73.141} = 0{,}73$$

Das bedeutet, die Meditec AG wäre in der Lage, die gesamte Effektivverschuldung binnen eines Jahres abzubauen. Die Effektivverschuldung ergibt sich für 03 dabei wie folgt (in TGE):

	Fremdkapital (inkl. Bilanzgewinn)	379.684
–	Pensionsrückstellungen	90.627
=	»Gesamtschulden«	289.057
–	Liquide Mittel	76.031
–	Kurzfristige Forderungen (RLZ ≤ 1 Jahr)	159.996
=	Effektivverschuldung	53.030

Die Kennzahl dynamischer Verschuldungsgrad gilt als Maßstab der Verschuldungsfähigkeit. Diese Kennzahl wird auch als Tilgungsdauer bezeichnet. Ihr Wert gibt die Zahl der Jahre an, in denen ceteris paribus eine vollständige Tilgung der Effektivschulden aus dem selbst erwirtschafteten Umsatzüberschuss möglich wäre.

	Jahre				**Branchen-durchschn.**
	00	**01**	**02**	**03**	
Cashflow (Mio. GE)	63	64	69	73	–
Investitionsgrad des Cashflow	0,66	0,55	0,38	0,31	–
Wachstumsquote	142 %	133 %	119 %	103 %	91 %
Tilgungsdauer	1,3	1,1	0,9	0,7	2,3

Der Cashflow des Beispielunternehmens Meditec AG steigt in den Jahren 00 bis 03 beträchtlich. Wichtiger ist jedoch die relative Betrachtung:

Der Investitionsgrad sinkt, d. h., der Innenfinanzierungsspielraum steigt beträchtlich. Ursache ist einerseits der höhere Cashflow, andererseits die nachlassende Investitionspolitik. Letzteres wird durch die stark sinkende Wachstumsquote der Investitionen deutlich. Der dynamische Verschuldungsgrad bzw. die Tilgungsdauer weist gegenüber dem Branchendurchschnitt ein exzellentes Niveau auf und verbessert sich von Jahr zu Jahr.

Finanzwirtschaftlich zeigt das Unternehmen insgesamt ein sehr solides Bild. Langfristig könnte sich der nachlassende Investitionsumfang einschränkend auswirken.

b) Kapitalflussrechnung

Cashflow-Analysen sind stets partielle Analysen, da jeweils nur ein Teil der Mittelherkunft und Mittelverwendung in die Betrachtung einbezogen wird. Mit Kapitalflussrechnungen sollen dagegen totale Analysen des Geldsaldos ermöglicht werden.

Kapitalflussrechnungen beziehen sich grundsätzlich auf den gesamten Geldsaldo des Unternehmens, also auf die Einnahmen und Ausgaben aus Geschäftstätigkeit, aus Investition und aus Finanzierung. Die auszugsweisen Angaben zum Abschluss der Meditec AG enthalten keine Kapitalflussrechnung. Deshalb wird im Folgenden eine Kapitalflussrechnung aus dem Jahresabschluss abgeleitet, soweit die Angaben dies zulassen. Die Auszahlungen für Ertragsteuern im Jahr 03 entsprechen dem Aufwand für Steuern vom Einkommen und vom Ertrag aus der GuV.

Kapitalflussrechnung Meditec AG 03 (in TGE)

	Jahresüberschuss/-fehlbetrag	+	41.696
+/–	Abschreibungen/Zuschreibungen auf die Gegenstände des Anlagevermögens	+	25.516
+/–	Zunahme/Abnahme von langfristigen Rückstellungen	+	5.929
=	Brutto-Cashflow		73.141
–/+	Gewinn/Verlust aus dem Abgang von Gegenständen des Anlagevermögens (keine zahlenmäßige Angabe)		–
–/+	Zunahme/Abnahme der Vorräte, der Forderungen aus Lieferungen und Leistungen sowie anderer Aktiva	–	22.155
+/–	Zunahme/Abnahme der Verbindlichkeiten aus Lieferungen und Leistungen sowie anderer Passiva	+	4.902
+	Zinsaufwendungen	+	9.134
–	Zinserträge	–	5.590
–	Sonstige Beteiligungserträge	–	2.721
+	Ertragsteueraufwand	+	22.452
–	Ertragsteuerzahlungen	–	22.452
=	Cashflow aus laufender Geschäftstätigkeit (1)		56.711
+	Einzahlungen aus Abgängen von Gegenständen des Anlagevermögens (keine zahlenmäßige Angabe)		–
–	Netto-Investitionen in das Anlagevermögen	–	31.416
+	Erhaltene Zinsen	+	5.590
+	Erhaltene Dividenden aus Beteiligungen	+	2.721
=	Cashflow aus Investitionstätigkeit (2)	–	23.105
+	Einzahlungen aus Kapitalerhöhungen		–
+	Einzahlungen aus der Begebung von Anleihen und aus der Aufnahme von Finanzkrediten	+	2.153
–	Auszahlungen für die Tilgung von Anleihen und Finanzkrediten		–

–	Gezahlte Zinsen	–	9.134
–	Gezahlte Dividenden an Gesellschafter des Mutterunternehmens (Dividende 02)	–	17.760
=	Cashflow aus Finanzierungstätigkeit (3)	–	24.741
Zahlungswirksame Veränderung des Finanzmittelbestands [(*1*) + (*2*) + (*3*)]		+	8.865
+/–	Wechselkursbedingte Wertänderungen des Finanzmittelbestands		–
+	Finanzmittelbestand am Anfang der Periode		67.166
=	Finanzmittelbestand am Ende der Periode		76.031

Die Meditec AG hat in der betrachteten Periode einen Einnahmeüberschuss aus der laufenden Geschäftstätigkeit erzielt. Dadurch wurden genügend Mittel bereitgestellt, um sowohl Investitionen tätigen zu können als auch die Dividende zu bezahlen. Der Rest des Mittelzuflusses erhöhte zusammen mit dem Zufluss aus der Aufnahme von Finanzschulden den Finanzmittelbestand am Ende der Periode.

Betrachtet man die Struktur des Cashflow aus laufender Geschäftstätigkeit, so fällt auf, dass dieser gegenüber dem Brutto-Cashflow deutlich geringer ausfällt. Der zusätzlichen Finanzierung durch kurzfristige Verbindlichkeiten und Rückstellungen von rund 5 Mio. GE stehen zusätzliche Bindungen bei Vorräten und Lieferforderungen von 22 Mio. GE gegenüber. Hier scheint ein Potenzial für mittelfreisetzende Maßnahmen zu liegen.

II. Erfolgswirtschaftliche Bilanzanalyse: Die Ertragskraft

1. Ergebnisanalyse

a) Erfolgsquellenanalyse

Im Rahmen der Erfolgsquellenanalyse geht es darum, das Gesamtergebnis in ein Betriebsergebnis und Finanzergebnis aufzuspalten.

Für alle drei betrachteten Jahre zeigt die Erfolgsspaltung die folgende Entwicklung der ordentlichen Ergebniskomponenten (in TGE):

	Jahr		
	01	**02**	**03**
Betriebsergebnis	51.964	59.685	64.971
+ Finanzergebnis	– 5.611	– 3.698	– 823
= Gesamtergebnis (vor Steuern)	46.353	55.987	64.148

Wie man sieht, steigt das Betriebsergebnis im Zeitablauf um rund 25 %, gleichzeitig verbessert sich das Finanzergebnis überproportional.

b) Aufwandsstrukturanalyse

Im Falle einer Gewinn- und Verlustrechnung nach dem Gesamtkostenverfahren werden der Gesamtleistung die Aufwendungen der wesentlichen Produktionsfaktorgruppen, nämlich Material, Personal und Betriebsmittel, gegenübergestellt.

Dementsprechend zeigt hier die Aufwandsstrukturanalyse die Anteile dieser nach Produktionsfaktoren gegliederten Aufwendungen an der Gesamtleistung.

Die Meditec AG verwendet das Umsatzkostenverfahren der Gewinn- und Verlustrechnung. Aus den Anhangsposten 11 und 12 sind aber alle erforderlichen Daten zu entnehmen, um auch eine Aufwandsstrukturanalyse nach dem Gesamtkostenverfahren durchführen zu können.

Die Gesamtleistung für 03 ergibt sich unter Verwendung der Angabe aus Anhangsposten 11 wie folgt (in TGE):

	Umsatz	688.322
+	Erhöhung des Bestandes an fertigen und unfertigen Erzeugnissen	6.871
+	aktivierte Eigenleistungen	6.880
=	Gesamtleistung	702.073

Der Personal- und Materialaufwand sowie die Zahl der Mitarbeiter sind im Anhangsposten 12 angegeben. Es ergeben sich die folgenden Kennzahlen:

Aufwandsstrukturanalyse Gesamtkostenverfahren	Jahr				Branchen-durchschn.
	00	**01**	**02**	**03**	
Personalintensität	40,5 %	39,5 %	38,8 %	38,9 %	36,8 %
Personalaufwand/ Belegschaftsstärke (TGE)	48	51	53	55	–
Gesamtleistung/ Belegschaftsstärke (TGE)	118	130	136	140	–
Materialintensität	36,4 %	36,8 %	37 %	36,5 %	48,5 %
Abschreibungsquote (Kapitalintensität)	4,3 %	4 %	4 %	3,4 %	–

Die Kennzahlen Personalintensität und Materialintensität verdeutlichen den relativen Anteil der Aufwendungen für die beiden großen Produktionsfaktorgruppen »Arbeitsleistung« und »Material«. Personal- und Materialintensität geben Auskunft über die in dem jeweiligen Unternehmen herrschenden Faktoreneinsatzverhältnisse und indizieren damit gleichzeitig die Anfälligkeit gegenüber Änderungen des Mengen- und Wertgerüstes des einzelnen Produktionsfaktors. Insbesondere erscheint wichtig zu beobachten, inwieweit eine evtl. Steigerung der einen Kennzahl durch Verringerung der anderen Kennzahl ergebnismäßig neutralisiert wird. Ein deutliches Ansteigen beider Kennzahlen ist als Signal für eine strukturell verschlechterte Ertragskraft zu werten.

Bei der Meditec AG sinkt die Personalintensität bei etwa gleich bleibender Materialintensität. Aus dieser Sicht ist auf eine stabile Ertragsentwicklung zu schließen.

Die Kennzahl Materialintensität ist insbesondere auch für die Analyse der Fertigungstiefe bzw. der vertikalen Integration von Bedeutung. Eine hohe Fertigungstiefe bietet dabei tendenziell den Vorteil realisierbarer Ergebnispotenziale, eine niedrige Fertigungstiefe den Vorteil höherer Flexibilität in der Gestaltung des Absatzprogramms und des zugehörigen Produktionsapparates.

Da bei der Meditec AG die Materialintensität deutlich unter dem Branchendurchschnitt liegt, kann auf eine überdurchschnittliche Fertigungstiefe geschlossen werden.

Um die Kennzahl Personalintensität noch etwas näher zu analysieren, kann sie zweckmäßigerweise auch als Verhältnis von Lohnniveau und Arbeitsproduktivität ausgedrückt werden.

$$\text{Personalintensität} = \frac{\text{Lohnniveau}}{\text{Arbeitsproduktivität}}$$

$$\text{Lohnniveau} = \frac{\text{Personalaufwand}}{\text{Belegschaftsstärke}}$$

$$\text{Arbeitsproduktivität} = \frac{\text{Gesamtleistung}}{\text{Belegschaftsstärke}}$$

Aus diesen beiden Unterkennzahlen lassen sich die Ursachen für eine Veränderung der Personalintensität genauer erkennen: Sofern die Kennzahl der Produktivität der Belegschaft infolge von Rationalisierungsmaßnahmen steigt, tritt ceteris paribus eine Verbesserung der Ertragslage nur insofern ein, als parallel verlaufende Lohnniveauentwicklungen die Produktivitätssteigerungen nicht kompensieren. So sind Unternehmen mit hoher Personalintensität gegenüber Lohnerhöhungen anfälliger als kapitalintensive Betriebe, die ihrerseits eine hohe durchschnittliche Abschreibungsquote aufweisen.

Bei der Meditec AG steigt das Lohnniveau von Jahr zu Jahr. Dies wird allerdings durch eine steigende Produktivität überkompensiert. Dadurch kommt es, wie schon erwähnt, zum Absinken der Personalintensität.

Folgt die Gewinn- und Verlustrechnung – wie im Jahresabschluss der Meditec AG – dem Umsatzkostenverfahren, so sind die soeben abgeleiteten Kennzahlen i. d. R. nicht unmittelbar zu ermitteln. Allerdings sind sowohl Personalaufwand als auch Materialaufwand im Anhang der Meditec AG angegeben.

Dafür bietet das Umsatzkostenverfahren die Gelegenheit, eine Aufwandsstrukturanalyse nach den funktionsbezogenen Kosten vorzunehmen. Im Fall der Meditec AG ergeben sich im Rahmen der Aufwandsstrukturanalyse folgende Kennzahlen:

Aufwandsstrukturanalyse Umsatzkostenverfahren	Jahr				Branchen-durchschn.
	00	**01**	**02**	**03**	
Herstellungsintensität	39 %	39 %	39 %	39 %	46,7 %
F&E-Intensität	9 %	8,1 %	7,9 %	7,5 %	10,2 %
Vertriebsintensität	30,7 %	30,7 %	30,7 %	30,7 %	26,2 %
Verwaltungsintensität	11,3 %	11,3 %	11,3 %	11,2 %	10,9 %

Während die F&E-Intensität leicht sinkt, bleiben die Herstellungs-, Vertriebs- und die Verwaltungsintensitäten konstant. Dies wirft u. a. folgende Fragen auf:

Sind die Forschungs- und Entwicklungsaktivitäten der Meditec AG – auch gemessen am Branchendurchschnitt – zur langfristigen Wettbewerbssicherung ausreichend?

Leistet sich die Meditec AG zu aufwendige Vertriebs- und Verwaltungsaktivitäten? Ein Indikator ist die Konstanz der Kennzahlen trotz steigenden Geschäftsvolumens. Bei den Vertriebskosten liegt die Kennzahl zudem merklich über dem Branchendurchschnitt.

Im Zusammenhang mit der strategischen Analyse ist auch auf den Vergleich mit einzelnen Wettbewerbern einzugehen.

2. Rentabilitätsanalyse

Aus Vereinfachungsgründen wurde für die Kapitalbasis mit Jahresendwerten gerechnet. Die Gesamtkapitalrentabilität basierend auf dem Jahresüberschuss zuzüglich der Steuern vom Einkommen und vom Ertrag und Zinsaufwendungen steigt über die Zeitreihe um knapp 2 %-Punkte. Ursache dafür ist eine gestiegene Umsatzrentabilität, der Kapitalumschlag bleibt dagegen konstant. Möglicherweise wären hier Verbesserungen durch Überdenken der Fertigungsstruktur erreichbar.

	Jahr 00	01	02	03	Branchen-durchschn.
Gesamtkapitalrentabilität (vor Steuern)	11,3 %	11,7 %	12,6 %	13 %	8,5 %
Umsatzrentabilität	9,1 %	9,6 %	10,2 %	10,6 %	6,3 %
Kapitalumschlags-geschwindigkeit	1,23	1,22	1,23	1,22	1,35

3. Wertschöpfungsanalyse

Bei der Ermittlung der folgenden Daten für die Meditec AG ist die Wertschöpfung vereinfachungshalber aus den Differenzen Umsatz minus Materialaufwand abgeleitet worden.

	Jahr 00	01	02	03	Branchen-durchschn.
Arbeitsproduktivität (TGE) (wertschöpfungsbezogen)	75,4	77,3	82,4	86,3	109,4
Wertschöpfungsquote (umsatzbezogen)	61 %	60 %	62 %	63 %	48 %

Die Arbeitsproduktivität hat zugenommen. Sie bleibt aber noch deutlich hinter dem Branchendurchschnitt zurück. Die Meditec AG hat – trotz zufriedenstellender Rentabilitätskennzahlen – Nachteile in der Mitarbeiterproduktivität gegenüber dem Branchendurchschnitt. Dies deutet auf eine Anfälligkeit der Ertragslage im Hinblick auf die operative Effizienz der Meditec AG hin. Andererseits hat die Meditec AG eine überdurchschnittliche Fertigungstiefe. Es drängt sich die Frage auf, ob durch eine Verringerung der Wertschöpfungstiefe in unproduktiven Wertschöpfungsbereichen eine Verbesserung erreichbar ist.

III. Strategische Bilanzanalyse: Erfolgspotenzial und Wert

1. Ressourcenorientierte Analyse

Gegenstand der ressourcenorientierten Analyse ist das *intellectual capital*. Üblicherweise werden sieben Kategorien des *intellectual capital* unterschieden:

1. *human capital*,
2. *customer capital*,

3. *supplier capital*,
4. *investor capital*,
5. *process capital*,
6. *location capital*,
7. *innovation capital*.

Zu den ersten fünf Kategorien enthält der Geschäftsbericht der Meditec AG keine konkretisierbaren Anhaltspunkte. Es gibt allerdings auch keinerlei Anhaltspunkte dafür, dass die Meditec AG in diesen Bereichen des *intellectual capital* über strategische Wettbewerbsvorteile verfügt, die sich in späteren Überrenditen niederschlagen.

Den Ausführungen des Lageberichtes (Punkt 1a) ist zu entnehmen, dass die Meditec AG im Hinblick auf den Standort (*location capital*) aufgrund ihrer historischen Wurzeln als Zulieferbetrieb der Saarländischen Bergwerksindustrie erhebliche Wettbewerbsnachteile hat.

Wettbewerbsnachteile hat die Meditec AG offensichtlich auch im Bereich des *innovation capital* (vgl. Lagebericht, Punkt 2). Mit dem Nervenstimulator INS-2 verfügt die Meditec AG lediglich über ein einziges innovatives Zukunftsprodukt, allerdings im deutlichen Abstand hinter Hewlett Packard. In dem zweiten Produkt der Stimulatorengruppe, dem Herzschrittmacher IHS-18, hat die Meditec AG den Anschluss an die neuere Zwei-Kammer-Technologie verpasst. Auch in anderen Produktbereichen scheint der Innovationsgrad gering. So wird bei den EKG-Geräten noch die überholte Hebelschreibertechnik eingesetzt.

Auch im Segment der Beatmung ist die Meditec AG mit den aus der Zeit als Bergwerksausrüster stammenden Produkten OS-R-10 und PA-60 in wenig innovationsträchtigen Gebieten tätig.

Diese ungünstige Einschätzung des *innovation capital* geht mit der in der Aufwandsstrukturanalyse betrachteten F&E-Intensität einher. Der F&E-Aufwand ist von 9 % vom Umsatz im Jahr 00 auf 7,5 % im Jahr 03 abgesunken; er liegt deutlich unter der branchendurchschnittlichen F&E-Intensität von 10,2 %.

Noch deutlicher wird das Bild, wenn man den F&E-Aufwand der Meditec AG mit dem F&E-Aufwand eines der stärksten Wettbewerber, nämlich der Firma Medtronic, für das Jahr 03 vergleicht (vgl. Lagebericht, Punkt 3):

F&E-Aufwand Meditec gesamt	F&E-Aufwand Meditec IHS-18	F&E-Aufwand Medtronic
52 Mio. GE	17 Mio. GE	266 Mio. US $

Medtronic, der führende und fokussierte Anbieter im Bereich der Herzschrittmacher, wendet 266 Mio. US $ und damit das 5-Fache des gesamten F&E-Aufwands und das 16-Fache des F&E-Aufwands für Herzschrittmacher der Meditec AG auf. Diese

Unterschiede im F&E-Budget p. a. haben zu erheblichen Innovationslücken bei der Meditec AG geführt.

Die Meditec AG steht bezüglich Standort und Innovationsfähigkeit vor erheblichen Herausforderungen, um ihre verlorene Wettbewerbsfähigkeit zurückzugewinnen.

2. Marktwertorientierte Analyse

Gegenstand der marktwertorientierten Analyse sind die Aktienrentabilität und die Positionierungs- und Wachstumserwartungen, die sich im Börsenkurs des Unternehmens implizit widerspiegeln.

2.1 Aktienrentabilität / Total Return to Shareholders (TRS)

Die Formel lautet (mit P = Aktienkurs, D = Dividende, t = Periode):

$$TRS = \frac{P_t - P_{t-1} + D_t}{P_{t-1}}$$

Die Berechnung für die Meditec AG ergibt sich aus folgender Tabelle (vgl. Anhang, Punkt 5):

Periode t / Position	01	02	03	01/03
$Kurs_t$	30,26	24,49	36,95	36,95
$Kurs_{t-1}$	29	30,26	24,49	29
$Dividende_t$	1	1,20	1,40	3,60
$Dividendenrendite_t$	3,3 %	4,9 %	3,8 %	9,7 %
TRS	7,8 %	– 15,1 %	56,6 %	39,8 %

Der TRS schwankt über die drei Berichtsjahre erheblich. Über den gesamten Zeitraum beträgt der TRS 39,8 %.

Der *Total Return to Shareholders* für die Gesamtperiode (01 bis 03) wird nunmehr in seine vier Bestandteile zerlegt (vgl. Anhang, Punkt 14):

Branchenrendite (BR) (mit BP = durchschnittlicher Branchenkurs, BD = durchschnittliche Branchen-Dividendenrendite):

$$\begin{aligned} BR &= \left(\frac{BP_t}{BP_{t-1}}\right) \times (1 + BD) - 1 \\ &= \left(\frac{115}{100}\right) \times (1 + 0,04) - 1 \\ &= 19,6\ \% \end{aligned}$$

Relative Dividendenrendite (RD):

$$RD = (1 + D_t)/(1 + BD) - 1$$
$$= (1 + 0,097)/(1 + 0,04) - 1$$
$$= 5{,}5\ \%$$

Kurzfristige Performance-Erwartung (KPE) (mit EPS = *Earnings per share*, BEPS = *Earnings per share* der Branche):

$$KPE = \left(\frac{EPS_t}{EPS_{t-1}}\right) / \left(\frac{BEPS_t}{BEPS_{t-1}}\right) - 1$$
$$= \left(\frac{2,8}{2,0}\right) / \left(\frac{2,4}{2,0}\right) - 1$$
$$= 16,7\ \%$$

Langfristige Performance-Erwartung (LPE) (mit PER = *Price Earnings Ratio*, BPER = *Price Earnings Ratio* der Branche):

$$LPE = \left(\frac{PER_t}{PER_{t-1}}\right) / \left(\frac{BPER_t}{BPER_{t-1}}\right) - 1$$
$$= \left(\frac{13,2}{15,0}\right) / \left(\frac{14,0}{15,0}\right) - 1$$
$$= -5,7\ \%$$

Zusammenfassend gilt:

Die Aktienrendite im Dreijahreszeitraum i. H. v. knapp 40 % (TRS = 39,8 %) resultiert zu ungefähr 20 %-Punkten aus der durchschnittlichen Branchenrendite (BR = 19,6 %). Eine überdurchschnittliche Dividendenrendite trägt mit 5,5 %-Punkten bei (RD = 5,5 %). Ein erheblicher Teil der Rendite ist auf die kurzfristige Performance des Gewinns zurückzuführen (KPE = 16,7 %). Im Hinblick auf die in der *Price-Earnings-Ratio* ausgedrückten langfristigen Performanceerwartung hinkt die Meditec AG hinter der Branche her (LPE = – 5,7 %).

Die Teilkomponenten des TRS sind wie folgt verknüpft:

$$1 + TRS = (1 + BR) \times (1 + RD) \times (1 + KPE) \times (1 + LPE)$$
$$= 1,196 \times 1,055 \times 1,167 \times 0,943$$
$$= 1{,}389$$

$$TRS = 38{,}9\ \%\ \ (\cong 39{,}8\ \%)$$

2.2 Marktwertorientierte Positionierungs- und Wachstumserwartungen

a) Analyse der strategischen Positionserwartungen

Auf der Grundlage von Umsatz sowie der Relation Marktwert/Umsatz soll die Meditec AG mit den beiden US-amerikanischen Wettbewerbern Hewlett Packard und Medtronic verglichen werden (vgl. Lagebericht, Punkt 3):

	Meditec	**Hewlett Packard**	**Medtronic**
Marktwert (des Gesamtkapitals)	787* [Mio. GE]	87.942,4** [Mio. $]	6.780,5*** [Mio. $]
Umsatz	688,3 [Mio. GE]	40.634 [Mio. $]	2.656 [Mio. $]
Marktwert/Umsatz	1,1	2,2	2,6

* Kurs × Zahl der Aktien + verzinsl. Fremdkapital = 36,95 × 14,8 Mio. + 240,1 Mio.
** Eigenkapital × Market-to-Book-Ratio + Bilanzsumme – Eigenkapital = 17.022 Mio. × 4,2 + 33.472 Mio. –17.022 Mio.
*** Eigenkapital × Market-to-Book-Ratio + Bilanzsumme – Eigenkapital = 1.683 Mio. × 3,5 + 2.573 Mio. – 1.683 Mio.

Aus diesen Daten lassen sich folgende Positionierungserwartungen ableiten:

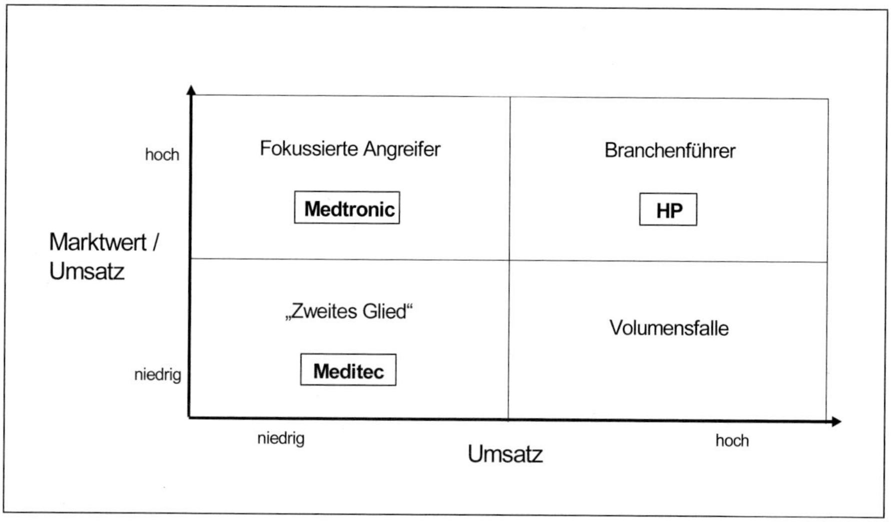

Medtronic ist ein fokussierter Angreifer, der im Bereich Herzschrittmacher für die Meditec AG der dominierende Wettbewerber ist. Von Medtronic geht auch insofern ein Bedrohungspotenzial für die Meditec AG aus, als Medtronic dem Zwang zum weiteren Ausbau seines Geschäftes unterliegt, um ein Abgleiten ins »zweite Glied« zu vermeiden. HP gehört zu den Branchenführern und ist aufgrund seiner Größe und Bewertung in einer für die Meditec AG unangreifbaren Position. Die Meditec AG steht aus Sicht der Wahrnehmung des Kapitalmarktes im »zweiten Glied«. Eine reine

Wachstumsstrategie ohne Portfoliorestrukturierung führt mit hoher Wahrscheinlichkeit in die Volumensfalle. Die Meditec AG muss aus Sicht des Kapitalmarktes ihre Kernbereiche definieren und sich auf diese konzentrieren.

b) Analyse der Wachstumserwartungen

Die Grundgleichung für die Analyse der Wachstumserwartungen lautet nach der Residualgewinnmethode:

$$UW = V_0 + \sum_{t=1}^{n} \frac{RG_t}{(1+WACC)^n} + \frac{\overline{RG}}{WACC - g} \times \frac{1}{(1+WACC)^n}$$

$$g = WACC - \frac{1}{\left(UW - V_0 - \sum_{t=1}^{n} \frac{RG_t}{(1+WACC)^n}\right) \times \frac{(1+WACC)^n}{\overline{RG}}}$$

Zunächst sind die für die Gleichung relevanten Größen für die Meditec AG zu bestimmen. Dabei wird im Folgenden von einem Nettoansatz (= Unternehmenswert aus der Eigenkapitalgebersicht) ausgegangen.

UW = 546,9 Mio. GE. Dieser Wert entspricht dem Marktwert des Eigenkapitals (siehe Lösung oben Punkt a).

V_0 = 184,7 Mio. GE. Dieser Wert entspricht dem Buchwert des Eigenkapitals (ohne Bilanzgewinn).

WACC = 11 % (= r_{EK}). Da der Nettoansatz gewählt wird, ist als Zinsfuß der Eigenkapitalkostensatz zu wählen (vgl. Lösung unten Punkt 3b2).

RG_t $= G_t - r_{EK} \times V_{t-1}$

V_t $= V_{t-1} + 0,5G_t$

G_t ist dabei der Gewinn des Jahres t nach Fremdkapitalzinsen und nach Steuern. Es wird mit einer Thesaurierung von 50 % des Gewinns gerechnet. Aufgrund der Angabe im Lagebericht (Punkt 7) ist mit einem Gewinnzuwachs in 04 und in beiden Folgejahren 05 und 06 von jeweils 10 % zu rechnen. Unterstellt man ab 07 das Gewinnniveau von 06, dessen Wachstumsrate g über den Kalkulationszinsfuß berücksichtigt wird, so ergeben sich folgende Werte für den Restgewinn:

t Mio. GE	04	05	06	07 ff.
G_t	45,9	50,5	55,6	55,6
V_{t-1}	184,7	207,7	233,0	260,8
V_t	207,7	233,0	260,8	288,6
$r_{EK} \times V_{t-1}$	20,3	22,8	25,6	28,7
RG_t	25,6	27,7	30,0	26,9

Aus diesen Werten lässt sich ausrechnen:

$$\frac{(1+r_{EK})^3}{\overline{RG}} = \frac{1{,}367631}{26{,}9} = 0{,}051$$

$$\sum_{t=1}^{3} \frac{RG_t}{(1+r_{EK})^3} = \frac{25{,}6}{1{,}11} + \frac{27{,}7}{1{,}11^2} + \frac{30{,}0}{1{,}11^3} = 67{,}5$$

und somit:

$$g = 0{,}11 - \frac{1}{(546{,}9 - 184{,}7 - 67{,}5) \times 0{,}051} = 0{,}043$$

Das heißt, die Langfristerwartung des Kapitalmarktes ist, dass sich der Residualgewinn der Meditec AG mit einer durchschnittlichen Wachstumsrate von 4,3 % p. a. entwickelt. Dies ist eine sehr ehrgeizige Erwartungshaltung, die unterstellt, dass der Gewinn, der über die Eigenkapitalkosten von 11 % hinaus erzielt wird, jährlich um 4,3 % zunimmt. Das kann die Meditec AG nur erreichen, wenn sie auf Dauer strategische Wettbewerbsvorteile erreicht und diese in gegenüber dem Markt höhere Gewinne umsetzt. Die bisherigen Ergebnisse der Analyse lassen dies eher zweifelhaft erscheinen.

3. Zukunftserfolgswertorientierte Analyse

Die zukunftserfolgswertorientierte Analyse gliedert sich in eine SWOT-Analyse einerseits und in eine kennzahlengestützte Analyse des Geschäftsportfolios andererseits.

a) SWOT-Analyse des Geschäftsportfolios

In einfachster Form kann eine SWOT-Analyse nach den Kriterien

- relativer Marktanteil (RMA) (SW = *strength / weakness*) und
- Marktwachstum (MW) (OT = *opportunities / threats*)

durchgeführt werden. Ergänzend werden noch der Umsatz und die Umsatzrentabilität betrachtet. Diese Kriterien, die sich aus der Segmentberichterstattung ableiten lassen (vgl. Anhang, Punkt 15; Lagebericht, Punkt 2), sind in nachfolgender Tabelle dargestellt:

Produkte	RMA %	MW %	Umsatz	Umsatzrendite %*
EKG-1	0,17	– 1,8	7	– 1,1
EKG-3	0,45	0,8	47	1,3
EKG-6	1,06	3,8	44	8,8
V-100	0,71	3,6	50	7,5
R-2000	1,50	11,4	180	15,1
OS-R-10	0,42	1,1	48	2,1
PA-60	2,20	2,3	97	5,8
IHS-18	0,25	3,6	210	10,9
INS-2	0,54	9,7	6	3

* EBIT/Umsatz

Aus diesen Werten ergibt sich das nachfolgende Abbild des Geschäftsportfolios:

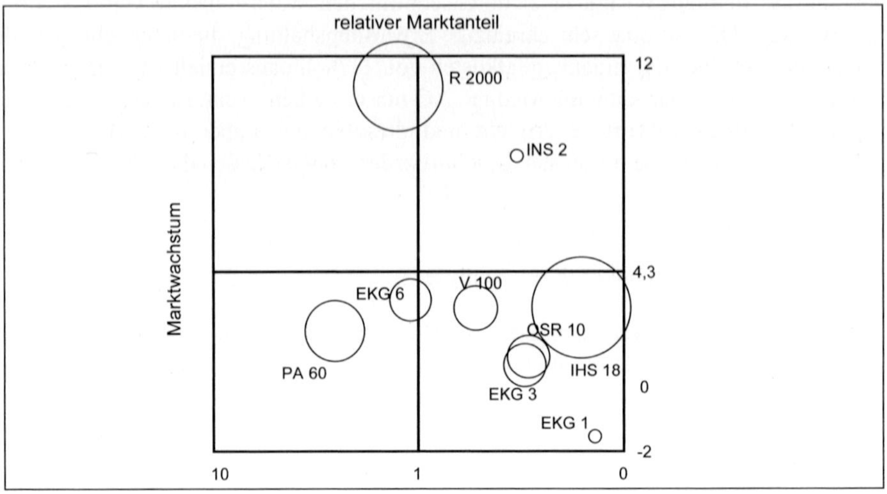

Die Meditec AG verfügt über ein unausgewogenes Geschäftsportfolio. Gemäß der Kategorisierung des Portfoliomodells verfügt die Meditec AG über ein Nachwuchsprodukt (INS-2), ein Starprodukt (R-2000) und zwei Cash-Produkte (PA-60, EKG-6). Alle anderen Produkte sind in unterdurchschnittlich wachsenden Märkten mit dominierten Marktpositionen angesiedelt und stellen damit potenzielle Desinvestitionsgeschäfte dar.

Betrachtet man die relativen Marktanteile in Zusammenhang mit den Umsatzrenditen, so scheint bei den meisten Produkten eine starke Korrelation zu bestehen: je höher (niedriger) der relative Marktanteil, umso höher (niedriger) die Profitabilität. Zwei Ausnahmen erscheinen allerdings bemerkenswert: (1) IHS-18 ist trotz geringen Marktanteils hoch profitabel. Sollte kein Alleinstellungsmerkmal diese hohe Profitabilität strategisch absichern, erscheint dieses Produkt bei stärker werdendem Wettbewerb und entsprechendem Preisdruck gefährdet. (2) PA-60 hat trotz dominierendem Marktanteil nur eine mittlere Profitabilität. Hier stellt sich die Frage, ob Restrukturierungsbedarf besteht oder ob die Ursache für die relativ niedrige Profitabilität in einer besonderen Wettbewerbssituation liegt.

b) Kennzahlengestützte Analyse des Geschäftsportfolios

Drei Kennzahlenbereiche sind auf der Grundlage der Segmentberichterstattung zu analysieren:

- Investitionspolitik und Innenfinanzierungskraft
- Wertgenerierung
- Kombination von Liquiditäts- und Wertgenerierung

b1) Analyse der Investitionspolitik und Innenfinanzierungskraft

Zwei Kennzahlen sind hier relevant:

$$\text{Wachstumsquote der Investitionen} = \frac{\text{Investitionen}}{\text{Abschreibungen}}$$

$$\text{Investitionsgrad des Cashflow} = \frac{\text{Investitionen}}{\text{EBITDA}}$$

Zum Marktanteils-/Marktwachstums-Portfolio stehen diese Kennzahlen in folgender Relation:

	Wachstumsquote der Investitionen	**Investitionsgrad des Cashflow**
Nachwuchs	> 1	> 1
Star	> 1	> 1 = 1 < 1
Cash Cow / (Dog)	≤ 1	< 1

Nach den Kennzahlenwerten wird nur nach drei Positionen unterschieden: Nachwuchs, Star und Cash Cow. Auslaufprodukte (Dogs) lassen sich kennzahlenmäßig nicht von den Cash-Produkten unterscheiden.

Für die Meditec AG ergeben sich für das Jahr 03 folgende Kennzahlenwerte:

	Wachstumsquote der Investitionen	**Investitionsgrad des Cashflow**	**Portfolioposition**
EKG-1	0,25	0,35	Cash Cow
EKG-3	0,77	0,58	Cash Cow
EKG-6	0,87	0,23	Cash Cow
V-100	1,03	0,30	Star
R-2000	1,11	0,16	Star
OS-R-10	0,84	0,50	Cash Cow
PA-60	0,94	0,32	Cash Cow
IHS-18	1,09	0,25	Star
INS-2	4,82	2,50	Nachwuchs
Operatives Geschäft	1,03	0,26	Star

Die Tabelle macht deutlich, dass das gesamte operative Geschäft von den Kennzahlen her die Charakteristika eines Stars zeigt. INS-2 ist, wie auch in der Portfolio-Matrix (vgl. oben Punkt a)), das einzige Nachwuchsprodukt. Als Starprodukt wird aufgrund der Kennzahlen, neben R-2000 und V-100, auch der Herzschrittmacher IHS-18 klassifiziert. Strategisch hat es diese Position, wie oben (Punkt a)) gezeigt, allerdings nicht erreicht. Alle anderen Produkte sind Cash- bzw. Auslaufprodukte, die zwar Cashflow generieren, aber keine hinreichende Zukunftssicherung gewährleisten.

b2) Analyse der Wertgenerierung

Zunächst ist der Kapitalkostensatz (WACC) zu berechnen:

Aktienkurs (GE)	36,95	
Anzahl der Aktien	14.800.000	
EK zu Marktwert (TGE)	546.860	69,49 %
Finanzschulden (TGE)	149.441	18,99 %
Pensionsrückst. (TGE)	90.627	11,52 %
EK zu Marktwert + verz. FK (TGE)	786.928	100 %

vgl. Anhang, Punkt 16:	
Risikoloser Zinssatz	6 %
Beta-Faktor	1
Marktrisikoprämie	5 %
EK-Kosten	11 %

Zinsaufwand (TGE)	9.134
Finanzschulden (TGE)	149.441
FK-Zinssatz	6,11 %
Steuervorteil auf FK	35 %
FK-Kosten Finanzschulden	3,97 %

Zinsaufwand Pensionsrückstellungen	6 %
Steuervorteil	35 %
FK-Kosten Pensionsrückstellungen	3,90 %

WACC = 11 % × 69,49 % + 3,97 % × 18,99 % + 3,9 % × 11,52 %= 8,85 % ≅ 9 % (gerundet)

Damit ergeben sich für die Meditec AG die Kennzahlen in der folgenden Tabelle. Die Kennzahl ROCE (nach Steuern) ist aus den Daten der Segmentberichterstattung abgeleitet. Die Multiplikation von Kapitalumschlag und Umsatzrendite (nach Steuern) führt zu kleinen Rundungsdifferenzen.

	Kapitalumschlag	Umsatzrendite (nach Steuern) [%]	ROCE (nach Steuern)	ROCE – WACC
EKG-1	1,46	– 0,71	– 1,03	– 10,03
EKG-3	1,45	0,85	1,23	– 7,77
EKG-6	1,83	5,75	10,55	1,55
V-100	1,83	4,9	8,99	– 0,01
R-2000	1,83	9,8	17,98	8,98
OS-R-10	1,83	1,36	2,49	– 6,51
PA-60	1,83	3,78	6,87	– 2,13
IHS-18	1,83	7,06	12,94	3,94
INS-2	1,83	1,92	3,53	– 5,47
Operatives Geschäft	1,80	6,14	11,03	2,03

Die Hauptwertgenerierer im Geschäftsportfolio der Meditec AG sind das strategisch gefestigte Produkt R-2000 und das strategisch anfällige Produkt IHS-18. Darüber hinaus überdeckt EKG-6 die Kapitalkosten um 1,55 %. Alle anderen Produkte sind Wertvernichter. Im Saldo ergibt sich eine leichte Wertgenerierung des Gesamtportfolios und auch der Meditec AG insgesamt, wie die folgende Rechnung zeigt:

Geschäftsergebnis (TGE)			
		EBIT	64.971
	+	Erträge aus anderen Finanzanlagen	2.721
	+	Zinsen und ähnliche Erträge	5.590
	=	Geschäftsergebnis (brutto)	73.282
	-	Steuern (35 %)	25.649
	=	Geschäftsergebnis (netto)	47.633

Geschäftsvermögen (TGE)		Netto-Vermögen (vgl. Anhang, Punkt 15)	383.019
	+	Finanzanlagen	22.672
	+	Liquide Mittel	76.031
	=	Geschäftsvermögen	481.722
GWB/EVA*(TGE)	=	Geschäftsergebnis – Geschäftsvermögen × WACC	
	=	47.633 – 481.722 × 0,09	= 4.278

* GWB = Geschäftswertbeitrag; EVA = Economic Value Added

b3) Kombinierte Analyse von Wert- und Liquiditätsgenerierung

Grundlage der Analyse ist die Portfolioklassifikation nach den Kriterien »ROCE – WACC« als Ausdruck der Wertgenerierung und »1 – Investitionsgrad« als Ausdruck der Cashgenerierung. Dies ist in der folgenden Abbildung wiedergegeben:

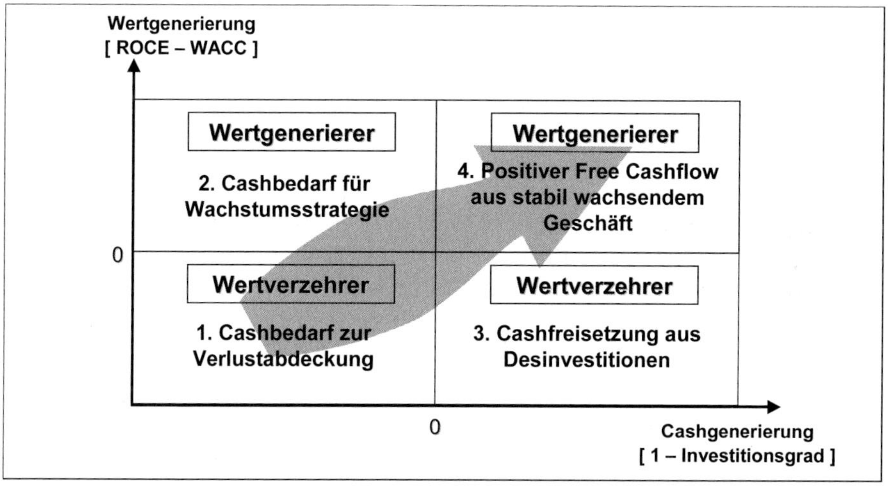

Das Portfoliomanagement ist – am finanziellen Ergebnis gemessen – auf die Schaffung von Wertgenerierern gerichtet, die aus stabilem Wachstum zugleich Cashflow generieren. Inwieweit dies der Meditec AG gelungen ist, wird durch Gegenüberstellung der beiden Kennzahlen sichtbar gemacht:

	ROCE – WACC	1 – Investitionsgrad	Klassifikation
EKG-1	– 10,03	0,65	3
EKG-3	– 7,77	0,42	3
EKG-6	1,55	0,77	4
V-100	– 0,01	0,7	3
R-2000	8,98	0,9	4
OS-R-10	– 6,51	0,5	3
PA-60	– 2,31	0,68	3
IHS-18	3,94	0,75	4
INS-2	– 5,47	– 1,5	1
Operatives Geschäft	2,03	0,74	4

Die Wertgenerierer sind zugleich Cashgenerierer. Das gilt auch insgesamt für das operative Geschäft der Meditec AG. Die summarische Analyse würde aber nicht erkennen lassen, dass die meisten Segmente der Meditec AG im Quadranten 3 angesiedelt sind, d. h., die Wertvernichtung wird liquiditätsmäßig dadurch kompensiert, dass durch zurückhaltende Investitionspolitik Cashflow generiert wird.

Streng genommen ist eine Aussage hinsichtlich einer Wertgenerierung bzw. eines Wertverzehrs nur möglich, wenn die Differenz zwischen ROCE und WACC bzw. der GWB/EVA auch zukünftig konstant bleibt. Die Gegenüberstellung von ROCE und WACC in einer bestimmten Periode lässt lediglich eine Aussage dahingehend zu, ob in der betreffenden Periode die Kapitalkosten verdient wurden.

21. Kapitel: Prognose auf Grundlage der Bilanzanalyse

Aufgabe 21.1: Vereinfachte Prognose

Die nachfolgend angegebenen Informationen stammen aus dem Konzernabschluss der Road Runner AG. Das Unternehmen stellt hochwertige Motorräder her und agiert in einem internationalen Umfeld. Die Rechnungslegung basiert traditionell auf dem HGB. In Ihrer Tätigkeit als Analyst sind Sie mit der Aufgabe betraut, die zukünftigen Erfolge des Unternehmens zu prognostizieren. Dabei sollen Sie eine vereinfachte Prognose als Basis für weitere Prognosen erstellen. Für die Road Runner AG liegen die folgende (vereinfachte) Bilanz und GuV für das Jahr t = 0 vor (in TGE):

Bilanz t = 0					
Aktiva	t = 0	t = – 1	Passiva	t = 0	t = – 1
Sachanlagevermögen zu fortgeführten AHK	38.000	34.000	Eigenkapital	18.000	16.000
			Langfristige Finanzschulden	20.000	18.000
Betriebsnotwendiges Vermögen	38.000	34.000	Eingesetztes Kapital	38.000	34.000

GuV t = 0	
Umsatzerlöse	27.000
Umsatzkosten	– 20.000
Sonstige Aufwendungen	– 2.750
Gewinn vor Zinsen (EBIT)	4.250
Zinsaufwand	– 1.000
Gewinn nach Zinsen	3.250

Die gewichteten Kapitalkosten (WACC) betragen 10 %.

a) Ermitteln Sie den erwarteten zukünftigen nachhaltigen Gewinn nach dem Ansatz 1 der vereinfachten Prognose basierend auf den vorhandenen Informationen. Welche Implikationen hat dies für die Entwicklung des Bruttounternehmenswerts? Gehen Sie insbesondere auf die Vor- und Nachteile der vereinfachten Prognose nach dem Ansatz 1 ein und erörtern Sie, welche Aussagen aus dem Ergebnis gewonnen werden können!

Aufbauend auf diesen Informationen führen Sie anschließend die Prognose nach Ansatz 2 der vereinfachten Prognose durch.

b) Berechnen Sie den nachhaltigen Gewinn sowie den Bruttounternehmenswert nach dem Ansatz 2 der vereinfachten Prognose! Erläutern Sie auch hier die Annahmen und Grenzen des Verfahrens und deren Auswirkungen auf die Analyse der Road Runner AG! Erläutern Sie auch die Gründe für den Unterschied im Bruttounternehmenswert im Vergleich zum Ansatz 1!

Führen Sie nun die Prognose nach Ansatz 3 der vereinfachten Prognose durch.

c) Berechnen Sie den nachhaltigen Gewinn sowie den Bruttounternehmenswert nach dem Ansatz 3 der vereinfachten Prognose! Gehen Sie auch hier auf den Unterschied im Ergebnis zum Ansatz 2 ein! Wie ändert sich das Ergebnis, wenn Sie zusätzlich die Annahme eines ewigen Wachstums von 5 % treffen? Stellen Sie auch hier die Annahmen und Grenzen des Ansatzes dar!

Lösung

a) Im Ansatz 1 wird der nachhaltige Gewinn unter der vereinfachenden Annahme ermittelt, dass das Unternehmen in Zukunft nur seine Kapitalkosten verdienen wird, also einen Residualgewinn von null erzielt. Bei gegebenen Kapitalkosten (WACC) und einem gebundenen Kapital von V_0 ergibt sich als Prognose für den nachhaltigen Gewinn G_1:

$$G_1 = V_0 \times WACC = 38.000 \text{ TGE} \times 0{,}1 = 3.800 \text{ TGE}$$

Der Bruttounternehmenswert ergibt sich nach Ansatz 1 aus:

$$UW_{GK,0} = V_0 + \frac{(G_1 - WACC \times V_0)}{WACC} = V_0 = 38.000 \text{ TGE}$$

Das Unternehmen verdient also genau die von den Kapitalgebern erwartete Rendite. Somit entspricht der Bruttounternehmenswert dem zu Marktwerten bewerteten bilanziellen Vermögen der Ausgangsperiode. Der Vorteil des Ansatzes 1 liegt in seiner sehr einfachen Anwendung und ist bei zu *fair value* bewerteten Bilanzen konzeptionell unmittelbar möglich. Der Zusammenhang zwischen Marktwert und Kapitalkosten (WACC) lässt sich am Barwert (PV) deutlich machen: Der Barwert entspricht den mit den Kapitalkosten (WACC) abgezinsten Cashflows (CF). Daher entspricht die Verzinsung des Barwerts zu den Kapitalkosten den Cashflows. Dieser Zusammenhang lässt sich vereinfacht wie folgt zeigen:

$$PV = \frac{CF}{WACC} \quad <=> \quad PV \times WACC = CF$$

Dieser Fall liegt insbesondere bei Unternehmen mit reinen Finanzaktivitäten vor. Dagegen wird bei einer zu AHK bewerteten Bilanz der Erfolg unterschätzt, da dort i. d. R. höhere Renditen zu erwarten sind. Für den Fall des Industrieunternehmens Road Runner AG mit seinen vor allem operativen Tätigkeiten liefert der Ansatz daher nur eine Untergrenze für die Bewertung. Somit können die Ergebnisse allenfalls als erste Basis der (vereinfachten) Prognose dienen.

b) Ansatz 2 der vereinfachten Prognose bezieht zusätzlich die Möglichkeit von Überrenditen mit ein. Das vorhandene Kapital verdient eine von den Kapitalkosten abweichende Rentabilität von 4.250 TGE / 34.000 TGE = 12,5 %, die in die Zukunft fortgeschrieben wird. Zusätzlich bezieht man nun die Tatsache mit ein, dass Unternehmen in ihrem Investitionskalkül nach der Kapitalwertregel Neuinvestitionen nur dann durchführen werden, wenn diese mindestens die Kapitalkosten verdienen. Deshalb untersucht der Ansatz 2 die Auswirkungen von Neuinvestitionen (I_{neu}) auf künftige Gewinne. Dabei wird die Annahme getroffen, dass diese Investitionen gerade die Kapitalkosten verdienen. Der nachhaltige Gewinn berechnet sich nun also aus der Fortschreibung des nachhaltigen Gewinns (vor Zinsen) der letzten Berichtsperiode zuzüglich der Verzinsung der neu getätigten Investitionen. Die Neuinvestitionen ergeben sich aus dem Wachstum des gebundenen Kapitals. Der nachhaltige Gewinn G_1 ergibt sich wie folgt:

$$G_1 = G_0 + WACC \times I_{neu} = 4.250\ TGE + 0{,}1 \times (38.000\ TGE - 34.000\ TGE) =$$
$$= 0{,}125 \times 34.000\ TGE + 0{,}1 \times 4.000\ TGE = 4.650\ TGE$$

Er liegt im Vergleich zu Ansatz 1 um 850 TGE über der vorherigen Schätzung, was gerade der Überrendite auf das bestehende Kapital ((12,5 % – 10 %) × 34.000 TGE = 850 TGE) entspricht. Die Neuinvestition wirkt sich dagegen nicht werterhöhend aus. Nach Ansatz 2 ergibt sich folgender Bruttounternehmenswert:

$$UW_{GK,0} = V_0 + \frac{(G_1 - WACC \times V_0)}{WACC} = \frac{G_1}{WACC} = \frac{4.650\ TGE}{0{,}1} = 46.500\ TGE$$

Durch die Annahme, dass die Neuinvestitionen genau die Kapitalkosten erwirtschaften, ergibt sich unmittelbar, dass sich das Vermögen der Investoren durch die Investition nicht verändert, da dem Unternehmenswertzuwachs eine entsprechende Finanzierung der Investitionen gegenüberstehen muss. Die Wertschaffung beträgt somit null. Die Ergebnisse machen deutlich, wie die Fortschreibung von Überrenditen wirkt. Da nicht-finanzielle Vermögenswerte zumeist zu AHK bewertet sind, wird hierauf i. d. R. eine von den Kapitalkosten abweichende (höhere) Rendite verdient. Damit ergibt sich die Notwendigkeit, eben diese explizit zu schätzen.

c) Nach dem Ansatz 3 wird die Prämisse, dass die Neuinvestitionen nur die Kapitalkosten verdienen, fallen gelassen. Deshalb lässt sich nun wertschaffendes Wachstum i. S. v. Investitionen mit einem positiven Kapitalwert integrieren. Im Unterschied zu Ansatz 2 wird nun die aktuelle Profitabilität nicht nur auf die Basis-Kapitalbindung, sondern, durch die Fortschreibung der Kapitalrendite (KR_0), auf das gesamte Vermögen und somit auch auf die Neuinvestitionen bezogen. Der nachhaltige Gewinn G_1 für die Prognose ergibt sich folgendermaßen:

$$G_1 = KR_0 \times V_0 = \frac{G_0}{V_{-1}} \times V_0 = \frac{4.250\ \text{TGE}}{34.000\ \text{TGE}} \times 38.000\ \text{TGE} = 0{,}125 \times 38.000\ \text{TGE} = 4.750\ \text{TGE}$$

Der Bruttounternehmenswert lässt sich somit wie folgt berechnen:

$$UW_{GK,0} = V_0 + \frac{(G_1 - WACC \times V_0)}{WACC} = 38.000\ \text{TGE} + \frac{(4.750\ \text{TGE} - 0{,}1 \times 38.000\ \text{TGE})}{0{,}1} = \\ = 47.500\ \text{TGE}$$

Alternativ ermittelt sich der Bruttounternehmenswert durch Einsetzen der Kapitalrendite (KR_0):

$$UW_{GK,0} = V_0 + \frac{(KR_0 - WACC) \times V_0}{WACC} = 38.000\ \text{TGE} + \frac{(0{,}125 - 0{,}1) \times 38.000\ \text{TGE}}{0{,}1} = \\ = 47.500\ \text{TGE}$$

Der Unterschied im Bruttounternehmenswert gegenüber Ansatz 2 ergibt sich dadurch, dass die auf die Neuinvestitionen verdiente Kapitalrendite über den Kapitalkosten liegt. Damit fällt der Gewinn um (0,125 – 0,1) × 4.000 TGE = 100 TGE höher aus. Dieser wirkt sich bei Kapitalkosten von 10 % wertsteigernd i. H. v. 1.000 TGE auf den Bruttounternehmenswert aus. Läge die Kapitalrendite unter den Kapitalkosten, würde Wert vernichtet werden und folglich auch der Bruttounternehmenswert nach Ansatz 3 unter dem nach Ansatz 2 liegen.

Zusätzlich kann nun weiteres Wachstum in das Modell integriert werden. Laut Angabe wird für die Road Runner AG von einem künftigen Umsatz- bzw. Kapitalwachstum (g) von 5 % ausgegangen. Dieses Wachstum wirkt sich auf den Bruttounternehmenswert wie folgt aus:

$$UW_{GK,0} = V_0 + \frac{(G_1 - WACC \times V_0)}{(WACC - g)} = 38.000\ TGE + \frac{(4.750\ TGE - 0{,}1 \times 38.000\ TGE)}{(0{,}1 - 0{,}05)} =$$
$$= 57.000\ TGE$$

Alternativ ergibt sich der Bruttounternehmenswert durch Einsetzen der Kapitalrendite KR_0:

$$UW_{GK,0} = V_0 \times \frac{KR_0 - g}{WACC - g} = 38.000\ TGE \times \frac{0{,}125 - 0{,}05}{0{,}1 - 0{,}05} =$$
$$= 57.000\ TGE$$

Dabei wird unterstellt, dass auch dieses Wachstum eine Überrendite von 2,5 % verdient. Das Wachstum wirkt aber nur bei gleichzeitig darauf verdienter Überrendite werterhöhend. Beide Parameter sind voneinander abhängig. Ein höheres Wachstum bei gleichzeitig hoher Überrendite in alle Ewigkeit ist für die meisten Branchen höchst unrealistisch. Der hier unterstellte Wachstumsfaktor von 5 % erscheint angesichts eines durchschnittlichen Wachstums der Weltwirtschaft in dieser Größenordnung als Obergrenze, sodass der resultierende Wert von 57.000 TGE auch als Obergrenze für die Bewertung gelten kann.

Aufgabe 21.2: Umfassende Prognose

Nachdem Sie sich auf Basis der verschiedenen Ansätze der vereinfachten Prognose ein erstes Bild gemacht haben, ist es nun das Ziel, eine umfassende Prognose für die Road Runner AG zu erstellen. Gehen Sie dabei nach dem siebenstufigen Prozess der umfassenden Prognose vor. Die Basisdaten entsprechen den Angaben in Aufgabe 21.1. Zusätzlich liegen Ihnen die Daten der vergangenen beiden Geschäftsjahre und Informationen aus der strategischen Analyse vor. Gehen Sie davon aus, dass die Road Runner AG nur einen Typ Motorräder produziert. Folgende Zahlen aus der Vergangenheit stehen Ihnen zur Verfügung:

	t = – 2	t = – 1	t = 0
Anzahl	14.000	17.500	18.000
Preis pro Stück (in TGE)	2	1,5	1,5
Umsatz (in TGE)	28.000	26.250	27.000

Aus der strategischen Analyse wissen Sie aufgrund eines vorteilhaften Marktumfelds und der starken Wettbewerbssituation der Road Runner AG, dass für das Jahr t = 1 auf Basis einer ausgezeichneten Auftragslage ein Umsatzwachstum von 25 % prognostiziert wird. Danach wird noch einmal ein kräftiges Wachstum von 10 % für t = 2 und ein ewiges Wachstum von 3 % für die Zukunft erwartet.

Im aktuellen Geschäftsjahr t = 0 erzielt die Road Runner AG eine Nettomarge I i. H. v. 4.250 TGE / 27.000 TGE = 15,74 %. Die Wettbewerbsanalyse ergibt, dass für t = 1 eine Nettomarge I von 20 % und für t = 2 von 18 % zu erwarten ist. Anschließend wird eine nachhaltige Nettomarge I von 15 % prognostiziert.

Da die Road Runner AG in den letzten Perioden stark investiert hat, sind aktuell keine Erweiterungsinvestitionen geplant, d. h., es werden nur Ersatzinvestitionen durchgeführt, sodass sich Investitionen und Abschreibungen für die Zukunft entsprechen. Diese Politik resultiert aus freien Kapazitäten in der Produktion in den vergangenen Geschäftsjahren. Diese sollen nun zunächst ausgelastet werden, bevor Neuinvestitionen getätigt werden.

Die Finanzierung der Ersatzinvestitionen erfolgt im bisherigen Fremdkapital/Eigenkapital-Verhältnis, damit der Verschuldungsgrad konstant bleibt. Freie liquide Mittel werden ausgeschüttet. Es sei keine Investition in die Kassenhaltung zur Unterlegung des Wachstums erforderlich.

Führen Sie auf Basis dieser Informationen die umfassende Prognose durch und ermitteln Sie die Residualgewinne für die folgenden drei Perioden! Berechnen Sie unter Annahme einer ewigen Rente ab t = 3 den Bruttounternehmenswert der Road Runner AG!

Die Kapitalkosten betragen 10 %, der Steuersatz liegt bei 30 %. Runden Sie alle Zwischenergebnisse, falls erforderlich, auf TGE!

Lösung

Im ersten Schritt der umfassenden Prognose sind die zukünftigen Umsätze zu prognostizieren. Auf Basis der Annahmen für das Umsatzwachstum ergeben sich folgende Werte (gerundet auf TGE):

	t = 0	t = 1	t = 2	t = 3 ff.
Umsatz (in TGE)	27.000	33.750	37.125	38.239
Wachstum	3 %	25 %	10 %	3 %

Im zweiten Schritt sind nun die Kostenstrukturen und die Nettomarge I zu prognostizieren. Hierzu können die aus der Wettbewerbsanalyse gewonnenen Daten verwendet werden. Multipliziert mit dem Umsatz des jeweiligen Jahres führt dies zu folgenden prognostizierten EBIT-Werten (gerundet auf TGE):

	t = 0	t = 1	t = 2	t = 3 ff.
Umsatz (in TGE)	27.000	33.750	37.125	38.239
Nettomarge I	15,74 %	20 %	18 %	15 %
EBIT (in TGE)	4.250	6.750	6.683	5.736

Der dritte Schritt der umfassenden Prognose beinhaltet die Aufstellung des Investitionsplans. Hierbei ist zu beachten, dass nur in Erhaltung investiert wird und sich Investitionen und Abschreibungen entsprechen.

Im vierten Schritt ist das zukünftige Nettovermögen zu prognostizieren. Dieses beträgt unter der Verwendung der Informationen aus der Prognose des Investitionsplans konstant 38.000 TGE für die Zukunft.

In Schritt fünf wird die Passivseite beleuchtet. Hier führt der konstante Verschuldungsgrad und die erläuterte Finanzierungspolitik i. V. m. den Informationen aus dem Investitionsplan konsequenterweise zu einem konstanten gebundenen Kapital von ebenfalls 38.000 TGE.

Auf dieser Basis lassen sich nun in den Schritten sechs und sieben der umfassenden Prognose die Residualgewinne sowie der Bruttounternehmenswert berechnen (gerundet auf TGE):

in TGE	t = 1	t = 2	t = 3 ff.
EBIT	6.750	6.683	5.736
– Steuern (30 % × EBIT)	2.025	2.005	1.721
= NOPAT	4.725	4.678	4.015
– Kapitalkosten (10 % × Vermögen von 38.000)	3.800	3.800	3.800
= Residualgewinn	925	878	215

Der Barwert der Residualgewinne (PV_{RG}) bei Kapitalkosten von 10 % und einem ewigen Wachstum g von 3 % ergibt sich dann zu:

$$PV_{RG} = \frac{925}{1,1} + \frac{878}{1,1^2} + \frac{215}{0,1 - 0,03} \times \frac{1}{1,1^2} = 4.104,90 \text{ TGE}$$

Damit ergibt sich folgender Bruttounternehmenswert:

$$UW_{GK,0} = 38.000 \text{ TGE} + 4.104,90 \text{ TGE} = 42.104,90 \text{ TGE}$$

Der aus der umfassenden Prognose resultierende Bruttounternehmenswert liegt somit unterhalb der von Ansatz 2 und 3 der vereinfachten Prognose berechneten Werte. Der Unterschied ergibt sich durch die für die ewige Rente unterstellte deutlich geringere Überrendite von 215 TGE / 38.000 TGE = 0,6 % gegenüber den in Ansatz 2 und 3 unterstellten konstanten 2,5 %. Ein weiterer Unterschied im Vergleich zu Ansatz 3 ergibt sich aus der nun geringeren Wachstumserwartung von 3 % gegenüber 5 %. Bei der Berechnung der Residualgewinne fällt auf, dass die Road Runner AG aufgrund des massiven Umsatzwachstums in t = 1 einen deutlich positiven Residualgewinn erzielt. Dieser Vorteil schmilzt allerdings in den kommenden Perioden immer mehr ab.

Dritter Teil
Theorien des Jahresabschlusses

22. Kapitel: Formelle Bilanztheorien – Erklärung des Bilanzinhalts

Aufgabe 22.1: Statische vs. dynamische Bilanztheorie

Geben Sie an, inwieweit sich folgende Bilanzierungsregeln eher aus der statischen oder der dynamischen Bilanzauffassung erklären lassen. Bitte begründen Sie Ihre Antwort!

a) Aktivierungspflicht eines Goodwill nach § 246 Abs. 1 Satz 4 HGB;

b) Aktivierungswahlrecht eines Disagios nach § 250 Abs. 3 HGB;

c) Definition des Begriffs »Vermögensgegenstand«;

d) Ansatzpflicht für Rechnungsabgrenzungsposten nach § 250 HGB;

e) Bewertung zu historischen Anschaffungs- und Herstellungskosten nach § 253 Abs. 1 Satz 1 HGB;

f) Aufwandsrückstellungen nach § 249 Abs. 1 Satz 2 Nr. 1 HGB;

g) Niederstwertprinzip nach § 253 Abs. 4 HGB;

h) Aktivierungswahlrecht von Entwicklungskosten nach § 248 Abs. 2 i. V. m. § 255 Abs. 2a HGB.

Lösung

Die statische Bilanzauffassung stellt die Bilanz in den Mittelpunkt der Rechnungslegung. Sie hat die Aufgabe, einen Vermögensstatus am Ende einer jeden Rechnungsperiode zu ermitteln. Die beiden wesentlichen Ausprägungsformen dieser Auffassungen unterscheiden sich in der jeweils unterstellten Annahme über die Unternehmensfortführung. So geht eine Auffassung von einem Status aus, der die Vermögenssituation im Falle einer Unternehmenszerschlagung darstellen soll (»Zerschlagungsstatik«), die andere unterstellt eine Fortführung des Unternehmens über das Periodenende hinaus (»Fortführungsstatik«). Im Gegensatz hierzu sieht die dynamische Bilanztheorie die GuV-Rechnung als zentrales Rechnungslegungsinstrument und damit die Erfolgsermittlung als wesentliche Aufgabe der Rechnungslegung, wodurch die Bilanz im Wesentlichen die Funktion eines Abgrenzungskontos erhält, das zur Erreichung einer periodengerechten Erfolgsermittlung beitragen soll.

a) Die Aktivierungspflicht eines Goodwill nach § 246 Abs. 1 Satz 4 HGB lässt sich eher »dynamisch« interpretieren, da dieser kein selbstständig verwertbarer Gegenstand ist, sondern lediglich im Unternehmensbündel verwertet bzw. veräußert werden kann. Die Aktivierung und die anschließende planmäßige Abschreibung bewirken i. S. der periodengerechten Erfolgsermittlung eine Verteilung der für den Erwerb des Goodwill getätigten Ausgaben über die Zeit, in der diese Nutzen stiften.

b) Die Aktivierung eines Disagios nach § 250 Abs. 3 HGB bezweckt nicht die korrekte Vermögensdarstellung, sondern vielmehr die Verteilung der Differenz zwischen dem Auszahlungs- und dem Erfüllungsbetrag eines Darlehens über dessen Laufzeit. Die Differenz entspricht letztlich einer vorausbezahlten Zinskomponente. Somit ist die Aktivierung des Disagios dynamischer Natur.

c) Die durch die Rechtsprechung geprägte Definition des Vermögensgegenstandes lässt sich aufgrund der geforderten Eigenschaft der selbstständigen Verwertbarkeit bzw. Einzelveräußerbarkeit sowie der selbstständigen Bewertbarkeit, die allesamt zur Objektivierung der Vermögensdarstellung beitragen sollen, primär statisch begründen. Denn damit steht klar die individuelle Nutzungsmöglichkeit durch Veräußerung (auch im Rahmen der Zerschlagung) oder Weiterverwendung und nicht die Abgrenzung von in der Vergangenheit getätigten Ausgaben im Vordergrund. Durch diese Definition wird gewährleistet, dass die Bilanz das sog. »Schuldendeckungspotenzial« zum Ausdruck bringt, d. h. die ausgewiesenen Aktiva, die im Liquidationsfall tatsächlich zur Begleichung der Schulden herangezogen werden können.

d) Wie der Name bereits zum Ausdruck bringt, sind Rechnungsabgrenzungsposten nicht als verkehrsfähiges Vermögen oder Schulden zu interpretieren, sondern als bilanztechnische Instrumente, um Einnahmen und Ausgaben den Abrechnungsperioden zuzuordnen, in denen sie sachlich entstanden sind. So folgt die Ansatzpflicht für Rechnungsabgrenzungsposten nach § 250 HGB klar der dynamischen Bilanzauffassung.

e) Die Bewertung von Vermögensgegenständen zu den historischen Anschaffungs- und Herstellungskosten nach § 253 Abs. 1 Satz 1 HGB lässt sich weder fortführungsstatisch noch zerschlagungsstatisch begründen, da bei der ersten Auffassung klar eine Bewertung zum Ertragswert geboten wäre und bei der zweiten Auffassung Liquidationswerte konsequent wären. Sie korrespondiert vielmehr mit der dynamischen Bilanzauffassung, da hierdurch die Anschaffungs- bzw. Erstellungsausgaben periodisch abgegrenzt und in die Periode(n) ihrer sachlichen Nutzenstiftung übertragen werden.

f) Aufwandsrückstellungen nach § 249 Abs. 1 Satz 2 Nr. 1 HGB sind aufgrund ihres fehlenden Schuldcharakters eindeutig dynamischer Natur. Sie transferieren zukünftige Ausgaben in das Jahr ihrer Bildung als Aufwand. Entsprechend sind diese kein Bestandteil eines Vermögensstatus.

g) Das Niederstwertprinzip im Umlaufvermögen nach § 253 Abs. 4 HGB (wie auch jenes im Anlagevermögen) versucht primär, zum Bilanzstichtag einen zeitnahen Ausweis der Wertigkeit des Vermögens zu erreichen. Hierbei wird im Umlaufvermögen im Wesentlichen auf Veräußerungswerte abgestellt. Die Zielsetzung eines zeitnahen Vermögensstatus steht hier klar im Vordergrund. Folglich lässt sich diese Regel im Wesentlichen als »statisch beeinflusst« interpretieren. Allerdings kommt dem Niederstwertprinzip auch bei der von Eugen Schmalenbach entwickelten dynamischen

Bilanztheorie eine gewichtige Rolle zu, jedoch nicht zum Zwecke eines korrekten Vermögensausweises, sondern vielmehr zum Zwecke einer vorsichtigen Gewinnermittlung.

h) Das Aktivierungswahlrecht von Entwicklungskosten nach § 248 Abs. 2 i. V. m. § 255 Abs. 2a HGB dient im Wesentlichen keinem Vermögensausweis, da hierbei in der Entwicklungsphase häufig die selbstständige Verwertbarkeit der im Rahmen des Entwicklungsprojektes gewonnenen Erkenntnisse fraglich sein dürfte. Vielmehr trägt die Aktivierung dazu bei, die Ausgaben für die Entwicklungsaktivitäten als Aufwand jenen Perioden in der Zukunft zuzurechnen, in denen die sachlich zugehörigen Erträge erwirtschaftet werden.

Die Beispiele zeigen, dass der Handelsgesetzgeber keine der beiden Bilanzauffassungen präferiert. Vielmehr stellen die Normen eine ausgewogene Mischung von Elementen aus beiden Bilanztheorien dar, um einem möglichst breiten Spektrum an Rechnungslegungsaufgaben und -anforderungen der Stakeholder gerecht zu werden.

23. Kapitel: Materielle Bilanztheorien – Theorien der Gewinnermittlung

Aufgabe 23.1: Nominale und reale Kapitalerhaltung

Gegeben sei die folgende vereinfachte Bilanz (in GE) zu Beginn eines Geschäftsjahres:

Aktiva	Anfangsbilanz		Passiva
Abnutzbares Anlagevermögen	800	Kapital	900
Vorräte	500	Verbindlichkeiten	800
Liquide Mittel, Forderungen	400		
	1.700		1.700

Die ursprünglichen Anschaffungskosten des abnutzbaren Anlagevermögens betrugen 1.000 GE. Die jährliche Abschreibung beträgt 100 GE. Der Vorratsanfangsbestand von 500 GE wird im Laufe der Periode voll umgeschlagen. Gegen Ende der Periode werden Vorräte zu 600 GE wiederbeschafft, die am Periodenende auch noch auf Lager liegen. Liquide Mittel und Forderungen betragen am Ende der Periode 500 GE. Die Verbindlichkeiten sind auf 700 GE gesunken.

Im Laufe der Periode hat eine allgemeine Geldentwertung von 20 % stattgefunden.

Führen Sie die Bilanzrechnung in nomineller und realer Form durch und erklären Sie den Unterschied zwischen Nominal- und Realgewinn!

Lösung

Zur Berücksichtigung der realen Kapitalerhaltung sind die Bilanzanfangsbestände zunächst zugunsten bzw. zulasten einer Geldentwertungsrücklage aufzuwerten (Multiplikation aller Aktivposten und der Verbindlichkeiten mit 1,2).

Aktiva	Anfangsbilanz (in GE)				Passiva
	nominal	real		nominal	real
Abnutzbares Anlagevermögen	800	960	Kapital	900	900
Vorräte	500	600	Geldentwertungsrücklage	–	180
Liquide Mittel, Forderungen	400	480	Verbindlichkeiten	800	960
	1.700	2.040		1.700	2.040

Die Schlussbilanz in nomineller und realer Form lautet:

Aktiva	Schlussbilanz (in GE)				Passiva
	nominal	real		nominal	real
Abnutzbares Anlagevermögen	700	840	Kapital	900	900
Vorräte	600	600	Geldentwertungsrücklage	–	180
Liquide Mittel, Forderungen	500	500	Verbindlichkeiten	700	700
			Gewinn	200	160
	1.800	1.940		1.800	1.940

Der Unterschied zwischen nominellem Gewinn von 200 GE und realem Gewinn von 160 GE erklärt sich wie folgt:

	Nominaler Gewinn	GE	200
–	Geldentwertungsaufwand für erhöhte Abschreibungen (100 × 0,2)	GE	20
–	Geldentwertungsaufwand für verbrauchte Vorräte (500 × 0,2)	GE	100
–	Geldentwertungsaufwand aus Bar- und Forderungsbeständen (400 × 0,2)	GE	80
+	Geldentwertungsertrag aus Verbindlichkeiten (800 × 0,2)	GE	160
=	Realer Gewinn	GE	160

Aufgabe 23.2: Kapitalerhaltung und Vermögensbewertung

Gelegentlich ist vorgeschlagen worden, die Realkapitalerhaltung dadurch zu gewährleisten, dass man zwar bei der Nominalwertrechnung bleibt, jedoch dabei den Teil vom Nominalgewinn in die Geldentwertungsrücklage einstellt, um den das Eigenkapital erhöht werden muss, damit es bei fortschreitender Inflation am Periodenende die gleiche Kaufkraft aufweist wie am Periodenanfang. Im Beispiel der Aufgabe 23.1 müsste demnach die Geldentwertungsrücklage mit 180 GE (20 % von 900 GE) zulasten des Nominalgewinns bei Beibehaltung der Nominalbewertung von Aktiva und Passiva dotiert werden, sodass ein »Real«-Gewinn von 200 GE – 180 GE = 20 GE verbliebe.

Nehmen Sie zu diesem Vorschlag Stellung!

Lösung

Zur Beurteilung dieses Vorschlags ist es zweckmäßig, zwischen zwei Bestandteilen einer Kapitalerhaltungskonzeption zu unterscheiden (vgl. Shwayder, K.: *The Capital Maintenance Rule and the Net Asset Valuation Rule*, in: *The Accounting Review* 1969, S. 304 ff.), nämlich zwischen:

- Kapitalerhaltungsregel und
- Vermögensbewertungsregel.

In der deutschsprachigen bilanztheoretischen Literatur ist diese Unterscheidung unüblich, da implizit immer von einer Parallelität von Kapitalerhaltungsregel und Vermögensbewertungsregel ausgegangen wird. Fordert man Substanzerhaltung, so ergibt sich im Allgemeinen automatisch eine Bewertung des Vermögens zum Substanzwert. Fordert man Realkapitalerhaltung, ist damit im Allgemeinen automatisch eine Bewertung des Vermögens mit den realen Anschaffungskosten verbunden. Im vorliegenden Vorschlag hingegen wird versucht, eine Nominalbewertung des Vermögens mit einer Realbewertung des Kapitals (Realkapitalerhaltung) zu verbinden. Deshalb ist die Unterscheidung zwischen Vermögensbewertungsregel und Kapitalerhaltungsregel von Bedeutung.

Die Kapitalerhaltungsregel legt fest, welche Anforderung an den Umfang des Kapitals zu stellen ist, der im Falle der Beendigung des Geschäfts verfügbar sein soll. Von dieser Regel hängt demnach ab, wie hoch der Totalerfolg eines Unternehmens (gemessen über die gesamte Lebensdauer des Unternehmens) sein soll bzw. sein kann.

Die Vermögensbewertungsregel gibt hingegen an, wie in den einzelnen Abschnittbilanzen das Vermögen zu bewerten ist. Sie zeigt deshalb, in welchen Etappen und in welchen Beträgen der durch die Kapitalerhaltungsregel definierte Totalerfolg realisiert bzw. als realisiert betrachtet werden soll.

Folgende Behauptungen sind nun einsichtig:

1. Die Vermögensbewertungsregel entspricht der Kapitalerhaltungsregel: Es ergibt sich eine unter den Prämissen der jeweiligen Konzeption sinnvolle Kapitalerhaltungskonzeption.
2. Die Vermögensbewertungsregel übertrifft die Kapitalerhaltungsregel (z. B. Marktpreisbewertung auf der Aktivseite bei realer Kapitalerhaltung, wenn die speziellen Preissteigerungen größer als die allgemeinen Preissteigerungen sind): Es liegt hier eine Bilanzierung unter sehr optimistischen Erwartungen vor, denn Teile der noch nicht realisierten Kapitalgewinne (Differenz zwischen speziellen Preissteigerungen und allgemeinen Geldwertänderungen des Vermögens) werden als ausschüttungsfähiger Erfolg ausgewiesen.
3. Die Vermögensbewertungsregel bleibt hinter der Kapitalerhaltungsregel zurück (z. B. Nominalbewertung des Vermögens bei realer Kapitalerhaltung und Inflation): Es erfolgt eine Bilanzierung unter sehr pessimistischen Erwartungen; d. h., diejenigen Kapitalgewinne, die als Kompensation für die erhöhten Ansprüche an die Kapitalerhaltung bei Realkapitalerhaltung betrachtet werden, werden als noch nicht entstanden angesehen und deshalb auch nicht bilanziert. Sämtliche erhöhte Anforderungen an die Realkapitalerhaltung sind für die betrachtete Periode aus dem Nominalgewinn dieser Periode zu bestreiten.

Fall (3) ist in dieser Aufgabe gegeben. Dementsprechend ergibt sich bei dieser Vorgehensweise in der betrachteten Periode ein niedrigerer »Real«-Gewinn als bei der in Aufgabe 23.1 beschriebenen Vorgehensweise, bei der die Vermögensbewertungsregel der Kapitalerhaltungsregel entsprach. Will man dagegen eine der Parallelität von Vermögensbewertungsregel und Kapitalerhaltungsregel entsprechende Konzeption verwirklichen, ohne eine Aufwertung von Aktiva und Passiva vorzunehmen, so wäre wie folgt vorzugehen: Die Aufwendungen für den Sachwerteinsatz (Anlagenabschreibung und Vorratsverbrauch) wären jeweils mit dem Indexniveau zum Zeitpunkt des Verbrauchs (bzw. des Bilanzstichtages) zu bewerten. Die Differenzen zum Nominalwert der betreffenden Aufwendungen wären in einer Geldentwertungsrücklage zu sammeln.

Aufgabe 23.3: Brutto- und Netto-Substanzerhaltung

Gegeben sei die folgende vereinfachte Bilanz (in GE):

Aktiva	Anfangsbilanz		Passiva
Unbebaute Grundstücke	200	Kapital	500
Maschinen	1.000	Verbindlichkeiten	1.500
Vorräte	600		
Liquide Mittel, Forderungen	200		
	2.000		2.000

Für das Geschäftsjahr gelten folgende Daten:

Unbebaute Grundstücke:	Preissteigerung 10 %
Maschinen:	Preissteigerung 10 %; Abschreibung i. H. v. 20 % vom jeweiligen Restwert; der Maschinenbestand wird am Ende jeder Periode anteilig zu Wiederbeschaffungskosten bar ersetzt.
Vorräte:	Sie werden in gleichen Intervallen dreimal innerhalb des Geschäftsjahres umgeschlagen. Die Ersatzbeschaffung erfolgt jeweils am Ende der Umschlagsperiode zu Wiederbeschaffungskosten von 610 GE, 620 GE bzw. 630 GE.
Umsatzerlöse:	4.280 GE
Personalaufwendungen:	2.000 GE
Verbindlichkeiten:	Sie werden im Durchschnitt mit 10 % p.a. verzinst.

Erstellen Sie die Schlussbilanz und die Gewinn- und Verlustrechnung

a) nach dem Nominalwertprinzip,

b) nach der Konzeption der Bruttosubstanzerhaltung,

c) nach der Konzeption der Nettosubstanzerhaltung unter Benutzung der Zuordnung von Vermögen und Kapital

   1. nach der Restkapitalstruktur,
   2. nach dem Geldcharakter und nach der Fristigkeit der Vermögensposten.

Lösung

a) Nominalwertprinzip

Aktiva	Schlussbilanz (in GE)		Passiva
Unbebaute Grundstücke	200	Kapital	500
Maschinen	1.020	Verbindlichkeiten	1.500
Vorräte	630	Gewinn vor Steuern	100
Liquide Mittel, Forderungen	250		
	2.100		2.100

Gewinn- und Verlustrechnung (in GE)

Umsatzerlöse	4.280
– Materialaufwand	1.830
– Löhne und Gehälter	2.000
– Abschreibungen	200
– Zinsen	150
= Gewinn vor Steuern	100

Erläuterungen (in GE):

Maschinen	Anfangsbestand	1.000
	– Abschreibungen (0,2 × 1.000)	200
	+ Reinvestition (0,2 × 1.100)	220
	= Endbestand	1.020

Liquide Mittel, Forderungen	Anfangsbestand	200
	+ Einnahmen	4.280
	– Ausgaben für Material	1.860
	– Ausgaben für Löhne	2.000
	– Ausgaben für Maschinen	220
	– Ausgaben für Zinsen	150
	= Endbestand	250

Materialaufwand (GuV):

Ergibt sich aus den Anschaffungskosten der bis zu den jeweiligen Umsatztagen verbrauchten Bestände (600 GE + 610 GE + 620 GE = 1.830 GE).

b) Bruttosubstanzerhaltung

Aktiva	Schlussbilanz (in GE)		Passiva
Unbebaute Grundstücke	220	Kapital	500
Maschinen	1.100	Substanzerhaltungsrücklage	150
Vorräte	630	Verbindlichkeiten	1.500
Liquide Mittel, Forderungen	250	Gewinn vor Steuern	50
	2.200		2.200

Gewinn- und Verlustrechnung (in GE)	
Umsatzerlöse	4.280
– Materialaufwand	1.860
– Löhne und Gehälter	2.000
– Abschreibungen	220
– Zinsen	150
= Gewinn vor Steuern	50

Erläuterungen (in GE):

Maschinen	Anfangsbestand zum Tageswert	1.100
	– Abschreibungen (0,2 × 1.100)	220
	+ Reinvestition (0,2 × 1.100)	220
	= Endbestand	1.100

Substanz-erhaltungs-rücklage	(1)	GuV-neutrale Vermögensneubewertung		
		Unbebaute Grundstücke	20	
		Maschinen (10 % Preissteigerung abzüglich anteiliger Abschreibung)	80	= 100
	(2)	Scheingewinn		
		Materialaufwand (1.860 – 1.830)	30	
		Abschreibungen (220 – 200)	20	= 50
	= Endbestand			= 150

c) Nettosubstanzerhaltung

1. Zuordnung nach der Restkapitalstruktur

Aktiva	Schlussbilanz (in GE)		Passiva
Unbebaute Grundstücke	220	Kapital	500
Maschinen	1.100	Substanzerhaltungsrücklage	41,7
Vorräte	630	Verbindlichkeiten	1.500
Liquide Mittel, Forderungen	250	Nicht realisierte Wertsteigerungen am fremdfinanzierten Vermögen	72,2
		Gewinn vor Steuern	86,1
	2.200		2.200

Gewinn- und Verlustrechnung (in GE)	
Umsatzerlöse	4.280
– Materialaufwand	1.838,3
– Löhne und Gehälter	2.000
– Abschreibungen	205,6
– Zinsen	150
= Gewinn vor Steuern	86,1

Erläuterungen:

Die Restkapitalstruktur beträgt 5/13 (= 500/(1.500 – 200)); d. h., der Eigen- bzw. Fremdfinanzierungsanteil an den nicht monetären Aktiva beträgt 5/18 (= 500/(2.000 – 200)) bzw. 13/18 (= 1.300/(2.000 – 200)).

Substanzerhaltungsrücklage	(1)	GuV-neutrale Neubewertung eigenfinanzierten Vermögens		
		Unbebaute Grundstücke (5/18 × 20 =)	5,6	
		Maschinen (5/18 × 80 =)	22,2	= 27,8
	(2)	Scheingewinn		
		Materialaufwand (5/18 × 30 =)	8,3	
		Abschreibungen (5/18 × 20 =)	5,6	= 13,9
	= Endbestand			= 41,7

Nicht realisierte Wertsteigerungen am fremdfinanzierten Vermögen:	Unbebaute Grundstücke (13/18 × 20 =)	14,4
	Maschinen (13/18 × 80 =)	57,8
		= 72,2

Materialaufwand (1.830 + 5/18 × 30 =)	1.838,3
Abschreibungen (200 + 5/18 × 20 =)	205,6

2. Zuordnung nach dem Geldcharakter und nach der Fristigkeit der Positionen

Aktiva	Schlussbilanz (in GE)		Passiva
Unbebaute Grundstücke	220	Kapital	500
Maschinen	1.100	Substanzerhaltungsrücklage	49,9
Vorräte	630	Verbindlichkeiten	1.500
Liquide Mittel, Forderungen	250	Nicht realisierte Wertsteigerungen am fremdfinanzierten Vermögen	58,4
		Gewinn vor Steuern	91,7
	2.200		2.200

Gewinn- und Verlustrechnung (in GE)	
Umsatzerlöse	4.280
– Materialaufwand	1.830
– Löhne und Gehälter	2.000
– Abschreibungen	208,3
– Zinsen	150
= Gewinn vor Steuern	91,7

Erläuterungen:

Nach dieser Zuordnungsregel gelten im vorliegenden Beispiel die liquiden Mittel, Forderungen und die Vorräte als ausschließlich fremdfinanziert. Die Maschinen und die unbebauten Grundstücke werden als zu 5/12 (= 500/(2.000 – 200 – 600)) eigenfinanziert betrachtet.

Substanz-erhaltungs-rücklage	(1)	GuV-neutrale Neubewertung eigenfinanzierten Vermögens		
		Unbebaute Grundstücke (5/12 × 20 =)	8,3	
		Maschinen (5/12 × 80 =)	33,3	= 41,6
	(2)	Scheingewinn		
		Abschreibungen (5/12 × 20 =)	8,3	= + 8,3
	= Endbestand			= 49,9

Nicht realisierte Wertsteigerungen am fremdfinanzierten Vermögen:	Unbebaute Grundstücke (7/12 × 20 =)	11,7
	Maschinen (7/12 × 80 =)	46,7
		= 58,4

Abschreibungen (200 + 5/12 × 20 =)	208,3